改訂版

機械工學槪論

康基柱 著

북스힐

개정판 머리말

본서는 2006년 발행 후 기계 공학을 이수하는 학생과 현장 기술자들에게 유용한 학습의 길잡이와 참고 도서로서의 역할을 해왔다고 자부한다. 필자는 이를 영광으로 여기며 무거운 책임감을 느낀다.

그간 출판에서는 인쇄 오류와 부분적인 수정에 그쳐 한계가 있었으나, 이번 개정에 있어서는 전면적으로 각 장의 내용 체제를 조정하였으며 새로운 내용과 표와 삽화를 추가하는 데 집중하였다.

특히 보일러의 구성과 종류, 원자로의 원리와 구성 그리고 유압 펌프와 유압 장치를 보완하였다.

이 책이 새로운 기계 공학을 익히는 데 도움이 될 것으로 기대하면서 그간의 성원에 깊이 감사드린다.

끝으로 본 개정판 발행을 지원하여 주신 북스힐 조승식 대표님과 편집부 여러분께 깊이 감사드린다.

2012년 3월

著者 씀

머 리 말

현대화된 산업 사회에서는 많은 분야에서 기계가 이용되고 있으며 실생활에도 폭넓게 도입 확대되고 있다.

기계 공학(機械工學, mechanical engineering)은 기계 및 이와 관련되는 장치와 설비를 대상으로 하는 원리, 성능, 설계, 제작, 이용, 운전 등에 대한 기초와 응용 분야를 연구하는 과학적으로 체계화된 학문이다. 즉, 기계를 대상으로 기계의 구성과 상태, 공작법, 여기에 가해지는 에너지, 사용 재료, 기계 요소 그리고 원동기 및 유체 기계와 산업용 설비, 광산 기계 그리고 농업 기계 등에 관한 기술적 이론과 지식을 다루는 극히 넓은 분야의 학문이라 할 수 있다.

이러한 학문적 특성과 기본이 되는 지식과 기술 내용을 종합적으로 통합한 학문을 기계 공학 개론(機械工學槪論, introduction to mechanical engineering)이라 한다.

이 책은 이러한 학문적 특성과 내용을 "기계 공학의 개요, 기계의 구성과 재료의 강도, 기계 요소와 기계 재료, 기계 제작 기술, 원동기, 유체 기계와 산업용 설비 등 6장으로 관련 지식 내용을 편성, 각 장을 독립된 체제로 편찬하였다. 그리고 원리와 기계 구조 등은 이해와 학습에 도움이 되도록 새로운 사진과 삽화를 제시하였다.

내용에 있어서는 범위가 넓고 다양한 전문 지식과 기술 내용을 모두 기술하기에는 지면의 한계로 주요한 분야와 내용만 다루었음을 아쉽게 생각한다. 학문적으로나 내용면에서 미비한 점은 앞으로 보완할 기회가 있을 것을 기대하면서 관련 분야에 계신 분들의 아낌없는 지도와 지적을 바란다.

이 책에 인용된 단위는 SI 단위계와 CGS(또는 MKS) 단위계를 병용하고 있는 현장을 감안하였으며, 환산 자료를 부록에 실어 참고하도록 하였다. 이 책은 실제적인 기술에 대해 평이하게 기술하였으므로, 공업계열 4년제 대학교와 전문대학을 비롯하여 기능대학, 사내기술대학 등에서 기계 공학이나 관련 학과 전공생들을 위한 교과서 또는 참고서로 사용할 수 있다. 또한 기계와 관련한 업무를 맡고 있거나 담당하게 될 직장인을 위한 자학 자습용 교재 또는 참고 도서로 활용되기를 기대한다.

이 책을 집필함에 있어 국내외의 연구 논문, 저서, 생산업체의 브로슈어를 참고 또는 인용하였음을 밝히며, 해당 참고 문헌의 저자와 기업체 여러분께 사의를 드린다.

끝으로 이 책의 발행을 위하여 협조와 지원을 주신 북스힐의 조승식 대표님과 편집부 여러분께 깊이 감사드린다.

2006년 1월

佛光洞 一愚書室에서 著者 씀

차 례

1장 기계 공학의 개요

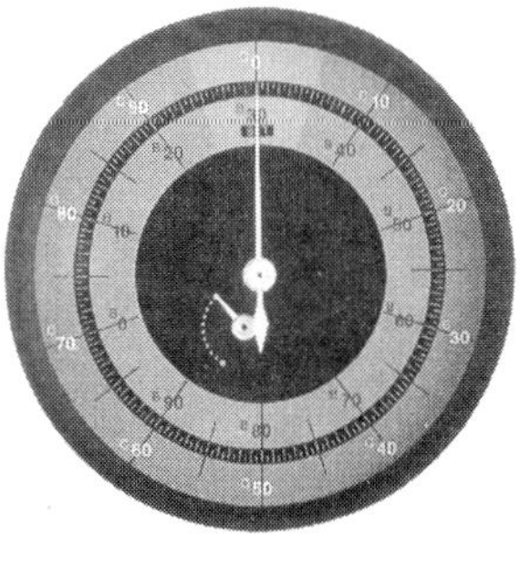

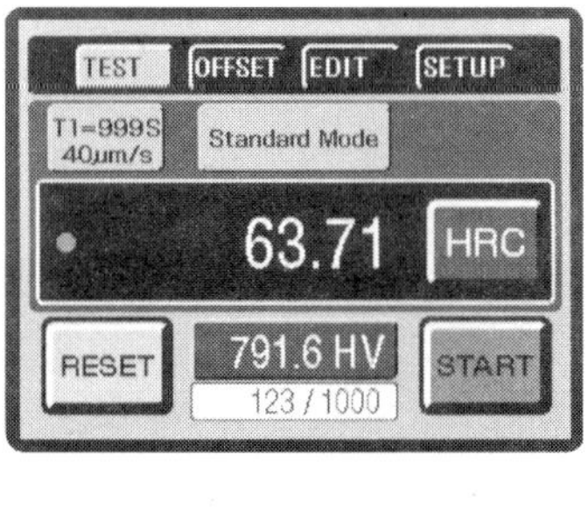

TEST
OFFSET
EDIT
SETUP
T1=999S
40μm/s
Standard Mode
63.71
HRC
RESET
791.6 HV
123 / 1000
START

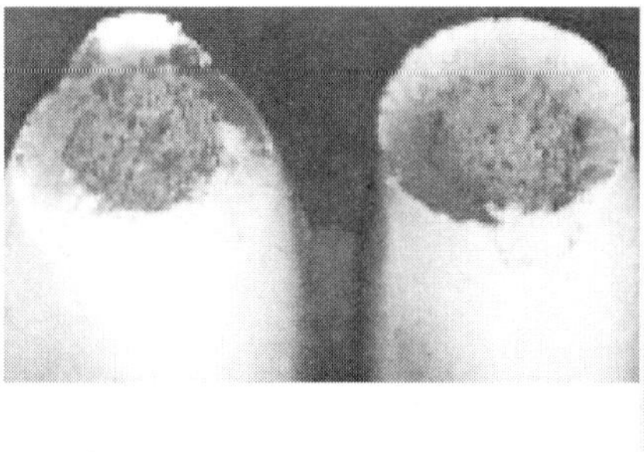

1.1 기계와 기계 공학

오늘날 우리는 기계를 직접 활용하거나 간접적으로 이용하면서 사회 생활이나 산업 활동을 하고 있어 기계는 우리 생활과 산업에 밀접한 관계를 가지고 있다.

원동기와 작업 기계가 발명되면서부터 기계 공업은 급속도로 발달하였으며, 인류 문명을 기계 문명이라고 일컬을 정도로 기계는 인류 문화를 발전시키는 데에 크게 이바지하였다.

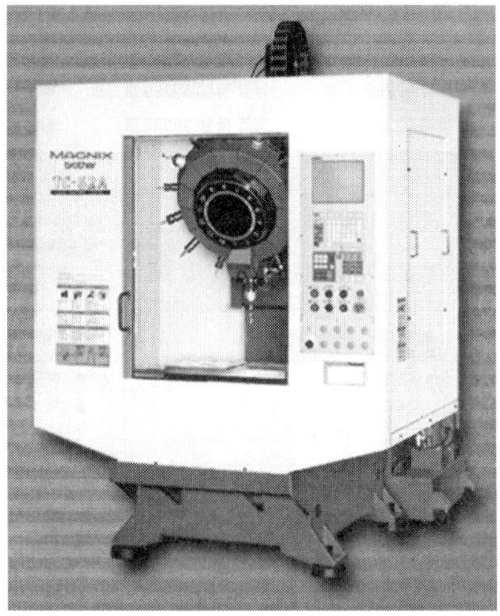

NC 공작 기계

1. 기계

현대 생활은 기계 없이 이루어질 수 없으며, 우수한 기계가 있는 사회는 좀 더 편리한 생활을 영위할 수 있게 한다. 또한 기계는 산업을 지원하고 있으며, 이에 따른 결과는 우리 생활을 더욱 풍요롭게 한다.

우리 인간과 직접 관련이 있는 운송 기계, 생활 기계, 의료용 기계를 비롯하여, 기계를 만드는 공작 기계, 이 밖에 기계 산업과 다른 전기 기계, 농업용 기계, 토목 건축용 기계, 화학 공업용 기계, 광산용 기계 등 다른 산업을 크게 지원하는 기계가 많이 있다.

1) 기계의 의미와 특징

(1) 기계의 의미

기계(機械, machine)는 여러 가지 요소(要素)를 유기적으로 결합하여 매우 유효한 일을 처리하고 있는데, 기구학의 체계를 세운 독일의 프란츠 뢸로(Franz Reuleaux, 1829~1905년)는 기계의 정의를 다음과 같은 네 가지의 구비 조건을 동시에 갖춘 것으로 이 가운데 한 가지라도 만족시키지 못하면 엄격한 의미에서 기계라고 할 수 없다고 하였다.

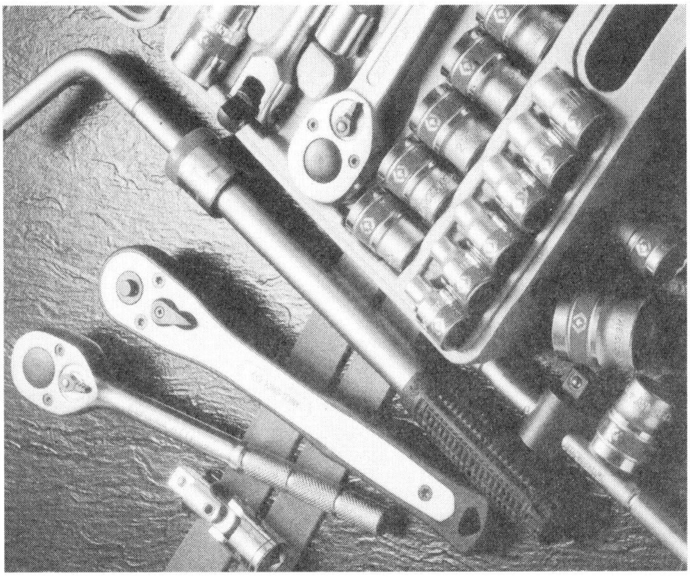

공구

① 기계는 서로 운동이 가능한 여러 개의 부품으로 조립되어 있을 것
② 구성 부품은 외부로부터 받는 힘에 대해서 파괴되거나 변형이 없이 충분한 저항력을 가지고 있을 것
③ 이들 각 부품은 한정된 위치에서 서로 일정한 상대 운동을 할 수 있을 것
④ 에너지의 공급을 받아 유효한 기계적 일(힘을 가하여 물체를 움직이는 일)을 할 수 있을 것

따라서 기계란 **'저항력이 있는 여러 개의 부품으로 조립되고, 한정된 상대 운동을 하면서 외부로부터 에너지를 공급받아 인간에게 유용한 기계적 일을 하는 것'** 이라고 정의할 수 있다. 여기서 기계는 상호 간에 운동이 가능한 몇 개의 부분이 필요하므로 이런 것은 기계의 부분, 또는 장치(裝置, apparatus)라 한다.

(2) 기계의 특징

기계는 다음과 같은 특징을 갖고 있으며, 산업의 생산 활동에서 많이 사용되고 있다.

① 속도가 빠르고 대량으로 생산할 수 있다.
② 인력에 비해 매우 큰 힘을 얻을 수 있다.
③ 정밀하고 균일한 품질의 제품을 얻을 수 있다.

④ 능률적으로 많은 작업을 할 수 있다.

기계로서 구비 조건을 갖추고 있지 못한 것은 다음과 같다.

a) 완구 : 여러 개의 부품으로 조립되어 상대 운동을 하면서 움직이고 있으나, 이들 각 부품이 외력에 대하여 저항할 수 있는 충분한 강도를 가지고 있지 않다.
b) 공구(工具, tool) 또는 도구(道具, tool) : 칼, 집게, 망치, 대패 등과 같이 저항력을 가진 몇 개의 부품으로 조립되어 있으나, 상대적 요소 간에 일정한 상대 운동을 하는 부분이 없다.
c) 구조물(構造物, structure) : 철탑, 철교 등과 같이 많은 부품으로 조립되어 있으나 일정한 상대 운동을 하지 못한다.
d) 장치(裝置, equipment) : 보일러, 탱크, 전기로나 건조로 화학 반응 장치와 같은 것으로, 여러 가지 부품이 조립되어 우리에게 필요한 일을 하고 있으나, 증기 터빈 등과 조합함으로써 비로소 기계 시스템의 기능을 갖추게 된다.
e) 기기(器機, instrument) : 측정기, 측량기, 사진기 등 여러 개의 부품으로 조립되어 어떤 일을 하거나 물리량을 지시하지만, 외부에서 에너지를 받아들여 생산적인 일을 하는 것은 아니다. 산업 현장에서는 기계나 기기 및 장치 등을 구비하여 생산 활동을 보조하고 있는 경우가 많으며, 이를 통틀어 기계 설비, 기계 장치, 기계 장비, 기계 기구 등 설비의 규모나 상태에 따라 여러 가지로 부른다.

2) 기계의 발달

초기의 기계는 사람이나 가축의 힘을 빌려 움직였으나, 점차 대량 생산에 필요한 동력이 요구되면서 수력이나 풍력 또는 화력 등 자연의 에너지를 이용한 여러 가지 원동기가 발명되었고, 이에 따라 기계적 생산에 획기적인 진보를 가져오게 되었다.

이에 힘입어 화학 공업, 섬유 공업, 전자 공업 등의 경공업을 비롯하여 금속 공업, 기계 공업, 조선 공업 등의 중공업이 눈부시게 발달되었으며, 이에 따라 동력도 증기력에서 전력으로 바뀌어 각종 산업에 커다란 변혁이 일어났다. 이와 같이 근대 공업의 발전은 기계 공업의 발달로 말미암아 이루어졌다고 할 수 있다.

오늘날은 인간이 기계를 이용하는 시대에서 기계가 인간을 대신하여 움직이는 자동화(automation) 시대로 바뀌어 가고 있다.

(1) 금속의 발견과 그 응용

기원전 500년경의 그리스 대장간

인류가 처음으로 사용하게 된 금속은 자연에서 생산된 순수한 금속 상태로 존재하는 구리와 금이었을 것이다.

금은 무르고 색이 아름다우며, 녹이 슬지 않고, 쉽게 가공할 수 있어 장식품으로 사용할 수 있었다. 그러나 금은 도구나 무기로 만들기에는 너무나 귀할 뿐만 아니라, 강도면에서 부적합하다.

구리 역시 강도가 약하여 생활 용구로는 사용할 수 있었으나, 도구나 무기를 만드는 데는 적합하지 않았다. 이러던 것이 산불이나 모닥불을 피우는 자리에서 우연하게 제련 기술을 발견하게 되었다. 즉, 산화구리가 금속 구리로 환원된다는 것을 발견하면서 도구를 만들기 시작하였다. 그 후 구리를 광석으로부터 환원하는 기술을 알게 되면서 주석을 합금한 청동을 만들게 되었는데, 이것이 최초의 합금 기술로서, 청동기 시대의 시작이며 인류 문명에 크게 공헌한 계기가 되었다.

그 후 약 1세기 동안 금속을 용해하기 위한 방법으로 도가니와 풍구가 사용되면서 야금술이 크게 발전하였으며, 여기에 주조법도 발달되었다. 이와 같이, 금속이 발견되면서부터 금속제 농기구를 전문적으로 만드는 대장간이 생기게 되었다.

대장간을 사용하는 동안 고온인 곳에서는 금속이 용해됨을 알게 되면서 구리보다 용융점이 높은 철의 제련도 이루어지게 되었다. 이와 같이 철의 제련이 시작되면서 철기 시대가 도래하였다.

1855년에는 그림 1-1과 같은 베서머(Henry Bessemer)가 새로운 제강법을 발명하게 되었는데, 이것이 산업 혁명을 이루는 데 크게 기여하였다.

그 후 1860년에는 영국의 지멘스(W. Siemens)가 평로 제강법을 발명하였는데, 이상의 제강법들이 발명되기 이전에는 강은 매우 비싼 금속에 속하였다.

이러한 제강법의 발달로 제강 능력은 날로 발전하게 되었으며, 제강 기술의 진보에 따라 강에 여러 가지 원소를 첨가함으로써 기계적 성질이 개선됨을 알게 되었고, 그 후 여러 가지 합금강이 발명되었다.

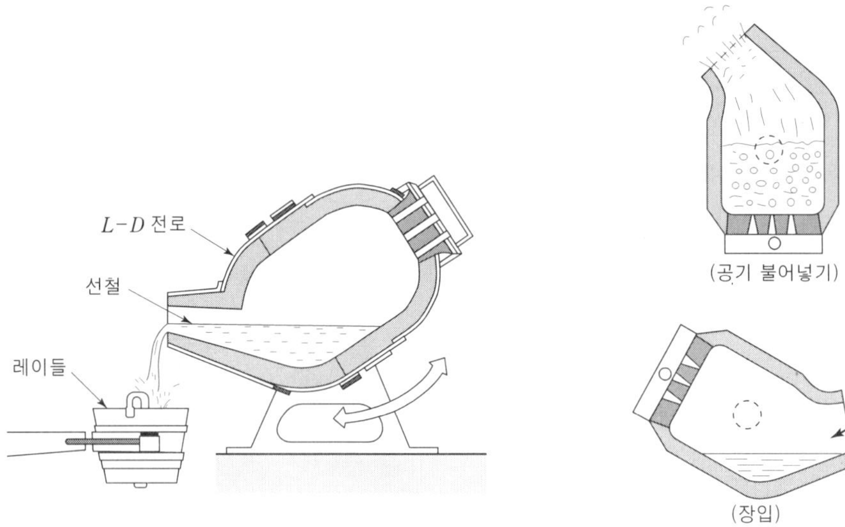

(a) 출탕 (b) 기능

그림 1-1 베서머 전로법

(2) 초기의 작업 기계

인간이 유목과 수렵 생활에서 농경 생활로 옮겨가는 동안 그때그때의 생활에 필요한 도구를 만들어 활용하였다.

최초의 작업 기계는 목화로부터 실을 뽑아 손으로 베를 짜던 것을, 점차 도구를 만들어 이용하였고, 그 후 기계적인 방법이 이용되었으나 도구의 테두리를 벗어나지는

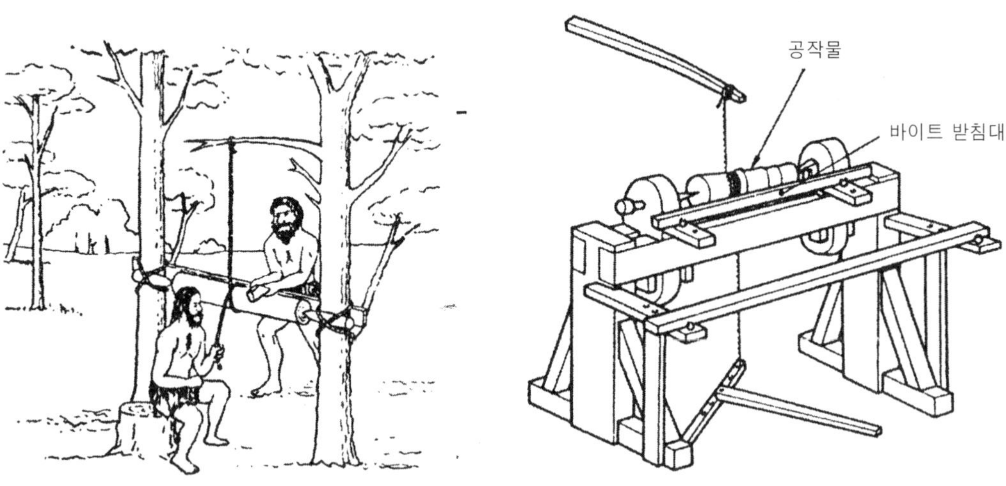

그림 1-2 초기의 작업 기계

못하였다.

작업 기계로서 물체에 회전 운동을 주는 도구도 오래전부터 사용되어 왔는데, 무거운 물건을 운반하는 데는 바퀴가 달린 짐차가 사용되었으며, 여기에 사용된 바퀴나 차축을 깎기 위한 기계로서는 선반이 이용되었다.

그림 1-2는 초기에 사용된 작업 기계의 보기이다.

3) 기계의 종류

산업의 발전은 기계의 진보와 더불어 빠르게 이루어지고 있으며, 최근에는 기계가 하루가 다르게 정교하고 복잡하면서 편리하며, 종류도 많아지고 있다. 이들 기계를 용도에 따라 분류하면 다음과 같다.

초기의 수력 원동기

(1) 동력 기계

초기의 작업 기계에 사용된 원동력은 사람 또는 가축의 힘을 이용하였으나, 한계가 있어 그 후 풍력과 수력을 이용하게 되었다. 처음 제분기의 동력으로는 수차가 사용되었으며 그로부터 약 300~400년 사이에 공업용 원동기로 발전되었다.

최초의 원동기는 수차를 원동기로 사용하였기 때문에 공장의 입지 조건도 계곡을 따

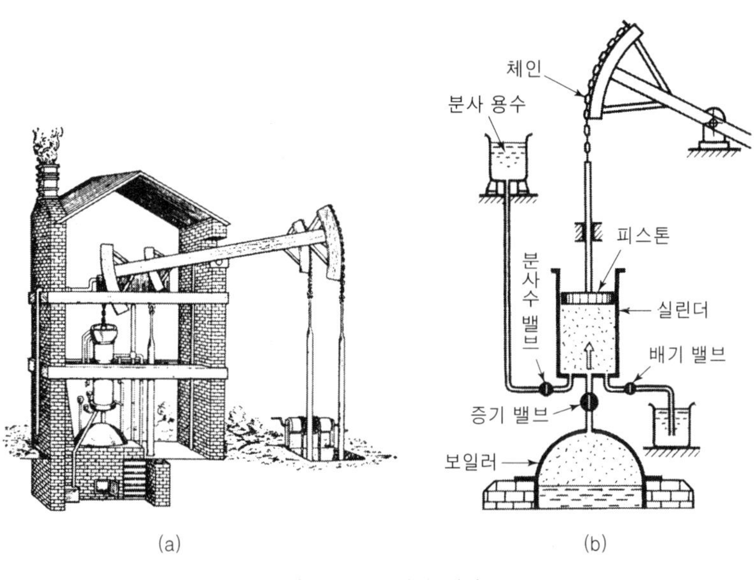

그림 1-3 뉴커먼 기관

- 원동기
  - 원동기
    - 증기 원동기 – 증기 터빈, 증기 기관 등
    - 내연 기관 – 가솔린 기관, 디젤 기관, 가스 터빈, 로터리 기관 등
  - 수력 원동기 — 펠턴 수차, 프랜시스 수차, 프로펠러 수차 등
  - 기타 원동기 — 풍력, 조력, 지력, 태양열, 원자력 등을 이용한 원동기 등

그림 1-4 원동기의 분류

라 건설되었으며, 그 후 많은 발전을 거듭하면서 오늘날의 방직 공장의 기초가 되었다.

산업 혁명의 제2단계는 증기 기관의 발명과 개선이다. 증기를 이용한 기계는 오래 전부터 사용되어 왔으나, 증기 기관에 큰 변화를 가져오게 한 것은 1712년에 영국의 대장공인 뉴커먼(T. Newcomen)이 발명한 그림 1-3과 같은 뉴커먼 기관이었다.

이 기관은 유럽 지역에 많이 보급되었으며, 주로 광산에서 펌프를 움직여 배수 작업에 이용되었으나 회전 기계를 움직이는 데는 사용되지 않았다. 그 후 1768년에 영국의 와트(J. Watt)에 의해서 증기 기관이 발명되면서부터 방직기와 같은 기계를 가동하는 원동기로 사용하게 되었다.

화학적(化學的) 에너지나 전기적(電氣的) 에너지, 그 밖의 에너지를 기계적(機械的) 에너지라 하며, 동력(動力)으로 변환시키는 기계(機械)를 동력 기계(動力機械)라 한다. 동력 기계에는 석탄, 기름 등이 가지고 있는 화학적 에너지를 보일러에 의하여 열(熱)에너지로 변환하여, 기계적 에너지로 활용하는 증기 원동기(蒸氣原動機)와 가스, 중유, 가솔린 등을 실린더 내에서 열에너지로 변환하여, 기계적 에너지로 활용하는 내연 기관이 있다. 또 물을 낙하시켜서 물의 위치 에너지를 기계적 에너지로 변환하는 수차가 있으며, 이들은 모두 원동기(prime mover)에 속한다. 동력 기계를 분류하면 그림 1-4와 같다.

(2) 작업 기계

산업 혁명 후 최초의 원동기의 발명에 따라 강력한 원동력을 얻게 되었고, 공작 기계에 의한 기계 제작 기술의 발달로 여러 가지 기계를 제작할 수 있게 되었다. 이와 같이, 기계가 기계를 제작할 수 있게 됨으로써 기계적 생산의 공업 형태가 이루어지기 시작하였다. 작업 기계는 동력 기계로부터 에너지를 받아 목적을 달성하는 기계이며, 작업 목적에 따라 분류하면 그림 1-5와 같다.

- 작업 기계
  - 제작 기계
    - 공작 기계 — 선반, 밀링 머신, 드릴링 머신, 셰이퍼, 플레이터, 보링 머신, 기어 절삭기, 연삭기 등
    - 제조 기계 — 방적기, 직기, 제지기, 인쇄기, 제재기 등
  - 수송 기계
    - 교통 기관 — 전차, 자동차, 항공기, 선박 등
    - 운반 기계 — 체인 블록, 호이스트, 크레인, 엘리베이터, 컨베이어, 에스컬레이터 등
  - 건설 기계 — 불도저, 스크레이퍼, 굴삭기, 시추기, 분쇄기 등
  - 기타 산업 기계 — 경운기, 콤바인, 건조기, 냉동기, 펌프, 송풍기, 배풍기, 압축기 등

그림 1-5 작업 기계의 분류

(3) 측정 기계

측정용 기계에는 치수 측정기(寸法測定機), 동력 측정기(動力測定機), 재료 시험기(材料試驗機) 등이 있다.

(4) 기타 산업용 기계

이상의 분류 범위에 속하지 않는 기계류도 많다. 즉, 냉동 기계(冷凍機械), 의료 기계(醫療機械). 이화학 기계(理化學機械), 인쇄 기계(印刷機械), 광학 기계(光學機械), 식품 가공 기계(食品加工機械) 등이 있다.

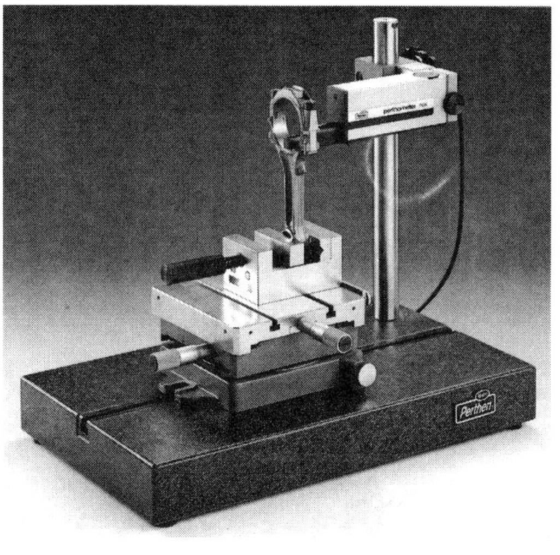

측정기

2. 기계 공학과 산업 규격

1) 기계 공학

기계 및 이에 관련되는 장치 설비를 대상으로 하는 원리, 성능, 설계, 제작, 이용, 운전 등에 대한 기초적이고 응용 분야를 연구하는 모든 학문을 과학적으로 체계화한 학문을 기계 공학(機械工學, mechanical engineering)이라 한다. 기계 공학은 순수한 과학도 아니고, 단순한 기술도 아니며, 이들 지식을 통합하여 합리적인 제품 제작을

실현하기 위한 학문이다. 따라서 기계를 대상으로 하는 기계 부분의 상태, 그 공작법, 여기에 가해지는 에너지, 사용하는 재료, 부속 요소인 기구 등에 관한 일체의 이론과 기술을 알아야 하는 극히 넓은 분야의 학문이라 할 수 있다.

한편, 공학적으로는 제작된 기계나 기계 시스템이 아무리 유용하다 하여도, 너무 고가라서 채산에 맞지 않은 제품이 되어서는 안 된다.

기계는 에너지를 받아 일을 하므로, 에너지를 유효하게 사용해야 한다. 이와 같이, 공학에서는 항상 원가(cost)와 효율 문제를 고려한 제작이 필요하다.

동력 기계에서는 주로 열역학, 열기관(증기 원동기, 내연 기관) 유체 역학, 유체 기계를 취급하고, 기구학에서는 기계에 가해지는 힘을 무시한 기계 각부의 상대 운동만을 생각한 물체의 결합, 즉 정적인 구성을 조사 연구하는 기구(機構, mechanism)를 취급한다. 또 기계 각부의 모양, 결합 방법 및 운동을 연구한다.

또 기계를 구성하는 기계 재료의 재질과 성능을 평가 시험하는 기계 재료학(機械材料學), 재료에 가해지는 힘에 의한 재료의 변형이 어떻게 되는가 등 재료의 강도와 하중에 의한 변형, 재료의 단면 등을 연구하는 재료 역학(材料力學)이 있다. 이들 학문은 기계를 설계하는 데에 중요한 기초가 된다.

이상과 같은 자료를 종합하여 설계가 완성되면 그 결과를 기계 제작자에게 바르고 정확하게 전달할 목적으로 필요한 도면을 제작하는 기계 제도(機械製圖)가 있으며 양자를 합쳐 기계 설계 제도(機械設計製圖)라 부르고 있다.

설계 제도된 도면은 기계 공장에서 기계 공작법(機械工作法)에 따라 여러 가지 공작 기계(工作機械)에 의해 가공 · 성형되며, 제품의 정밀도를 계측하거나 공작 기계를 제어하는 것은 계측(計測)과 제어(制御)에서 다룬다.

기계는 한 방향으로만 움직이는 것이 아니라 미세 움직임이 따른다. 즉, 전동기의 시동, 운전, 정지, 속도 조정 등이 학문적으로 이어지는 것을 제어 공학(制御工學)이라 한다. 변화의 신호를 잡아 거기에 대응하는 상태로 유지 관리하기 위해서는 피드백 시스템(feedback system)이 고려되어야 하며, 이것이 제어 공학의 중심이 된다.

이와 같은 제어를 생산에 결부시켜 생산 방법과 그 속도에 대응하는 생산량 등을 구하는 생산 시스템 공학이 학문 체계로 완성되었다. 이 밖에도 생산 시스템이나 기계의 상태를 파악 관리하는 기계 계측학(機械計測學)과 작업용 기계의 계획 설계와 성능에 대한 학문 체계로 산업 기계학(産業機械學)이 있다.

아울러 동력 기계의 주류인 열기관과 수차(풍차)에 대해서도 똑같은 과정을 거쳐 제작된다. 물론 열기관에 대해서는 열의 이동 외에 열사이클을 대상으로 하는 열역학

(熱力學)과 그 기구나 작동을 상세하게 설명한 열기관(熱機關)에 대한 지식이 필요하다. 또 수차나 물펌프에 대해서는 이들 내용을 대상으로 하는 유체 기계(流體機械)와 유체의 거동이나 운동을 취급한 유체 역학(流體力學)의 도움을 받아야 한다.

또한 산업용 기계 설비로서 하역 기계와 운반 기계 설비, 건설 및 광산 기계, 공기 조화 설비 등도 포함된다. 이상과 같이 좁은 의미의 '기계'를 연구 · 개발하거나 제작하기 위해서는 각 장에서 설명하는 기본적인 학문을 기초로 하게 되며 이들을 통틀어 '기계 공학(機械工學)'이라 부르고 있다.

최근에는 과학 기술의 급속한 발달로 인해 일렉트로닉스(electronics)의 출현, 컴퓨터의 발전, 신소재의 개발 등 그 변화가 대단히 크다. 또 초정밀 가공 기술(超精密加工技術)이나 초미세 가공 기술(招微細加工技術) 등 새로운 기술의 중심적 역할을 기계 공학이 담당하고 있다. 그리고 다종 다양한 부품을 가공하기 위해서 FMS(flexible manufacturing system)를 실현하여 공장의 무인화가 실현되고 있다. 또한 각종 수치 제어(numerical control : NC) 공작 기계, 지능 로봇, 컴퓨터가 유기적으로 관계되면서 기계 공학은 새로운 전자 · 정보 · 재료 공학의 이용으로 지속적인 개발과 발전을 이루고 있다.

2) 산업 규격과 단위

(1) 산업 규격

1 주요국의 산업 규격

기계 재료를 종류, 조성, 성질, 모양 등에 따라 일정한 규격품으로 생산하면 기계를 설계하거나 설계 도면에 따라 가공 제작할 때 알맞는 재료를 선택하는 데 매우 용이하고 능률적이다. 일반적인 기계 재료의 종류와 성분 · 성질 등에 대해서는 각 나라마다 공공 기관에 의해 제정된 산업 규격을 적용하고 있다.

우리 나라의 산업 표준화는 1961년에 한국 공업 규격이 제정 공포되어 사용되었는데, 1992년에 이 법에 의한 규격을 한국 산업 규격(Korea Industrial Standards : KS)이라 하였으며 기계 재료에 대한 규격을 규정하고 있으며, 규격에 합격한 제품에는 이를 증명하는 KS 마크를 붙인다.

제정된 규격에 대해서는 기술의 발달, 생산 여건의 변동, 국제 동향 등을 반영하기 위하여 제정 후 산업 표준 심의회에서 확인을 하게 되는데, 필요에 따라 개정 또는

표 1-1 주요국의 산업 규격명과 국제 표준화 기구

규격명	규격 기호
한국 산업 규격	KS (Korea Industrial Standards)
영국 표준 규격	BS (British Standards)
독일 공업 규격	DIN (Deutsche Industric Normen)
미국 표준 규격	ASA (American Standard Association)
일본 공업 규격	JIS (Japanese Industrial Standards)
국제 표준 규격	ISO (International Organization for Standardizations)

폐지할 수 있다. 이 밖에도 재료를 공급하는 특정 기업이나 사용하는 공장에서 특정한 규격을 정하여 공급하거나 수급 받아 사용하는 경우도 적지 않다. 표 1-1은 주요국의 국제 표준화 기구의 명칭과 약호를 나타낸 것이다.

KS 마크

2 한국 산업 규격

기본 규격

한국 산업 규격은 내용에 따라 기본 규격, 방법 규격 및 제품 규격으로 나뉜다. 기본 규격은 생산자와 소비자 사이에 전달 수단을 제공하기 위한 것으로, 주로 기술적 용어, 기호, 단위 등의 통일을 목적으로 제정한 규격이다. 방법 규격은 시험, 분석, 검사 방법 등의 표준화를 위해 제정된 규격이며, 제품 규격은 제품의 종류, 형상, 품질, 성능, 치수 등에 대하여 제정한 규격이다.

KS 표시 허가 제도는 공업 표준화를 위하여 제정된 산업 규격을 활용하게 하고 소비자를 보호하기 위한 제도로, 규격에 따라 제정된 상품에 그것이 규격에 맞게 제조되었다는 특별한 표시를 하는 것이다. 한국 산업 규격에 합당한 제품을 생산하고 KS 표시를 원하는 기업에 대하여 정부가 심사한 다음 'KS 마크'를 제품이나 포장에 표시할 수 있도록 허가하고 있다.

이와 같이 KS가 붙어 있는 상품을 KS 상품이라 하며, 정부에 의해 품질을 보증받게 된다. KS 허가를 받은 제조자는 제품에 한국 산업 규격에 합당하다는 표시를 할 수 있는 반면에, 제품에 대한 책임을 지게 된다. 따라서 KS 표시 허가를 받은 제조업체는 품질 보장에 필요한 기술적 생산 조건을 적절히 유지, 향상시키도록 노력해야 한다.

표 1-2 한국 산업 규격의 분류

분류 기호	부문	분류 기호	부문	분류 기호	부문
A	기본 부문	H	식료품 부문	Q	품질 경영 부문
B	기계 부문	I	환경 부문	R	수송 기계 부문
C	전기 부문	J	생물 부문	S	서비스 부문
D	금속 부문	K	섬유 부문	T	물류 부문
E	광산 부문	L	요업 부문	V	조선 부문
F	건설 부문	M	화학 부문	W	항공 우주 부문
G	일용품 부문	P	의료 부문	X	정보 부문

산업 규격의 분류와 기호

KS에서 규격의 분류를 표 1-2와 같이 A, B, C, X의 21 부문으로 구분하고 있다. 이 중에서 기계 재료의 KS 규격은 B 부문에 해당된다.

(2) 단위

우리 나라에서는 미터 단위계를 사용하고 있으며, 영국이나 미국에서는 ft·lb 단위계를 사용하고 있으나, 최근 세계적으로 미터 단위계로 옮겨가는 경향이다. 같은 미터 단위계라도 물리 관계에서는 MKS 또는 CGS 단위계를 사용하고, 기계 관련 산업에서는 공학(重力) 단위계가 사용되고 있다.

원래 단위란 물건을 계량할 때 기준을 부여하는 것이며, 이학(理學) 공학(工學)의 관계는 밀접하고 또 국제 교류가 빈번해짐에 따라 서로 다른 많은 단위계를 사용하는 것은 대단히 불편하다. 여기서 MKS 단위계를 기본으로 합리적이고 각국에 공통적인 단위계인 국제 단위계(Le Systèm International d'Unités : SI)가 1960년에 제정

표 1-3 SI 단위계의 기본 단위와 보조 단위

단위	양	명칭	기호
기본 단위	길이	미터	m
	질량	킬로그램	kg
	시간	초	s
	전류	암페어	A
	열역학 온도	켈빈	K
	물리량	몰	mol
	광도	칸델라	cd
보조 단위	평면각	라디안	rad
	입체각	스테라디안	sr

표 1-4 SI 단위계의 대표적인 조합 단위

양	명칭	기호
넓이	제곱미터	m^2
부피	세제곱미터	m^3
속도	미터 매 초	m/s
가속도	미터 매 초제곱	m/s^2
파수(波數)	매 미터	m^{-1}
비부피	세제곱미터 매 킬로그램	m^3/kg
밀도	킬로그램 매 세제곱미터	kg/m^3
주파수	헤르츠	Hz : s^{-1}
힘	뉴턴	N : kgf · m/s^2
압력 · 응력	파스칼	Pa : N/m^2
에너지 · 일 · 열량	줄	J : N · m
일률(動力)	와트	W : J/s

주 1N(뉴턴) : 1kg 질량의 물체에 작용하여 $1m/s^2$의 가속도를 생기게 하는 힘의 단위
1Pa(파스칼) : $1m^2$에 대해서 1N의 힘이 작용하는 압력(응력)의 단위
1J(줄) : 1N의 힘에 의해 1m 이동될 때의 일에 해당되는 에너지(또는 열량)의 단위
1W(와트) : 매 초 1J의 일을 할 때의 일률(動力)의 단위

되어 그 방향으로의 통일이 확산되고 있다.

1 SI 단위계의 기본 단위

SI 단위계에는 표 1-3과 같이 길이, 질량, 시간, 전류, 열역학, 온도, 몰질량, 광도의 7개 기본 단위와 평면용, 입체용 2개의 보조 단위가 있다.

2 SI 단위계의 조합 단위

기본 단위에서 여러 가지 조합 단위가 표시되고 있다. 그 중에서 주파수, 힘, 압력(응력), 에너지(일 또는 열량) 및 일률(動力)의 각 단위에는 각각 고유의 인명(人名)이 붙어 있으며 표 1-4와 같다.

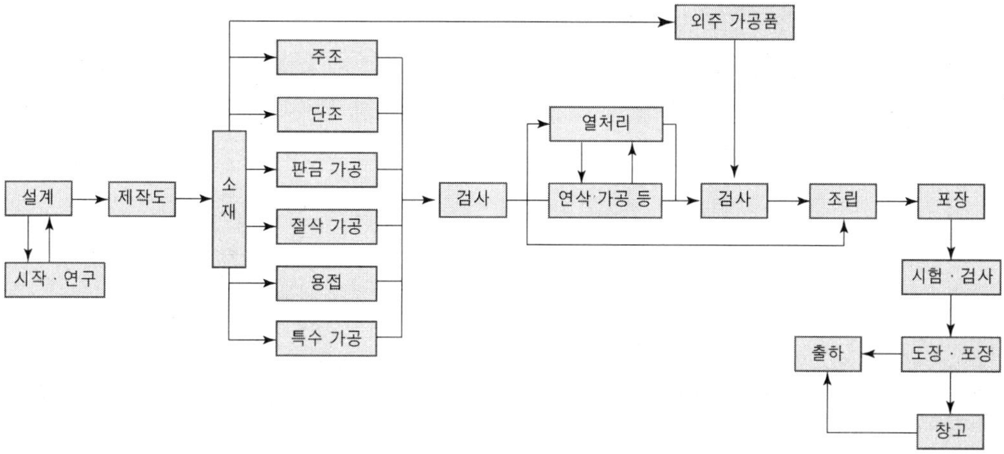

그림 1-6 기계 제작 공정

1.2 기계 제작 공정과 공작 기술

1. 기계 제작 공정

기계 제작 공정은 제작할 기계의 종류, 제작 회사의 규모, 경영상의 특색 등에 따라 공정과 방법이 다를 수 있다. 일반적으로 그림 1−6과 같은 공정으로 작업이 이루어지고 있으며, 그 공정 관리도 그림 1−7과 같이 자동화되고 있다.

그림 1−8에서의 작업 순서는 모든 공정을 자체 공장에서 수행할 경우이며, 대규모의 회사에서는 그 일부를 다른 전문 회사에 하청을 주는 경우가 많이 있으므로, 회사마다 그 공정과 규모를 달리하고 있다.

1) 기계 설계와 생산 계획 및 연구 개발

(1) 기계 제작에 필요한 계획

기계를 제작하기 위해서는, 설계나 가공 외에 그림 1−8과 같이 여러 가지 계획을 세우고, 제작에 지장이 없도록, 제작 도면을 검토하여, 부품의 가공과 조립을 모두 수행할 것인지 아니면 다른 공장에 의뢰하느냐 또는 시판되는 부품의 구매 등에 대해 검토, 결정하여야 한다.

(a) 조정실 (b) 생산 라인

그림 1-7 공정 관리의 자동화

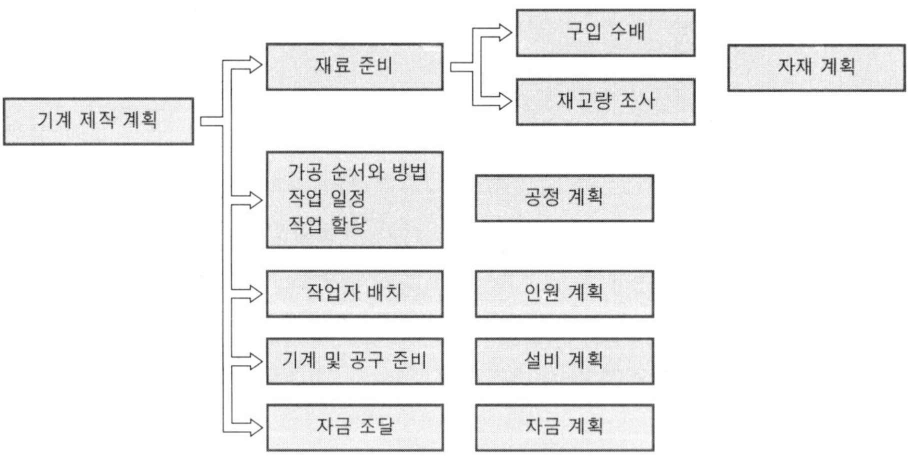

그림 1-8 제작에 필요한 계획

(2) 기계 설계

1 설계

제작하고자 하는 기계, 장치 부품 등을 정확하게 도면에 제시하기 위해 구안하는 일을 기계 설계(machine design)라 하며, 기계 제작에 있어서 제일 먼저 이루어지는 공정이다.

기계 설계는 기계 또는 장치가 요구하는 역할과 구조, 강도 등을 충분히 만족할 수 있는 재료의 모양, 크기, 재질 등 기본적인 설계 요건에 대한 기술적인 설계가 완성되면, 이것을 도면으로 작성하게 된다. 또한 자체 공장의 여건과 재료의 경제성, 제작 방법 등이 고려되어야 하며 특히 최근의 소비 경향을 감안하여 제품의 기능성 외에 겉모양과 색채 등 사용자에게 주는 인상과 편리성 등을 고려한 디자인이 강조되고 있다. 최근에는 컴퓨터를 이용한 설계, 즉 CAD(computer aided design)가 보편화되고 있으며, 여기에 더하여 CAE(computer aided engineering)이 보급 활용되면서 설계의 기초 단계에서 만든 시뮬레이션(simulation)을 분석함으로써 안전하고, 빠른 설계가 이루어지고 있다. 그림 1-9는 자동차 안전에 대한 3차원 설계(3-dimension design)의 보기이다.

2 설계와 제도

설계는 모두 도면에 나타낸다. 설계가 완료되었다는 뜻은 제도가 완료되었음을 의미한다. 기계와 부품은 도면에 제시되는 대로 가공 제작되므로 도면의 정확도는 매우 중요하다. 따라서 도면은 설계에서 기계가 제작되기까지의 과정에서 설계자의 뜻을 나타내는 하나의 수단으로 설계자가 직접 나타내는 것이므로 설계자는 기계 제도에 대한 규격

(a) 안전도 설계

(b) 충돌 안전 해석

그림 1-9 자동차 안전 3차원 설계

과 지식 및 제작 방법과 공정을 고려할 수 있어야 한다.

(3) 생산 계획

제품 제작의 기본 구상에 따라 완성된 도면이 도착되면 도면을 검토하고 공장의 생산 능력과 제품의 납기 등을 고려하여 기계 제작의 순서와 일정을 계획함과 동시에 재료를 준비하고 기계와 공구를 선정 · 정비하고 확인한다. 이와 같은 일들을 일반적으로 생산 계획이라 하며, 생산 계획에서 가장 중요한 것은 어떠한 공작 기계를 사용하며 어떤 제조 공정으로, 언제까지, 목표량의 제품을 만들어 소비자에게 공급하느냐 하는 것이다. 그리고 제작상의 난이도, 제품 원가 등을 고려하여, 이것을 주조나 단조로 할 것인지, 또는 다시 절삭 또는 연삭 등의 기계 가공이 필요한지를 결정하여야 한다.

그 밖에 가공, 조립, 검사 등을 전부 자기 공장에서 할 수 있는지, 아니면 어느 부분은 외주로 할 것인지를 검토하여 정하여야 한다. 최근에는 생산 계획을 일종의 경영 전략적 차원에서 CIM(computer integrated manufacturing) 시스템이 도입되고 있다. 이것은 CIM이 컴퓨터를 이용한 설계 생산 및 생산 관리의 통합화(integration)라는 본래의 의미에서 그 목적을 통합화를 통한 합리화와 효율화를, 궁극적으로는 생산성 향상과 원가 절감 및 품질 개선에 따른 경쟁력 제고로 확대하고 있다.

(4) 연구 개발

새로운 기계 제품은 성능과 모양 및 품질 등을 새롭게 연구 개발하고, 이들을 생산하는 공정 기술 등을 개발 연구한다. 일반적으로, 생산된 제품을 시장으로 보내게 되면 일정한 기간 동안 성장 제품이 되다가 점차 사양화되어 결국에는 시장에서 사라지게 된다. 이러한 기간을 제품의 수명 주기(壽命週期, life cycle)라 하는데, 이 주기는 기술의 발달에 따라 점차 짧아지고 있다.

오늘날은 기술 혁신을 통한 경쟁 시대이므로, 기존에 사용되고 있는 제품의 성능이나 품질을 지속적으로 개선하고, 새로운 제품을 연구 개발하지 않으면 기술 경쟁에서 뒤처지게 된다.

신제품을 개발할 경우에는 아이디어(idea)를 창출하여 신제품을 구상하고, 이를 설계하여 시험 제품인 시제품(試製品)을 제작한다. 시제품은 여러 가지 시험과 품평 과정을 거쳐 성적이 좋으면 신제품으로 확정하고, 제품에 대한 자료를 토대로 보완하여 최종적으로 제품 설계를 하게 된다. 그러나 이러한 과정은 많은 시간이 소요된다.

이를 해결하기 위한 수단으로 등장한 것이 CAD/CAM/CAE와 CIM 등이라 할 수 있다. 많은 자료와 시뮬레이션을 통한 엔지니어링 구사로 신제품 개발 생산에 크게 기여하고 있다.

2) 생산 공정

(1) 부품 가공과 조립 및 검사

생산 계획이 확정되면 작업에 들어간다. 기계 제품을 구성하고 있는 주된 재료는 주물, 봉재, 판재, 선재 등이다. 이들 재료는 기계 공장, 판금 공장, 용접 공장, 조립 공장 등에서 도면에 따라 가공된다. 가공된 부품은 모양과 치수 등을 검사하고, 합격된 부품을 조립 공정에 보내 조립하게 된다.

부품 검사는 가공 도중에, 또는 부품이 완성된 다음에 하고 제품에 대한 검사는 그 부품이 조립된 최종 단계에서 제품의 모양과 치수 성능에 대하여 시험과 검사를 한다. 최근에는 이 분야도 그림 1-10과 같이 컴퓨터를 사용하여 자동화한 CAT(computer aided testing)가 도입되어 제품 생산의 생력화(省力化)가 이루어지고 있다.

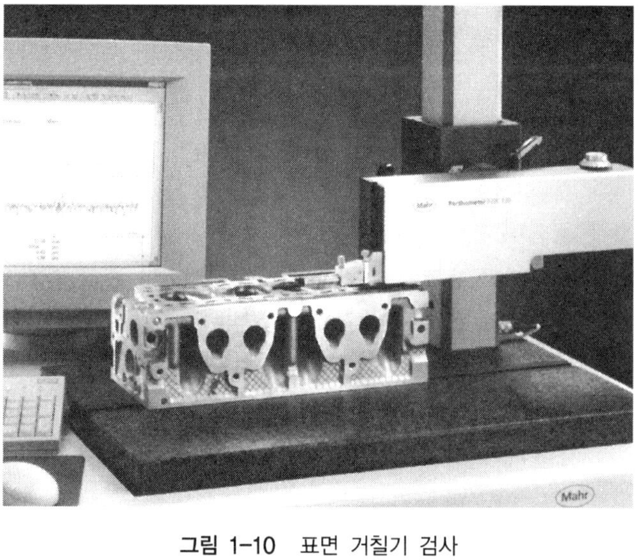

그림 1-10 표면 거칠기 검사

그림 1-11 제품의 자동 포장

그림 1-12 자동 창고

(2) 도장과 출하 · 발송

최종 검사에 합격한 제품은 지정한 대로 도장을 한다. 제품의 도장은 금속의 녹방지와 제품의 겉모양을 아름답게 하는 데 목적이 있으나 색채를 선택할 때는 공업 디자인 관점에서 신중한 고려가 있어야 한다. 포장과 출하도 소홀히 다룰 수 없는 중요한 공정이다. 운반 도중에 제품에 손상이 생기는 일이 없도록 하여야 한다. 합리적인 포장과 출하 발송은 경제적일 뿐 아니라 발주자에게 신뢰감을 주고, 제품의 가치도 높이는 역할을 한다. 최근에는 산업 로봇을 이용한 도장과 포장이 자동화되고 있으며, 그림 1-11과 같이 완성된 제품을 자동 포장기를 사용하여 포장함과 동시에 산업 로봇과 무인 반송차에 의해 그림 1-12와 같은 자동 창고에 반송 정리 관리하여 출하를 기다리게 된다.

3) 기계 공장의 조직과 무인화

(1) 기계 공장의 조직과 규모

기계 제품을 제작하는 공장의 조직과 규모는 생산 제품의 종류와 생산 기술 수준에 따라 다르다. 일반적인 공장의 생산 체제와 규모는 기계 제작 공정에 따라 각 공장이 정하거나 공장의 규모나 설비에 따라 변경 조정하여 조직하게 된다.

그림 1-6과 같은 제작 공정에 부합되는 생산 현장으로 목형 공장(木型工場, pattern shop), 주물 공장(鑄物工場, foundry), 단조 공장(鍛造工場, forging shop), 열처리 공장(熱處理工場, heat treatment shop), 기계 가공 공장(機械加工工場, tool machine shop), 조립 공장(組立工場, fitting and assembling shop), 검사 시험실(檢査試驗室, inspection and testing room) 등 모든 조직을 갖고 있는 공장은 많지 않으며 어느 일부가 생략되거나 외주에 의존하게 된다. 또한 각종 금형과 공구, 지그 등을 제작 관리하는 치공구 공장, 전기 기기, 전장품 등을 공급 보수 관리하는 전기 공작실 등도 필요하다. 그러나 기계 공장의 조직은 제작 생산되는 제품의 종류, 회사의 규모 등에 따라 다르다. 그리고 좋은 기계를 효율적으로 제작하기 위해서는 기계 공장에 연구 개발실, 설계 제도실, 생산 관리실 등의 지원 부서가 있어야 한다.

(2) 생산 방식

제품의 생산 방식은 생산 초기의 수주 형태에 따라 그림 1-13과 같이 주문을 받아 생산하는 수주 생산(受注生産)과 수요를 예측하여 제작하는 예측 생산(豫測生産)으로 분류할 수 있다. 제품의 종류와 수량에 따라서는 다품종 소량 생산(多品種少量生産)과 소품종 대량 생산(少品種大量生産)으로 분류한다. 또한 제품 생산 공정의 흐름에 따라서는 제품 한 개 한 개를 완성하는 개별 생산(個別生産), 동일 제품을 일정량씩 나누어 생산하는 로트 생산(lot 生産), 그리고 동일 제품을 생산 라인에서 연속적으로 대량 생산하는 연속 생산(連續生産)으로 분류한다.

(3) 생산의 자동화와 무인화

자동 작업(automation operation)과 자동 생산(automation production)을 합한 뜻

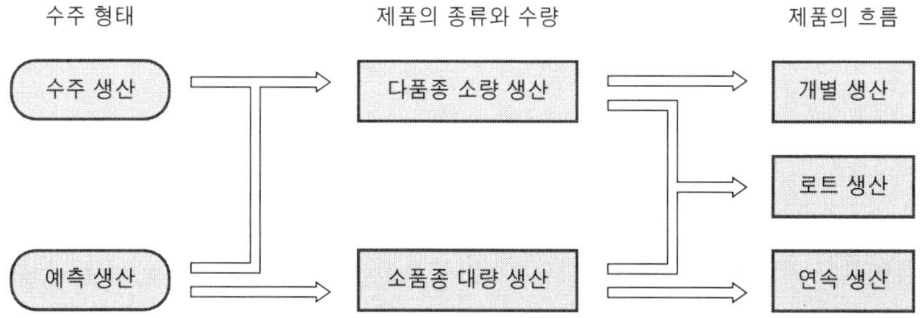

그림 1-13 생산 방식

그림 1-14 고정밀 자동 조립 라인

을 가지는 자동화(automation)는, 1947년 미국의 Ford 자동차 회사에서 자동차 기관의 조립 작업에서 일관 작업 방식(flow system)을 채택한 것을 시초로 이루어졌으며, 현대 산업에서는 기계 가공을 비롯한 모든 산업 활동의 생력화(省力化)에 필수적으로 적용되고 있다. 최근에는 생산 공정에 메커트로닉스(mechatronics) 기술이 적용 확대되면서 산업로봇을 구사하는 가공의 자동화에서 조립, 도장, 포장 작업 그리고 창고에 입고하고, 적기에 출고하는 물류 시스템을 이루어 자동 창고와 연계하는 무인화(無人化) 공장으로 발전하고 있다. 그림 1-14는 고정도, 고품질의 전자 제품을 생산하는 FA system의 생산 라인의 보기이며, 기계 공작법에 대한 꾸준한 연구 개발로, 고속, 고정밀도의 조립용 로봇에서부터 전용 기계 및 검사 조정 시스템에 이르기까지 다양한 자동화 기계 및 생산 라인의 개발과 보급이 이루어지고 있다.

2. 기계 제작 기술

1) 각종 기계 공작법

기계 부품을 가공 형성하는 기계 공작법에는 그림 1-15 (a), (b), (c), (d)와 같이 재료를 절삭하지 않고 형성하는 방법과, 그림 1-15 (e), (f), (g)와 같이 절삭에 의해 형성하는 공작법이 있다.

(1) 금속을 용융하여 성형 가공하는 공작법

금속 재료는 가열하여 어느 온도에 달하면 용액으로 되는 성질(鑄造性)이 있으므로 이 성질을 이용하면 형상이 복잡한 부품이라도 쉽게 성형할 수 있다.

예를 들면, 자동차의 실린더 블록을 제작할 때에는 금속 재료를 가열 용해하고, 이를 실린더 블록과 같은 모양으로 제작한 주형에 주입하여 냉각시킨다. 이와 같이, 금

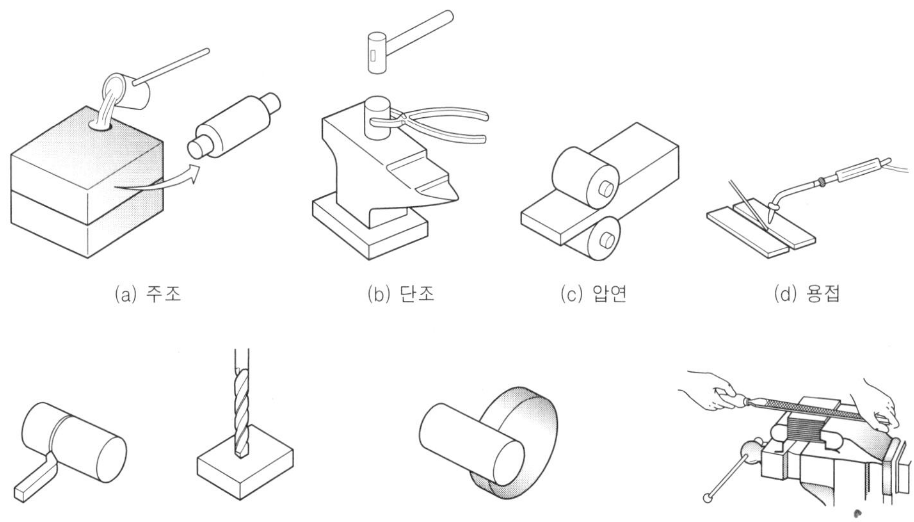

(a) 주조 (b) 단조 (c) 압연 (d) 용접

(e) 절삭 (f) 연삭 (g) 손다듬질

그림 1-15 각종 기계 공작법

(a) 주입 (b) 주물

그림 1-16 주입 작업과 주물

속 재료를 용해 주입하여 필요한 부품을 가공하는 공작법을 주조(鑄造)라 하고, 완성된 제품을 주물(鑄物, casting)이라 한다.

주물을 만들 때는 금속 재료를 용해하여 주형에 주입하는데 그림 1-16은 주입과 주물의 보기를 나타낸 것이다.

또한 두 개 이상의 금속 재료를 접합하여 성형하는 데는, 용접(熔接, welding)을 이용한다. 여기에는 적합한 부분을 용융하여 접합하는 가스 용접, 아크 용접, 저항 용접 등이 있다.

(2) 힘을 가하여 성형 가공하는 공작법

금속 재료에 힘을 가하면, 늘어나(延性)거나 줄어들(收縮)게 되고 또는 퍼지(展性)는 등의 변화가 일어나고, 가해지는 힘이 어느 한도를 넘으면 변형된 상태로 남게 된다. 이와 같은 금속 재료의 성질을 이용하여, 성형하는 공작법을 소성 가공(塑性加工)이라 한다. 그림 1-17은 소성 가공에 의해 가공된 제품의 보기이다.

(3) 절삭에 의한 공작법

재료에서 제품을 성형하는 방법으로, 절삭 공구를 사용하여 여분의 부분을 절삭하는 공작법을 절삭 가공(切削加工)이라 한다.

절삭 가공에 사용되는 기계를 공작 기계라 한다. 그림 1-18은 여러 가지 절삭 가공의 보기이다.

2) 그 밖의 공작법

그림 1-19와 같이 정밀한 가공을 목적으로 하는 특수 공작법이 있다. 여기에는 전

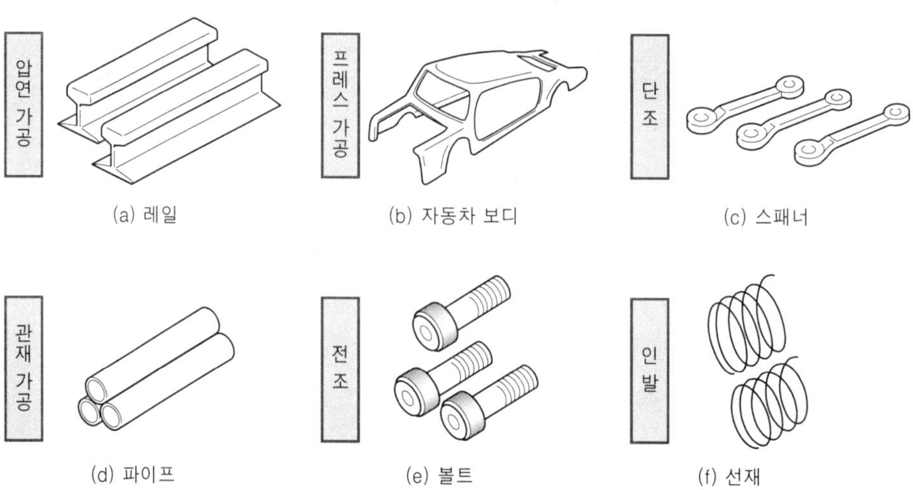

(a) 레일 (b) 자동차 보디 (c) 스패너

(d) 파이프 (e) 볼트 (f) 선재

그림 1-17 소성 가공 제품

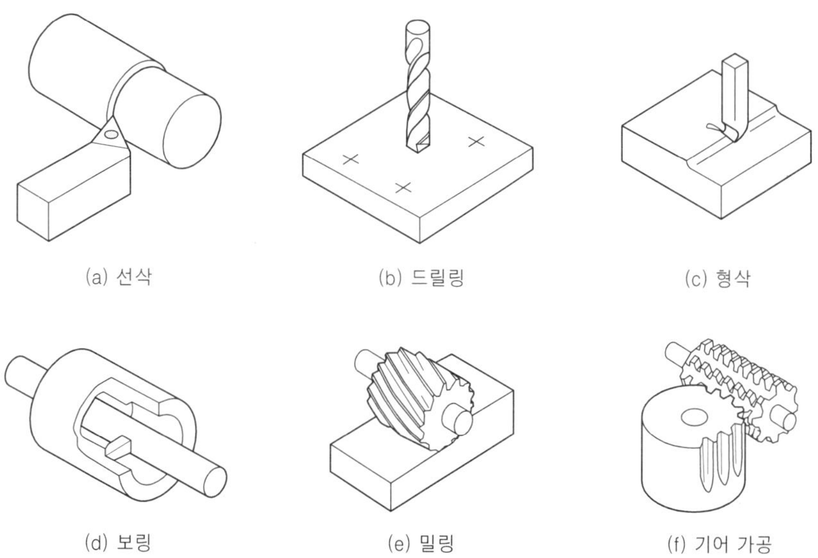

그림 1-18 여러 가지 절삭 가공

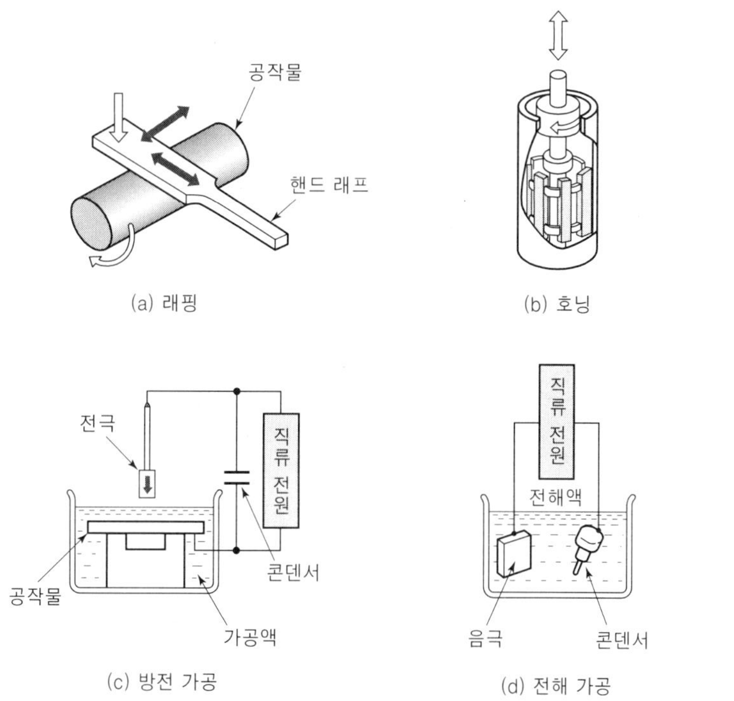

그림 1-19 특수 공작법

기적 불꽃 방전을 이용한 방전 가공(放電加工)이나 전기 화학적 원리를 응용한 전해 가공(電解加工)이 있다.

1.3 기계의 구성과 재료의 강도

1. 기계의 구성과 기구

1) 기계를 구성하는 주요 부분

기계는 다음과 같은 역할을 하는 주요 부분으로 구성되어 있다.

① 에너지를 받는 부분
② 받은 에너지를 전달하거나 변형시키는 부분
③ 소요의 일을 하는 부분
④ 이상의 각 부분을 적절한 위치로 고정 유지하는 부분

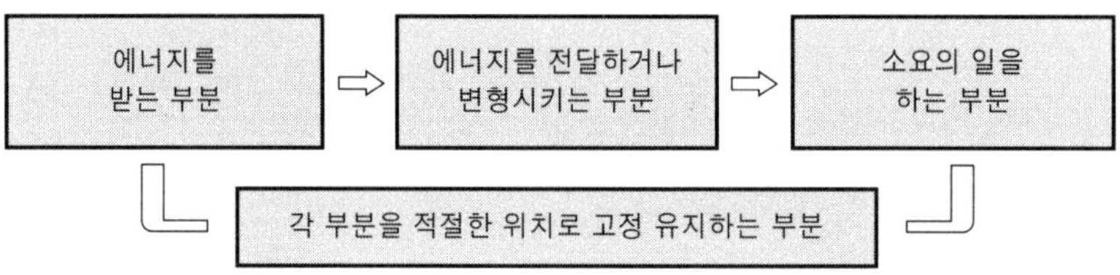

그림 1-20 기계의 구성

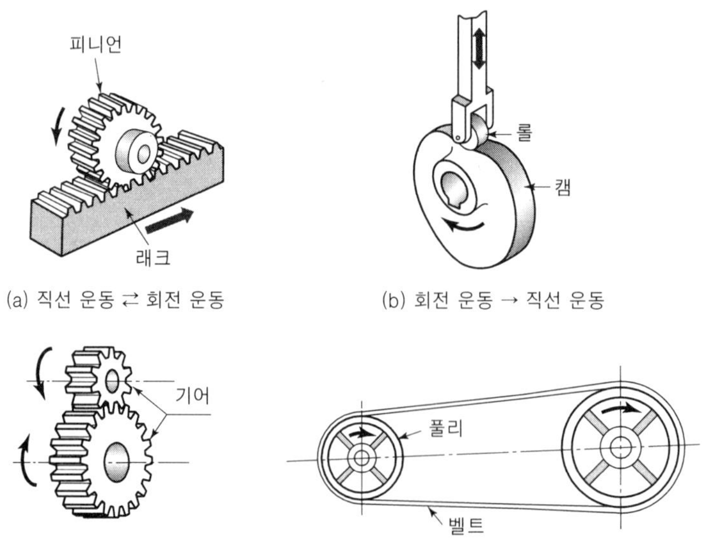

(a) 직선 운동 ⇄ 회전 운동
(b) 회전 운동 → 직선 운동
(c) 회전 운동의 전달과 속도 변환

그림 1-21 여러 가지 기구

이를 체계화하면 그림 1-20과 같다. 그림 1-21은 여러 가지 기구의 보기이다.

2) 기구

기계 각 부분에 전달하는 힘을 생각하지 않고, 운동 상태만이 기계와 같이 한정된 운동을 하는 것을 기구(機構, mechanism)라 한다. 기구에 동력을 공급하게 되면, 일정한 상대 운동을 하여 동력을 전달하고, 유효한 기계적인 일을 하는데 이 기구를 기계라 한다. 이러한 기구에 대하여 구성, 운동 및 역할 등에 대하여 연구하는 학문을 기구학(機構學, theory of mechanism)이라 한다.

기계에는 크고 작은 것 등 여러 가지가 있으며, 기계 각 부의 운동 방식은 복잡한 것으로 보이는 기계에 있어서도 몇 개의 기구의 조합으로 구성되고 있음을 알 수 있다. 기구학상 기구를 조사하거나 구안하는 경우에는 부품의 크기나 형상 또는 사용 재료 등은 무시하고, 각 부품의 치수 비율과 구조만을 생각하면 된다. 즉, 기계를 구성하고 있는 각 부품을 그림 1-22와 같이 점과 선으로 나타낼 수가 있다.

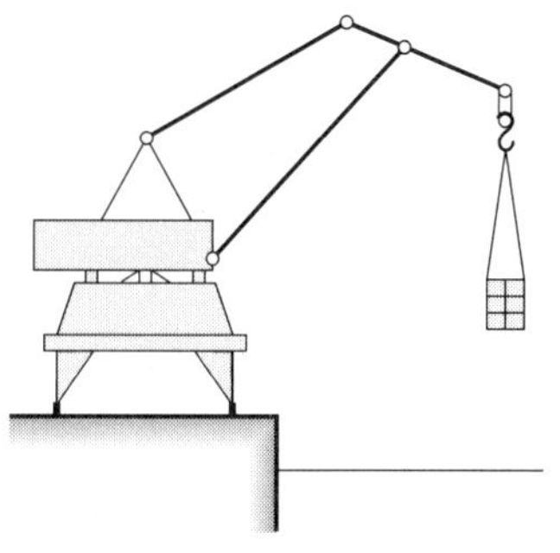

그림 1-22 크레인

(1) 기소

기계나 기구 등은 많은 부품의 조합으로 이루어지고 있다. 이들 부품은 접촉하에 상호 운동을 하게 되는데 이와 같이 조합을 이루는 각 부품을 기구학상으로 기소(機素, machine element)라 한다.

(2) 짝

축과 베어링, 피스톤과 실린더, 기어와 기어가 서로 접촉한 상태에서 운동하는 2개의 기소의 조합을 짝(對偶, pair)이라 한다.

그림 1-23은 짝의 종류를 나타낸 것으로, 그림 1-23 (a)의 미끄럼 짝은 직선 운동을, 그림 (b)의 회전짝은 회전 운동을 하는데, 그림 (c) 나사짝은 암나사를 고정하면 수나사가 회전 운동을 하면서 동시에 직선 운동을 하게 된다.

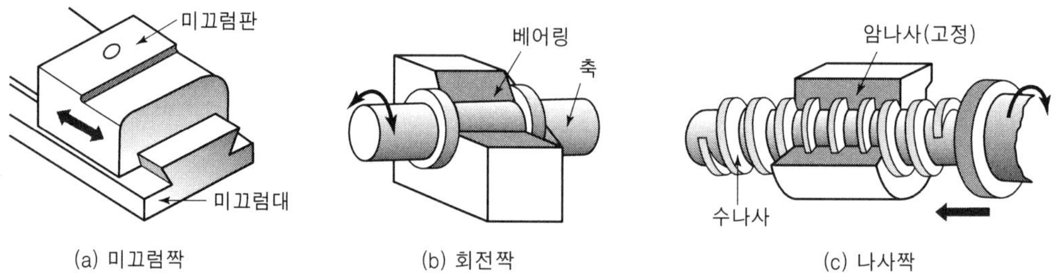

그림 1-23 여러 가지 짝

기계는 짝의 조합에 의해 운동을 전달하게 되는데 반대로 회전 운동을 직선 운동으로 또는 운동 속도를 변환하기도 한다.

2. 구성 재료의 강도

1) 기계에 작용하는 힘과 일

기계는 각 부품(기소)이 상호 운동으로 전달받은 에너지로 소요의 일을 하게 되며, 운동과 에너지의 전달이 주된 일이 된다. 따라서 기계의 각 부분에는 에너지를 전달하기 위하여 필요한 힘이 작용하게 되므로 이에 저항할 수 있는 강도가 요구된다.

예를 들면, 그림 1-24와 같은 내연 기관의 기구에서, 폭발에 의해 피스톤에 힘이 가해지면, 커넥팅 로드에 힘이 전달되고 이것을 아래쪽으로 움직이게 함과 동시에 피스톤 핀과 커넥팅 로드에 거쳐 크랭크축에 회전력을 가한다.

이들 각 부의 기소는 작용하는 힘에 견딜 수 있는 강도를 갖고 있어야 한다.

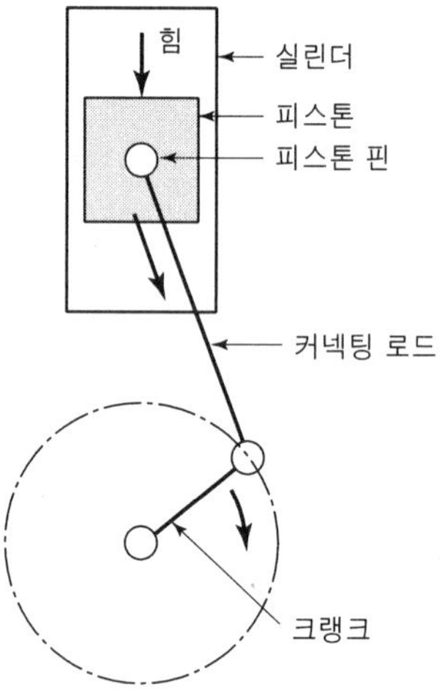

그림 1-24 내연 기관의 기구와 에너지의 전달

(1) 힘의 합성과 분해

1 힘

힘(force)은 물체의 운동 상태를 변화시키거나, 물체의 형상을 변화시키는 원인이 된다. 물체에 힘이 가해질 때, 힘의 크기에 따라 물체에 가해지는 효과가 달라진다. 같은 크기의 힘도, 힘이 작용하는 위치와 방향에 따라 효과가 달라진다. 따라서 힘을 나타낼 때에는 힘의 크기, 힘의 작용점(作用點), 힘의 방향을 나타내야 한다. 힘의 방향을 나타내는 선(線)을 힘의 작용선(作用線)이라 한다.

힘의 작용을 생각할 때 중요한 요소는 힘의 방향이다. 힘과 같이 크기와 방향을 고려한 물리량(物理量)을 벡터(vector)라 부르며, 그림 1-25와 같이 화살표를 붙인 직선으로 나타낸다. 이때 작용점 O에서 힘의 크기에 비례한 길이의 선분 OA를 긋고, 그 끝에 힘의 방향을 나타내는 화살표를 붙인다. 여기 OA를 연장한 직선 $X-X$가 작용선이 된다. 힘을 수량적으로 나타내기 위해서는, 기준 단위를 정하여야 하는데, 공학에서 많이 사용하고 있는 중력 단위계(重力單位系)에서는 질량(質量) 1kg의 물체에 작용하는 중력(重力)을 힘의 단위로 하고 있으며, 이것을 1중량 kg(kgf)[1)]라 한다.

2 힘의 합성

두 힘의 합성

한 개의 물체에 2개 이상의 힘이 작용할 때, 이들 힘의 효과와 동일한 효과를 나타내는 하나의 힘을 구하는 것을 힘의 합성(合成)이라 하며, 합성된 힘을 합력(合力)이라 한다.

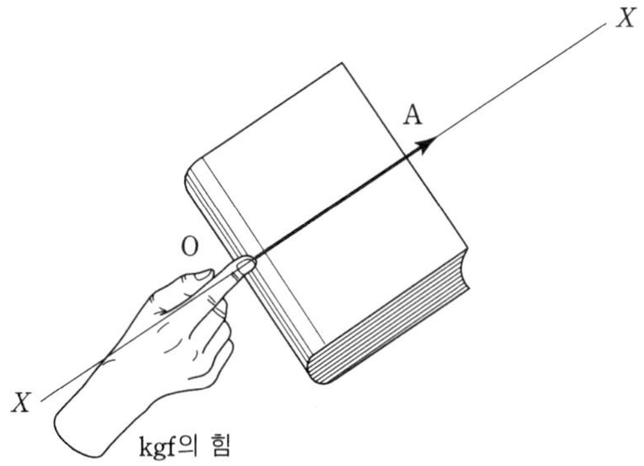

그림 1-25 힘의 도시

[1)] 국제 단위계(SI)에서 힘의 단위에 N이 사용된다. 1kgf=9.80665N(1N≒1.01972×10^{-1}kgf)

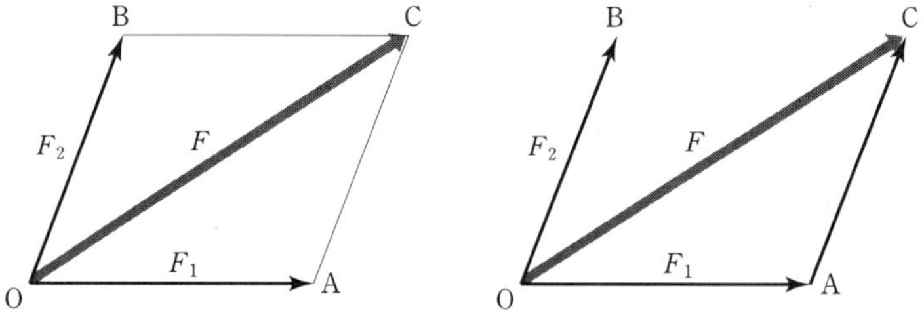

(a) 힘의 평행사변형 (b) 힘의 삼각형

그림 1-26 힘의 합성

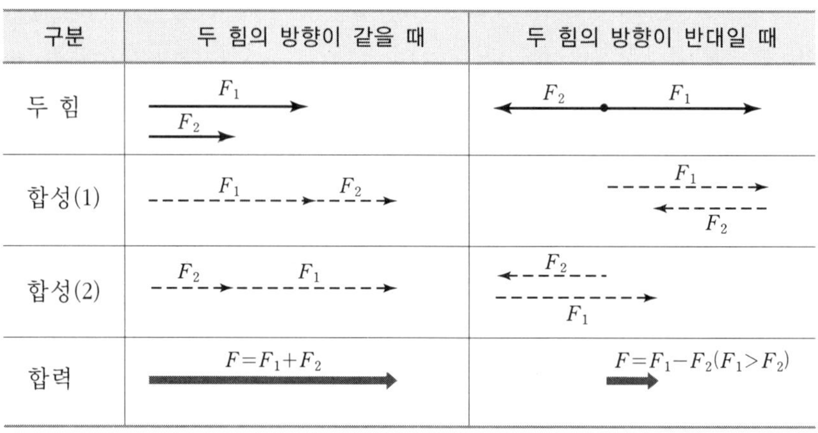

그림 1-27 작용선이 겹치는 두 힘의 합성

그림 1-26 (a)와 같이 점 O에 F_1, F_2의 두 힘이 작용할 때, 이 두 힘을 두 변으로 하는 힘의 평행사변형 OACB을 만들고, 그 대각선 OC로 나타내는 힘을 F라 하면, 이 F는 F_1, F_2의 합력이 된다. 또한 힘의 합성은 그림 (b)와 같이 하나의 힘 F_1의 화살표 끝의 A에서, 또 하나의 힘 F_2에 상당하는 선분 AC를 F_2에 나란하게 긋고, 그 끝의 C와 점 O를 연결하여 OC로 하면, OC가 합력 F가 되며, △OAC를 힘의 삼각형이라 한다. 작용선이 겹치는 두 힘의 합성은 그림 1-27과 같다.

여러 힘의 합성

여러 힘이 한 점에서 작용하는 경우의 합력을 구할 때도 두 힘의 합성 방법을 순서에 따라 되풀이하면 얻을 수 있다. 그림 1-28은 한 점에 작용하는 5개의 힘을 힘의 삼각형에 의해 합성하여 합력을 구한 보기이다. 즉, F_1의 끝에서 F_2를, 그 끝에서 F_3을 순서에 따라 긋고, 최종으로 F_1의 시작점과 F_5의 끝점을 연결하면 합력 F를

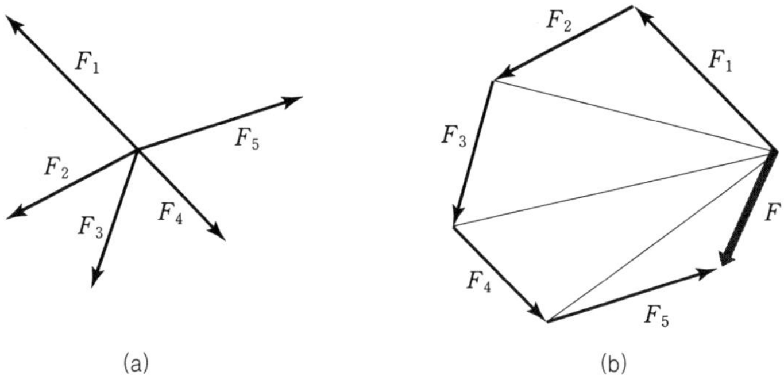

그림 1-28 여러 힘의 합성

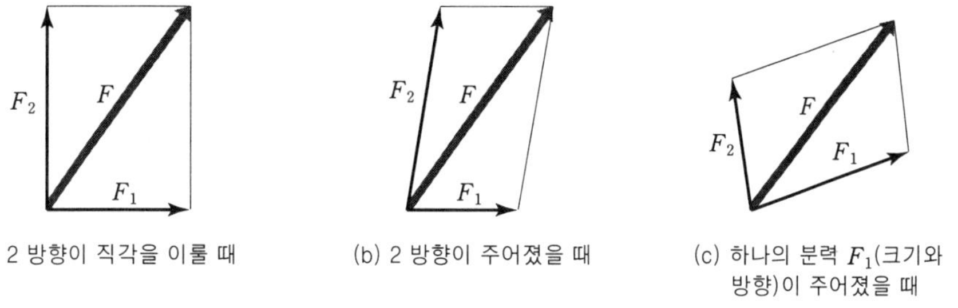

그림 1-29 힘의 분해

구할 수 있다. 이와 같이 구한 다각형을 힘의 다각형이라 한다.

3 힘의 분해

하나의 힘을, 이들과 같은 효과를 나타내는 2개 이상의 힘으로 나누는 것을 힘의 분해라 하며, 분해하여 얻어진 힘을 각각 원래의 힘의 분력(分力)이라 한다.

힘의 분해 방법은 힘의 합성과 역으로 하면 된다. 그림 1-26에서 F_1, F_2를 합성하여 F를 얻을 수 있었으나, 역으로 F는 분력 F_1, F_2로 분해된다.

그림 1-29와 같이 F를 두 개의 힘으로 분해할 경우에는 F를 대각선(對角線)으로 하는 평행사변형(平行四邊形)을 만들고, 그 두 변을 F_1, F_2로 하면, 이들이 F의 분력이 된다. 그림에서 (a), (b), (c)는 다같이 F를 대각선으로 하는 평행사변형으로, 변의 선택에 따라 분력의 크기와 방향은 바뀌게 된다.

보기 1-1 그림 1−30과 같이 12kgf와 9kgf의 두 힘이 서로 직각으로 작용할 때의 합력의 크기와 방향을 구하시오.

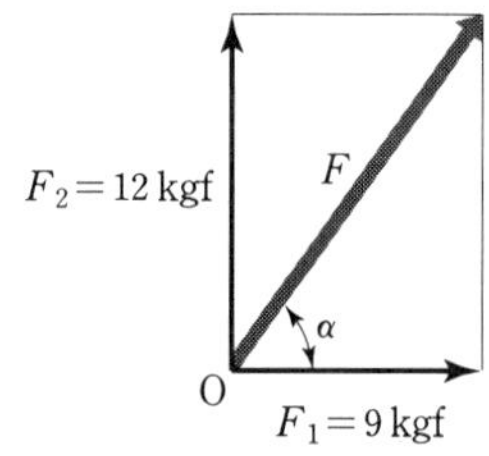

그림 1−30 보기 1-1

풀이 $F = \sqrt{F_1^2 + F_2^2} = \sqrt{9^2 + 12^2} = 15\text{kgf}$

$\tan\alpha = \dfrac{F_2}{F_1} = \dfrac{12}{9} = 1.33$

따라서 $\alpha = 53.1°$

답 합력의 크기 : 15kgf
그림에서 9kgf의 힘과 이루는 각 : 53.1°

(2) 힘의 모멘트와 우력

1 힘의 모멘트

스패너로 너트를 조일 때에는, 그림 1−31 (a)와 같이 손의 위치가 너트에서 멀리 떨어질수록 힘이 적게 든다. 이와 같이 물체의 회전에 대한 힘의 작용 효과를 힘의 모멘트(moment of force)라 한다. 그리고 힘의 모멘트에 의한 회전의 중심을 회전 중심, 회전 중심에서 힘의 작용선까지의 수직 거리를 모멘트의 팔(腕)이라 한다. 그림 (b)에서 힘을 F, 모멘트의 팔 길이를 r이라 하면 힘의 모멘트 M은

$$M = Fr \tag{1-1}$$

이 된다. 힘의 모멘트의 단위로는 kgf · mm, kgf · m 등이 사용된다.

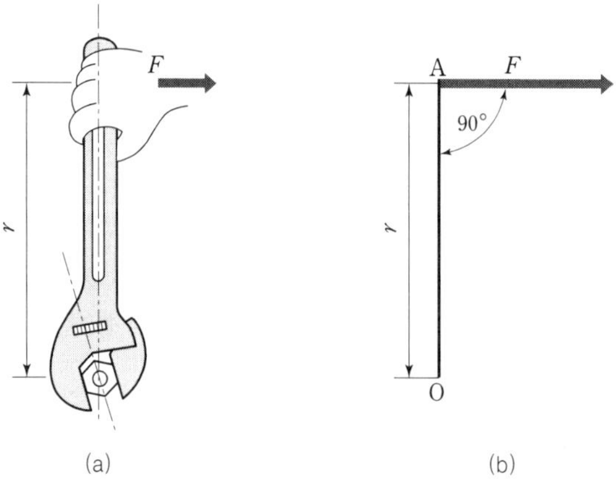

그림 1−31 힘의 모멘트

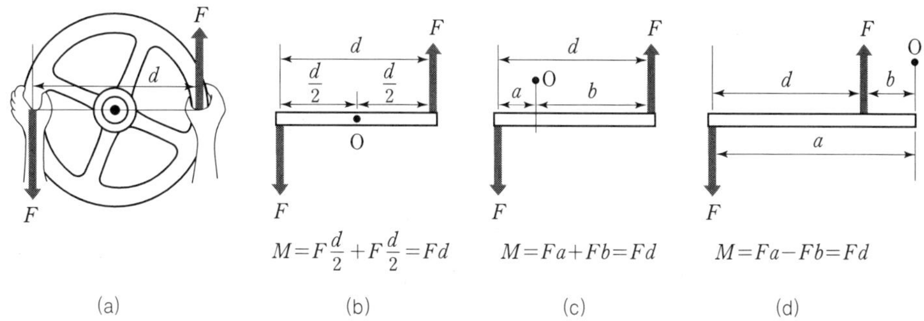

그림 1-32 우력의 모멘트

2 우력

크기가 같으면서 반대 방향으로 평행한 두 힘은, 하나의 힘으로 합성할 수 없다. 그림 1-32 (a)와 같이 핸들을 돌리는 두 힘을 더하면 0이지만 균형을 이루고 있는 것이 아니라 핸들을 돌리는 일을 한다.

이와 같이 크기가 같으면서 반대 방향으로 평행한 한 쌍의 힘을 우력(偶力, couple, couple of forces)이라 하며, 우력이 갖는 회전하려는 작용을, 우력의 모멘트(moment of couple)라 한다. 우력 모멘트는 그림 1-32 (a), (b), (c)와 같이 회전 중심 O의 위치에는 무관하다. 그 크기를 M이라 하면,

$$M=Fd \qquad (1-2)$$

여기서 d는 우력 F의 작용선 간의 거리이며, 이를 우력의 팔이라 한다.

(3) 중심

물체는 일반적으로, 그림 1-33과 같이 다수의 작은 부분의 집합체로 간주할 수 있다. 각 부분에 무게 w_1, w_2, w_3이 작용하는데, 이들은 연직 하방(鉛直下方)에 작용하는 평행력(平行力)이다. 이들 무게의 합력 W(물체의 무게)의 작용선은 언제나 물체 고유의 1점 G를 통한다. 이 점을 물체의 중심(重心, center of gravity)이라 한다.

(4) 운동

물체가 시간에 따라 위치를 바꾸는 것을 운동(運動, motion)이라 하며, 물체가 운동하고 있을 때는 위치가 변한다. 이것을 변위(變位, displacement)라 한다. 변위는

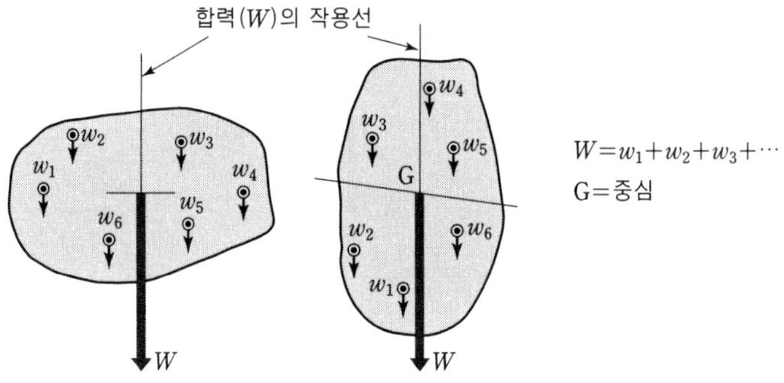

그림 1-33 중심의 위치

위치를 변화한 양(길이)과 방향으로 나타낸다.

1 속도와 가속도

● 속도

단위 시간의 변위의 비율을 속도(速度, velocity)라 한다. 변위와 속도는 크기와 방향을 갖는 양(量), 즉 벡터(vector)이므로, 이들은 힘과 같이 합성과 분해를 할 수 있다. 속도를 다룰 때, 방향을 생각하지 않고 속도의 크기(수치)만을 표시할 때가 있는데, 이때에는 속력(速力, speed) 또는 빠르기라 한다.

속도가 일정한 운동, 즉 속력이 같은 직선 운동을 등속 운동(等速運動)이라 한다. 등속 운동에서 시간 t의 사이에 거리 s만큼 이동할 때의 속도를 v라 하면 다음 식과 같다.

$$v=\frac{s}{t} \qquad s=vt \tag{1-3}$$

속도의 단위는 m/s, m/min, km/h 등으로 표시한다.

속도가 일정하지 않은 운동에서는 식 (1-3)의 v는 평균 속력(직선 운동에서는 평균 속도)를 나타낸다.

그림 1-34에서 어떤 물체가 점 A에서 시간 t 이후에 점 B에 이르렀을 때, 그 간의 경로 APB의 거리를 s라 하면

$$v=\frac{s}{t}$$

를 경로 AB 사이의 평균 속력이라 한다.

경로상의 어떤 점 P의 속도의 방향은 그 위치에 있는 경로의 접선 방향이 된다.

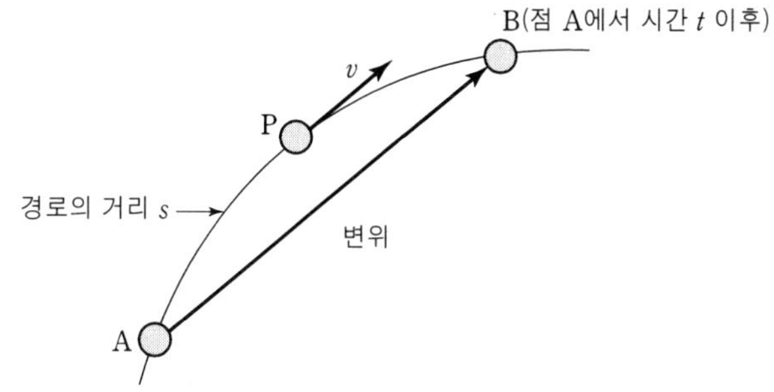

그림 1-34 평균 속력

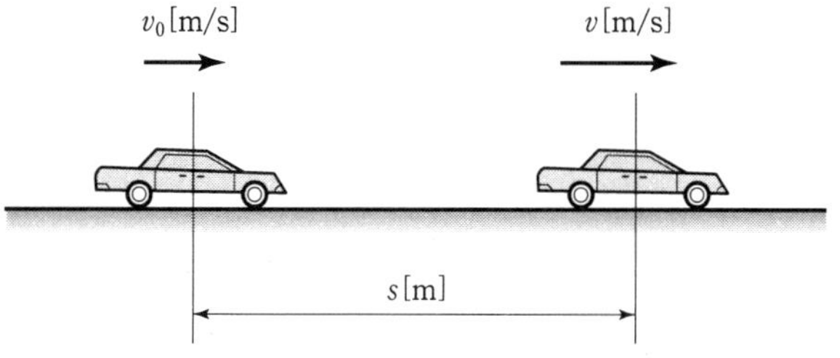

그림 1-35 가속도

가속도

시간에 대한 속도 변화의 비율, 즉 시간에 생기는 속도의 변화를 가속도(加速度, acceleration)라 한다. 또 가속도가 일정한 운동을 등가속도 운동(等加速度運動)이라 한다. 가속도는 벡터양인데, 속도가 일정한 운동에서 가속도는 0이다. 1초당 1m씩 속도가 증가할 때 가속도의 크기를 $1\,m/s^2$과 같이 나타낸다.

그림 1-35에서 등가속도 운동을 하고 있는 자동차의 속도가, 시간 t 동안 v_0에서 v가 되었다고 할 때, 속도의 변화는 $v-v_0$이므로, 가속도 a는 다음 식으로 나타낼 수 있다.

$$a=\frac{v-v_0}{t}\ [m/s^2] \qquad (1-4)$$

가속도가 일정하지 않은 운동에서는 식 (1-4)는 시간 t 동안 평균 가속도를 표시한다. 따라서 등가속도 운동에 있어서 가속도 a, 처음 속도 v_0을 알고 있을 때에는 t초 후의 속도 v는 다음 식으로 나타낸다.

$$v=v_0+at \qquad (1-5)$$

그리고 처음 속도 v_0, t초 후의 속도 v 사이의 이동 거리 s는 다음 식으로 구할 수 있다.

$$s=v_0t+\frac{1}{2}at^2 \qquad (1-6)$$

보기 1-2 시속 60km로 주행하는 자동차에 제동(制動)을 걸었더니 20초 이내에 정지하였다. 가속도와 정지하는 동안 주행한 거리를 구하시오.

풀이 $60\text{km/h}=\dfrac{60\times1000}{60\times60}\text{ m/s}=16.6\text{m/s}$

$v=0\text{m/s}$, $t=20\text{s}$이므로, 식 (1-4)에 따라

$$a=\frac{v-v_0}{t}=\frac{0-16.6}{20}=-0.83[\text{m/s}^2]$$

$$s=\frac{v_0+v}{2}t=\frac{16.6+0}{2}20=166[\text{m}]$$

답 가속도 : -0.83m/s^2
거리 : 166m

2 주속도와 각속도

그림 1-36과 같이 반지름 r의 원주상의 점 P가 회전하고 있을 때, 이 점이 한 바퀴 도는 데 소요되는 시간, 즉 주기(周期)를 T라고 하면, 점 P의 주속도(周速度, peripheral velocity)의 크기 v는 다음 식으로 나타낼 수 있다.

$$v=\frac{2\pi r}{T} \qquad (1-7)$$

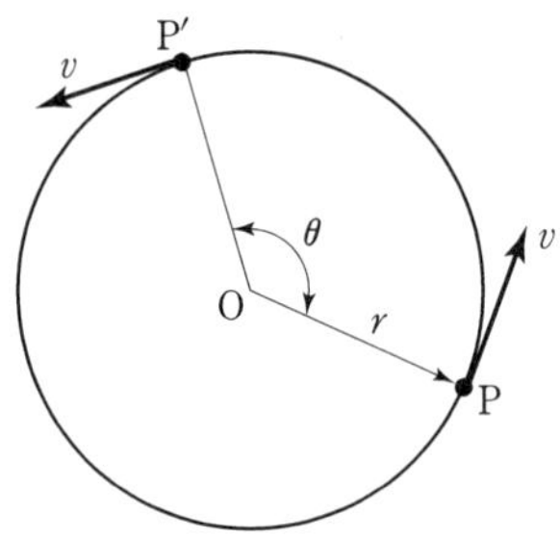

그림 1-36 원운동

여기서 주속도 v의 방향은 언제나 원주의 접선 방향을 향하고 있다. 원운동에서 속도를 나타낼 때에는 단위 시간당의 각도의 변화로 나타내며, 이것을 각속도(角速度, angular velocity)라 한다.

그림 1-36에서 점 P가 O를 중심으로 등속 회전 운동을 하여 시간 t[s] 사이에 회전각 θ[rad][2)]만큼 회전하여 점 P가 새로운 위치 P′에 왔다고 하면, 이 점의 각속도 ω는 다음 식으로 나타낼 수 있다.

$$\omega = \frac{\theta}{t} \ [\text{rad/s}] \qquad (1-8)$$

여기서 점 P의 주기를 T[s]라 하면, 1회전하는 데 필요한 각도는 2π rad이므로, 이때의 각속도 ω[rad/s]는 다음식과 같다.

$$\omega = \frac{2\pi}{T} \qquad (1-9)$$

식 (1−7), (1−9)로부터 다음 식을 얻을 수 있다.

$$v = r\omega \qquad (1-10)$$

그리고 원운동으로 속도를 나타낼 때에는 단위 시간당의 회전수 n으로 나타낼 때도 있다. 이것을 회전 속도(回轉速度, rotative velocity)라 하며, 단위로는 rpm(revolution per minute), rps를 사용한다. 이들은 각기 매분의 회전수, 매초의 회전수를 나타낸다. 회전 속도 n[rpm]와 각속도 ω[rad/s]와의 관계는

$$1\text{rpm} = \frac{1}{60}\ \text{rps} = \frac{2\pi}{60}\ \text{rad/s}$$

로, 다음 식으로 나타낸다.

$$\omega = \frac{2\pi}{60} n \qquad (1-11)$$

3 구심력과 원심력

가속도의 방향이 속도 v에 직각이고, 원의 중심을 향하는 가속도를 구심 가속도(求心加速度)라 하며, 원운동에서 구심 가속도를 일으키는 힘을 구심력(求心力)이라 한다.

여기서 물체의 무게를 W, 구심 가속도를 a라 하면, 구심력 F는 다음 식으로 나타낼 수 있다.

---

2) 라디안(radian, rad)은 각도의 크기를 나타내는 단위이며, 반지름 r의 원주상에 r의 길이와 같은 원호를 취하였을 때, 이 원호에 대한 중심각의 크기를 1rad이라 한다. 원주를 r로 나누면 2π가 되므로, 360°는 2πrad이 된다. 반지름 r[mm]의 원호의 길이 l[mm]와 중심각 θ[rad] 사이에는 다음의 관계가 있다.

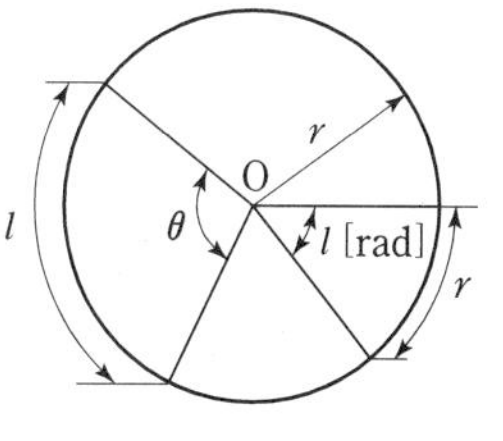

$$\theta = \frac{l}{r} \qquad l = r\theta$$

$$F=\frac{W}{g}a=\frac{W}{g}\cdot\frac{v^2}{r}=\frac{W}{g}r\omega^2 \qquad (1-12)$$

그림 2-21에서 등속 원운동을 하는 물체 P의 균형(均衡)을 생각할 때에는 구심력에 대해 크기가 같고 방향이 반대면 힘(慣性의 힘)을 원심력(遠心力, centrifugal force)이라 하며 크기는 다음 식으로 나타낸다.

$$\text{원심력}(F)=\frac{W}{9.8}\cdot\frac{v^2}{r}=\frac{W}{9.8}r\omega^2 \qquad (1-13)$$

여기서 W : 물체의 무게
ω : 각속도[rad/s]
r : 회전의 반지름[m]
v : 점선 방향의 속도[m/s]

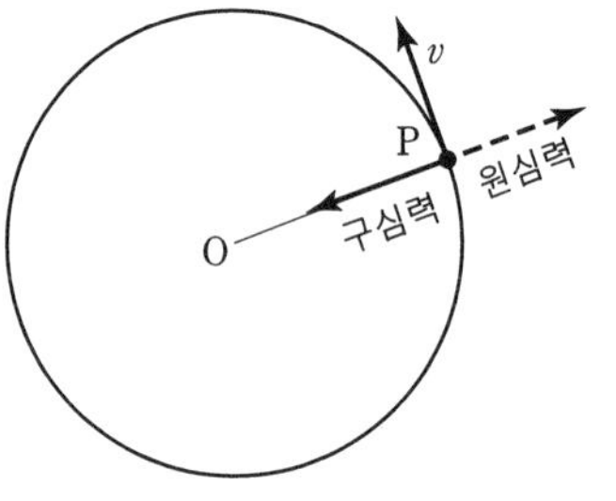

그림 1-37 원심력

4 관성

일반적으로 정지하고 있는 물체는 여기에 힘이 작용하지 않으면 언제까지나 정지 상태가 지속된다. 직선상을 등속도로 운동하고 있는 물체는 여기에 힘이 작용하지 않으면 언제까지나 운동 상태를 지속하려고 한다. 이 현상을 역학상으로 관성(慣性, inertia)이라 한다.

또 물체에 작용하고 있는 힘이 모두 균형을 갖고 있을 때도, 힘이 작용하지 않은 경우와 마찬가지로 운동 상태는 정지하고 있거나, 또는 등속도 운동을 하게 된다.

(5) 일과 동력

1 일

그림 1-38 (a)와 같이 물체에 힘이 작용하여, 물체를 힘의 방향으로 이동시키면, 힘은 일(work)을 했다고 한다. 이때 일의 양 A는 작용한 힘 F와 그 힘의 방향으로 이동한 거리 l과의 곱으로 다음 식으로 나타낼 수 있다.

$$A=Fl \qquad (1-14)$$

그림 1-38 (b)는 가해지는 힘 F의 방향과 변위(變位, displacement) l의 방향과의 사이의 각도가 θ인 경우를 나타내고 있다. 이때 힘 F의 변위의 방향과, 변위에 직각인 방향의 분력으로 나누면, 변위의 방향의 분력 $F\cos\theta$가 일을 한 힘이 된다. 즉,

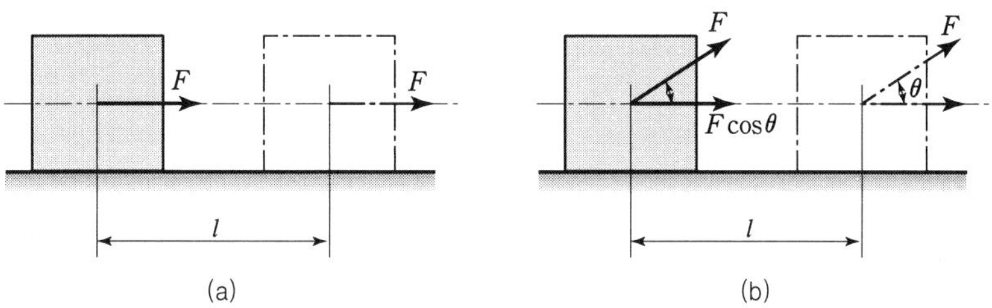

그림 1-38 일

$$A = F\cos\theta \cdot l = Fl\cos\theta \qquad (1-15)$$

이며, 일의 단위는 kgf · m가 사용된다.[3)]

보기 1-3 물체에 30kgf의 힘이 작용하여, 힘의 방향으로 5m 이동하였을 때의 일의 양 [kgf · m]을 구하시오.

풀이 $A = Fl = 30 \times 5 = 150$[kgf · m]

답 150kgf · m

2 에너지

수력발전소는 높은 곳에서 물을 보내고 수차를 회전하여 발전기를 작동시켜 전력을 발생한다. 이 전력은 기계를 움직이거나 전기로에서 금속을 가열하여 용해하는 데 필요한 고온을 발생시키는 등 유효한 일을 한다. 일반적으로 물체가 일을 할 수 있는 상태에 있을 때, 이 물체는 에너지(energy)를 갖고 있다고 한다. 따라서 에너지란 일을 할 수 있는 능력을 말하며, 에너지의 단위는 일의 단위와 같이 kgf · m, kW · h 등을 사용한다.

물체의 위치가 다르거나, 형상의 변화에 따라 갖는 에너지를 위치(位値) 에너지라 한다. 높은 곳의 물이 흘러 내릴 때의 일, 용수철이 되돌아갈 때의 일은 위치 에너지에 의한 것이다. 바람(속도를 갖는 공기)은 풍차(風車)를 돌리고, 분류(噴流)가 수차를 돌리는 것과 같이, 운동하는 물체가 갖고 있는 에너지를 운동(運動) 에너지라 한다. 위치 에너지와 운동 에너지를 총칭하여 기계(機械) 에너지라 한다.

에너지에는 이 밖에도, 열(熱)에너지, 전기(電氣) 에너지, 화학(化學) 에너지, 원자

[3)] 힘의 단위에 N을 사용할 때는 N · m로 나타낸다. 1N · m=1J(joule)

핵(原子核) 에너지 등이 있다.

3 동력

단위 시간에 하는 일의 양을 동력(動力, power)이라 한다. 일 A가 시간 t 동안 연속하여 이루어졌을 때의 동력 P는 다음 식으로 나타낸다.

$$P=\frac{A}{t} \tag{1-16}$$

그림 1-39와 같이 활차로 물체를 들어올리는 일에서는 줄에 힘 F를 가하면서, 힘의 방향으로 거리 l만큼 끌어내린다고 하면, 식 (1-14)으로부터, 그때의 일은 $A=Fl$이므로, 동력 $P=\frac{Fl}{t}$이 된다. $\frac{l}{t}$은 평균 속도이며, 이것을 v로 나타내면, 동력은 힘과 속도의 곱으로 나타낼 수 있다.

$$P=Fv \tag{1-17}$$

회전 운동의 일에서는 그림 1-39에서 줄의 거리 l만큼 당겼을 때, 반지름 r의 활차가 θ[rad] 회전하면 $l=r\theta$가 되며,

$$A=Fl=Fr\theta$$

로 나타낼 수 있다.

Fr은 힘의 모멘트이며, 특히 회전 운동에서 물체를 회전축 주위로 회전시키려는 회전력을 토크(torque)라 하는데 보통 T로 나타내며 $A=T\theta$가 된다. 따라서 동력은 $P=\frac{T\theta}{t}$가 되며 $\frac{\theta}{t}$는 평균 속도이므로, 이것을 ω라 하면, 동력은 다음 식으로 나타낼 수 있다.

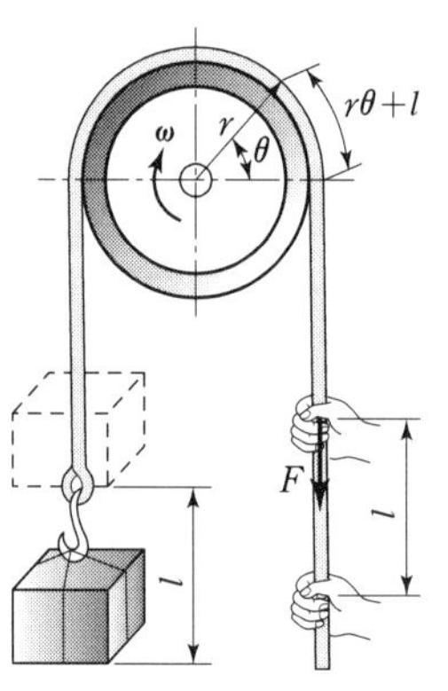

구분	직선	회전
일 A	Fl	$Fr\theta=T\theta$
동력 P	Fv	$F\omega$

그림 1-39 동력

$$PF = T\omega \tag{1-18}$$

동력은 식 (1−17)에서와 같이, kgf · m/s 등의 단위로 계산되는데, 동력의 단위는 주로 [kW]를 사용한다. 1kW = 102kgf · m/s이므로 식 (1−17)의 동력 P를 kW의 단위로 나타내면 다음과 같다.

$$P = \frac{Fv}{102}\,[\mathrm{kW}] \tag{1-19}$$

또한 식 (1−16)은 다음과 같이 된다.

$$A = Pt \tag{1-20}$$

이것은 일이 동력과 시간의 곱임을 나타내고 있다. 따라서 식 (1−20)에서 P를 kW, t를 h라 하면, 일의 단위는 [kW · h]가 된다. 1kW · h는 kW의 동력을 1시간 소비했을 때의 일이다.

보기 1-4 무게 6000kgf의 물체를 20초 동안 5m 들어올리는 데 필요한 동력을 kW로 구하시오.

풀이 식 (1−14), (1−16)로 부터

$$P = \frac{A}{t} = \frac{Fl}{t} = \frac{6000 \times 5}{20} = 1500\mathrm{kgf \cdot m/s}$$

$$1500\mathrm{kgf \cdot m/s} = \frac{1500}{102}\ \mathrm{kW} = 14.7\mathrm{kW}$$

답 14.7kW

(6) 도구와 기계에서 힘의 작용

기계는 필요한 힘을 각 부의 작용 거리나 속도 또는 힘의 방향과 크기를 목적에 알맞도록 변화시켜 전달하게 된다. 회전 운동을 하는 기계의 경우에는 회전 모멘트가 일어나며, 크기와 방향을 필요에 따라 변화시킨다. 지렛대, 활차, 차륜(車輪), 경사면 등은 기계를 구성하는 기본이 되며, 이들에 의해 힘의 방향이나 크기 또는 각 부의 작용 거리가 변하게 된다.

1 지레

그림 1-40은 지레(lever)의 작용을 나타낸 것으로, AB의 봉을 C의 점으로 지지한 것이다. 여기서, 어떤 점 A에 P의 힘을 가하면 B에는 Q의 힘이 생긴다.

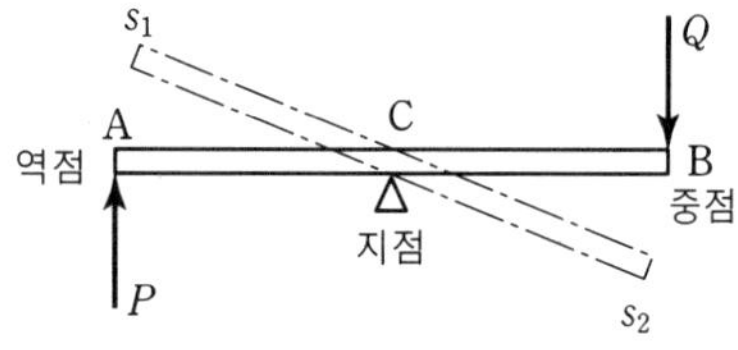

그림 1-40 지레의 작용

점 B에 생기는 힘 Q는 다음과 같다.

$$Q = P \times \frac{\mathrm{AC}}{\mathrm{BC}} \qquad (1-21)$$

즉, 가하는 힘과 생기는 힘의 크기의 비율은 이들의 작용선과 물체의 지점과의 거리에 반비례한다. 이것이 지레의 원리이다. 따라서 작은 힘으로 큰 힘을 얻고자 할 때에는 가하는 힘의 지점에서 멀리 작용시킬수록 효과가 크다.

특히 이 경우 점 A를 역점(力點), 점 B를 중점(重點)이라 하며, 또 점 C를 지점(支點)이라 한다. 그림 1-40에서 중점에 작용하는 힘 Q와 동일한 크기의 힘을 반대 방향에서 가하면, 봉에 작용하는 힘은 전체적으로 균형을 이룬다.

만일 P의 힘을 가하여 점 A를 s_1만큼 이동시켰다면, 점 B의 이동 거리 s_2는 다음 식과 같다.

$$s_2 = s_1 \times \frac{\mathrm{BC}}{\mathrm{AC}} \qquad (1-22)$$

즉, 작용 거리는 지점까지의 거리에 비례한다. 따라서

$$P \times s_1 = Q \times s_2 \qquad (1-23)$$

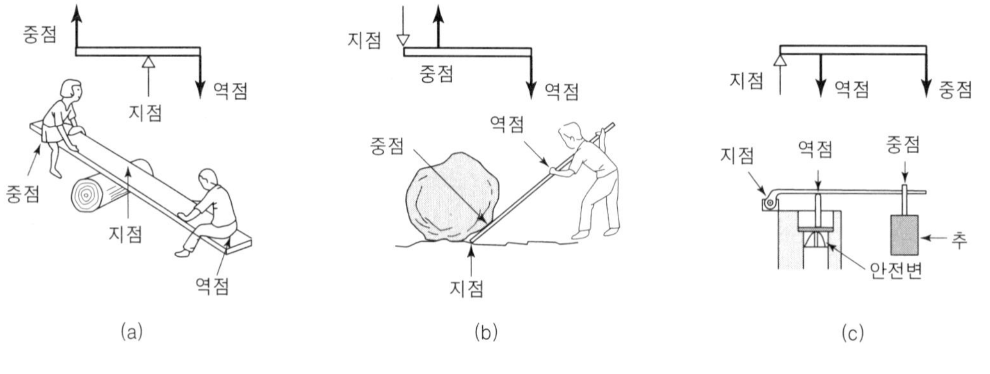

그림 1-41 지레의 응용

즉, 점 A에서 한 일의 크기(Ps_1)와 점 B에서 한 일의 크기(Qs_2)는 같아진다. 단, 이것은 마찰이나 그 밖의 손실을 생각하지 않은 경우이다.

그림 1−41은 지레의 응용 사례로, 기계 각부에 응용되고 있다.

2 활차

활차(滑車, pulley)는 원판의 외주에 홈을 만들고 여기에 줄 또는 체인을 걸어 회전할 수 있게 만든 바퀴로, 중량물(重量物)을 들어올릴 때 사용된다. 활차에는 축의 위치가 고정된 정활차(定滑車)와 축의 위치가 이동하는 동활차(動滑車)가 있다.

정활차

그림 1−42는 무게 W와 힘 F가 같기 때문에 힘의 크기를 변화시킬 수는 없으나, 힘의 방향을 바꾸어 힘을 작용하기 쉽게한 정활차(定滑車)이다.

동활차

그림 1−43 (a)는 W를 들어올릴 때, 줄에는 각기 장력(張力)이 $\frac{W}{2}$만큼 작용하므로, W의 $\frac{1}{2}$의 힘으로 들어올릴 수 있다. 그러나 W를 높이 h만큼만 들어올리기 위해서는 $\frac{1}{2}$로 줄을 길이 $2h$만큼 잡아당겨야 한다. 즉, 일의 관계에서 F가 활차에 한 일은

$$F\times 2h=\frac{W}{2}\times 2h=Wh \qquad (1-24)$$

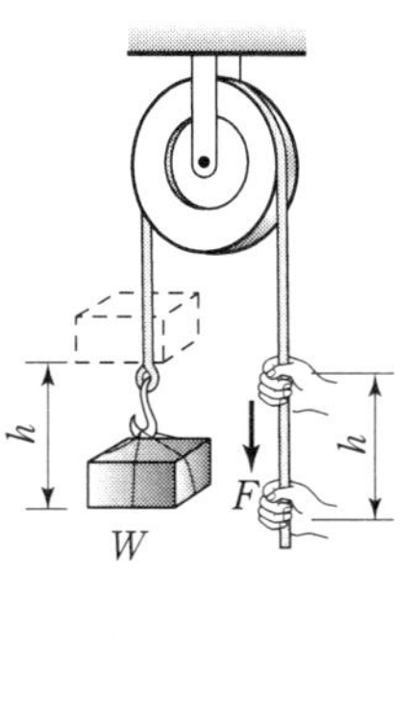

그림 1−42 정활차

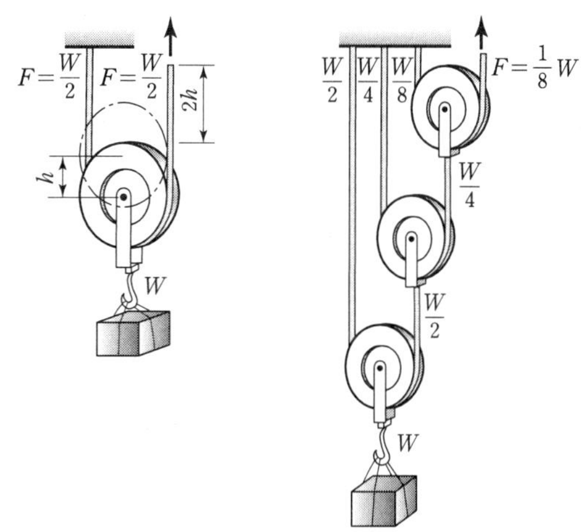

그림 1−43 동활차

즉, 활차가 W를 들어올리는 데 한 일은 Wh가 된다. 이와 같이 활차의 수를 늘리면 힘의 변화 비율을 크게 할 수가 있으므로 작은 힘으로 큰 힘을 얻을 수 있다. 그림 (b)는 그 보기로 F는 W의 1/8이 되며, 작은 힘으로 들어올릴 수 있지만, W를 높이 h만큼 들어올리는 데는 로프의 길이를 $8h$만큼 늘려야 하는 문제가 있다.

보기 1-5 그림 1-44와 같은 구성의 활차로, 무게 W=100kgf인 물체를 들어올리려고 한다. 필요한 힘 F를 구하시오.

풀이 $F=\frac{1}{4}W=\frac{1}{4}\times 100$

$=25[\text{kgf}]$

답 25kgf

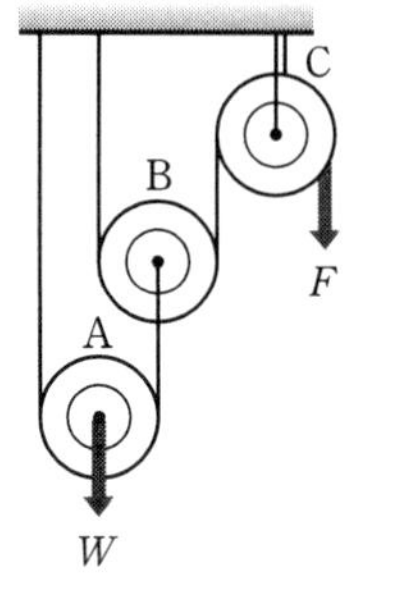

그림 1-44 예제 1-5의 조건

3 경사면

중량 W의 물체를 연직(鉛直, 垂直)으로 끌어올리려면, W만큼의 힘 또는 이보다 큰 힘을 가하여야 한다. 그러나 W인 물체를 그림 1-45와 같이 각이 θ인 경사면에 두고, 경사면에 평행한 힘 F를 가하여, 높이 h(거리 l)만큼 끌어올린다면, 경사면에 평행한 분력 $W\sin\theta$는 물체가 경사면을 따라 미끄러지기 시작할 때 힘과 같다. 따라서 물체를 끌어올리기 위해서는 $W\sin\theta$보다 큰 힘 F가 필요하다. 그러므로 다음 식이 성립된다.

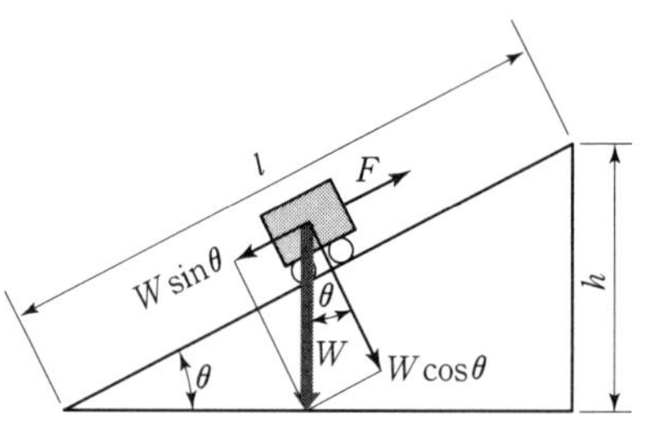

그림 1-45 마찰이 없는 경사면

$$F=W\sin\theta=W\frac{h}{l} \tag{1-25}$$

각 θ가 작을수록 F는 작아도 된다. F가 거리 l의 사이에 한 일은

$$Fl=W\frac{h}{l}\cdot l=Wh \tag{1-26}$$

로 되며, 물체를 연직 높이 h만큼 끌어올리는 데 필요한 일과 같다.

2) 마찰과 기계 효율

기계는 물건을 운반하거나 가공하는 등의 여러 가지 일을 하게 된다. 따라서 기계는 외부로부터 에너지를 받아 일을 하는데, 받은 에너지 모두가 유효한 일을 하지는 못하고 마찰, 저항 등에 따라 에너지의 일부가 소실된다.

(1) 마찰

1 미끄럼 마찰

● 정마찰

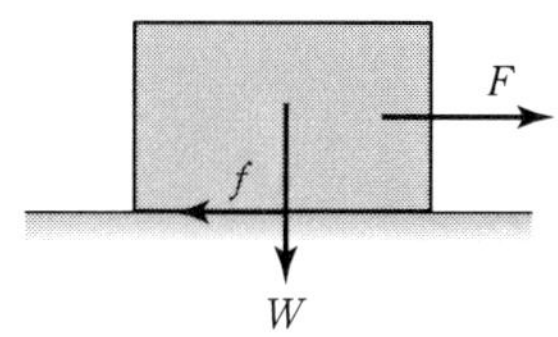

그림 1-46 정마찰

그림 1-46과 같이 수평면상에 무게 W인 물체를 놓고, 힘 F를 수평으로 가하면, 물체는 F의 방향으로 움직이게 되는데, 실제에 있어서는 F가 작으면 움직임이 없다. 이것은 접촉면에 F와 같은 크기이며 반대 방향의 저항력 f가 작용하여 물체의 움직임을 방해하기 때문이다. 이 현상을 정마찰(靜摩擦)이라 하며, 저항력 f를 정마찰력(靜摩擦力)이라 한다. 정마찰력 f는, 외력 F가 증가함에 따라 커지는데, 무한대로 커지지는 않고, 어느 한계 이상 외력이 가해지면 균형이 깨져 물체는 미끌어지기 시작한다. 정마찰력의 최댓값을 최대 정마찰력(最大靜摩擦力)이라 한다.

최대 정마찰력을 f_0라 하고, 접촉면을 수직으로 밀어붙이는 힘(垂直力)을 R이라 하면, f_0는 R에 비례하게 된다. 이 관계를 다음과 같은 식으로 나타낼 수 있다.

$$f_0 = \mu_0 R \qquad \mu_0 = \frac{f_0}{R} \tag{1-27}$$

여기서 비례 정수 μ_0을 정마찰 계수(靜摩擦係數)라 하며, 표 1-5와 같이 상호간의 재질, 접촉면의 상태에 따라 다르게 나타난다.

표 1-5 정마찰 계수(μ_0) (윤활제를 사용하지 않는 경우)

마찰편	마찰면	정마찰 계수
납, 니켈, 은	연강	0.4
연강	연강	0.35~0.4
벽돌	벽돌	0.6~0.7
피혁	금속	0.4~0.6

마찰각

그림 1−47과 같이 경사면상에 무게 W의 물체를 놓고, 경사면의 각을 점차 크게 하면 미끄러지기 시작한다. 이때의 각 ϕ를 마찰각(摩擦角, friction angle)이라 한다. 이때 중력 W를 경사면에 대한 수직력 R과 경사면에 평행한 힘 P로 분해하면, 최대 정마찰력은 $f_0=\mu_0 R$이 되며, 이것은 물체를 미끌어지게 하려는 힘 P와 같다.

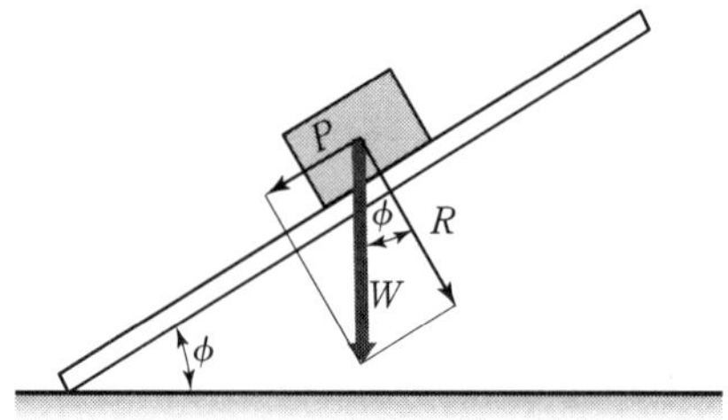

그림 1−47 마찰각

즉, $P=W\sin\phi$, $R=W\cos\phi$이므로 다음 식이 성립된다.

$$W\sin\phi=\mu_0 W\cos\phi$$

$$\mu_0=\tan\phi \tag{1-28}$$

이 식은 정마찰 계수와 마찰각의 관계를 나타낸 것으로, 마찰각으로 정마찰 계수를 구할 수 있다.

2 구름 마찰

물체가 굴림대나 차륜에 의해 이동할 때 미끄럼 마찰에 비해 매우 적으나 역시 운동을 방해하는 저항이 일어난다. 이것을 구름 마찰(rolling friction)이라 한다. 미끄럼 마찰의 크기는 재료와 표면 상태에 따라 정해지는데, 구름 마찰은 이 밖에 속도, 수직력, 굴림대의 지름 등이 관계한다. 그림 1−48에서 굴림대를 굴릴 때, 굴림대가 접촉면에 누르는 수직력과 접촉점의 반력은 크기는 같으나 반력의 합력 R은 굴림대의 중심선에서 ρ만큼 진행 방향에 이동한 위치에 작용하며, 굴림대의 회전을 방해하는 힘의 모멘트 M_ρ가 작용한다. 이 관계는

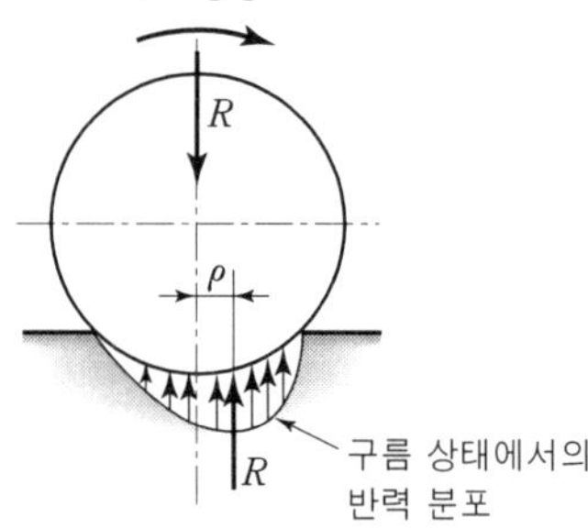

그림 1−48 구름 마찰

$$M_\rho=\rho R \tag{1-29}$$

로 나타내며, 여기서 ρ를 구름 마찰 계수(rolling friction coefficient)라 한다.

(2) 기계의 효율

1 일과 효율

일반적으로 기계는 외부로부터 에너지(일)를 가하여, 그것을 변환 · 전달하여 외부에 유효한 일로 바꾸는데, 그 동안에 마찰 등에 의한 에너지 손실(소모된 일)이 생긴다. 따라서 기계가 실제로 하는 유효한 일은 기계에 외부에서 주어진 일에서 소모된 일을 뺀 것이다. 유효한 일과 외부에서 주어진 일과의 비를 효율(效率, efficiency)이라 하며 다음 식으로 나타낼 수 있다.

$$\text{효율}(\eta) = \frac{\text{유효한 일}}{\text{외부에서 주어진 일}} \times 100[\%] \tag{1-30}$$

2 기계 효율

기계에 전동되는 도중의 손실을 생각하면, 원동절(原動節)에 가해진 에너지보다 종동절(從動節)에서 이루어진 일의 크기는 반드시 작아진다. 이 비율(η)은 다음과 같이 나타낼 수 있다.

$$\eta = \frac{\text{종동절이 하는 일}}{\text{원동절에 주어진 일}} \tag{1-31}$$

즉, η는 기계 효율(機械效率, mechanical efficiency)이라 하며, 이때의 손실을 기계 손실(機械損失, mechanical loss)이라 한다.

3) 재료의 강도

(1) 재료에 가해지는 하중

기구학에서는 물체에 힘이 가해져도 변형되지 않은 것으로 다루었다. 그러나 실제에서 모든 물체는 외력을 받으면 변형된다. 힘(力)은 외부에서 가해지므로, 이를 외력(外力, external force) 또는 하중(荷重, load)이라 한다.

1 작용에 따른 하중의 종류

● **인장 하중**

그림 1-49 (a)와 같이 재료를 양쪽에서 잡아당기는(tention) 하중으로, 물체를 매

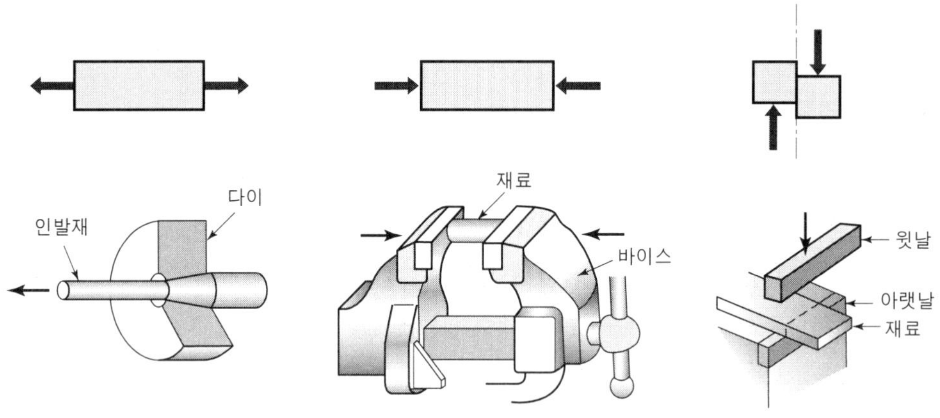

(a) 인장 하중 (b) 압축 하중 (c) 전단 하중

그림 1-49 작용에 따른 하중의 종류

달았을 때 끈에 작용하는 힘, 인장 시험편이나 엘리베이터의 와이어, 또 줄에 작용하는 힘, 일반 가공에 작용하는 힘 등이 인장 하중(引張荷重, tension load)에 해당한다.

● 압축 하중

그림 1-49 (b)와 같이 재료를 양쪽에서 압축(壓縮, compresion)하는 하중으로, 기계 전체를 유지하는 몸체(機體)나 바이스에 고정한 재료가 받는 하중이 압축 하중(壓縮荷重, compression load)에 속한다.

● 전단 하중

그림 1-49 (c)와 같이 전단기의 윗날과 아랫날로 재료를 전단(剪斷, shearing)할 때 작용하는 힘을 전단 하중(剪斷荷重, shearing load)이라 한다.

● 그 밖의 하중

재료를 굽히려는 굽힘 하중, 한쪽이 고정된 축을 회전시킬 때 생기는 비틀림 하중 등이 있다.

2 속도에 따른 하중의 종류

동일한 크기의 하중이라도 서서히 가하느냐 급히 가하느냐에 따라 재료에 미치는 영향이 다르다. 크게 정하중(靜荷重)과 동하중(動荷重)이 있다.

● 정하중

극히 서서히 가하는 하중 또는 가한 하중 상태를 그대로 유지하는 하중을 정하중

(靜荷重, static load)이라 한다.

동하중

하중의 크기가 빠르게 변동하는 하중을 동하중(動荷重, dynamic load)이라 하며 다음과 같이 구분하기도 한다.

a) 충격 하중 : 물체를 해머로 타격하거나 물체가 충돌할 때와 같이 비교적 짧은 시간에 충격적으로 가해지는 하중을 충격 하중(衝擊荷重, impact load)이라 한다.

b) 조반 하중 : 주기적으로 반복 작용하는 하중을 조반 하중(繰返荷重)이라 하며, 여기에는 인장 또는 압축의 일방향만 힘이 작용하는 반복 하중(反復荷重, repeated load)과 인장과 압축이 상호작용하는 교번 하중(交番荷重, alternated load)이 있다.

(2) 인장 · 압축 하중을 받은 재료의 강도

1 내력과 응력

내력

그림 1-50과 같이 재료에 W의 하중이 작용하고 있을 때, 재료의 축선에 직각인 임의의 가상 단면(假想斷面) MN으로 절단한 것으로 가정하고, 그림 (b)와 같이 A 부분에 대해 생각하면, 우측 하중 W와 좌측의 힘 W_1은 크기가 같으나 방향이 반대이므로 균형 상태가 된다. 여기서 힘 W_1은 하중에 대응하여 발생하므로, 이를 내력(內力) 또는 저항력(抵抗力)이라 한다.

응력

그림 1-51 (a), (b)와 같이 단면적 25mm^{2}인 각주와 환봉에 50kgf와 100kgf의 인장 하중을 가했을 때, 재료 내부에 생기는 내력은 그림 (a)에서는 50kgf, 그림 (b)에서는 100kgf가 된다. 또 내력을 단면적으로 나누면, 그림 (a)에서는 50÷25=2kgf/mm^2,

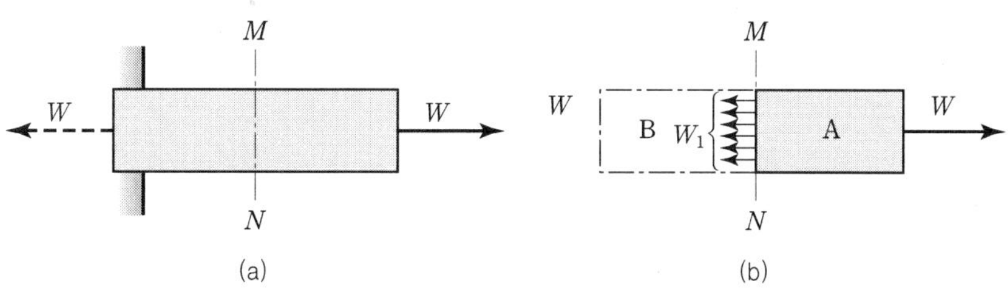

그림 1-50 내력

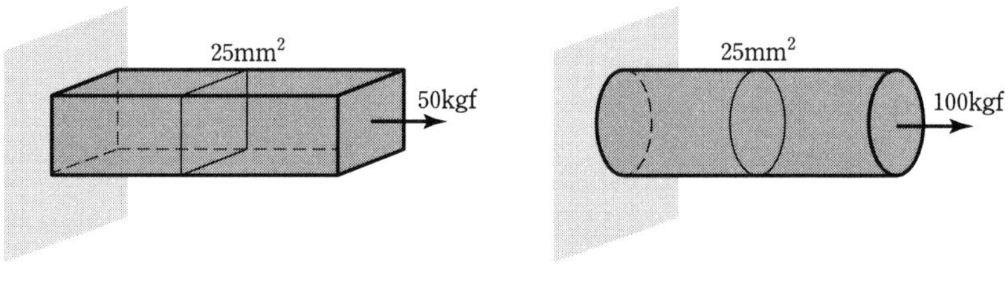

그림 1-51 응력의 보기

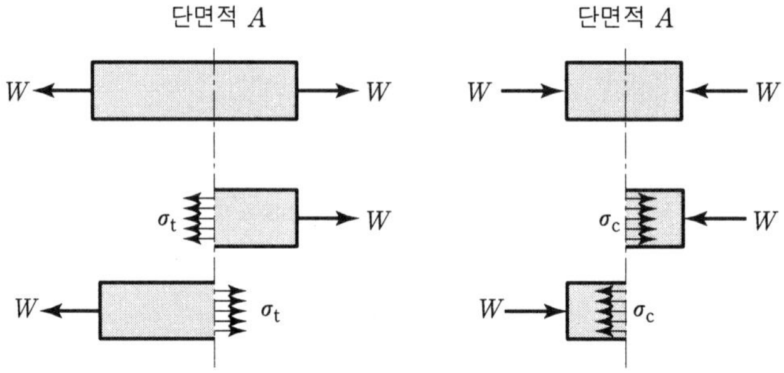

(a) 인장 응력(σ_t) (b) 압축 응력(σ_c)

그림 1-52 수직 응력

즉 $1mm^2$당 내력은 2kgf가 된다. 또한 그림 (b)에서도 $100 \div 25 = 4kgf/mm^2$가 된다. 이와 같이 내력을 단위 넓이당 크기로 나타낸 것을 응력(應力, stress)이라 한다. 내력과 하중은 크기가 같으므로 응력은 다음과 같다.

$$\text{응력} = \frac{\text{하중}}{\text{단면적}} \tag{1-32}$$

응력 단위는 보통 kgf/mm^2를 사용한다.[4)]

응력에는 그림 1-52와 같이 인장 하중에 따라 생기는 인장 응력(引張應力, tensile stress) σ_t와 압축 하중에 따라 생기는 압축 응력(壓縮應力, compression stress) σ_c가 있으며, 하중 W가 작용하면 재료가 파괴되지 않는 한 하중과 내력은 항상 균형을 유

---

4) 국제 단위계(SI)에서는 Pa, 또는 MPa를 사용한다.
$1kgf/mm^2 = 9.80665 \times 10^6 Pa = 9.80665MPa$
$(1Pa = 1 \times 10^{-6} MPa = 1.01972 \times 10^{-7} kgf/mm^2)$

지하고 있으므로 크기는 같다. 또한 응력은 단면에 수직 방향으로 작용하므로 이들을 총칭하여 수직 응력(垂直應歷, normal stress)이라 한다.[5)]

그림 1-52에서 하중을 W[kgf], 단면적을 A[mm^2]로 하면, 수직 응력은 다음 식으로 나타낼 수 있다.

$$\text{수직 응력 } \sigma = \frac{W}{A}\,[\text{kg/mm}^2] \tag{1-33}$$

보기 1-6　지름이 25mm인 짧은 원주에 2000kgf의 압축 하중을 가했을 때 응력을 구하시오.

풀이 $W=52000\text{kgf}$

$A=\frac{\pi}{4}\times 25^2=490[\text{mm}^2]$

식 (1-32)에 따라

$\sigma=\frac{W}{A}=\frac{2000}{490}=4.08$

답 4.08kgf/mm^2

2 스트레인

재료는 하중을 받으면 변형한다. 이 변형량(變形量)의 원래의 양(길이)에 대한 비율을 스트레인(變形率, strain)이라 한다.

재료의 축방향에 하중이 작용하였을 때 생기는 축방향의 변형량과, 원래의 길이와의 비를 종스트레인(縱變形率, longitudinal strain)이라 한다. 그림 1-53과 같이 변형량을 Δl, 원래 길이를 l라고 하면, 종스트레인 e는 다음 식으로 나타낼 수 있다.

$$e=\frac{\Delta l}{l} \tag{1-34}$$

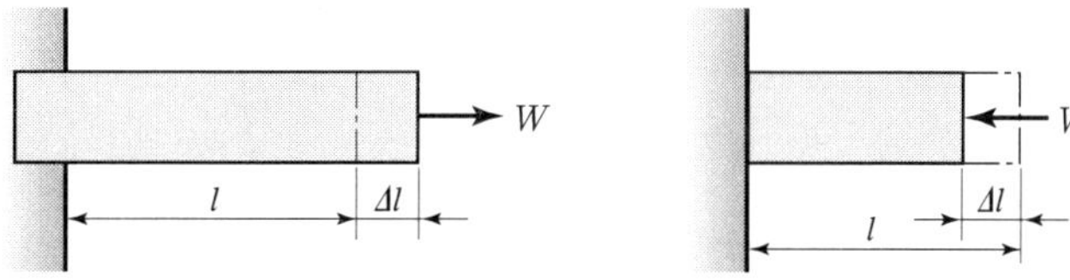

(a) 인장　(b) 압축

그림 1-53 종스트레인

5) 인장 응력과 압축 응력은 각각 σ_t, σ_c로 구분한다.

특히 인장 하중에 의한 스트레인을 인장 스트레인, 압축 하중에 의한 스트레인을 압축 스트레인이라 한다. 또한 신축과 동시에 하중과 직각 방향으로 생기는 스트레인을 횡스트레인(橫變形率, transverse strain)이라 하며, e'으로 표시한다.

종스트레인 e와 횡스트레인 e'와의 사이에는 $\frac{e'}{e}=\frac{1}{m}$의 관계가 있다. 이 $\frac{1}{m}$를 푸아송비(Poisson's ratio)라 하며 재료에 따라 일정한 값을 가진다.

3 응력 스트레인 선도

하중 변형 선도

금속 재료의 성질을 알기 위하여 인장 시험을 한다. 시험편을 인장 시험기에 고정하여 하중을 가하면 시험편은 늘어나면서 변형하고, 하중이 증가함에 따라 변형량이 증가되면서 어느 한도가 지나면 시험편이 파단된다. 인장 시험기는 종축(縱軸)에 하중을, 이에 대응한 변형량을 횡축(橫軸)에 기록할 수 있는 장치로 되어 있다. 이 장치로 그려지는 선도를 하중 변형 선도(荷重變形線圖)라 한다.

응력 스트레인 선도

많은 재료의 성질을 조사하거나 비교할 때에는 하중 대신에 공칭 응력(公秤應力)[6]을, 변형량 대신에 스트레인을 사용한 선도의 경우가 편리하다. 즉, 종축에 공칭 응력을, 횡축에 스트레인으로 한 선도를 공칭 응력 스트레인도(보통, 응력 스트레인 선도라 한다)라고 한다. 그림 1-54의 실선은 그 보기로 연강의 경우이다.

비례 한도, 탄성 변형 및 탄성 한도

그림 1-54에서 하중을 가했을 때 점 A의 부근까지의 응력에서는 하중을 제거하면 스트레인이 없어진다. 즉, 원점 O에서 점 A까지는 하중과 늘어남이 직선적으로 변화한다. 이 관계를 훅의 법칙(Hooke's law)이라 하며, 이 비례 관계에서 최대 응력, 즉 A를 비례 한도(比例限度, limit of proportionality)라 한다. 점 B는 하중을 제거하면 시간의 경과와 더불어 원래의 상태로 되돌아가는 한계이다. 이렇

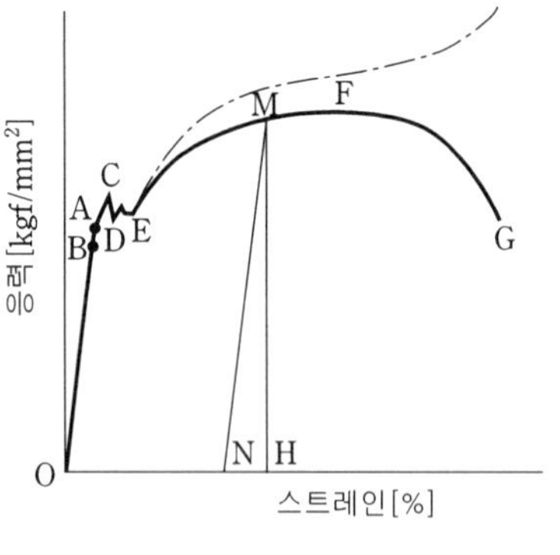

그림 1-54 응력 스트레인 선도의 보기

[6] 공칭 응력 : 하중을 시험 전의 원래 단면적으로 나눈 값

게 원래의 상태로 되돌아가는 성질을 탄성(彈性, elasticity)이라하고, 원형으로 되돌아가는 변형을 탄성 변형(彈性變形, elastic deformation), 점 B, 즉 응력 중에서 최대의 응력을 탄성 한도(彈性限度, limit of elasticity)[7]라 한다.

응력이 탄성 한도 이상의 점, 예를 들면 점 M에 달할 때까지 인장 하중을 가하면, OH만큼의 스트레인이 발생한다. 다음에 하중을 조용히 제거하면 응력의 감소에 따라 스트레인은 직선 AO와 거의 나란한 직선 MN에 따라 감소하지만, 응력이 0이 되어도 ON 크기의 스트레인이 남아 있게 된다. 이와 같이 응력이 소멸하여도 원래의 상태로 되돌아가지 않은 스트레인을 영구 스트레인(永久變形率, permanant set) 또는 잔류 변형율(殘留變形率)이라 한다.

항복점과 내력

그림 1-54에서 구간 CDE와 같이 응력이 증가되지 않는 상태에도 불구하고, 스트레인만이 증가하는 형상이 나타난다. 이 형상을 항복(降伏)이라 하며, 이때의 최대 응력(점 C)을 항복점(降伏點, yield point)이라 한다.

항복점은 연강에서는 분명하게 나타나는데, 일반 금속에서는 그림 1-55와 같이 항복점이 분명하지 않다. 이와 같은 경우에는 항복점 대신에 그림 1-56과 같이 영구 스트레인이 일정값(보통 0.2%)이 되는 응력을 사용하기도 한다. 이 응력을 내력(耐力)이라 한다.

항복점과 내력은 재료 강도의 기준으로 사용되기도 한다.

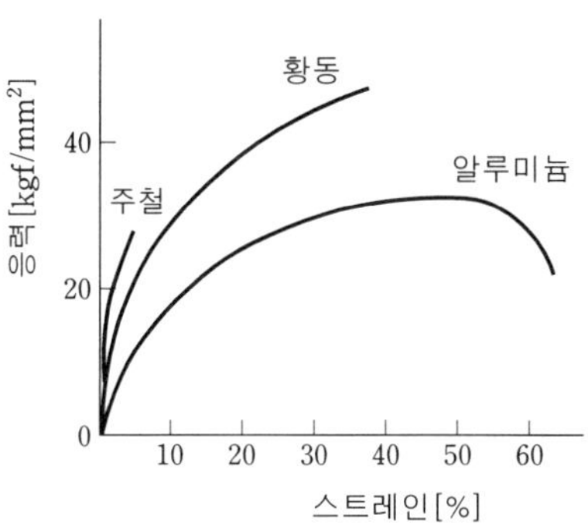

그림 1-55 항복점이 나타나지 않는 응력 스트레인 선도

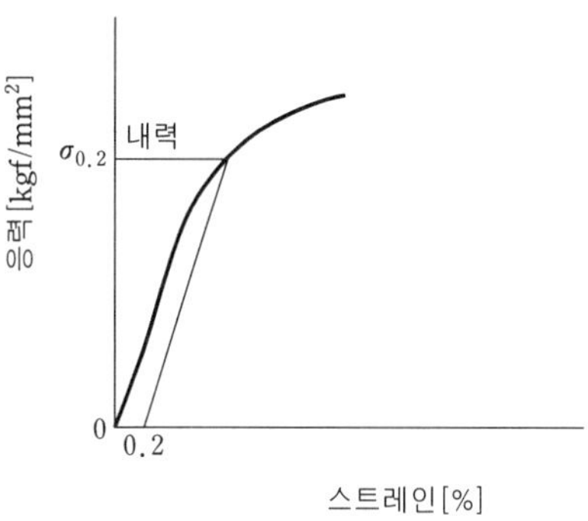

그림 1-56 내력

[7] 탄성 한도와 비례 한도는 재료의 성질과 시험법에 따라 판별하기가 어렵고, 또 값이 비슷하므로 구별없이 사용하는 예가 있다.

인장 강도와 압축 강도

그림 1−54에서 점 F로 나타나는 최대 응력을 극한 강도(極限强度, ultimate strength)[8]라 하며, 인장 시험에서 극한 강도를 인장 강도(引張强度, tensile strength)라 한다. 금속은 인장 시험이 비교적 간단히 이루어지므로, 인장 강도를 재료의 강도의 하나의 기준으로 하고 있다.

주로 압축 하중이 작용하는 부품의 크기를 정하려면 압축 강도를 알아야 한다. 주철이나 콘크리트와 같이 취약한 재료는 압축 시험에 의한 파괴 하중으로부터 그때의 응력을 압축 강도(壓縮强度, compression strength)로 하고 있다.

(3) 탄성 계수

그림 1−54에서 점 A의 비례 한도 이내에서는 응력과 스트레인은 정비례하며, 다음 식이 성립된다.

$$\frac{\text{응력}}{\text{스트레인}} = \text{일정} \qquad (1-35)$$

이 비례 상수를 탄성 계수(彈性係數, modules of elasticity)라 한다. 탄성 계수는 재료에 따라 일정한 값을 갖고 있으며 단위는 응력과 같이 kgf/mm^2로 나타낸다.

1 종탄성 계수

수직 방향의 탄성을 생각할 경우, 수직 응력 σ와, 그때의 종스트레인 e와의 비를 종탄성 계수(縱彈性係數, modulus of longitudlional elasticity) 또는 영계수(Young's modulus)라 하며 이것을 E로 나타내면 다음 식이 성립된다.

$$\frac{\sigma}{e} = E \qquad \sigma = Ee \qquad (1-36)$$

길이 l, 단면적 A인 재료에 하중 W가 작용하며 Δl만큼 늘었다고 하면

$$\sigma = \frac{W}{A} \qquad e = \frac{\Delta l}{l} \qquad (1-37)$$

이므로 응력 σ, 스트레인 e 및 종탄성 계수 E의 관계는 다음과 같다.

---

[8] 극한 강도 : 최대 하중을 시험팬의 원단면적으로 나눈 값

표 1-6 공업용 재료의 탄성 계수와 기계적 성질 [단위 : kgf/mm^2]

재료 \ 성질	종탄성 계수	횡탄성 계수	비례 한도	인장 강도	비고
연강	21000	8100	18~23	37~45	강에서는 푸아송비
경강	21000	8100	28~32	48~58	0.28~0.35
니켈강	20900	–	약 33	56~67	
주강	21500	8300	약 20	35~70	주철의 압축 강도
주철	10000	3800	없음	12~24	60~80kg/mm^2
황동 주물	8000	–	6.5	15	
인청동	12200	–	–	44	

$$E=\frac{\sigma}{e}=\frac{\frac{W}{A}}{\frac{\Delta l}{l}}=\frac{Wl}{A\Delta l}$$

$$\Delta l=\frac{Wl}{AE}=\frac{\sigma l}{E} \tag{1-38}$$

표 1-6은 공업 재료의 탄성 계수와 기계적 성질을 나타낸 것이다.

보기 1-7 단면적 60mm^2, 길이 3m의 강선에 400kgf의 하중을 가했더니 2mm 늘어났다. 종탄성 계수를 구하시오.

풀이 식 (1-38)에 따라

$$E=\frac{\sigma}{e}=\frac{Wl}{A\Delta l}$$

$$=\frac{400\times 3000}{60\times 2}=\frac{1200000}{120}=10000[\text{kgf/mm}^2]$$

답 10×10^3kgf/mm^2

2 횡탄성 계수

횡방향의 탄성을 생각할 때, 전단 응력(剪斷應力) τ[kgf/mm^2]와 전단 스트레인 γ(剪斷角, ϕ)는 인장 응력과 인장 스트레인의 관계와 같이 비례 한도 이내에서는 비례한다. 이 비례 정수를 횡탄성 계수(橫彈性係數, modulus of tranverse elasticity)라 하고 이것을 G로 나타내면 다음과 같다.

$$G=\frac{\tau}{\gamma} \qquad \tau=G\gamma \tag{1-39}$$

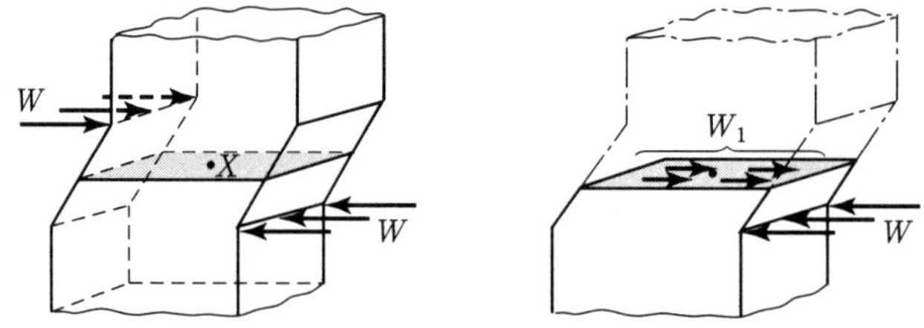

그림 1-57 전단 하중과 전단 응력

(4) 전단 응력과 전단 스트레인

전단 하중(剪斷荷重)은 그림 1-57 (a)와 같이 재료를 가위 또는 전단기로 절단할 때, 재료 단면에 서로 반대 방향으로 단면을 따라 작용하는 하중을 말한다.

1 전단 응력

그림 1-57 (b)와 같이, 재료에 전단 하중 W가 작용하면, 하중에 나란한 단면 X에는, 하중 W에 대등한 내력 W_1이 생긴다. 이 내력에 의한 응력을 전단 응력(剪斷應力, shearing stress)이라 하며, 전단 하중을 W[kgf], 응력이 생기는 단면 X의 넓이를 A[mm²]라 하면, 전단 응력 τ[kgf/mm²]는 다음 식으로 나타낸다.

$$\tau = \frac{W}{A} \tag{1-40}$$

보기 1-8 그림 1-58에서 리벳에 생기는 전단 응력을 구하시오. 여기서 리벳이 10kgf/mm² 까지의 전단 응력에 견딘다고 할 때 최대 하중을 구하시오.

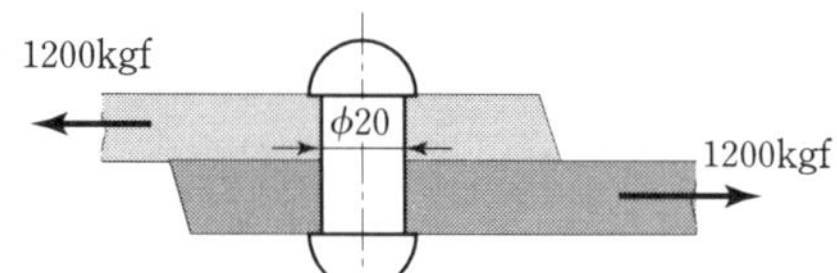

그림 1-58 보기 1-8의 조건

풀이 식 (1-40)에 따라

$$\tau = \frac{W}{A} = \frac{1200}{\frac{\pi}{4} \times 20^2} = \frac{1200}{314} = 3.82[\text{kgf/mm}^2]$$

$$\tau = \frac{W}{A} \text{ 에서}$$

$$W = \tau A = 10 \times \frac{\pi}{4} \times 20^2 = 3140[\text{kgf}]$$

답 전단 응력 : 3.82kgf/mm^2
최대 하중 : 3140kgf

2 전단 스트레인

그림 1-59와 같이 재료의 두께 l 사이에 있는 평행한 2평면이 전단 하중 W을 받아 Δl만큼 벗어나 각 ϕ[rad]만큼 기울었다면, Δl는 l에 대한 변형량(變形量)으로, 이와 같은 변형을 미끄럼 변형이라 한다. 단위 길이에 대한 미끄럼 변형을 전단 스트레인(shearing strain), 어긋나 생긴 각 ϕ를 전단각이라 한다. 전단 스트레인을 γ로 나타내면 다음과 같다.

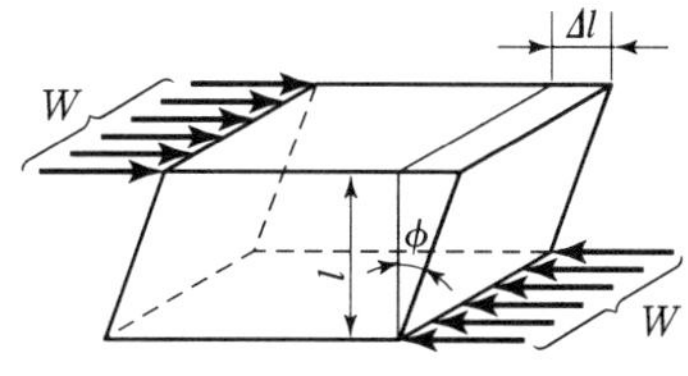

그림 1-59 전단 스트레인

$$\gamma = \frac{\Delta l}{l} = \tan\phi \fallingdotseq \phi \text{[rad]} \tag{1-41}$$

(5) 열응력과 선팽창 계수

1 열응력

그림 1-60 (a)와 같이 상온에서 양 끝을 고정한 재료에 열을 가하면, 재료는 팽창하려 하나 양 끝이 고정되어 있으므로, 팽창이 억제되어 재료 내부에 압축 응력이 발생한다. 반대로 상온의 재료를 고정하여 냉각하면 수축에 방해를 받아, 그림 (b)와 같이 내부에 인장 응력이 발생한다. 이와 같이 온도의 변화에 의해 생기는 응력을 열응력(熱應力, thermal stress)이라 한다. 내연 기관의 실린더나 화학 공업의 반응로 등은 국부적인 온도차에 의해 열응력이 발생할 수 있다.

철도 레일의 신축 이음

2 선팽창 계수

단순한 봉에 생기는 극히 단순한 열응력을 생각해 보자. 길이 l인 금속봉을 가열하

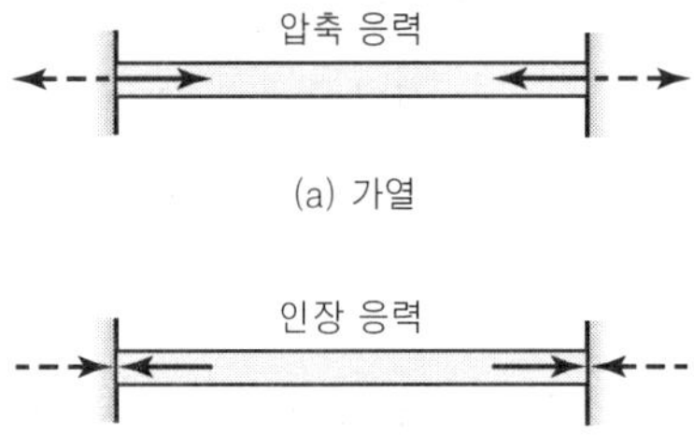

그림 1-60 열응력

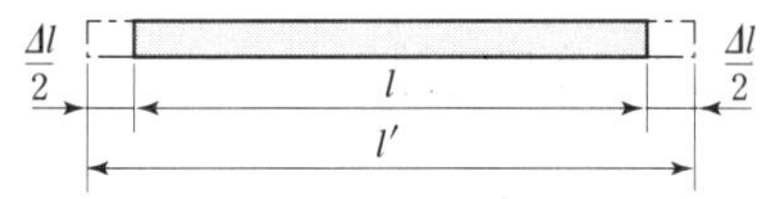

그림 1-61 선팽창

표 1-7 금속 재료의 선팽창 계수

재료	선팽창 계수 $\alpha[\times10^{-6}/℃]$	재료	선팽창 계수 $\alpha[\times10^{-6}/℃]$
강	9~11.6	주철	9.2~11.8
크로뮴스테인리스강	11.0	니켈크로뮴강	13.3
7:3 황동	19	동	16.5
두랄루민	22.6		

여, 온도가 t에서 t'으로 상승할 때 그림 1-61과 같이 봉의 양 끝이 자유도 Δl만큼 는 길이가 l'인 재료의 선팽창 계수(線膨張係數, coefficient linear expansion)를 α라 하면 다음 식이 성립된다.

$$\Delta l = l' - l = l\alpha(t' - t) \qquad (1-42)$$

표 1-7은 금속 재료의 선팽창 계수 α의 값을 나타낸 것이다.

그러나 실제에 있어서는 재료의 양 끝이 고정되어 있는 경우가 많고 이로 인해 늘어날 수 없게 되어, 온도 t'일 때의 봉의 길이 l'이 압축되어 Δl만큼 수축되므로, l이 되었을 때와 결과는 같아진다. 이때의 스트레인 e는 다음 식과 같다.

$$e = \frac{\Delta l}{l'} = \frac{\Delta l}{l + \Delta l} \fallingdotseq \frac{\Delta l}{l} \qquad (1-43)$$

여기서 l에 대하여 Δl는 매우 작으므로 $\frac{\Delta l}{l+\Delta l}$를 $\frac{\Delta l}{l}$로 보고 식 (1-43)에 식 (1-40)을 대입하면,

$$e = \frac{\Delta l}{l'} = \frac{l\alpha(t' - t)}{l} = \alpha(t' - t) \qquad (1-44)$$

(6) 응력과 안전율

1 사용 응력과 허용 응력

기계 또는 구조물의 각 부분이 실제로 사용될 경우에는, 각 부분에 생기는 응력을 사용 응력(使用應力, working stress)이라 한다. 이에 대해 사용되는 재료에 허용되는 최대의 응력으로, 범위 내에서는 변형이나 파괴되지 않고 절대 안전하다 하여, 설계의 기초로 사용되는 응력을 허용 응력(許容應力, allowable stress)이라 한다. 따라서 설계에 있어서 허용 응력은 사용 응력과 같거나 커야 한다.

허용 응력의 값은 되도록 실제의 사용 상태에서 실험적으로 정하는 것이 이상적이지만, 일반적으로는 재료의 기준 강도(σ_F)를 표 1-8의 안전율(安全率, safety factor : S)로 나누어 정한다. 즉,

$$\text{허용 응력}(\sigma_a) = \frac{\text{기준 강도}(\sigma_F)}{\text{안전율}(S)} \tag{1-45}$$

이다. 재료 기준 강도는 보통 극한 강도를 취하나, 항복점 · 크리프 한도 · 피로 한도를 택할 때도 있다.

2 기준 강도와 안전율

기준 강도는 가해지는 하중의 종류, 재질, 형상 등 실제의 사용 상태에 알맞는 응력을 택하는 것이 바람직하다. 기준 강도를 택할 때의 보기는 다음과 같다.

● 인장 강도를 택할 경우

인장 강도는 대부분의 재료에 대해 실험값이 구해져 있으므로 기준 강도로 택하기가 용이하다. 예를 들면, 주철과 같이 취약한 재료에 인장의 정하중이 가해질 때에는 기준 강도로 인장 강도를 택한다.

표 1-8 안전율

재료	정하중	동하중		
		조반 하중	교번 하중	충격 하중
주철	4	6	10	15
연강	3	5	8	12
목재	7	10	15	20
연화벽 · 석재	20	30	−	−

● **항복점 · 내력을 택할 경우**

항복점 또는 내력을 초과했을 때 급하게 스트레인이 증가하는 연강 또는 알루미늄 합금 등의 연성 재료에 인장의 정하중이 가해질 때는 연강은 항복점, 알루미늄 합금을 내력을 기준 강도로 택한다.

● **피로 한도를 택할 경우**

기계와 구조물의 각 부분은 실제 사용에 있어서 정하중만 받는 경우는 드물며, 각종 하중이 반복하여 받는 경우가 많다. 조반 하중을 받는 경우에는 기준 강도로서 피로 한도를 택한다. 안전율은 부식, 마멸, 기준 강도, 하중 등과 온도 등의 사용 조건을 생각하여 정하는데 정확한 값을 정하기는 어렵다.

보기 1-9 항복점이 24kgf/mm^{2}인 연강의 안전율이 3일 때 허용 응력 σ_a를 구하시오.

풀이 항복점을 기준 강도로 하여, 식 (1−45)에 따르면

$$\sigma_a = \frac{\sigma_F}{S} = \frac{24}{3} = 8[\text{kgf/mm}^2]$$

답 8kgf/mm^2

(7) 굽힘

기계, 구조물 또는 이들의 부품에 굽힘 작용을 받는 경우가 많다. 굽힘 작용을 받으면 어떠한 응력이 생기고, 어떤 변형이 일어나는지, 설계에 앞서 이들의 응력과 변형을 이해하고, 굽힘 작용에 강한 단면 형상에 대해 알아 보자.

1 보의 종류와 하중

● **보의 종류**

봉(棒)이 중심선에 수직 또는 경사의 하중에 의해 굽힘 작용을 받을 경우, 이 봉을 보(beam)라 하며, 보를 받치고 있는 지점(支点, suporting point)과 지점 사이(건축 구조물에서는 기둥과 기둥 사이)의 거리를 스팬(span)이라 한다. 교량의 단위 구조재, 차축 기어의 이(gear), 판스프링, 스패너의 자루 등도 보로 볼 수 있다.

보는 지지 방법이나 하중이 가해지는 방식에 따라 그림 1−62와 같이 여러 종류가 있다.

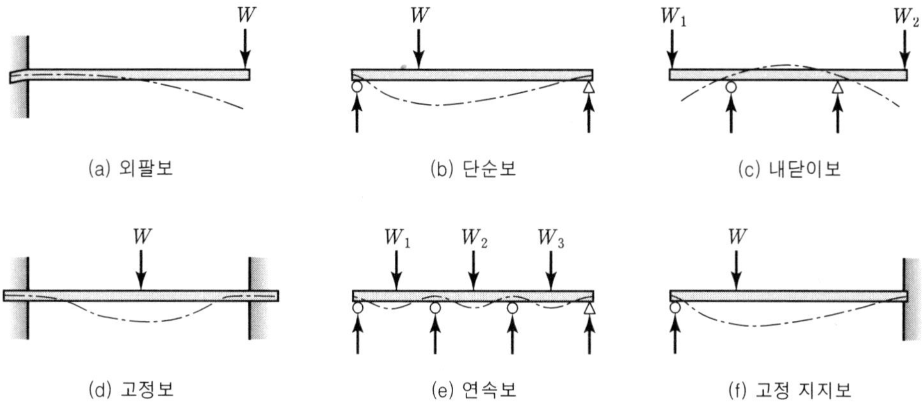

그림 1-62 보의 종류

a) 외팔보(cantilever beam) : 그림 1-62 (a)와 같이 한쪽 끝을 벽에 고정한 보로, 고정된 끝을 고정단(固定端), 반대측의 끝 부분을 자유단(自由端)이라 한다.

b) 단순보(simply beam) : 그림 1-62 (b)와 같이 양 끝을 모두 받치고 있는 보로서, 한쪽은 수평 방향으로 고정되고 다른 지지점은 수평 방향으로 움직일 수 있어서, 하중에 의해 보가 굽거나 열팽창 및 수축으로 보의 수평 방향으로 하중 및 응력이 생기면 한쪽 지지점이 그에 맞게 움직여서 수평 방향의 하중이나 응력이 생기지 않게 된다. 이를 양단 지지(兩端支持)보라고도 한다.

c) 내닫이보(overhanging beam) : 그림 1-62 (c)와 같이 보의 일부가 받침점 바깥으로 나와 있는 보이다.

d) 고정보(fixed beam) : 그림 1-62 (d)와 같이 양 끝이 모두 벽에 고정되어 있는 보로 가장 강한 보이다.

e) 연속보(continuous beam) 또는 다중 지지보(multiply supported fixed beam) : 그림 1-62 (e)와 같이 3개 이상의 받침점을 가진 보이다.

f) 고정 지지보(supported and fixed beam) : 그림 1-62 (f)와 같이 한쪽 끝은 벽에 고정하고, 다른 쪽 끝은 수평 방향으로는 자유로이 움직일 수 있게 받치고 있는 보이다.

● 보에 작용하는 하중

그림 1-63 (a)와 같이 보의 1점에 집중하여 가하는 하중을 집중 하중(集重荷重, concentrated load)이라 한다. 이에 대하여 보의 전장 또는 일부에 분포되어 있는 하중을 분포 하중(分布荷重, distributed load)이라 한다. 분포 하중은 그림 (b)와 같이

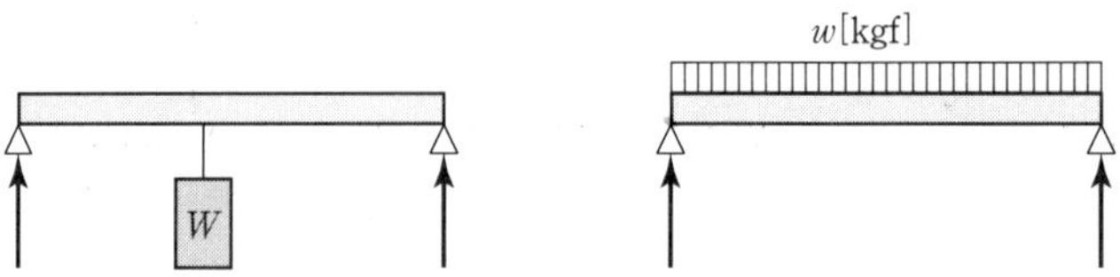

(a) 집중 하중 (b) 등분포 하중

그림 1-63 보에 작용하는 하중

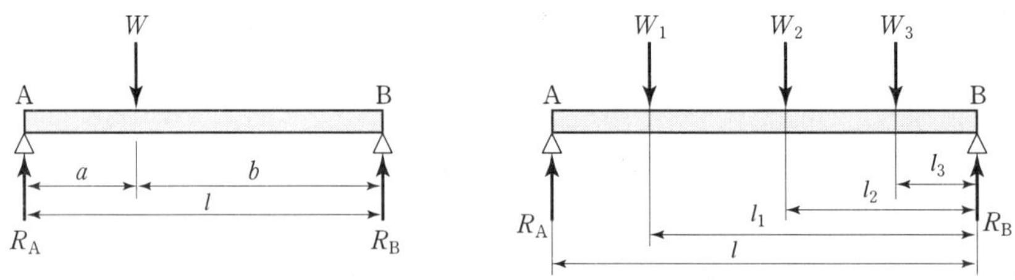

(a) (b)

그림 1-64 지점의 반력

단위 길이당 하중이 일정한 등분포 하중(等分布荷重, uniformly distributed load)과 단위 길이에 대해 동일하지 않는 하중이 직선적으로 변화해서 작용하는 등변 분포 하중(等變分布荷重, uniformly varying load)이 있다.

2 보의 균형과 지점의 반력

보에는 여러 가지 하중이 가해지는데, 이에 따라 지점에 반력이 생기고, 하중과 반력에 의해 힘의 모멘트가 작용한다. 보는 이들의 힘을 받아 안정된 균형 상태가 되므로 다음의 두 조건이 성립한다.

① 합력(荷重과 反力의 합)은 0이 된다.

② 힘의 모멘트의 합은 어떤 단면에 대해서도 0이 된다.

그림 1-64 (a)와 같이, 1개의 집중 하중 W를 받는 단순보에서 지점의 반력 R_A, R_B는 보에 가해지는 힘이 균형 상태이므로

① 합력이 0의 조건에 따라 $W = R_A + R_B$

② 힘의 모멘트의 합이 0인 조건에 따라, 점 B 주위의 힘의 모멘트는

$$\left.\begin{aligned} &-R_A l+Wb=0 \\ &R_A l=Wb \\ &R_A=\frac{Wb}{l} \\ &R_B=W-R_A=\frac{Wa}{l} \end{aligned}\right\} \quad (1-46)$$

그림 1−64 (b)와 같이 두 개 이상의 집중 하중이 작용하는 보의 반력도 균형의 조건으로부터 구할 수 있다. 예를 들면, 점 B에 있어서의 힘의 모멘트는

$$\left.\begin{aligned} &-R_A l+W_1 l_1+W_2 l_2+W_3 l_3=0 \\ &W_1+W_2+W_3=R_A+R_B \\ &R_A=\frac{W_1 l_1+W_2 l_2+W_3 l_3}{l} \\ &R_B=W_1+W_2+W_3-R_A \end{aligned}\right\} \quad (1-47)$$

보기 1-10 그림 1-65에서 반력 R_A, R_B를 구하시오.

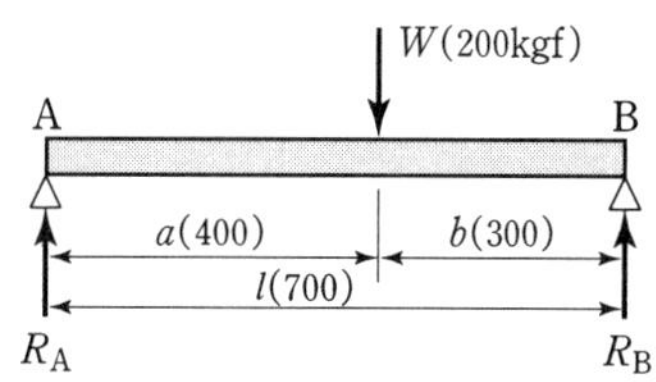

그림 1-65 보기 1-10의 조건

풀이 식 (1−46)으로 부터

$$R_A=\frac{200\times300}{700}\fallingdotseq85.7[\text{kgf}]$$

$$R_B=200-85.7\fallingdotseq114[\text{kgf}]$$

답 $R_A=85.7$kgf
$R_B=114$kgf

3 보의 전단력

그림 1−66과 같이 단순보에 2개의 하중 W_1, W_2가 작용하여 받침점의 반력과 평형을 이루고 있으므로, 아래 방향 힘의 합과 위 방향 힘의 합은 같다.

즉, $$W_1+W_2=R_A+R_B$$

그리고 점 A에서 거리 x만큼 떨어진 x의 단면 X에서 왼쪽과 오른쪽에 가해지는 힘을 생각하면, 내력이 존재하며 외력 하중 W, 반력 R과 평형을 이룬다. 즉, 그림 1−66 (b)에서와 같이 단면의 왼쪽 보에 작용하는 외력은 위 방향으로 R_A-W_1의 힘($R_A>W_1$로 한다)이, 그림 (b)에서 단면의 오른쪽면에 작용하는 힘은 W_2-R_B이

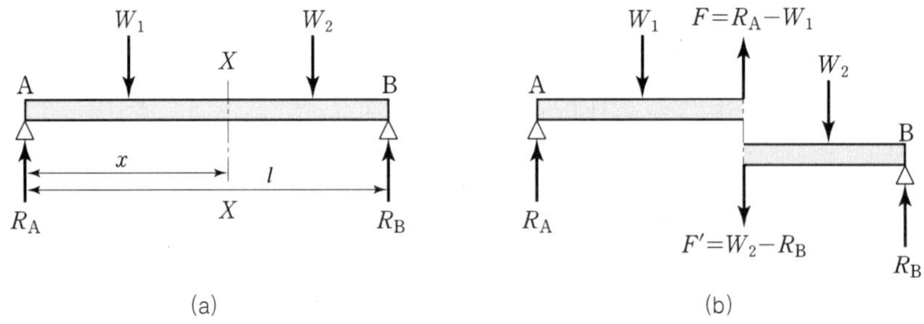

그림 1-66 보의 전단력

며, 단면 X에는 이것과 평형을 이루는 내력 F'이 생긴다. 즉,

$$\left.\begin{aligned} F &= W_1 - R_A \\ F' &= W_2 - R_B \end{aligned}\right\} \tag{1-48}$$

보의 외력이 평형을 이루고 있으므로,

$$-R_A + W_1 + W_2 - R_B = 0$$

$$\therefore\ W_1 - R_A = -(W_2 - R_B)$$

$$\therefore\ F = -F' \tag{1-49}$$

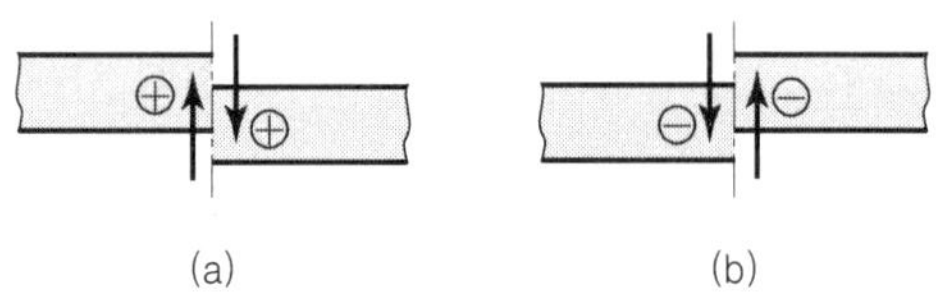

그림 1-67 전단력의 부호

즉, 단면 $X-X$에는 크기가 같고 방향이 다른 내력이 생기는 것을 알 수 있다. 이와 같이, 보의 어느 단면에 있어서나 왼쪽과 오른쪽 두 부분을 자르려는, 즉 전단하려는 작용력을 가지고 있는데 이를 전단력(剪斷力, shearing force)이라 한다. 전단력의 부호는 그림 1-67과 같이 임의 단면 왼쪽에서 전단력이 위 방향으로 작용할 때를 양(+)으로, 아래 방향으로 작용할 때를 음(−)으로 하고, 단면의 오른쪽에서는 이와 반대로 한다.

4 보의 휨 모멘트

보에 수직 하중이 작용하면, 보가 곡선 형태로 굽으려는 휨 작용이 생긴다. 이때 보의 한 단면에서의 휨 작용을 그 단면의 휨 모멘트(bending moment)라 한다.

그림 1-68에서 어느 한 단면 $X-X$에 대한 휨 모멘트를 구하려면, 그림 1-69과 같이 단면 $X-X$의 왼쪽 보와 오른쪽으로 분리시키고 각각의 단면에 크기가 같고 방

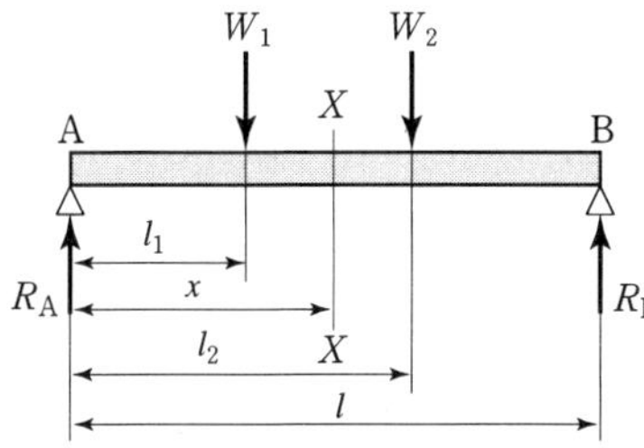

그림 1-68 휨 모멘트

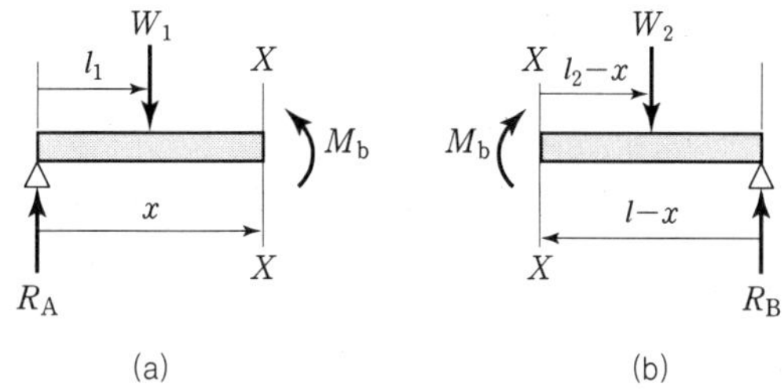

그림 1-69 X-X 단면에서의 휨 모멘트 M_b

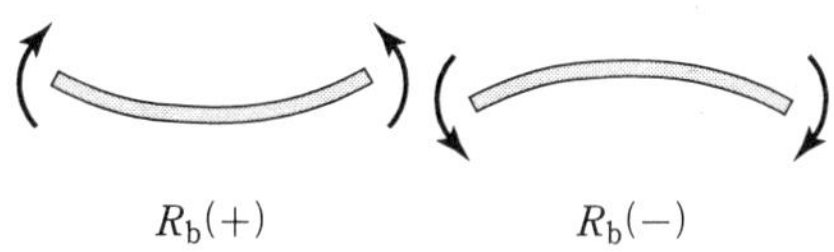

그림 1-70 휨 모멘트의 부호

향이 반대인 휨 모멘트가 형성된다고 생각하여 모멘트 평형식을 세워 계산하면 된다.

그림 1-69 (a)에서 단면 $X-X$를 모멘트 계산을 기준으로 하면 휨 모멘트에 대한 평형식

$$M_b+W_1(x-l_1)-R_A\cdot x=0 \tag{1-50}$$

에서 단면 $X-X$에 작용하는 모멘트

$$M_b=R_A\cdot x-W_1(x-l_1) \tag{1-51}$$

을 얻고, 그림 1-69 (b)에서도 같은 방법으로

$$-M_b-W_2(l_2-x)+R_B(l-x)=0 \tag{1-52}$$

을 얻고, 단면 $X-X$에 작용하는 휨 모멘트

$$M_b=R_B(l-x)-W_2(l_2-x) \tag{1-53}$$

를 얻는다.

여기서 반력 R_A와 R_B를 힘의 평형 조건과 모멘트 평형 조건을 이용하여 계산하고, 위 식들에 대입하면 식 (1-51)이나 식 (1-53)의 M_b가 같은 크기임을 알 수 있다.

휨 모멘트의 부호는 관습상 그림 1-70와 같이 아래쪽으로 볼록하게 구부러지는 것을 양(+), 위쪽으로 볼록하게 구부러지는 것을 음(-)으로 한다.

5 보의 굽힘 응력

보에 길이 방향과 직각 방향으로 하중이 작용하면 처짐이 생긴다. 이와 같은 변형을 일으키는 하중을 굽힘 하중(bending load)이라 한다. 보에 굽힘 모멘트가 작용하면 보는 굽힘이 생기면서 상부에는 압축, 아래쪽에는 인장 변형이 생기는데 중간에는 굽힘이 생길 뿐, 압축도 인장도 없는 층이 존재한다. 이 층을 중립면(中立面, neutral surface)이라 한다. 중립면과 단면이 교차되어 생기는 직선을 중립축(中立軸, neutral axis)이라 한다. 압축이나 인장의 변형률 크기는 중립축에서의 거리에 비례한다.

응력은 변형률에 비례하기 때문에 그림에서 임의의 단면에는 인장 응력과 압축 응력이 공존하며, 중립면에서만은 응력이 0이 되고 중립면에서 멀어질수록 거리에 비례하여 응력(應力)의 값도 커진다. 그림 1-71과 같이 보의 일부에 축에 직각이고, 매우 접근하고 있는 평행한 단면 AB, CD를 생각하면, 보가 굽힘 모멘트를 받아 그림 1-71 (a)에서 그림 (b)와 같이 굽으면, AC측은 압축되고, BD측은 인장되어, A′C′, B′D′와 같이 된다.

이로 인해 보의 상측에는 압축 응력, 하측에는 인장 응력이 생긴다. 이와 같이 보가 굽힘 작용을 받음으로써, 보의 내부에 생기는 인장과 압축의 응력을 총칭하여 굽힘 응력(bending stress)이라 한다.

$$\text{굽힘 응력} \quad \sigma_b = \frac{M}{Z} \, [\text{kgf/mm}^2] \tag{1-54}$$

식 (1-54)에서 M[kgf·mm]은 굽힘 모멘트, Z[mm^3]는 단면 계수(斷面係數, modulus of section)라 하며, 단면의 형상에 따라 정해지는 값이다. 표 1-9는 각 단면형의 단면적 A, 단면 2차 모멘트 I 및 단면 계수 Z의 값이다.

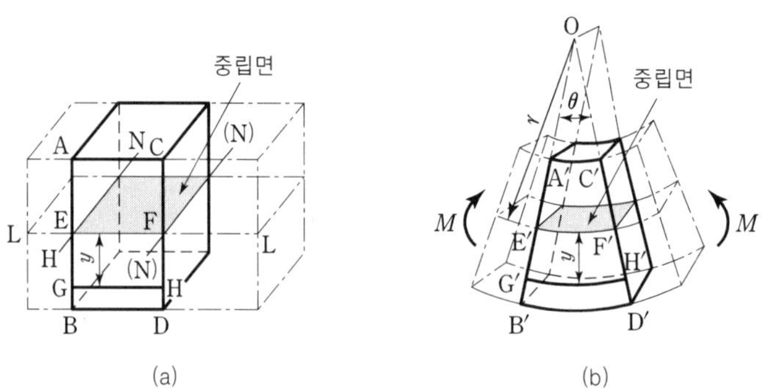

그림 1-71 보의 굽힘과 중립면

표 1-9 여러 형상의 단면의 A, I, Z

번호	단면	A[mm²]	I[mm⁴]	Z[mm³]
1	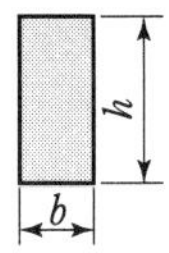	bh	$\frac{1}{12}bh^3$	$\frac{1}{6}bh^2$
2	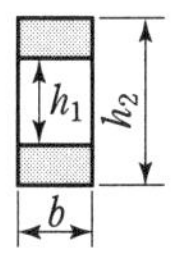	$b(h_2-h_1)$	$\frac{1}{12}b(h_2^3-h_1^3)$	$\frac{1}{6}\cdot\frac{b(h_2^3-h_1^3)}{h_2}$
3	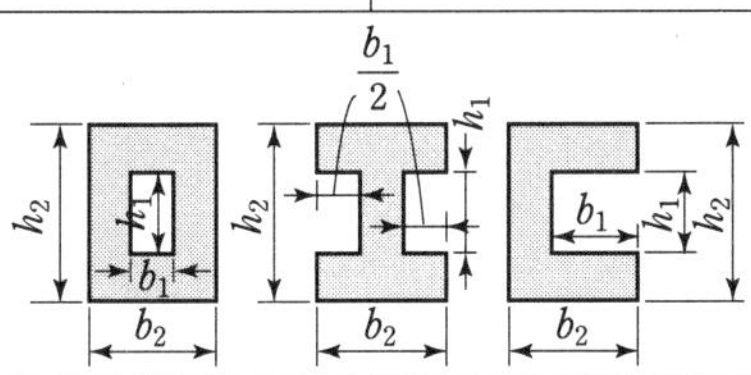	$A=b_2h_2-b_1h_1$ $I=\frac{1}{12}(b_2h_2^3-b_1h_1^3)$ $Z=\frac{1}{6}\cdot\frac{b_2h_2^3-b_1h_1^3}{h^2}$		
4	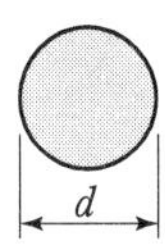	$\frac{\pi}{4}d^2$	$\frac{\pi}{64}d^4$	$\frac{\pi}{32}d^3$
5	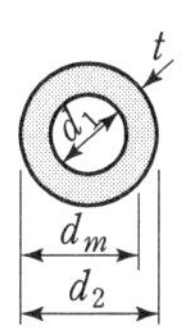	$\frac{\pi}{4}(d_2^2-d_1^2)$	$\frac{\pi}{64}(d_2^4-d_1^4)$	$\frac{\pi}{32}\cdot\frac{d_2^4-d_1^4}{d_2}$ $\frac{t}{d_m}$가 적을 때 $0.8d_m^2t$

(8) 봉의 좌굴

가늘고 긴 봉은 축방향에서 압축 하중을 받으면 짧은 봉이 압축 하중을 받은 경우에 비해 작은 하중에서도 굽힘이 시작되고, 압축 강도 이하의 낮은 응력에서 파손된다.

이와 같은 현상을 좌굴(挫屈, buckling)이라 하며, 좌굴을 일으키는 봉을 기둥(柱, column), 좌굴을 일으키는 한계 하중(최소 하중)을 좌굴 하중(挫屈荷重, buckling load)이라 한다. 좌굴 하중을 보의 단면적으로 나눈 값을 좌굴 응력(挫屈應力, buckling stress)이라 한다. 좌굴 하중(응력)은 재료의 강도가 아니라 봉의 굽힘 강성에 관계된다. 기둥은 굽히기 힘들수록 강한 것이 되지만, 굽힘 정도는 재료의 단말부(端末部)의 조건에 따라 다르다. 그림 1-72에서 n의 값을 단말 계수(端末係數)라 하

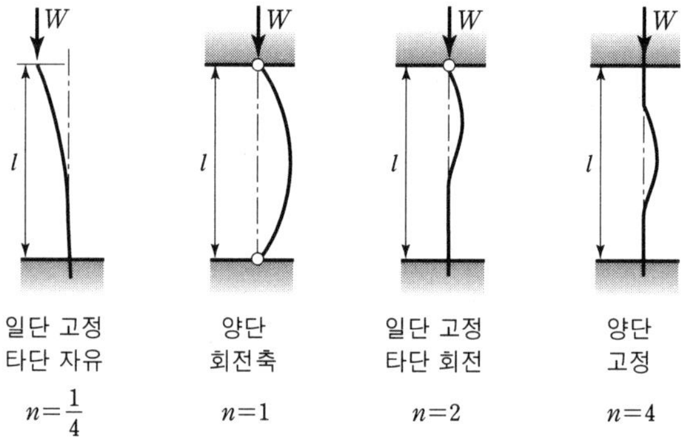

그림 1-72 봉의 좌굴 변형

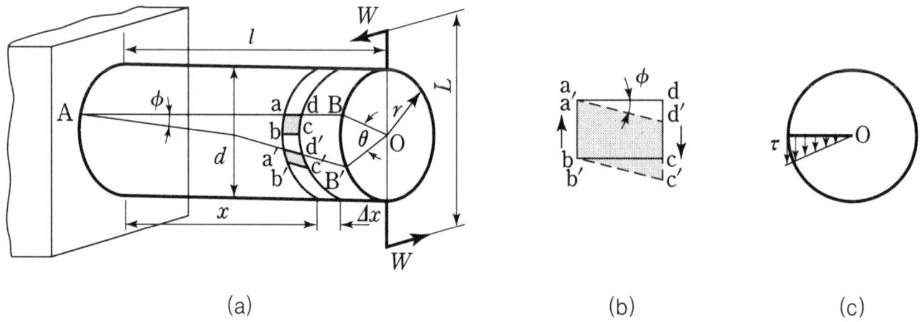

그림 1-73 축의 비틀림

는데 기둥의 강도를 나타내는 값이다.

(9) 축에 작용하는 힘

1 축의 비틀림

그림 1-73 (a)와 같이 지름이 d인 환봉의 오른쪽 끝에서, 환봉의 축선에 직각인 평면상에, 우력(偶力) 모멘트 WL을 작용하면 축의 각 부분이 서로 인접한 횡단면은 조금씩 미끄러져서 전단 응력이 생기고, 축에 평행한 모선(母線) AB는 변위(變位)하여 AB′가 된다. 따라서 축의 바깥끝의 반지름 OB는 OB′으로 이동하고, 축은 일정하게 비틀어져 각 θ만큼 회전한다. 여기서 축에 작용한 힘의 모멘트를 비틀림 모멘트(twisting moment), 또는 토크(torque)라 하여 기호 T로 나타낸다. 또한 비틀림에 의해 생긴 각 θ를 비틀림각, 비틀림을 받는 재료를 축(shaft)이라 한다.

2 비틀림 응력

축의 표면에 장방형 abcd를 생각하면, 비틀림을 받게 되면 평행사변형(平行四邊形) a′b′c′d′로 변형한다. 그림 1-73 (b)는 abcd와 a′b′c′d′를 같이 그린 것으로 전단 비틀림 ϕ가 생긴 것을 알 수 있다.

축에 비틀림 모멘트를 가하면, 그림 1-73 (c)와 같이 축의 각횡단면(各橫斷面)에 단면의 중심 O(중립점이라 한다)에서는 0이고, 축의 표피(외주)에서 최대의 전단 응력이 생긴다. 이와 같이 비틀림 하중에 의해 생긴 전단 응력을 비틀림 응력(torsional stress)이라 하며 τ로 나타내면 다음 식과 같다.

$$\tau = \frac{T}{Z_p} = \frac{16T}{\pi d^3} [\text{kgf/mm}^2] \tag{1-55}$$

식 (1-55)에서 T[kg/mm]는 비틀림 모멘트, Z_p[mm^3]는 극단면 계수(極斷面係數, polar modulus of section)라 한다.

또 중공 원형 단면(中空円形斷面)의 축(中空軸)에서는 외경을 d_2[mm], 내경을 d_1[mm]이라 하며 다음식과 같다.

$$\tau = \frac{T}{Z_p} = \frac{16T}{\pi}\left(\frac{d_2}{d_2^4 - d_1^4}\right) \tag{1-56}$$

보기 1-11 지름 50mm인 둥근 축이 100×10^3kgf·mm의 비틀림 모멘트를 받을 때 축에 생기는 비틀림 응력을 구하시오.

풀이 식 (1-55)로 부터

$$\tau = \frac{16T}{\pi d^3} = \frac{16 \times 100 \times 10^3}{\pi \times 50^3} = 4.07[\text{kgf/mm}^2]$$

답 ≒4.00kgf/mm^2

연습 문제

1.1 기계와 기계 공학

1. 기계의 정의를 네 가지 구비 조건으로 제시하시오.
2. 레인지, 마이크로미터, 다이얼 게이지 등을 왜 기계라 하지 않는지 설명하시오.
3. 기계의 특징을 요약 설명하시오.
4. 작업 기계를 분류 제시하시오.
5. 주요국의 산업 규격을 제시하시오.
6. 한국 산업 규격은 어떻게 분류하고 있는가 요약 설명하시오.

1.2 기계 제작 공정과 공작 기술

7. 기계 제작 공정을 표로 체계화 하시오.
8. 연구 개발의 필요성을 설명하시오.
9. 기계 제작을 위한 생산 방식을 요약 설명하시오.
10. 각종 기계 공작법을 그림으로 요약 제시하시오.
11. 생산 방식을 요약 설명하시오.

1.3 기계의 구성과 재료의 강도

12. 기계 주요 구성 부분을 도식하시오.
13. 짝의 종류와 적용 사례를 요약 설명하시오.
14. 다음 용어를 요약 설명하시오.

   ① 링크　　② 연쇄
   ③ 원동절　　④ 종동절

15. 그림(문제 15의 조건)과 같이 6kgf와 8kgf인 두 힘이 서로 직각으로 작용할 때, 합력의 크기와 방향을 구하시오.

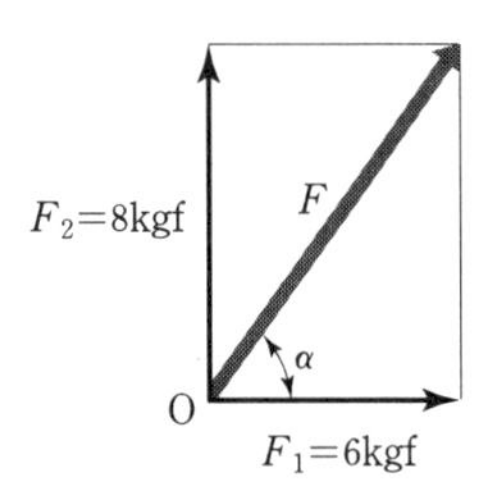

그림 1-74 문제 15의 조건

16. 시속 100km로 주행하는 자동차에 제동을 걸었더니 20초 후에 정지하였다. 가속도와 그 동안에 주행한 거리를 구하시오.

17. 물체에 30kgf의 힘이 작용하며 힘의 방향으로 6m 이동하였다면, 일의 양 [kgf·m]을 구하시오.

18. 지름 50mm의 짧은 원주에 5000kgf의 압축 하중이 작용하였을 때, 응력을 구하시오.

19. 그림 1-75와 같이 두 개의 부품을 지름 20mm의 핀으로 연결하고, 여기에 1000kgf의 하중으로 옆으로 이장하였을 때, 핀에 작용하는 전단 응력을 구하시오.

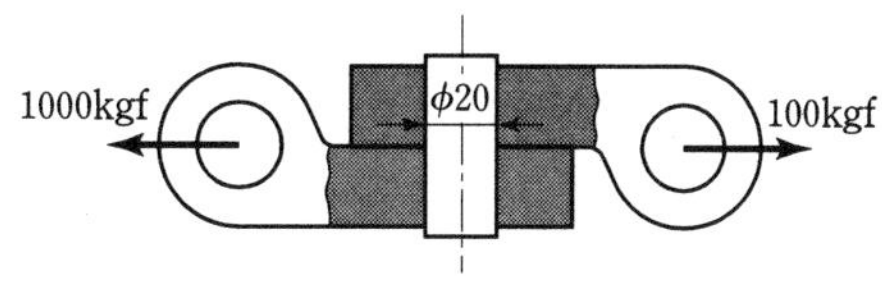

그림 1-75 문제 19의 조건

연구 과제

1. 기계 공학의 정의와 학문적 범위를 요약 설명하시오.
2. 기계의 정의와 발달 과정을 요약 설명하시오.
3. 한국 산업 규격의 역사와 분류 · 특징을 요약 설명하시오.
4. 연구 개발 목적과 새로이 적용되고 있는 기술 수단에 대해 약술하시오.
5. 생산의 자동화와 무인화 추세를 요약 설명하시오.
6. 절삭에 의한 공작법을 그림으로 요약 제시하시오.
7. 자동차용 원동기의 제작 공정을 알아 보고 정리하시오.
8. 연구 개발실, 기계 설계실, 생산 관리실의 역할을 설명하시오.
9. 생산의 자동화와 무인화 현황을 조사 설명하시오.
10. 공작 기계, 자동차 기관의 기계 구조에서 다음의 ①~④에 상응하는 부분을 조사하시오.
    ① 일을 하기 위하여 에너지를 받아들이는 부분
    ② 에너지를 전달하거나 형태를 바꾸는 부분
    ③ 목적한 일을 하는 부분
    ④ 각 부분을 적절한 위치로 유지하는 부분
11. 힘의 모멘트와 우력에 대하여 설명하시오.
12. 주속도와 각속도를 비교 설명하시오.
13. 지레의 응용을 공작 기계(드릴 프레스, 판금 프레스 등)의 사례를 들어 설명하시오.
14. 미끄럼 마찰과 구름 마찰을 비교 설명하시오.
15. 응력 스트레인 선도를 연강의 경우를 보기로 설명하시오.
16. 기준 강도를 택하여 기계 재료를 사용할 때의 보기를 들어 설명하시오.
17. 보의 좌굴 변형에 대해 설명하시오.
18. 보의 종류를 들어 요약 설명하시오.
19. 지름 30mm인 둥근축에 100×10^3kgf · m의 비틀림 모멘트를 받을 때, 축에 생기는 비틀림 응력을 구하시오.

2장 기계 요소와 기계 재료

2.1 기계 요소

기계의 부품 중에는 어느 기계에도 공통적으로 사용되는 볼트, 너트, 축, 베어링, 기어, 스프링 등이 있다. 이들은 기계를 구성하는 요소(要素, element)이므로, 이를 기계 요소(機械要素, machine element)라 한다.

기계 요소를 사용 목적에 따라 분류하면

a) 체결용 : 볼트, 너트, 핀, 키, 리벳 등
b) 축용 : 축, 축이음, 베어링 등
c) 제어 및 완충용 : 스프링, 클러치, 브레이크, 쇼크 업소버 등
d) 유체 관로용 : 관, 관이음, 밸브 등
e) 전동용 : 기어, 벨트차, 체인, 링크, 캠 등

기계 요소는 여러 가지 기계에 공통으로 사용되므로, 형상과 치수 및 재질 등을 통일하고 표준화하여야 한다. 한국 산업 규격(Korean Industrial Standards : KS)에서는 이와 같은 목적으로 부품을 규격화하고 있다.

부품을 규격화하면, 호환성을 갖게 될 뿐 아니라 대량 생산에 의한 생산비 절감이 용이하다. 또한 이와 같은 규격품이 시판되고 있으므로 구입이 편리하다. 따라서 기계 요소의 종류, 규격에 대한 충분한 지식을 가지는 것은 기계 설계와 보수 유지에 있어 필요하다.

1. 체결용 기계 요소

1) 나사

나사는 기계 부품을 죄거나 위치를 조정하고 힘을 전달할 때 쓰는 등 용도가 매우 다양한 기계 요소이다. 이러한 나사는 KS 규격품으로 규정되어 있으므로 체결 · 운동 조건에 따라 각각의 목적에 적합한 것을 선정해야 한다.

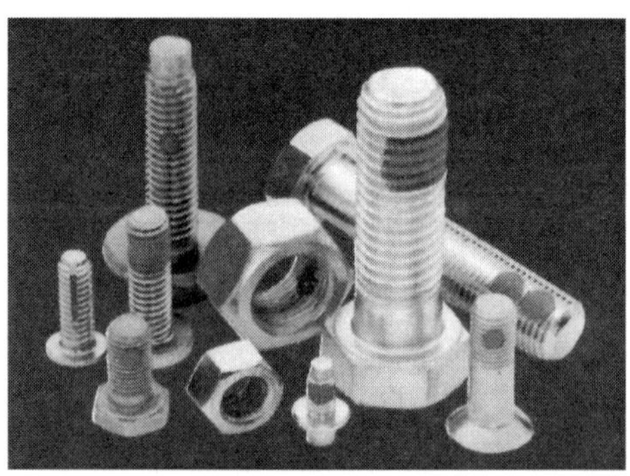

풀림 방지 나사(나이록)

(1) 삼각 나사의 구성

1 나사 곡선과 나사

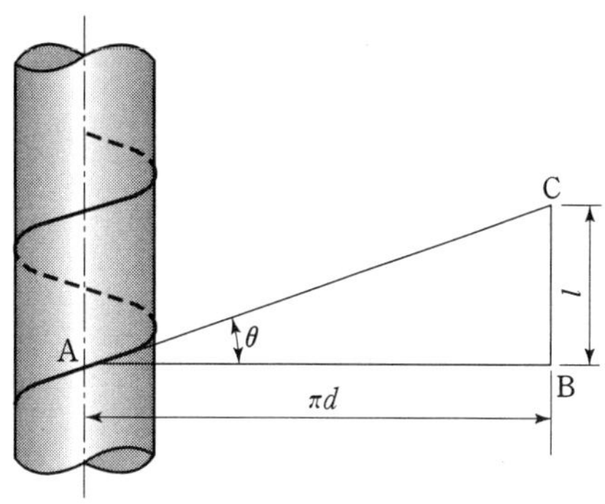

그림 2-1 나사 곡선

그림 2-1과 같이 지름 d인 원기둥에 밑변 AB=πd인 직각 삼각형 ABC를 원통의 축선에 직각이 되게 A를 기점으로 하여 감아 올라가면 빗변 AC는 원통 위에 하나의 곡선을 만든다. 이 곡선을 나사 곡선(helix)이라 하며, 나사의 기본이 되는 선이다. 또 이 사면(斜面)의 경각(傾角) θ을 리드각(lead angle)이라 한다. 그리고 나사 곡선 위에 여러 가지 단면형의 띠를 감으면 감은 띠의 봉우리 부분과 그 띠 사이에는 골 부분이 생기는데, 봉우리 부분을 나사산(thread ridge), 띠 사이의 낮은 홈 부분을 나사홈(thread groove) 또는 골(root)이라 하며, 원통상에 이러한 나사산을 가진 것을 나사(screw thread)라 한다. 이 돌기(突起)는 그림 2-2 (b)와 같이 원통 내면(圓筒內面)에도 만들 수 있다. 그림 (a)는 수나사(male screw), 그림 (b)는 암나사(female screw)이다. 그리고 수나사를 낸 것을 볼트(bolt), 암나사를 낸 것을 너트(nut)라 하는데, 볼트와 너트는 짝을 이룬다.

나사의 크기는 수나사의 외경으로 나타내며 이것을 호칭 지름이라 한다.

2 오른 나사와 왼 나사

나사에는 그림 2-3과 같이 나사를 축방향에서 볼 때 시계 방향으로 돌려서 앞으로 나가는 나사를 오른 나사(right hand screw)라 하며, 반대 방향으로 돌려서 앞으로 나가는 나사를 왼 나사(left hand screw)라 한다.

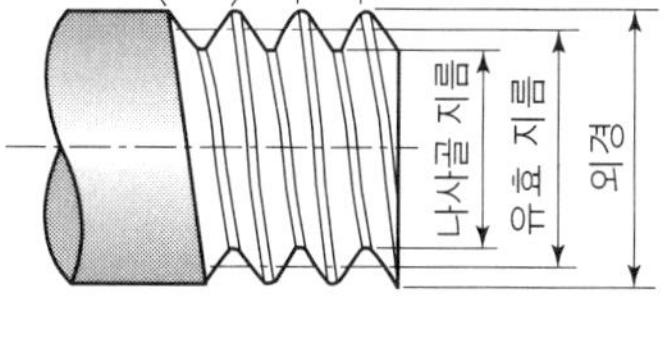

(a) 수나사

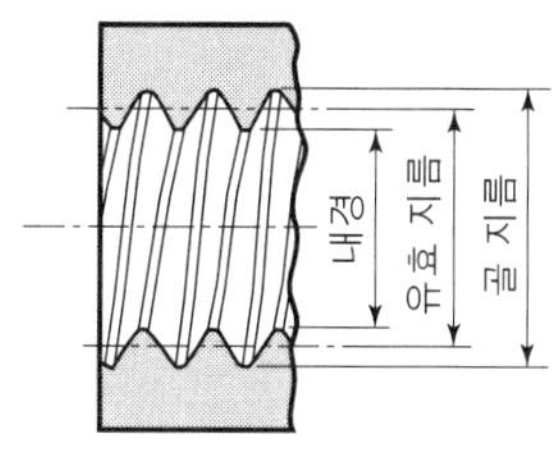

(b) 암나사

그림 2-2 수나사와 암나사

3 다중 나사

그림 2-4 (a)와 같이 1개의 나사 곡선을 기초로 하여 만들어진 나사를 한줄 나사(single screw thread)라 하며, (b)와 같이 2개의 나사 곡선을 동시에 깎아서 만든 나사를 두줄 나사(double screw thread)라 한다. 또 2개 이상의 나사 곡선으로 만들어진 나사를 다중 나사라고 한다.

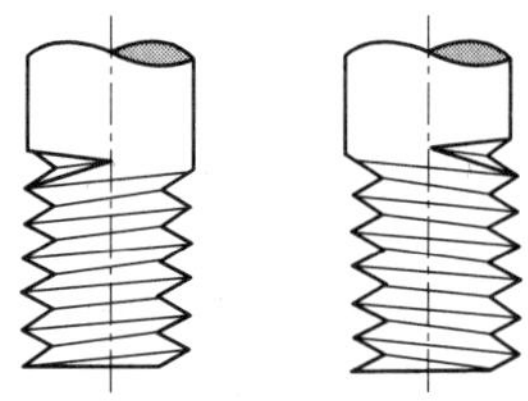

(a) 오른 나사　　(b) 왼 나사

그림 2-3 오른 나사와 왼 나사

4 보통 나사와 가는 나사

기계 부품의 체결에 사용되는 삼각 나사에는 산의 크기에 따라 그림 2-5와 같이 보통 나사와 가는(細目) 나사가 있다. 일반 체결에는 보통 나사가 사용되지만 특히 미세한 피치의 나사를 필요로 할 때가 있으므로, 가는 나사의 규격이 정해져 있다. 가는 나사는 보통 나사에 비해 리드각이 적으므로 풀림이 어렵다.

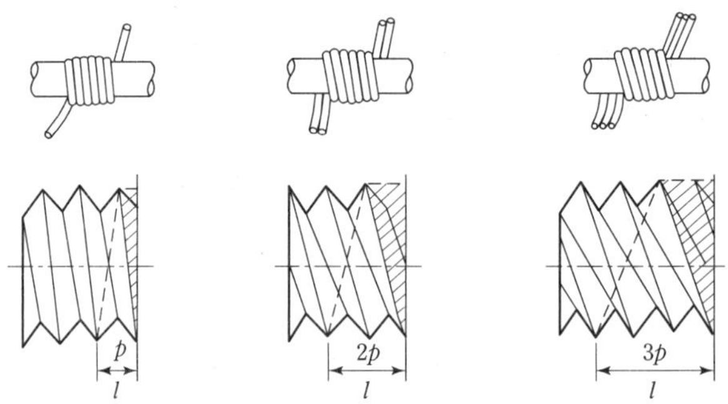

(a) 한줄 나사　　(b) 두줄 나사　　(c) 세줄 나사

그림 2-4 여러 종류의 줄 나사

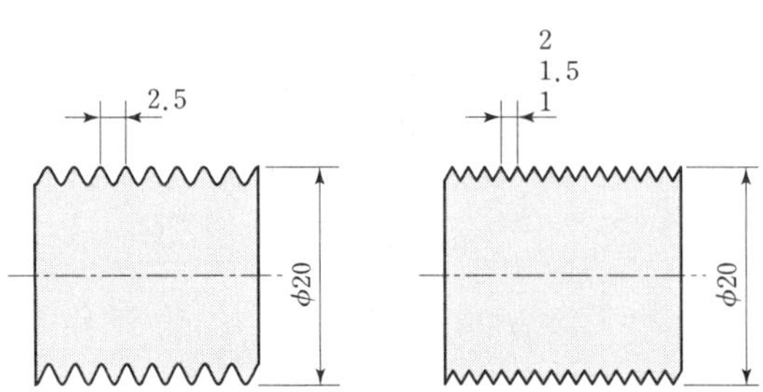

보통 나사의 피치　2.5 mm

가는 나사의 피치 { 2 mm, 1.5 mm, 1 mm

그림 2-5 보통 나사와 가는 나사의 비교(20mm의 미터 나사)

표 2-1 나사의 KS 규격

규격 번호	규격명	규격 번호	규격명
KS B 0003	나사 제도	KS B 1005	나비 볼트
KS B 0201	미터 보통 나사	KS B 1012	육각 너트
KS B 0203	유니파이 보통 나사	KS B 1013	사각 너트
KS B 0204	미터 가는 나사	KS B 1014	나비 너트
KS B 0206	유니파이 가는 나사	KS B 1020	정밀 볼 나사
KS B 0221	관용 평행 나사	KS B 1021	홈붙이 작은 나사
KS B 0222	관용 테이퍼 나사	KS B 1023	+자홈 작은 나사
KS B 0223	전선관 나사	KS B 1033	아이 볼트
KS B 0226	29° 사다리꼴 나사	KS B 1034	아이 너트
KS B 0227	30° 사다리꼴 나사	KS B 1056	+자홈 나사못
KS B 1002	육각 볼트	KS B 1324	스프링 와셔
KS B 1004	사각 볼트	KS B 1325	이붙이 와셔

(2) 나사의 규격화

나사는 가장 많이 사용되는 기계 요소로서 호환성이 요구되므로, 여러 나라에서 나사의 모양, 지름, 피치 등에 관한 사항을 표준 규격화(standardization)하고 있으며, 우리 나라에서도 나사에 대한 여러 가지 사항을 한국 산업 규격(KS)으로 규정하고 있다. 그중 중요한 나사의 KS 규격은 표 2-1과 같다.

(3) 나사의 종류

1 결합용 삼각 나사

a) 미터 나사(metric thread) : 나사의 지름과 피치를 mm로 표시한 미터계 나사이다. 그림 2-6과 같이 나사산의 각이 60°이며, 나사 봉우리는 평탄하고, 골의 밑부분은 둥글다. 기호는 M으로 나타내며, 미터 보통 나사와 미터 가는 나사로 나누어진다.

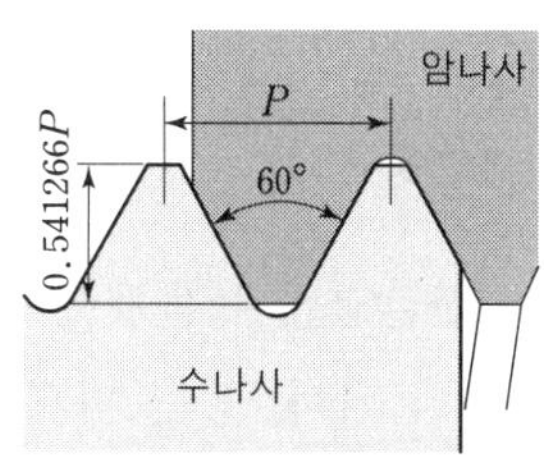

그림 2-6 결합용 삼각 나사(미터 나사)

b) 유니파이 나사(unified screw thread) : 영국, 미국, 캐나다 3국의 협정에 의하여 정한 것으로 ABC 나사라고도 한다. 나사산의 각이 60°인 인치계 나사로 기호 U로 나타내며, 나사의 호칭은 수나사의 외경

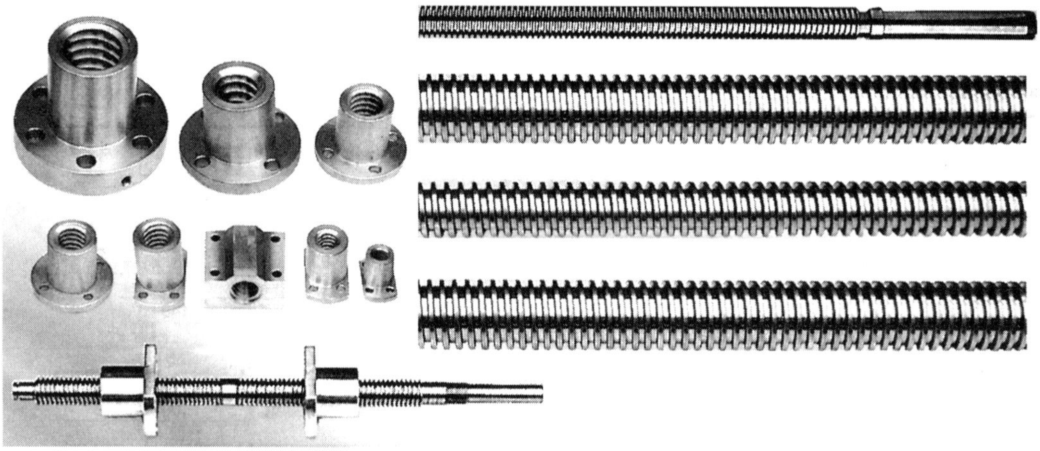

리드 스크루

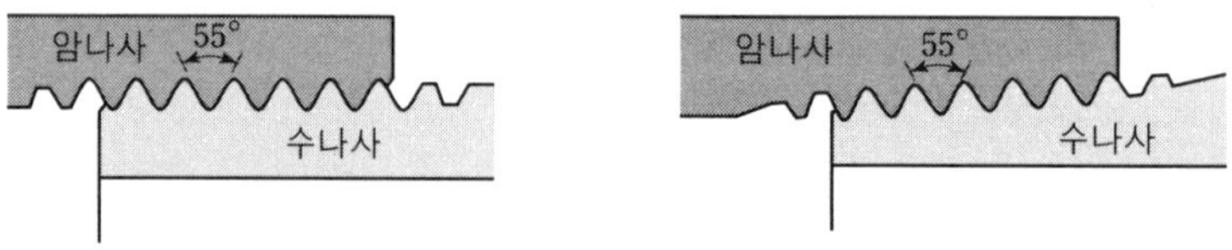

(a) 평행 나사 (b) 테이퍼 나사

그림 2-7 관용 나사

을 인치로 나타내고 피치는 인치(1inch = 25.4mm)에 대한 나사산의 수로 나타낸다.

c) 관용 나사(pipe thread) : 파이프와 같이 두께가 얇은 곳의 결합에 이용되며, 누수를 방지하고 기밀을 유지하는 데 사용된다. 나사산의 각은 그림 2-7과 같이 55° 인 인치계 나사이며, 피치가 작다.

2 전동용 나사

힘을 전달하거나 물체를 움직이게 할 목적에 이용되는 나사로 사각 나사, 사다리꼴 나사, 톱니 나사, 둥근 나사, 볼 나사 등이 있다.

a) 사각 나사(square thread) : 축방향의 큰 하중을 받는 운동에 적합하도록 나사산을 그림 2-8과 같이 사각 모양으로 만든 나사이며, 추력을 전달할 때에 효과적으로 이용될 수 있으므로 강력한 이송 나사(feed screw) 등에 사용된다.

b) 사다리꼴 나사(trapezoidal screw thread) : 애크미(acme) 나사라고도 하며, 그림

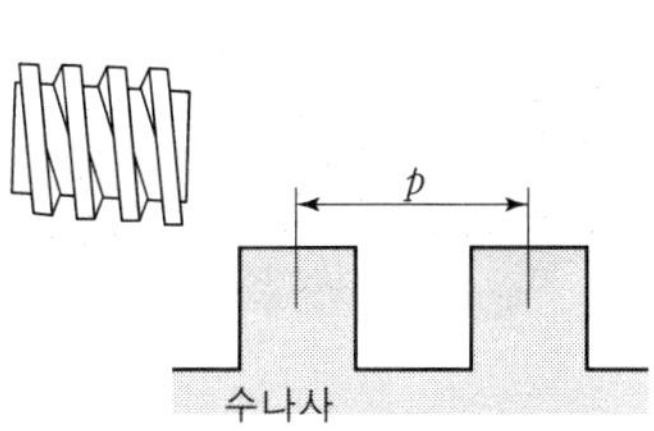

그림 2-8 사각 나사

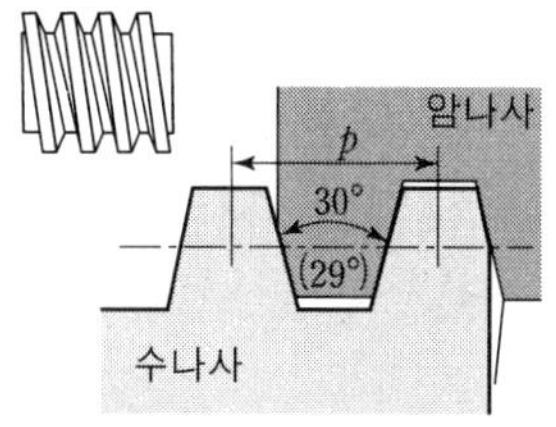

그림 2-9 사다리꼴 나사

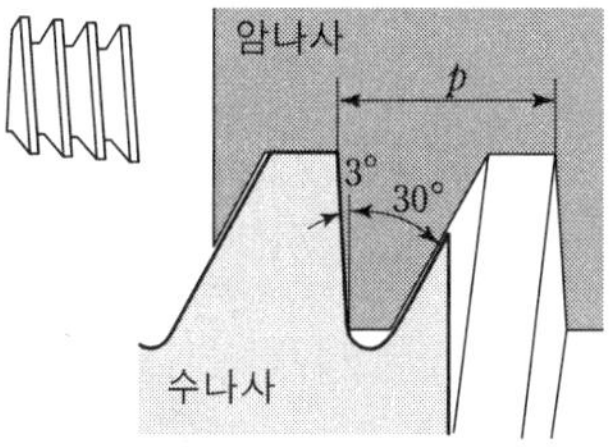

그림 2-10 톱니 나사

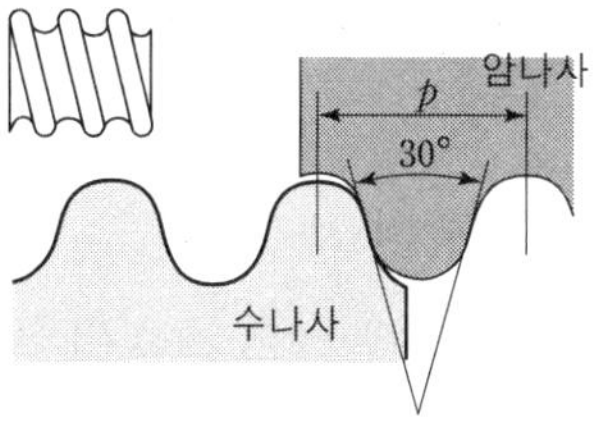

그림 2-11 둥근 나사

2-9와 같이 나사산각이 미터계에서 30°(TM), 인치계에서 29°(TW)인 사다리꼴로 된 나사이고, 추력(thrust)이 전달되는 부품의 나사로 적합하므로 공작 기계의 이송 나사로 널리 사용된다.

c) 톱니 나사(buttress screw thread) : 힘을 한 방향으로만 받는 부품에 이용되는 나사로, 그림 2-10과 같이 힘을 받는 쪽에는 사각 나사, 반대쪽에는 삼각 나사를 깎아서 양 나사의 장점을 구비한 것이다. 나사산의 각에는 30°와 45°인 두 가지 종류가 있고, 힘을 받는 바이스, 압착기 등의 이송 나사로 널리 사용된다.

d) 둥근 나사(round thread) : 너클 나사(knuckle thread), 원형 나사라고도 하며, 그림 2-11과 같이 나사각은 30°로 나사 봉우리와 골은 크고 둥글게 되어 있다. 쇠붙이, 먼지, 모래 등이 많은 곳에 사용된다.

e) 볼 나사(ball screw) : 나사축과 너트 사이에 많은 강구(steel ball)를 넣어 힘을 전달하게 하는 나사로 마찰이 매우 적고, 백래시(backlash)가 적어 정밀 공작 기

볼스크루잭

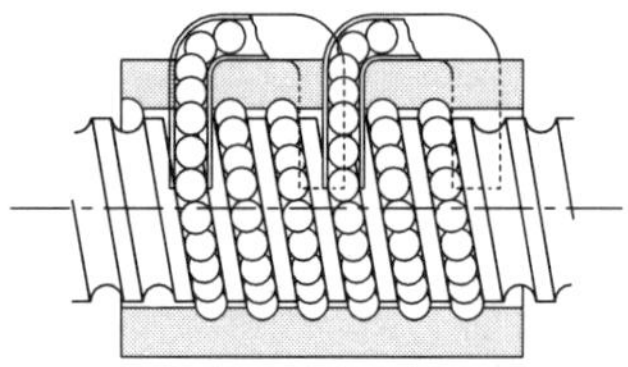

(a) 구조

(b) 외형

그림 2-12 볼 나사

계의 이송 나사에 많이 사용된다. 그림 2-12는 볼 나사의 구조와 외형의 보기이다.

f) 측정용 나사 : 나사를 1회전하면 정확하게 1mm 진행하는 나사를 이용하면 정밀한 치수 측정이 가능하다. 마이크로미터는 그 사례이다.

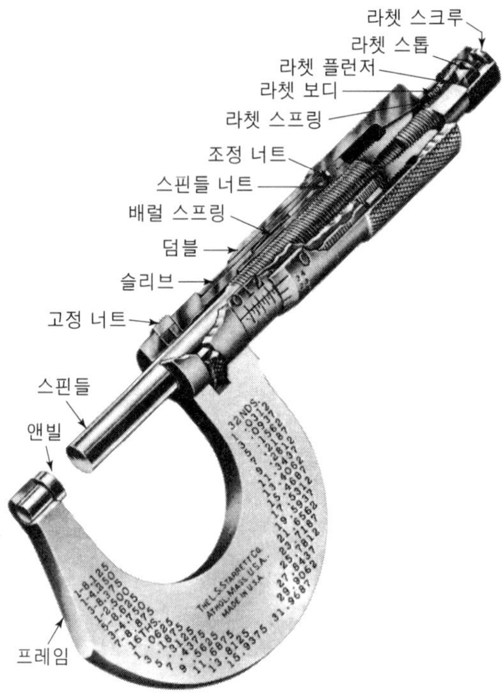

마이크로미터의 구조

(4) 볼트와 너트

1 볼트, 너트 및 와셔의 종류

볼트(bolt)와 너트(nut)는 수나사와 암나사가 짝을 이루어 주로 부품을 결합하는 데 사용되고, 와셔(washer)는 볼트, 너트의 자리면과 죔부 사이에 끼워 풀림 등을 방지하는 데 사용된다.

볼트, 너트, 와셔의 재료로는 주로 연강이 사용되지만, 부식, 고온, 고강도 등을 고려할 때는 스테인리스강 또는 청동, 황동 등이 쓰인다. 그림 2-13은 볼트 · 너트의 종류이다.

와셔(washer)는 볼트 구멍이 볼트 지름보다 너무 크거나 볼트와 너트의 자리면이 고르지 못할 때, 자리면의 재료가 탄성이 부족하여 볼트의 죔 압력을 오랫동안 유지하지 못할 때 사용하며, 모양, 기능, 용도에 따라 그림 2-14와 같이 나뉜다.

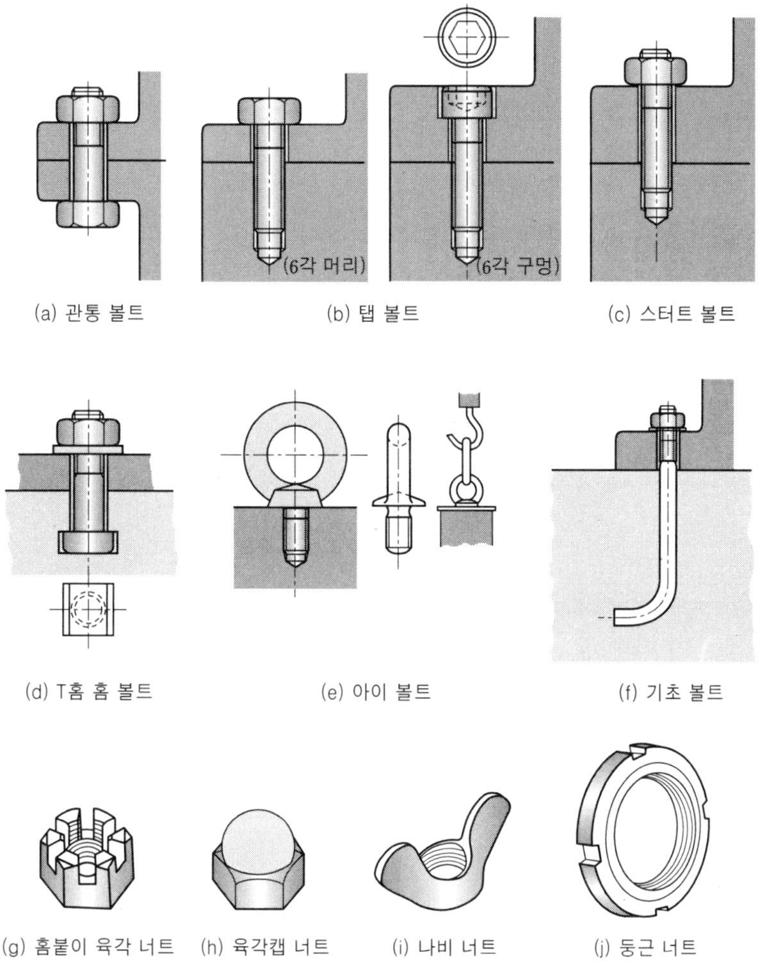

그림 2-13 볼트 · 너트의 종류

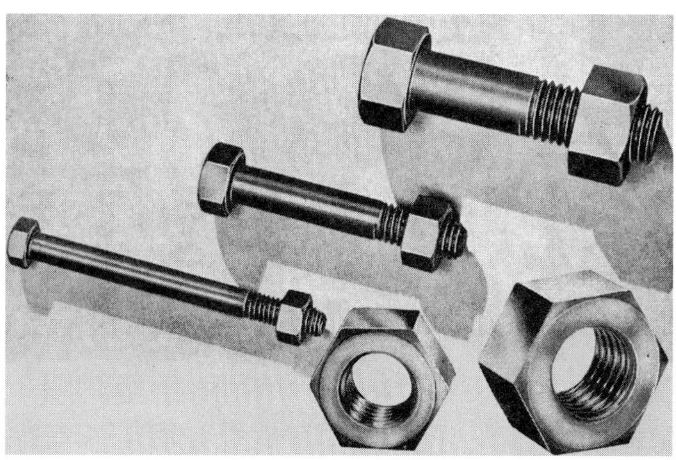

볼트와 너트

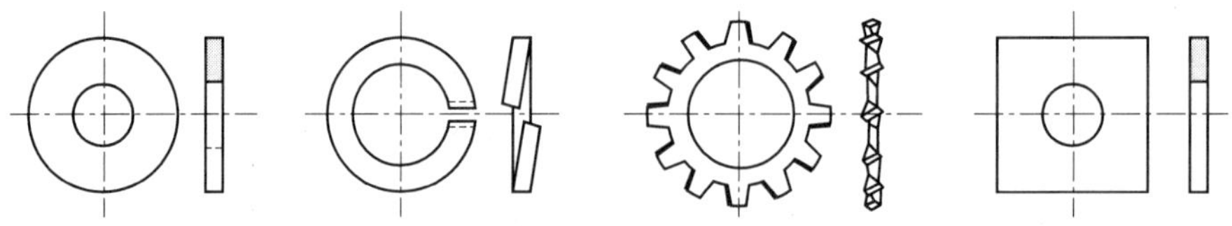

그림 2-14 와셔

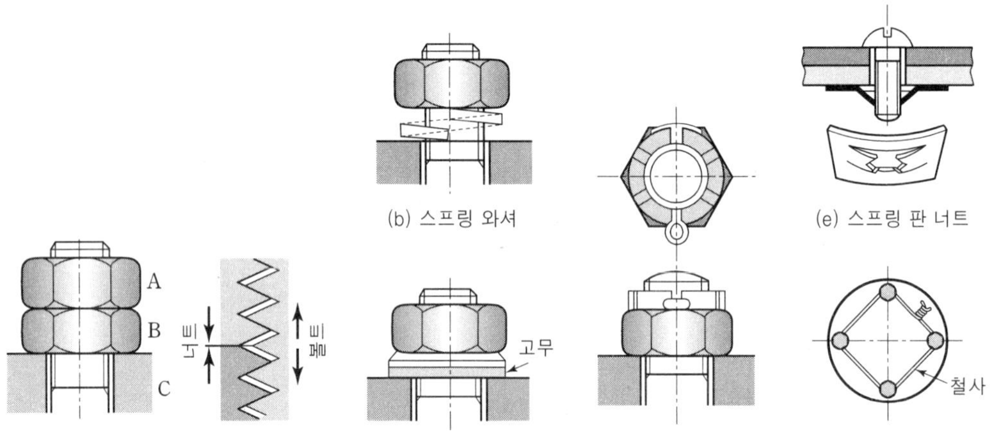

그림 2-15 풀림 방지

2 볼트 · 너트의 풀림 방지

결합용 나사는 적당한 강도로 조이면, 접촉면에 마찰력이 발생하여 스스로 풀어지지 않도록 되어 있다. 그러나 진동과 충격을 받으면 접촉 압력이 감소되며, 이러한 일이 반복되면 볼트 · 너트가 풀리게 된다. 이렇게 너트가 풀리는 현상을 막기 위해 그림 2-15 (a)와 같은 로크 너트(lock nut)가 사용되며, 이 밖에 2중 너트, 스플릿 핀, 스프링 와셔 등이 사용된다.

2) 키와 핀

(1) 키

기어, 벨트 풀리 등을 회전축에 고정시키는 경우, 또는 회전을 전하거나 동시에 축 방향으로 이동되도록 하는 경우에 키(key)가 사용된다. 키는 주로 비틀림에 의한 전단력을 받으며 키 윗면에는 1/100의 기울기를 가지고 있다.

1 키의 종류

a) 안장 키(saddle key) : 그림 2-16 (a)와 같이 축에 맞게 키의 밑면을 원호로 깎아 들어 가도록 한 것으로, 축에 기어를 고정할 때 사용하며 큰 힘은 전달할 수 없다.

b) 평키(flat key) : 그림 2-16 (b)와 같이 축의 표면을 약간 평면으로 깎아, 이 면과 접촉하도록 한 키이며 안장 키보다는 큰 힘을 전달할 수 있다.

c) 성크 키(sunk key) : 가장 널리 사용되는 일반적인 키로서 묻힘 키라고도 한다.

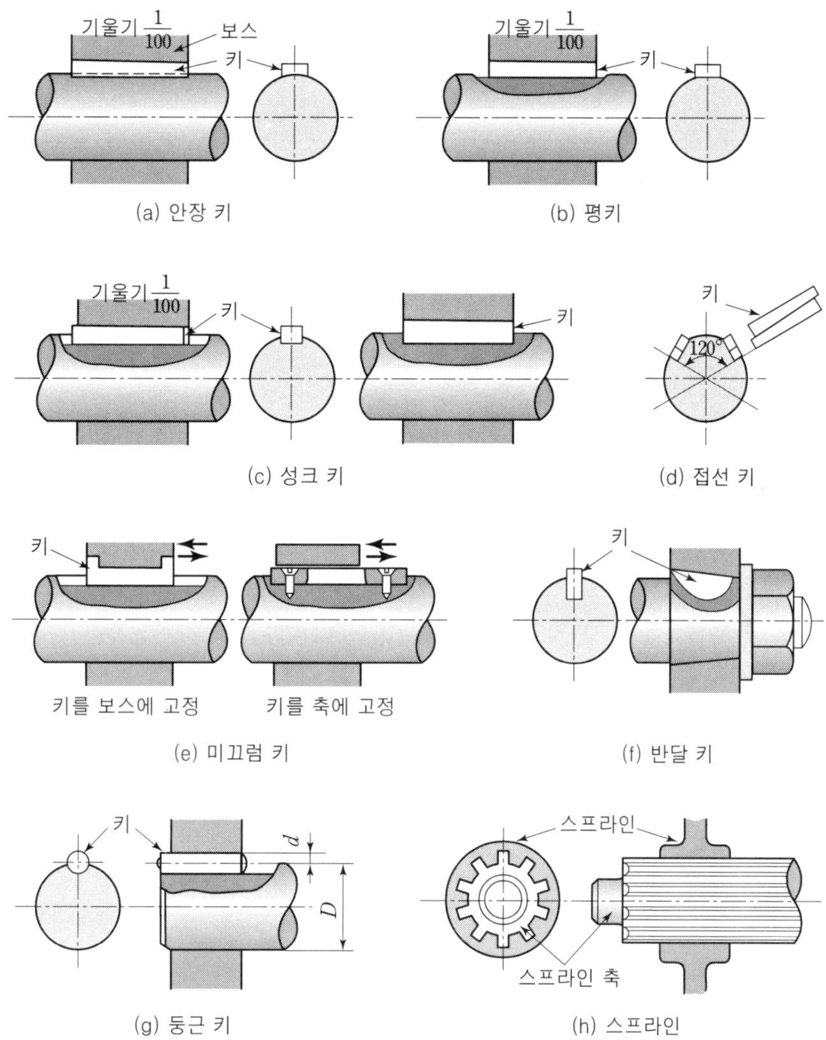

그림 2-16 각종 키

그림 2-16 (c)와 같이 축과 보스 양쪽에 모두 키 홈을 파고 성크 키로 결합하여 토크를 전달시키며, 윗면에 1/100 정도의 기울기를 가진 경사 키와 위아래면이 모두 평행인 평행 키가 있다. 성크 키는 조립 방법에 따라 축과 보스를 맞추고 키를 때려 박는 드라이빙 키(driving key)와 축에 키를 끼운 다음 보스를 때려 맞추는 세트 키(set key)가 있다. 드라이빙 키에는 머리 달린 경사 키가 널리 쓰인다.

d) 접선 키(tangential key) : 그림 2-16 (d)와 같이 축의 접선 방향에 설치하는 키로서, 1/40~1/45의 기울기를 가진 2개의 키를 한 쌍으로 하여 사용하고, 회전 방향이 한 방향일 때에는 한 쌍으로도 충분하지만, 양 방향일 때에는 중심각이 120°가 되는 위치에 두 쌍을 설치하는 경우가 많다. 이 키는 전달 토크가 큰 축에 주로 사용된다.

e) 미끄럼 키(sliding key) : 안내 키라고도 하며, 보스가 축과 더불어 회전하는 동시에 축방향으로 미끄러져 움직일 수 있도록 한 키로서 그림 2-16 (e)와 같이 기울기가 없다. 미끄럼 키는 축에 고정시키는 방식과 보스에 고정시키는 방식이 있다.

f) 반달 키(woodruff key) : 그림 2-16 (f)와 같이 반달 모양의 키로서 축에 키 홈이 깊이 파이므로 축의 강도가 약해지는 결점이 있으나, 키와 키 홈 등이 모두 가공하기 쉽고 키와 보스의 결합이 용이하므로 자동차, 공작 기계의 축에 널리 사용된다. 일반적으로 지름 60mm 이하의 작은 축에 사용하며 테이퍼축에 사용하면 편리하다.

g) 둥근 키(round key) : 핀 키(pin key)라고도 하며, 핸들과 같이 토크가 작은 것을 고정할 때 사용하고 단면은 그림 2-16 (g)와 같이 원형이다. 하중이 작을 때만 사용한다.

2 스프라인과 세레이션

a) 스프라인(spline) : 스프라인은 그림 2-16 (h)와 같이 보스와 축의 둘레에 많은 키를 깎아 붙인 것과 같은 것으로서 일반적인 키보다 훨씬 큰 동력을 전달할 수 있고 내구력이 크다. 또 축과 보스의 중심을 정확하게 맞출 수 있는 특징이 있다. 따라서 자동차, 공작 기계, 항공기, 발전용 증기 터빈 등에 널리 쓰이며, 축 쪽을 스프라인축, 보스 쪽을 스프라인이라 한다.

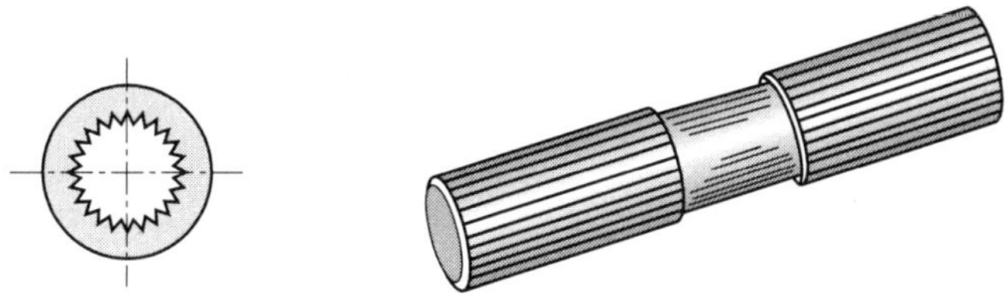

(a) 보스 (b) 축

그림 2-17 세레이션

	평행 핀	테이퍼 핀	분할 핀
핀의 종류	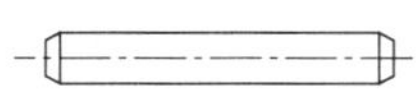	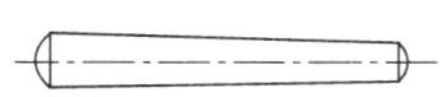	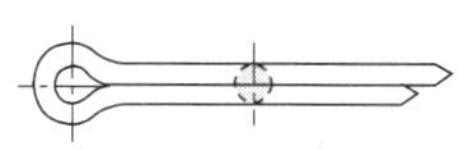
사용 예	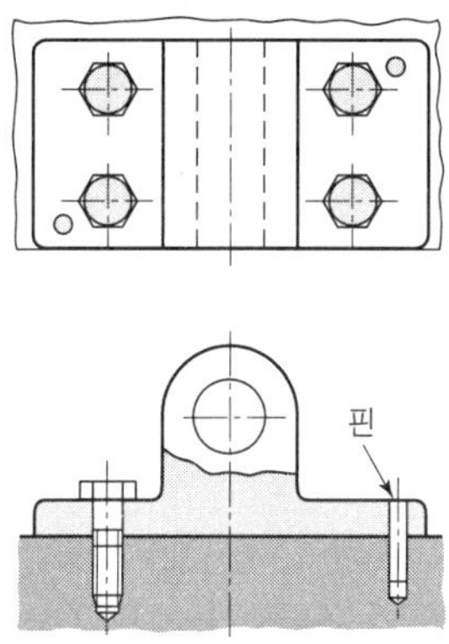	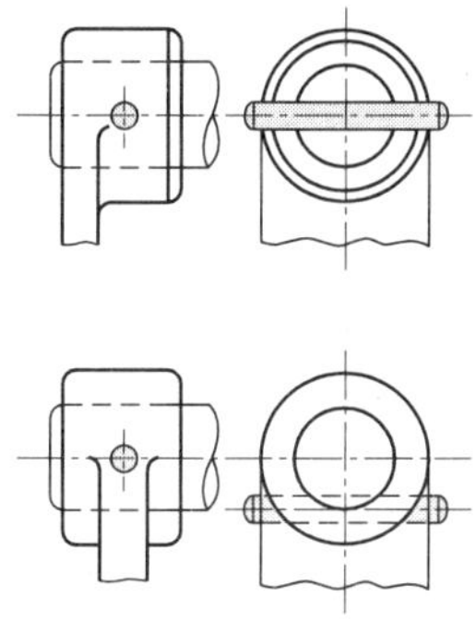	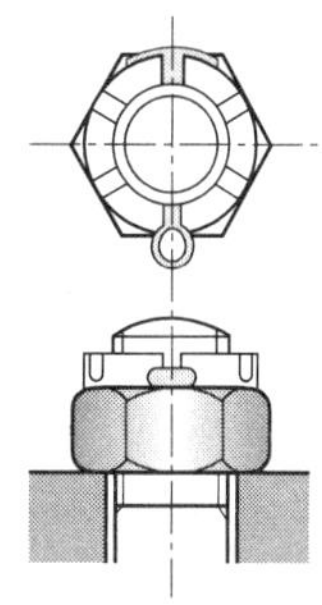

그림 2-18 핀의 종류와 사용 예

b) 세레이션(serration) : 그림 2-17과 같이 둥근축 또는 원뿔축과 보스의 둘레에 같은 간격으로 나사산 모양의 삼각형의 작은 이를 깎아 만든 것을 세레이션이라 한다.

(2) 핀(pin)

작용하는 하중이 작은 부품을 결합하거나 위치를 결정할 때 사용한다. 핀에는 둥근 핀과 분할 핀이 있으며 둥근 핀에는 테이퍼 핀과 평행 핀이 있다.

그림 2-18은 이들 핀의 종류와 사용 예를 나타낸 것이다.

3) 리벳과 용접 이음

(1) 리벳과 리벳 이음

항공기 동체의 리베팅

리벳 이음은 결합하려는 강판에 미리 구멍을 뚫고 리벳을 끼워 머리를 만들어 결합시키는 이음으로 압력 용기, 기계 부품, 철골 구조물, 교량, 선박 등에 널리 사용되어 왔으나, 요즈음에 와서는 용접 기술이 발달하여 보일러, 선체, 연료 탱크 등은 용접 이음으로 대체되었다. 그러나 철골 구조물, 경 합금 구조물(항공기의 기체) 등은 리벳 이음을 하고 있으며, 용접 이음과는 달리 응력에 의한 잔류 변형이 생기지 않으므로 취약 파괴가 일어나지 않고, 구조물을 현지에서 조립할 때에는 용접 이음보다 쉽다. 또한 경 합금과 같이 용접이 곤란한 항공기의 동체 조립에는 리벳을 필수적으로 사용하고 있다.

1 리벳의 종류

보통 리벳

리벳의 종류를 머리 모양에 따라 분류하면 그림 2-19와 같이 둥근 머리 리벳, 접시 머리 리벳, 납작 머리 리벳, 둥근 접시 머리 리벳, 얇은 납작 머리 리벳, 냄비 머리 리벳 등이 있다. 리벳은 가공 방법에 따라 냉간 성형 리벳과 열간 성형 리벳으로 구분하고 있으며, 그 규격은 KS B 1101의 냉간 성형 리벳과 KS B 1102의 열간 성형 리벳으로 규정하고 있다.

블라인드 리벳

보통 리벳을 사용할 수 없는 부속물의 결합에 사용되는 리벳을 블라인드 리벳(blind rivet)이라 한다. 블라인드 리벳은 그림 2-20 (a)와 같이 중공의 리벳에 클린칭 멘들이 끼워 있어서 리벳팅할 때 그림 2-20 (b)와 같은 특수 공구로 멘들을 잡아당겼을 때 리벳 머리가 형성 결합되면서 멘들이 끊어지게 되어 있다.

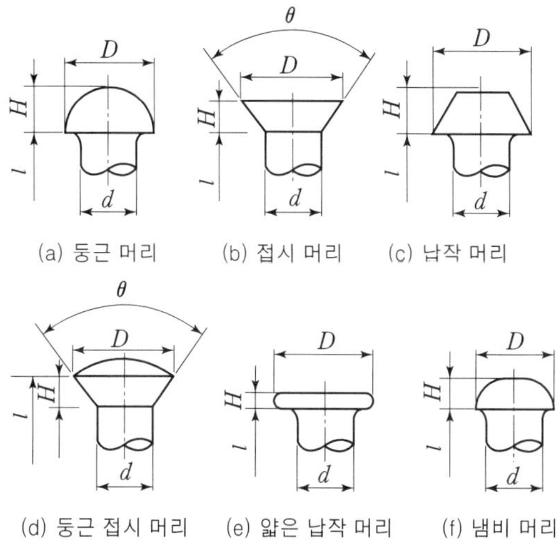

그림 2-19 머리 모양에 따른 리벳의 종류

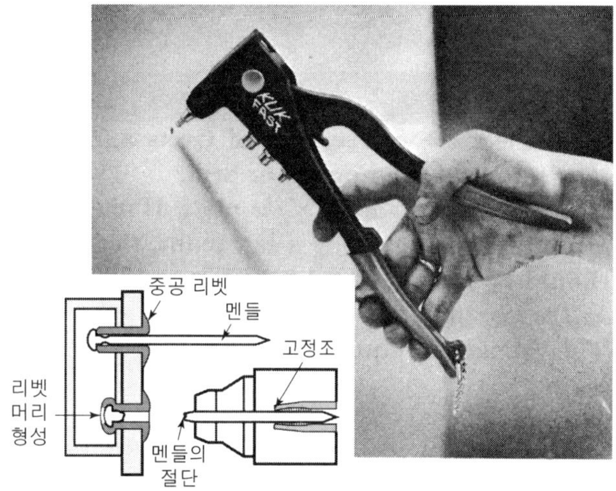

(a) 리벳 공정 (b) 리벳공구

그림 2-20 블라인드 리벳

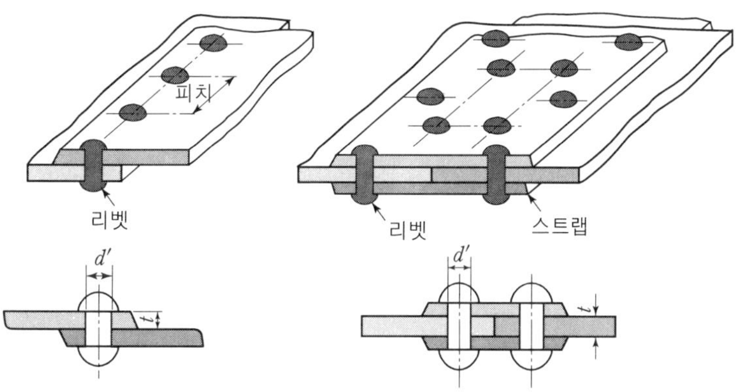

(a) 겹치기 리벳 이음 (b) 맞대기 리벳 이음

그림 2-21 겹치기 이음과 맞대기 이음

2 리벳 이음의 종류

겹치기 이음

그림 2-21 (a)와 같이 두 판을 겹쳐 잇는 방법을 겹치기 이음(lap joint)이라 하며, 가스나 기체 용기 또는 보일러 이음에 사용된다.

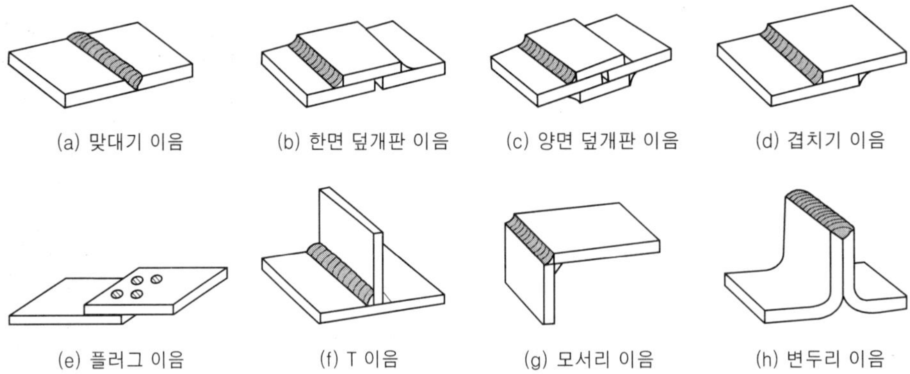

그림 2-22 용접 이음의 기본 형식

맞대기 이음

그림 2-21 (b)와 같이 두 판을 맞대고, 한쪽 또는 양쪽에 겹판(strap)을 대어 잇는 방법을 맞대기 이음(butt joint)이라 하며, 보일러의 세로 방향 이음과 구조물의 이음에 사용된다.

(2) 용접 이음

용접에 사용되고 있는 기본 이음 형식에는 맞대기 이음(butt joint), 덮개판 이음(strapped joint), 겹치기 이음(lap joint), 플러그 이음(plug welding), T 이음(tee joint), 모서리 이음(corner joint), 변두리 이음(edge joint) 등이 있다. 대표적인 용접 이음의 기본 형식은 그림 2-22와 같다.

2. 축에 관한 기계 요소

축에 관한 기계 요소는 동력을 전달하거나 작용 하중을 지지하는 기능을 한다. 축계 요소(軸系要素)로는 회전 동력을 직접적으로 전달하는 회전 막대인 축(shaft), 축과 축을 연결하는 데 이용되는 축 이음 및 축을 지지하는 데 사용되는 베어링이 있다.

1) 축과 축이음

(1) 축

기계나 기기와 같이 동력을 사용하거나 운동이 필요한 기구나 부품에는 축(軸, shaft)이 사용된다. 축은 사용 조건에 따라 비틀림, 굽힘 등의 하중이 작용하므로, 축에 발생하는 응력은 단순하지 않다. 또 축에는 차바퀴나 풀리 등을 고정하기 위한 키 또는 핀이 사용된다. 축의 분류는 다음과 같다.

1 단면 모양에 따른 분류

a) 원형축(round shaft) : 단면의 모양이 원형인 축으로 속이 찬 축(solid shaft)과 속이 빈 축(hollow shaft)이 있는데, 일반적으로 속이 찬 축이 많이 사용된다.

b) 각축(square shaft, hexagonal shaft) : 특별한 목적에 사용하기 위하여 만든 것으로 단면 모양이 사각형 또는 육각형으로 된 축이다.

2 회전에 따른 분류

a) 회전축(rotating shaft) : 회전하여 동력을 전달하는 축으로 대부분의 축이 이에 해당한다.

b) 정지축(stationary shaft) : 회전하지 않고 정지 상태로 있는 축으로 주로 휨 하중을 버티기 위한 용도로 사용되며 보(beam)라고도 부른다.

3 작용 하중에 따른 분류

a) 차축(axle) : 주로 휨 하중을 받는 축으로, 철도 차량의 차축은 그림 2-23과 같이 그 자체가 회전하는 회전축과, 자동차의 바퀴축과 같이 바퀴는 회전하지만 축은 회전하지 않는 정지축이 있다.

b) 전동축(transmission shaft) : 비틀림과 휨 하중을 동시에 받는 회전축으로 주로 동력 전달에 사용되며, 그림 2-24와 같은 구조로 일반 공장용의 축이 여기에 속한다.

c) 스핀들(spindle) : 주로 비틀림 하중을 받으며 직접 일을 하는 회전축으로 치수가 정밀하고 변형량이 적으며, 그림 2-25와 같이 길이가 짧아 선반, 연삭기, 밀링 머신 등 공작 기계의 주축으로 사용된다.

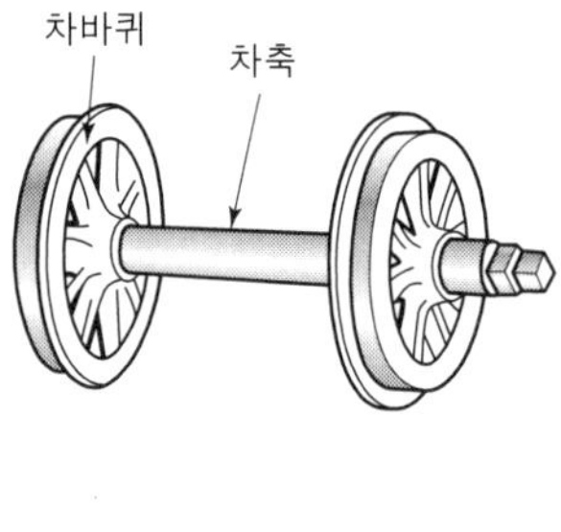

그림 2-23 차축

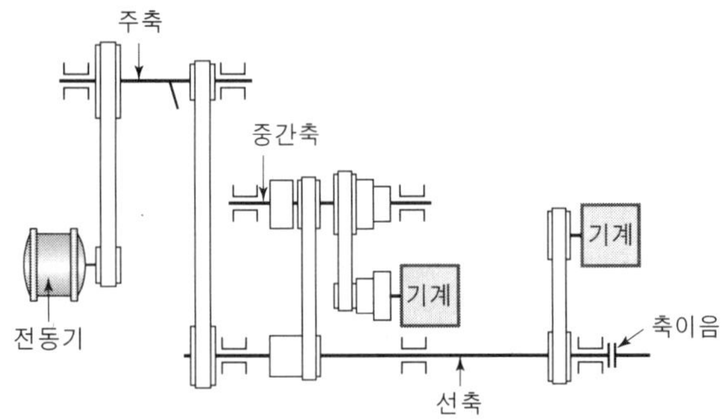

그림 2-24 전동축

(a) 연삭기용

(b) 밀링용

그림 2-25 스핀들

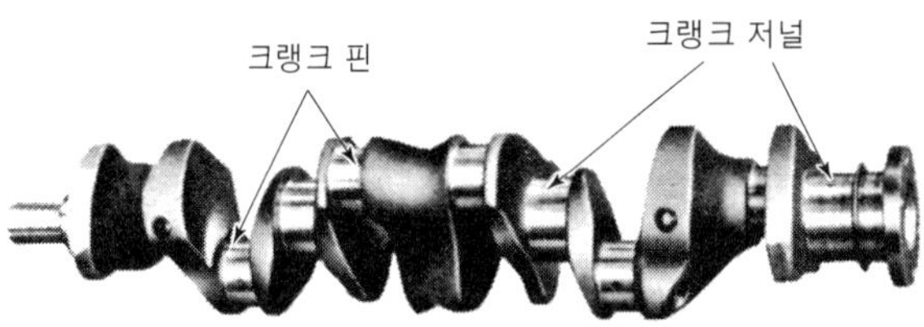

(a) 크랭크축

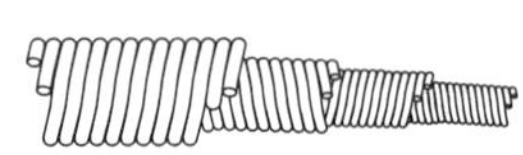

(b) 유연축

그림 2-26 외부 형태에 따른 축의 종류

4 외부 형태에 따른 분류

a) 직선축(straight shaft) : 일직선 형태의 축이며, 일반적인 동력 전달용으로 사용된다.

b) 경사축(taper shaft) : 테이퍼가 있는 원뿔형의 축으로 선반, 연삭기 등의 주축에 사용된다.

c) 크랭크축(crank shaft) : 그림 2-26 (a)와 같은 모양의 축이며, 왕복 운동 기관 등에서 직선 운동과 회전 운동을 상호 변환시키는 축으로 사용된다.

d) 유연축(flexible shaft) : 그림 2-26 (b)와 같이 자유롭게 휠 수 있게 강선을 2중, 3중으로 감은 축이며, 공간상의 제한으로 일직선 형태의 축을 사용할 수 없을 때 사용된다.

(2) 축 이음

전동기의 동력을 축에 전달하거나, 구조상 또는 가공상의 제한으로 여러 개의 짧은 축으로 제작하였을 때에는 이들을 서로 연결할 필요가 있다. 이때 사용되는 축 연결 요소를 축 이음(shaft coupling)이라 한다.

1 커플링

고정 커플링

a) 원통 커플링(cylindrical coupling) : 구조가 가장 간단하여 외형이 원통형으로 된 커플링으로, 두 축의 중심이 일치되는 작은 동력 기계의 축 이음에 사용한다. 그림 2-27은 슬리브 커플링(sleeve coupling)으로, 주철제의 원통 속에서 두 축을 맞대어 맞추고 키로 고정하는, 가장 간단한 커플링이다.

b) 플랜지 커플링(flange coupling) : 그림 2-28과 같이 두 축 끝에 플랜지를 끼워 키로 고정하고 리머 볼트로 결합시키는 커플링으로, 두 축을 정확하게 결합시킬 수 있어 회전축의 축 이음에 많이 사용된다. 일반 축에는 그림 2-28 (a)와 같은 회주철로 만든 플랜지축이 많이 쓰이나, 큰 토크와 충격을 받는 축에는 그림 2-28 (b)와 같이 탄소강 또는 단조강인 축과 일체로 만든 일체 플랜지 커플링이 쓰인다.

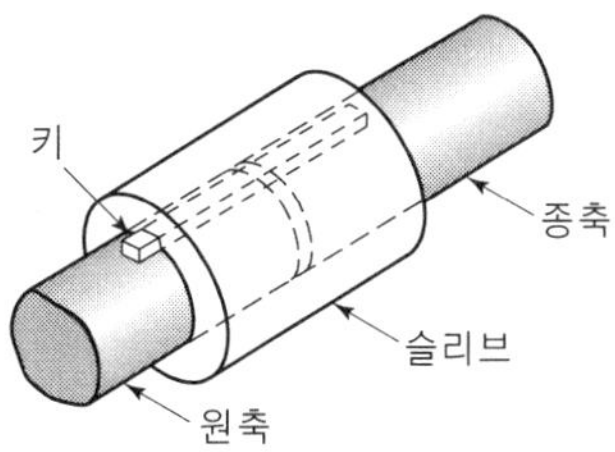

(a) 외경

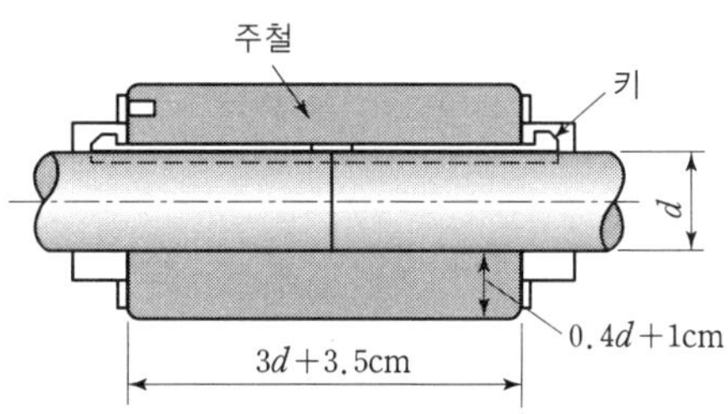

(b) 구조

그림 2-27 슬리브 커플링

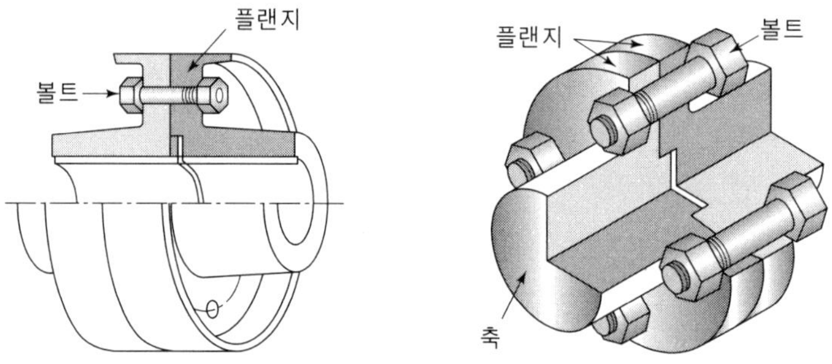

(a) 일반형　　　　(b) 단조 일체형

그림 2-28 플랜지 커플링

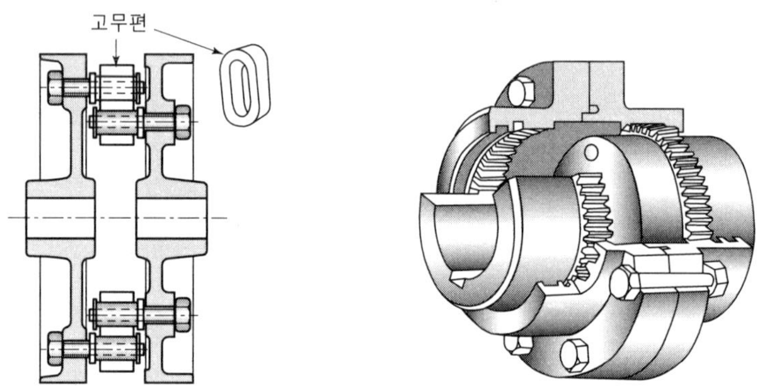

(a) 고무 부시형　　　　(b) 기어형

그림 2-29 플렉시블 커플링

● 플렉시블 커플링

a) 플랜지 플렉시블 커플링(flanged flexible coupling) : 그림 2-29 (a)와 같이 연결 볼트에 끼운 고무 부시(rubber bush)의 탄성을 이용한 커플링으로 조립과 분해 및 결합이 쉬워 축 이음에 사용된다.

b) 기어 커플링(gear coupling) : 기어 커플링은 그림 2-29 (b)와 같이 한 쌍의 내접 기어로 이루어진 커플링으로, 두 축의 중심선이 다소 어긋나도 별 지장 없이 토크를 전달할 수 있어 고속 회전축의 축 이음에 쓰인다.

2 유니버설 조인트(universal joint)

훅 조인트(Hook's joint)라고도 하며, 두 축의 만나는 각이 수시로 변화하는 경우에

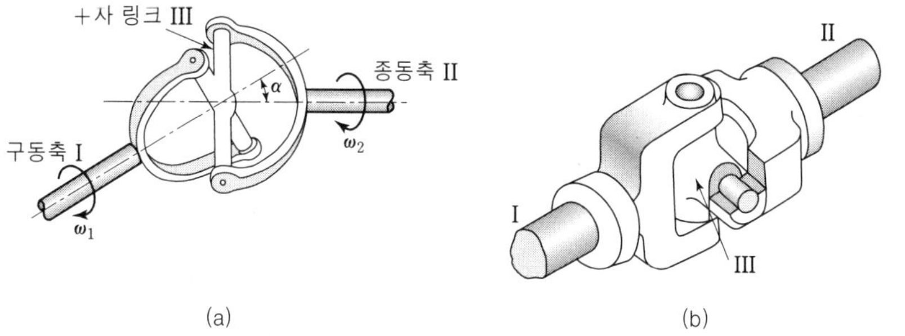

그림 2-30 유니버설 조인트

사용되는 커플링으로 공작 기계, 자동차 등의 축 이음에 쓰인다. 그림 2-30 (a)는 그 기구를 나타낸 것으로, 구동축 I가 회전하면 +자형의 링크 Ⅲ을 통하여 종동축 Ⅱ가 회전한다.

2) 클러치와 브레이크

(1) 클러치

1 맞물림 클러치

두 플랜지에 턱을 만들어서 한 플랜지는 원동축에 고정시키고, 또 다른 쪽의 플랜지는 종동축에 미끄럼 키로 축 위에서 미끄러질 수 있게 결합하여 필요할 때마다 두 플랜지를 결합하거나 분리할 수 있게 만든 클러치로 이를 맞물림 클러치(claw clutch)

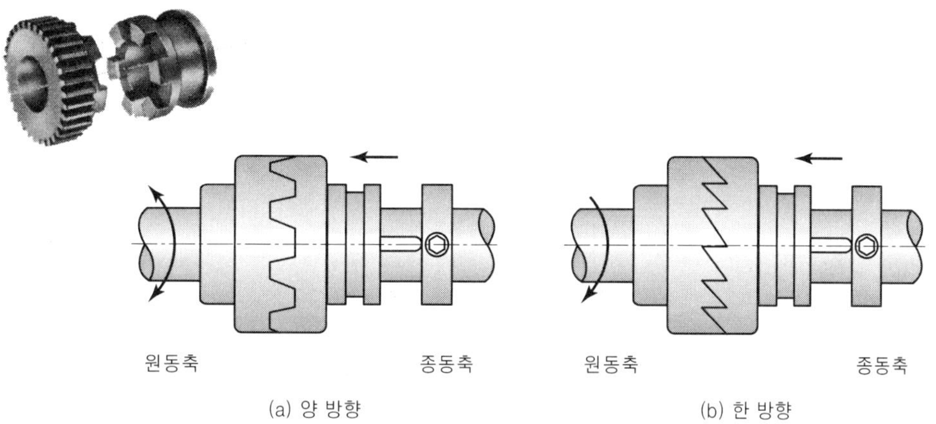

그림 2-31 맞물림 클러치

또는 턱 클러치(jaw clutch)라 한다. 맞물림 클러치에는 그림 2-31과 같이 턱의 모양에 따라 그림 2-31 (a)와 같은 양방향으로 동력을 전달하는 것과 그림 2-31 (b)와 같이 한 방향으로만 동력을 전달하는 것이 있다.

2 마찰 클러치

원동축과 종동축에 붙어 있는 접촉면을 서로 강하게 접촉시켜서 생긴 마찰력에 의하여 동력을 전달하게 하는 클러치를 마찰 클러치(friction clutch)라 한다.

마찰 클러치는 접촉면에 미끄럼을 발생시키면서 종동축을 서서히 회전시켜 주므로, 원동축이 회전하는 중에도 충격 없이 종동축을 원동축에 결합시킬 수 있다. 또 이 클러치는 과부하가 작용하더라도 접촉면이 미끄러져서 안전 장치 역할도 한다.

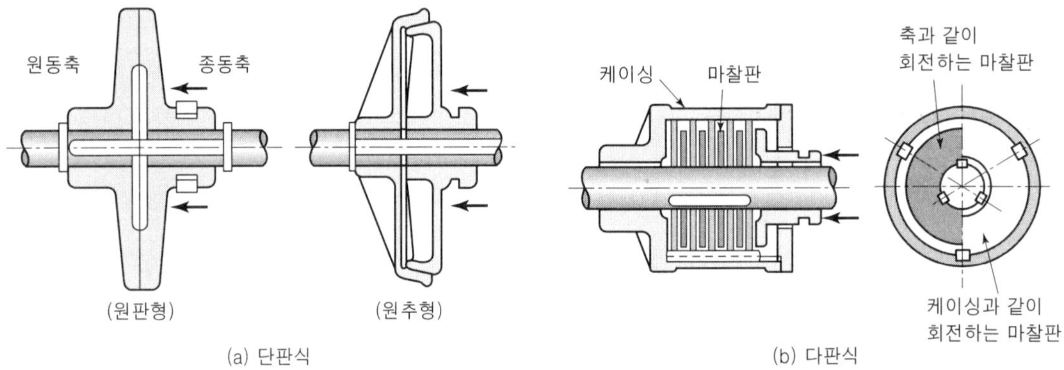

그림 2-32 마찰 클러치의 형식

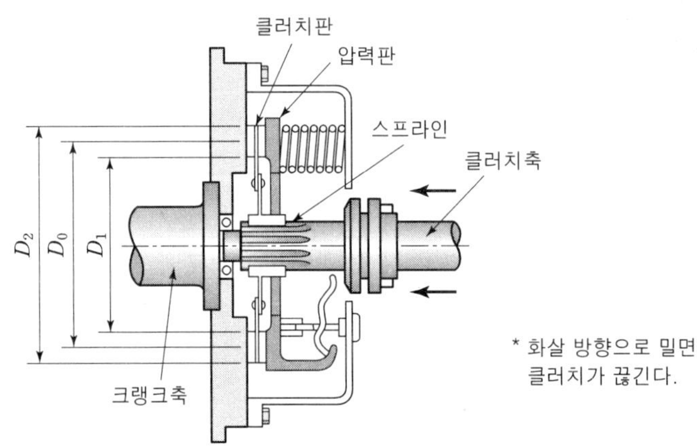

그림 2-33 자동차용 단판 클러치

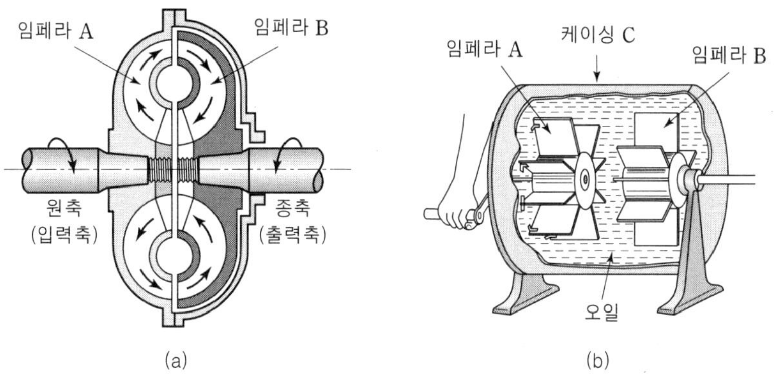

그림 2-34 유체 클러치

원판 클러치에는 그림 2-32 (a)와 같이 접촉면이 하나인 단판식(單板式)과 그림 (b)와 같이 접촉면이 많은 다판식(多板式)이 있다.

일반적으로 단판식은 건식이고, 다판식은 습식(접촉면에 급유한다)이 많다. 그림 2-33은 자동차에 사용하는 단판 클러치의 보기이다.

3 유체 클러치

유체를 매개로 하여 동력을 전달하는 장치로, 그림 2-34와 같이 유체를 가득 채운 케이싱 안에 임페라 A와 임페라 B를 서로 마주보게 세워 두고, 펌프깃차를 천천히 회전시켜 어느 속도에 도달하면 터빈깃차는 유체의 운동 에너지에 의해 자연적으로 회전되어 동력을 단속(斷續)시키는 장치를 유체 클러치(fluid clutch, fluid coupling)라 한다. 펌프깃차를 원축(入力軸), 터빈깃차를 종축(出力軸)으로 하면 동력이 전달되며, 소음이나 진동이 적고 운동의 시작이나 정지가 신속하고 확실하여 오토매틱(노 클러치) 자동차에 많이 사용되고 있다.

4 전자 클러치

전류가 흐를 때에 생기는 자력선(磁力線)에 의해 작동되며, 각종 기계나 전용 공작 기계뿐만 아니라 위치 · 속도 등의 제어 요소에 사용되는 클러치를 전자(電磁) 클러치(magnetic clutch)라 한다.

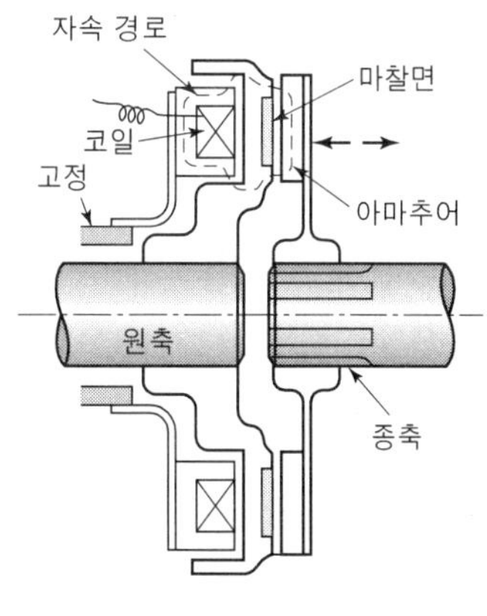

그림 2-35 전자 클러치

전자 클러치는 그림 2-35와 같은 구조로 직류 전류를 사용하였을 경우, 코일에 의해 생기는 전자력(電磁力)으로 전기자(電機子, armature)를 흡인하고 전류를 차단시켰을 때는 스프링의 힘으로 전기자가 떨어지는 기구로 되어 있다.

(2) 브레이크

브레이크(brake)는 운동하고 있는 기계를 감속하거나 정지 상태를 지속킬 때, 또는 속도를 조절하기 위해 사용된다. 일반적으로 사용되고 있는 마찰 브레이크는 고체 마찰(固體摩擦)에 의해 운동 에너지를 열 에너지로 바꾸는 제동 장치(制動裝置)로 널리 사용되고 있다. 그 외에도 유체나 기체 마찰을 이용하는 경우도 있고, 또 운동 에너지를 전기 에너지로 변환시키는 전기 브레이크가 있다.

1 블록 브레이크

회전하고 있는 축에 붙어 있는 브레이크 드럼에 브레이크를 압착시켜 운동을 제어하는 장치를 블록 브레이크(block brake)라 한다. 구조가 간단하고 작동도 확실해 회전력이 적은 기계나 철도 차량, 크레인, 자동차, 전차, 자전거에 이르기까지 소형에서 대형 기계에 걸쳐 널리 사용되고 있다. 브레이크 편(片)의 재료로서는 목재, 가죽, 석면 직물, 주철 등이 사용된다. 블록 브레이크는 브레이크 편의 수에 따라 그림 2-36과 같이 단(單) 블록 브레이크와 복(復) 블록 브레이크가 있다.

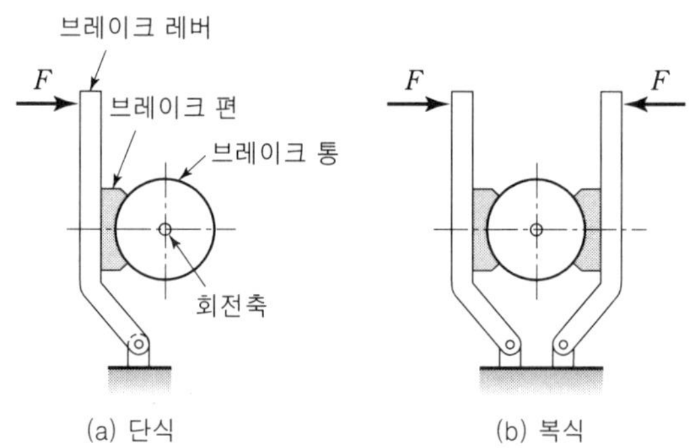

그림 2-36 블록 브레이크

2 밴드 브레이크

그림 2-37과 같이 브레이크 통 주위에, 강대(鋼帶, steel band) 또는 석면 직물(石綿植物), 목편, 가죽 등을 라이닝한 강대 등을 감아서 제동하는 장치를 밴드 브레이크(band brake)라 한다. 주로 산업 기계(運搬, 建設用)에 사용되고 있다.

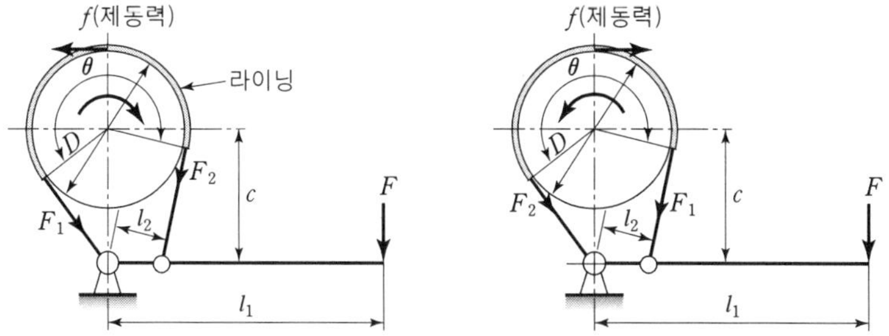

(a) 우회전 (b) 좌회전

그림 2-37 밴드 브레이크

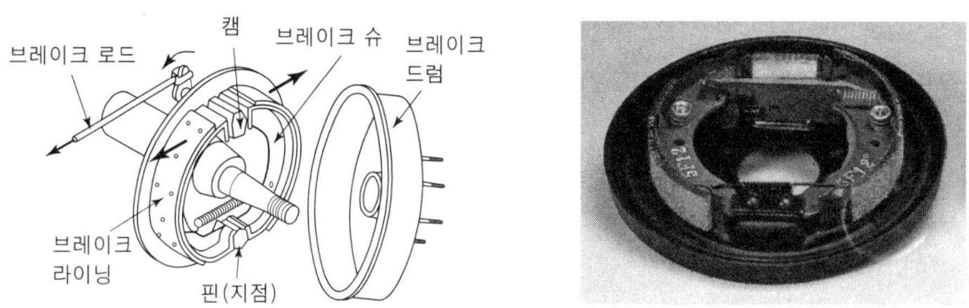

(a) 기계식

(b) 유압식

그림 2-38 드럼 브레이크

3 드럼 브레이크

회전하고 있는 드럼의 안쪽에서 마찰재를 밀어 붙이는 구조의 브레이크를 드럼 브레이크(drum brake)라 하며 자동차, 전동차 등의 브레이크로 널리 사용된다. 조작 형식은 그림 2-38 (b)와 같은 유압 실린더로 작동되는 유압식(油壓式)이 보통이다.

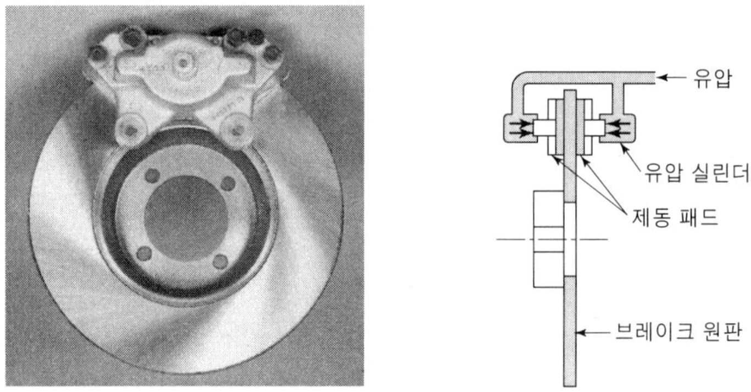

(a) (b)

그림 2-39 오토바이용 원판 브레이크

4 디스크 브레이크

그림 2-39와 같이 회전축에 고정한 디스크의 편면(片面) 또는 양면(兩面)에 유압 피스톤 등에 의해 마찰 패드(friction pad)를 압착시키거나 회전하는 원판의 제동 패드(pad)를 마찰면에 조여 제동력(制動力)을 작용시키는 브레이크를 디스크 브레이크(disk brake)라 한다.

드럼 브레이크와 비교하여 마찰력을 작용시키는 넓이를 크게 잡을 수 없어 유압을 높게 하지 않으면 안 되는 점과 내마멸성이 높은 패드재가 필요하다. 디스크의 대부분이 노출되어 있어 방열성(放熱性)이 좋아서 항공기, 고속 차량이나 승용차, 오토바이 등에 널리 사용된다.

3) 베어링

회전하는 축을 지지하는 부분을 베어링(bearing)이라 한다. 또 베어링으로 감싸인 축의 부분을 저널(journal)이라 하며, 베어링과 저널은 대우(對偶)를 이루고 있다. 베어링은 축에 가해지는 하중을 지탱하면서 축을 원활히 회전시키는 중요한 역할을 한다.

(1) 슬라이딩 베어링

1 레이디얼 베어링

그림 2-40 (a)는 아주 간단한 베어링으로, 주철제의 베어링 본체가 직접 저널을 지지하고 있다. 이것으로는 접촉면이 마멸되었을 경우, 베어링과 축을 교체해야 하기

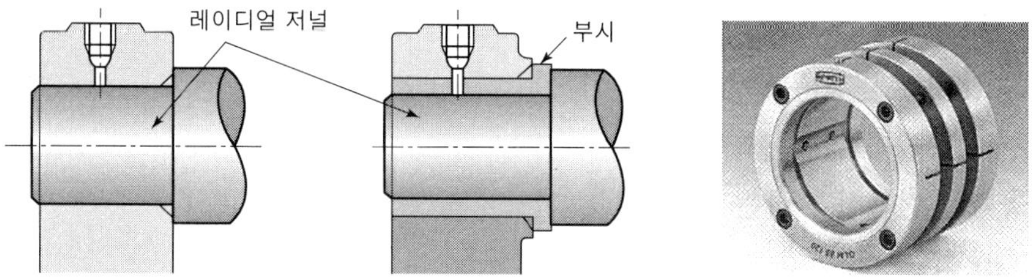

(a) 단체형 (b) 부시형 (C) 개량형

그림 2-40 레이디얼 베어링

때문에, 보통 접촉면에 베어링 메탈을 사용하여, 마멸되었을 때 이것만 교체하면 되도록 하고 있다. 간단한 베어링에서는 그림 2-40 (b)와 같은 부시(bush)를 사용한다. 부시에는 베어링 합금으로 만든 단순한 것, 이금(裏金)에 베어링 합금을 라이닝한 것, 베어링 합금을 소결한 판재를 원통형으로 가공한 것 등이 있다.

많이 사용되는 레이디얼 베어링(radial bearing)은 본체를 그림 2-41과 같이 상하로 분리하여, 2 또는 3개로 분리한 베어링 메탈을 사용하며, 저널과의 틈새를 조절할 수 있게 하고 있다. 베어링 메탈의 재료는 주철, 황동, 청동, 알루미늄 합금 등이 사용되며, 화이트메탈과 켈밋(kelmet)과 같이 연질의 것은 주철, 청동 등의 이금에 라이닝하여 사용한다.

그림 2-41 분할형 레이디얼 베어링

2 드러스트 베어링

드러스트 베어링(thrust bearing)은 축 방향의 힘을 받는 베어링으로, 수직축에는 그림 2-42 (a)와 같이 푸트스텝 베어링(footstep bearing)과 그림 2-42 (b)와 같이 피벗 베어링(pivot bearing)이 사용된다. 수평축에는 그림 2-43과 같은 칼라 저널 베어링(collar journal bearing)이 사용된다.

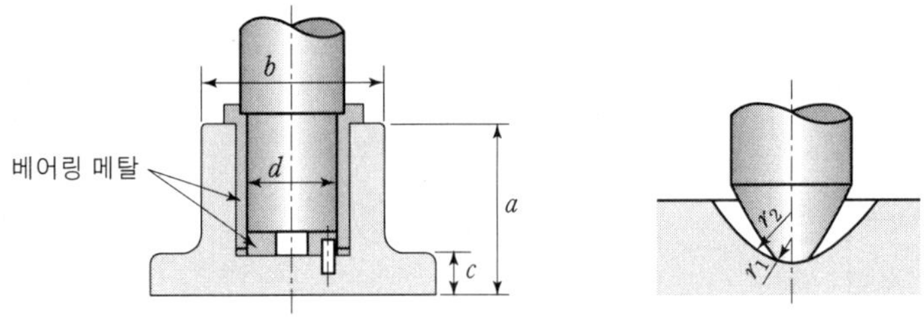

(a) 푸트스텝 베어링

d=축지름[mm], $a=1.65d+3$, $b=1.9d$, $c=0.25d+3$

(b) 피벗 베어링

$\frac{r_2}{r_1}=5\sim10$

그림 2-42 푸트스텝 및 피벗 베어링

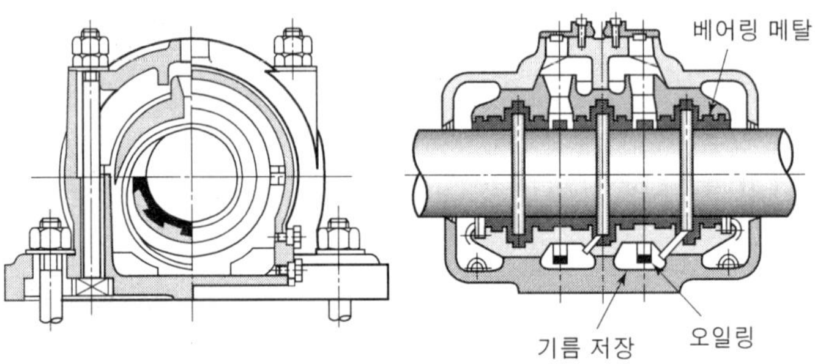

그림 2-43 칼라 저널 베어링

(2) 구름 베어링

저널과 베어링과의 사이에 롤러(roller)나 볼(ball)을 넣어 구름 운동을 하는 베어링이다. 구조는 그림 2-44와 같이 내륜(inner race)과 외륜(outer race) 및 볼, 리테이너(retainer)의 네 가지 부분으로 구성되며, 리테이너는 볼을 원주에 고르게 배치하여 상호 간의 접촉을 피하고, 마멸과 소음을 방지하는 구실을 한다.

구름 베어링에는 볼의 배열에 따라 단열(single row)과 복열(double row)이 있으며, 전동체에 따라 볼 베어링(ball bearing)과 롤러 베어링(roller bearing)이 있다.

4) 윤활과 밀봉

(1) 윤활

축과 베어링 외에도 기계 부품 중에는 서로 접촉된 상태에서 운동하는 부분이 많이

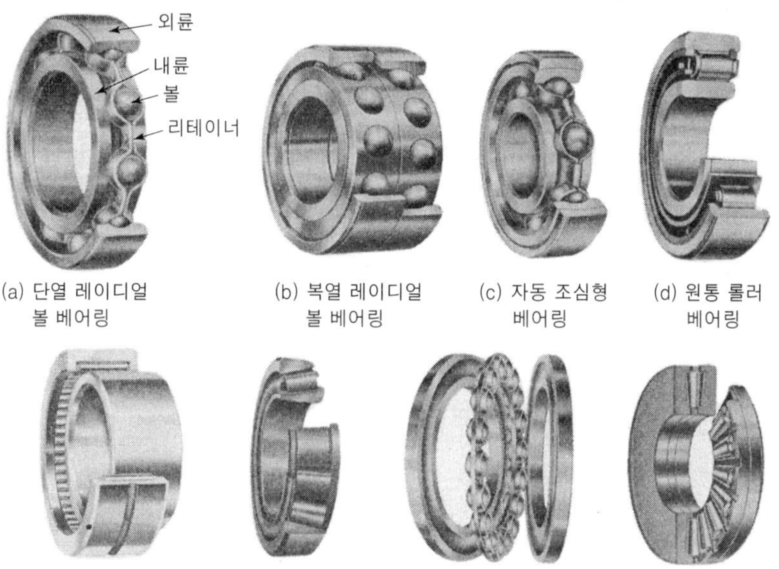

(a) 단열 레이디얼 볼 베어링 (b) 복열 레이디얼 볼 베어링 (c) 자동 조심형 베어링 (d) 원통 롤러 베어링

(e) 니들 롤러 베어링 (f) 테이퍼 롤러 베어링 (g) 드러스트 볼 베어링 (h) 드러스트 롤러 베어링

그림 2-44 구름 베어링의 종류

있다. 이러한 부분에서는 마찰이 생기므로 이것을 방지하기 위하여, 접촉면 사이에 얇은 유막을 만들어, 직접 접촉하는 것을 막아준다. 이것을 윤활(潤滑, lubrication)이라 한다. 윤활을 하면 마찰이 감소되고, 동력이 절약되며, 마멸이 감소되고, 소멸을 방지할 수 있으며, 접촉면의 냉각과 녹방지에도 효과가 있다. 액체 윤활제는 밀봉 장치(密封裝置)를 하여야 한다.

1 베어링의 윤활

슬라이딩 베어링의 윤활

슬라이딩 베어링은 사용 중에 적정량의 윤활유를 적정한 곳에 공급하며 원활히 작동하여야 한다. 그림 2-45는 슬라이딩 베어링의 윤활 사례를 보여주고 있다. 이 밖에도 기어 펌프나 플런저 펌프에 의해 베어링면에 강제적으로 급유하는 방법과 기름 대신에 그리스(grease)를 사용하는 그리스 윤활이 있다.

구름 베어링의 윤활

구름 베어링에서의 마찰은 구름 마찰이므로, 윤활할 필요가 없지만, 실제로는 국부적으로 발생하는 마찰과 전도체 자체와 베어링 구조 간의 미끄럼 마찰을 줄이기 위

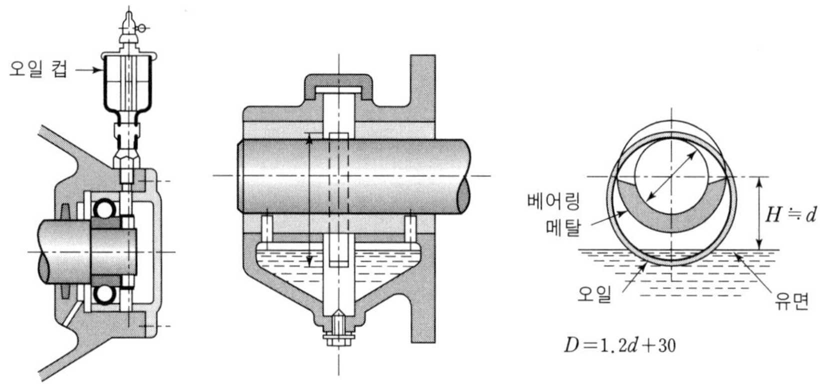

그림 2-45 슬라이딩 베어링의 윤활

해 윤활을 한다. 또 윤활은 베어링의 녹방지 역할도 한다.

2 윤활유

윤활유는 마찰 부분을 윤활히 하고 열을 제거하며, 피스톤과 실린더 틈의 밀봉, 청정 및 밀폐 작용 등을 한다.

윤활유에는 광물성(鑛物性), 지방성 및 혼성(混性)의 액체 윤활유와 그리스 및 고체 윤활유 등이 있다. 표 2-2는 윤활유의 종류와 용도의 보기이다.

(2) 밀봉 장치

축과 베어링이 접하는 부분에서는, 내부로부터는 윤활유의 유출을 막아주고, 외부로부터는, 먼지, 수분 등의 이물질이 들어가지 못하도록 하기 위하여 밀봉 장치(密封裝置)를 한다. 밀봉 장치는 윤활유의 밀봉뿐 아니라, 증기, 압축 공기와 같은 기체나, 작동유, 연료 등의 액체의 밀봉에도 사용된다.

표 2-2 윤활유의 종류와 용도

종류	품명	용도
스핀들유 (spindle oil)	백색 스핀들유 60 스핀들유 150 스핀들유	정방기(精紡機), 고속 전동기 베어링, 경기계 윤활유 (백색 스핀들유, 60 스핀들유는 3000~15000rpm용, 150 스핀들유 500~3000rpm)
다이나모유 (dynamo oil)	80 다이나모유 110 다이나모유	중형 또는 대형 전동기, 롤러 베어링 또는 볼 베어링, 고속 베어링 윤활유
터빈유 (turbine oil)	90 터빈유 140 터빈유 180 터빈유	중형 이하의 증기 터빈 및 발전기 중형 이상의 증기 터빈, 발전기 및 베어링용 감속 선박용 터빈, 고온 운전용 수력 터빈
머신유 (machine oil)	120 머신유 160 머신유	일반 기계의 저속, 중속 베어링, 차축용, 석유 기관의 실린더와 베어링, 슬라이딩 베어링에서 120 머신유는 5000~10000rpm 그리고 160 머신유는 1000rpm 이하용으로 사용
냉동기유 (冷凍機油)	150 냉동기유 300 냉동기유	암모니아 냉동기(소형에는 150 냉동기유, 대형에는 300 냉동기유)
모빌유 (mobile oil)	5W, 10W, 20W	자동차 기관, 기타 저온 엔진용
	20번, 30번, 40번, 50번 모빌	자동차 기관, 소형 또는 중형 디젤 기관, 석유 기관 또는 가스 기관, 중형 압연기, 소형 압축기, 베어링 및 기어 박스의 윤활용
디젤 기관유 (disel oil)	250 디젤 기관유 350 디젤 기관유 450 디젤 기관유 B 350 디젤 기관유 B 400 디젤 기관유 B 700 디젤 기관유	디젤 기관, 가스 기관, 압축기, 진공 펌프 및 밸브 등에 윤활유, 기타 고하중 저회전 속도용 베어링, 베어링 박스의 윤활용
실린더유 (cylinder oil)	90 실린더유 120 실린더유 과열 실린더유	증기 기관의 실린더 및 밸브의 윤활, 자동차의 기어 및 각종 고하중 베어링의 윤활용
그리스 (grease)	컵 그리스 파이버 그리스 기타 그리스	일반 기계의 그리스컵용, 파이버 그리스는 일반 기계용 그리스보다 고온, 고속에 사용, 볼 베어링, 롤러 베어링용

3. 스프링과 완충 장치

1) 스프링

스프링(spring)은 충격과 진동을 완화하거나, 시계의 태엽과 같이 동력원으로 사용한다. 또 그 변형을 힘의 측정에 이용하는 등 기계 부품으로 넓게 사용된다. 스프링의 재료로는 강, 인청동, 스테인리스강, 고무, 공기 등이 사용된다.

(1) 스프링의 종류

스프링에는 정적인 완충 장치로 밸브 스프링, 스위치의 스프링, 저울의 스프링과 같이 하중을 조정하거나 복원 또는 규정하는 기능을 하거나 시계의 태엽과 같이 에너지를 축적하는 역할을 하는 것이 있으며, 동적인 완충 장치로는 차량용 현가 스프링, 동적 댐퍼(dynamic damper) 등과 같이 복원성과 진동을 완화시키는 기능을 하는 것이 있다. 스프링을 분류하면 다음과 같다.

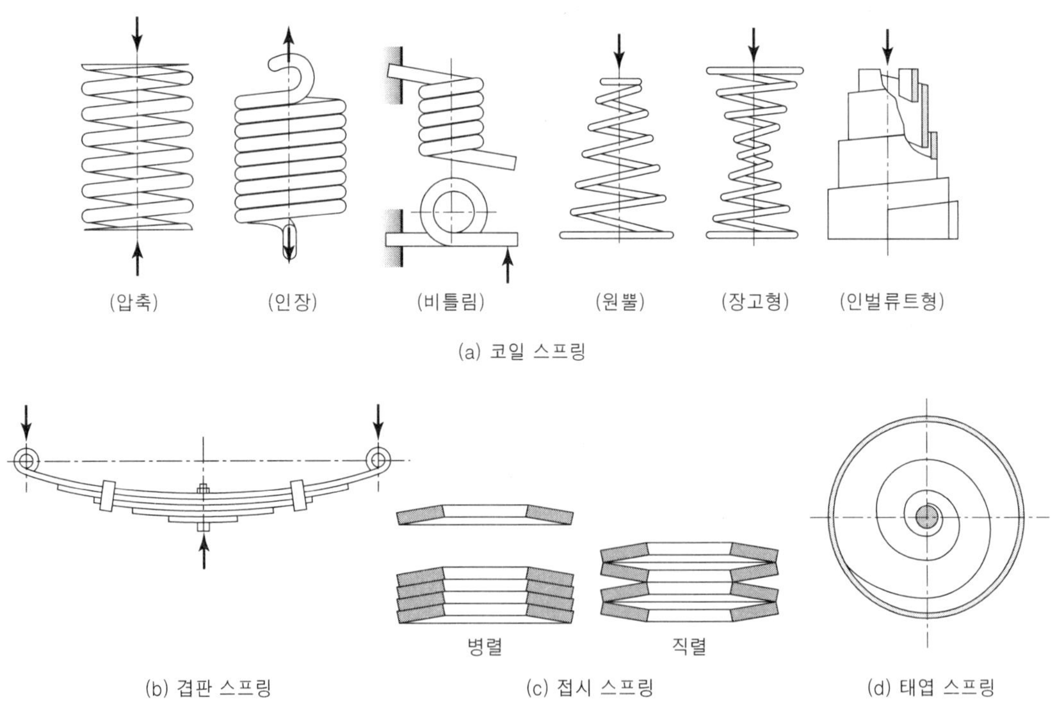

그림 2-46 스프링의 종류

모양에 따른 분류

스프링은 모양에 따라 다음과 같이 분류되며, 이들의 일부를 그림 2-46에 나타내었다.

① 코일 스프링(coil spring)
② 토션 스프링(torsion spring)
③ 인벌류트 스프링(involute spring)
④ 판 스프링(leaf spring)
⑤ 지그재그 스프링(zigzag spring)
⑥ 비틀림 막대 스프링(torsion bar spring)
⑦ 선세공 스프링(special spring)
⑧ 태엽 스프링(spiral spring)
⑨ 스프링 와셔(spring washer)
⑩ 접시 스프링(disc spring)
⑪ 스톱 링(stop ring)

재료에 따른 분류

a) 금속 스프링 : 강철 스프링, 비철 스프링, 합금강 스프링, 구리 합금 스프링, 인청동 스프링, 황동 스프링 등
b) 비금속 스프링 : 고무 스프링, 나무 스프링, 합성 수지 스프링 등
c) 유체 스프링 : 공기 스프링, 물 스프링, 기름 스프링 등

용도에 따른 분류

a) 완충 스프링 : 진동, 충격, 에너지 등의 흡수, 감쇠를 목적으로 하는 스프링으로 철도 차량용 현가 스프링, 자동차의 현가 스프링, 승강기의 완충 스프링 등
b) 가압 스프링 : 항상 압력을 거는 목적으로 사용하는 것으로 안전 밸브의 스프링

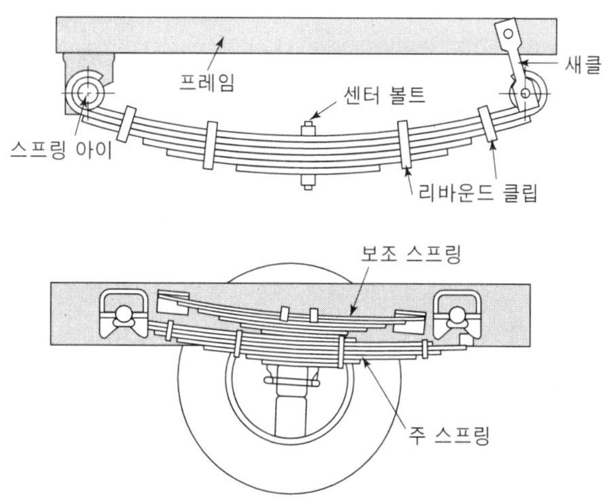

판 스프링의 설치 예

와셔 등

c) **측정용 스프링** : 가해지는 힘의 측정을 목적으로 하는 것으로 저울의 스프링, 조속기(governor)용 스프링 등

d) **동력 스프링** : 축적한 에너지를 원동력으로 쓰는 스프링으로 시계의 태엽, 공기총포의 압력용 스프링, 완구용 스프링 등

(2) 스프링 재료

스프링의 재료로는 탄성 한도와 피로 한도가 높으며 충격에 잘 견디는 스프링강(SPS), 스프링용 강선에는 피아노선(PW), 합금 강선 등이 사용되고 있다.

부식의 우려가 있는 곳에 쓰이는 스프링은 스테인리스강(STS), 구리 합금 등이 쓰이고, 고온인 곳에 쓰이는 스프링은 합금 공구강, 스테인리스강 등이 사용된다.

스프링용 비철 금속 재료에는 내식성이 있고 비자성체이며, 전기 전도율이 높은 인청동, 양은, 베릴륨(beryllium), 황동 등의 구리 합금과 자성이 없고 고온과 저온에서 다같이 쓸 수 있는 모넬 메탈(Monel metal), 인코넬(inconel), 퍼머니켈(permanickel) 등의 니켈 합금이 쓰인다.

고정밀도가 요구되는 정밀 기계나 측정기 등에 쓰이는 스프링 재료로는 열팽창성이 적은 인바(invar), 탄성 계수의 변화가 적은 엘린바(elinvar) 등이 사용된다.

2) 완충기

기계와 설비가 받는 진동과 충격을 완화하는 완충 장치인 완충기(緩衝器)에는 금속 스프링 외에 유압, 방진 고무, 공기압 등을 단독, 또는 이들을 조합한 것을 사용하고 있다.

(1) 방진 고무

방진 고무는 기계 장치에 부착하여 고무 자체의 감쇠성에 의하여 진동이 다른 곳으로 전달되는 것을 방지하여 준다.

예를 들면, 자동차의 기관을 차체에 고정할 때, 방진 고무를 사용하면 진동의 전달이 방해되므로 조용한 분위기를 만들 수 있다. 방진 고무는 부착하기 쉽게 하기 위하여, 그림 2-47과 같이 사용 조건에 따라서 여러 가지 모양으로 만들어지며, 설치는

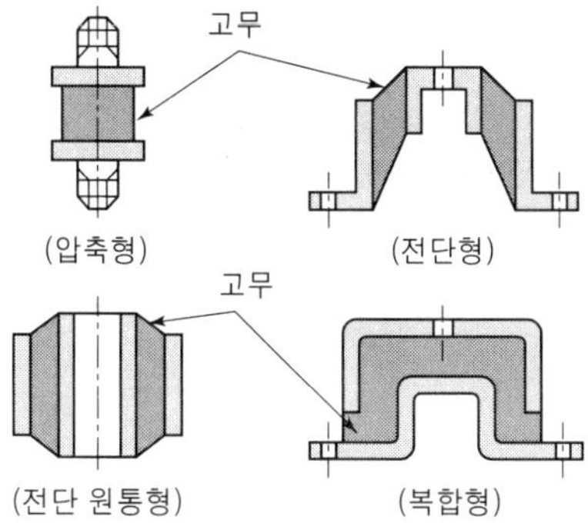

(a) 방진 고무의 형상

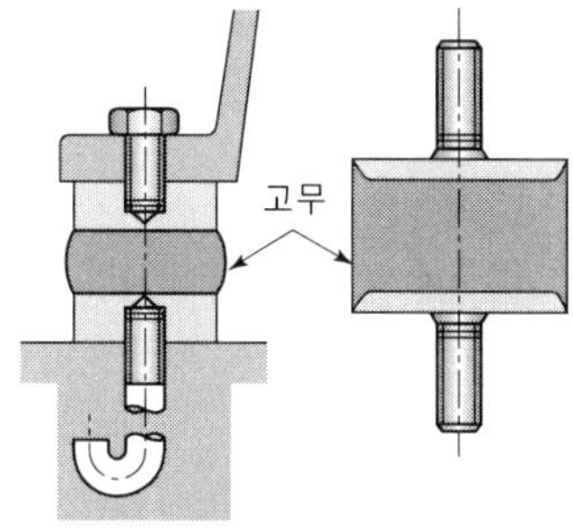

(b) 방진 고무의 설치 예

그림 2-47 방진 고무

그림 2-47 (b)와 같다.

(2) 완충기의 종류

1 차량 연결용 완충기

연결용 완충기는 철도 차량의 연결부에 사용하며 출발이나 정지할 때의 충격을 완화하기 위하여 스프링이나 고무를 유압과 함께 이용한다.

이 완충기는 작은 구멍으로부터 분출되는 기름에 의한 유압 저항으로 흡수 에너지가 운동 에너지로 외부에 방출되어 스프링이 반복되는 것을 방지하고, 스프링의 변형을 점점 감소시켜서 충격을 완화하여, 동작 후에는 스프링에 의하여 원위치로 돌아가는 구조로 되어 있다.

2 쇼크 업소버

특히, 자동차나 철도 차량의 주행 중 스프링이 받는 고유 진동을 흡수 · 완화하여 승차감을 좋게 하기 위하여 사용하는 완충기를 쇼크 업소버(shock absorber)라 하는데, 이것은 차체가 도로나 철로로부터 전달되는 진동과 공진하여 진폭이 점차 커지는 것을 방지하고, 감쇠를 빠르게 한다.

그림 2-48은 자동차 차체의 진동을 감쇠하는 데 사용하는 유압식 쇼크 업소버의 구조를 나타낸 것으로, 하중이 축방향으로 가해지면, 기름이 채워진 실린더 내를 피스톤이 이동하여, 오리피스에서 기름이 분출하면서 진동을 감쇠시킨다.

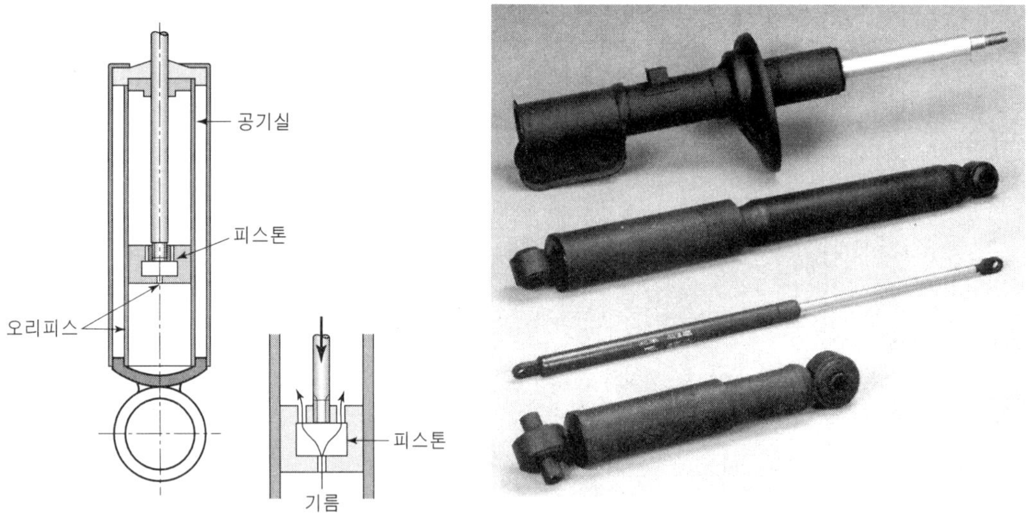

(a) 구조 (b) 종류

그림 2-48 유압식 쇼크 업소버

(3) 공기 스프링

공기 스프링(air spring)은 그림 2-49와 같이 고무 벨로스(bellows) 내에 들어 있는 공기의 탄성을 이용한 것이다. 다른 스프링에 비해 진동을 잘 흡수하기 때문에 진동이나 충격의 흡수성이 크고, 유연한 탄성을 얻을 수 있어서, 노면으로부터의 충격을 완화하여 승차감이 우수하다. 하중이 증가하여 벨로스 높이가 규정보다 낮아지면 레벨링 밸브가 작동하여 압축 공기가 벨로스로 들어가 규정의 높이가 되게 한다. 따라서 공기 스프링을 사용하면 하중 변화에 따른 차고를 일정하게 유지할 수 있으며, 승차감이 변하지 않고 유지되는 장점이 있다.

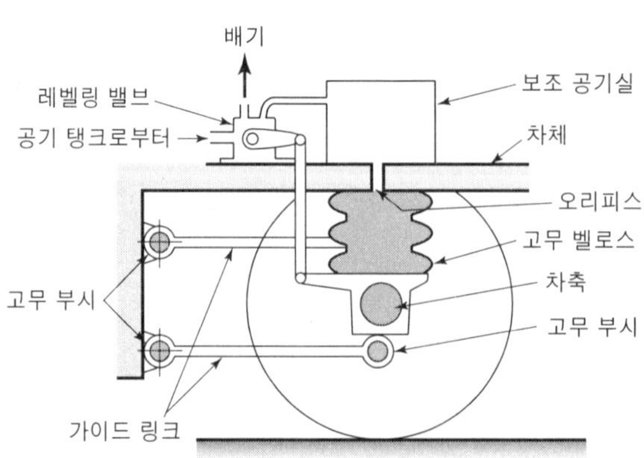

그림 2-49 공기 스프링

4. 유체 관계 기계 요소

1) 압력 용기

대형 압력 용기

(1) 압력 용기의 특징

가스 탱크나 산소 봄베와 같이 고압의 유체를 담고 있는 용기를 압력 용기(壓力容器, pressure vessel)라 한다. 보일러, 공기 탱크, 화학 공업용 반응 탱크, 내연 기관, 수압기의 실린더 등도 압력 용기의 일종이다. 압력 용기는 화학 공업을 비롯한 여러 산업 분야에 이용되고 있으며, 사용 조건에 따라 구조가 다르고 명칭도 여러 가지이나, 모든 압력 용기에는 대단히 넓은 온도 범위에서 내압, 외압 또는 내 · 외압이 동시에 작용한다.

각종 화학 장치에 사용되고 있는 압력 용기가 주변 장치의 개발로 고성능, 대형화가 요구됨에 따라 사용 압력, 온도, 부식 조건 등의 설계 조건도 점점 강화되는 경향이다. 압력 용기의 형태 중에서 가장 일반적인 것은 원통형이며, 그중에서 보일러 탱크 등은 보통 리벳 이음 또는 용접 이음에 의하여 만들어진다.

(2) 압력을 받는 원통

밀봉된 용기의 기체나 액체의 압력은 모두 용기의 내벽에 직각으로 작용한다.

그림 2-50과 같이 내경이 D인 원통에 압력 p가 작용하고 있을 때, 이 원통은 축선을 포함한 종단면 AB를 경계로 상하로 나누려는 원주 방향(圓周方向)과 MN 단면을 경계로 좌우 방향으로 파괴되는 작용을 받는다.

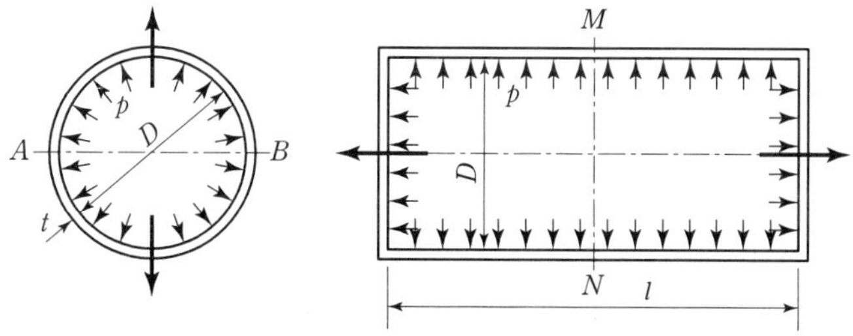

그림 2-50 내압을 받는 얇은 원통

2) 관과 관 이음

(1) 관과 관로

기름, 물, 증기, 가스 등의 유체를 수송하는 데에는 파이프(pipe)를 사용한다. 파이프를 연결하거나 방향을 바꾸려면 파이프 이음이, 유체의 흐름을 제어하려면 각종 밸브가 필요하다. 이들을 설계할 때에는 유체의 화학적 성질과 사용 조건을 고려하여 적합한 재료를 선정하여야 한다.

관로(管路)는 유체를 보내기 위한 목적에 따라, 관이나 관 이음, 밸브 등을 조합하여 만들어진 것이다.

관로

1 관의 종류

관은 용도에 따라 여러 가지 종류가 있으며, 많이 사용되는 것은 주철관, 강관 등이다. 그 밖에 사용 유체의 종류와 용도에 따라 동관, 납관, 스테인리스 강관, 고무관, 합성 수지관, 콘크리트관 등이 사용되기도 한다.

주철관은 강관에 비하여 내식성, 내구성이 우수하고 값이 싸므로 수도, 가스, 배수 등의 수송에 사용되며, 미분탄, 시멘트 등을 포함하는 유체 수송에 사용된다.

강관에는 이음매가 있는 것과 이음매가 없는 것이 있다. 이음매가 없는 강관은 드로잉 강관으로 압력이 증기, 압축 공기 및 압력 배관용으로 사용된다. 이음매가 있는 강관은 단접이나 저항 용접으로 만들고, 외경이 500mm 이상의 것은 스파이럴 용접 강관이 사용된다.

강관의 내식성을 증가시키기 위하여 관의 내면을 아연 도금, 모르타르, 고무, 플라스틱 등으로 라이닝(lining)하기도 한다.

2 관의 크기

유체를 흐르게 하는 것이 목적인 관의 내경은 유량과 유속에 의해 결정된다. 따라서 일반적인 관의 호칭 지름은 내경을 기준으로 한다.

관로를 설계할 때, 관의 내경은 관의 내부를 흐르는 유체의 유량에 의하여 정해지

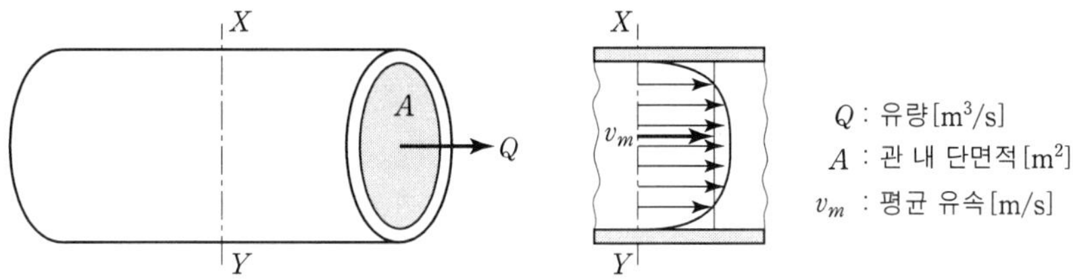

그림 2-51 관 내 유속

며, 관의 재질이나 두께는 유체의 성질, 온도, 유량, 압력 등에 따라 정해진다.

그림 2-51과 같이 관의 속을 유체가 꽉 채워서 흐르고 있는 경우, 유체의 속도는 유체와 관 안벽 사이의 마찰 때문에 관의 중앙에서는 빠르고 벽 근처에서는 느리다. 일반적으로 유속은 평균 유속을 생각한다.

여기서 관의 내경 D[mm]는 다음 식으로 구할 수 있다.

$$Q = Av_m = \frac{\pi}{4}\left(\frac{D}{1000}\right)^2 v_m$$

$$D = 2000\sqrt{\frac{Q}{\pi v_m}} = 1130\sqrt{\frac{Q}{v_m}} \qquad (2-1)$$

식 (2-1)에서 평균 유속을 크게 하면, 관의 내경을 작게 할 수 있으나, 관로 저항의 증가로 에너지 손실이 커진다.

(2) 관 이음

관 이음의 재질은 파이프의 재질에 따라 정해지며, 관 이음은 사용 목적과 관의 수리, 바꿔 끼우기, 증설 등의 조건에 따라 여러 가지 종류로 나누어진다. 관 이음은 크게 영구 이음과 분리 가능한 이음으로 나누어진다.

관로를 영구적으로 설치하는 경우에는 용접 또는 납접 결합을 한다. 이 방법은 유체의 누출이 없고, 유지비와 설비비가 절약되면서 가벼워진다. 또 고압관 이음에서와 같이 이음부를 되도록 적게 하여 누출이 되지 않도록 할 때에도 사용된다.

동관과 황동관의 납접에는 경납이 사용된다.

그러나 용접과 납접 관로는 수리가 불편하므로, 일반적인 관로에는 분해가 가능한 체결법(締結法)이 많이 사용된다. 용접 이음을 할 때에는 수리하기 쉽게 플랜지 이음(flange joint)을 병용하는 것이 좋다.

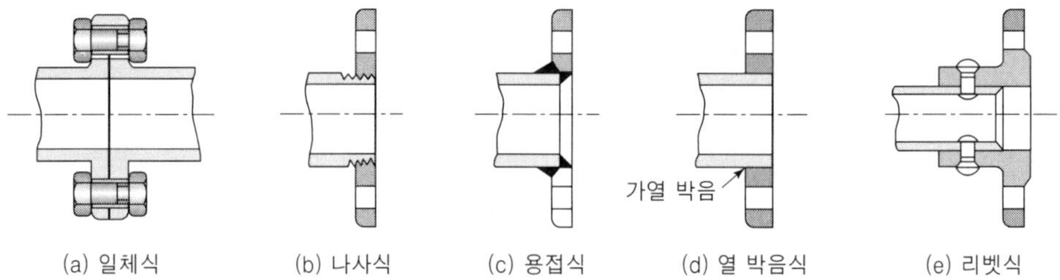

그림 2-52 플랜지 이음

그림 2-53 나사식 관 이음쇠

1 플랜지 이음

플랜지 이음(flange joint)은 파이프의 끝에 플랜지를 만들어 결합하는 이음으로 관의 지름이 크거나 유체의 압력이 큰 경우에 사용되며, 분해, 조립이 편리하여 산업 배관에 많이 사용된다. 그림 2-52는 플랜지 이음의 보기이다. KS에서는 증기, 공기, 가스, 물, 기름 등에 사용하는 관이나 밸브 등을 용접하는 플랜지의 치수를 규정하고 있다.

2 나사식 이음쇠

나사식 이음(screw joint)은 여러 가지 배관 공사에 이용되며, 재료로는 가단 주철, 플라스틱 등이 많이 사용된다. 그림 2-53은 나사식 이음쇠의 종류와 모양의 보기이며, 크기는 사용 파이프의 호칭으로 나타낸다.

3 턱걸이 이음

턱걸이 이음(faucet joint)은 상수도, 배수, 가스 등의 지하 매설관의 배관 이음에 사용되며, 이음 사이에 대마사, 무명사 등의 패킹을 다져 넣고 여기에 납이나 시멘트를 유입시켜 잇는다.

4 신축 이음

신축 이음(expansion joint)은 여러 가지 원인으로 생기는 신축을 고려하여 사용하는 이음을 말한다. 즉, 길이가 긴 관로에는 온도 변화에 의한 관의 신축이나, 배관할 때 관의 배열에 무리가 없도록 하기 위하여 그림 2-54와 같은 신축 이음을 사용한다. 스테인레스강, 구리계 합금, 알루미늄계 합금 등의 재료로 만들어진다.

3) 밸브와 콕

(1) 밸브

관 내 유체, 흐름의 단속, 방향의 전환, 유량 압력의 조절 등에 일반적으로 밸브나 콕이 사용된다.

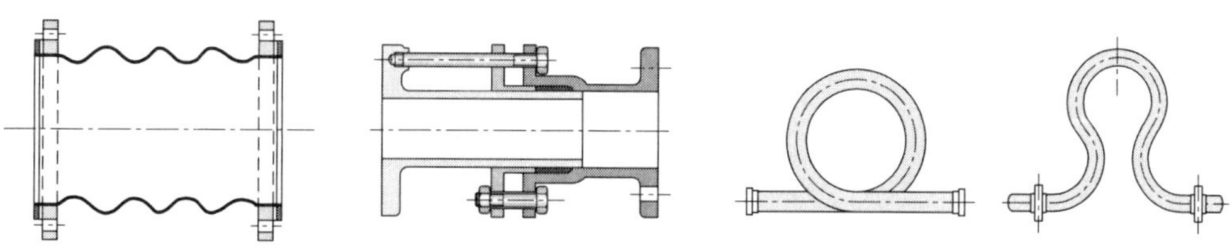

(a) 파형관 (b) 미끄럼관 (c) 굽힘관

그림 2-54 신축 이음

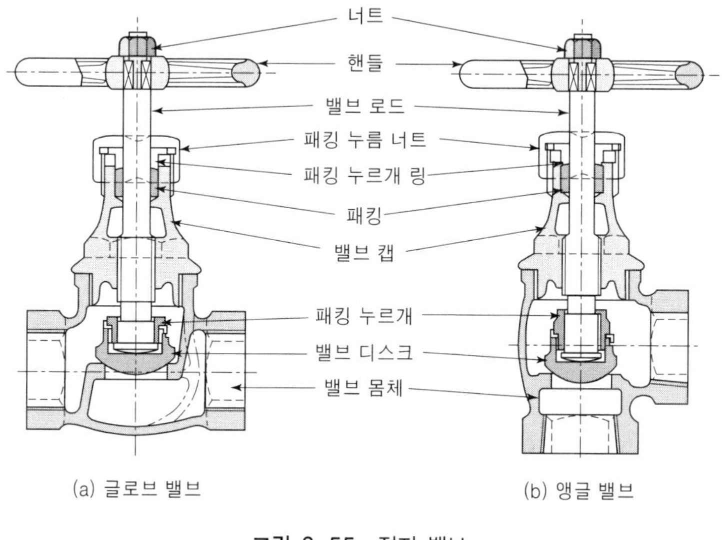

(a) 글로브 밸브 (b) 앵글 밸브

그림 2-55 정지 밸브

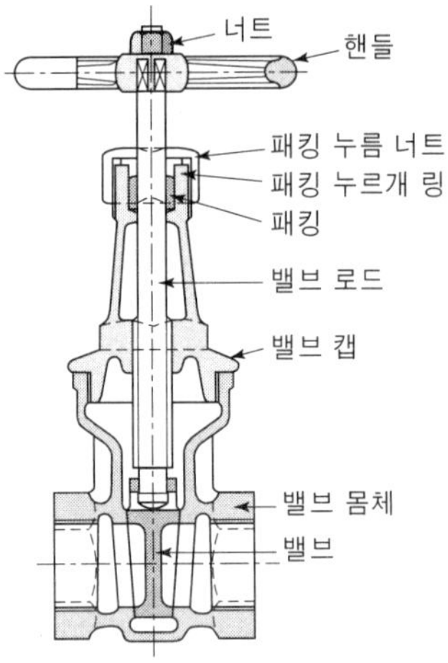

(a)

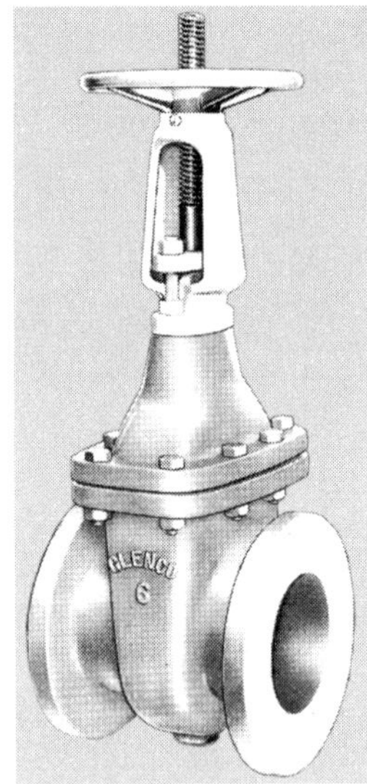

(b)

그림 2-56 슬루스 밸브

밸브의 재료는 황동, 청동, 주철, 탄소강, 합금강 등으로 만들며, 보통 필요한 관 지름, 사용 압력, 온도, 유체의 종류 등에 따라 규격품이 선정된다.

1 정지 밸브

정지 밸브(stop valve)에는 그림 2-55와 같이 유체의 입구와 출구가 일직선상에 있는 글로브 밸브(globe valve)와 유체의 입구와 출구가 직각으로 된 앵글 밸브(angle valve)가 있으며, 어느 것이나 밸브 안을 흐르는 유로의 방향이 바뀌는 구조이므로, 유체의 에너지 손실이 크다. 그러나 밸브 디스크와 밸브 시트(valve seat)의 가공, 교환, 수리 등이 쉬우므로, 밸브 중에서 가장 많이 사용되고 있다.

2 슬루스 밸브

그림 2-56과 같은 구조로 고압, 고속으로 유량이 많을 때, 즉 발전소의 도입관 또는 상수도의 주관 등과 같이 지름이 큰 것으로, 밸브를 자주 개폐할 필요가 없을 때 사용한다. 슬루스 밸브(sluice valve)는 정지 밸브에 비하여 유체의 저항이 적다.

3 체크 밸브

유체를 한 방향으로만 흐르게 하기 위한 역류 방지 밸브를 체크 밸브(check valve)

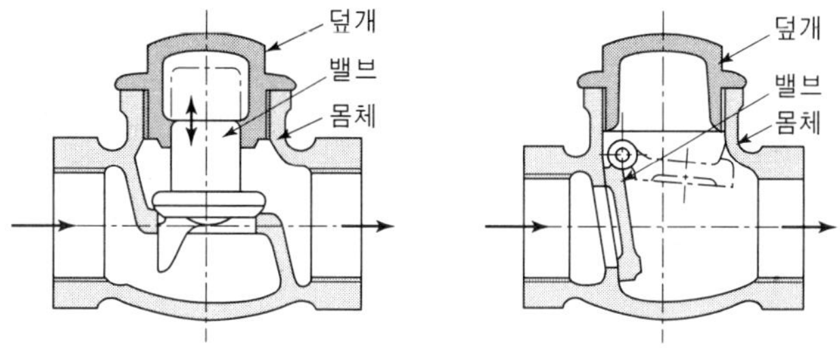

(a) 리프트 체크 (b) 스윙 체크

그림 2-57 체크 밸브

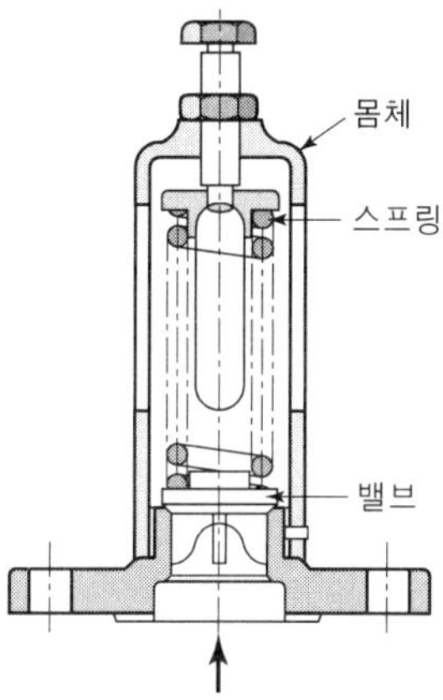

그림 2-58 이스케이프 밸브

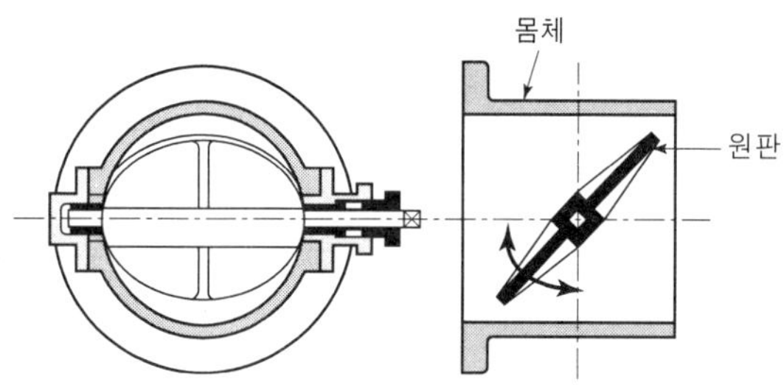

그림 2-59 스로틀 밸브

라 한다. 대부분은 외력을 사용하지 않고 변체의 무게와 변체의 양면에 가해지는 유체 자체의 압력차로 자동 조작된다.

체크 밸브는 그림 2-57과 같이 리프트 체크(lift check)과 스윙 체크(swing check)의 두 종류가 있다.

4 이스케이프 밸브

관로나 압력 용기 내의 압력이 규정 이상이 되면 자동적으로 작동하여, 유체를 밖으로 흘려 보내거나 되돌려 보내는 밸브를 이스케이프 밸브(escape valve), 안전 밸브(safty valve), 또는 탈출 밸브라 하며, 구조는 그림 2-58과 같다.

5 스로틀 밸브

원판을 회전시켜 관로를 열고 닫음으로써 유체와의 마찰에 의하여 유체의 압력을

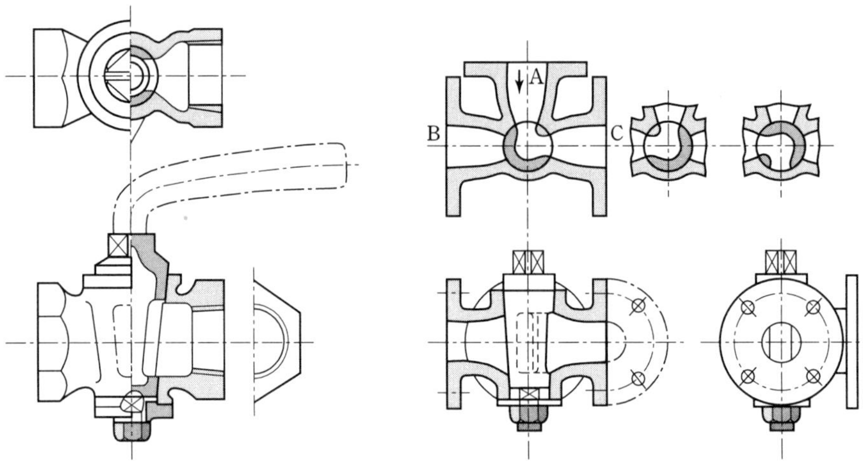

(a) 2방향 콕 (b) 3방향 콕

그림 2-60 콕의 종류

낮추거나 유량을 조절하는 데 사용하는 밸브를 스로틀 밸브(throttle valve) 또는 버터플라이 밸브(butterfly valve)라 한다.

구조는 그림 2-59와 같으며, 주로 기체의 관로에 사용된다.

(2) 콕

콕(cock)은 원통 또는 원뿔의 플러그를 90° 회전시키면, 전개 또는 전폐하는 구조로 개폐 시간이 짧다. 콕은 정지 밸브보다 조작이 간단하며, 지름이 작고 저압일 때 사용한다.

그림 2-60 (b)와 같이 3방향 콕은 유량을 3방향으로 분배할 수 있다.

5. 동력 전달과 관련 기계 요소

1) 공작 기계의 운전 방식

(1) 단독 운전 방식

각 공작 기계마다 전속 전동기를 갖고 있는 형식으로, 플랜지 조립형 전동기 또는 보통 전동기를 공작 기계와 직결하여 운전하는 방식을 단독 운전 방식(單獨運轉方式) 또는 직결 단독 운전(直結單獨運轉)이라 한다. 전동기는 공작 기계의 내부에 설치하는 경우가 많으며, 특수한 경우에는 전동기의 회전자(回轉子)를 공작 기계의 주축과 직접 연결한 것도 있다. 전동기와 공작 기계를 벨트, V벨트, 기어, 체인 등을 매개체로 사용하여 운전하는 경우에는 이를 간접 단독 운전(間接單獨運轉)이라 한다.

(2) 집합 운전 방식

여러 대의 공작 기계에 1개의 전동기를 배치하는 방식으로, 전동기로부터 동력 전달 축을 운전하고, 이어서 동력 전달 축으로부터 여러 대의 공작 기계를 운전하는 방식이다. 이 방식은 공작 기계에 전달되는 동력 전달 축이 주축이냐, 중간축이냐에 따라 다른데, 공장 주축(工場主軸)으로부터 직접 공작 기계를 운전하는 경우에는 이를 직접 집합 운전(直接集合運轉), 중간에 중간축을 사용하는 경우에는 이를 간접 집합 운전(間接集合運轉)이라 한다. 또한 1개의 전동기로 2개군 이상의 집합 운전을 할 경우에는 이를 복잡 집합 운전(複雜集合運轉)이라 하여 구별하는 경우도 있다.

(3) 단계식 변속 기구

한정된 계단에 의해 소정의 속도비로 구동하는 변속 기구를 계단식 구동 장치라 한다. 전동기의 회전 속도가 일정할 때에는 규정된 속도열에서 최고에서 최저까지 변속이 가능하다. 단계식 구동 장치에는 단차식 구동 장치[1](段車式驅動裝置)와 기어식 구동 장치(齒車式驅動裝置)가 있다.

1 단차식 구동

a) 단차에 의한 변속 : 단차를 사용하는 벨트 구동에 의한 변속 기구로 형식은 오래되었으나 고속 회전이 요구되는 경우에 이음매가 없는 벨트를 사용하면 주축의 진동이 적고, 원활한 운전이 가능하므로 많이 이용되고 있다. 예

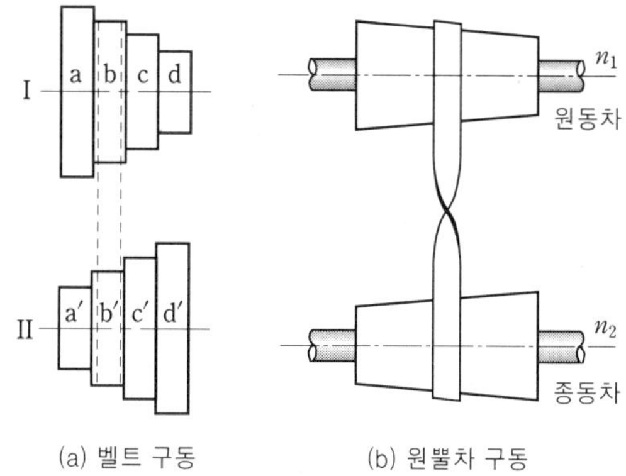

(a) 벨트 구동 (b) 원뿔차 구동

그림 2-61 단계식 구동 장치

[1] 단차식 구동 장치 : 단차와 벨트를 조합한 것으로 기구가 간단하고, 운전이 원활하나 큰 동력의 전달에는 알맞지 않다.

를 들면, 초경 합금 공구나 다이아몬드 공구 등에 의한 정밀한 가공과 구멍뚫기 등에는 매우 유리하게 이용되고 있다. 그림 2−61 (a)는 일체로 된 벨트 단차를 각각의 축에 고정하고 일정 길이의 벨트를 필요한 속도비의 단에 걸어서 속도 변환을 하는 것으로 미끄럼이 많으므로 정확한 속도가 요구되는 경우에는 부적당하다.

b) **원뿔차에 의한 변속** : 단차에서 속도를 변환할 때에는 벨트를 옮겨야 하는데, 원뿔차에서는 그림 2−61 (b)와 같이 한 쌍의 원뿔차(cone pulley)를 사용하면 벨트의 이동에 따라 전동차의 속도를 연속적으로 바꿀 수 있다.

2 기어식 구동

기어 전동에서는 한 조의 기어뿐 아니라, 여러 개의 기어를 순차적으로 조합하여 사용하게 되는데, 이것을 기어열(齒車列, gear train)이라 하며, 종동축에 필요한 회전수를 얻도록 하기 위하여 기어열의 조합을 바꾸어 주는 장치를 변속 기어 장치(變速齒車裝置)라 한다. 공작 기계의 전동 장치에는 기어 전동 방식이 대부분을 차지하고 있다.

그림 2−62 (a)는 선반 주축대 기어열의 보기로서 Ⅱ축 위의 기어를 축의 길이 방향으로 미끄럼 이동을 시켜 Ⅰ축과 주축의 기어의 물림에 따라 주축의 회전 속도를 단계적으로 변화시킬 수 있는 기어열을 나타낸 것이다. 그림 2−62 (b)는 전동 선도(傳動線圖)의 보기이다.

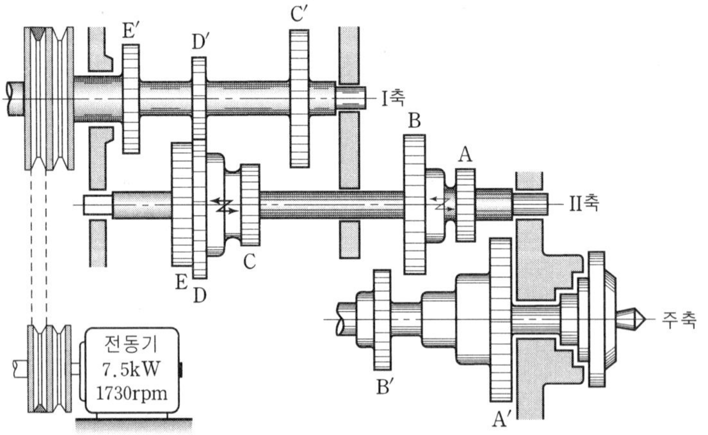

(a) 기어열

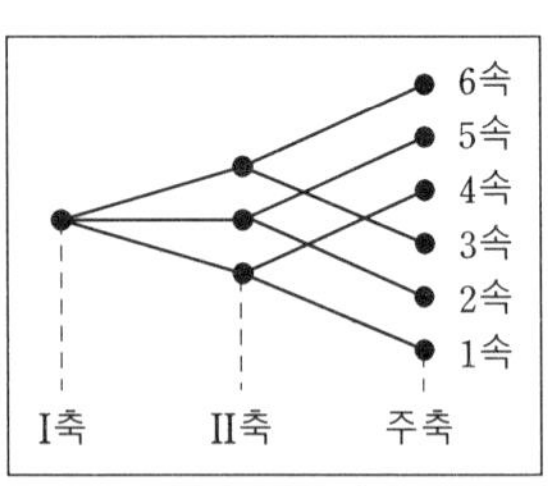

(b) 전동 선도

그림 2−62 주축대의 기어열의 보기

(a) 헬리컬 기어

(b) 웜 기어

그림 2-63 기어 감속기의 구성

a) 기어 감속기 : 동력원인 원동기의 회전수를 일정한 속도비로 감속하여 필요한 속도로 기계에 동력을 전달하는 장치를 감속기(減速器)라 한다. 스퍼 기어식(spur gear type)은 가장 간단한 장치이며 큰 동력용으로 적합하다. 한 조의 스퍼 기어 감속은 1/7 정도이며, 감속비가 큰 것은 2단, 3단의 감속 기구를 갖고 있다. 감속기에는 일반적으로 헬리컬 기어(helical gear)가 많이 사용되며, 그림 2-63 (a)는 헬리컬 기어를 사용한 감속기의 보기이다. 그림 2-63 (b)는 웜 기어(worm gear)를 사용한 감속기의 구조로 소형으로 폭넓은 변속이 가능한 특징이 있으므로 많이 사용되고 있다.

b) 기어 변속기 : 원동축(原動軸)의 일정한 회전수를 기어의 변환, 즉 기어의 조합에 따라 종동축(從動軸)에 몇 개의 회전 속도를 갖도록 변환하는 장치를 기어 변속장치(齒車變速裝置)라 하며, 선반을 비롯한 공작 기계의 변속기에 사용되고 있다.

2) 마찰차와 기어 전동

(1) 마찰차 전동

2개의 바퀴를 서로 밀어 그 사이에 생기는 마찰력을 이용하여 두 축 사이에 동력을 전달하는 장치를 마찰차(friction wheel)라 한다.

마찰차는 속도비가 매우 커서 기어로 전동하기 어려운 경우, 두 축 사이의 동력을 전동 중에 빈번히 연결하거나 차단시킬 필요가 있는 경우, 무단 변속이 필요한 경우에 사용된다. 마찰차의 재료로는 주철, 주강 등이 사용된다. 마찰차 표면에 부착하여

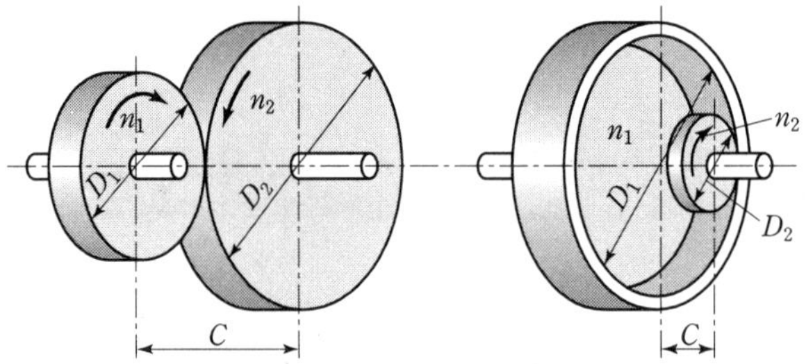

(a) 외접 (b) 내접

그림 2-64 원통형 외접 마찰차와 내접 마찰차

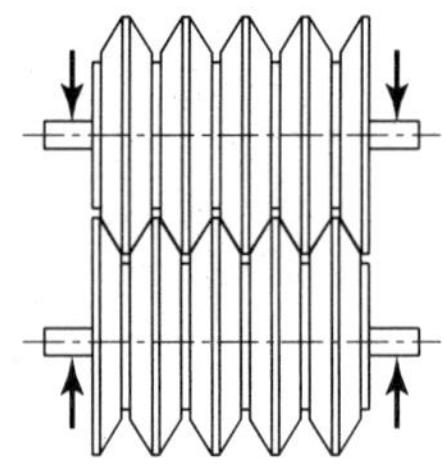

그림 2-65 홈붙이 마찰차

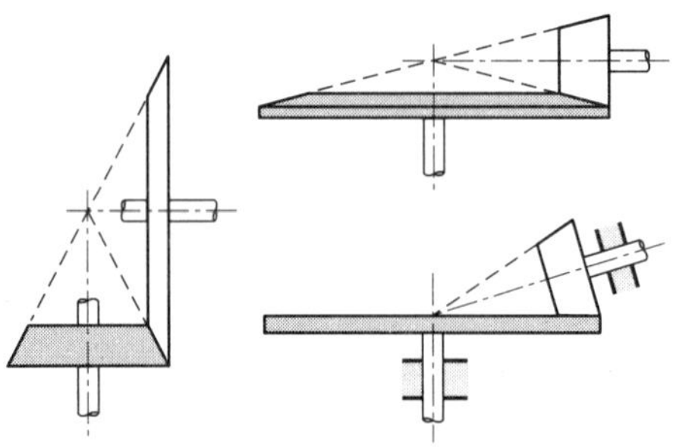

그림 2-66 원뿔 마찰차

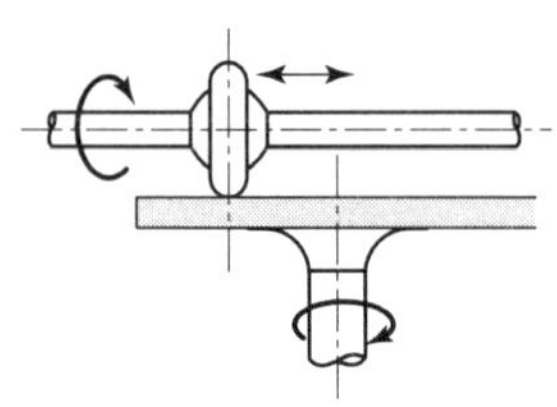

그림 2-67 원판 마찰차

마찰 계수를 크게 해 주는 재료로는 경질 고무, 가죽, 목재, 종이 등이 쓰인다.

1 마찰차의 종류

a) **원통 마찰차** : 그림 2-64와 같이 평행한 두 축 사이에서 외접 또는 내접하여 동력을 전달하는 원통형 바퀴를 원통 마찰차(spur friction wheel)라 한다.

b) **홈붙이 마찰차** : 그림 2-65와 같이 V자 모양의 홈 5~10개를 표면에 파서 마찰하는 면을 늘려 회전력을 크게 한 원통형 바퀴를 홈붙이 마찰차(grooved friction wheel)라 한다. 이 마찰차는 홈 중앙 부분의 한 곳에서 정확하게 구름 접촉을 하고 그 밖의 다른 곳에서는 미끄럼 접촉을 하므로, 전동할 때에 마멸과 소음을 일으키는 단점이 있다.

c) **원뿔 마찰차** : 그림 2-66과 같이 두 축이 서로 어긋나는 사이에서 외접하여 동력을 전달하는 원뿔형 마찰차를 원뿔 마찰차(bevel friction wheel)라 한다.

d) **원판 마찰차** : 그림 2-67과 같이 직각으로 만나는 두 축 사이에서 원판과 롤러의 접촉으로 동력을 전달하는 원판형 바퀴를 원판 마찰차(disk friction wheel)라 한다. 이 마찰차는 주로 무단 변속 장치의 변속 기구로 쓰인다.

2 마찰차의 이용

접촉면에 생긴 마찰력의 크기에는 한도가 있고, 또 그 최대 한도의 마찰력 F, 즉 최대 정지 마찰력은 접촉면을 밀어붙이는 힘 R에 비례한다.

$$F = \mu R \tag{2-2}$$

여기서 비례 상수 μ를 정지 마찰 계수라고 하며, 그 크기는 접촉면의 성질에 따라 표 2-3과 같이 정해진다.

마찰차는 주철, 강철 등으로 만들고 있으나, 접촉면에 가죽 등을 붙여서 마찰 계수를 크게 하면 전달 동력을 증가시킬 수가 있다.

마찰차에 의한 전동에서는 원동차와 종동차의 접촉면에서 어느 정도 미끄럼이 생기므로, 종동차와 원동차의 속도비를 정확하게 유지하기 곤란하다. 전달하는 힘이 커지면, 미끄럼이 생겨 동력을 전달하기 어려워진다.

그림 2-68 (a)는 축이 직교하고 있을 경우에, 종차의 접촉 위치를 바꾸어 줌으로써 회전비를 바꿀 수 있게 한 변속 기구를 나타낸 것이고, 그림 2-68 (b)는 링을 중개로 하여 회전비를 변화시키는 장치의 구조이다.

표 2-3 정지 마찰 계수

재질	정지 마찰 계수	재질	정지 마찰 계수
주철과 주철	0.15~0.20	주철과 목재	0.30~0.34
금속과 가죽	0.23~0.56	금속과 코르크	0.32~0.35

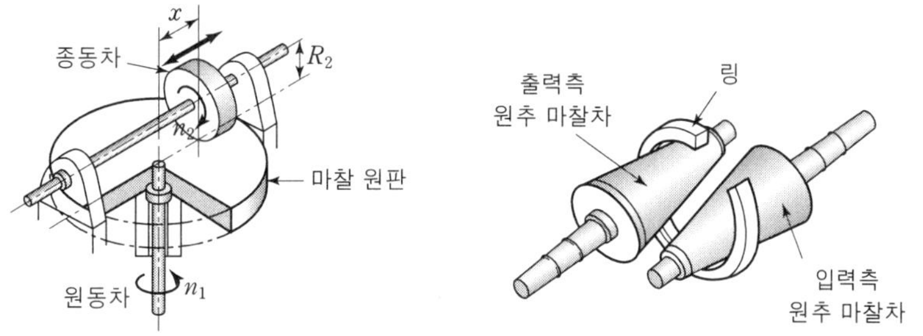

(a) 마찰 원판형 (b) 원추형

그림 2-68 마찰차의 이용

(2) 기어 전동

기어

마찰차의 접촉면을 기준으로 하여 원주에 이를 만들어 서로 물림에 따라 운동을 전달하게 한 것을 기어(gear)라 한다.

기어는 서로 물리는 기어의 잇수를 바꿈에 따라 회전 속도가 달라진다. 두 축이 평행이 아니더라도 회전을 확실하게 전달하고, 내구력이 큰 것 등이 특징이다. 정확한 속도비를 필요로 하는 전동 장치, 변속 장치 등에 널리 이용되고 있다.

1 기어의 종류

기어에는 회전 운동을 전달하는 두 축의 관계 위치와 이의 모양 등에 따라 여러 가지가 있다. 그림 2-69는 기어의 종류를 나타낸 것이다.

● 두 축이 평행일 때

a) 스퍼 기어(spur gear) : 이가 축에 평행하게 깎인 것으로, 바깥에서 서로 물려 반대 방향으로 회전한다. 안으로 물린 것을 특히 내접 기어(internal gear)라 하고

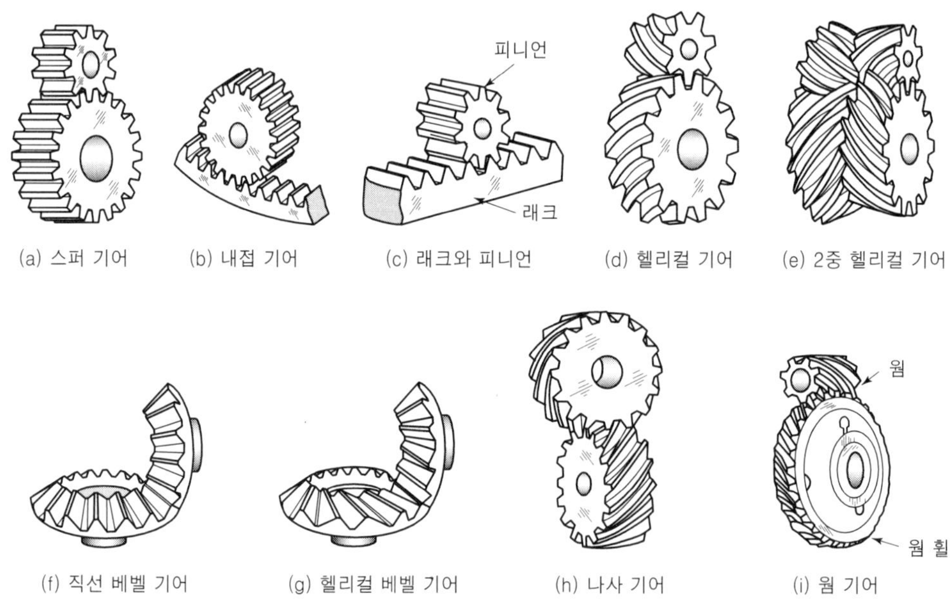

그림 2-69 기어의 종류

같은 방향으로 회전한다. 감속비를 많이 할 필요가 있을 때 사용한다.

b) 래크(rack)와 피니언(pinion) : 래크는 기어의 반지름을 무한대로 크게 한 경우라고 생각하면 되며, 이것과 물리는 작은 기어를 피니언이라 한다.

c) 헬리컬 기어(helical gear) : 축에 대하여 이가 경사지게 깎여 있으므로, 스퍼 기어보다도 물림이 조용하고 전동이 잘된다. 그러나 축 방향에 하중이 걸리므로 드러스트 베어링을 필요로 한다.

d) 2중 헬리컬 기어(double helical gear) : 헬리컬 기어의 축 방향의 하중을 상쇄하기 위해서 2개의 헬리컬 기어를 반대로 향하게 하여 1쌍으로 한 것으로, 큰 동력의 전달이나 큰 속도비를 얻는 데 사용한다.

두 축이 교차할 때

베벨 기어(bevel gear)는 원뿔 마찰차의 접촉면을 기준으로 하여 이를 깎아 만든 기어로서, 이를 깎는 방법에 따라서 직선 베벨 기어(straight bevel gear), 스파이럴 베벨 기어(spiral bevel gear) 등이 있다.

베벨 기어

두 축이 평행하지도 교차하지도 않을 때

2개의 스파이럴 베벨 기어의 축을 엇갈리게 한 것으로 하이포이드 기어(hypoid gear)가 있다. 헬리컬 기어의 축을 엇갈리게 한 것으로 나사 기어(screw gear)가 있다. 서로 교차하지 않는 직각축 간의 운동을 전달할 때에는 웜 기어(worm gear)가 사용된다. 매우 큰 속도비를 얻을 수 있으므로 감속 장치에 사용된다.

2 기어의 기초

기어의 각부 명칭

기어의 주요 부분의 각부 주요 명칭은 그림 2-70과 같다.

이의 크기

같은 크기의 피치원을 가지고 있는 기어라도 잇수를 달리하면 이의 크기가 달라지므로, 이의 크기를 결정하는 기준이 필요하다. 이의 크기를 나타내는 기준에는 원주

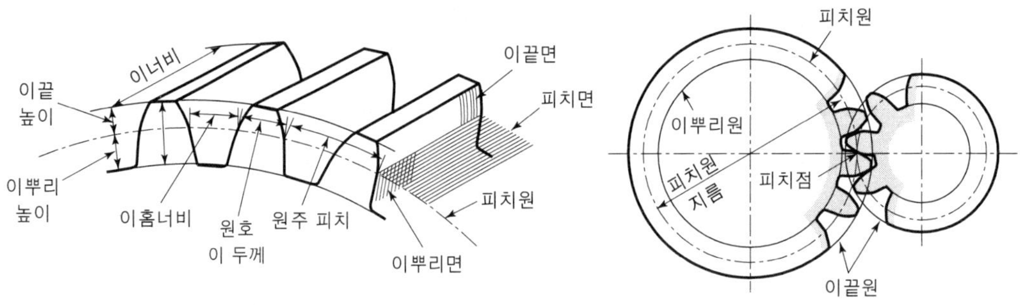

(a) 각부 명칭 (b) 피치원과 피치점

그림 2-70 기어의 각부 명칭

표 2-4 KS 기준 표준 모듈

0.2	0.5	0.8	2	3.5	6	11	18
0.25	(0.55)	0.9	2.25	3.75	6.5	12	20
0.3	(0.6)	1	2.5	4	7	13	22
(0.35)	(0.65)	1.25	2.75	4.5	8	14	25
0.4	0.7	1.5	3	5	9	15	
0.45	(0.75)	1.75	3.25	5.5	10	16	

注 괄호 안의 값은 드물게 사용되는 값이다.

피치, 모듈, 지름 피치가 있으나, 우리 나라에서는 주로 모듈이 이용된다.

a) 원주 피치(circular pitch) : 피치 원주에서의 인접한 2개 이의 원주 거리로 나타내는 이 크기의 기준이며, 기호 p로 표시한다.

b) 모듈(module) : 피치원 지름(단위 : mm)을 이의 수로 나눈 값으로 나타내며, 기호 m로 표시한다. 표 2-4는 KS 기준 표준 모듈 값이다.

기어는 마찰차의 마찰면을 기준으로 하여 기어의 이를 붙였다고 생각하여, 이때의 가상의 마찰차에 해당하는 원을 피치원(pitch circle)이라 한다.

기어 이의 크기는 잇수 1개에 대한 피치원 지름의 크기로 나타낸다. 즉, 다음 식과 같다.

$$\text{모듈}(m) = \frac{\text{피치원의 지름}}{\text{잇수}} = \frac{d}{z} \qquad (2-3)$$

기어 곡선

기어가 일정한 속도비로 회전을 전달하기 위한 치형 곡선으로는 그림 2-71과 같

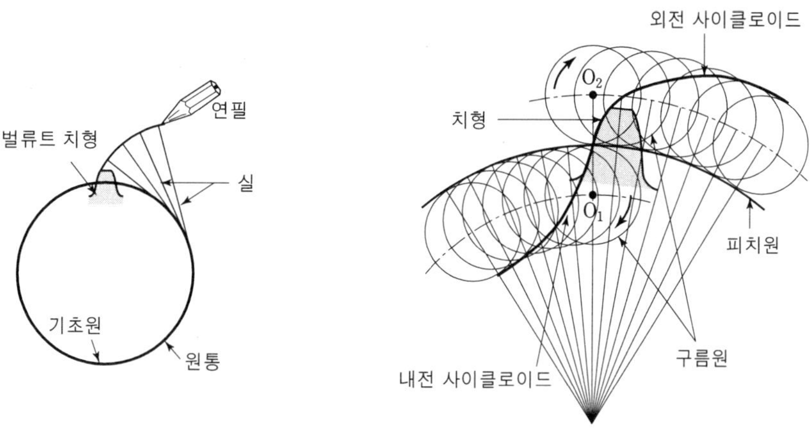

(a) 인벌류트 곡선 (b) 사이클로이드 곡선

그림 2-71 기어 곡선

은 인벌류트 곡선(invelute curve)과 사이클로이드 곡선(cycloid curve)이 있다. 인벌류트 치형은 제작하기 쉽고 호환성(interchangeability)도 크므로, 지금은 대부분의 기어에 이 치형이 쓰이고 있다.

기어열의 속도비

그림 2-72와 같이 1쌍의 기어 A, B가 서로 물려 있을 때, 각 기어의 잇수를 z_A, z_B, 피치원의 지름을 d_A[mm], d_B[mm], 모듈을 m이라고 하면, $d_A = mz_A$, $d_B = mz_B$이다.

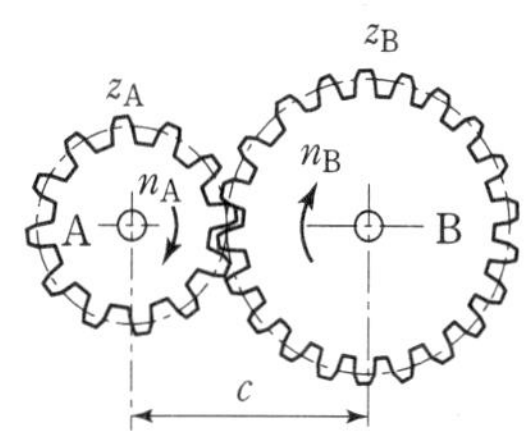

그림 2-72 기어의 속도비

중심 거리를 c[mm]라고 하면,

$$c = \frac{d_A + d_B}{2} = \frac{m(z_A + z_B)}{2} \qquad (2-4)$$

이고, 각 기어의 회전수를 n_A, n_B, 속도비를 i라고 하면 $n_A z_A = n_B z_B$이므로,

$$i = \frac{n_B}{n_A} = \frac{z_A}{z_B} \qquad (2-5)$$

이다. 따라서 속도비는 기어의 잇수와 반비례한다.

기준 래크

인벌류트 기어의 피치원 지름을 무한대로 하면 피치원이 직선이 되며, 기어는 래크(rack)로 된다. 이 치형은 작용선에 수직인 직선이 되므로 정확하게 만들기 쉽다. 같

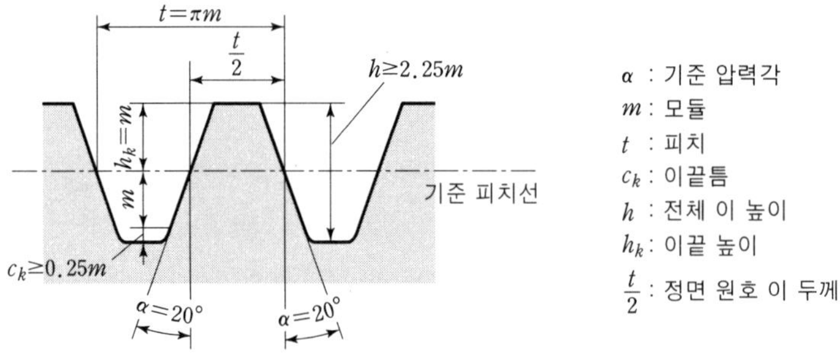

그림 2-73 기준 래크

은 크기의 이를 가진 인벌류트 기어도 치수에 따라 치형이 달라진다. 그러나 래크를 기준으로 한 절삭 공구를 사용하면 잇수가 다른 경우에도 하나의 공구로 기어의 절삭이 가능하다.

따라서 래크의 지형을 피치에 따라 규정하면 모든 기어의 치형을 결정할 수 있으며, 기어의 호환성을 가지게 할 수 있다.

그림 2-73은 KS에 규정된 기준 래크 치형이며, 압력각은 20°이다.

표준 스퍼 기어

표준 스퍼 기어

기준 래크의 기준 피치선이 기어의 기준 피치원과 인접하고 있는 것을 표준 스퍼 기어(standard spur gear)라 한다. 표준 스퍼 기어의 이 두께(circular thickness)는 원주 피치의 $\frac{1}{2}$이다. 한 쌍의 기어가 물고 돌아갈 때 이론상으로 생각하면 이 두께와 이 홈 사이에 틈새가 전혀 없이 접촉하여도 좋을 것이다. 그러나 실제로는 윤활유의 유막 두께, 기어의 가공, 조립할 때의 오차, 중심 거리의 변동, 열팽창, 부하에 의한 이의 변형, 전달력에 의한 축의 변형 등을 고려하여 물림 상태에서 이의 뒷면에 적당한 틈새를 두는데, 이 틈새를 뒤틈(backlash)이라고 한다. 이와 같은 뒤틈을 주지 않으면 원활한 전동을 할 수 없다. 그러나 뒤틈을 너무 크게 하면 소음과 진동의 원인이 되므로 지장이 없는 한도 내에서 작게 하는 것이 좋다.

3 기어 트레인

두 축 사이에 회전 운동을 전할 때, 주어진 회전수에서 필요한 회전수를 얻기 위해서는 이론적으로 1쌍의 기어로 만족한다. 그러나 실제에는 1쌍의 기어의 속도비에는 한도가 있다. 또 기어의 크기에 제한이 있고, 회전 방향을 바꿀 필요도 있다. 그러기 위해서는 많은 기어를 조합하여 사용하게 되는데, 이와 같은 기어의 연결을 기어 트레인(gear train)이라고 한다.

그림 2-74 (a)는 기어 A, B 사이에 기어 C를 넣은 가장 간단한 기어 트레인이다. 기어 C의 회전수를 n_C, 잇수를 z_C라고 하면,

$$\frac{n_C}{n_A}=\frac{z_A}{z_C} \quad \text{또는} \quad =\frac{n_B}{n_C}=\frac{z_C}{z_B} \text{이므로,}$$

$$i=\frac{n_B}{n_A}=\frac{n_C}{n_A}\cdot\frac{n_B}{n_C}=\frac{z_A}{z_C}\cdot\frac{z_C}{z_B}=\frac{z_A}{z_B} \tag{2-6}$$

이 기어 트레인의 속도비는 두 기어 A, B가 직접 물고 있을 때와 같으며, 기어 C의 잇수에는 관계가 없다. 기어 C와 같이 기어 트레인의 속도비에 영향을 주지 않는 기어를 아이들 기어(idle gear)라고 한다.

일반적으로, 아이들 기어가 홀수 개의 기어 트레인에서는 원동차와 종동차의 회전방향이 같고, 짝수 개의 경우는 반대가 된다. 그림 2-74 (b)의 기어 트레인에서는 중간축 C에 잇수가 다른 2개의 기어가 고정되어 있다. 이 잇수를 z_{C_1}, z_{C_2}라 할 때 이 기어 트레인의 속도비를 계산하면 다음과 같다.

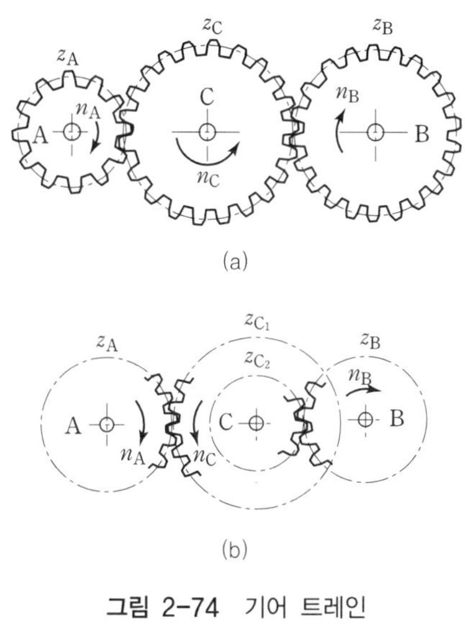

그림 2-74 기어 트레인

수동 윈치의 기어 트레인

A와 C가 물고 있을 때에는

$$\frac{n_C}{n_A} = \frac{z_A}{z_{C_1}} \tag{2-7}$$

C와 B에서는

$$\frac{n_B}{n_C} = \frac{z_{C_2}}{z_B} \tag{2-8}$$

따라서 다음 식이 성립된다.

$$i = \frac{n_B}{n_A} = \frac{n_C}{n_A} \cdot \frac{n_B}{n_C} = \frac{z_A \cdot z_{C_2}}{z_{C_1} \cdot z_B} \tag{2-9}$$

이 기어 트레인에서 z_A, z_{C_2}는 각각 상대 기어를 구동시키는 원동차의 잇수이며, z_{C_1}, z_B는 구동되는 종동차의 잇수이다. 따라서

$$\text{기어 트레인의 속도비} = \frac{\text{원동차의 잇수의 곱}}{\text{종동차의 잇수의 곱}} \tag{2-10}$$

과 같이 나타낼 수 있다.

보기 2-1 그림 2-75에서

$z_A=40$, $z_B=16$,

$z_{C_1}=20$, $z_{C_2}=32$,

$z_{D_1}=18$, $z_{D_2}=24$

이다. A의 회전수가 200rpm이면 B의 회전수는 얼마인가?

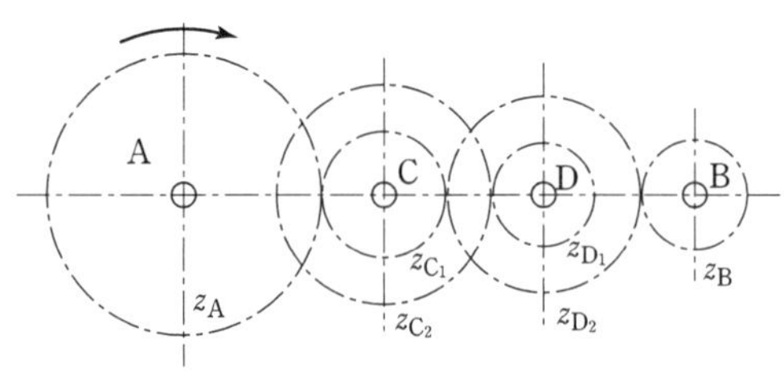

그림 2-75 보기 2-1의 조건

풀이 이 기어 트레인의 속도비 i는 식 (2-9)에서

$$i = \frac{z_A \cdot z_{C_2} \cdot z_{D_1}}{z_{C_1} \cdot z_{D_1} \cdot z_B} = \frac{40 \times 32 \times 24}{20 \times 18 \times 16} = \frac{16}{3}$$

기어 B의 회전수는

$$n_B = i n_A = \frac{16}{3} \times 120 = 640[\text{rpm}]$$

이다.

답 640 rpm

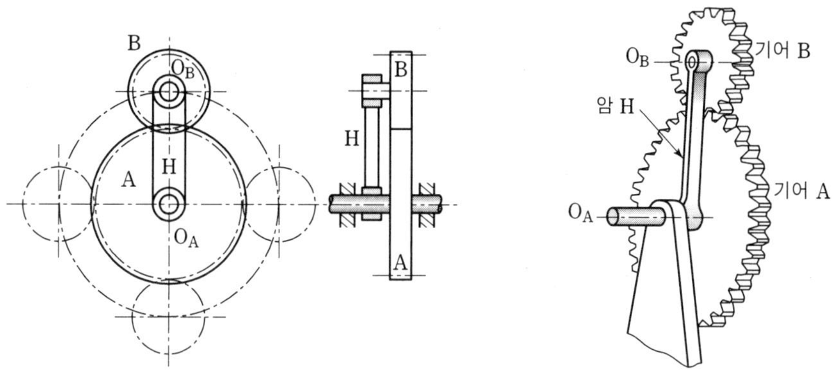

(a) 원리 (b) 구성

그림 2-76 유성 기어 장치

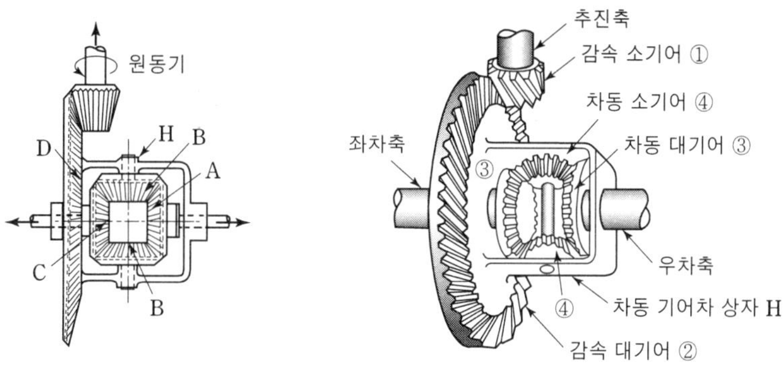

(a) 구조 (b) 사례

그림 2-77 자동차의 차동 기어 장치

4 유성 기어 장치

그림 2−76 (a)에서 서로 물고 있는 A, B 기어 중, B는 암 H에 지지되어 A의 둘레를 돈다. 이때 B는 자신의 축 O_B의 둘레를 자전하면서 고정축 O_A의 둘레를 공전하게 된다. A를 태양 기어(sun gear), B를 유성 기어(planet gear)라 하며, 이 장치를 유성 기어(planetary gear) 장치라 한다.

이 장치에서 태양 기어축, 유성 기어축 및 암 중 어느 것이나 2개에 회전을 전달하면 나머지 하나는 이들의 회전의 영향을 동시에 받아 회전한다. 따라서 이것을 차동 기어(differential gear) 장치라고도 한다.

그림 2−77 (a)는 베벨 기어(bevel gear)를 사용한 차동 기어 장치의 구조이며, 그림 (b)는 자동차 뒷바퀴의 구동 장치에 쓰이는 보기이다.

자동차가 직진하고 있을 때에는 베벨 기어 B는 자신의 축 둘레를 회전하지 않고 베벨 기어 A, C와 일체로 되어 차축의 둘레를 회전하지만, 자동차가 커브(curve)를 돌 때에는 B가 자신의 축둘레를 돌아 바깥쪽의 차바퀴는 회전수가 많아지고, 안쪽의 차바퀴는 회전수가 적어져서 차가 미끄러지지 않고 안전하게 달릴 수 있게 된다.

3) 벨트, 로프 및 체인 전동

(1) 벨트 전동

1 벨트 전동의 종류

● 평 벨트 전동

동력을 전달하는 두 축의 간격이 클 때, 두 축에 벨트 풀리(belt pulley)를 고정시켜, 평 벨트를 걸어 전동하는 방법을 평 벨트 전동(flet belt drive)이라 한다.

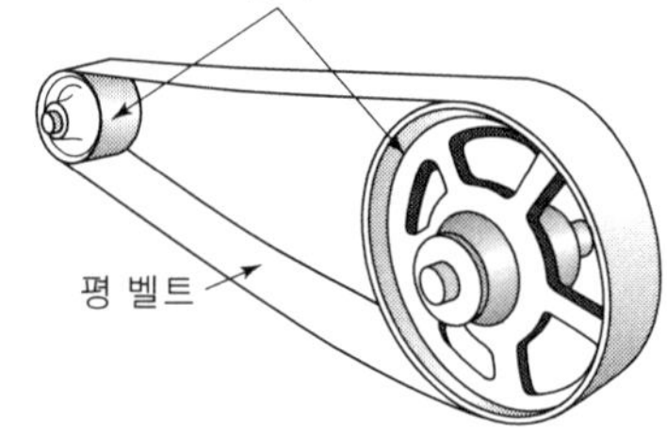

평 벨트 전동

a) 벨트 : 벨트에는 가죽, 직물, 고무 및 얇은 강판 등이 있다. 이 중에서 가죽 벨트와 고무 벨트가 가장 많이 쓰이며, 플라이(ply) 수, 즉 겹침 층 수로 두께를 조정한다. 고무 벨트에서는 층 수 1매의 두께는 적어도 1.2mm 이상이어야 한다. KS M 6533에서 고무 평 벨트의 너비 및 플라이 수를 규정하고 있다.

b) 벨트 풀리(belt pulley) : 벨트 풀리는 바퀴의 바깥 둘레의 면 중에서 가운데 부분을 높게 만들어 운전 중에 벨트가 벗겨지지 않도록 하고 있다. 재료는 보통 주

그림 2-78 평 벨트 풀리의 종류

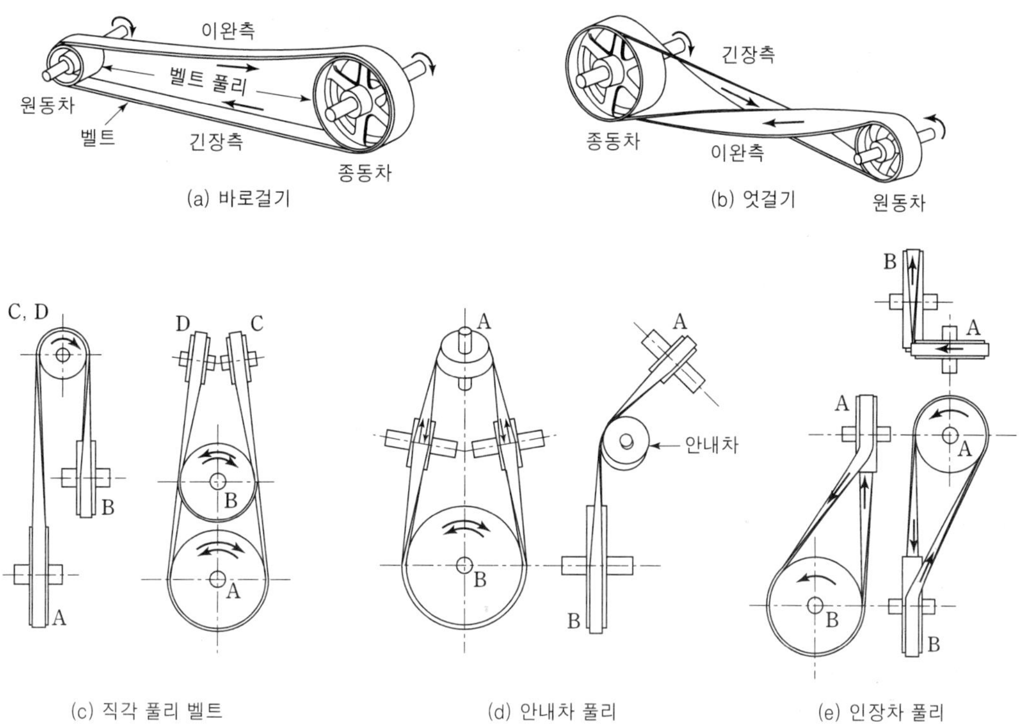

그림 2-79　벨트 거는 방법

철, 강제, 알루미늄 등이 사용된다. 강제로 만든 풀리는 튼튼하며 고속도의 전동에 적합하다. 벨트 풀리의 구조는 림(rim), 보스(boss), 암(arm)의 세 부분으로 구성되어 있고, 암의 수는 보통 4~8개가 쓰인다. 그리고 풀리의 종류는 그림 2-78과 같이 일체형과 분할형이 있다.

c) **벨트 거는 법** : 벨트의 거는 방법에는 두 축이 평행할 때는 그림 2-79 (a)와 같은 바로걸기(open belting)와 그림 (b)와 같은 엇걸기(cross belting)의 두 종류가 있다. 바로걸기의 경우는 같은 회전 방향, 엇걸기의 경우는 반대 회전 방향으로 된다. 두 축이 평행하지 않을 때의 벨트 거는 방법은 그림 2-79 (c)~(e)와 같다.

타이밍 벨트 전동

그림 2-80과 같이 벨트의 안쪽에 이를 붙인 벨트를 타이밍 벨트(timing belt)라 한다. 이것은 이가 있는 풀리에 의해 전동하게 되므로, 미끄럼이 없이 회전을 전달할 수 있다.

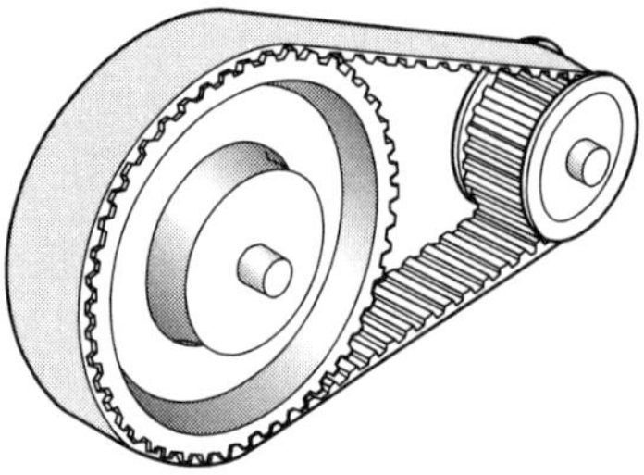

(a) 타이밍 벨트

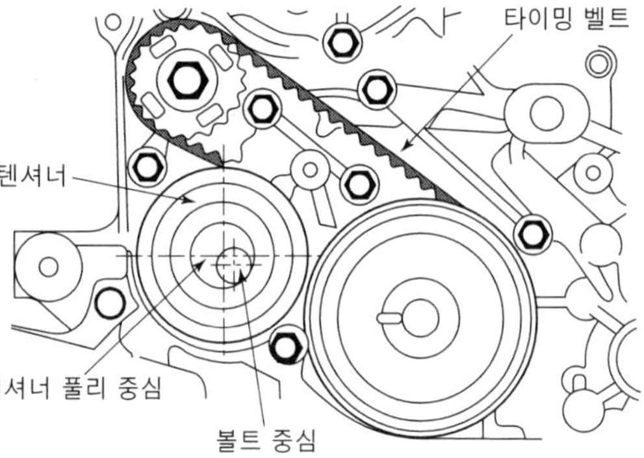

(b) 자동차에 사용한 사례

그림 2-80 타이밍 벨트와 사용 사례

V 벨트 사용 사례

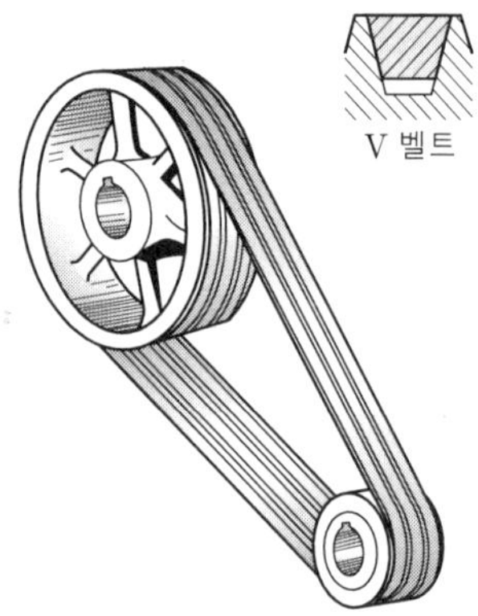

V 벨트 전동

회전이 원활하고, 고속에서도 소음과 진동이 적어, 사무용 기기, 통신용 기기, 가전 기기 등에 널리 사용되고 있다. 특히 자동차 엔진의 회전 속도에 따라 밸브 개폐 시기(valve timing)를 제어하기 위한 밸브 구동에는 타이밍 벨트가 사용된다.

V 벨트 전동

V 벨트 전동(V-belt drive)은 사다리꼴의 단면에 이음매가 없는 V형의 홈이 패어 있는 V 풀리(V-pully)에 밀착시켜 쐐기 작용에 의하여 마찰력을 증대시켜 전동하는 방법이다. 벨트가 홈에 감겨져 있을 때에는 안쪽 부분이 압축을 받아 폭이 넓어지므로 비교적 적은 장력으로 큰 회전력을 얻을 수 있다.

기어와 평 벨트의 중간쯤 되는 축 사이의 거리의 전동에 널리 사용되는데, 협소한 장소에도 설치할 수가 있고, 평 벨트에 비하여 운전이 조용하고 충격 완화 작용도 할 수 있다.

2 V 벨트 전동의 특성

벨트 장치의 특성은 다음과 같다.

① 속도비가 보통 7 : 1이나, 때로는 10 : 1로 크게 할 수 있다.
② 축간 거리 2~5m에서 사용이 적당하나, 수십 cm 이내에서도 효과적이다.
③ 전동 효율이 96~99%로 매우 높다.
④ 동력 전달 상태가 원활하고 정숙하며, 비충격적이다.
⑤ V 벨트가 끊어졌을 때에는 이어서 사용할 수 없다.
⑥ 초기 장력을 주기 위한 축간 거리 조정 장치가 필요하다.
⑦ 엇걸기를 할 수 없어 두 축의 회전 방향이 서로 같을 경우에만 사용할 수 있다.

(2) 로프 전동

섬유 또는 와이어 등으로 만든 로프를 그림 2-81과 같이 2개의 바퀴에 감아 이들 사이의 마찰력에 의하여 동력을 전달하는 장치를 로프 전동 장치라 하며, 이 장치에 쓰이는 바퀴를 로프 풀리(rope pulley, rope sheeve)라 한다.

로프 전동은 먼 거리와 큰 동력 전달에 경제적이며, 풀리에 홈이 패어 있어 풀리에 걸기가 용이하다.

로프 전동은 권양기, 크레인, 엘리베이터 등의 동력 전달에 쓰인다.

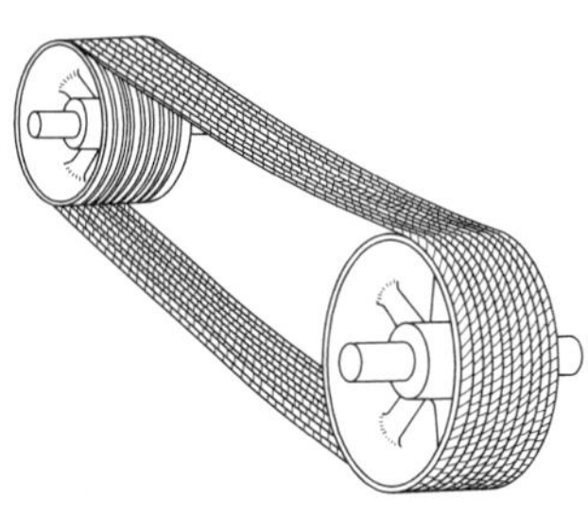

그림 2-81 로프 전동

○ 크레인에 사용한 사례

(3) 체인 전동

그림 2−82와 같이 체인(chain)을 체인 휠(chain wheel or sproket wheel)에 걸어서 동력을 전달하는 장치이며, 축간 거리가 보통 4m 이하의 경우, 회전비를 확실히 유지하려 할 때 또는 전달 동력이 클 때 사용한다.

체인에는 로울러 체인(roller chain), 사일런트 체인(silent chain), 링크 체인(link chain) 등이 있다. 그중에서 로울러 체인과 사일런트 체인은 동력 전달에, 링크 체인은 하역 기계용으로 쓰이고 있다.

1 로울러 체인

a) 체인 : 그림 2−83 (a)와 같이 강판제 링크를 2개의 핀으로 고정한 핀 링크(pin link)와 로울러를 끼운 2개의 부시로 고정한 로울러 링크(roller link)를 엇갈리게 연결하여 만든 것을 로울러 체인(roller chain)이라

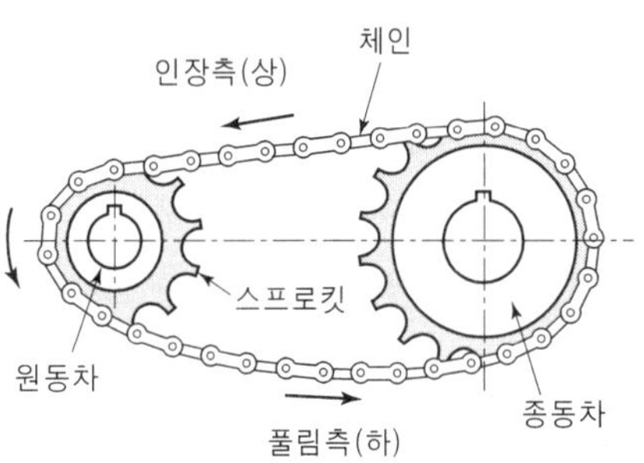

그림 2−82 체인 전동

자동차 기관의 체인 전동 사례

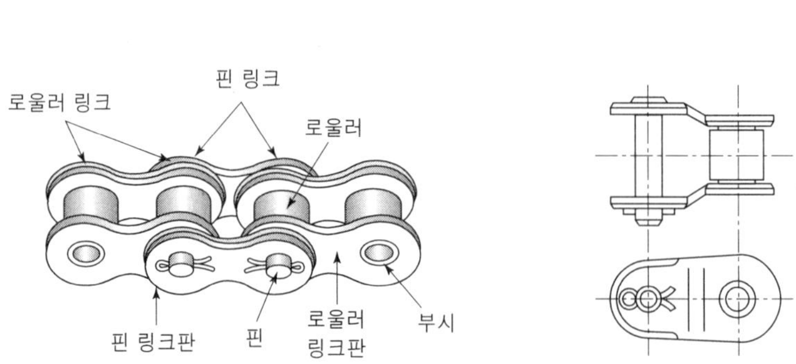

(a) 로울러 체인 (b) 오프셋 링크

그림 2−83 로울러 체인과 오프셋 링크

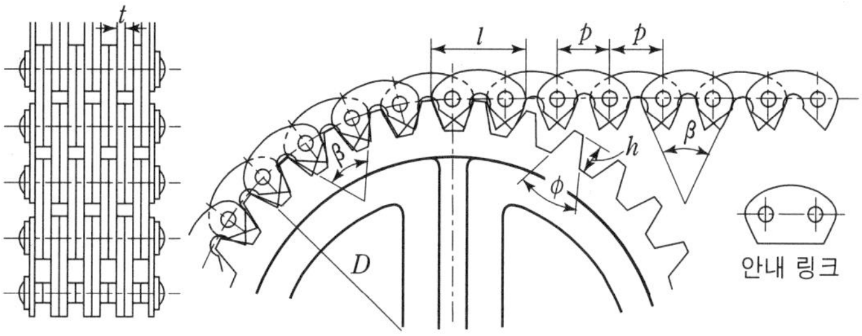

그림 2-84 사일런트 체인

한다. 링크의 수가 짝수일 때에는 그대로 이어질 수 있지만, 홀수일 때에는 그림 2-83 (b)와 같은 오프셋 링크(offset link)를 사용해야 한다. 체인의 크기는 피치로 표시하고 열 수에 의하여 1열 로울러 체인 또는 2열 로울러 체인이라고도 하며, 큰 동력 전달에는 2열, 3열로 한 다열 로울러 체인을 사용한다.

b) 체인 휠 : 체인 휠(chain wheel)은 스프로킷(sproket)이라고도 하며, 지름이 200mm로 작은 것은 연강, 지름이 200mm 이상으로 큰 것은 주철 또는 주강으로 만든다.

2 사일런트 체인

특수한 모양으로 된 링크 판(link plate)을 여러 개 겹쳐서 핀으로 연결한 것으로 체인이 옆으로 밀리는 것을 방지하기 위하여 안내 링크를 양쪽 또는 중앙에 끼운다.

그림 2-84는 사일런트 체인(silent chain)의 보기이다. 또 사일런트 체인의 링크의 수는 짝수이어야 하며, 체인 휠의 잇수는 17~70개이고, 두 축의 중심 거리는 피치의 20~30배 정도가 좋다.

4) 링크 장치

몇 개의 가늘고 긴 막대를 핀으로 결합시켜, 일정한 운동을 하도록 구성한 것을 링크 장치(link work)라고 한다. 이 기구는 간단한 장치로 복잡한 운동을 할 수 있다.

(1) 링크와 연쇄

그림 2-85와 같은 크레인은 각부분(기계 요소)이 짝을 이루고 차례로 연결되어 있다. 이와 같은 계통(系統)을 이루는 짝에 의한 연결을 연쇄(kinematic chain)라 하며,

각 부분의 기계 요소를 링크(link)라 한다.

그림 2-86 (a)는 서로 움직일 수 없으며, 그림 2-86 (b)는 어느 하나의 링크를 고정하고, 다른 하나의 링크에 일정한 운동을 시키면, 나머지 링크는 정해진 운동을 한다. 이와 같은 연쇄를 구속 연쇄(拘束連鎖)라 한다. 그림 2-86 (c)에서는 한 대의 링크에 일정한 운동을 시켜도, 다른 링크의 운동은 정해지지 않는다. 즉, 이것은 불구속 연쇄(不拘束連鎖)라 한다. 그러나 그림 2-86 (d)와 같이 링크 F를 연결하면 한정된 운동을 하는 구속 연쇄로 되돌아 갈 수 있다.

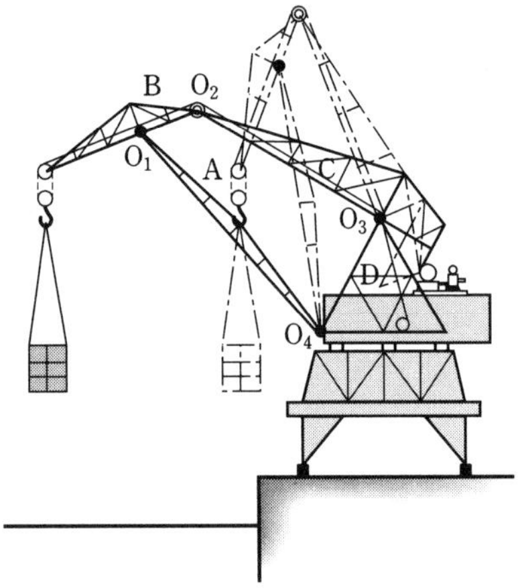

그림 2-85 크레인

(2) 원동절과 종동절

한 기구에서 다른 쪽으로 주는 링크를 원동절(原動節, driver)이라 하고, 원동절에서 운동을 전해 받는 쪽의 링크를 종동절(從動節, follower)이라 한다. 축 사이의 거리가 크거나 3개의 링크를 사용하는 경우에는 최초의 운동을 일으키는 원동절과 최후의 운동을 받는 종동절의 중간에는 매개물을 통하여 운동을 전달하여 주는데, 이것을 연결절(連結節, intermediate connector) 또는 중개절(仲介節)이라 한다.

기계는 이와 같이 운동을 전달하는 기소를 조합한 것으로 기소에는 그 주체가 되는 것과 기소를 조립하기 위한 부품 또는 부속품 등이 있다.

(3) 4절 회전 기구

그림 2-87과 같이 길이가 다른 4개의 막대, 즉 링크를 핀으로 연결한 것을 4절 회

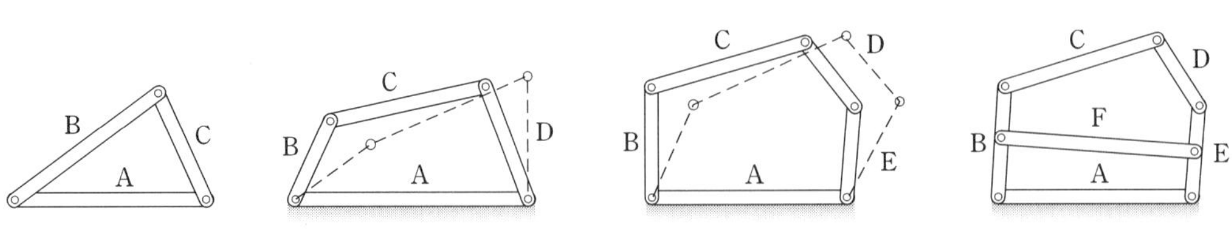

그림 2-86 연쇄

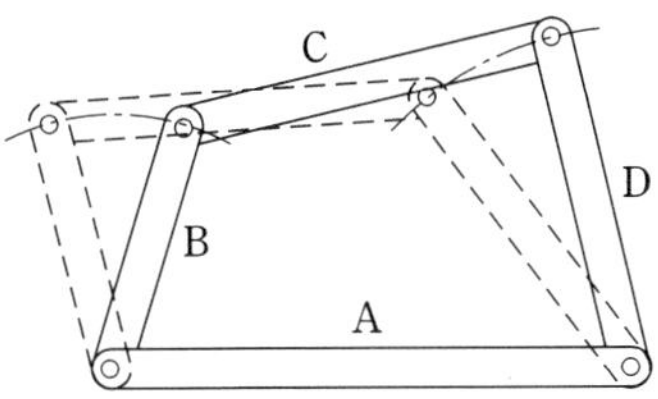

그림 2-87 4절 회전 기구

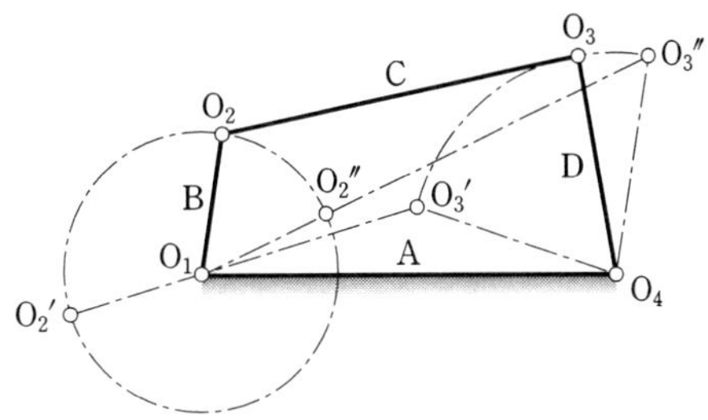

그림 2-88 지렛대 크랭크 기구

전 기구(四節回轉連鎖, quadric crank chain)라고 한다. 4절 회전 기구는 링크 장치의 기본이며, 각각 길이가 다른 4개의 링크 중 어느 링크를 고정시키는가에 따라 다른 종류의 운동을 하는 기구로 된다. 링크의 짝을 바꿈에 따라, 새로 변형된 기구를 얻을 수 있다.

1 지렛대 크랭크 기구

그림 2-88과 같이, 링크 A를 고정하고, 링크 B를 회전하면, 링크 D가 일정한 왕복 각 운동을 한다.

링크 중에서 고정 링크에 대해, 완전하게 회전하는 링크 B를 크랭크(crank)라 하며, 어느 각도 사이를 왕복 각운동하는 링크 D를 지렛대 또는 레버(lever), 이 기구를 레버 크랭크 기구(lever crank mechanism)라 한다. 또 크랭크와 레버를 연결하는 링크 C를 커넥팅 로드(連接棒, connecting rod)라 한다. 그림 2-89는 재봉틀의 링크 천평으로, 레버 크랭크 기구를 응용한 보기이다. 바늘의 움직임에 맞추어, 천평을 상하로 움직여 실을 잡아당긴다.

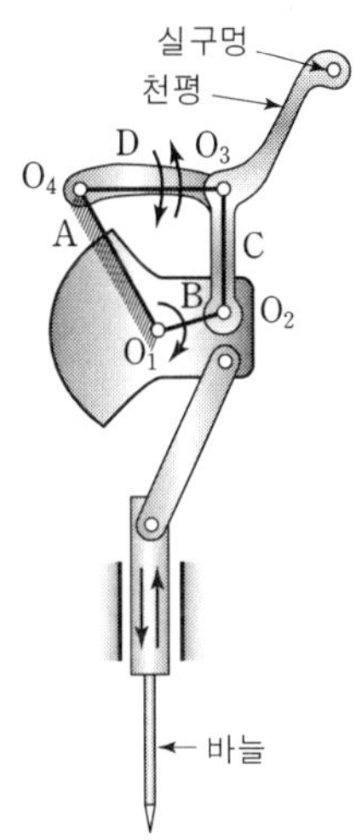

그림 2-89 재봉틀 링크 천평

2 왕복 슬라이더 크랭크 기구

지렛대 크랭크 기구이며, 지렛대 D를 변형하여 홈 속을 미끄러지면서 움직이는 슬라이더로 한 것이 그림 2-90 (a)의 왕복 슬라이더 크랭크 기구(reciprocating block slider crank mechanism)이다.

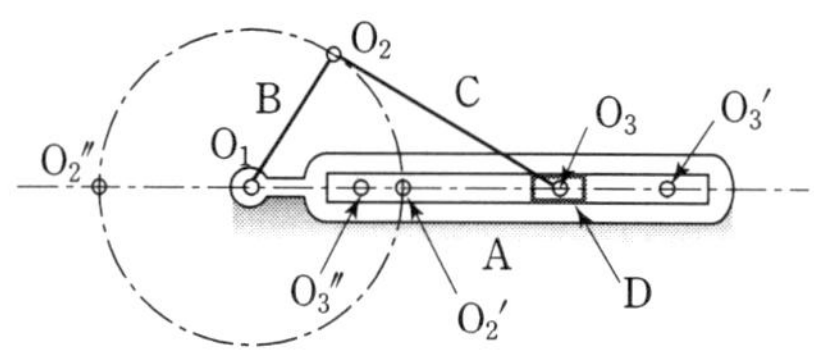

(a) 왕복 슬라이더

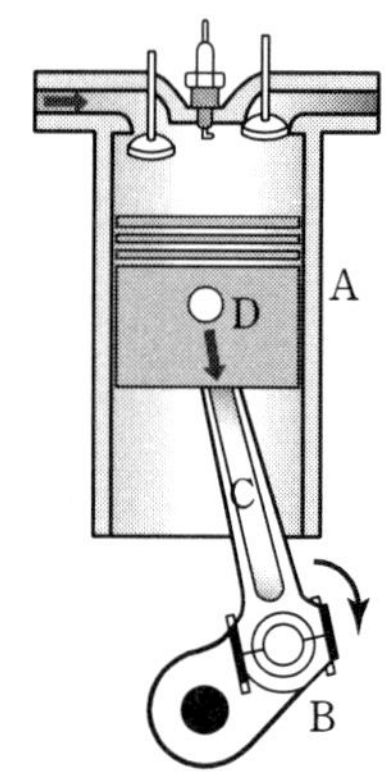

(b) 왕복 피스톤

그림 2-90 왕복 슬라이더 크랭크 기구

이 기구를 사용하면, 크랭크 B를 회전시킴으로써 슬라이더 D를 왕복시킬 수 있으며, 또 반대로 슬라이더 D를 왕복시킴으로써 크랭크 B를 회전시킬 수 있다.

이 기구에서는 슬라이더 D를 왕복시켜 크랭크 B를 회전시킬 때, 크랭크 B와 링크 C가 일직선이 되는 점 O_2'과 B, C가 겹치는 점 O_2''이 있다. 이 두 점에서는 슬라이더 D에 힘을 주어도 크랭크 B를 돌릴 수가 없다. 이와 같은 점을 사점(dead point)이라고 한다. 그림 2-90 (b)는 내연 기관의 왕복 피스톤 기구의 보기이다.

3 급속 귀환 기구

왕복 운동을 하는 부분에서는, 일을 하는 행정을 느리게 하고 돌아오는 행정을 빠르게 하여, 일의 능률을 올리고자 할 때가 있다. 이와 같은 경우에 이용하는 기구를 급속 귀환 기구(quick return motion mechanism)라고 한다.

그림 2-91 (a)는 급속 귀환 기구의 한 종류이며, 크랭크 B가 일정한 회전수로 회전하면 슬라이더 A는 홈 속을 왕복하며, 링크 D는 왕복 각운동을 한다. 이때 크랭크가 O_1에서 O_1'까지 회전할 때의 각도 α_1은 O_1'에서 O_1까지 회전할 때의 각도 α_2보다 크다. 따라서 D가 왼쪽에서 오른쪽으로 움직이는 시간은 오른쪽에서 왼쪽으로 움직이는 시간보다 길므로, 일을 할 때와 되돌아올 때의 속도가 달라진다.

그림 2-91 (b)는 이와 같은 기구를 셰이퍼(shaper)에 응용한 보기이며, S를 돌려 B의 길이를 바꾸면 D의 왕복각, 램의 행정을 조절할 수 있다.

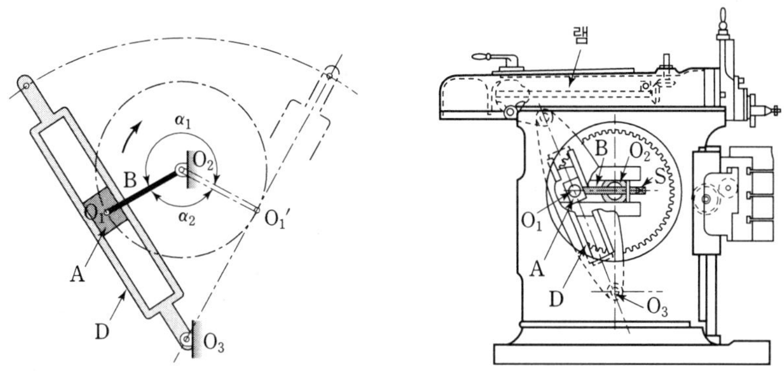

(a) (b)

그림 2-91 셰이퍼의 급속 귀환 기구

5) 캠 장치

특수한 모양의 원동절을 종동절에 직접 접촉시켜, 종동절에 필요한 주기적 운동을 시키는 기구를 캠 장치라 하며, 특수한 모양의 원동절을 캠(cam)이라 한다. 캠 장치의 구조는 간단하나 복잡한 운동을 쉽게 실현할 수 있어, 내연 기관의 밸브 개폐 기구나 공작 기계, 인쇄 기계, 자동 기계 등의 운동 변환 기구에 사용되고 있다.

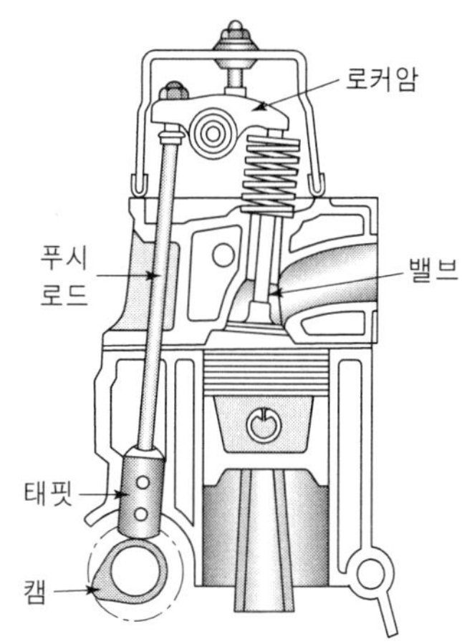

가솔린 기관의 밸브 개폐 기구

(1) 평면 캠과 확동 캠

1 평면 캠

종동절의 운동에 적응하는 윤곽을 가진 회전판을 캠으로 한 것을 판 캠이라 하며, 평면 캠 중에 가장 많이 사용된다.

그림 2-92 (a)의 캠 C는 특수한 모양을 가진 판재이며, 이것이 회전하면 종동절 F를 상하 운동시킨다. 이것을 판 캠(plate cam)이라 한다. 그림 2-92 (a)에서 C와 F의 끝이 미끄러지면서 운동을 전달하게 되므로, 접촉면의 마찰이 커서 마멸이 쉽다. 이 결점을 줄이기 위해서 그림 2-92 (b)와 같이 F의 끝에 롤을 부착하는 경우가 있다.

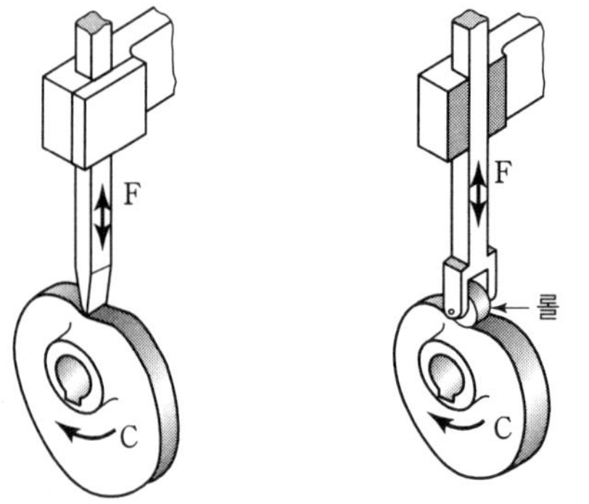

(a) 판 캠 (b) 롤 판 캠

그림 2-92 판 캠

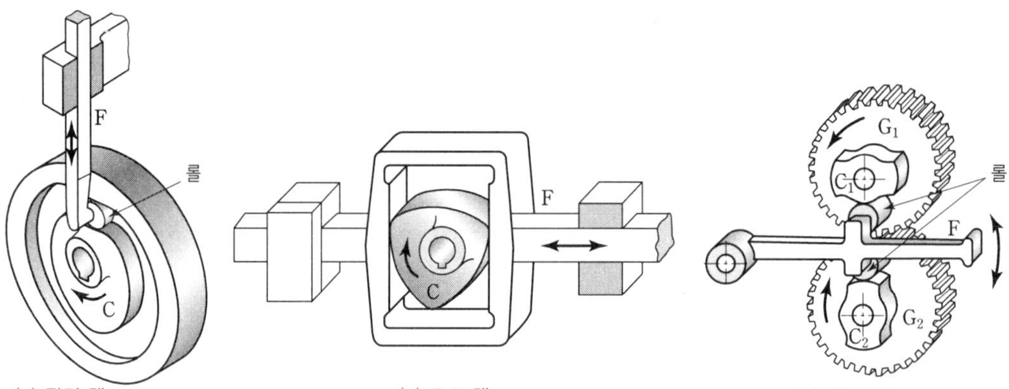

(a) 정면 캠 (b) 요크 캠 (c) 확동 캠

그림 2-93 확동 캠

그림 2-92 (a), (b)에서는 C의 회전이 빠르면 F가 C의 접촉면에서 떨어지는 경우가 있다. 이것을 방지하기 위해 스프링으로 F를 C의 접촉면에 밀어준다.

2 확동 캠

그림 2-93 (a)와 같이 캠의 측면에 홈을 만들어, 종절의 작동이 구속되도록 한다. 이러한 캠을 확동(確動) 캠(positie motion cam)이라 한다.

확동 캠에는 그림 2-93 (b)와 같이 원동절인 3각캠 C가 틀모양의 멍에를 종동절로 하고 있어, 캠 C가 회전하여도 종동절과의 틈새가 없도록 한 캠으로, 이를 요크 캠(yoke cam)이라고 한다. 그림 2-93 (c)는 확동 캠의 보기이다.

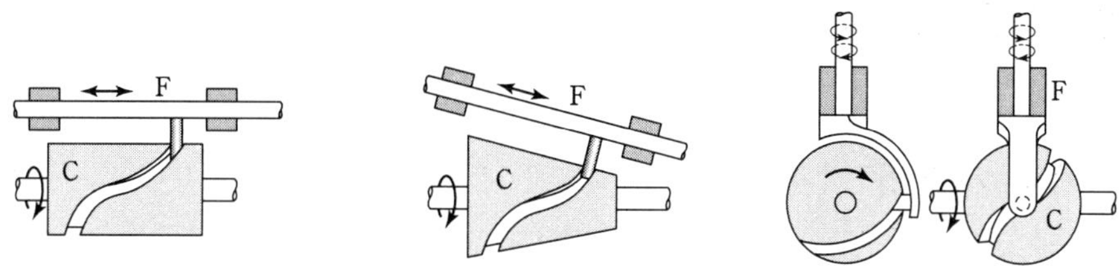

(a) 원통 캠 (b) 원추 캠 (c) 구면 캠

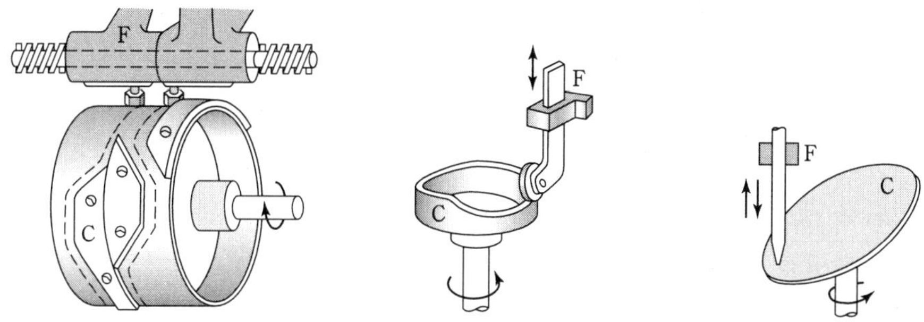

(d) 캠 편이 교환되는 원통 캠 (e) 엔드 캠 (f) 사판 캠

그림 2-94 입체 캠

(2) 입체 캠

입체 캠에는 그림 2-94와 같이 원통면, 원추면, 구면, 즉 이들 회전체의 표면에 홈을 만들고, 이 홈에 종동철의 일부분이 연결되어 운동을 전달하는 경우가 많다.

그림 2-94 (a), (b), (c)는 확동 원통 캠, 원추 캠 및 구면 캠에 해당된다. 또 그림 2-94 (d)와 같이 원통면에 캠 편(片)을 볼트로 조립한 원통 캠은 종절의 형태나 기능을 변경할 수 있으므로, 공작 기계나 각종 자동 기계에 사용되고 있다. 그림 2-94 (e)의 엔드 캠(end cam)은 캠 홈 대신에 회전체의 끝면을 성형한 것이다. 그림 2-94 (f)는 회전축에 원판을 일정각 기울여 고정한 사판(斜板) 캠의 보기이다. 이것은 축의 회전에 따라, 종절 F가 왕복 직선 운동을 한다. 또 사판의 각도를 변경시킴으로써 행정 길이를 변화시킬 수 있는 캠이다.

2.2 기계 재료

1. 기계 재료의 기초

기계 재료는 각종 기계와 구조물의 구성 재료로서 기능을 충분히 발휘할 수 있는 특성뿐 아니라 요구되는 모양과 치수로 공작하기 위한 가공성과 제품의 생산가와 관련되는 경제성을 갖고 있어야 한다. 현대 산업 발전의 근간을 이루고 있는 현대화된 기계 공업은 전자 기술의 급속한 발전에 따라 기계에 의한 제조 공업이 더욱 발달되면서 기계 부품의 소형 정밀화, 공작 기계 및 생산 설비의 자동화, 로봇을 이용한 생산의 무인화로 생산 체제가 크게 달라지면서 공장 자동화가 보편화되고, 이에 따른 기계 재료의 중요성이 더욱 높아지고 있다.

앞으로는 새로운 기계 개발에 부합되는 특성과 성질을 가지는 새로운 재료가 요구되면서 기계 재료에 대한 중요성이 더욱 강조되고 있다.

1) 기계 재료의 성질과 분류

(1) 기계 재료에 필요한 성질

기계 재료는 기계나 구조물을 구성하고 있는 본체와 요소 부품으로 사용되므로, 기계나 구조물로서의 기능을 발휘할 수 있는 강도와 물리적 화학적 성질 등이 있어야 하고, 여기에 바라는 모양과 치수로 가공하는 데 필요한 가공성 그리고 대량 생산 방식에 적합한 균질성과 경제성도 있어야 한다.

기계 재료가 갖추어야 할 일반적인 성질은 다음과 같다.

① 주조, 소성, 절삭성 등이 양호해야 한다.
② 열처리성이 우수하며 표면 처리성이 좋아야 한다.
③ 기계적 성질, 화학적 성질이 우수하고 경량화가 가능해야 한다.
④ 재료의 보급과 대량 생산이 가능하며, 제품값과 관련한 경제성이 있어야 한다.

표 2-5는 여러 가지 기계 재료가 사용 상태에서 필요로 하는 성질을 요약한 것이고, 표 2-6은 제조 가공에 관한 재료의 성질을 나타낸 것이다.

그리고 표 2-7은 기계 재료에 대한 기계적 성질 외에 여러 가지의 시험 및 검사법과 관련되는 성질을 나타낸 것이다.

표 2-5 사용 상태에 따른 기계 재료의 성질

사용 조건	성질	종류
1. 외력	기계적 성질 또는 강도	탄성률, 정적 강도, 충격 강도, 경도, 내구 강도
2. 마찰, 마멸	내마멸성	내마멸 조건, 경도를 내마멸성에 관련시킨 경우
3. 부식	내식성	내습성, 내후성(내열성과의 관계)
4. 변질	안전성	열, 방사선 기타

注 재료가 사용될 때의 성능에 관한 성질

표 2-6 제조, 가공에 관한 기계 재료의 성질

가공 종류	성 질	관계 성질 또는 현상
1. 주조	주조성	융점, 응고의 온도 범위, 유동성, 부피 변화, 가스 흡수량, 화학 반응성 등
2. 소성 가공	열간 가공성	고온 강도, 고온 연성, 재결정, 조직 변화
	냉간 가공성	강도, 가공 경화, 연성
3. 용접	용접성	고온 강도, 열연성, 합금화 주조성과 유사
4. 절삭 가공	피삭성	전단 강도, 경도, 마찰, 내마멸성, 열전도율
5. 열처리	열처리성	조직 변화, 금속학적 변화, 내열성, 고온 강도

注 금속 재료를 주 대상

표 2-7 기계 재료의 시험 및 검사법과 관련되는 성질

시험, 검사법	종류	관련 성질, 물리 현상
1. 열분석	냉각 곡선	
	열팽창 시험	융점, 변태점, 비열, 변태열
	열 측정	열팽창률 등
2. 조직 시험	현미경 조직	금속 조직
	전자 현미경 관찰	전자선 투과성(박막), 격자 결함
3. 미세 구조의 측정	X선 결정 해석	결정면의 X선, 전자선의 반사 · 회절
	전자선 결정 해석	
4. 기기 분석	분광 분석, 형광 X선 분석, EPMA[a]	광학 스펙트럼, 특성 X선
5. 화학 분석	화학 분석	화학적 성질 및 반응
6. 비파괴 검사	초음파 탐상	초음파의 반사 · 지향성 · 감쇠
	자기 탐상	자성 · 자기 결함
	방사선 탐상	방사선 투과성, 밀도
	염색, 형광 탐상	부착력, 표면 장력

[a] Electron Prove Micro Analyser

(2) 재료의 경량화와 외관성

1 경량화

양질의 재료를 사용하여 기계나 장비의 크기와 무게를 줄여나가고 있다.
재료의 경량화 조건으로는 다음과 같은 사항을 들 수 있다.

① 비중이 적은 재료를 사용한다.
② 구조를 되도록 간단하게 하여 사용 재료를 감소시킨다.
③ 두께가 얇아도 성능이 좋은 재료를 사용한다.

Al은 비중이 2.71로, 철의 1/3에 불과하고 여러 가지의 가공법을 선택할 수 있고, 특히 재활용성이 우수하다. 이에 따라 자동차를 경량화하는 데 알루미늄이 철강의 대체 재료로 상용되고 있는데 주로 피스톤, 실린더 헤드, 매니폴드 등의 엔진 부품과 열교환기, 타이어 휠 및 관련 부품으로 많이 사용되고 있다.

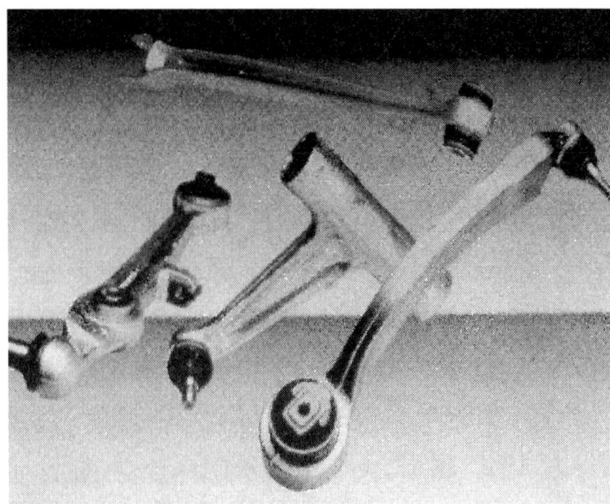

알루미늄으로 대치되고 있는 자동차의 조향 기구 부품

Mg은 비중이 1.74%로, 알루미늄의 2/3이며 경량화가 가능한 재료이다. 특히 플라스틱은 경량화 재료로 그 사용이 증가하고 있다. 이 밖에도 제한적이나마 Ti 합금이 경량화 재료로 사용된다. Ti은 비중이 4.54로 알루미늄에 비하면 크지만 비강도(引張强度/比重)가 높고, 고온에도 잘 견딘다. 따라서 마하 3 이상의 초음속 비행기에서는 알루미늄 합금보다 고온 강도가 높은 Ti 합금이 외판 또는 강도가 요구되는 기체 구조용 부품 재료로 사용되고 있다.

2 외관성 및 경제성

제품 수명이 짧아지고 소비자의 다양한 요구에 따른 다품종 소량 생산 체제에 부응하기 위해서는 설계할 때 디자인에 큰 비중을 두고 대응하여야 하는데, 이를 위해서는 제품의 외관성을 중요하게 생각해야 한다. 특히 아름다운 외관이 중요시되는 자동차, 냉장고, TV, 가전 제품 등은 새로운 디자인에 알맞는 재료를 선택하여야 한다.

특히 플라스틱은 자동차의 경량화 재료뿐 아니라 고의장화(高意匠化), 방청성(防錆性) 및 성형성(成形性)이 우수하여 자동차의 외판, 범퍼, 엔진 부품, 연료 탱크 등의 재료로 사용되고 있다. 이 밖에도 기계 재료는 인성, 내마멸성 및 내피로성이 큰 재료를 사용하여 굽힘, 균열 및 파괴 등으로부터 안전하여야 한다. 그리고 구하기 쉽고 값이 싸며 가공성이 좋고 균질이며 대량 생산함으로써 생산 단가를 낮출 수 있는 경제적인 재료를 선택하여야 한다.

(3) 기계 재료의 분류와 선정

1 기계 재료의 분류

금속 재료는 주로 기계의 구성 재료로 쓰이는데, 요구되는 모든 조건을 만족시키지 못하는 경우도 있어, 열을 받는 부분이나 단열 부분 및 전기 절연 부분에는 비금속 재료를 사용할 때가 많다. 최근 화학 공업의 발달과 더불어 강도와 내구성에 있어 금속 재료와 대등한 성질을 가진 플라스틱과 같은 비금속 재료가 개발되어, 내식성과 조형성이 요구되는 부품에 이들 재료가 많이 쓰이고 있다.

기계 공업에 쓰이는 비금속 재료에는 기계나 설비의 기초용 재료, 연삭용 재료, 합성 수지, 윤활 재료, 고무, 유리, 가죽, 페인트 및 접착제 등이 있다.

또한 지금까지 사용하던 재료보다 우수한 특성과 고도의 기능을 가진 새로운 재료인 신소재가 있다. 실용화되고 있는 신소재로는 형상 기억 합금, 초전도 합금, 초내열 합금, 파인세라믹, 복합 재료, 제진 합금(制振合金) 등이 있다.

그림 2-95는 기계 재료를 재질에 따라 분류한 일반적인 보기이다.

2 기계 재료의 선정

기계 재료 선정에 대한 일반적인 요구 조건을 충족시키기 위해서는 다음과 같은 사항들을 사전에 검토하여 선정 조건에 반영하여야 한다.

① 각 기계 부품에 요구되는 기능을 충분히 분석하여, 하중의 종류와 크기 등의 부하 조건으로부터 강도나 그 밖의 기계적 성질을 검토한다.

② 각 부품의 사용 조건이나 사용 환경에 따른 내마멸성, 내식성, 내열성 등을 검토한다.

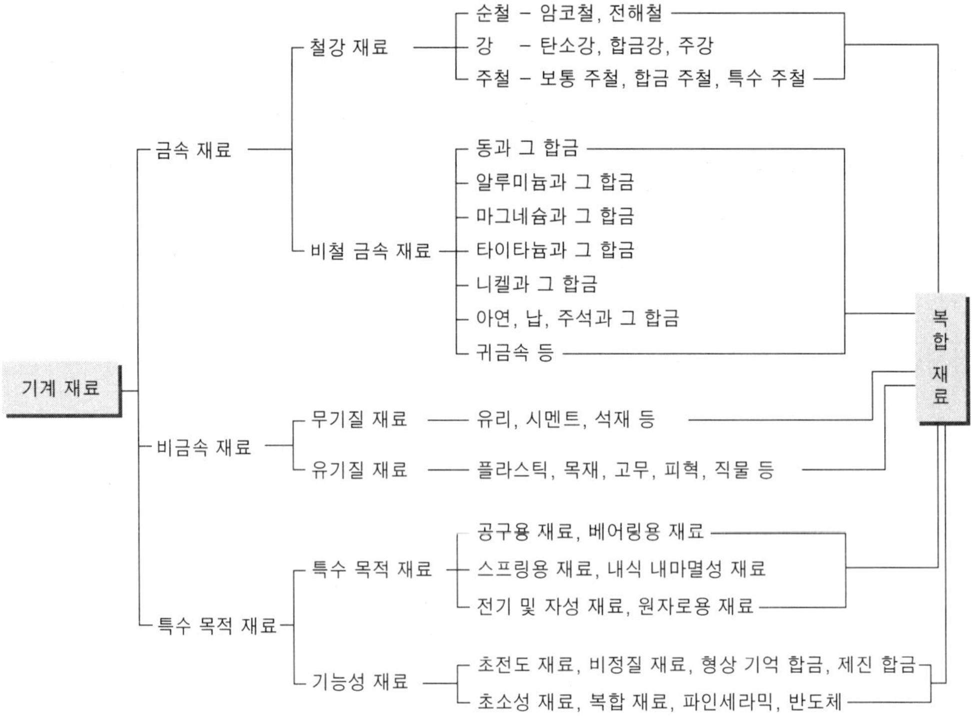

그림 2-95 기계 재료의 분류의 보기

③ 요구하는 모양과 치수로 소재를 가공하는 데 필요한 주조성, 소성 가공성, 용접성, 절삭성 등을 검토한다.

④ 소재의 가격과 구입의 용이성 등 경제성을 조사 검토한다.

2) 금속 재료의 가공과 성질

(1) 가공 경화와 회복

1 가공 경화

금속을 소성 가공하면 소성 기구에 대한 저항이 전체적으로 일어나면서 소성 변형이 생긴 금속 재료는 변형 저항이 증가하기 때문에 가공 경화(加工硬化, work hardening)가 일어난다. 금속은 냉간 가공을 계속하면 가공 경화가 일어나서 더 이상의 냉간 가공이 불가능해진다.

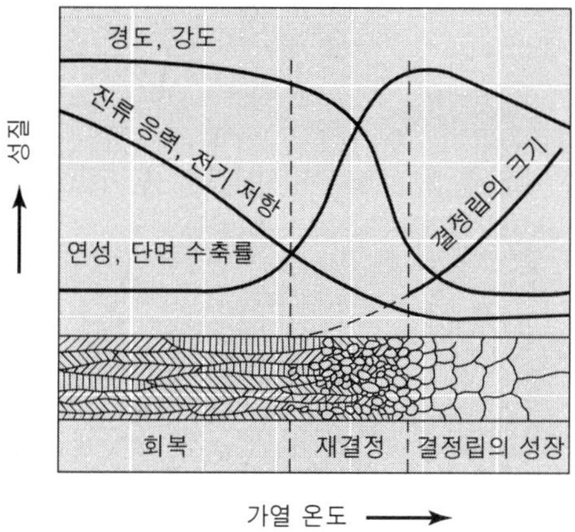

그림 2-96 냉간 가공한 금속의 풀림에 의한 성질의 변화

2 회복

경화된 금속을 다시 일정한 온도 이상으로 가열하면 그림 2-96과 같이 가공에 의하여 증가되었던 강도와 경도 등이 급격히 저하되고, 반대로 연성이 급격하게 회복되어 냉간 가공하기 쉬운 상태로 된다.

일반적으로 가공한 재료를 고온으로 가열하면, 내부 응력의 제거, 연화, 재결정, 결정 입자의 성장과 같은 네 가지 현상이 일어난다. 특히 연화 현상은 재결정 이전의 것과 재결정에 직접 관계되어 일어나는 것으로 구분하는데, 앞의 현상을 회복(回復, recovery)이라 한다.

금속의 회복은 냉간 가공으로 금속이 받은 물리적, 기계적 성질의 변화를 비교적 낮은 온도 범위에서 가열하여 가공 전의 결정립의 모양이나 결정의 방향에 변화를 일으키지 않고 물리적, 기계적 성질만을 변화하는 회복 과정이다.

3 재결정과 결정립의 성장

가공 경화된 금속 재료를 가열하면 그 내부에 새로운 결정립의 핵이 생기고 이것이 성장하여 전체가 변형이 없는 결정립으로 치환되어 다시 연화되는데, 이 과정을 재결정(再結晶, recrystallization)이라 한다.

냉간 가공으로 변형이 생긴 결정립이 재결정에 의해 전부 치환(置換)된 후에도 다시 풀림을 계속하면 결정립의 모양이나 크기에 변화가 생기는데 이것을 결정립 성장(結晶粒成長, grain growth)이라 한다.

그림 2-97은 암코철(Armco iron)의 재결정 정도를 나타낸 것으로, 여기서는 상온

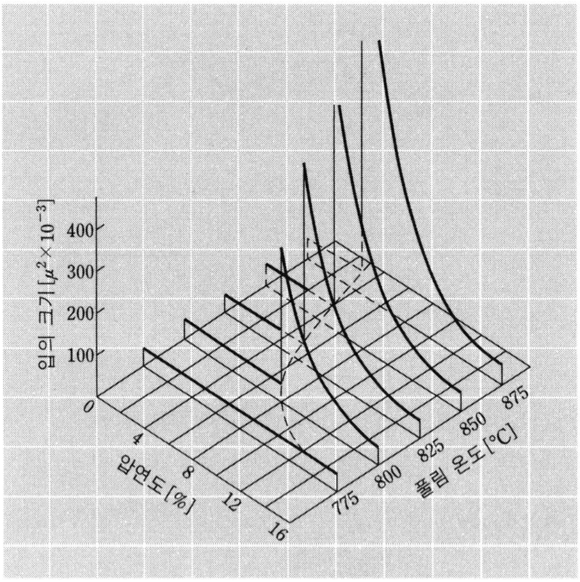

그림 2-97 암코철의 재결정도

에서 가공도를 달리한 시료를 각 온도에서 3시간 풀림한 경우에, 결정립의 크기를 압연도(가공도)와 온도와의 관계에서 나타낸 것이다.

(2) 금속의 성질

금속의 일반적인 특성은 다음과 같이 요약할 수 있다.

① 상온에서 고체이며 결정체이다(수은은 제외).
② 전성과 연성이 풍부하다.
③ 전기 및 열의 양도체이다.
④ 여러 가지의 금속 광택을 갖는다.

금속은 이상과 같은 성질을 갖고 있으므로 기계 재료의 대부분을 차지하고 있다. 또한 순 금속과 합금은 각 금속에 따른 특성을 갖고 있으며, 같은 조성이라도 주조, 압연, 단조 등의 가공 방법이나 열처리 방법에 따라 성질이 달라질 수도 있다.

1 금속의 물리적 성질

● 금속 및 합금의 색

금속의 색은 연마한 금속 표면에 백색 광선을 비추었을 때의 색으로, 동이 나타내는 적동색(赤銅色)이나 금의 황동색(黃銅色)과 같은 특수한 색 외에는 백색 금속 광택 계통(白色金屬光澤系統)이 일반적이다.

합금은 성분 금속의 어느 한쪽과 유사하나 그들의 중간색을 띠게 된다. 그러나 금속간 화합물에는 특별한 색을 갖고 있는 것도 있다.

비중, 용융 온도 및 용융 잠열

a) 비중 : 4℃의 물의 무게와 똑같은 부피를 가진 어떤 물체의 무게와의 비를 비중(比重, specific gravity)이라 한다. 순 금속의 비중은 Li의 0.53에서 Ir의 22.5 또는 Os의 22.57 사이에 있다. 그러나 온도 및 가공 방법에 따라 다소 변화한다. 예를 들면, 단조, 압연, 인발 등의 가공품은 표준값보다 커지고, 주조품은 적어진다. 또한 상온 가공한 금속 재료는 고온 가공 후에 풀림 처리한 것에 비해 적다. 합금의 비중은 성분 금속의 중량 비율로 산출한 값과 거의 일치한다.

b) 용융 온도 : 금속을 가열하면 녹아서 액체가 된다. 이때의 온도를 용융 온도(熔融溫度, melting temperature) 또는 용융점(熔融點, melting point)이라 한다. 이와는 반대로, 액체 상태의 금속을 냉각시키면 원래의 고체로 되돌아간다. 같은 금속에서는 용융 온도와 응고 온도는 같으며, 전체가 완전히 용해(또는 응고)될 때까지 항상 같은 온도를 유지한다.

Hg를 제외한 순 금속은 W의 3410℃에서 Sn의 232℃의 사이에 있으며, V의 1900℃, Cr의 1875℃, Pt의 1769℃, Fe의 1534℃ 등이 높은 금속에 속하고, Pb의 327℃, Bi의 271℃ 등이 낮은 금속에 속한다.

Hg는 −38.36℃로, 상온에서는 액체 상태인 특수한 경우이다. 합금의 용융 온도는 합금 금속 중에서 높은 성분 금속보다 낮으며, 평균값보다 낮은 경우가 많다.

비열, 열팽창 계수 및 열전도도

a) 비열 : 비열(比熱, specific heat)이란, 특정 물체와 동량의 물을 각각 1℃ 상승시키는 데 필요한 열량의 비를 말한다. 즉, 물질 1g의 온도를 1℃만큼 높이는 데 필요한 열량[cal]을 비열이라 하며, 단위는 cal/g · ℃로 나타낸다. 따라서 무게 M[g]의 금속체 온도를 t[℃]만큼 높이는 데 필요한 열량 H는 다음과 같다.

$$H = h \times M \times t \text{[cal]} \qquad (2-11)$$

여기서 h : 비열

b) 열팽창 계수 : 물체의 온도가 1℃ 상승하였을 경우, 증가한 물체의 치수와 팽창

하기 전의 치수와의 비를 열팽창 계수(熱膨脹係數, coefficient of thermal expansion)라 한다. 이 계수에는 길이와 부피의 2가지가 있는데, 길이의 경우를 선팽창 계수(線膨脹係數, coefficient of linear expansion)라 하고, 부피의 경우를 부피 팽창 계수(體膨脹係數, coefficient of volume expansion)라 한다. 일반적으로 선팽창 계수가 많이 사용되며, 이를 열팽창 계수라고 한다. 금속의 선팽창 계수는 각 온도에 따라 값이 다르며 보통 20~40℃를 평균값으로 표시한다. 일반 금속 중에서 열팽창 계수가 큰 것은 Zn, Pb, Mg 등이고, 작은 것은 W, Mo 등으로 대체적으로 Sn을 제외하면 용융 온도의 순위와 일치한다.

c) **열전도도** : 물체 내의 분자로부터 다른 분자로 열 에너지가 이동하는 것, 즉 물체 내의 한쪽에서 다른 쪽으로의 열의 이동을 열전도(熱傳導, heat conduction)라 하며, 그 이동의 정도를 열전도도(熱傳導度, thermal conductivity) 또는 열전도율(熱傳導率)이라 한다. 열전도율은 거리 1cm에 대해 1℃의 온도차가 있을 때, $1cm^2$의 단면적을 1초 동안에 전달하는 열량을 말하며, 단위는 kcal/m · h℃와 cal/cm · s℃로 나타낸다. 금속은 일반 재료에 비해 열의 양도체(良導體)로, 열전도도는 순수할수록 양호하며, 불순물이 많을수록 나빠진다. 금속 중에서 열전도도가 좋은 것은 Ag이며, 다음이 Cu, Au, Al 순이다. 열전도도를 이용하는 공업 재료에는 Cu와 Al이 가장 많다.

전기 전도도와 열기전력

a) 전기 전도도 : 금속 결정은 많은 전도 전자를 가지고 있으며, 다른 일반 재료에는 없는 금속 특유의 성질로서 전기의 전도(傳導)가 있다. 전도의 정도를 전기 전도도(電氣傳導度, electric conductivity) 또는 전기 전도율(電氣傳導率)이라 한다. 금속은 전기의 양도체이므로 전기 저항이 적다. 전기 전도도는 순수한 금속일수록 좋으며, 불순물이 함유되면 나빠지고, 합금은 성분 금속보다 좋지 못하다.

b) **열기전력** : 2개의 서로 다른 금속의 양 끝을 그림 2-98 (a)와 같이 접합하고, 각각의 접점 T_1, T_2를 온도의 차가 있는 곳에 놓으면 양 접점 사이에 전위차가 생겨 전류가 흐른다. 이 전류를 열전류라 하며, 발생된 전위차를 열기전력(熱起電力, thermoelectromotive force)이라 한다. 그림 2-98 (b)는 열기전력을 이용한 열전대의 보기이다.

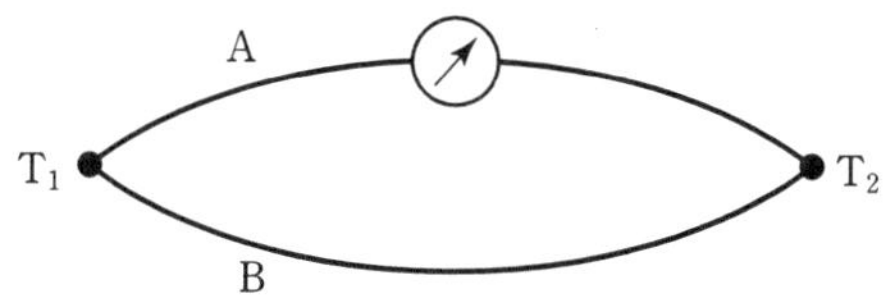

(a) 열전대의 원리

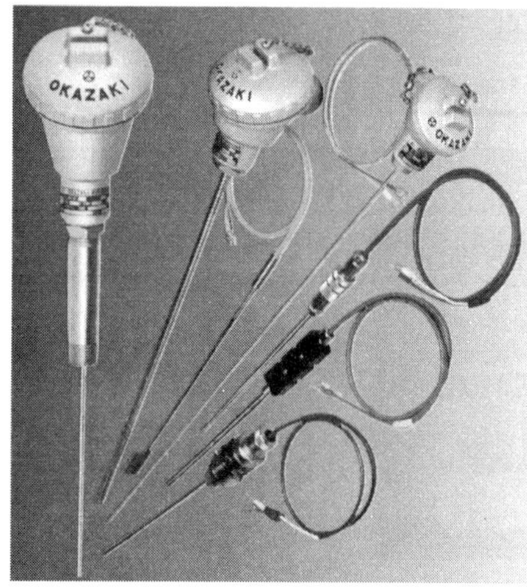

(b) 열전대의 종류

그림 2-98 기전력과 열전대의 종류

2 금속의 화학적 성질

금속 재료의 용도가 다양해짐에 따라 금속의 화학적 성질이 물리적 성질과 기계적 성질 못지않게 중요시되고 있다. 금속의 화학적 성질 중에서 실제로 문제가 되는 것은 부식을 들 수 있다.

금속의 부식

금속은 접하고 있는 주위 환경, 즉 화학적이거나 전기 화학적인 작용에 의해서 비금속성 화합물을 만들어 점진적으로 소실되어 가는데, 이 현상을 부식(腐蝕, corrosion)이라 한다. 금속은 수분의 작용이 없는 200℃ 이하의 조건에서는 부식이 일어나지 않는다.

내식성

금속 재료의 부식에 대한 저항력을 내식성(耐蝕性, corrosion resistance)이라 하며, 그 정도는 금속의 조성과 조직에 따라, 또는 물이나 산, 알칼리, 염류 등의 종류, 농도, 온도 및 그 밖의 상태에 따라 달라진다.

2. 금속 재료 시험

재료 시험은 넓은 의미에서 재료의 기계적 성질, 물리적 성질, 화학적 성질 등의 시험을 의미하나, 공업 재료에 있어서는 일반적으로 기계적 성질과 조직 검사 등이 주가 된다.

1) 기계적 성질 시험

기계적 성질을 구하기 위한 시험을 보통 재료 시험이라 하는데, 재료 시험을 공업적인 목적으로 시행하기 위해서 표준화된 시험법을 적용하고 있다.

(1) 인장 강도 시험

인장 시험은 기계적 시험 중에서 가장 기본이 되며 그 규격은 KS B 0801 및 KS B 0802로 정하고 있다. 인장 시험에서는 인장 강도, 연신율, 단면 수축률 등이 있으며 이 밖에도 항복점, 비례 한도, 탄성 한도, 내력, 응력 변형 곡선을 구할 수 있다.

규정대로 가공된 시험편을 인장 시험기에 설치한 후 천천히 인장력을 증가시키면서 하중에 따라 변하는 시험편의 연신율을 기록하면 그림 2−99 (a)와 같은 응력−변형률 곡선(stress-strain diagram)을 얻을 수 있다. 이 곡선을 일명 하중−연율 곡선(load-deformation diagram)이라고도 한다.

① 인장 강도

그림 2−99에서 하중−연율 곡선의 경우, 응력이 최고값에 달하는 응력을 인장 강도(引張强度, tensile strength)[2] 또는 항장력(抗張力, ultimate strength)이라 한다.

인장 강도는 그림 2−99 (a)의 곡선 ①에서 점 M에 해당하는 최대 하중 P_{max}를 시험편의 원단면적 A_0로 나눈 값을 σ_B라 하며 다음 식과 같다.

$$\sigma_B = \frac{P_{max}}{A_0} \text{ [N/mm}^2 \text{ 또는 MPa]}^{3)} \qquad (2-12)$$

[2] 인장 강도 : 일반적으로 σ_B로 표시하는데, 첨자 B는 독어의 항장력(bruchfestigkeit)의 뜻이다.

[3] $MP_a = 1N/mm^2 (1kgf/mm^2 = 9.8MPa)$

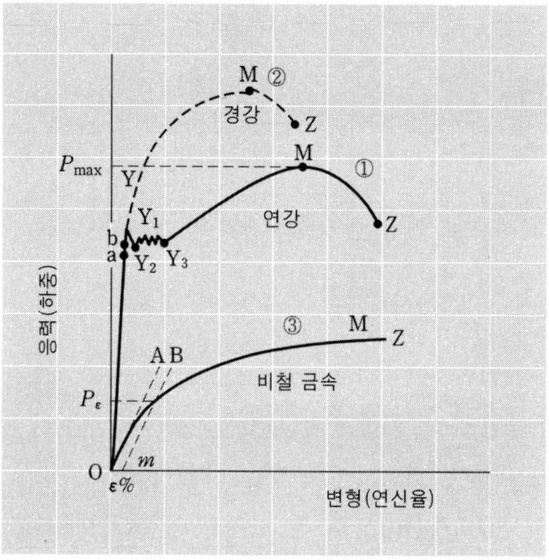

(a) 응력-변형률 곡선

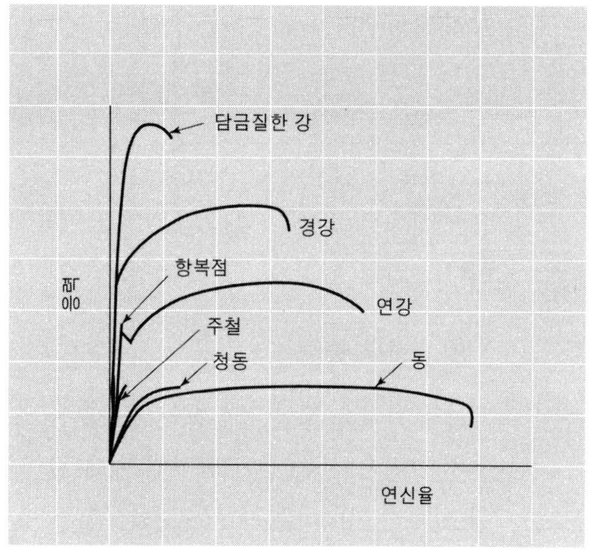

(b) 여러 가지 재료의 응력-연신율 곡선

그림 2-99 인장 시험의 응력-변형 곡선

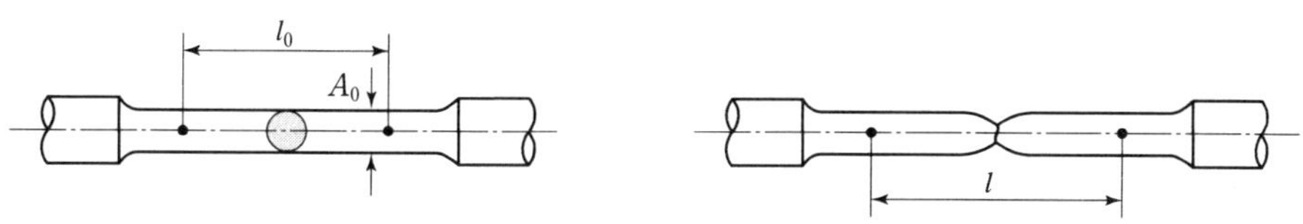

(a) 변형 전 (b) 시험 후

그림 2-100 시험편의 변형

또한 응력-연신율 곡선에서 최대 하중점 M까지는 대략 균일하게 늘어나지만, 점 M을 지나면 시험편의 단면이 급속히 줄어들어 점 Z에서 파괴된다. 그림 2-99 (b)는 여러 가지 재료에 대한 응력-연신율 곡선의 보기를 비교한 것이다.

2 연신율

연강의 경우 인장 시험으로 파단된 시험편은 시험 전의 시험편에 비해 표점 거리가 길다. 이것은 인장 시험 과정에서 표점 거리 사이가 늘어나서이다. 따라서 그림 2-100 (b)와 같이 시험편이 절단된 후에 다시 접촉시키고, 이때의 표점 거리를 측정한 값 l[mm]과 시험 전의 표점 거리 l_0[mm]와의 차이를 l_0로 나눈 값을 백분율 [%]로 표시한다. 이것을 연신율(延伸律, elongation ratio) δ[%]라 하며 다음 식과 같이 나타낸다.

$$\delta = \frac{l - l_0}{l_0} \times 100[\%] \tag{2-13}$$

연신율은 연성이 큰 재료일수록 그 값이 크다. 따라서 연신율은 기계 재료의 연성을 나타내는 척도로 널리 이용되고 있다. 대체적으로 연강은 50%, 경강은 25% 정도이다.

3 단면 수축률

인장 시험을 행한 시험편의 절단부는 국부 단면 수축(局部斷面收縮)을 일으켜 전단부의 단면은 시험 전의 단면에 비해 감소하는 경향이 있다. 이와 같은 시험편 절단부의 단면적 A[mm^2]와 시험 전 시험편의 원단면적 A_0[mm^2]와의 차이를 A_0으로 나눈 값을 %로 표시한 값을 단면 수축률(斷面收縮率, reduction of area)이라 하며 다음 식과 같다.

$$\phi = \frac{A_0 - A}{A_0} \times 100[\%] \tag{2-14}$$

4 시험기와 시험편

만능 재료 시험기

인장 시험에는 만능 재료 시험기(萬能材料試驗機, universal testing machine)가 사용되는데, 부속 장치를 사용하면 인장 시험 외에도 항절 시험, 압축 시험, 굽힘 시험 등을 할 수 있다. 만능 시험기는 부하를 전달하는 방식에 따라 기계식과 유압식이 있다. 최근에는 그림 2-101과 같이 컴퓨터를 도입한 컴퓨터식 만능 재료 시험기(Computer Type Univers Testing machine)가 사용되고 있다.

시험편 규격

인장 시험편(試驗片)의 규격은 KS B 0801로 규정하고 있으며 시험하려는 재료 모양이나 재질에 따라 환봉상 또는 판상 등의 모양에 따라 치수가 정해져 있다.

(2) 경도 시험

기계 재료의 경도(hardness)는 외력에 대한 단단한 정도를 나타내는 척도로서 인장 강도와 함께 널리 사용된다. 경도 시험은 간단하고 단시간 내에 측정과 동시에 결과

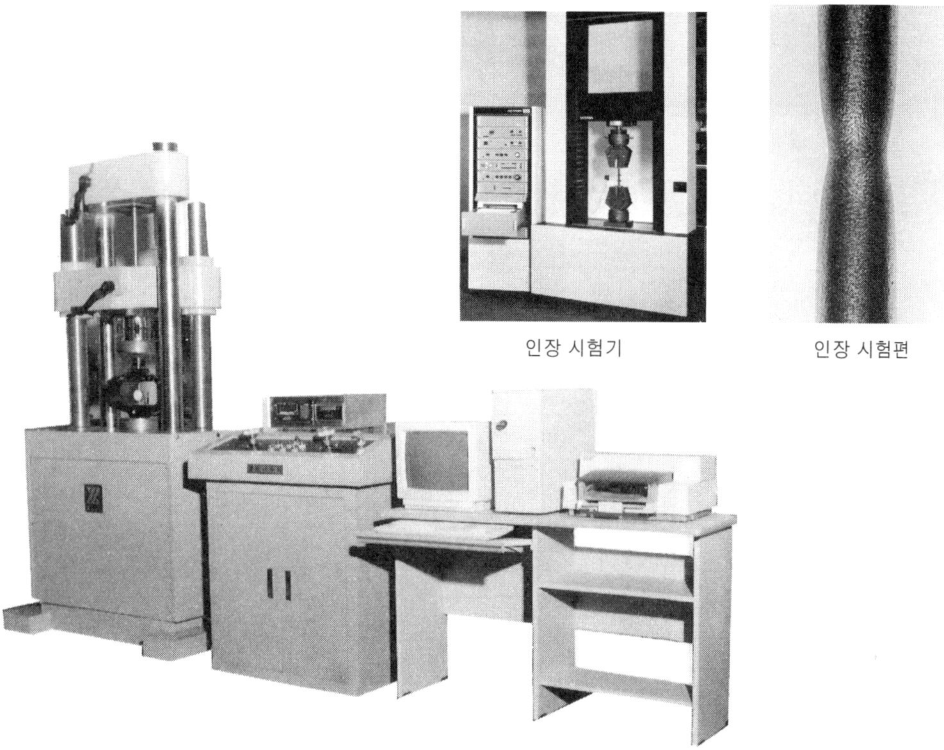

인장 시험기

인장 시험편

그림 2-101 컴퓨터 만능 재료 시험기

를 얻을 수 있으므로 열처리에 따른 금속 재료의 성질 변화를 판단하는 수단으로 이용되고 있다.

⊙ 경도 기준편(standard blocks for hardness)

1 브리넬 경도 시험

브리넬 경도 시험(Brinell hardness test : HB)은 일정한 지름 D[mm]의 강구 압입체에 일정한 하중 P[kgf]를 가하여 시험편 표면에 압입한 다음, 그때 나타나는 압입 자국의 접촉 넓이, 즉 압자가 시험 재료에 접촉한 넓이를 구면의 일부로 보고 이 넓이 A[mm^2]로 하중을 나눈 값을 경도로 한다.

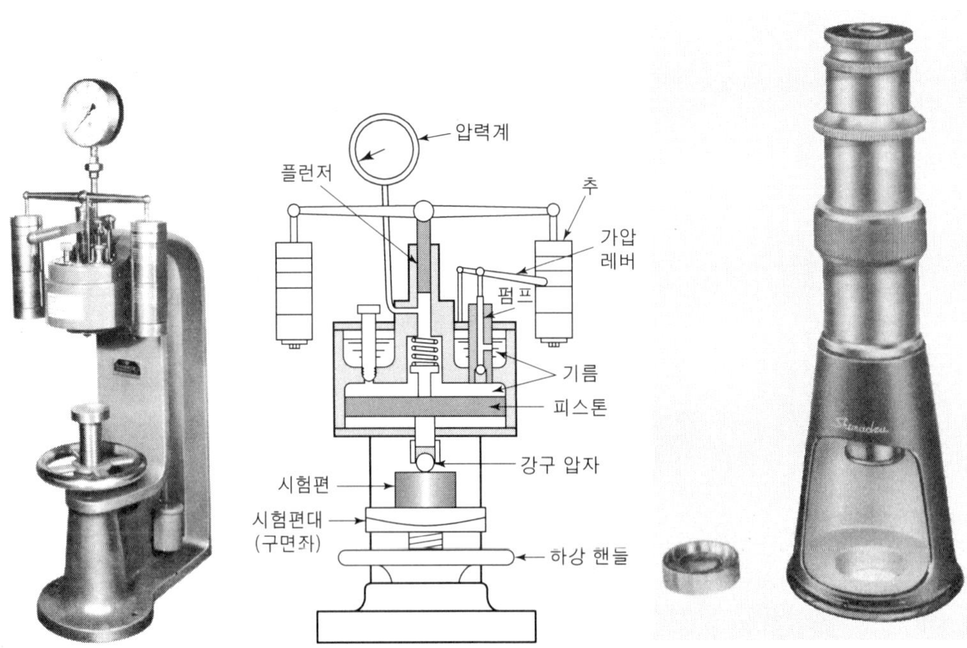

(a) 외형 (b) 구조와 원리 (c) 자국 지름 측정기

그림 2-102 브리넬 경도 시험기

브리넬 경도값 HB는 다음 식으로 구할 수 있다.

$$\mathrm{HB}=\frac{P}{A} \qquad (2\text{-}15)$$

그림 2-102는 유압형 브리넬 경도 시험기의 구조와 원리 및 자국 측정기를 나타낸 것이다. 시험편(test piece)은 양면을 평행하게 가공하고, 특히 윗부분의 면은 잘 연마되어야 한다.

2 로크웰 경도 시험

로크웰 경도 시험(Rockwell hardness test : HR)은 브리넬 식에 비해 압입 자국이 작고, 시험편이 얇은 것 또는 작은 것 등에도 다양하게 적용할 수 있는 시험 방법이며, 무른 연납에서부터 경화된 강철이나 탄화물 등의 경도 측정에 사용되고 있다.

로크웰 경도는 일정한 기준 하중을 작용시키고 다음에 시험 하중으로 한 다음, 다시 처음의 기준 하중으로 하였을 때, 처음 하중과 시험 하중으로 인하여 생긴 자국의 깊이 차(h)로부터 얻은 수치로 한다.

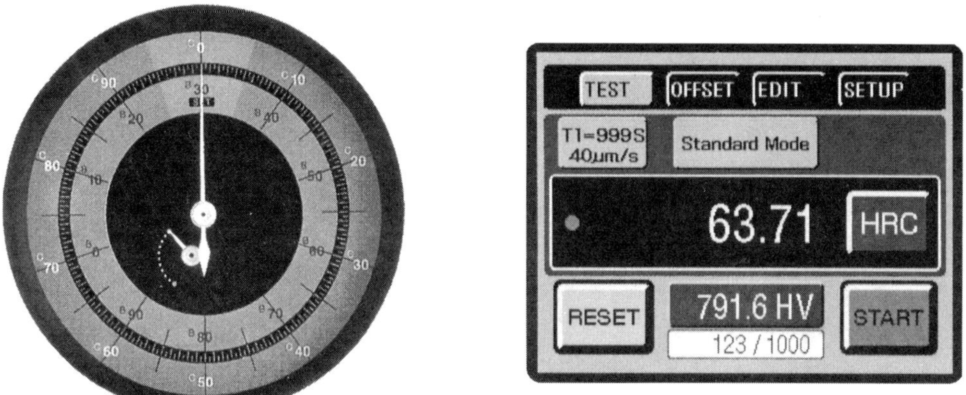

(a) 다이얼 지시계 (b) 디지털 패널

그림 2-103 로크웰 경도 지시계

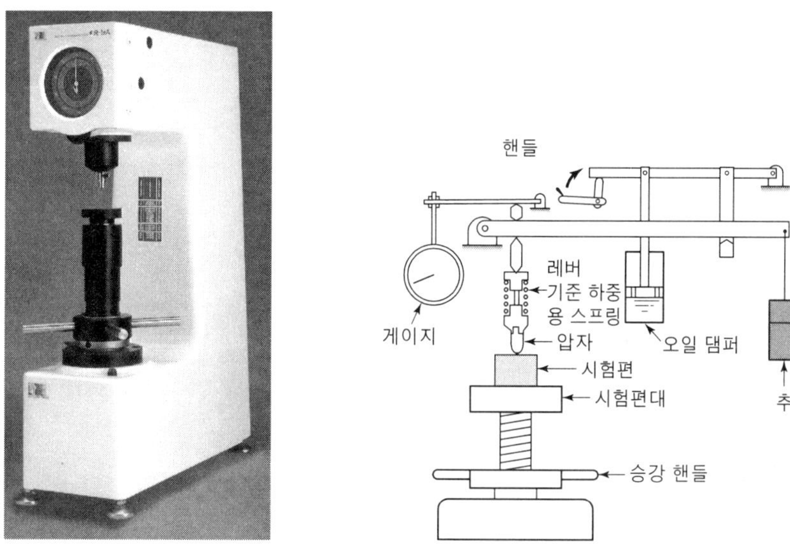

(a) 시험기 (b) 구조와 원리

그림 2-104 로크웰 경도 시험기

로크웰 경도값은 그림 2-103과 같은 지시계(dialgage)로 부터 직접 읽을 수 있으며 측정 방법이 간단하므로 널리 이용되고 있다. 그림 2-104는 로크웰 경도 시험기와 원리를 나타낸 것이다.

3 비커스 경도 시험

비커스 경도 시험(Vickers hardness test : HV)은 꼭지각 $\theta=136°$의 다이아몬드 피라미드 압자를 시험편의 표면에 압입하였을 때, 시험편에 작용한 하중 P[kgf]를 그림 2-105 (b)와 같이 피라미드형 압입 자국의 대각선의 길이 d로부터 얻은 겉넓이 A[mm^2]로 나눈 값을 경도값으로 한다.

그림 2-105 (c)는 대각선을 현미경으로 측정한 보기이다. 그림 2-106은 비커스 경도 시험기와 원리를 나타낸 것이다.

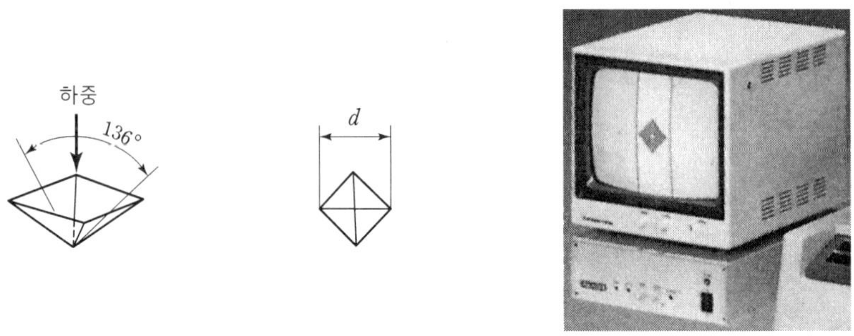

(a) 압자 (b) 대각선의 길이 (c) 대각선의 측정

그림 2-105 비커스 경도 측정 방법

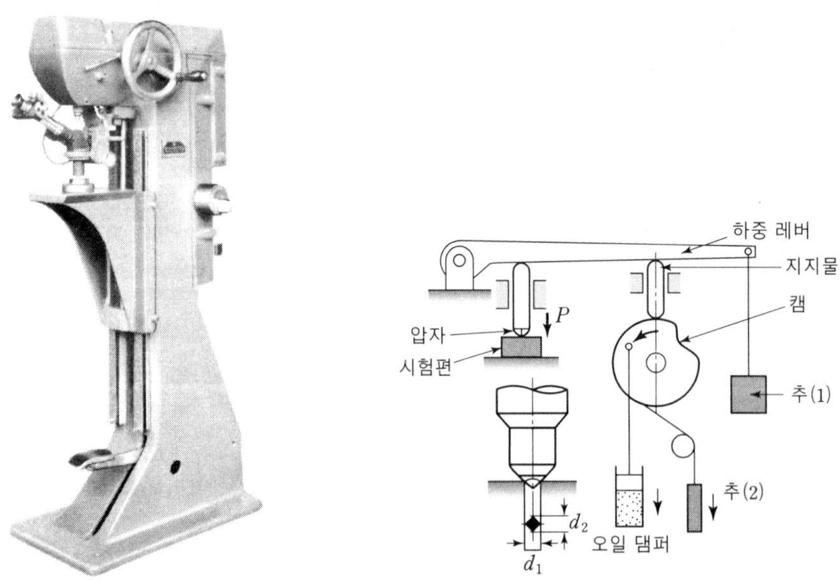

(a) 시험기 (b) 구조와 원리

그림 2-106 비커스 경도 시험기

4 쇼어 경도 시험

쇼어 경도 시험(Shore hardness test : HS)은 끝에 다이아몬드를 부착한 무게가 약 3g의 해머를 내경이 6mm, 길이가 250mm 정도의 유리관 속에서 일정한 높이 h_0[mm]로 시험편 위에 낙하시켜, 반발하여 올라간 높이 h[mm]에 비례하는 수를 쇼어의 경도 "HS"로 나타낸 것이다.

그림 2-107은 쇼어 경도 시험기와 시험 원리를 나타낸 것이다.

(3) 충격 시험

1 샤르피 충격 시험

시험편의 양 끝을 지지한 상태에서 중앙부에 해머로 충격적인 외력을 가하여 파괴시켜 시험하는 형식으로 샤르피 충격 시험(charpy impect test)이라 한다. 그림 2-108 (a)는 샤르피 충격 시험기의 보기이다.

2 아이조드 충격 시험

아이조드 충격 시험(izod impect test)의 측정 원리는 샤르피 방식과 같으나 펜듈럼 해머가 시험편을 타격하는 위치와 시험편의 치수 및 그것을 고정시키는 방법이

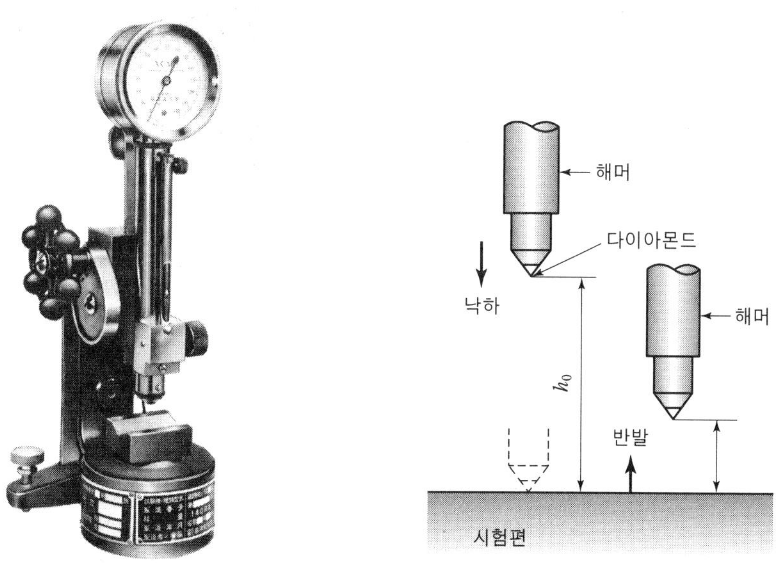

(a) 시험기 (b) 시험 원리

그림 2-107 쇼어 경도 시험기

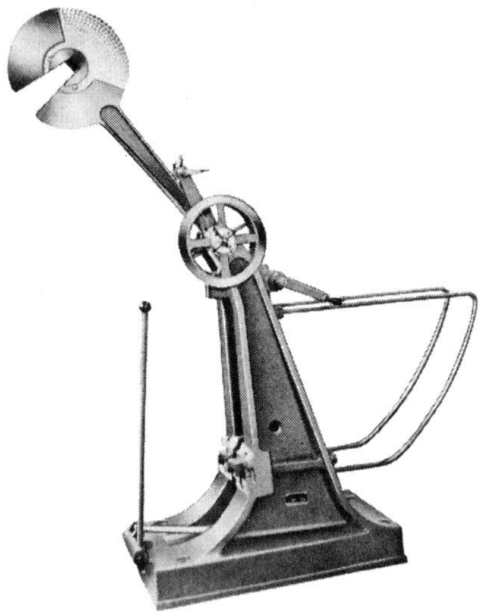

(a) 사르피 시험기

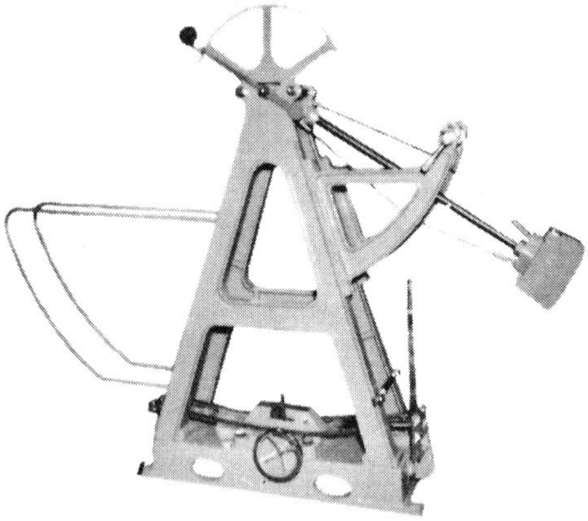

(b) 이이조드 시험기

그림 2-108 샤르피 충격 시험의 원리

다르다. 그림 2-108 (b)는 아이조드 충격 시험기의 보기이다.

(4) 그 밖의 시험법

1 피로 시험

재료가 영구히 파괴되지 않은 응력 중에서 가장 큰 것을 피로 한도(疲勞限度, fatigue limit)라 하고, 이 값을 구하는 시험을 피로 시험(疲勞試驗, fatigue testing)이라 한다.

축의 피로 시험 파단면

2 크리프 시험

크리프에 관한 시험에는 매우 긴 시간을 요하는 크리프 시험법(creep testing)과 비교적 짧은 시간으로 행하는 크리프 파단 시험법(creep rupture testing)이 있다.

3 마멸 시험

마멸 시험은 마멸에 대한 강도, 즉 내마멸성(또는 내마모성)을 시험하는 것이며,

마멸은 접촉하는 상대 재료의 재질 및 표면 상태 등에 따라 영향을 받는다. 기계에는 회전 또는 왕복 등의 반복 운동이 행하여지는 곳이 많다. 기계 부품의 파손 원인은 마멸에 의해 일어나는 경우가 많으므로 재료의 내마멸성을 알아보는 것은 대단히 중요하다. 마멸 현상은 재료의 운동 상태에 따라 미끄럼(sliding) 마멸과 굴림(rolling) 마멸로 분류하며, 마멸 시험은 표준화된 방법이 없기 때문에 각 현상에 적합한 시험 기구를 선택하여 사용한다.

2) 금속 재료의 조직 시험과 검사

금속 재료의 조직을 시험 · 검사하는 방법에는 여러 가지가 있으나 금속의 파단면 또는 절단면을 육안이나 20배 이내의 저배율로 관찰하여 식별할 수 있는 조직을 매크로 조직(macro structure) 또는 육안 조직(肉眼組織)이라 하며, 이와 같은 조직을 관찰 검사하는 방법을 매크로 시험법(macro structure detecting method)이라 한다.

이 검사법은 압연, 단조, 전조 등으로 가공된 소재의 유동 상태 또는 주조물의 응고 조직 그리고 이들의 물리 화학적 불균형, 조직의 분포, 내부 결함의 유무 등을 시험 · 검사할 때 사용되는 검사법이다.

이에 대해 금속 현미경을 사용하여 관찰하는 금속의 미세 조직을 마이크로 조직(micro structure) 또는 미크로 조직이라 하고, 이와 같은 조직을 시험 · 검사하는 방법을 금속 현미경 시험(metal microscope test) 또는 금속 조직 검사법이라 하며, 이를 마이크로 시험(micro test) 또는 미크로 시험(micro test)이라 한다.

(1) 매크로 조직 시험

매크로 조직 시험(macro structure detecting)은 단조 또는 압연한 강재 등의 시험편을 가공 연마하고 적당한 부식액으로 부식하여 표면의 흠, 수지상 조직, 가공에 의한 결정립의 흐름, 기포, 편석, 개재물, 모세 균열 등을 육안 또는 확대경으로 검출하는 시험법이다. 매크로 조직 시험은 사용하는 부식제의 종류에 따라 여러 가지가 있으나 KS에서 규정하고 있다.

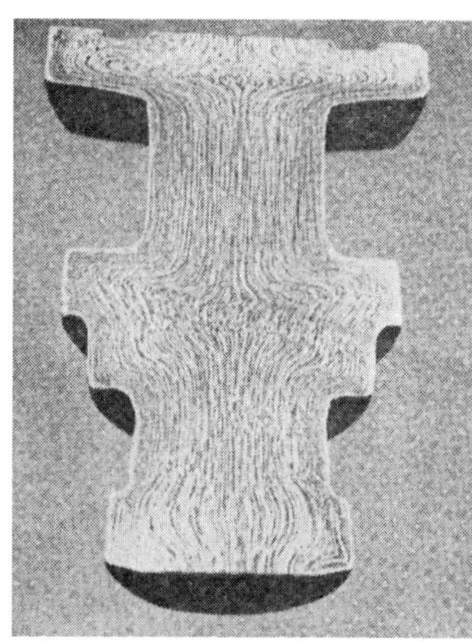

단조품의 매크로 조직

(a) 접안 렌즈

(b) 대물 렌즈

○ 접안 렌즈와 대물 렌즈

(2) 마이크로 조직 시험

금속 재료의 기계적, 물리적인 여러 성질은 재료가 갖고 있는 미시적인 구조 조직과 밀접한 관계가 있다.

금속의 조직은 화학 성분이 같은 경우에도 응고 조건, 압연, 단조 등의 가공과 열처리 방법에 따라 현저한 차이가 있으며, 금속의 여러 성질과도 연관된다. 따라서 조직 검사에 의해 금속의 종류, 화학 성분, 기계적 성질, 열처리와 가공의 정도, 재료의 결함 등을 알아낼 수 있다.

금속을 대상으로 하는 마이크로 조직 시험(microscopic testing)에는 일반적으로 광학 금속 현미경(光學金屬顯微鏡)에 의한 시험 방법이 많이 사용되고 있으며, SUMP법은 대형 부재의 특정 부위에 대해, 그리고 전자 현미경은 특별하게 상세한 관찰이 요구될 때 사용된다.

1 금속 현미경

금속은 빛을 투과하지 못하므로 생물 또는 광물의 관찰에 이용되는 일반 투과형 현미경(透過型顯微鏡)으로는 금속의 조직을 볼 수 없다. 따라서 금속 조직은 반사형 현미경(反射型顯微鏡)을 사용한다.

금속 조직 시험은 시험편 표면에 전구(電球)를 사용하여 광선을 투사(投射)하고 시료 표면에서 반사하는 광선에 의해 조직을 검경(檢鏡)하는 방식이다. 금속 현미경은 시험편을 놓는 방식에 따라 직립형(直立型)과 도립형(倒立型)이 있으며 광선의 밝기는 변압기의 출력을 조절하면 된다. 그림 2-109 (b)는 시험편을 채취할 수 없는 경

(a) 도립형 (b) 이동형(현장용)

그림 2-109 광학 금속 현미경

우에 실물에 직접 시험할 피경면을 가공하여 검사할 때에 사용하는 이동형 현미경의 보기이다.

2 현미경 조직의 관찰과 시험

현미경 조직 시험에 의하면 금속 입자의 크기, 모양, 배열 상태 그리고 금속 중의 여러 가지 상과 조직을 확인할 수 있다. 또한 금속의 조직에 미치는 열처리의 영향, 가공 및 기타 처리의 결과를 판단할 수 있고, 또 기계적 성질과의 관계도 추정 연구할 수 있다.

3) 금속 재료의 검사와 감별법

강재의 결함을 중심으로 한 검사법에는 일반적으로 강재의 형상, 결함의 종류, 검사의 목적 등에 따라 타진법(打診法-音響法), macro 검사법(肉眼檢査法), 현미경 검사법(顯微鏡檢査法), 화학 검사법(化學檢査法), 비파괴 검사법(非破壞檢査法) 등이 있다.

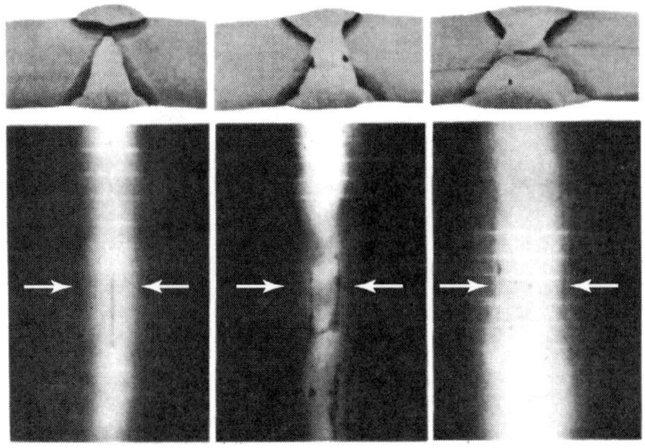

그림 2-110 X선 탐상의 보기(용접부)

(1) 금속 재료의 비파괴 검사

비파괴 시험(nondestructive inspection : NDI)은 재료, 구조물 중에 존재하는 결함을 검출하기 위하여 발달한 방법이며, 그 기초가 되는 것은 물성(物性)이고 재료의 물리적 성질이 결함으로 변화하는 것을 역으로 이용하여 물성값(物性値)의 변화로부터 결함을 추정하는 검사 기술이다. 비파괴 시험은 고압 증기 보일러, 항공기용 알루미늄 주물 및 단조품 등의 일부를 파괴하지 않고 완성된 제품을 대상으로 결함을 검사할 수 있다. 또한 파괴하지 않고 내부의 불순물, 기포 및 표면의 균열 등을 방사선, 초음파 및 자기 탐상법 등으로 검사한다.

비파괴 시험법에는 방사선 투과 시험, 초음파 탐상 시험, AE법[4], 자기적(磁氣的) 탐상 시험, 전기적 탐상 시험, 침투 탐상 시험, 열적 탐상 시험, 누설 시험, 광학적 시험, 진동적 탐상 시험, 비파괴적 탐상 시험 등이 있다.

그림 2-110은 용접 부위를 X선 탐상한 보기이다.

(2) 금속 재료의 감별법

금속 재료를 감별하는 데는 여러 가지 방법이 있다. 금속 재료의 정확한 재질의 화학 성분을 감별하기 위해서는 화학 분석이나 분광 분석(分光分析)을 한다.

그러나 여러 가지 재료가 혼합되어 있는 경우에 짧은 시간 내에 서로 다른 재료를

[4] AE법 : Acoustic Emission, 음파 발출 시험법의 일종

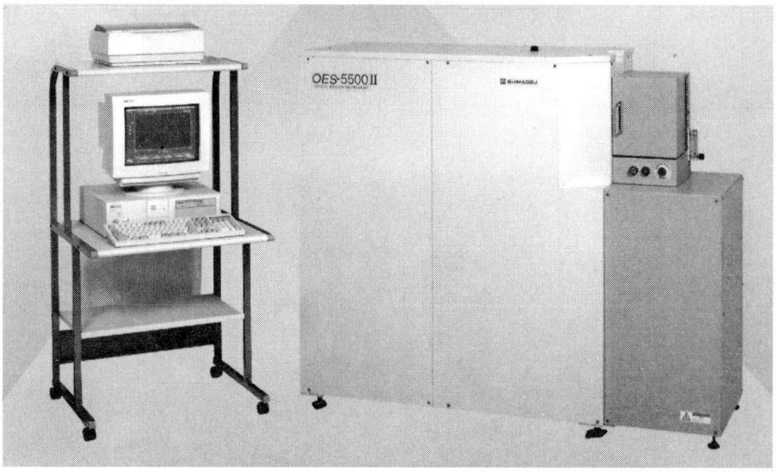

발광·분광 화학 분석기(한반도 통상 제공)

분류하기 위해서는 다음과 같은 간단한 감별법이 이용된다. 예를 들면, 불꽃의 모양, 파단면 조직의 밀도, 색상, 융점 등 각 재료의 특성에 따라 판별할 수 있다.

3. 금속 재료

1) 철과 강

철강 재료는 다른 금속에 비해 강도, 경도, 연성 등의 기계적 성질이 우수하며, 또 열처리를 하면 필요한 성질로 개선 조절할 수 있고, 값이 저렴하여 오래전부터 기계 재료로 가장 많이 사용되고 있는 금속 재료이다.

또한 제조 기술도 많이 개발되어 오늘날에는 제선·제강 및 압연의 3개 공정이 일관 작업(一貫作業)에 의해 연속된 공정으로 이루어지며 고품질의 철강 재료가 대량으로 생산되고 있다.

제강 작업

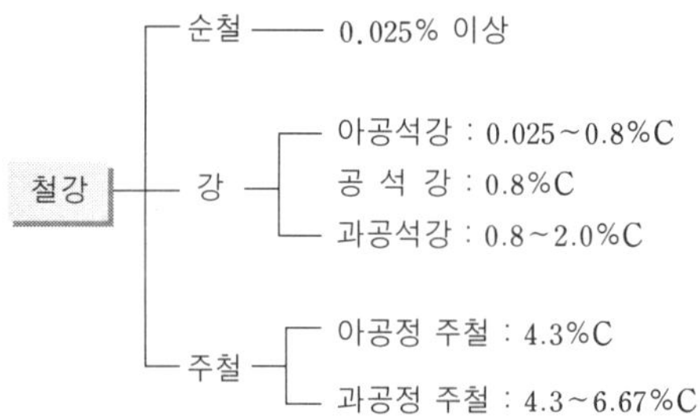

그림 2-111 철강의 분류

(1) 철강 재료의 분류

공업용으로 쓰여지는 철강 재료는 광석이나 제조 과정에서 철 이외에 탄소, 규소, 망가니즈, 인, 황 등을 함유하고 있다. 이들 중에서 탄소는 함유량이 가장 많으며, 철강의 성질에 미치는 영향이 대단히 크므로 철강 재료를 분류하는 데에도 탄소의 함유량에 따라 분류하고 있다. 철강 재료를 탄소 함유량에 따라 분류하면 순철(純鐵, pure iron), 강(鋼, steel)과 주철(鑄鐵, cast iron)로 크게 나눌 수 있다.

철강 재료의 분류는 그림 2-111과 같이 금속 조직학상 탄소 함유량에 따라 아공석강(亞共析鋼), 공석강(共析鋼), 과공석강(過共析鋼) 등으로 분류하고 있다.

(2) 철강 제조

1 제선

선철의 제조 방법으로는 대량 생산에 알맞는 용광로 제선법이 대표적이다. 선철의 제조는 철분이 50% 이상인 철광석과 연료인 코크스와 용제(溶劑, flux)인 석회석(石灰石) 등을 그림 2-112와 같은 용광로(熔鑛爐, 高爐, blast furnace)의 상부에 일정한 비율로 번갈아 장입하고, 열풍로에서 미리 가열된 고온, 고압의 공기를 용광로 하부의 바람 구멍(tuyere)으로부터 불어 넣어 코크스를 연소시키면, 1500℃ 정도의 고

포스코 제철소

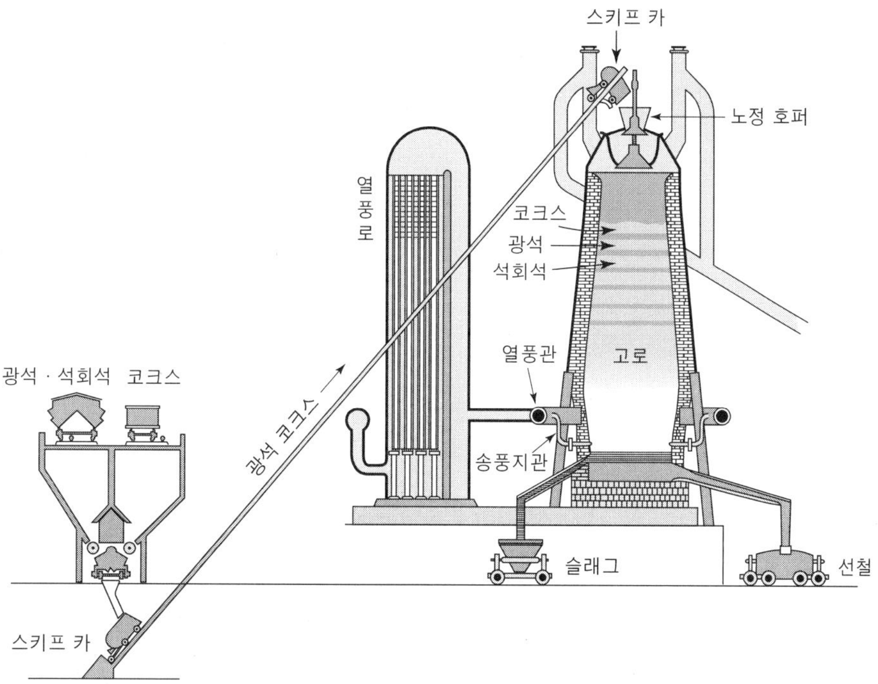

그림 2-112 용광로와 부대 설비

온에서 환원되어 선철(銑鐵)을 얻게 된다.

2 제강

평로 제강법

평로 제강법(平爐製鋼法, open-hearth process)은 그림 2-113 (a)와 같이 바닥이 넓은 반사로인 평로(平爐, open-hearth furnace)를 사용하여 선철을 재가열 또는 용해시키고, 여기에 고철, 철광석 등을 추가로 장입하여 용해 가열하고 정련하는 제강법으로 대량 생산이 가능하다. 평로에는 내화 벽돌의 종류에 따라 염기성 평로, 산성 평로가 있는데 대부분이 염기성 평로를 사용한다. 평로의 용량은 1회에 생산되는 용강의 무게로 나타내는데, 보통 25~300톤의 평로가 사용되고 있다. 그림 2-113 (b)는 평로의 단면과 투입기를, 그림 2-113 (c)는 출탕 작업의 보기이다.

전로 제강법

전로 제강법(轉爐製鋼法, converter process)은 용해한 쇳물을 가경식으로 된 전로(converter)에 넣고 연료를 사용하지 않고 노 밑에 뚫린 구멍을 통하여 1.5~2.0기압의 공기를 불어 넣거나 노 위에서 산소를 불어 넣어 쇳물의 탄소와 규소, 그 밖의 불

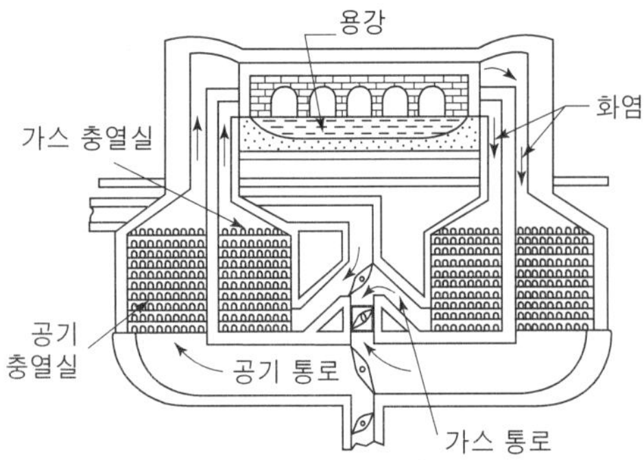

(a) 평로의 구조

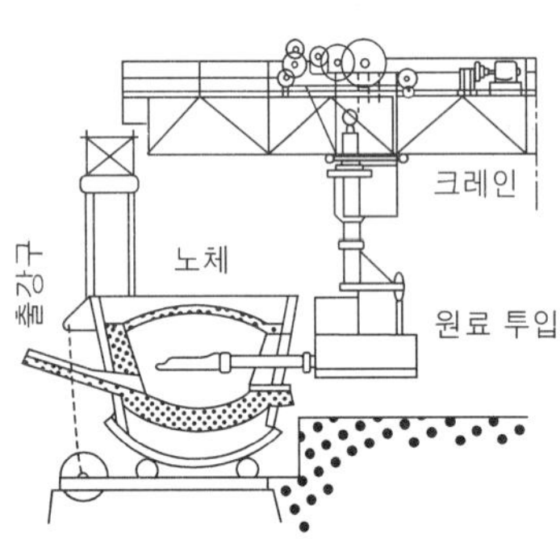

(b) 평로와 부대 설비

(c) 출탕 작업

그림 2-113 평로의 구조와 출탕 작업

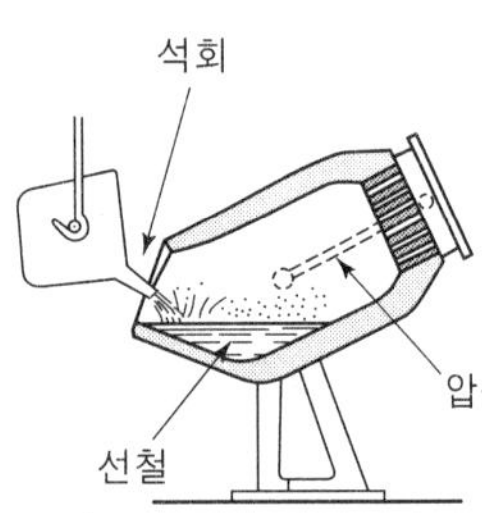

(a) 장입

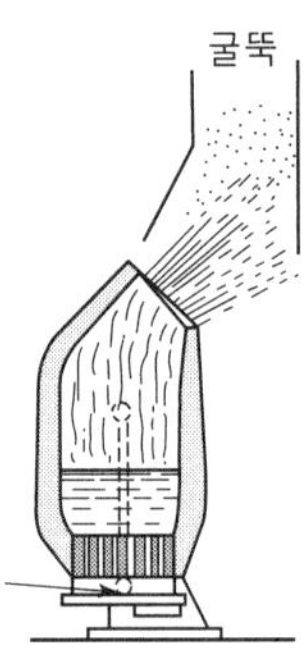

(b) 장입

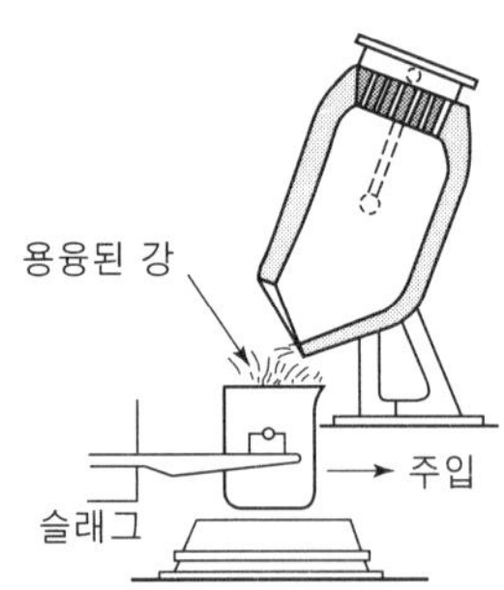

(c) 출강

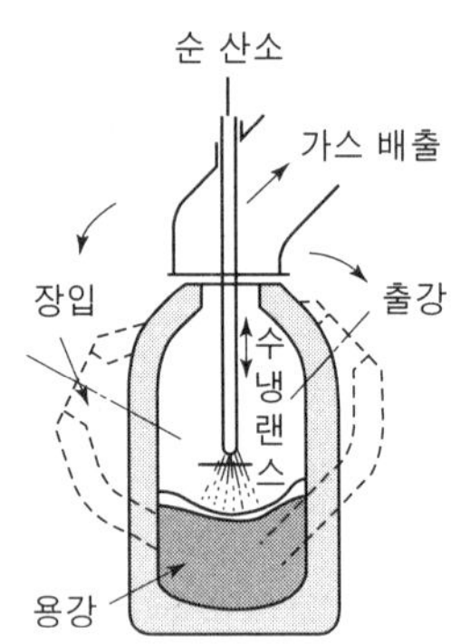

(d) LD 전로(산소로)

그림 2-114 전로의 구조와 조업 방법

순물을 산화 연소시켜, 정련된 강으로 만드는 방법이다. 전로 제강법은 사용한 내화 재료에 따라 산성법과 염기성법으로 분류된다. 그림 2-114 (a) ~ (c)는 영국인 H. Bessemer가 1855년에 발명하여 사용되고 있는 전로의 구조와 조업법을 나타낸 것이

고주파로 용해 작업

다. 그림의 2-114 (d)는 전로법의 한 방법으로써 1949년 오스트리아의 Linz 공장과 Donawitz 공장의 공동 연구로 개발된 순 산소 전로법의 보기이다.

전기로 제강법

전기로 제강법(電氣爐製鋼法, electric furnace process)은 주로 합금강의 제조에 사용되며, 전열을 사용하여 선철, 고철 등의 제강 원료를 용해해서 강을 만드는 제강법이다. 이 제강법은 온도 조절이 쉬워 탈산, 탈황 정련이 용이하므로 우수한 품질의 강을 만들 수 있으나 전기료가 많이 드는 결점이 있다. 전기로의 전열 발생 방식에는 아크식과 전기 저항식 그리고 전기 유도식이 있다.

아크 전기로(electric arc furnace)는 그림 2-115와 같은 구조로 탄소 전극과 제강 원료 사이에서 아크를 발생시켜 그 열로 제강 원료를 가열 용해시키는 용해로이다. 전기 유도식 전기로는 그림 2-116과 같이 도가니의 둘레에 감은 코일에 전류가 흐를 때 발생되는 고주파 유도열(高周波誘導熱)로 제강 원료인 선철, 고철 등을 용해 가열시키는 고주파 유도로(高周波誘導爐, high frequency induction furnace)가 있다.

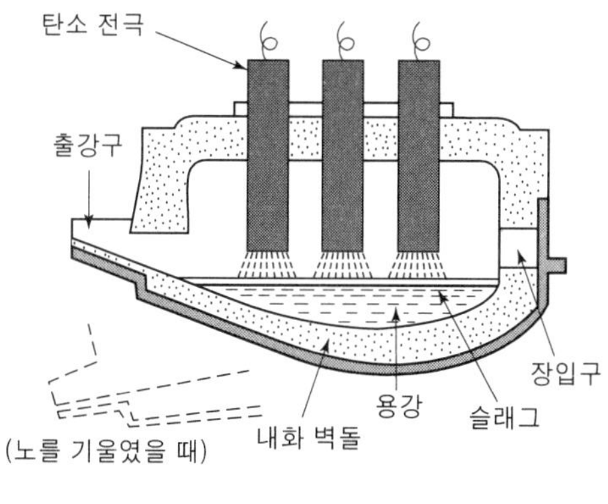

그림 2-115 3상 아크 전기로

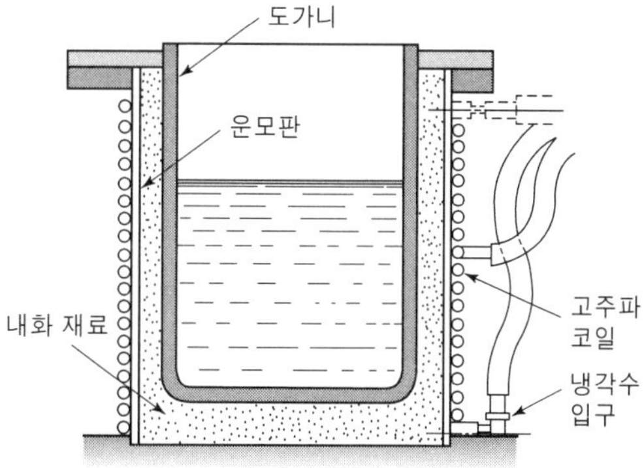

그림 2-116 고주파 유도로

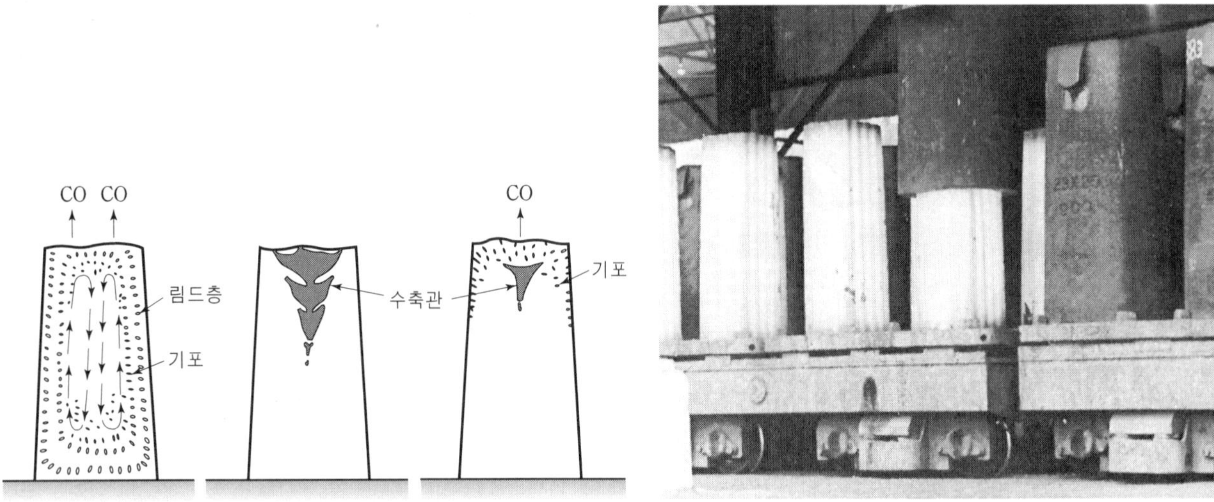

(a) 림드 강괴 (b) 킬드 강괴 (c) 세미 킬드 강괴 (d) hot ingot

그림 2-117 각종 강괴의 내부와 탈산 정도

(a) 연속 주조 형식 (b) 연속 주조 설비

그림 2-118 강의 연속 주조

3 강괴

평로, 전로, 전기로 등에서 소정의 조성으로 정련(精鍊)이 끝난 용강(熔鋼)에 탈산제(脫酸劑)를 넣어 탈산시킨 다음 내열 주철로 만든 일정한 형태의 주형(mould)에 주입하고, 응고시켜 제조한 강을 강괴(鋼塊, steel ingot)라 한다. 여러 가지 형태와 크기가 있어 압연이나 단조에 편리하다. 강괴는 탈산 정도에 따라 그림 2-117과 같은 림드 강괴(rimmed ingot), 킬드 강괴(killed ingot), 그리고 세미 킬드 강괴(semi killed ingot) 등이 있다. 강괴의 제조 공정을 생략한 일관 제철 공정에서는 그림 2-118과 같이 슬래브(slab)이나 강편(bloom)을 직접 연속 주조하고 있다.

(3) 철강 재료의 종류

1 순철

공업적으로 사용되고 있는 순철은 약간의 불순물을 함유하고 있는데 보통 99.5~99.8%의 순도를 갖고 있다. 순철에는 많은 비용을 들여 순도를 높이기도 하나 일반적으로는 미소량의 불순물을 갖게 되는 것을 피할 수 없다. 순철은 기계 재료로서는 거의 사용되지 않으나 철강 재료의 성질을 이해하는 데 기본이 되므로 순철에 대한 성질을 잘 알고 있어야 한다. 순철의 조직은 그림 2-119와 같이 다수의 결정 입자로 되어 있는 다결정체 조직이다.

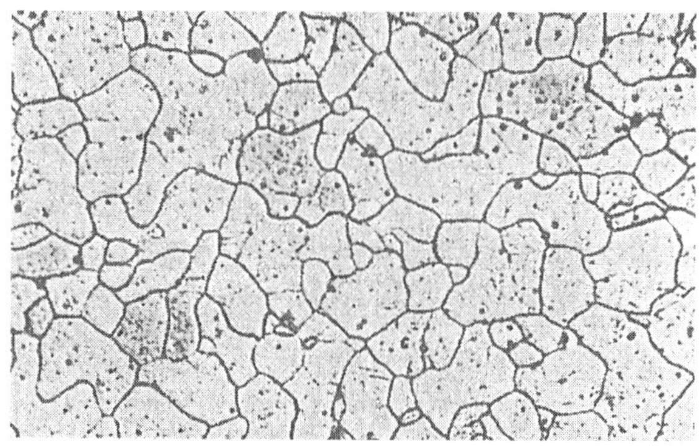
(×200)

그림 2-119 순철(Armco iron)의 현미경 조직

2 탄소강

● 탄소강의 복평형 상태도

그림 2-120은 Fe-C계 복평형 상태도(Fe-C系 複平衡狀態圖, iron-carbon double equlibrium state diagram)를 나타낸 것이다. 즉, 가로축을 Fe와 C의 2원 합금 조성[%]으로 하고 세로축을 온도[℃]로 했을 때, 각 조성의 비율에 따라 나타나는 합금의 변태점을 연결하여 만든 선도이다.

● 탄소강의 조직

강은 탄소 함유량과 냉각 속도 등에 따라 조성된 조직에 의해 그 성질이 현저히 달라진다. 그림 2-121은 탄소강의 현미경 조직의 보기이다.

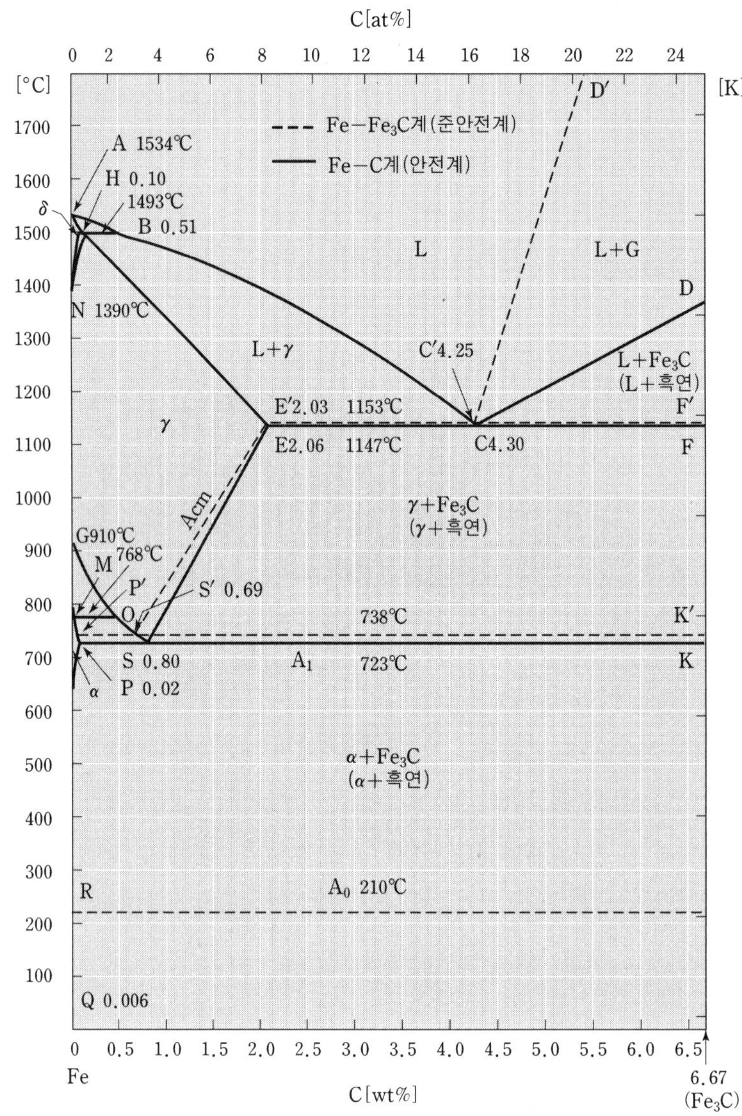

그림 2-120 Fe-C계 복평형 상태도

탄소강의 종류와 용도

탄소강에는 탄소의 함유량이 0.01%로 매우 연한 것에서부터 1.7%를 함유하는 매우 단단한 것까지 성질이 다양하므로 이용 범위가 넓어서 공업용 재료 중에서 가장 많이 이용되고 있다. 또 탄소강은 다른 재료에 비하여 값이 싸고 대량 생산이 가능하며 질의 균일성, 가공성, 성형성 및 담금질성 등이 우수하여 기계 재료로 가장 적합하다.

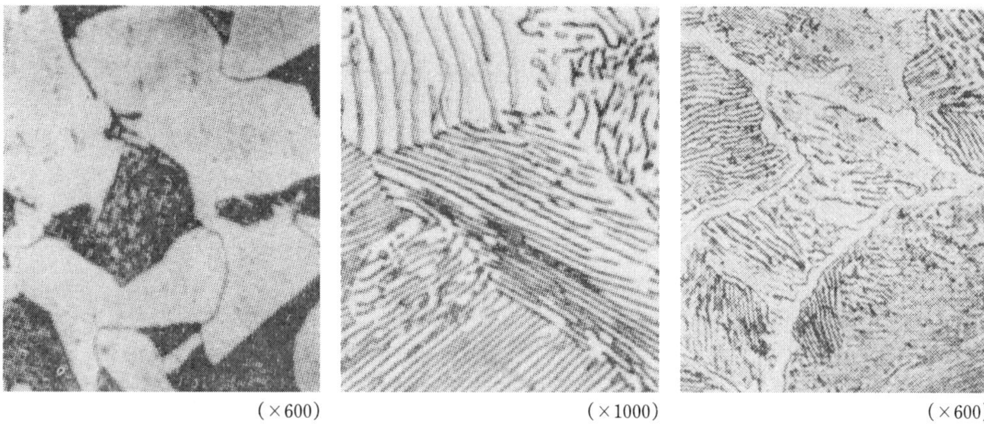

(a) 아공석강(0.45%C)
흰색 : 페라이트
검정 : 펄라이트

(b) 공석강(0.8%C)
펄라이트

(c) 과공석강(1.5%C)
희고 가는 경계 : Fe_3C
바탕 조직 : 펄라이트

그림 2-121 탄소강의 현미경 조직

표 2-8 탄소 함유량에 따른 탄소강의 분류

종별	C [%]	인장 강도 [kgf/mm^2]	연신율 [%]	용도
극연강	< 0.12	< 38	25	강판, 강선, 못, 강관, 리벳
연강	0.13~0.20	38~44	22	강관, 강봉, 강판, 볼트, 리벳
반연강	0.20~0.30	44~50	20~18	기어, 레버, 강판, 볼트, 너트, 강관
반경강	0.30~0.40	50~55	18~14	강판, 차축
경강	0.40~0.50	55~60	14~10	차축, 기어, 캠, 레일
최경강	0.50~0.70	60~70	10~7	축, 기어, 레일, 스프링, 피아노선
표면 경화용강	0.08~0.20	40~45	15~20	기어, 캠, 축

탄소강에는 용도에 따라 일반 구조용 압연 강재, 기계 구조용 탄소 강재, 탄소 공구 강재, 탄소 강단 강품, 탄소 주강품 등 여러 종류가 있으며, 그에 대한 규격은 KS로 규정되어 있다.

표 2-8은 탄소 함유량에 따른 탄소강의 분류를 나타낸 것이다.

3 합금강

합금강의 특성

탄소강에 다른 특정 원소를 1종 또는 2종 이상을 적당량 합금하면 본래의 성질이 뚜렷하게 향상 개선되는 이외에 다음과 같은 새로운 특성이 나타난다.

첫째로, 강의 열처리성을 향상시킴과 동시에 뜨임에 대한 연화 저항성(軟化 抵抗性)을 높여 강인성을 향상시키며, 둘째는 강의 내식성, 내열성, 자성 등의 물리적 · 화학적 성질에서 뚜렷한 특성과 성능을 갖게 한다.

합금강의 종류와 용도

합금강은 특성에 따라 구조용 합금강, 공구용 합금강, 내식 · 내열용 합금강, 특수 목적용 합금강 등으로 크게 분류하고 있다.

냉간 압연 스트립 밀 제품

(4) 주철

주철은 Fe과 C 그리고 Si를 주성분으로 하고 이 밖에도 Mn, P, S을 함유한 합금으로 강보다 용융 온도가 낮아 대형이거나 복잡한 형상의 부품이라도 주조할 수 있고 값도 싸게 대량으로 생산할 수 있다. 또 상당한 강도가 있으면서 내마멸성이 우수하고 기계 가공도 용이하므로 산업용 설비와 기계 재료로 다양하게 이용되고 있다. 그러나 메짐성이 있고 소성 가공이 안 되는 것이 결점이다.

최근에는 탄소의 형태, 흑연의 모양과 크기, 바탕 조직 등을 인위적으로 조작하는 주조 기술의 개발로 매우 다양한 성질을 갖는 주철을 생산할 수 있게 되었으며, 자동차의 브레이크 드럼, 캠축 및 크랭크축 등의 내충격용과 내열 · 내식 및 내마멸성을 갖고 있는 특수 주철이 개발되어 산업용 설비와 기계 재료로 폭넓게 이용되고 있다.

냉연 강판 압연

1 주철의 조직

주철은 Fe−C계 평형 상태도 상에서는 탄소를 2.0～6.67% 함유하는 Fe−C계 합금으로 규정하고 있으나, 실제 사용되고 있는 주철의 탄소 함유량은 2.0～4.0%의 범위로 한정되어 있다. 그리고 주철 중에 함유되는 탄소량의 일부분은 유리 상태로 존재하는 유리 탄소(遊離炭素, free carbon) 또는 흑연(黑鉛, graphite)이며, 다른 일부분은 화합 상태로 펄라이트 또는 시멘타이트(Fe_3C)로서 존재하는 화합 탄소(化合炭素, combined carbon)로 되어 있다.

주철은 같은 탄소 함유량이라 하더라도 그 밖의 원소의 성분과 용해 방법, 그리고 주입 및 냉각 조건 등에 의하여 흑연과 화합 탄소의 비율이 뚜렷하게 달라지며, 주철의 성질에도 큰 영향을 끼치게 된다.

주철에는 대체적으로 그림 2−122 (a), (b)와 같이 펄라이트와 페라이트 조직이 있으며 그림 2−122 (c)는 시멘타이트 조직의 보기이다.

2 주철의 성질

주철은 강에 비해 일반적으로 강인성이 약하며, 구상 흑연을 갖는 주철과 가단 주철 이외는 연성은 거의 없다. 주철에서의 흑연은 여러 가지 형태로 조직 중에 분산되어 있는데, 편상 흑연은 강인성이나 연성과는 무관하면서 내부 절결(內部切缺)의 역할을 하기 때문에, 편상 흑연이 많을수록 또 조대할수록 주철 전체의 강도, 연성 및 인성을 나쁘게 한다.

회주철은 일반적으로 바탕 조직이 펄라이트가 많을수록 강해지고, 조성 범위로는

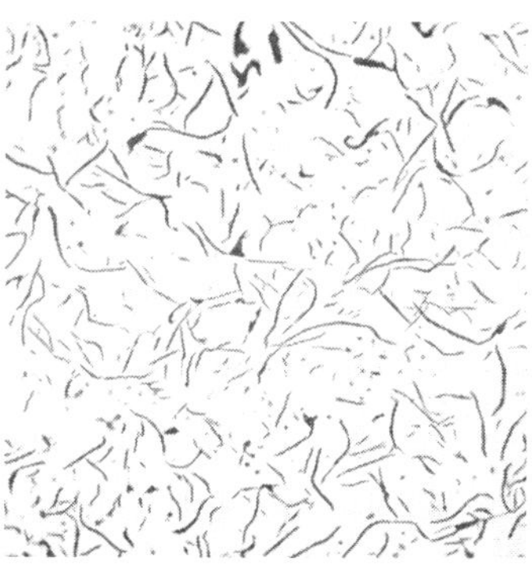

(×50×2/3)

(a) 페라이트

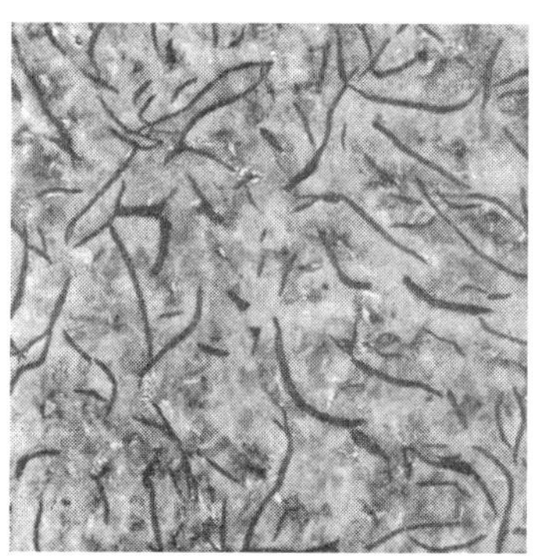

(×100×2/3)

(b) 펄라이트

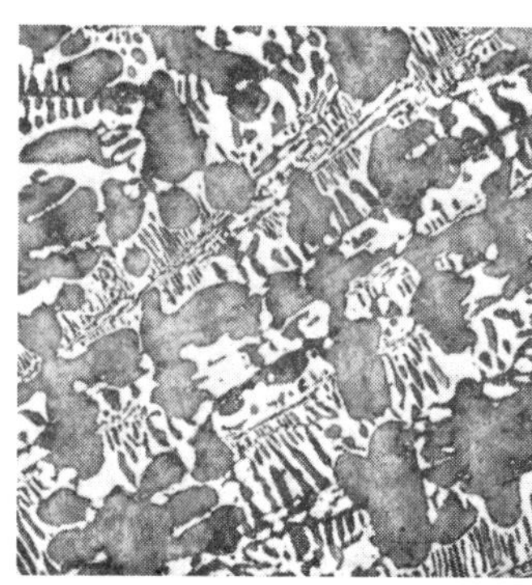

(×100×2/3)

(c) 시멘타이트

그림 2−122 주철의 현미경 조직

C 및 Si량이 적을수록 강도가 증가하고, Mn은 조직을 치밀하게 하므로 강도에 좋은 영향을 준다.

3 주철의 종류

일반적으로 주철이라 함은 회주철을 말한다. 또 넓은 의미의 회주철이란 합금 주철이나 구상 흑연 주철을 포함하고 있으나, 이들의 제법과 기계적 성질은 좁은 의미의 회주철과 다르므로 각각 별도로 취급하고 있다.

그림 2-123 자동차용 주철 주물

회주철은 주조성이 좋고 값이 싸므로 일반 기계용 구조물과 기계 부품 그리고 가정용 기기 및 건설 설비용 재료 등으로 많이 사용되고 있다. 주철을 분류하는 방법은 여러 가지가 있으나 일반적으로 보통 주철, 고급 주철, 합금 주철, 특수 주철 등으로 분류하고 있다. 그림 2-123은 자동차용 주철 주물의 보기이다.

보통 주철

보통 주철(common grade cast iron)은 회주철(gray cast iron)을 대표하는 주철로 인장 강도는 98~196MPa(10~20 kgf/mm^2) 정도이며, 기계 가공성이 좋고 값이 싼 것이 특징이다.

보통 주철의 성분은 3.2~3.8%C, 1.4~2.5%Si, 0.4~1.0%Mn, 0.3~1.5%P, 0.06~1.3%S 정도이다. 이 주철의 조직은 주로 편상 흑연과 페라이트로 되어 있는데, 약간의 펄라이트가 혼합되어 있다. 또 내마멸성과 감쇠성은 큰 장점이 되므로 수도관, 난방용품, 가정용품, 농기구 등의 일반 주물과 공작 기계의 베드(bed), 프레임 및 기계 구조물의 몸체 등에 많이 사용된다.

고급 주철

편상 흑연 주철 중에서 인장 강도가 250MPa(25kgf/mm^2) 정도 이상인 주철을 고급 주철(high grade cast iron)이라 하며, 마우러 조직도에서 I영역의 성분을 갖는 주철이다. 그리고 (C+Si)의 함유량이 4.2~4.6%의 범위에 있는 주철은 고급 주철로 취급하고 있다. 조직은 흑연이 미세하고 활 모양으로 구부러져 고르게 분포되어 있고, 바탕이 펄라이트 조직이므로 이를 펄라이트 주철이라고 한다.

합금 주철

합금 주철(alloy cast iron)은 합금강의 경우와 같이, 주철에 특수 원소를 첨가하여 보통 주철에 비해 인장 강도를 245MPa(25kgf/mm²) 이상으로 향상시키거나 내식성, 내열성, 내마멸성, 내충격성 등의 특성을 보완하기 위하여 보통 주철에 Ni, Cr, No, Si, Cu, V, B, Al, Mg, Ti 등의 합금 원소를 한 가지 또는 두 가지 이상을 첨가한 주철이다. 그림 2-124는 대형 선반 베드의 보기이다.

그림 2-124 합금 주철 주물(선반 베드 : 5800kg)

칠드 주철

용융된 주철을 주형에 주입 후 냉각 속도를 빠르게 하면 탄소는 철과 화합하여 화합 탄소가 되어 경하고 취성을 갖는 파면이 백색인 백주철이 된다. 이와 같이 쇳물을 급랭하여 백주철로 되는 현상을 칠드(chilled)라 하며, 칠드된 주철 주물을 칠드 주물(chilled casting)이라 한다.

그림 2-125 칠드 롤

칠드 주물은 각종 압연용 칠드 롤, 분쇄기용 해머, 공기 해머, 차륜 등 내마멸성이 요구되는 기계 부품에 사용된다. 그림 2-125는 칠드 주물의 보기이다.

가단 주철

가단 주철(可鍛鑄鐵, malleable cast iron)은 백주철을 고온에서 장시간 열처리하여 시멘타이트 조직을 분해하거나 소실시켜 인성 또는 연성을 개선한 주철이다. 가단 주철은 열처리 방법에 따라 표면은 탈탄되어 있으나, 내부는 시멘타이트가 흑연화되어 파단면이 검게 보이는 흑심 가단 주철(黑心可鍛鑄鐵, black heart malleable iron : BMC)과, 파단면이 흰색을 나타내는 백심 가단 주철(白心可鍛鑄鐵, white heart malleable cast iron : WMC), 일부의 탄소를 Fe_3C로 잔류시킨 펄라이트 가단 주철(pearlite malleable castiron : PMC) 등 세 종류가 있다.

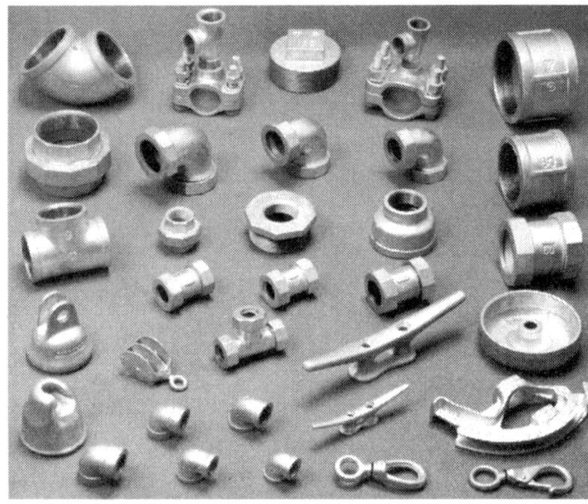

가단 주철 주물

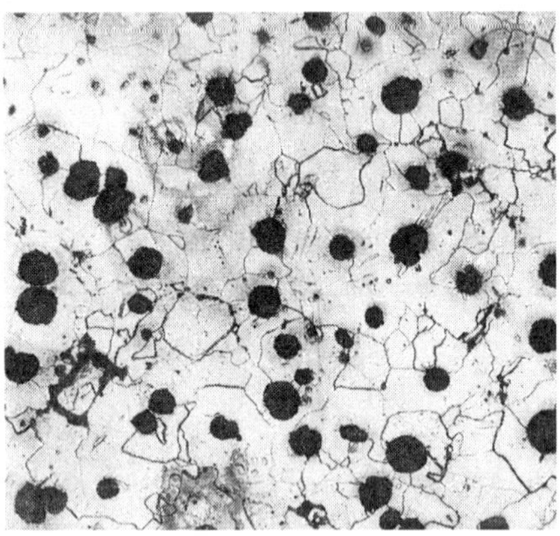

(×200×80%)

(a) 페라이트형

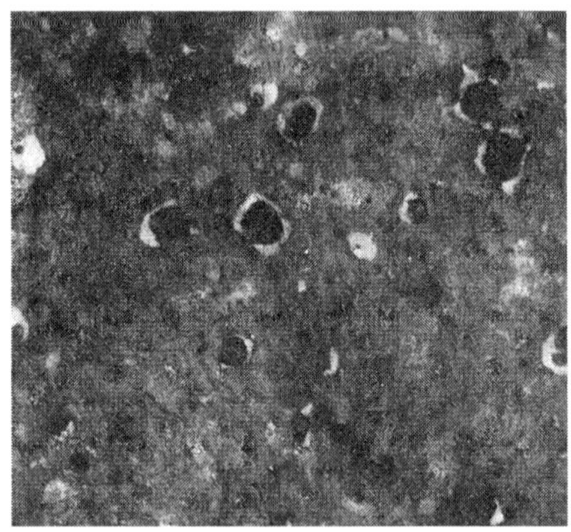

(×200×80%)

(b) 펄라이트형

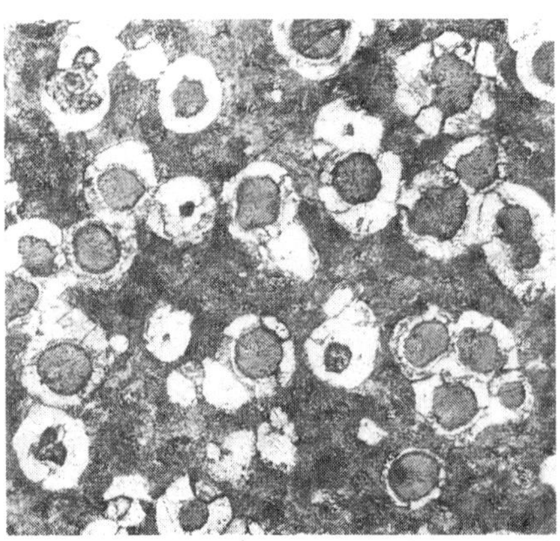

(×200×80%)

(c) 벌스 아이 조직

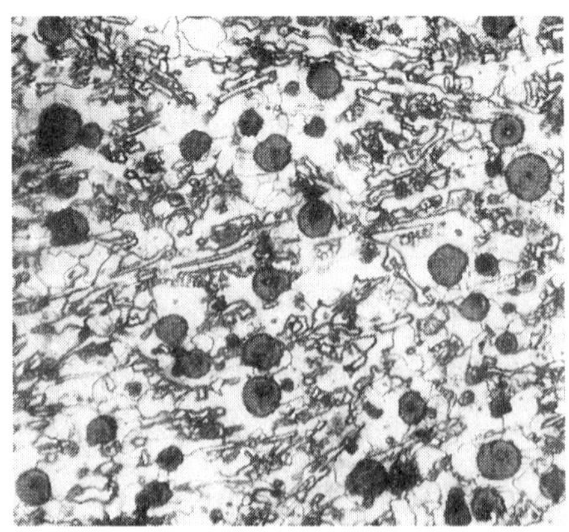

(×200×80%)

(d) 시멘타이트형

그림 2-126 구상 흑연 주철의 현미경 조직(주조 상태)

구상 흑연 주철

구상 흑연 주철은 미국에 있어서는 일반적으로 Ductile (Cast) Iron, Nodular (Cast) Iron 혹은 DCI라고 부르고 있다. 영국에서는 주로 Spheroidal Graphite Cast Iron 또는 단순히 SG Iron이라고 부르고 있다. 우리나라에서도 입상 흑연 주철(粒狀黑鉛鑄鐵), 연성 주철(延性鑄鐵), 노듈러 주철, 덕타일 주철, 구상 흑연 주철 등으로 부르고 있다. 구상 흑연 주철의 주 용도로는 대형 주철관이며, 1960년 중반부터는 자동차 부품 특히 크랭크축의 대량 생산에 이용되고 있다.

구상 흑연 주철의 현미경 조직은 통상적으로 흑연이 구상화된 것을 전제로 하여 바탕 조직에 따라 그림 2-126과 같이 페라이트형, 펄라이트형 및 벌스아이형 등이 있으며, 이를 기본으로 하여 기계적 성질도 결정된다. 특히 그림 2-126 (c)와 같은 벌스 조직(bull's structure)은 황소의 눈과 같다 하여 이를 벌스 아이(bull's eye)형이라 한다. 이 조직은 흑연의 주위에 페라이트가 둘러싸여 있고 외부의 기지는 펄라이트 조직으로 되어 있으며, 페라이트와 펄라이트의 중간 조직이다. 그림 2-127은 승용차에 사용되고 있는 크랭크축 주물의 보기이다.

그림 2-127 소형 자동차용 SG iron 크랭크축 주물

(5) 주강

강(鋼, steel)으로 주조한 주물(鑄物)을 주강품(鑄鋼品, steel castings)이라 하며, 주강품의 재질을 주강(鑄鋼, steel casting)이라 한다. 주강은 모양이 크거나 복잡하여 단조 가공이 곤란하거나, 주철 주물로서는 강도가 부족할 경우에 이용된다. 특히 제철, 채광, 조선, 건설 등에 사용되는 대형 산업 기계와 설비의 주요 부품 그리고 선체의 대형 부재, 발전용 증기 터빈, 댐 수문 및 수차 등은 주강이 주로 사용되고 있다.

단일 주강품의 무게는 200t 이상의 것도 있으며, 또 주강품을 용접으로 조합하면 매우 큰 제품을 제작하는데 유리하다. 특히, 속이 비어 있는 제품에 있어서도 압연 강재나 프레스 판재를 주강품과 용접하여, 제작비를 절감하면서 초대형 제품을 만들

수 있는 방안이 실현되고 있다.

주강 주물(761kg steel valve castings)

1 주강의 성질과 조직

주강은 압연재나 단조품과 같은 수준의 기계적 성질을 가지고 있으면서 주철 주물과 같은 방법으로 제품을 얻을 수 있으므로, 압연이나 단조와 같은 제조 방법에 비하여 유리하다. 그러나 주강은 0.4～0.5%C 이하를 함유하는 경우가 대부분으로, 용융 온도가 1600℃ 전후의 고온이 되기 때문에 주철에 비하여 용해로의 내화 재료와 주형 재료의 내화도가 높아야 하고, 그 관리가 까다롭다. 주강품은 수축이 크고 주조 과정에서 생기는 기포 등을 방지하기 위해 다량의 탈산제를 첨가하게 되므로, 강재에 비해 Mn와 Si의 양이 많고 응고 수축이 커지므로 이에 대한 대책이 필요하게 된다. 주강은 주조한 상태로는 조직이 거칠고, 주조 응력과 메짐성을 가지고 있으므로 주조 후에는 완전 풀림을 실시하여 조직을 미세화하고 주조 응력을 제거해야 한다.

2 주강의 종류

탄소 주강

탄소 주강(炭素鑄鋼, carbon cast steel)을 탄소강 주강(炭素鋼鑄鋼)이라고도 하며, 화학 조성으로는 저탄소강과 중탄소강에 속하는데, Si, Mn, Al 또는 Ti 등이 탈산제로서 소량 첨가되어 있다.

따라서 보통 주강에는 C, Si, Mn 및 미량의 Al이 함유되어 있으며, 그 밖에 불순물로서 미소량의 P, S, Cu, Sn, Pb 등의 원소가 들어 있다. Si나 Mn이 특별히 많이 함유된 것은 합금 주강에 속하게 되므로, 보통 주강에는 Si, Mn을 0.5% 이내로 하는 것이 일반적이다. 보통 주강은 철도, 조선, 광산용 기계 및 설비 그리고 구조물 및 기계 부품 등의 재료로 사용된다.

합금 주강

강도 또는 내식성, 내열성 및 내마멸성 등을 향상시키기 위하여 보통 주강에 Ni, Cu, Mn, Mo, V 등의 원소를 1종 또는 2종 이상 배합한 주강을 합금 주강(合金鑄鋼, alloy cast steel)이라 한다.

탄소 주강에 Ni, Cr, Mo, Mn, Si 등을 첨가하여 강도, 인성 및 내마멸성을 향상시킨 합금 주강으로 강인 주강이라고도 한다. 이 합금 주강에는 저Mn 주강, Mn-Cr 주강, Mo 주강, Ni-Cr 주강 등이 있으며, 주로 차량의 주요 부품과 펌프의 본체 재료로 사용된다.

(6) 강의 열처리와 표면 경화

1 강의 열처리

금속 재료는 화학 성분이나 가공 방법이 같더라도 가열 온도, 가열 후의 유지 시간, 냉각 속도와 방법 등을 달리하면 조작 전과는 뚜렷하게 다른 성질의 재료로 변화시킬 수 있다. 이와 같이 금속 재료에 대하여 가열, 유지, 냉각 및 그 밖의 조작을 알맞게 하여 금속 재료의 여러 가지 필요한 성질로 변화시키는 처리를 열처리(heat treatment)라 하며, 기계 제작 과정에서 빼놓을 수 없는 매우 주요한 공정으로 많은 연구·개선이 이루어지고 있다.

상자형 머플로

특히, 철강 재료는 다른 금속에 비해 열처리 효과가 크고, 종류, 성분, 제조 방법 등에 따라 성질을 각기 달리 할 수 있으므로, 열처리를 알맞게 하면 다양한 기계적 성질과 특성을 갖게 할 수 있다. 그러므로 그 용도를 넓히면서 부가 가치를 높일 수가 있어 공업적으로 매우 중요시되고 있다.

풀림

강을 적당한 온도로 가열하고 그 온도를 유지한 다음 서랭하는 조작으로, 강의 결정 조직을 조정하거나 가공 또는 담금질에 의해 내부에 생긴 응력의 제거, 연화, 절삭성 향상, 냉간 가공성 개선, 결정 조직의 조정 등을 위한 열처리 조작을 풀림(燒鈍, annealing)이라 한다.

풀림은 목적에 따라 완전 풀림(full annealing), 등온 풀림(isothermal annealing), 응력 제거 풀림(stress relief annealing), 연화 풀림(softening annealing), 구상화 풀림(spheroidizing annealing)이 있다.

노멀라이징

강의 결정 조직은 앞에서 이루어진 여러 가지 가공이나 열적 조작에 따라 달라지게 되므로 강의 조성에 대응하는 표준의 상태를 정할 필요가 있다. 이에 따라 일성한 열처리 조작으로 얻어지는 조직을 표준 상태로 하고 있으며 이 조작을 노멀라이징(燒準, normalizing)이라 한다.

노멀라이징의 목적은 결정 조직을 미세화하고, 냉간 가공, 단조 등에 의한 내부 응력을 제거하며, 결정 조직, 기계적 성질, 물리적 성질 등을 표준화시키는 데 있다. 또한 강을 표준화 처리하면 취성이 저하되고 주강의 경우에는 주조 상태에 비해 연성, 인성 등의 기계적 성질이 현저하게 개선된다.

담금질

강을 오스테나이트로부터 냉각할 경우 냉각 속도에 따라 조직이 변태되며, 이때 도중의 변태가 저지, 억제되도록 급랭하여 마텐자이트 조직으로 변화시키는 조작을 담금질(燒入, quenching)이라 한다. 이 조직은 매우 단단하고 내마멸성과 내충격성이 우수하다.

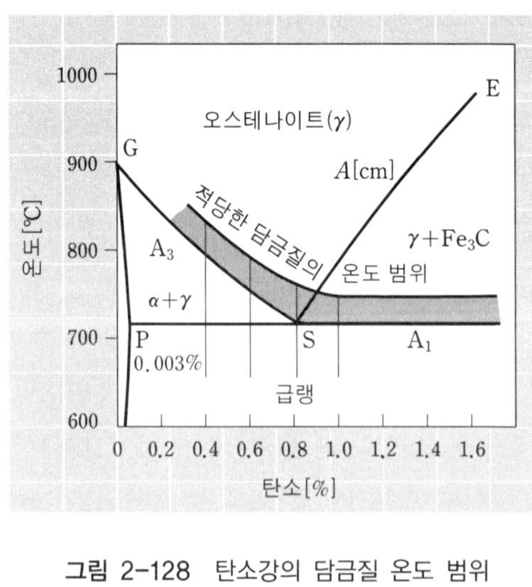

그림 2-128 탄소강의 담금질 온도 범위

강의 담금질은 오스테나이트 조직에서 마텐자이트 조직을 얻는 것이므로, 담금질할 때에는 우선하여 강을 오스테나이트 조직이 될 때까지 가열해야 한다. 그러나 담금질 온도는 강의 조성에 따라 다르며, 아공석강에서는 그림 2-128의 GS선 이상 30~50℃, 과공석강에서는 A_1 온도 이상 30~50℃가 적당한 담금질 온도이다. 그러나 가열 온도, 가열 시간 및 가열 속도에 따라 미용해 탄화물의 잔존, 결정 입도 등이 달라지고, 이것에 의하여 마텐자이트 변태에 현저한 영향을 준다.

뜨임

강은 담금질한 상태에서는 재료 내부에 크고 작은 내부 응력이 남아 있어 끝마무리 가공을 하면, 응력의 평형이 깨져서 변형되거나 균열이 생긴다. 또 그대로 오래 사용하면 응력이 풀리면서 변형이 일어난다. 그리고 마텐자이트 조직은 취약하기 때문에, 표면부에 인장의 잔류 응력이 남아 있으면 불안정하여 파괴가 일어나기 쉽다. 따라서 용도에 따라 적당한 인성을 부여하기 위해서는 담금질 후에는 반드시 뜨임(燒戾, tempering) 처리를 하여 사용한다. 뜨임은 담금질에 의하여 생긴 조직을 변태 또는 석출을 진행시켜 안정한 조직으로 하고, 동시에 잔류 응력을 감소시켜 필요로 하는 성질과 상태를 얻기 위하여 담금질한 강을 A_{c_1}점 이하의 적당한 온도까지 가열, 냉각시키는 조작이다.

담금질 제품

특수 열처리

열처리법을 개선하여 재료를 더욱 강화하기 위하여 또는 크거나 복잡한 부품을 담금질할 때 균열이나 변형되는 것을 방지하기 위한 새로운 담금질법이 구안되어 이용되고 있다. 이것은 등온 변형 곡선에 의해 강의 변태 과정을 연구한 결과 얻어진 기술이다. 특수 열처리에는 심랭 처리(深冷處理, deep cooling), 오스템퍼링(austempering), 마템퍼링(martempering), 마퀜칭(marquenching), 가공 열처리(thermomechenical treatment) 등이 있다. 그림 2-129는 등온 변태를 이용한 특수 열처리 곡선이다.

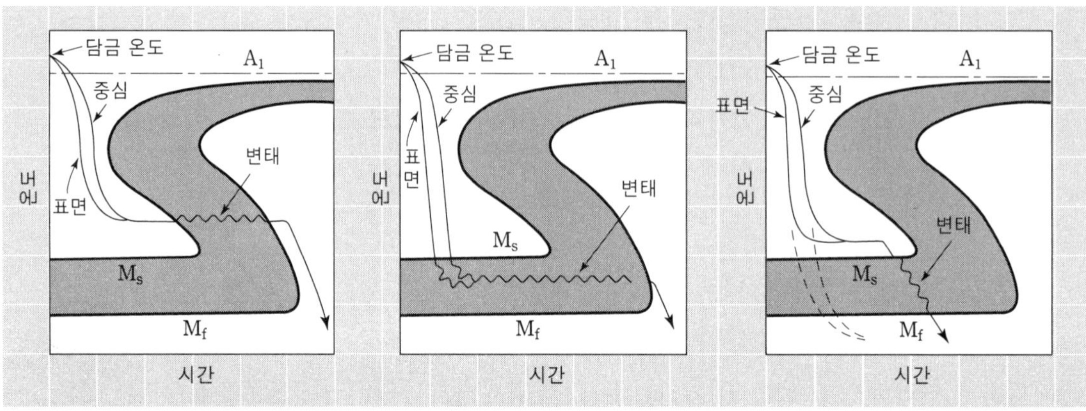

(a) 오스템퍼링 (b) 마템퍼링 (c) 마퀜칭

그림 2-129 등온 변태를 이용한 특수 열처리

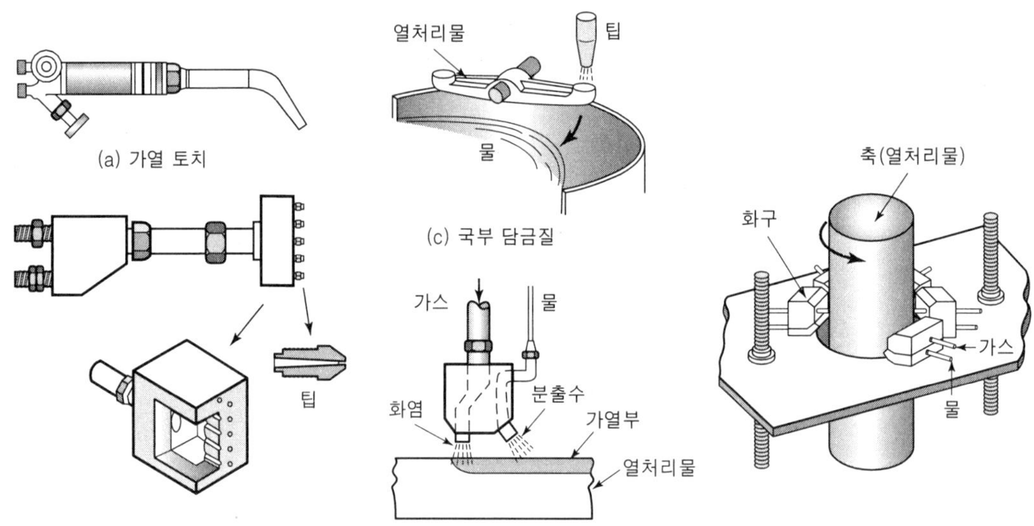

(a) 가열 토치 (b) 화구 (c) 국부 담금질 (d) 평면 담금질 (e) 축 담금질

그림 2-130 화염 경화 보조 장치

2 철강재의 표면 경화

화염 경화법

0.4~0.5%C의 탄소강을 담금질한 다음 뜨임을 하면 강인하고 경도가 상당히 높은 재료를 얻을 수 있다. 이와 같은 탄소강을 사용하여 사전에 구조용강으로서의 목적에 알맞게 열처리를 한 다음 필요한 부분만을 산소-아세틸렌 화염 등으로 재가열하

여 표면층만 담금질하여 경화시키는 방법을 화염 경화법 또는 화염 담금질(flame hardening)이라 한다. 이때 중심부는 변태하지 않는 원래의 조직 그대로 유지하여 이중 조직이 된다.

화염 경화의 깊이는 일반적으로 단면의 두께 및 용도에 따라 1.5~6mm까지 가능하며, 기어의 잇면, 캠, 나사, 크랭크축, 선반 베드 등의 미끄럼면의 국부 경화에 이용된다. 화염 담금질에 이용되는 보조 장치에는 여러 가지 종류가 있으나 일반적으로 그림 2-130과 같은 장치가 많이 사용되고 있다.

고주파 경화법

고주파 담금질은 가열 시간이 수 초라는 극히 짧은 시간에 이루어지므로, 보통 가열 때와 같이 표면의 산화, 탈탄 또는 결정 입자의 조대화 등이 일어나지 않는다. 그러나 고주파 담금질(induction hardening)은 표면만 가열함으로써 전체 변형은 작으나 급열이나 급랭으로 인하여 재료가 비틀리거나 균열을 일으키는 경우가 있다. 또한 내부 온도가 낮은 상태에서 가열된 표면을 급랭함으로써, 열처리 대상 물품의 크기에 따른 질량 효과 문제는 없다. 따라서 지름이 큰 경우에는 담금질성이 낮은 값이 싼 탄소강을 사용할 수 있다. 그림 2-131은 고주파 담금질용 유도자의 보기이다.

그림 2-132 (a)는 기어의 고주파 담금질을, 그림 2-132 (b)는 담금질한 기어 측면을 매크로 검사한 보기이다.

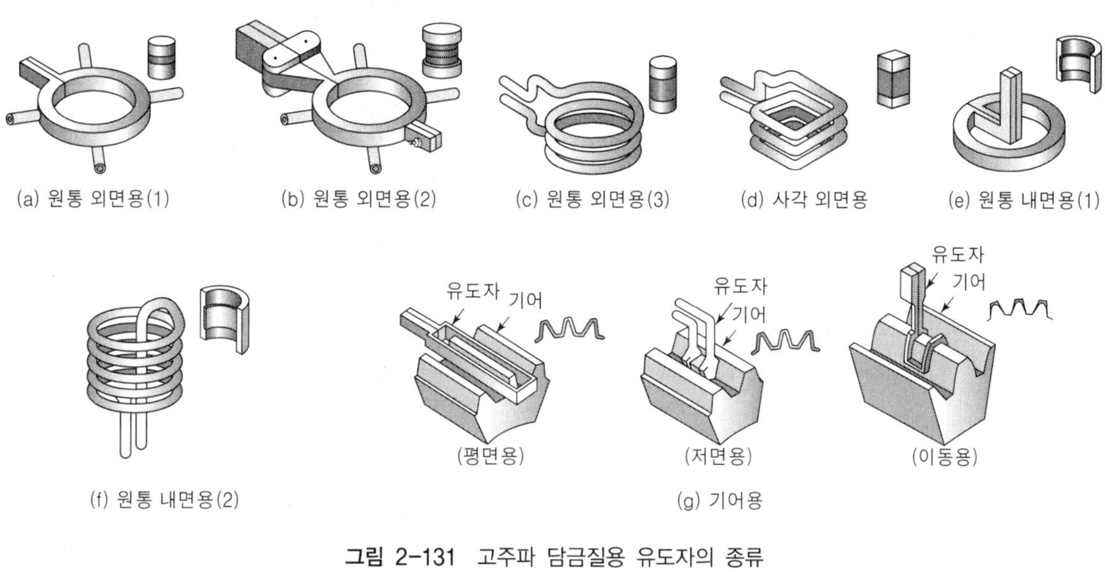

그림 2-131 고주파 담금질용 유도자의 종류

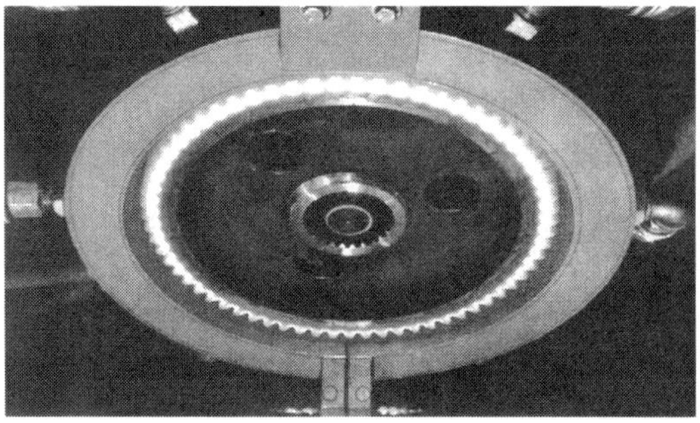

(a) 고주파 담금질

(b) 제품

그림 2-132 기어의 고주파 담금질과 제품

강의 침탄 경화법

강재의 표면만을 단단한 재질로 만들기 위한 표면 경화법이다. 0.2%C 이하의 저탄소강 또는 저탄소 합금강을 침탄제(浸炭劑) 속에 파묻고 오스테나이트 범위로 가열하여 표면에 탄소를 침입, 확산시켜 표면층만을 고탄소층으로 조성하는 열처리 조작 방법을 침탄(carburizing)이라 한다.

침탄 후 담금질하면 표면의 침탄층은 마텐자이트 조직으로 경화되고, 중심부는 강인한 저탄소강 성질이 그대로 남아 있어 이중 조직이 된다. 즉, 표면은 내마멸성, 중심부는 강인성을 동시에 갖게 된다.

침탄법에는 침탄에 쓰이는 침탄제에 따라 고체 침탄, 가스 침탄 및 액체 침탄이 있다. 특히 액체 침탄에서는 동시에 질화도 어느 정도 이루어지므로 이것을 침탄 질화법이라고도 한다.

그림 2-133 질화 처리 제품

강의 질화 경화법

강재 표면에 질소(N)를 침투시켜 매우 단단한 질소 화합물(Fe_2N)의 층을 형성하는 표면 경화법을 질화(nitriding)라 한다. 이 방법은 질화 알루미늄(Al) 또는 크로뮴(Cr) 등을 함유한 질화용 강을 가공 완료한 다음 암모니아 가스(NH_3) 중에서 약 500℃로 장시간 가열하여, 강의 표면에 단단하고 내식성이 높은 질화 화합물을 만들어 표면을 경화하는 방법이다. 그림 2-133은 질화 처리 제품의 보기이다.

2) 비철 금속 재료

일반적으로 철강, 주철, 주강 등 철을 소재로 한 재료를 제외한 기타 모든 금속 재료를 비철 금속 재료(非鐵金屬材料, nonterrour metal)라 한다.

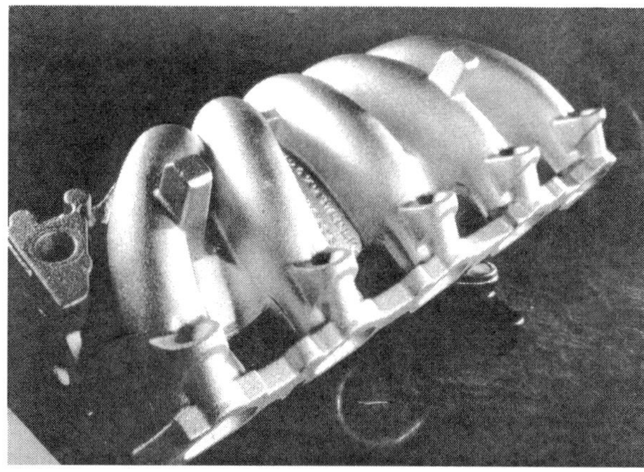

Al-alloy로 주조한 자동차용 매니폴드의 보기

비철 금속 재료는 주조성, 소성 가공성, 내열 내식성, 열전기의 전도성 등이 철강 재료에 비하여 뛰어난 특성을 가지고 있으므로 기계 재료로서 대단히 중요한 재료이다. 그리고 기계나 장치의 소형 성능화, 대형 경량화 또는 자동 계측 제어화의 추세에 따라 비철 금속 재료의 소요와 중요성이 더욱 증가하고 있다.

특히 많이 사용되고 있는 비철 금속 재료로는 항공기나 차량 등의 구조물에 사용되는 알루미늄 합금과, 내식성이 요구되는 부품이나 열교환기에 쓰이는 동과 그 합금 등이 있다. Ni이나 Co 합금은 고온에서의 내열성이 우수하여 내열용 합금 재료로 많이 쓰이고 있다. 이 밖에도 각종 금속 재료에 합금용 재료가 첨가됨에 따라 새로운 성질의 금속 재료가 개발되고 있다.

(1) 동과 그 합금

동(銅, copper)은 인류가 오래전부터 사용하여온 금속으로, 철강 재료에 비해 강도가 떨어지고 값이 고가이므로 구조용으로는 적합한 재료가 아니다. 그러나 전기 및 열전도도가 크고 금속 간의 마찰 계수가 적고 내식성이 우수하며 가공성이 좋다. 또 합금을 하면 기계적 성질을 향상시킬 수 있다는 등의 장점을 갖고 있어서 공업 재료로 매우 중요하다.

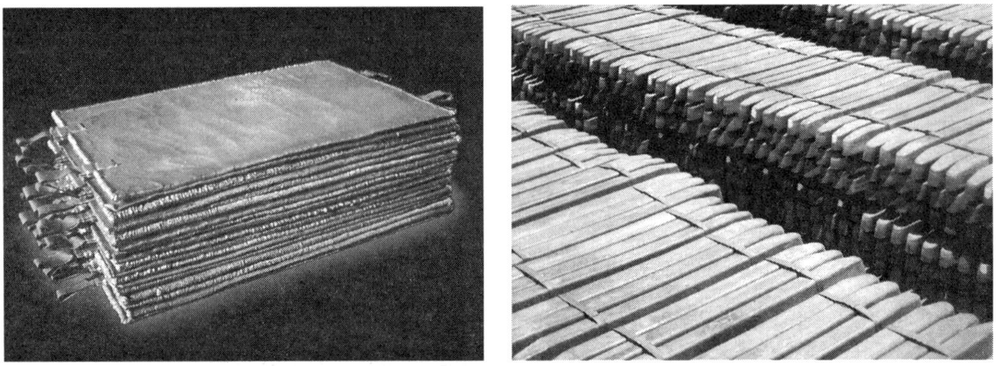

(a) 전기동 (b) 주조 잉곳

그림 2-134 동 지금

1 동

동(銅, copper)은 황동광(黃銅鑛, chalcopyrite, $CuFeS_2$), 휘동광(輝銅鑛, chalcocite, Cu_2S) 또는 적동광(赤銅鑛, cupurite, Cu_2O) 등의 광석으로부터 부유 선광(浮游選鑛)에 의해, 동의 함유량이 높은 것을 선별하고 이것을 용광로에서 용제와 같이 용해시켜 20～40%Cu를 함유하는 황화동(Cu_2S)과 황화철(FeS)의 혼합물인 매트(matte)를 만들어 산화물을 주체로 하는 슬래그와 분리한다. 선광 후에도 30% 정도 남아 있던 주요 불순물인 Fe는 대부분이 슬래그에 들어 간다. 매트는 다시 전로에서 산화, 정련하여 S와 남은 Fe를 제거하여 순도 98.5～99.5%의 조동(粗銅, coarse copper)으로 만든다. 이 조동은 1m×1m×40mm 정도의 양극판(陽極板)으로 주조하여 전해 공정에 보내진다.

전기 분해 반응으로 얻은 순수한 Cu를 전기동(電氣銅, electrolytic copper)이라 하며, 순도는 99.95～99.99%이다. 또 전기동을 반사로에서 용해, 정련하고 탈산시킨 다음, 이를 금형에 주입하여 만든 것을 정련동(精練銅, tough pitch copper)이라 한다.

그림 2-134는 제련한 순동 지금(地金, mothre alloy)인 전기동과 주조 잉곳의 보기이다.

2 동 합금

Cu-Zn계 합금

Cu-Zn 합금은 동과 아연을 주성분으로 하는 합금으로 황동(黃銅, brass)이라 불리며 동에 비하여 주조성, 가공성 및 내식성이 좋다. 또 청동에 비해서도 가격이 싸고

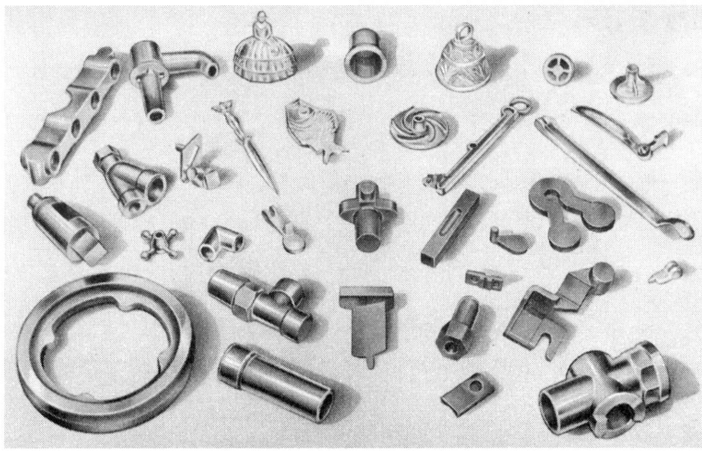

그림 2-135 각종 황동 제품

색깔이 아름답기 때문에 자동차, 기계 부품, 전자 부품 또는 장식용 주물에 널리 사용된다. 그림 2-135는 여러 가지 황동 제품의 보기이다.

a) 7 : 3 **황동**(cartridge brass) : 70%Cu-30%Zn 합금은 가공용 황동의 대표적인 것으로 연신율이 크고 인장 강도가 상당히 높으므로 판, 막대, 관, 선 등으로 만들어 소재로 널리 사용하고 있다. 이 밖에 자동차용 방열기 부품, 파이프, 계기 부품 및 전구 소켓, 여러 가지 일용품, 장식품, 탄피 등으로 가공하여 이용하고 있다.

b) 6 : 4 **황동**(muntz metal) : 60%Cu-40%Zn 합금은 $\alpha+\beta$ 조직이며, 상온에서 7 : 3 황동에 비하여 전연성이 낮고 인장 강도는 크므로 600～800℃에서 고온 가공한 다음 상온에서 완성시켜 판, 로드 등으로 만든다. 황동 중에서 아연 함유량이 많아 값이 싸서 가장 많이 사용되고 있다. 내식성이 다소 낮고 탈아연 부식을 일으키기 쉬우나, 강력하므로 기계 부품으로서의 용도가 넓다. 일반적으로 판재, 선재, 볼트, 너트, 열교환기, 파이프, 밸브, 대포 탄피 등에 많이 쓰인다. 자동차 부품으로서는 브레이크 파이프에 쓰이며, 그 밖에 일반 판금용 재료로도 널리 사용되고, 황동판(7 : 3 황동)은 KS D 52로 규정하고 있다.

c) **황동 주물** : 주물용으로는 아연 함유량이 10～40%인 것이 주로 사용되며, 용탕의 유동성이 좋아 복잡하고 정밀한 주물에 사용된다. 황동 주물은 청동 주물에 비해서 강도, 경도 및 내식성은 낮으나, 절삭성과 주조성이 좋기 때문에 기계 부품, 보일러 부품, 건축용 부품 등의 재료로 사용된다.

Cu-Sn계 합금의 종류

a) 포금 : 8～12% Sn에 1～2% Zn을 함유한 주물용 동 합금을 포금(砲金, gun metal)이라 한다. 현재는 대포의 포신에 Ni-Cr강을 사용하나, 옛날에는 포신을 주석 청동으로 만들었는데, 여기서 포금이라는 이름이 유래되었다. 포금은 해수에 잘 침식되지 않으며 수압, 증기압을 잘 견디므로 선박 등에 널리 사용되고 있다. 특히 이 합금 중에서 기계용 청동 주물로 가장 일반적으로 사용되고 있는 것은 10% Sn 정도의 포금에 2% 정도의 Zn을 첨가한 청동을 admiraly gun metal이라 하는데 이것은 주조성과 기계적 성질 및 내식성을 개량한 것으로 용도가 다양하다.

b) 미술용 청동 : 동상이나 실내 장식 또는 건축물 등에 사용되는 2～8% Sn, 1～12% Zn, 1～3% Pb의 청동이다. 정밀한 주물에는 쇳물의 유동성을 좋게 하기 위하여 비교적 많은 양의 Zn을 첨가하고, 또 절삭 가공을 쉽게 하기 위해서 Pb을 첨가하기도 한다. 주석을 15～25% 첨가하여, 강하고 경도가 높아 맑은 소리를 낼 수 있도록 한 종용 청동(鐘用靑銅, bell bronze)이 있다.

c) 화폐용 청동 : 3～8%Sn, 1%Zn을 함유한 것은 성형성이 좋고 강인하므로, 화폐나 메달 등에 많이 사용한다.

종용 청동(實相寺鐘, 2250kg)

특수 청동

Cu-Sn계 합금에 Sn 이외의 합금 원소를 첨가하여 청동의 기계적 성질 또는 내식성 등의 특성을 부여하거나 성질을 개량한 청동을 특수 청동(special bronze)이라 한다. 특수 청동에는 Sn을 전혀 함유하지 않는 것도 주요 합금 원소명을 인용하며 Al 청동(alurninum bronze), Ni 청동(nikel bronze)이라 부르고 있다. 그림 2-136은 선박용 알루미늄 청동 주물의 보기이다.

그림 2-136 알루미늄 청동 주물(선박용 프로펠러)

(2) 경 금속과 그 합금

금속 재료 중에서 비중이 5 이하의 것을 편의상 경 금속(light metal)이라 한다. 경 금속에는 일반적으로 비중이 작은 Al(2.7), Mg(1.74), Be(1.85), Na(0.97), Li(0.53), Rb(1.53) 등을 대상으로 하였으나, 최근에는 Ti(4.51)도 경 금속으로 취급하고 있다. 그리고 이들 경 금속이 주성분이 되는 합금도 경 금속으로 취급한다. 그러나 철 또는 구리에 이들 금속을 첨가한 합금은 경 금속이라 하지 않는다. 경 금속을 주성분으로 한 합금을 경 합금(light alloy)이라 한다.

1 알루미늄과 그 합금

● 알루미늄

알루미늄은 백색의 금속으로 비중이 2.7이며 Mg(1.74), Be(1.85) 다음 비중이 작은 대표적인 경 금속으로 실용 금속 중에서 가장 가벼운 금속이다. Al은 내식성이 크고 전기 및 열의 전도성이 Cu 다음으로 양호하다. 또 가공성이 풍부하므로 판, 봉, 관, 선 등으로 가공하며 단조, 주조도 용이하여 용도가 다양하다.

알루미늄의 순도는 최근 원료의 품질 향상과 기술의 발달에 의해 보통 99.85～99.9% 정도의 것을 얻을 수 있다.

이것을 재정련하면 99.99% 이상의 순도로 된다. 그림 2-137은 알루미늄 잉곳(aluminium ingot)의 보기이다.

그림 2-137 알루미늄 잉곳

그림 2-138 알루미늄 합금 주물 제품(자동차 부품)

알루미늄 합금

a) 주물용 알루미늄 합금 : 알루미늄 합금 주물은 자동차를 비롯하여 광학 기계, 조명 기구, 통신 기구, 낙농 기구, 어구, 위생 용기 등 용도가 매우 다양하다. 현재 사용되고 있는 알루미늄 합금 주물은 KS D 6008로 규정하고 있다. 그림 2-138은 경주용 자동차의 기어 박스로, 알루미늄 합금 주물 제품의 보기이다.

b) 가공용 알루미늄 합금 : 가공용 Al 및 Al 합금은 단조, 압연, 인발, 압출 등에 의해 판, 봉, 관, 선으로 가공하는 합금으로, 특성상 내식 Al 합금, 고력 Al 합금으로 크게 분류하고 있다.

2 마그네슘과 그 합금

마그네슘은 비중이 1.74인 은백색의 금속으로 공업용 금속 중 가장 가벼워 주로 항공기와 자동차용 경 금속 재료로 주목되어 왔다.

마그네슘

Mg은 전기 화학적으로 전위가 낮아서 내식성이 나쁘며, 대단히 활성적인 금속으로 공기, 물, 화학 약품과 접촉하면 부식된다. 마그네슘은 알칼리 수용액에 대해서는 비교적 침식되지 않지만 산, 염류의 수용액에서는 현저하게 침식된다. 마그네슘은 가공 경화율이 크기 때문에 실용적으로 10~20% 정도의 냉간 가공성을 갖는다. 그러나 절삭 가공성은 대단히 좋으므로 고속 절삭이 가능하고 마무리면에서 우수하다.

● 마그네슘 합금

마그네슘 합금은 비강도가 크므로 경 합금 재료로 가장 큰 이점이 있다. 또 주물로서 마그네슘 합금은 인장 강도, 연신율, 충격값 등이 알루미늄 합금과 비슷할 뿐만 아니라, 절삭성이 좋으므로 부품의 경량화와 가공비의 절감에 큰 효과가 있다. 마그네슘 합금은 항공기 및 육상 수송기 부품, 자동차 및 기타 부품의 기계 구조용 재료로 널리 사용되고 있다. 마그네슘 합금은 주물용 마그네슘 합금과 가공용 마그네슘 합금으로 분류한다.

자동차 로드 휠(aluminium road wheels)

3 타이타늄과 그 합금

● 타이타늄

타이타늄(titanium, Ti)은 근년에 와서 공업적으로 생산되고 있는 금속으로, 타이타늄 철석(ilmenite, $FeTiO_3$), 금홍석(金紅石, rutile, TiO_2) 등의 광석 또는 사철(砂鐵) 등에 함유되어 있다. 제조법에는 크롤(Kroll)법과 헌터(Hunter)법이 있으며 크롤법에서는 밀폐된 스테인리스강 용기에서 약 773~873℃로 $TiCl_4$를 액상 Mg과 반응시키면 고온 반응의 최종 산출물로 스펀지 상태의 Ti과 $MgCl_2$ 및 약간의 Mg 등을 얻을 수 있다. 타이타늄은 가스 터빈, 항공기 구조, 화학 공업, 원자로 구조 등의 재료로 많이 사용되고 있다.

● 타이타늄 합금

타이타늄계 합금은 타이타늄의 성질을 개량하기 위하여 Al, Sn, Mn, Fe, Cr, Mo, V 등을 첨가한 합금이다. 즉, Mo, V 등을 첨가하면 내식성을 향상시키고 Al은 수소 함유량을 적게 하여 고온 강도를 높일 수 있다. 타이타늄 합금(titanium alloy)은 순 타이타늄보다 비강도가 높고 다른 고강도 합금에 비해서 고온 강도가 크므로 제트 엔진의 축류, 압축기의 주위 온도가 약 450℃가 되는 블레이드(blade), 회전자(rotor) 등 고온 강도가 요구되는 부품에 사용된다. 화학 공업용 밸브나 펌프 부품, 항공기의 부품 등에 Ti 및 그 합금 주물이 점차 많이 사용되고 있다.

(3) 그 밖의 비철 금속 재료

1 아연과 그 합금

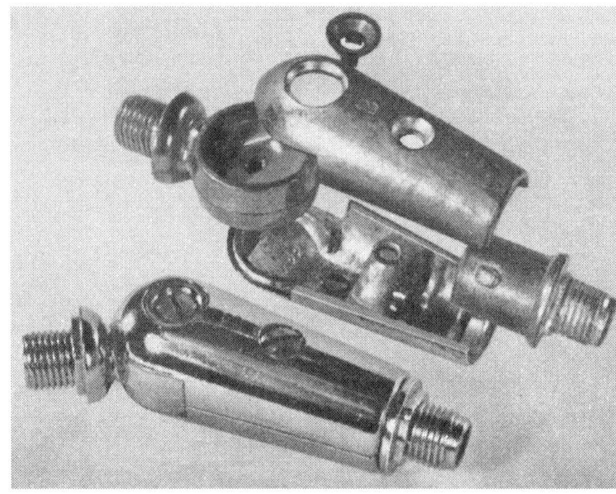

그림 2-139 다이캐스팅한 아연 합금 제품

아연(亞鉛, Zn)은 알루미늄, 구리 다음으로 많이 생산되는 비철 금속으로 값이 싸다. 합금 원료로서 구리나 알루미늄에 첨가하면 황동과 같이 값이 싸고 우수한 재료를 얻을 수 있다. 또한 주조성이 좋으므로 다이 캐스팅(die casting)용 합금으로서 용도가 광범위하다. 또 아연은 가공성이 비교적 좋으며 냉간 가공도 가능하다.

이 밖에도 아연은 강판, 강관, 강선 등의 도금 재료로 쓰인다. 그림 2-139는 다이캐스팅한 아연 합금 제품의 보기이다.

2 연, 주석과 그 합금

연

연(鉛, Pb)은 납이라고도 하는데, 회백색의 금속으로 공업용 금속 중에서 밀도가 가장 크며(11.36), 융점은 327.4℃로 낮고 연성이 풍부하여 가공이 용이하다. 또 전기 전도율이 나쁘고 주조성, 윤활성이 좋고 열팽창 계수가 크다. 특히, 방사선을 흡수하는 성질이 있어 방사선을 차단하는 데 사용한다. 연은 유연하고 가공하기가 쉬우므로 상온에서 판이나 박(箔)으로 압연할 수 있다. 그러나 인장 강도가 작으므로 인발을 할 수는 없다.

주석

주석(朱錫, Sn)은 비중이 7.3인 은색의 유연한 금속으로 13.2℃에서 변태점이 있다. 보통 사용되는 주석의 순도는 99.8% 이상이며, 중요한 불순물로는 Pb, Sb, As, Cu, Fe, Bi, Ni, Co, Ag, S 등이다.

Sn의 기계적 성질은 고온에서는 강도 · 경도 · 연신율이 모두 저하한다. 주석은 금속 중 Pb 다음으로 연하므로 용이하게 박(箔, foil)으로 가공할 수 있고 구부리면 쌍정이 생기면서 톡특한 소리(tin cry)를 낸다. 재결정 온도는 상온 이하이므로 가공 경화하지 않으며 소성 가공이 쉽다.

Sn은 강산(强酸) 및 알칼리에는 침식되나 중성에는 비교적 내식성을 갖는다. 그러나 가공 소다와 같은 강알칼리에는 묽은액이라도 침식되며, 산소와 접하면 부식이 가속된다. Sn이 주석 도금 철판(朱錫鍍金鐵板)에 이용되는 것은 내식성이 좋으며 피복 가공 처리가 쉽고 독이 없기 때문이다.

활자 합금

인쇄 공업에 사용되는 연판(鉛版)과 활자 합금(活字合金, type metal)은 주로 Pb-Sb-Sn계 합금이며, 특히 경도를 요구할 때에는 Cu가 첨가된다. Sb의 첨가로 합금을 경화시키고, 응고 수축률을 적게 하여 주조면을 좋게 한다. Sn의 첨가는 용융점을 낮게 하고 유동성을 좋게 하여 주조성을 개선한다. 또 주조 조직을 미세화하여 인성을 주는 효과가 있다.

3 땜용 합금

연납

연납(soft solder)은 보통 Sn과 Pb의 합금으로 동, 황동, 청동, 철, 아연 등 금속 제품의 접합에 널리 이용되고 있으며, 융해 온도는 약 300℃ 이하이다.

Sn-Pb 합금 땜납은 KS D 6704에 규정되어 있다. 연납은 용융점이 낮아서 땜질이 쉽다. 용도에 따라 25～90% Sn의 범위 내에서 사용되나, 이 중에 40～50% Sn가 가장 많이 사용된다.

경납(hard solder)

a) 황동납 : 경납 중에서 34～67% Zn을 함유하는 황동으로, 철 및 동 합금 제품의 접합에 사용된다. 동 및 황동납에 대해서는 KS D 8049로 규정하고 있다.

b) 금납 : 금제품의 접합에 사용하고 성분은 62.5% Au, 22.5% Ag, 15% Cu를 함유하는 15금, 42% Au, 32.5% Ag, 25% Cu를 함유하는 10금 등이 있다. 금납은 치과용, 장식용, 전자관의 부품을 접합하는 데 사용된다.

c) 은납 : 은납은 Cu-Ag 합금 또는 이것에 아연, 주석을 첨가한 것으로 모넬 메탈, 양백 등의 납땜에 쓰이며, 황동납보다 용융점이 낮고, 납땜이 용이하여 알루미늄, 마그네슘 등의 금속을 제외한 철, 동 합금 등 거의 모든 금속의 납땜에 사용된다.

4. 특수 용도 재료

1) 공구용 재료

기계 공업에는 여러 종류의 가공용 공구가 사용되는데, 이들 공구는 절삭 공구와 소성 가공이나 주조용인 금형으로 구분된다.

공구는 일반적으로 고압 · 고온이라는 극단적인 조건하에서 사용되므로 공구 재료(tool materials)로는 상온 · 고온 경도가 크고, 인성이 크며, 높은 내마멸성과 내충격성이 좋아야 한다. 또한 공구로서의 성형성과 열처리성도 요구된다.

그림 2-140은 절삭 공구의 발달 과정을 나타낸 것이다.

(1) 공구강

1 탄소 공구강

탄소 공구강(carbon tool steel)은 0.6～1.5% C의 고탄소강으로, 실용 공구에는 0.50%C 정도의 것이 많이 사용되고 있다. 칼날이나 절삭 공구 등과 같이 충격보다는 주로 경도가 중요시 되는 공구에는 고탄소강을 사용하며, 충격을 많이 받는 단조용 공구 등에는 강인성이 큰 것이 요구되므로, 탄소 함유량이 비교적 적은 것이 사용된다.

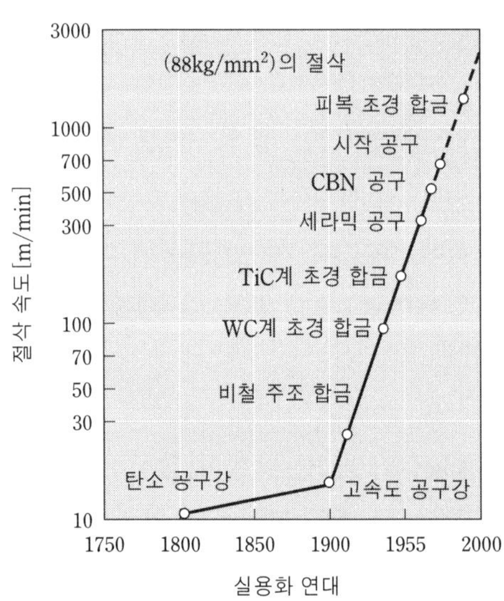

그림 2-140 절삭 공구의 발달 과정

고속도 공구강 제품

2 합금 공구강

합금 공구강(alloy tool steel)은 열처리성, 내마멸성 및 인성 등을 개량하기 위해 탄소 공구강에 Ni, Cr, W 및 V 등의 원소를 하나 또는 둘 이상을 첨가 합금한 공구강이다. 합금 공구강은 용도에 따라 절삭 공구용, 내충격 공구용, 냉간 금형용 및 열간 금형용 등이 있다. 이러한 합금 공구강에 대하여는 KS D 3753에서 화학 성분, 열처리 조건 등이 규정되어 있다.

3 고속도강

고속도강(高速度鋼, high speed steel)은 주로 강력 절삭용으로 쓰이는 합금 공구강으로 W, Cr 및 V 등 탄화물 형성화 원소(炭化物 形成化 元素)를 다량 함유하여, 이들의 탄화물 또는 복합 탄화물의 석출 경화에 의해 고온 경도를 현저하게 높인 강력 절삭용 고합금강이다.

(2) 경질 합금

1 주조 경질 합금

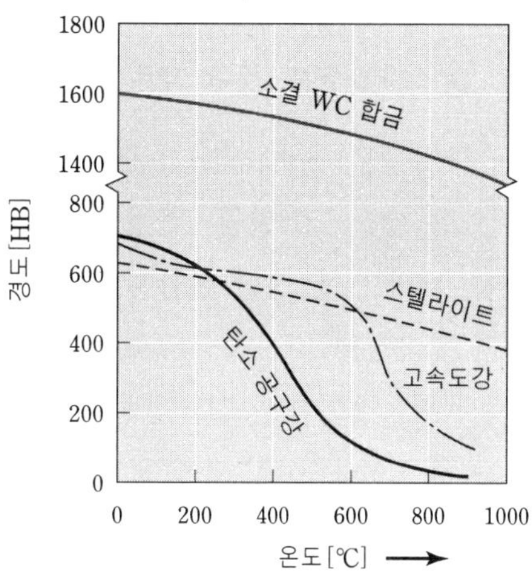

그림 2-141 공구용 재료의 고온 경도

주조 경질 합금(鑄造硬質合金)은 공구강과는 달리 주조 상태에서 공구로 사용할 수 있는 합금으로, 열처리를 하지 않고도 상온뿐만 아니라 고온 경도가 매우 높고, 내마멸성이 크므로 고속 절삭 공구로 사용된다. 그러나 이 합금의 결점은 취약하며 단조가 불가능한 점이다. 이 합금에 속하는 대표적인 합금으로는 Co를 주성분으로 하는 Co-Cr-W-C계의 은백색을 하고 있는 스텔라이트(stellite) 합금이 있다. 스텔라이트는 1.5~3% C, 25~35% Cr, 15~20% W, 나머지 Co 조성의 것이 사용되고 있다. 스텔라이트의 고온 경도를 비교하면, 그림 2-141과 같이 고속도강은 600℃에서 급격히 감소되나, 스텔라이트는 1000℃까지는 조금밖에 감소되지 않는다. 따라서 탄소 공구강이나 고속도강에 비해 온도 상승에 따른 절삭 성능의 저하는 거의 없을 정도이다.

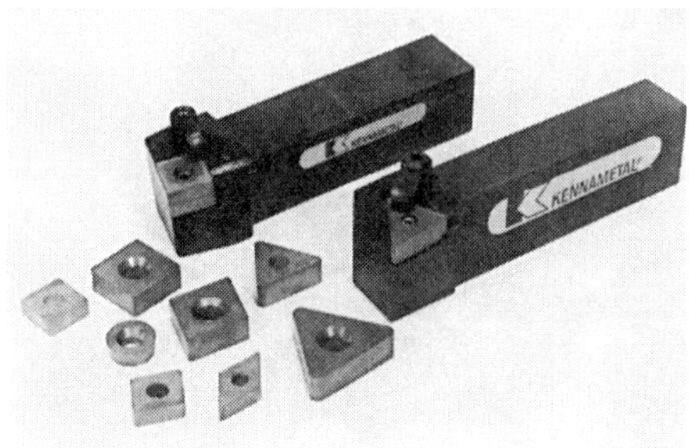

(a) 절삭 공구용 팁

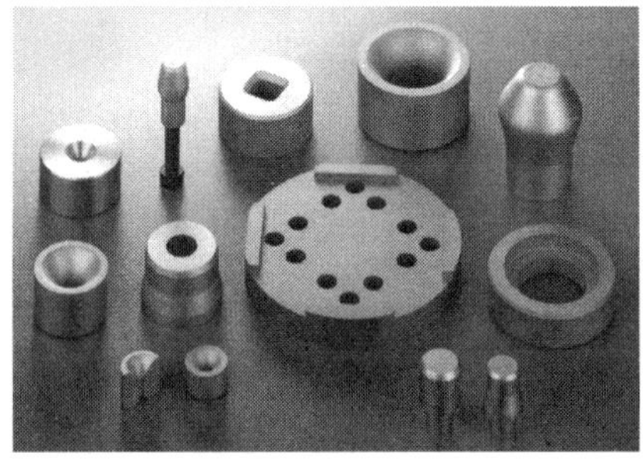

(b) 인발 및 압출 금형

그림 2-142 소결 합금 제품

2 소결 경질 합금

일반적으로 공구 재료는 용제 합금(熔製合金)인데 비해 소결 경질 합금(燒結硬質合金, sintered hard alloy)은, 경도가 높은 탄화물 가루에 철족 원소(鐵族元素)인 Co로 압축 성형하고 고온 소결(sintering)하여 제조한 경질 합금으로 일반적으로 초경 합금(超硬合金)이라 한다. 그림 2-142는 소결 합금 제품의 보기이다.

3 다이아몬드 공구 재료

다이아몬드(diamond) 공구는 동 합금, 경 합금, 합성 수지, 세라믹스, 선단 복합재 등의 고속정밀 다듬질용으로 사용된다. 다이아몬드를 합성하는 새로운 초고압 기술로 합성한 인조 다이아몬드가 공업용 수요의 대부분을 차지하고 있다. 다이아몬드 공구는 경 합금, 에보나이트, 플라스틱, 유리 등의 가공에 사용하지만, 미세한 연삭, 연마 재료로도 많이 사용되고 있다.

그림 2-143 다이아몬드 숫돌

그림 2-143은 숫돌 바퀴에 합성 다이아몬드를 결합한 것으로 각종 공구강, 다이강, 초경 합금 및 유리, 수정, 세라믹 등의 연삭 및 절단에 이용된다.

2) 베어링용 재료

(1) 롤링 베어링 재료

롤링 베어링(rolling bearing)을 구성하고 있는 볼(ball) 또는 롤(roll) 및 레이스(race) 등의 재료는 누름 접촉에 의한 정밀한 운동을 하게 되므로 사용 목적에 따라 내마멸성이 크고, 강인하고 충격에 잘 견디는 성질이 요구된다.

베어링의 종류

1 베어링용 강재

롤링 베어링용으로 적합한 재료에는 보통 고탄소-Cr강이 사용된다. 표준 조성은 1.0% C, 1~1.5% Cr의 Cr강을 열처리하여 사용하고 있으므로 이 종류의 Cr강을 베어링강(bearing steel)이라 부른다.

2 베어링용 세라믹스

고속 · 고온용 베어링 재료로서 세라믹스(ceramics)의 이용이 점차 주목을 받고 있는데, 세라믹은 금속에 비해 마찰 계수가 적고 경하며 내마멸성이 우수하기 때문이다.

(2) 슬라이딩 베어링 재료

미끄럼 접촉에 의해 하중을 받쳐주는 슬라이딩 베어링(sliding bearing) 재료는 마찰과 마멸이 적고, 축과의 접촉이 부드러우면서 내압 강도와 열전도율이 높아야 한다.

황동, 청동, Sn계 화이트 메탈 등의 비철 금속은 이와 같은 성질의 상당 부분을 만족하므로, 공작 기계를 비롯하여 철도 차량, 증기 등의 각종 슬라이딩 베어링 재료로 사용되고 있다.

1 Cu계 베어링 합금

Cu계 베어링 합금에는 Cu에 25~40%Pb을 합금한 켈밋(kelmet) 외에 청동, 인청동 및 함납 청동 등 베어링 성능이 우수한 합금이 있다. 켈밋은 그 자체가 매우 약하

그림 2-144 각종 Cu계 베어링의 보기

므로 단독으로 사용되는 경우는 드물고, 보통 연강제인 받침쇠인 이금(裏金)에 0.5~1.5mm의 두께로 융착시킨 바이메탈 베어링(bimetal bearing)으로 한다. 그림 2-144는 각종 Cu계 베어링의 보기이다.

2 화이트 메탈

일반적으로 Sn, Pb, Sb 등을 주성분으로 하는 백색의 합금을 총칭하여 화이트 메탈(white metal)이라 한다. 화이트 메탈에는 Sn계 화이트 메탈과 Pb계 화이트 메탈이 있으며, 일반적으로 Sn계를 배빗 메탈(babbitt metal)이라 하는데, 이것은 Sn을 주성분으로 하여 여기에 Cu와 Sb를 합금한 것이다.

3 소결 베어링 합금

소결 베어링 합금(sintered bearing alloy)은 금속의 분말을 압축 소결하여 다공질의 합금을 만든 것이다. 소결재(燒結材)는 다공질이므로 내부의 공공(空孔)에 윤활유를 함유하게 하여 장기간 급유할 필요가 없게 한 것을 무급유 베어링(無給油 軸受) 또는 오일리스 베어링(oilless bearing)이라 한다. 이 종류의 베어링은 분말 야금법으로 제조되는데 Cu계와 Fe계가 있다.

소결 베어링 합금은 작은 마력의 전동기나 기계 부품에 쓰인다. 또 급유가 곤란한 장소 또는 관리를 덜어 줄 필요가 있는 선풍기, 에어콘, 세탁기, 방직기, 식품 가공기계 등에 주로 사용된다. 그림 2-145 (a)는 Cu계 소결 베어링을, 그림 2-145 (b)는 Cu 분말 입자의 소결 구성을 보여주고 있다.

(a) 소결 베어링

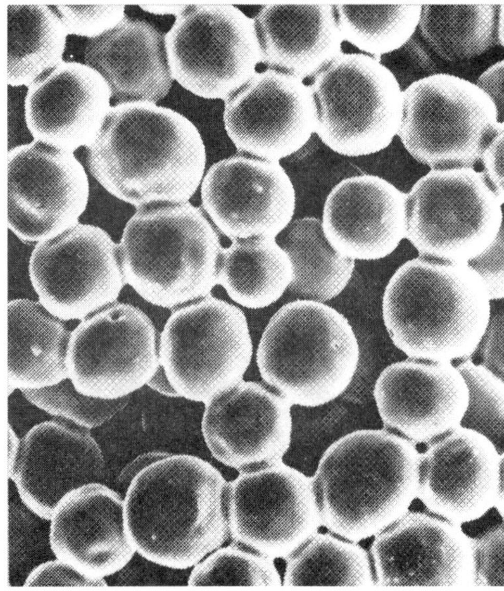

(b) Cu 분말의 소결 구성

그림 2-145 Cu계 소결 베어링과 분말 입자의 구성

3) 스프링용 재료

(1) 철계 스프링 재료

강에 속하는 스프링용 재료는 보통 강도가 크고, 취급이 용이하므로 차량용과 같이 대형 스프링에서 계측기용의 소형 스프링에 이르기까지 다양하게 사용되고 있다.

이들 재료에 스프링의 기능을 갖게 하기 위하여 높은 탄성 한도와 내력을 부여할 수단으로 보통 냉간 가공을 하거나 열처리를 하게 된다. 와이어 스프링, 박판 스프링은 통상적으로 강선, 피아노선 또는 띠강과 같이 냉간 가공에 의해 경화한 소재를 사용하여 성형 제작한다. 그림 2-146은 강재 스프링의 보기이다.

(2) 비철 및 비금속계 스프링 재료

1 비철계 스프링

비철계 스프링 재료에는 Cu-Zn계의 황동, Cu-Zn-Ni계의 양백, Cu-Sn-P계의 인 청동 등의 Cu 합금이 가장 일반적이다. 최근에는 시효 경화성의 Cu-Be 합금도 사용되고 있다. 스프링용 동 합금에 대해서는한 KS 규격(KS D 5202)으로 정하고 있

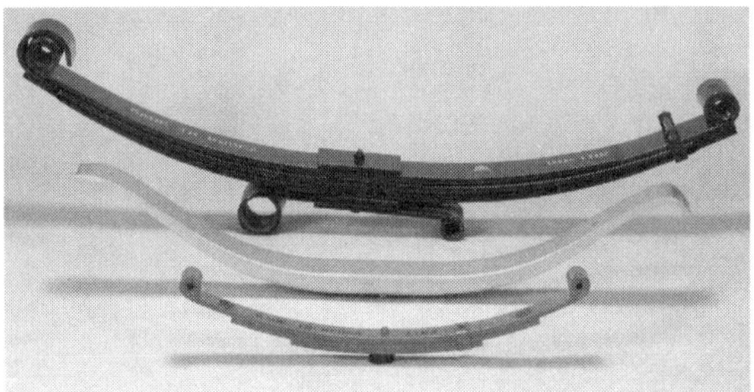

(a) 판형

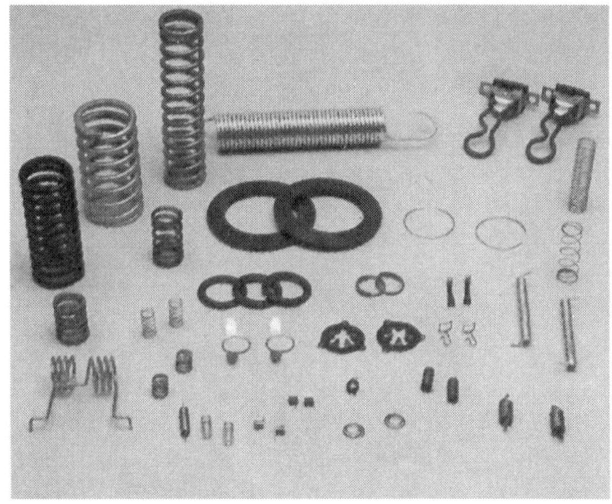

(b) 코일형 및 기타형

그림 2-146 강재 스프링

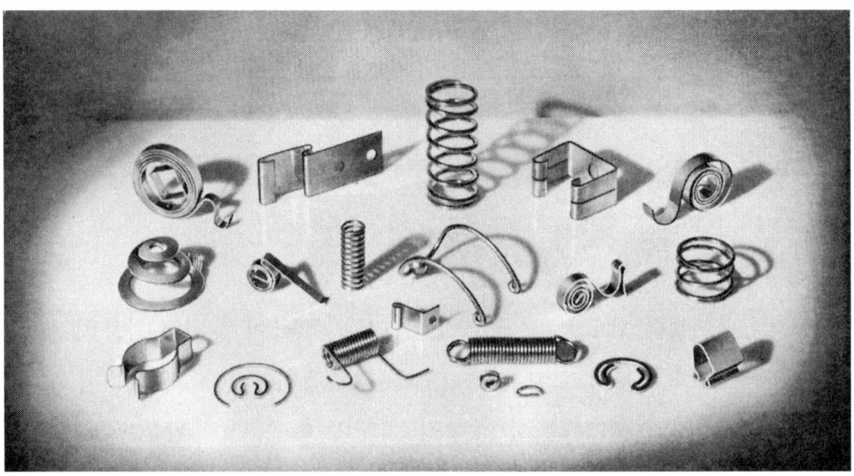

그림 2-147 각종 Cu계 합금 스프링

다. 그림 2-147은 각종 Cu계 합금 스프링의 보기이다.

2 스프링용 복합재

스프링 재료의 표면을 Ag-Pt 합금이나 Au-In 합금으로 접합(clad)한 낮은 접촉 저항을 목적으로 하는 복합재로 하고, 모재가 되는 스프링 재료는 황동, 인청동, 양백, 베릴륨동으로 한 복합재를 스프링용 복합재라 한다.

예를 들면, 전류 개폐용 스프링과 전기 접점용 스프링과 같이 접촉 저항이 특히 적게 요구되는 스프링에는 Ag 또 Ag계 합금을 스프링용 Cu 합금의 표면에 접합한 스프링용 복합재가 사용되고 있다.

3 비금속계 스프링재

스프링용 재료에는 금속 재료 외에 고무 스프링, 공기 스프링, 액체 스프링 등의 비금속 스프링재가 있다. 또는 강한 산화성 및 알칼리성 용액에 사용되는 화학 펌프, 밸브 등의 스프링용 재료에는 플라스틱이 사용된다. 특히, 최근에는 경량화 조건에 부합되는 스프링에 탄소 섬유 강화 플라스틱(CFRP)이 사용되고 있다.

4) 내식 재료

금속 재료는 주위 환경에 따라 녹슬거나 수용액의 작용에 의해 용해되어 금속 표면이 점차적으로 소모되어 가는데, 이러한 현상을 부식(腐蝕, corrosion)이라 한다. 이와 같은 부식 현상을 개량하기 위하여 내식성을 부여한 재료를 내식 재료(corrosion resisting materials)라 한다.

내식용 재료에는 내식강인 스테인리스강이 있으며, 이 밖에도 사용 목적에 따라 내식용 주철, Cu 합금, Ni 합금, Al 합금, Ti 합금 등의 금속 재료와 플라스틱과 같은 비금속 재료가 있다.

(1) 스테인리스강

1 Cr계 스테인리스강

Cr을 12~15% 함유한 강은 내식성이나 내산성이 양호하므로 13Cr계 스테인리스강이라 부르며 이것을 개량한 것도 많이 있다. 이 강은 고온에서 오스테나이트 조직이 되고, 담금질을 하면 마텐자이트 조직이 되므로 이를 마텐자이트계 스테인리스강이라 부른다. 스테인리스강으로서의 용도 외에 내열·내산성의 기계 구조용강으로도 사용된다. 그림 2-148은 스테인리

그림 2-148 스테인리스강제 배관 부품

스강제 배관 부품의 보기이다.

2 Cr-Ni계 스테인리스강

오스테나이트계인 Cr계 스테인리스강에 Ni을 첨가하면 내식성이 더욱 향상된다. 현재 많이 사용되고 있는 18-8형 Cr-Ni계 스테인리스강이 대표적이다.

(2) 내식 주철

1 페라이트계 내식 주철

페라이트계 내식 주철에서 대표적인 주철은 Si를 14% 이상 함유하는 주철로 고규소 내산 주철(高珪素耐酸鑄鐵, high silicon cast iron)이 있다.

2 오스테나이트계 내식 주철

페라이트계 내식 주철인 고규소 주철은 경하고 취성이 있어 내식 주철로서의 용도에 제한이 있다. 이 결점을 보완하기 위해 개발된 것이 오스테나이트계 내열 주철이다. 이것은 보통 주철에 Ni, Cu, Si 등의 원소를 상당량 첨가한 것으로 상온에서 오스테나이트 조직을 갖는다.

오스테나이트 주철은 보통 주철에 비해 내식 · 내열성이 크고, 인성이 풍부하다는 등의 특성을 갖고 있으면서 가공도 고규소 주철에 비해 용이하다.

5) 그 밖의 특수 용도 재료

(1) 불변강과 게이지강

1 불변강

● **인바**

인바(invar)는 0.2% C 이하, 35～36% Ni, 약 0.4% Mn의 철 합금으로, 선팽창 계수가 Fe의 함유량에 따라 달라지며, Fe가 64%, Ni이 36%의 조성 부근에서 최소가 된다. 인바를 일명 불변강(不變鋼), 또는 저열 팽창 합금(低熱膨脹合金)이라고 하며, 0～40℃에서 선팽창 계수가 현저하게 줄어드는 것이 특징으로 20℃에서의 값은 1.2×10^{-6}으로 보통 탄소강의 약 1/10에 불과하여 표준자, 표준 시계의 추, 바이메탈 등에 사용된다. 또 인바는 내식성도 풍부하다.

초인바

초인바(super invar)는 초불변강(super invar)이라고도 하며, 30.5~32.5% Ni, 4~6% Co를 함유하는 철 합금으로 20℃에서 선팽창 계수가 $0.1 \sim 10^{-6}$으로, 인바의 1/12에 불과한 우수한 합금이다.

엘린바

엘린바(elinvar)는 36% Ni, 13% Cr의 Fe-Ni-Cr 합금으로, 상온에서 탄성 계수의 변화가 대단히 적고, 온도 변화에도 탄성률이 거의 변화하지 않는 우수한 성질을 갖고 있다. 따라서 고급 시계의 유사(遊絲), 지진계, 정밀 기기 및 항공기 계기 부품 등 온도의 변화에도 탄성의 변화가 없어야 하는 정밀 기기에 사용되며, 이를 정탄성 합금(定彈性合金)이라고도 한다.

2 게이지강

게이지(gauge)는 치수의 표준이 되는 것이므로 내마멸성과 내식성이 좋아야 할 뿐만 아니라, 가공이 쉽고 열팽창 계수가 작아야 한다. 게이지강(gauge steel)은 측정용 블록 게이지(block gauge), 와이어 게이지(wire gauge), 각종 측정기 등에 사용되는 강으로, 1.0% C 이하의 강에 Mn, Cr, W, Ni 등을 첨가한 저합금강이 있으며, 이 밖에도 18-8 스테인리스강, 침탄강, 고속도강, 질화강, 탄소 공구강의 제3종 등이 있다. 그림 2-149는 게이지강을 사용한 블록 게이지의 보기이다.

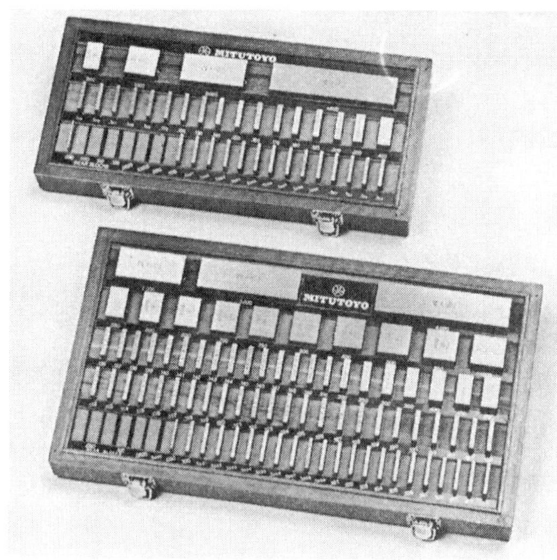

그림 2-149 블록 게이지 세트

(2) 세라믹스와 서멧

1 세라믹스

천연 원료를 전통적인 방법으로 구어서 만든 유리, 시멘트, 도자기, 내화 벽돌, 타일 및 연마재 등과 같은 요업 제품을 전통적인 세라믹스(traditional ceramics)라 지칭하였으나 최근에는 새로운 기능을 부여한 세라믹스가 급속하게 개발되면서 기계 구조 부품, 내열 · 내식 부품, 전기 절연체 등에 응용되는 새로운 인조 세라믹스인 new ceramics, fine ceramics, engineering ceramics, high-performance ceramics 등의 이름으로 개발되고, 그 특성이 주목되면서 공업적으로의 용도가 다양하고 많아지고 있다. 그림 2-150은 세라믹스 제품의 보기이다.

그림 2-150 세라믹스 제품

2 서멧

서멧(cermet)은 세라믹스(ceramics)와 금속의 특성을 겸하고 있는 초고온 내열 재료이다. 제트기, 가스 터빈의 날개 등에 사용되며, 특히 900℃ 이상 고온에서 사용하는 경우 그 우수성이 탁월하다. 세라믹스는 고융점에서 산화에 대한 저항성이 있고, 금속은 강인성과 열전도성이 좋다. 그러므로 금속과 세라믹스의 복합 재료인 서멧은 고온에서 안정되며 강도가 높고 열충격에 강하다. 서멧은 비중이 5.0 정도로 내열 금속의 비중(7.5)에 비해 작으므로 제트 엔진의 터빈 날개, 노즐, 고온 고압 용기, 고온용 베어링 등과 같이 회전하는 부분에 사용하는 내열 재료로 적합하다. 서멧은 사용되는 세라믹스의 질에 따라 산화물 서멧, 탄화물 서멧, 붕화물 서멧으로 분류할 수 있다.

(3) 전기 · 전자 재료

1 자성 재료

자성 재료(磁性材料)는 계측 기기, 통신, 음향 기기, 변압기, 전동기 등 주로 전기 · 전자 공업에 많이 사용되고 있는 재료이다. 최근에는 생산 기계의 자동화에 따른 자동 기계의 전자 부품용 재료로 이용이 증가되고 있다. 자성 재료는 성질과 용도에 따라 자심 재료(磁心材料), 영구 자석 재료(永久磁石材料), 그 밖의 자성 재료로 크게 나눌 수 있다.

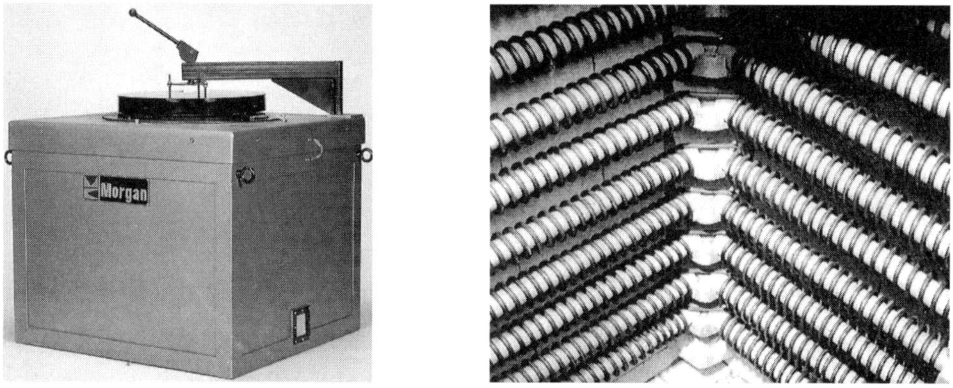

(a) 전기로 (b) 전열선

그림 2-151 전기로와 전열선

2 전열 저항 재료

전열용 저항선 재료는 내열성 외에 전기 비저항이 크고 연성이 풍부하며, 고온 강도가 클수록 좋다. 현재 일반적으로 많이 사용되고 있는 전열 저항용 합금(電熱抵抗用合金)에는 Ni-Cr계인 니크롬 합금(nichrome allay)과 그 대용으로 사용되는 Fe-Cr계 합금이 있다. 그림 2-151은 전기로와 전열선의 보기를 나타낸 것이다.

(4) 반도체 재료

금속 재료를 물질의 전기 저항값(電氣抵抗値)에 따라 구분하면 전기가 잘 통하는 도체(비저항 $10^{-4}\Omega \cdot m$ 정도 이하)와 전기가 잘 안통하는 절연체(비저항 $10^{4}\Omega \cdot m$ 정도 이상), 그리고 그 중간인 반도체(semiconductor)로 나눌 수 있다.

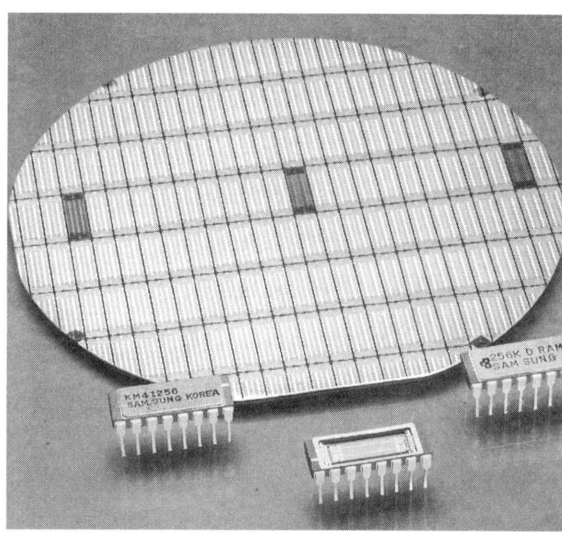

반도체

반도체의 대표적인 원소인 Ge와 Si는 전자 소자(電子素子), 전자 집적 회로(電子集積回路) 또는 광학용 집적 회로로 사용되고 있다. 반도체는 우리 주변에 있는 가전 제품을 비롯하여 컴퓨터, 통신 기기, 우주선 그리고 장난감에 이르기까지 놀라운 기능을 수행하는 등 전자 기술에서 중요한 역할과 기능을 하고 있는 공업 재료이다. 반도체는 원소 반도체(元素半導體)와 화합물 반도체(化合物半導體)로 크게 구분하고 있다.

(5) 탄소 재료

탄소(carbon)는 비금속 원소이며, 금속과 유사한 성질을 갖고 있는 천위 원소(遷位元素)이다. 탄소에는 다이아몬드, 흑연 및 무정형(無定型) 탄소 등 3개의 동소체(同素體)가 있다. 그리고 탄소는 비결정질(非結晶質, amorphous) 탄소와 결정질 탄소가 있는데, 결정질 탄소의 대표적인 것에는 다이아몬드와 흑연이 있다.

1 다이아몬드

다이아몬드(diamond)는 천연산과 인조산이 있는데, 공업용으로는 인조산인 합성 다이아몬드가 사용된다. 천연산 다이아몬드는 남아프리카에서 산출되는 것이 많으나, 미국의 GE 사에서 2700℃, 10만 기압의 조건에서 처음 생산을 하게된 합성 다이아몬드가, 현재는 1500℃, 6만 기압 조건에서도 생산되고 있다. 또한 전기 스파크나 폭파에 의한 충격파에 의해 다이아몬드 분말을 생산하는 방법이 개발되고 있다. 이에 따라 산업용으로 쓰이는 인조 다이아몬드는 자연산과 거의 동일하며 불순물이 적어서 오히려 뛰어난 성질을 나타낸다.

2 흑연

흑연(graphite)은 평면 또는 매우 조밀한 탄소 원자면이 층상 구조를 이루는 탄소의 결정체로 취성이 강하지만 열, 전기 전도도가 좋으며 열 충격과 고온에 강하므로 전극봉, 흑연 도가니, 모터의 브러시, 메커니컬 실(mecahnical seal), 고온용 고정구(fixture), 가열로의 노벽 벽돌, 특수 주형 등 공업적으로 용도가 다양하다. 그리고 화학 공업용으로는 흑연재의 기공(氣孔)에 페놀계의 열경화

그림 2-152 탄소 섬유의 응용 사례(자전거)

성(熱硬化性) 수지를 충전시킨 불삼투(不滲透) 흑연이 용기, 반응탑, 특수 용도 파이프, 열교환기 등에 사용된다. 이 외에도 섬유상의 유기물을 탄화(炭化)한 탄소 섬유(炭素纖維, carbon fiber)를 자전거, 윈드서퍼(windsurfer), 테니스 라켓, 우주선 등에 이용되고 있다.

그림 2-152는 자전거 바퀴살(spoke)에 이용되고 있는 탄소 섬유 제품의 보기이다.

(6) 원자로용 재료

원자로는 사용 목적에 따라 연구로(研究爐), 동력로(動力爐)로 나뉜다. 또 핵분열 반응에 사용하는 중성자 에너지의 크기에 따라 고속 중성자로(高速中性子爐) 및 열중성자로(熱中性子爐)로 분류하고 있다.

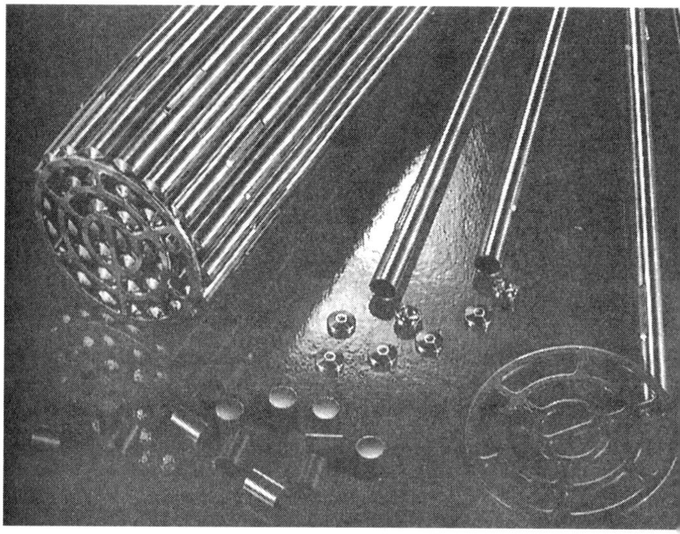

○ 중수로용 원전 연료 다발

원자로용 재료(reactor material)는 일반 기계 재료와는 다르게 재료에 대한 요구가 매우 특수하고, 조건도 극히 엄격한 점에 유의할 필요가 있다. 즉, 원자로용 재료에 대해서는 ① 원자핵적 성질, ② 방사선에 대한 성질, ③ 부식에 대한 성질, ④ 고온에 대한 성질 등이 고려되어야 한다.

원자로인 열중성자로(熱中性子爐)는 원전 연료를 비롯하여 감속재(減速材, moderator), 반사체(反射體, reflector), 냉각재(冷却材, coolant), 제어재(制御材, control material), 내열재(耐熱材, refractory metal), 차폐재(遮蔽材, shield material), 구조재(構造材) 등으로 구성된다.

(7) 형상 기억 합금

특정한 합금계에 외부 응력을 가하여 영구 변형시킨 다음 재료를 특정 온도 이상으로 가열하면 변형되기 이전의 원래 형상으로 회복되는 현상이 일어난다. 이와 같은 현상을 형상 기억 효과(形狀記憶效果, shape memory effect)라 말하며, 이 효과를

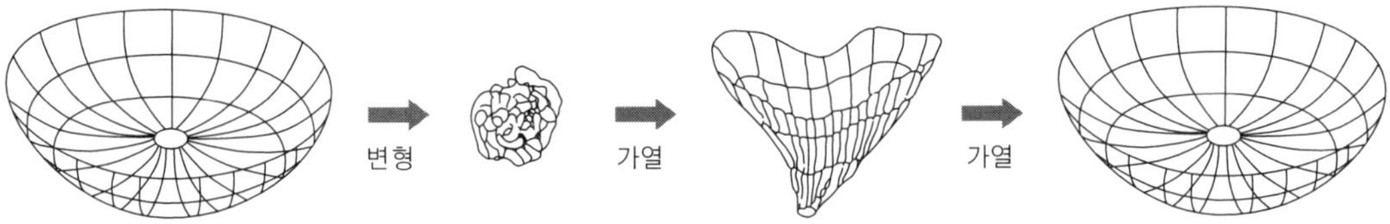

그림 2-153 형상 기억 합금으로 제작된 달표면 안테나의 상상도

나타내는 합금을 형상 기억 합금(形狀記憶合金, shape memory alloy)이라 한다. 형상 기억 효과란 용어가 사용되기 시작한 후 많은 연구 결과 유사한 형상이 일어나는 합금이 발견되면서 21세기 인류에게 매우 유익한 신재료의 하나로 기대를 모으고 있다. 즉, 우주 공간, 해저, 원자로 내, 또는 생체 내의 작업 등 인간의 꿈을 실현할 새로운 금속 재료의 하나로 응용 분야가 다양해질 전망이다.

형상 기억 합금은 미 항공우주국(NASA)의 달표면 안테나가 등장하면서 최초로 알려지게 되었다. 형상 기억 합금으로서 갖추어야 할 조건은

① 몇 ℃에서 형상이 회복되는가?
② 온도를 임의로 조절할 수 있는가?
③ 형상이 완전히 원상태로 되돌아가는가?
④ 형상 회복에 따라 발생하는 힘은 어느 정도인가?
⑤ 되풀이하여 변형과 회복을 주어도 회복 능력과 발생하는 힘이 변화하지 않는가?

등을 들 수 있다. 이상을 종합해 보면 Cu-Zn-Al 합금은 피로 특성 형상 회복 때에 발생하는 힘이 Ti-Ni 합금에 비해 뒤떨어지기 때문에 Ti-Ni 합금이 널리 사용되고 있다. 그림 2-153은 달표면 안테나의 상상도를 나타낸 것이다.

(8) 제진 재료

제진(制振)이란 진동 발생원인 고체(機器)의 진동 자체를 감소시키는 것을 말한다. 제진에는 편의적으로 동적 흡진(動的吸振) 시스템, 또는 진동을 억제하는 능동적 제진을 이용한다. 도료 또는 판재의 형태로 기계 장치의 표면에 부착하거나 점탄성(粘彈性)과 내부 마찰이 큰 고무, 아스팔트, 플라스틱 등을 이용하기도 한다. 그러나 기기에 제진 합금(制振合金)을 사용하는 것이 효과적이며 제진 합금은 구조용 재료로

서의 강도와 제진 재료로서의 감쇠능(減衰能)[5]을 겸비하여야 한다.

고체음의 대책은 본질적으로는 진동 대책이므로 일반적으로 제진 합금은 방진 합금과 같은 의미로 쓰이며 흡진 합금(吸振合金) 또는 고감쇠능 합금(高減衰能合金)이라고도 부른다. 따라서 방진 합금과 제진 합금을 같은 의미로 취급하는 경우가 많다.

특히 최근의 급속한 공업화와 고도의 산업화로 진동과 소음 공해가 급증하고 있어 이를 제거하는 일이 중요한 과제가 되고 있다. 이에 대한 대책으로는 진동(음) 발생 근원의 진동을 감소시키는 방법, 발생한 진동(음)을 흡수하는 방법, 발생한 진동(음)의 전파를 차단하는 방법 등이 고안되고 있다. 이들 대책에 쓰이는 재료는 소리와 관련하는 흡음 재료(吸音材料), 차음 재료(遮音材料), 그리고 진동과 관련이 있는 제진 재료(制振材料)와 방진 재료(防振材料) 등이 있다. 넓은 의미에서, 이상의 재료를 포괄하여 제진 재료 또는 제진 합금이라고 한다.

(9) 복합 재료

복합 재료(復合材料, compossite materials)는 2종 이상의 상이 다른 소재를 복합하여 물리적으로나 화학적으로 단일재보다 뛰어난 특성과 유효한 기능을 발휘하는 재료이다. 지금까지는 유리 섬유 강화 플라스틱(GFRP계)이 대부분을 차지하였으나 탄소 섬유 강화 플라스틱(CFRP) 또는 섬유 강화 금속(FRM)의 이용이 확대되고 있다. 또한 GFRP보다 성능을 향상시킨 ACM(advanced composite materials)은 탄소 섬유, 보론 섬유, 아라미드(aramid, Kevlar), 섬유 위스커(whisker) 등을 강화용 섬유를 사용하고 모체(matrix)로서는 무기계, 금속계, 고분자계의 소재로 사용한 신소재가 많다.

또한 복합 재료를 강화 형태에 따라 분류하면 다음과 같다.

① 섬유강화형 복합 재료(纖維强化型 複合材料)
② 분산 강화형 복합 재료(分散强化型 複合材料)
③ 적층 강화형 복합 재료(積層强化型 複合材料)

복합 재료의 구조는 지금까지는 2상 복합의 단순한 형이 주체를 이루었으나, 제조 기술의 발달에 따라 2종 이상의 입자, 섬유 그리고 이질의 섬유를 복합한 혼성 강화

---

5) 감쇠능 : 재료에 진동을 가한 다음 시간이 지남에 따라 소음과 진동의 힘이 줄어들어 약해지는 능력

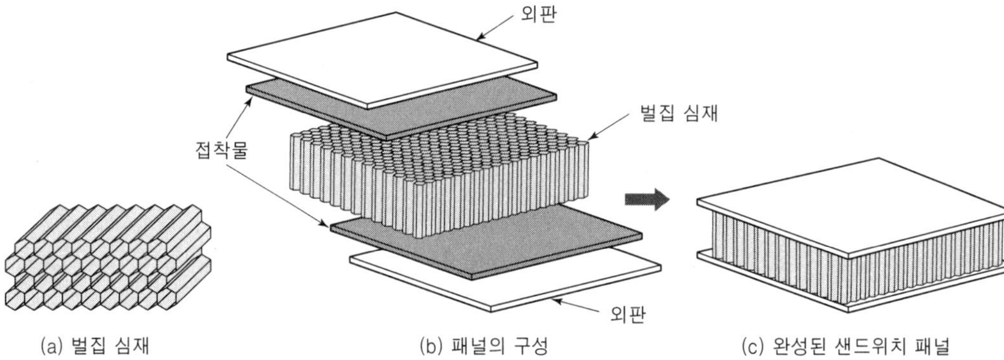

그림 2-154 벌집형 샌드위치 패널의 구성도

형 복합 재료(混成强化型 複合材料, hybrid materials)가 많아지고 있다.

또 복합 재료는 모재의 종류에 따라 금속은 FRM(fiber reinforced metals), 플라스틱은 FRP(fiber reinforced plastics) 등으로 분류되지만 가장 실용화된 것이 FRP이다. FRP에 보강 섬유가 유리(glass)이면 GFRP, 탄소(carbon)는 CFRP라고 한다.

그림 2-154는 벌집형 샌드위치 패널(sandwich panel)의 구성도를 나타낸 것이다. 이러한 구조는 경량화, 강도, 진동 흡수, 또는 열절연성 등을 개량하기 위하여 항공기의 천장, 벽면 등에 널리 사용되고 있다.

5. 비금속 재료

1) 플라스틱 재료

플라스틱(plastics)[6] 재료에는 여러 가지 종류가 있으나, 그 원료는 석유, 석탄, 천연 가스, 소금 등이며 이들로부터 분자량이 작은 원료(單位體)를 합성하고, 다시 이를 고분자화하여 플라스틱을 얻는다. 플라스틱은 고분자 화합물(高分子化合物)[7]로서

[6] 플라스틱(plastics) : 화학 반응에 의해 인공적으로 만들어진 수지상(樹脂狀)의 고분자 물질로 성형된 합성 수지 고체(단, 섬유, 고무, 도료, 접착제는 제외)이며, 넓은 의미에서는 성형 이전의 수지나 경화 이전의 중간 원료도 포함한다. 최초의 플라스틱은 1909년 베이크랜드가 페놀과 포름알데히드를 합성해 만든 베이크라이트(페놀 수지)로, 이것이 외관상 송진과 유사한 데서 합성 수지(合成樹脂)라 불렸으며, 그 후 가소성(可塑性, plasticity)을 이용한 재료라는 의미에서 플라스틱이라 명명되었다. '성형하기 알맞다'라는 그리스어 'plastikos'가 어원이다. 현재 plastics은 합성 수지(合成樹脂)와 같은 뜻으로 혼용되고 있다.

많은 분자가 결합하여 만들어진 것이며, 간단한 구조를 가지는 몇 개의 저분자 물질에 촉매를 가하든가, 가열, 가압하기도 하고, 증류와 같은 조작에 의하여 화학 반응을 일으켜 점차적으로 많은 분자가 결합하여 만들어진다.

기계 재료로 쓰이는 플라스틱은 인공적으로 합성한 고분자 유기 물질로 열이나 압력을 가하면 쉽게 변형되는 성질이 크기 때문에 이 성질을 이용한 성형 가공 기술의 발달로 플라스틱 가공 제품이 공업 재료로 많이 쓰이고 있다.

(1) 플라스틱의 특성

플라스틱은 합성 수지(合成樹脂, synthetic resin)를 주성분으로 하고 이것에 충전제(充塡制, filler)[8], 가소제(可塑劑, plasticizer)[9], 안정제(安定制, stabiliser)[10], 착색제 등의 배합제를 적당히 넣고 성형한 물질로, 각종 제품 재료의 대상이 된다.

플라스틱의 성질은 수지(樹脂, resin)[11]의 종류, 합성법 등에 따라 다르며, 나날이 새로운 성질과 특성이 있는 재료가 개발되어 생산되고 있는데, 일반적인 특성은 다음과 같이 요약할 수 있다.

① 가소성이 우수하여 임의의 제품 성형이 가능하며 성형물의 절삭, 접합 및 표면 처리가 쉽다.

② 전기 절연성이 좋다.

③ 산, 알칼리, 기름, 약품류에 견디는 힘이 강하다.

---

7) 고분자 화합물(高分子化合物) : 분자량이 약 1만 이상으로 큰 화합물을 고분자(高分子, macromolecule)라 한다. 화합물은 분자량이 1000 이하를 저분자, 1000~10000의 것을 중간 분자, 10000 이상의 것을 고분자 화합물로 크게 나누고 있다. 고분자 물질은 천연물인 나무의 수지(樹脂), 섬유소(纖維素), 단백질(蛋白質)과 합성 수지(合成樹脂), 합성 고무 등의 인조 수지(人造樹脂)가 있으며, 이들을 재료로 쓸 때 고분자 유기 재료(高分子有機材料)라고 한다.

8) 충전제(充塡制) : 플라스틱 제품의 성질을 개선 또는 변화시키기 위하여 플라스틱 재료에 넣는 재료(포, 종이, 유리 섬유 등)로 기재(基材)라고도 한다.

9) 가소제(可塑劑) : 가소성(plasticity)을 좋게 하기 위해 플라스틱 재료에 배합하는 첨가 재료

10) 안정제(安定制) : 플라스틱이 빛 또는 열에 의해 분해되는 것을 방지할 목적으로 배합하는 첨가 재료

11) 수지(樹脂) : 천연 및 합성 고체 또는 반고체상의 유기 생성물(有機生成物)의 총칭이며, 천연 수지(天然樹脂, natural resin)와 합성 수지(合成樹脂, synthetic resin)가 있다. 천연 수지에는 송진, 열대산 고무나무 수액인 라텍스(latex), 곤충 락패각충(Laccifer lacca)이 분비하는 셸락(shellac) 등이 있다.

④ 잘 타지는 않으나 금속에 비해 내열성이 떨어진다.

(2) 플라스틱의 종류

1 열가소성 플라스틱

열가소성 수지(熱可塑性樹脂, thermoplastic resin)라고도 하는데, 주로 선 모양의 고분자로 이루어진 것으로 가열하면 부드러워져 가소성을 나타내므로 여러 가지 모양으로 성형할 수 있으며, 냉각시키면 성형된 모양을 그대로 유지하면서 굳는다. 그러나 이 수지는 가열하면 다시 유동체(fluid)로 된다.

2 열경화성 플라스틱

열경화성 수지(熱硬化性樹脂, thermosetting resin)라고도 하는데, 가열하면 가소성을 갖게 되나 동시에 분자 간의 결합으로 경화된다. 한 번 경화되면 불융불용성(不融不溶性) 물질이 된다.

3 공업용 플라스틱

최근에는 금속 재료로 제조하여 사용하던 기계 구조와 부품용 재료가 공업용 플라스틱으로 대체되는 경우가 많아지고 있다. 특히 플라스틱 재료는 강도의 요구도가 그다지 크지 않고 다른 기능면에서, 경량, 내약품성, 내마멸성, 충격의 흡수 등이 중요시되는 기계 요소용 재료에 사용되고 있다.

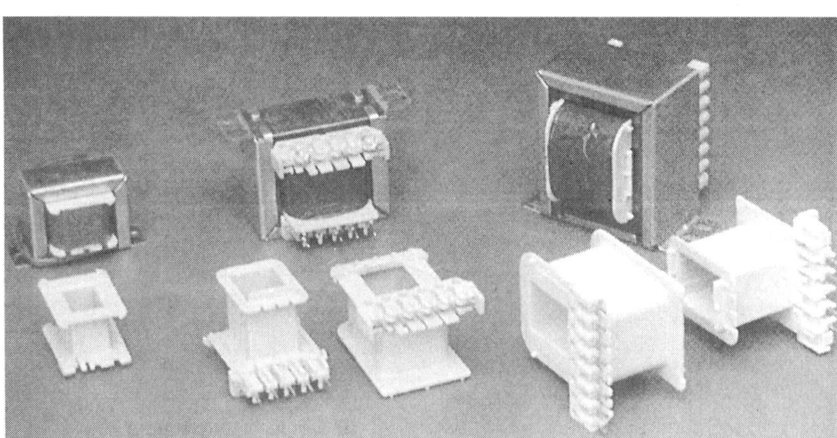

열경화성 수지 제품(small transformer bobbins)

(a) 헬리컬 기어

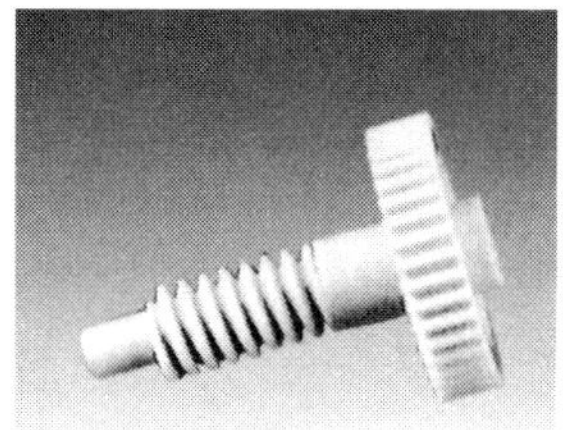
(b) 기어 웜

(c) 스퍼 기어

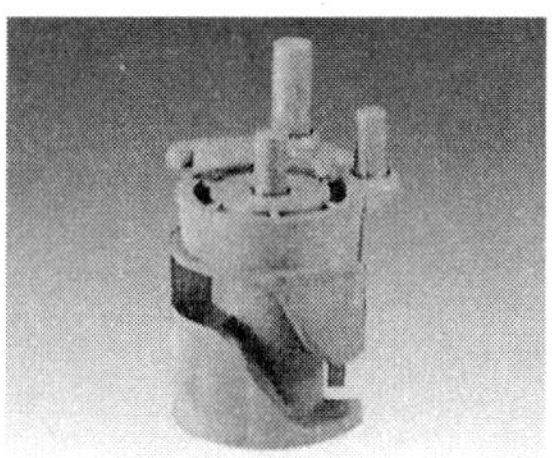
(d) 캠

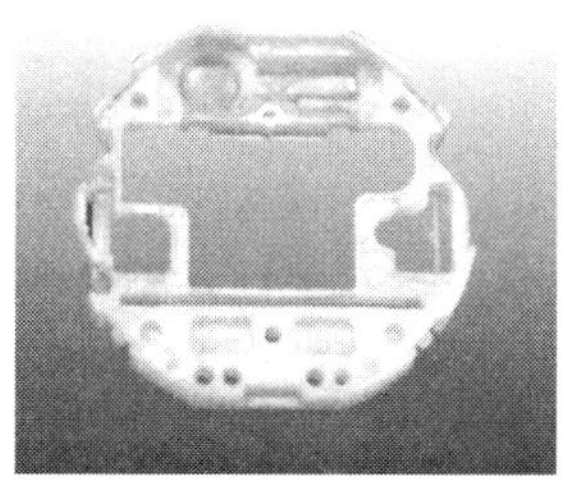
(e) 하우징

(f) 팬

그림 2-155 플라스틱제 기계 요소

그림 2-155는 공업용 플라스틱으로 만든 기어 관련 부품을, 그림 2-156은 FRP로 제작한 대형 냉각탑(cooling tower)의 보기이다.

그림 2-156 FRP제 냉각 탑

4 강화 플라스틱

강화 플라스틱은 섬유를 보강재로 한 열경화성 수지인 FRP(fiber reinforced plastics)와 열가소성 수지를 사용한 FRTP(fiber reinforced thermoplastics)가 있다. 또한 유리 섬유로 강화한 것을 GRP(glassfiber reinforced plastics), GRTP(glassfiber reinforced thermoplastics)라고도 한다. 이 밖에도 공업적 성능이 우수한 탄소 섬유 강화 에폭시 수지 CFRP(carbon-fiber reinforced plastics)와 알라미드 섬유 강화 에폭시 수지 KFRP(kevlar-fiber reinforced plastics) 등 고강도 섬유 재료는 항공 · 우주 산업, 자동차, 선박 등 특수한 용도가 있으며, 이들 재료를 특히

그림 2-157 헬리콥터의 X-wing에 사용한 탄소-섬유 강화 에폭시 수지

ACM(선진 복합 재료, advanced composite materials)라고 부르기도 한다. 그림 2-157은 헬리콥터의 X-Wing에 사용한 탄소-섬유 강화 플라스틱의 보기이다.

2) 고무, 가죽 및 섬유

(1) 고무

고분자 화합물로, 사용 온도 범위에서 물리적 고무상 탄성(rubber-like elasticity) 또는 그와 비슷한 성질을 나타내는 탄성 고무를 러버(rubber)라 하고, 그렇지 않은 것을 검(gum)이라 하여 구별하고 있지만, 실제적으로 이와 같이 고무의 뜻을 명확히 정의하기는 매우 어렵다.

1 천연 고무

천연 고무(natural rubbe : NR)는 열대 지방의 고무 나무에서 채취한 액체 라텍스(latex)를 60% 정도로 농축시켜 응고하여 만든 생고무에 황을 첨가하여 형틀에 넣고 100~150℃로 가열하여 성형시킨 것이다.

가황한 황(S)을 가열할 때 15%S 이하인 것은 연하고 탄성이 많은 연질 고무가 되고, 30%S 이상이고 오랫동안 가열하면 경질 고무, 즉 에보나이트(ebonite)가 된다.

경질 고무는 연질 고무보다 내산성과 내알칼리성이 좋고, 약품에 침식이 잘 되지 않는다. 그리고 가공성이 우수하고 전기 절연성도 좋아 전기 절연 재료로 사용된다.

2 합성 고무

합성 고무(synthetic rubber : SR)는 천연 고무의 결점을 보완한 것이다. 특히 합성 고무와 합성 수지의 발달로 고무와 수지의 중간적인 성질을 가지는 물질이 많이 만들어져 그 한계를 정하기는 더욱 어렵게 되었다. 합성 고무는 천연 고무에 비하여 내후성, 내유성, 내열성이 좋다. 오늘날 자동차용 타이어와 고무 부품에는 거의 합성 고무가 사용되고 있다. 그림 2-158 (a)는 차량용 합성 고무 제품의 보기를, 그림 (b)는 그 구성을 나타내고 있다.

(a) 타이어의 종류

(b) 타이어의 구성

그림 2-158 차량용 타이어의 보기

(2) 가죽

1 천연 피혁

가공하지 않은 동물의 가축을 생피(生皮, skin)라 하는데, 이것에 유연성, 강인성, 내화성, 방수성, 내부식성 및 통기성 등을 주기 위하여 탄닌(tannin) 처리나 크로뮴(chrome) 처리한 것을 가죽(leather) 또는 천연 피혁(天然皮革)이라 한다. 보통 공업용에는 쇠가죽, 돼지 가죽, 말가죽 등이 사용된다.

탄닌 처리로 제조된 가죽은 갈색으로 치밀하고 탄탄하며, 잘 늘어나지 않는 것이 특징이다. 크로뮴 명반(chrome alum) 용액에 담가 크로뮴 처리하면 연하고 늘어나기 쉬우며, 내열성이 좋은 가죽이 된다.

2 합성 피혁

합성 재료를 사용하여 만든 천연 피혁과 유사한 물리 · 화학적 특성과 감각적 외관 및 성질을 가진 가죽을 인조피(人造皮) 또는 합성 피혁(合成皮革)이라 한다. 합성 수지는 생산 기술의 발달과 수요의 증가, 그리고 천연 피혁의 공급 제한 등에 따라 대량 생산하게 되었다. 합성 피혁의 대표적인 것에는 레더 클로스(leather cloth)가 있다. 레더 클로스는 기본이 되는 기지(基地)에 면포(綿布)나 유리 섬유 등을 사용한다. 표면에 도포하는 발포성 수지로 1cm^{2}에 약 15만 개의 미세 구멍이 있는 합성 수지 피막(合成樹脂皮膜)이 있다. 또한 천연 고무나 인조 고무, 합성 수지 및 카세인 등을 처리하여 기지 재료(基地材料)로 사용한 합성 피혁도 있다.

(3) 합성 섬유

플라스틱 섬유를 합성 섬유(合成纖維) 또는 화학 섬유(化學纖維)라고 하며 성형품(成形品), 합성 고무 등과 함께 고분자 재료(高分子材料)의 분자 배열 방법에 따라 분류하고 있다. 이것의 특징은 가늘고 긴 실 모양의 고분자가 방향성(方向性)을 가지고 규칙적(結晶性)으로 배열되어 있다는 것이다. 이러한 화학 섬유는 용액(溶液) 또는 융액(融液)의 액상인 고분자를 습식 또는 건식으로 노즐을 통해 일정한 치수와 방향성을 가지게 하고, 응결 고정시켜 실 모양으로 만든 후, 2차 연신하여 3~5배 길이로 만든 다음 이것을 결정화하여 섬유로 만든 것이다. 이런 화학 섬유는 열처리를 통하여 섬유로서 적당한 성질을 갖추게 된다. 화학 섬유 제품에는 텐트, 로프, 부직포(不織布), 종이, 실 및 합성지 등이 있다. 직물을 사용한 구조인 텐트(tent)는 크기 및 구조에 따라 여러 가지가 있는데, Expo와 같이 장기간 전시할 때에는 그림 2-159와 같이 대형 텐트를 사용한다. 이러한 텐트는 캔버스(canvas)라고 하는 두껍고 강력한 직물을 구조재로 사용한다.

그림 2-159 캔버스 구조물

3) 그 밖의 비금속 재료

(1) 도료와 접착제

1 도료

물체의 표면에 단단하고 탄력성 있는 피막을 만들어 물체를 보호하는 동시에 내구력을 늘리고 아름답게 보이기 위하여 물품의 표면에 칠하는 물질을 도료(塗料, coatings)라 한다. 전기의 전도성을 조절하거나, 방온, 방화, 온도 지시, 방음 등을 주 목적으로 하는 특수 용도의 도료도 있다.

도료의 종류(건축용 페인트)

2 접착제

접착제(adhesive)에는 동물의 뼈와 가죽 등에서 얻어지는 아교, 우유의 단백질에서 분리 · 건조한 카세인(casein), 콩과 밀 등에서 얻는 식물성 단백질 및 탄수화물, 석회석과 점토 및 시멘트 등의 광물질, 피치(pitch)와 아스팔트의 석유 제품 등의 천연 고분자 물질을 주체로 한 것 등이 널리 사용되어 왔다. 그러나 공업용 접착제는 대부분 합성 수지나 합성 고무를 원료로 한 것으로 열안정성, 내충격성을 필요로 하는 것은 페놀 수지, 에폭시 수지 등과 같은 열경화성 수지를 주 원료로 사용한다. 그 밖의 용도는 비닐 수지, 아크릴 수지 등과 같은 열가소성 수지나 합성 고무가 주 원료로 사용된다.

나사 고정용 접착제(superlock)

(2) 유리

1 일반 유리

● 판 유리

판 유리(sheet glass)는 나트륨 유리로 이산화규소, 무수탄산나트륨, 붕산 등을 알맞게 배합, 용융시켜 만든 것으로 자동차, 선박, 건축물의 창유리, 고급 거울 등을 만드는 데 주로 사용된다. 판 유리는 크게 두께가 2~3mm인 얇은 판 유리와 두께가 4~6mm인 두꺼운 판 유리가 있다. 두께가 10~12mm인 두꺼운 판 유리는 용도에 따라 투명판, 색판, 형판, 망판 등으로 가공하여 사용하기도 한다. 또 투명도에 따라 맑은 판 유리와 서리 판 유리로 구분하며 맑은 판 유리는 A급, B급으로 서리 판 유리는 B급으로 구분하고 있다.

● 용기용 유리

유리병, 유리관, 유리 막대, 유리 그릇을 비롯하여 여러 가지 이화학용 실험 기구를 만드는 데 사용하는 것으로서 일반적으로 나트륨 유리가 널리 사용된다. 용기용 유리는 용도에 따라 표면 갈기, 표면 부식, 조각, 구워 붙이기, 도금 등의 표면 가공을 하여 사용하기도 한다.

2 특수 유리

● 안전 유리

안전 유리(safety glass)는 판 유리 사이에 아세틸셀룰로오스나 폴리비닐부티랄 수지 등의 얇은 막을 끼워 넣어 만든 것으로 강한 충격에 잘 견디고, 깨졌을 때에도 파편이 튀지 않는다. 자동차, 기차, 비행기 등의 창 유리에 널리 사용된다.

● 강화 유리

강화 유리(tempered glass)는 판 유리를 약 600℃로 가열하였다가 찬 공기로 급랭시켜 만든 것으로, 기계적 강도가 보통 유리의 5~6배나 되며, 깨질 때에는 판 전체가 순간적으로 작

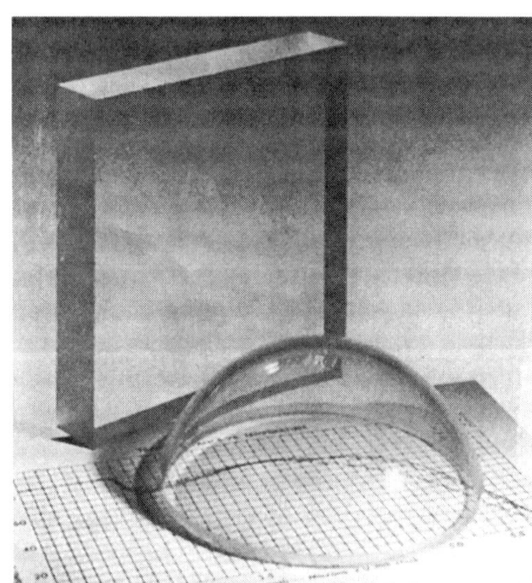

○ 강화 유리

은 알갱이 모양으로 부서지기 때문에 사고 시에 상처를 입는 것으로부터 보호한다. 그러나 절단하거나 가공할 수는 없다. 자동차, 기차, 비행기 등의 창 유리, 장식장 등에 널리 사용된다.

- **결정화 유리**

일반적으로 주성분인 산화리튬, 산화알루미늄, 이산화규소에 적은 양의 Au, Ag, Pt, Cu 등을 넣고 가열 처리하여 금속 콜로이드(colloid)를 생성시키면, 이 콜로이드가 핵이 되어 각 성분의 결정 석출을 촉진시켜 전체를 자기화한다. 이와 같이 만든 유리는 강보다 굳고 알루미늄보다 가벼우며, 액체나 공기를 투과시키지 않는다. 결정화 유리(crystallization glass)는 기계적 강도, 내마멸성, 내열성 내충격성과 화학적 성질이 우수하다. 현재 볼 베어링의 베어링 받이, 미사일 탄환의 케이스, 전기 절연재 등의 재료로 널리 사용되고 있다.

- **조명 유리**

붕규산 유리에 아산화납(Pb_2O)을 3% 정도 넣은 것을 조명 유리라 하며, 단단하고 주조성이 우수하여 자동차 헤드라이트의 실드 빔, 지하 건물의 조명 창 등에 사용된다.

- **적외선(열선) 흡수 유리**

보통 유리 성분 이외에 적은 양의 산화철, Se, Ni, Co 등을 함유시켜 엷은 파란색, 노란색, 회색 등을 띠게 한 판 유리이다. 태양 광선의 적외선을 흡수하는 성질을 가지기 때문에 냉방 효율을 높이고 눈부심을 막으므로 자동차, 기차, 선박, 건축물 등의 창 유리로 널리 사용된다.

- **열선 도체 유리**

판 유리 사이에 가는 니크롬 선을 넣은 것과 유리 표면에 얇은 금속 막을 프린팅한 것이 있다. 이 유리는 차량용 창 유리의 흐림 및 결빙 현상을 방지하는 데 사용된다.

(3) 윤활유와 절삭유

1 윤활유

기계의 축과 베어링, 한 쌍의 기어, 실린더와 피스톤 등과 같이 서로 접촉하면서 운동하는 미끄럼면의 운동을 원활하게 하고 효율을 높이며 기계의 수명을 길게 하려면 미끄럼면의 마찰을 적게 할 필요가 있다.

이것을 미끄럼면의 윤활(潤滑, lubrication)이라 하며, 여기에 사용하는 물질을 윤활제(潤滑劑, lubricant) 또는 윤활유(潤滑油)라 한다.

윤활유는 마찰면에 생기는 마찰력을 줄이거나 마찰면에서 발생하는 마찰열을 분산시킬 목적으로 사용하며 피스톤과 실린더 틈을 밀봉, 밀폐시키는 작용을 한다.

윤활유에는 광물성(鑛物性), 지방성 및 혼성(混性)의 액체 윤활유와 그리스(grease) 및 고체 윤활유 등이 있다. 일반적으로 광물성 윤활유는 산화에 안정되고 여러 가지 점도(粘度)를 가지는 제품이 있는데, 중요한 것으로는 스핀들유(spindle oil), 머신유(machine oil), 모빌유(mobile oil) 등이 있다. 그리스는 광물유 또는 혼성유에 석회, 비누 혹은 소다 비누를 혼합한 것으로서, 상온에서는 연질의 반고체이고 온도가 상승하면 액상이 된다.

2 절삭유제

금속 또는 비금속을 자르거나 깎을 때 쓰이는 기름 또는 액체 물질을 절삭유제(切削油劑, cutting oil)라 한다. 공작물을 절삭 가공할 때는 날끝과 칩(chip) 그리고 날끝과 공작물 간의 마찰에 의해 열이 발생하는데, 이를 감소하기 위하여 공구의 모양과 재질, 피절삭물의 재질과 크기, 절삭 속도 등의 조건에 맞는 절삭유제가 사용된다.

절삭유의 사용

절삭유제의 종류는 절삭유를 그대로 사용하는 불수용성(不水溶性)과 물로 희석(稀釋)하여 사용하는 수용성으로 크게 나뉜다.

(4) 노재와 보온재

1 노재

● 내화물과 모르타르

내화물은 원료의 종류, 조성 광물, 화학 조성, 내화도, 용도, 모양 및 가열 처리 방법 등에 따라 분류한다. 실제로 사용되는 내화물은 SK[12]를 사용하며 SK26번(1580℃)보다 높은 내화도의 것이다. 내화물은 내화도를 번호로 표시하며, SK26~29를 저급 내화물, SK30~33을 보통 내화물, SK34~37을 고급 내화물 SK38 이상을 초고급 내화물이라고 한다. 내화 모르타르(mortar)는 사용 목적에 따라 내화 벽돌의 접합부 및 노벽 위에 바르는 일반용과 노벽이 손상된 곳을 보수하기 위하여 바르는 보수용으로 구분된다.

● 내화 벽돌

a) 산성 내화 벽돌 : 산화규소(SiO_2, $xAl_2O_3 \cdot ySiO_2$)를 주성분으로 한 산성 내화물(酸性耐火物, acidic refractories)로서 내화도(耐火度, refractoriness)는 높으나 열변화에 약하다. SK26 이상의 내화도를 가지는 점토를 내화 점토(耐火粘土, fire clay)라 하며, 이것은 1300~1400℃로 구워 분쇄한 것을 샤모테(chamotte)라 한다. 이와 같은 산성 내화재를 혼합하여, 성형 건조 후 소성한 것을 산성 내화 벽돌이라 한다.

b) 염기성 내화 벽돌 : 산화마그네슘(MgO), 산화칼슘(CaO), 산화아연(ZnO), 산화베릴륨(BeO) 등을 주성분으로 한 내화물을 염기성 내화물(鹽基性耐火物, basic refractoris)이라 한다. 마그네사이트는 탄산마그네슘($MgCO_2$)으로서 천연산은 불순물이 함유되어 있다. 이것을 고온에서 가열하면 이산화탄소(CO_2)를 방

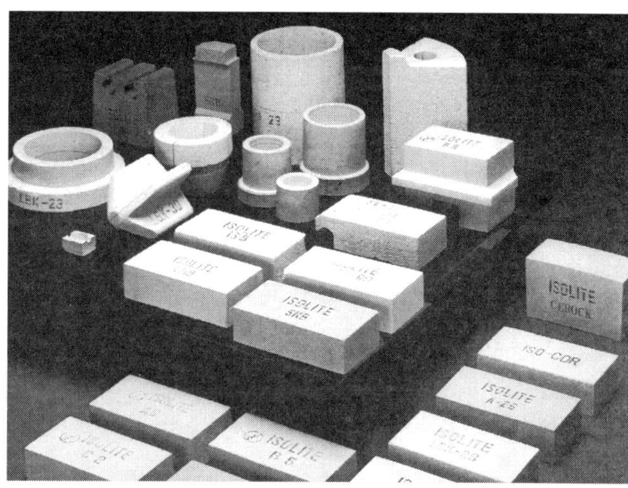

그림 2-160 내화 벽돌의 종류

---
12) SK : Sägel Keger, Seger Cone의 약자로 내화도 표시

출하여 산화마그네슘으로 된다. 이것을 1500℃ 이상으로 가열할 때, 결정(結晶)이 크게 발달한 덩어리를 마그네시아 클링커(magnesia clinker)라 하며, 이 마그네시아 클링커를 주성분으로 하는 벽돌을 염기성 벽돌이라 한다. 그림 2-160은 일반적으로 많이 상용되고 있는 내화 벽돌의 보기이다.

c) 중성 내화 벽돌 : 중성 내화물(中性耐火物, neutral refractories)인 알루미나(Al_2O_3) 산화크로뮴(Cr_2O_3)을 주성분으로 한 내화재를 성형 소성한 벽돌을 중성 내화 벽돌이라 한다.

2 보온재와 단열재

일반 냉난방 장치, 연소 장치, 각종 용해 및 가열로, 동력 및 화학 공업 장치에서 열관리를 위한 보온 · 보냉 공사와 관리에 사용하는 재료를 보온 재료(保溫材料, heat insulator, heat insulating materials)라 하고, 열이 외부로 방출되는 것을 막아주는 재료를 단열재(斷熱材), 외부에서 내부로 열을 차단하기 위한 재료를 보냉재(保冷材)라 하는데 이를 총칭하여 보온재라 하고 있다. 그림 2-161은 각종 보온재의 보기이다.

그림 2-161 보온재의 종류

산업이 발전되고 경제 성장이 지속적으로 이루어지면서 연료의 사용량이 급속하게 증가되고 있으며, 이들 연료의 효율적인 이용이 산업 발전과 경제 성장에 큰 과제로 대두되고 있다. 이에 따라 과거와 같이 보온재만으로는 만족할 만한 열효율을 기대할 수 없게 되었다. 따라서 사용 온도가 높고 안전하며 내열성과 구축 재료로서의 강도가 충분한 단열재가 필요하게 되었다. 이와 같은 요구를 해결하기 위해서는 단열 벽돌과 내화 단열 벽돌이 개발 · 제조되어 단독 또는 조합하여 사용하고 있다.

(a) 원석

(b) 인조석

그림 2-162 원석과 인조석

(5) 석재

1 석재

석재(stone)는 각종 공사용 재료로 사용할 수 있도록 적당한 모양과 크기로 가공된 암석을 말한다. 석재는 단단하고 압축 강도가 커서 구조물과 대형 기계의 기초 공사 또는 보조 기초 등에 중요한 재료로 쓰인다.

그림 2-162는 건축 재료로 많이 사용되고 있는 원석과 인조석의 보기이다.

2 골재

골재(aggregate)는 모르타르 또는 콘크리트를 만들기 위하여 시멘트 및 물에 혼입하는 모래, 자갈, 부순 모래, 부순돌, 그 밖에 이와 비슷한 재료를 총칭하여 말한다. 골재는 콘크리트 부피의 약 70%를 차지하고 있으므로, 콘크리트에 미치는 영향이 크다. 골재는 입자의 크기에 따라 잔 골재와 굵은 골재로 나뉘고, 산출 장소에 따라 천연 골재와 인공 골재로 구분한다. 천연 골재는 강모래, 강자갈, 바다모래, 바다자갈, 산모래, 산자갈 등이 있으며, 인공 골재는 부순 모래, 부순 돌, 부순 슬래그, 인공 경량 골재 등이 있다. 경량 골재로는 화산 자갈, 화산 모래, 부순 슬래그 등이 있다.

(6) 목재

목재(木材)는 기계용 재료로 직접 사용되기보다는 주물 제작에 필요한 목형, 거푸집 등의 보조 재료로 사용되는 경우가 많다. 목재는 최종 사용 형태에 따라 천연 목재와 여기에 화학적, 물리적 가공을 함으로써 목재의 특성을 향상시킨 가공 목재로 크게 분류할 수 있다. 공업 재료에 사용되는 천연 목재로는 원형용 목재가 가장 많다. 그림 2-163은 원목의 구조와 제재 후 목재의 수축(변형) 모양을 보여주고 있으며, 제재하여 건조한 목재는 각종 공업용 재료로 사용된다.

1 목형용 목재

목형용 목재는 옹이 등의 결함이 없이 조직이 고르고, 균일하며, 가공이 쉽고 가벼우며 값이 싸야 한다. 목형용 목재는 연재(軟材)와 경재(硬材)로 구분하고 있으며, 목형의 종류, 조형 방법과 크기, 목형 제작비 등을 고려하여 선택한다.

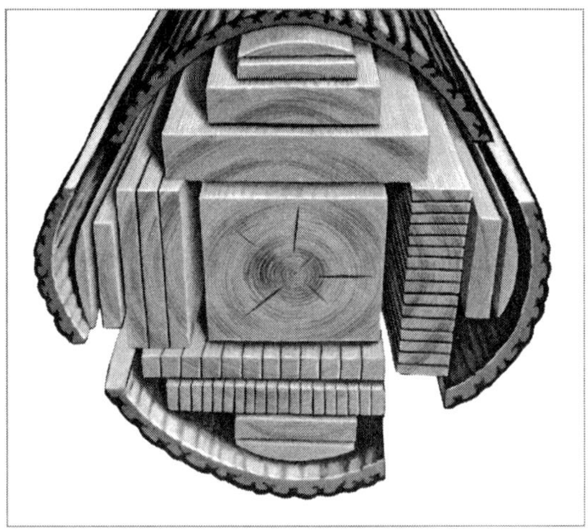

목재의 제재

2 가공 목재

천연 그대로의 목재는 여러 가지 결함 등으로 동일한 수종도 품질이 고르지 못하고 방향성도 심하게 나

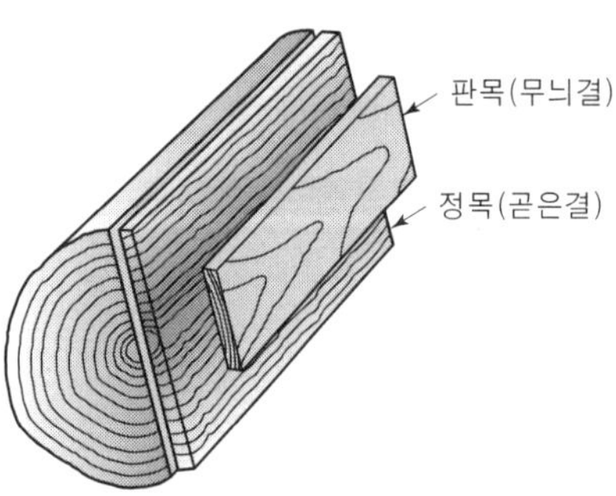

(a) 목재의 제재

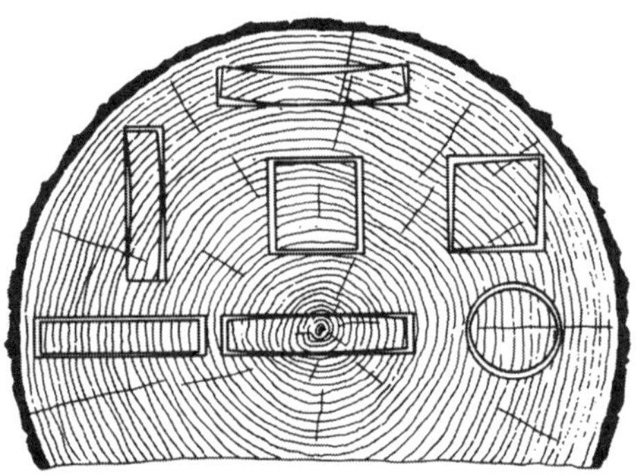

(b) 목재의 수축 변형

그림 2-163 목재의 제재와 수축 변형

타나서 가공 후 변형되는 경우가 많이 있다. 이러한 결점을 보완하기 위하여 여러 가지 가공 목재가 사용되고 있으며, 목형용 이외의 기계 재료로 사용되고 있는 목재는 대부분이 보조재와 장식용이다.

연습 문제

2.1 기계 요소

1. 기계 요소를 사용 목적에 따라 분류하시오.
2. 다음의 축이음의 특징과 용도를 말하시오.
   ① 원통 커플링 ② 플랜지 커플링
   ③ 플렉시블 커플링 ④ 유니버설 커플링
3. 기어의 종류와 특징 및 용도를 말하시오.
4. 그림(문제 4)에서
   $z_A=40$, $z_B=16$,
   $z_{C_1}=20$, $z_{C_2}=32$,
   $z_{D_1}=18$, $z_{D_2}=24$
   이다. A의 회전수가 100rpm이면 B의 회전수는 얼마인가?

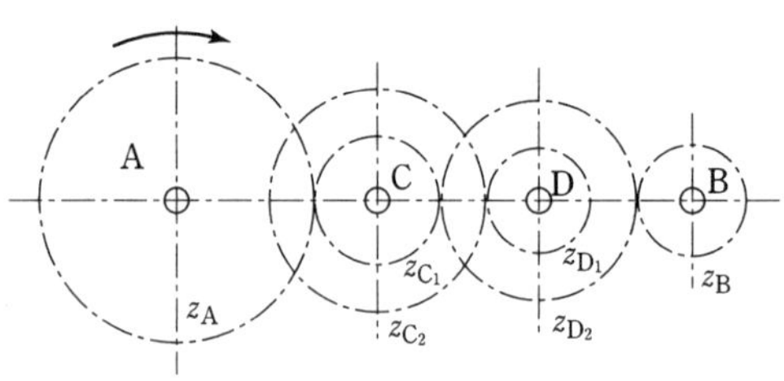

그림 연습 문제 4의 조건

2.2 기계 재료

5. 다음의 용어를 설명하시오.
   ① 제선 ② 제강
   ③ 연속 주조 ④ 강괴
6. 다음의 제강법을 비교하시오.
   ① 평로 제강법 ② 전로 제강법
   ③ 전기로 제강법

7. 강의 기본 열처리법을 설명하시오.
8. 7 : 3 황동과 6 : 4 황동을 비교하시오.
9. 공구강의 종류와 용도를 말하시오.
10. 고속도강과 서멧 공구 재료의 특성을 비교하시오.
11. 소결 베어링 합금의 특성과 용도를 설명하시오.
12. 내식용 합금의 종류와 용도를 설명하시오.
13. 형상 기억 합금의 원리와 용도를 말하시오.
14. 복합 재료의 구성과 용도를 설명하시오.
15. 플라스틱의 종류와 특성을 설명하시오.
16. 천연 고무와 합성 고무를 비교하시오.
17. 내화물의 종류와 용도를 설명하시오.
18. 시멘트의 종류와 용도를 설명하시오.
19. 특수 유리의 종류와 용도를 설명하시오.
20. 석재와 골재를 비교하고 용도를 설명하시오.

연구 과제

1. 나사의 KS 규격을 조사 설명하시오.
2. 볼트 너트의 풀림 방지 사례를 들어 설명하시오.
3. 슬라이딩 베어링과 구름 베어링을 비교하고 구조와 장단점을 설명하시오.
4. 밸브와 콕의 구조와 용도를 비교 설명하시오.
5. 급속 귀환 기구의 구조와 용도를 설명하시오.
6. 금속의 매크로 조직 시험과 마이크로 조직 시험을 비교 설명하시오.
7. 금속 재료의 비파괴 검사법의 종류와 용도를 설명하시오.
8. Cu−Sn계 합금의 종류와 특성을 말하시오.
9. 다음 재료의 특성과 용도를 말하시오.
   ① 형상 기억 합금　② 제진 재료
   ③ 복합 재료　④ 탄소 재료
10. 공업용 플라스틱의 종류와 용도를 설명하시오.
11. 안전 유리와 강화 유리를 비교 설명하시오.
12. 내화물의 내화도 측정법을 설명하시오.
13. 윤활유와 절삭유의 종류와 특성을 설명하시오.

3장 기계 제작 기술

3.1 주조

주입 작업

금속을 가열하여 유동성을 가진 용융 금속을 만든 다음, 이것을 제작할 제품과 같은 모양의 빈 자리가 있는 주형(鑄型, mold, mould)에 주입(鑄入)하고, 주형 속에서 냉각, 응고시켜 원하는 모양으로 만든 금속 제품을 주물(鑄物, castings)이라 하고, 그 공정을 주조(鑄造, casting)라 한다.

주물은 주조 상태 그대로, 또는 기계 가공 후 사용한다. 주물은 가정 용구와 장식품 등 일반 용품을 비롯하여 자동차 엔진 블록과 부품, 농기구, 방적 기계, 광산 기계, 공작 기계, 산업 설비 등 모든 산업 분야에 걸쳐 널리 이용되고 있다. 주물은 몇 그램의 작은 것에서 수백 톤에 이르기까지 제품의 모양과 크기, 정밀도, 수량 등 목적에 따라 여러 가지 주조법이 개발되어 사용되고 있다.

또한 주조에 쓰이는 금속도 주철, 주강을 비롯하여 비철 금속인 알루미늄 합금, 동 합금, 아연 합금 등 종류가 다양하다.

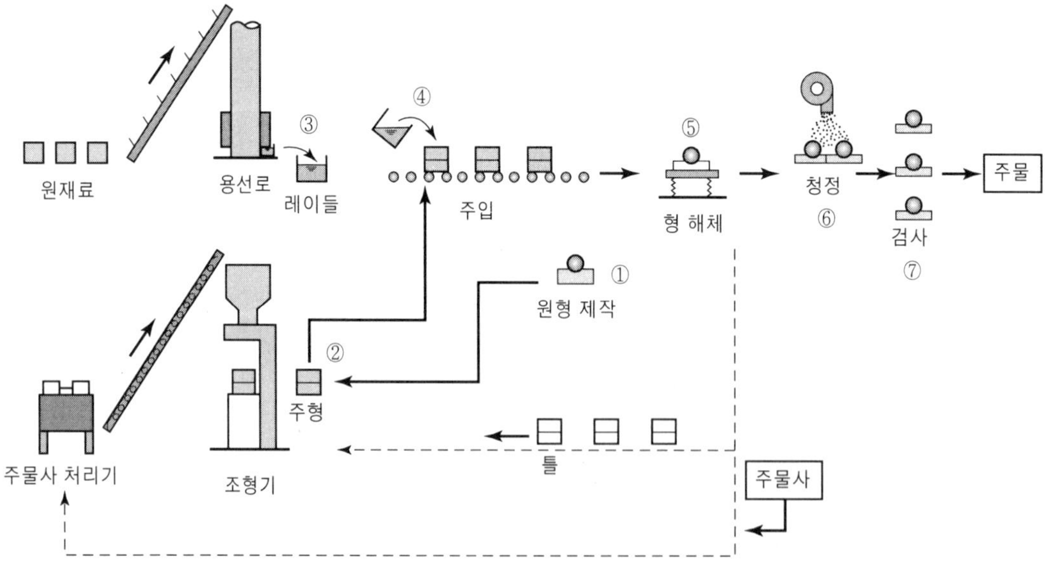

그림 3-1 주물의 제조 공정

그림 3-1은 주물의 제조 공정을 원형 제작 → 조형 → 용해 → 주입 → 주물 꺼내기 → 청정 → 검사의 순서로 도식화한 보기이다.

1. 모래형 주조법

1) 원형 제작

주물에 필요한 주형을 만들기 위해서는 먼저 목재, 플라스틱 또는 금속 등으로 주물과 유사한 형을 만들어야 하는데, 이것을 원형(原型, pattern)이라 한다. 원형 제작 방법은 주조할 제품의 생긴 모양과 주조 방안에 따라 결정한다.

(1) 원형의 종류와 원형용 재료

1 원형의 종류

원형(原型, pattern)은 재질, 구조, 조형 방법 등에 따라 분류하기도 하나 일반적으로 목형(木型, wood pattern), 금형(金型, metal pattern), 플라스틱형(合成樹脂型, plastic pattern), 특수형 등으로 분류하고, 기능면에서는 외형과 코어형으로 크게 구분하고 있다.

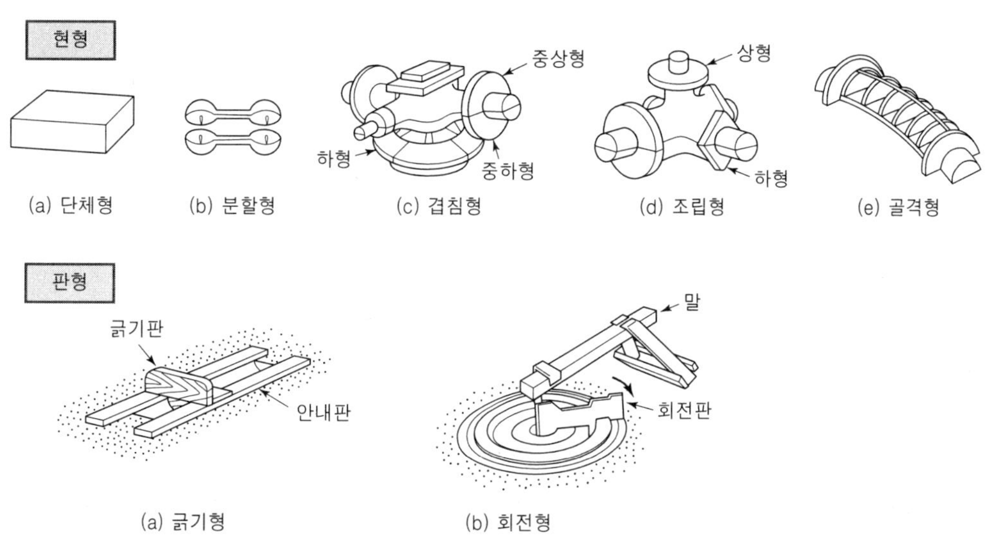

그림 3-2 목형의 종류

a) 목형 : 주물의 제작 수량이 적고 사용 횟수가 많지 않은 경우에 적당하며, 크고 작은 복잡한 주물의 원형으로 광범위하게 이용되고 있다. 특히 대형 주물의 조형 작업에는 가볍고 취급이 용이한 목형이 사용된다. 목형에는 그림 3-2와 같은 종류가 있다.

그림 3-3 매치 플레이트형

b) 금속 원형 : 주조에 사용되는 금속 원형은 조형 작업을 위한 원형을 말한다. 일반적으로 금형이라 하면 모래 주형 제작에 사용되는 금속제의 원형과 셸 몰드용 금형, 왁스형 금형, 풀 몰드 원형용 금형 그리고 주형으로 사용되는 다이 캐스팅용 금형 등이 포함된다. 그림 3-3은 내구성이 우수하고 정밀도가 높은 금속제 원형인 매치 플레이트형으로 기계 조형에 이용되고 있다.

c) 석고형 : 석고로 만든 원형은 미술 주물, 섬세한 부분이 있는 주물의 제작에 많이 이용된다. 석고형은 그 자체가 원형으로 이용되는 경우보다 매치 플레이트 금형이나 합성 수지형 등을 제작할 때 상대형으로 이용되는 경우가 많다. 그림 3-4는 수지형 제작에 필요한 석고형의 제작 및 단면의 보기이다.

d) 왁스형 : 밀랍, 파라핀(paraffin), 로진(rosin) 등을 배합하여 만든 원형을 왁스형(wax pattern)이라 한다. 제품 수량이 1개일 때에는 직접 성형할 수도 있으나, 같은 것이 여러 개일 때에는 복제하여 만든다.

e) 플라스틱형 : 페놀(phenol) 수지나 폴리스티렌(polystrene) 수지 등으로 만든 원

(a) 석고 채우기 (b) 완성된 석고형 (c) 석고형 단면

그림 3-4 석고형 제작 및 단면의 보기

표 3-1 목형용 목재의 종류와 용도

종류	특징	용도
소나무	재질이 연하고 변형되기 쉽다. 결이 고르지 못하나 값이 싸서 손쉽게 구할 수 있다.	일반 목형
홍 송	재질이 치밀하고 연하여 가공하기 쉽다. 변형은 적으나 값이 비싸다.	정밀을 필요로 하는 고급 목형
나 왕	재질이 연하고 결이 고르며 가공하기 쉽다.	일반 목형
삼나무	재질이 연하여 가공하기 쉽다. 수축 변형이 적으며, 값도 비교적 싸다.	대형 목형, 사용 횟수가 적은 목형
벚나무	재질이 단단하고 질기고, 비틀리는 일이 적으며, 내마멸성이 우수하다.	정밀을 필요로 하는 목형, 사용 횟수가 많은 목형
전나무	재질이 치밀하고 강하여 건습에 대한 신축성이 적고, 비교적 값이 비싸다.	정밀을 필요로 하는 목형, 사용 횟수가 많은 목형
느티나무	재질이 매우 단단하며 내구성이 좋다. 변형이 작고, 가공하기 쉬우나 값이 비싸다.	사용 횟수가 많은 목형
마호가니 (mahogany)	재질이 치밀하고 알맞게 단단하다. 세공하기 쉽고, 변형이 아주 작으며, 내마멸성이 우수하나 값이 비싸다.	사용 횟수가 많은 목형, 정밀을 필요로 하는 목형
티크(teak)	수지분을 함유하며 수분의 흡수를 방지하고 신축성이 적다. 품질은 느티나무나 마호가니 다음가는 좋은 재료이나 값이 비싸다.	사용 횟수가 많은 목형, 정밀을 필요로 하는 목형

형을 플라스틱형(plastic pattern) 또는 합성 수지형이라 한다. 합성 수지는 목재와 같이 가공이 쉽고 가벼우며, 금속과 같이 내구성이 좋고, 원형 제작 시간이 짧으면서 복제가 용이한 이점도 있다.

2 원형용 재료

원형용 재료로는 주로 목재, 금속, 합성 수지 이외에 석고 및 시멘트 등이 있으며 부 재료로는 접착제, 못, 도료 등이 있다.

목재는 가공하기 쉽고, 가벼워서 취급이 용이하고 값이 싸므로 오래 전부터 원형용 재료로 많이 이용되고 있다. 주로 사용되고 있는 목형용 목재의 종류와 특징 및 용도를 요약하면 표 3-1과 같다.

(2) 원형 제작법

원형 제작자는 도면을 보고 제작할 제품의 모양, 크기, 제작 개수, 주요 부분이나

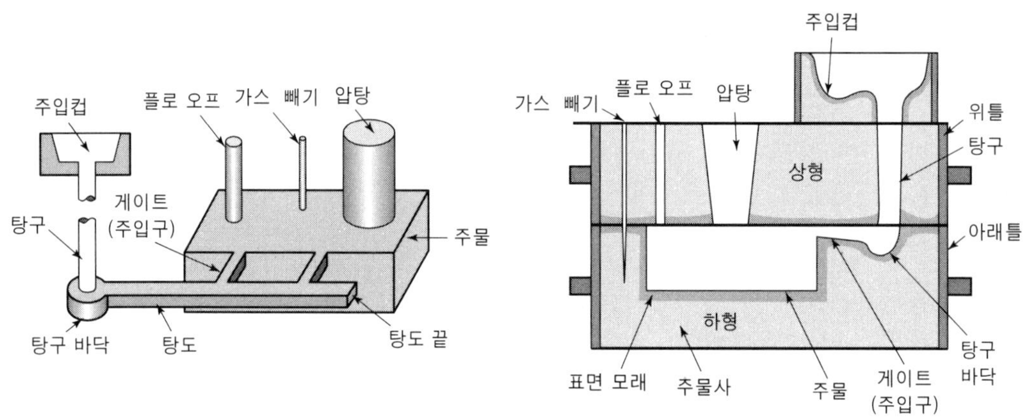

(a) 각부 명칭 (b) 주형의 구성

그림 3-5 주형 각 부의 명칭

가공 부분 등을 정확하게 파악하고, 이에 따른 경제적인 원형 제작 방안을 세워야 한다. 이 밖에 설계상의 미비점이나 부적당한 곳 또는 주조와 관련한 개선해야 할 사항을 알아야 한다.

원형 제작자는 주조는 물론 기계 공작면에도 풍부한 지식을 가지고 조형 및 기계 가공의 공정 수를 줄일 수 있는 경제적인 사항도 고려하여야 한다.

2) 조형 작업

(1) 주형의 구성과 기능

1 주형의 구조와 각 부의 명칭

주형의 구조는 주물의 모양, 크기 및 주조 방안 등에 따라 달라진다. 예를 들면, 틀 주형의 경우 각부 명칭은 그림 3-5와 같다.

2 탕구계의 기능

주입에 필요한 주입컵(pouring cup, pouring basin), 탕구(sprue, downgate), 탕도(runner, cross gate) 및 게이트(gate, ingate) 등을 통틀어 탕구계(sprue system) 또는 탕구계통(gating system)이라 한다. 이 밖에도 압탕(riser), 플로 오프(flow off) 및 가스 빼기(air venting) 등의 역할은 매우 중요하다.

- 모래 주형
  - 주형의 건조 상태에 따라
    - 생형
    - 반건조형(표면 건조형)
    - 건조형
  - 주형틀의 사용에 따라
    - 틀 주형(주물 상자 이용)
    - 혼성 주형(바닥과 상자의 혼성)
    - 바닥 주형
    - 피트 주형
  - 원형의 종류에 따라
    - 현형 주형
    - 회전 주형
    - 긁기 주형
    - 소모성 원형 주형(풀 몰드법)
  - 조형 작업에 따라
    - 손 주형
    - 기계 주형
    - 특수 주형

그림 3-6 주형의 분류

(2) 주형의 분류와 종류

주형의 종류는 분류 방법에 따라 여러 가지로 나누고 있으나 모래 주형의 경우 일반적으로 그림 3-6과 같이 분류하고 있다.

1 주형의 건조 상태에 따른 분류

a) 생형(生型) : 6~9%의 수분과 점결제 등을 함유하고 있는 주물사를 사용하여 조형한 후, 건조시키지 않은 상태에서 용융 금속을 주입한다.

b) 건조형(乾燥型) : 생형 주형보다 강도를 높이고, 수분에 의한 결함을 없애며, 통기도를 향상시키기 위하여 주형을 일정한 온도에서 건조시킨 것이다.

c) 반건조형(표면 건조형) : 주형 표면에 도형제를 바른 후에 버너나 적외선 램프 등을 사용하여 생형 주형의 표면만을 건조시켜 수분을 제거하고 주형 강도를 높인 것이다.

2 주형틀의 사용법에 따른 분류

a) 개방 주형 : 그림 3-7 (a)와 같이 주형틀을 사용하지 않고 주물 공장의 바닥에 주물사를 수평으로 한 다음, 원형의 주위를 알맞게 다져서 만든 주형을 개방 주형(開放鑄型, open sand mold) 또는 바닥 주형이라 한다.

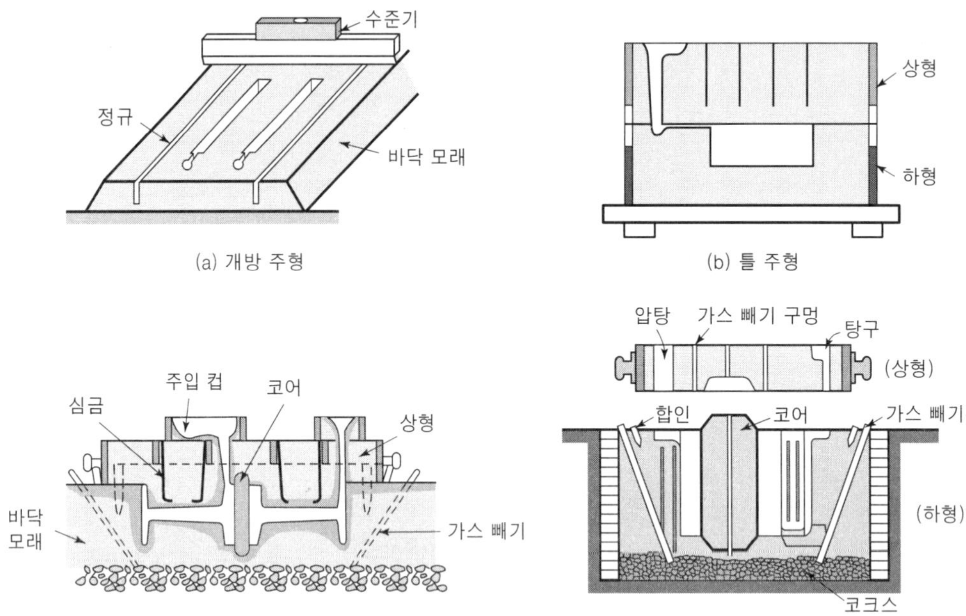

(a) 개방 주형 (b) 틀 주형

(c) 혼성 주형 (d) 피트 주형

그림 3-7 주형틀의 사용에 따른 분류

b) 틀 주형 : 2개 또는 3개의 주형틀을 겹쳐 사용하는 조형법을 틀 주형(flack mold)이라 하며 가장 많이 사용된다. 일반적으로 그림 3-7 (b)와 같이 상형과 하형을 1조로 한 틀 주형 방법이다.

c) 혼성 주형과 피트 주형 : 그림 3-7 (c)와 같이 바닥을 하형으로 하고, 상형은 주형틀을 사용하여 조형한 후 조립한 것을 혼성 주형(bed-in mold, floor mold)이라 한다. 특히 하형이 깊거나 커서 그림 3-7 (d)와 같이 피트를 사용한 주형을 피트 주형(pit mold)이라 하며 대형 주형 주물에 이용된다.

3 원형의 종류에 따른 분류

a) 현형 주형 : 현형 주형에 사용되는 원형에는 단체형과 분할형이 있는데, 조형하기 쉽도록 여러 부분으로 분할되어 있다. 그림 3-8은 단체형과 분할형을 사용한 현형 주형의 보기이다.

b) 긁기 주형(strickling mold) : 주형의 모양이 제품과는 전혀 다르며, 얇은 판상의 원형으로 조형하는 데 많은 숙련이 요구된다. 그림 3-9는 긁기형으로 플랜지가 있는 파이프의 하형 주형을 조형하는 보기이다.

c) 회전 주형(sweeping mold) : 원형의 제작이 쉽고 값이 싸지만, 조형 시간이 길고

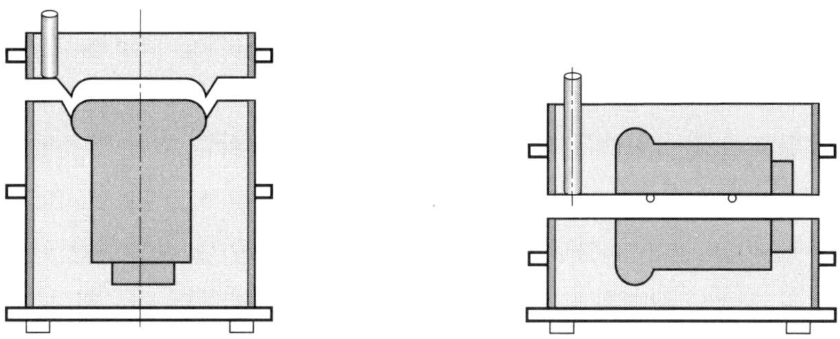

(a) 단체 주형　　(b) 분할 주형

그림 3-8 현형 주형

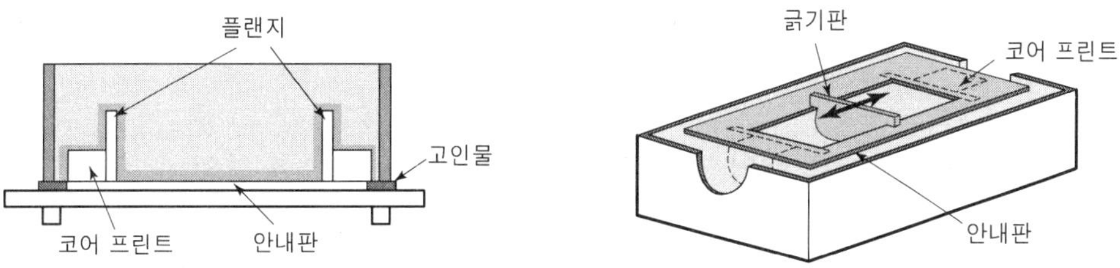

(a)　　(b)

그림 3-9 긁기 주형

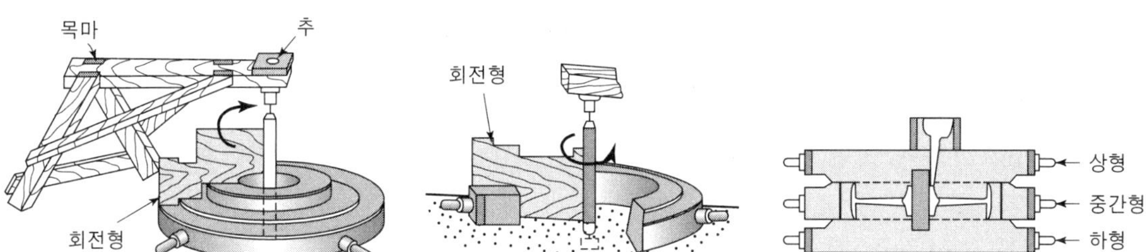

(a)　　(b)　　(c)

그림 3-10 회전 주형

상당한 숙련을 필요로 하므로, 비교적 대형이고 제작 개수가 적은 경우에 주로 사용된다. 그림 3-10은 풀리 휠(pulley wheel)을 회전형으로 조형하는 보기이다.

4 조형 작업에 따른 분류

a) 손 주형 : 주형 틀에 원형을 배치하고 그 주위에 주물사를 채워 스탬프로 다지고, 원형을 뽑아, 손질하는 등의 조형 공정이 손 작업에 의해 이루어지는 조형

작업을 손 주형이라 한다. 손 주형은 제품의 수가 적거나 원형의 구조가 복잡하여 기계 조형이 어려운 경우, 소규모 주물 공장에서 사용된다.

b) 기계 주형 : 조형 작업에도 대량 생산과 주물의 균질화를 위하여 조형 공정에 여러 가지 기계가 사용되고 있다. 그러나 기계 주형에서는 복잡한 주물이나 어느 크기 이상의 주물은 조형할 수 없고 원형도 단체형이나 분할형만 가능하다. 또 주물사의 철저한 관리와 연속 작업을 위한 반송 시설 등이 필요하다.

c) 특수 주형 : 보통 주물사를 사용하는 일반 주형 이외에 특수사를 사용하거나 특수 공정에 의해 조형되는 주형을 총칭하여 특수 주형이라 한다. 특수 주형에는 CO_2법, 셸 몰드법, 인베스트먼트법, 쇼(Show)법, 풀 몰드법 등이 있다.

3) 주물사

주물사에는 모래에 점토분이 자연적으로 섞여 있어서 필요한 양의 수분만 공급하면 주물사로 쓸 수 있는 자연사가 있다. 또 모래에 점결제와 기타 첨가제를 인위적으로 첨가하여 주물사로 사용하는 합성사(배합사)가 있다.

(1) 주물사의 요건

주물사가 갖추어야 할 여러 가지 요건은 다음과 같다.

① 주형 제작이 쉽고, 원형의 치수와 모양을 정확하게 재현할 수 있을 것
② 주형의 취급이나 운반 또는 주입할 때 쇳물의 압력이나 충격에 견딜 수 있는 강도를 가질 것
③ 쇳물과의 반응이 적고, 높은 온도에서도 견딜 수 있을 것
④ 통기성이 좋아서 주형 안에 생긴 가스의 배출이 쉬울 것
⑤ 주입된 다음에는 쇳물의 응고와 수축에 대하여 수축성이 있어야 하며, 응고된 다음에는 주형의 파괴나 주물을 주형에서 뽑아내는 작업이 쉬울 것
⑥ 값이 싸고, 여러 번 되풀이하여 사용할 수 있을 것

(2) 주물사의 종류

주물사는 넓은 의미에서는 주형 제작에 사용되는 모래를 포함하는 모든 주형 재료를, 좁은 의미에서는 주물사만을 뜻한다.

1 원료사

주물사의 주체가 되는 원료사는 산지, 산출 상태, 가공 상태 등에 따라 여러 가지가 있다.

2 규사

점토의 함유량이 2.0% 이하이며, 점결성이 없는, 규석질의 모래를 규사(silica sand)라 한다. 규사에는 산출 상태에 따라 천연 규사(은사라고도 함)와 인조 규사가 있다.

3 산사

규석질의 모래에 10~15% 이상의 점토질이 천연적으로 혼합된 것으로서, 수분을 알맞게 첨가하면 그대로 주물사로 사용할 수 있는 모래를 산사라 한다.

(3) 주물사의 시험과 설비

주물사는 주물사의 종류, 즉 사용 목적에 알맞는 성질을 갖추어야 하는데, 이러한 조건들은 주조하고자 하는 주조품의 재질과 크기 및 모양 등에 따라 달라질 수 있다. 이러한 여러 조건을 만족하려면 모래, 점결제, 첨가제 및 수분의 4대 구성 요소를 적절하게 배합하여야 한다. 그리고 효율적이고 안전한 주물사의 배합 관리를 위해서는 적절한 시험기와 관련 시설이 있어야 한다.

2. 특수 조형법과 주조법

1) 특수 조형법

(1) 셸 몰드법

셸 몰드법(shell molding)은 독일의 크로닝(J. Croning)이 제2차 세계 대전 중에 발명하여, 1947년 미국에 소개된 주조법으로, 크로닝법(Croning process) 또는 C법(C-process)이라고도 하는데, 이 원리는 열경화성 수지의 성질을 이용한 방법이다.

즉, 가열한 금형을 이용하여 원형을 얇은 셸로 복제하고, 이것을 조합하여 셸 주형을 만들고, 여기에 쇳물을 주입하여 주조하는 방법이다.

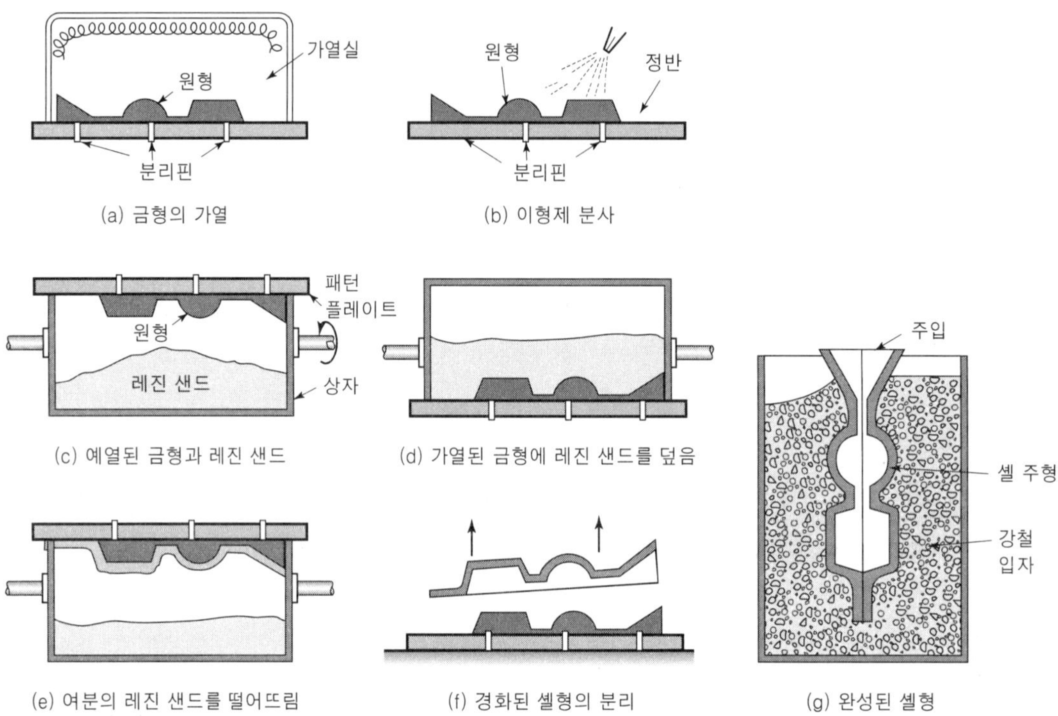

그림 3-11 셸몰드의 제작 공정

최근에는 소형 자동차용 크랭크축, 캠축 등의 대량 생산에 이용되고 있다. 그림 3-11은 셸 몰드법의 주조 공정을 나타낸 것이다.

(2) 인베스트먼트법

인베스트먼트법(investment process)은 가용성의 원형을 만들고, 이것에 슬러리(slurry) 상태의 주형 재료를 피복하여 외형을 만든 다음, 원형을 용융 제거하여 공간을 만들고, 여기에 쇳물을 주입하는 방법이다. 이 주조법에서는 왁스로 원형을 제조하므로 로스트 왁스법(lost wax)이라고도 한다.

그림 3-12는 인베스트먼트 주형의 제조 공정을, 그림 3-13은 왁스형을 조합하여 완성된 인베스트먼트 원형의 보기이다.

(3) CO_2법

CO_2법(CO_2 process)은 규사에 규산나트륨(Na_2SiO_3)을 주성분으로 한 점결제 4~

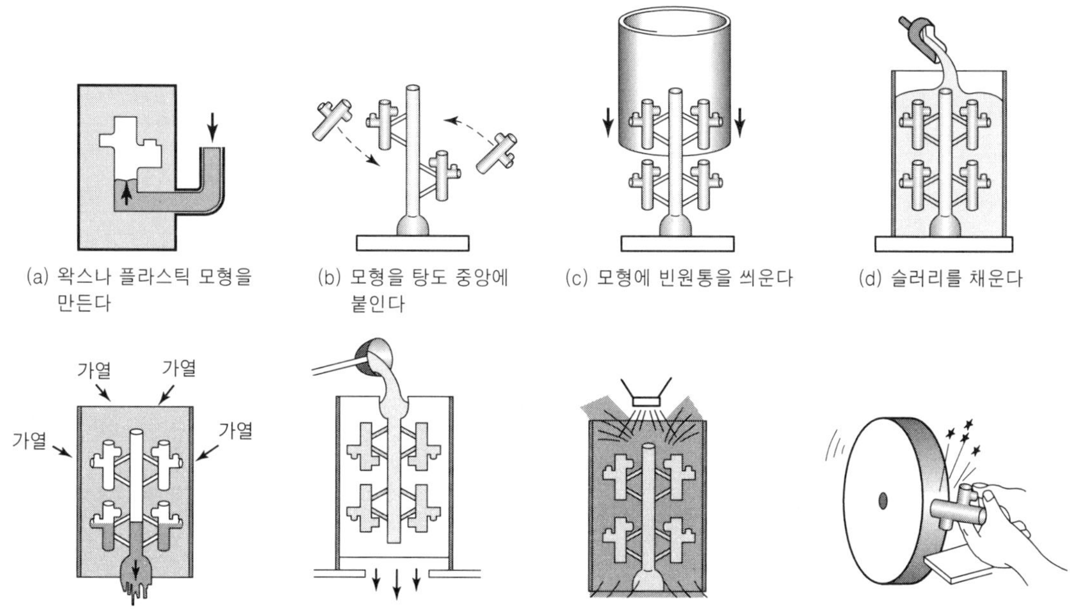

(a) 왁스나 플라스틱 모형을 만든다
(b) 모형을 탕도 중앙에 붙인다
(c) 모형에 빈원통을 씌운다
(d) 슬러리를 채운다
(e) 원형은 녹여 배출한다
(f) 금속을 주입한다
(g) 주형을 파괴하여 주물을 꺼낸다
(h) 돌출 부분은 그라인딩하여 제거한다

그림 3-12 인베스트먼트 주형 제작 공정

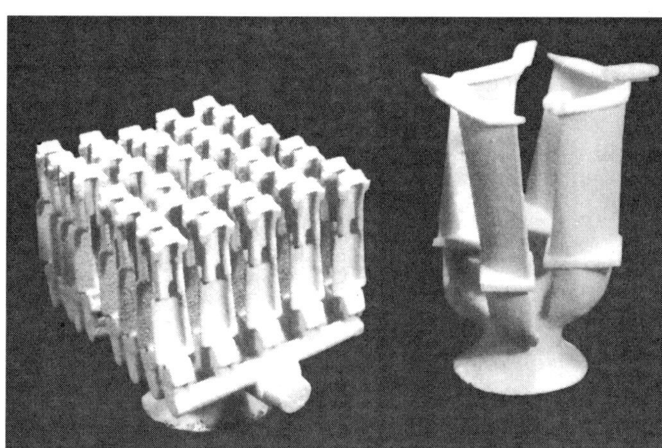

그림 3-13 완성된 인베스트먼트 원형

6%를 첨가한 주물사로 주형을 만들고, 여기에 그림 3-14와 같은 방법으로 이산화탄소를 약 20초 동안 불어 넣으면 신속하게 경화된 주형을 얻게 된다.

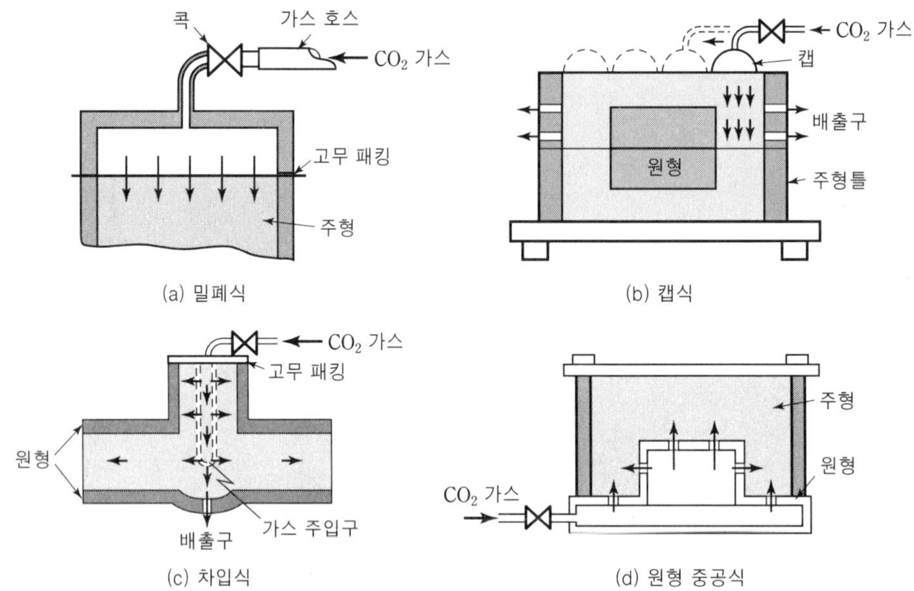

그림 3-14 CO_2 가스 주입 방식

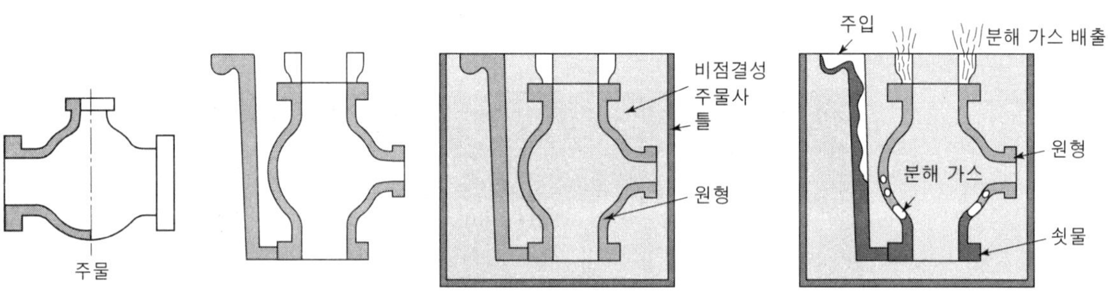

그림 3-15 풀 몰드법

(4) 풀 몰드법

풀 몰드법(full molding)은 발포성 폴리스티렌으로 만든 소모성 원형에 내화재를 바른 후 건조하여 원형으로 사용하는 방법으로, lost-foam 또는 lost-pattern 주조법이라고도 한다. 이 주조법은 조형하여 원형을 주형에서 빼내지 않고 주물사 속에 묻힌 상태에서 주입구를 통하여 쇳물을 주입하면, 그 열에 의하여 원형이 소실되고, 그 자리에 쇳물이 채워져서 주물을 만드는 방법으로 일반 주조 개념과 다른 특징을 갖고 있다. 풀 몰드형은 복잡한 형상의 주물도 원형을 빼내지 않고 만들 수 있으며, 코어도 별도로 만들 필요가 없다. 쇳물은 원형이 주입에 따라 서서히 기화되면서 생긴 주형

(a) 송풍기 케이스 (b) 밸브 본체

그림 3-16 풀 몰드형과 주조품

내 공간에 주입된다.

그림 3-15는 풀 몰드법의 주조 공정을, 그림 3-16은 비교적 소형이면서 복잡한 제품의 풀 몰드형과 주조품의 보기이다.

2) 특수 주조법

(1) 원심 주조법

고속으로 회전하는 원통형의 주형에 용융 금속을 주입하고, 주형의 안쪽 면에 밀착한 상태에서 응고시켜, 치밀하고 건전한 원통형 주물을 생산하는 방법을 원심 주조(centrifugal casting)라 한다. 이 주조법은 원래 대량 생산을 필요로 하는 주철관과 같은 원통형 주물의 주조를 위하여 개발된 것인데, 요즈음에는 소형 실린더 라이너, 또는 구리 합금의 원통형 주물 및 베어링 메탈 등의 주조에도 이용되고 있다.

원심 주조법에는 기본형으로 그림 3-17 (a)와 같은 수평형(horizontal type)과 그

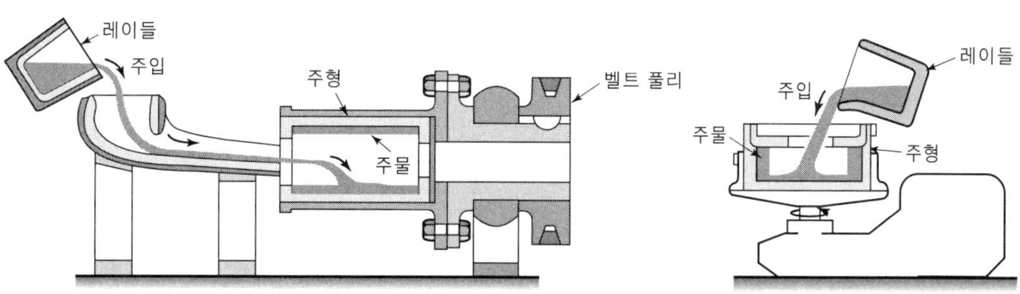

(a) 수평형 (b) 직립형

그림 3-17 원심 주조법의 형식

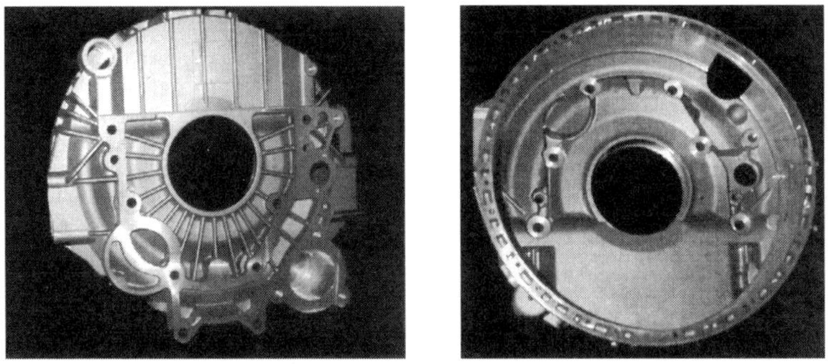

(a) 외면 (b) 내면

그림 3-18 자동차 부품의 다이 캐스팅 주물

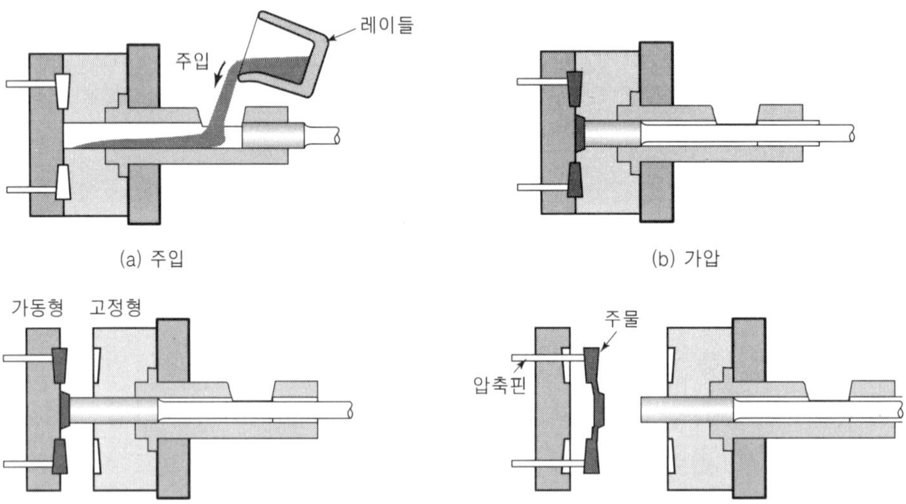

(a) 주입 (b) 가압 (c) 형 분리 (d) 주물 꺼내기

그림 3-19 다이 캐스팅 머신의 주조 순서(냉가압실형)

림 3-17 (b)와 같은 직립형(vertical type)이 있으며, 수평형은 주철관과 같이 긴 원통형의 주조에 알맞고, 직립형은 피스톤 링, 기어 등의 높이가 낮은 주물, 또는 원통형이 아닌 쇳물을 가압 주조하는 경우에 이용된다.

(2) 다이 캐스팅

쇳물 또는 반용융 상태의 금속을 금형에 압입하여 주조하는 방법을 다이 캐스팅(die casting)이라 한다. 다이 캐스팅은 주물 치수가 정밀하고, 구멍이나 나사 등을 가공하지 않고 주조 상태로 사용할 수가 있으며, 외형의 기계 가공 공정을 크게 절감시킬 수 있다.

요즈음에는 다이 캐스팅 주조 기술이 점차 개선되어 그림 3-18과 같이 비교적 크고 복잡한 제품의 주조도 가능하게 되었으며, 일반 기구나 자동차 부품, 전기 및 통신 부품 등에 그 이용이 확대되고 있다.

그림 3-19는 다이 캐스팅 머신의 주조 순서(냉가압실형)를 나타낸 것이다.

(3) 칠드 주조법

그림 3-20은 칠드롤 주형의 보기로서 롤의 양쪽 지지부는 상형과 하형인 모래형으로 하고, 롤의 몸체는 금형을 사용하여 몸체의 표면만을 칠드화하는 주조법이다. 이와 같은 방법으로 단단해진 표면을 칠드층이라 하고, 이 주물을 칠드 주물이라 한다.

칠드(chilled)화 된 부분 경도는 보통 쇼어로 표시하는데 일반적으로 HS 55~70 정도이다.

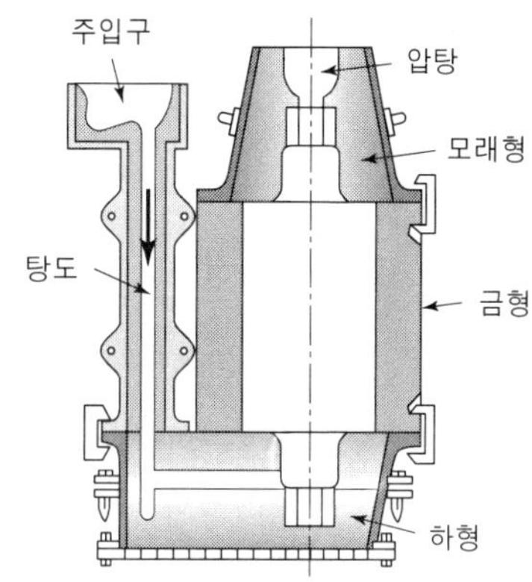

그림 3-20 칠드 주조법

3. 주조 설비

1) 원형 제작용 기계 설비

(1) 원형 제작용 기계

목형 제작에 주로 사용되는 목형 제작용 기계에는 목공 선반(wood turning lathe), 기계 띠톱(band sawing machine), 기계 원판톱(circular sawing machine), 기계 목공 대패(wood working planer) 등이 있다.

그 밖의 목공 기계로는 목공 드릴링 머신(wood drilling machine), 기계 실톱(fret sawing machine), 사포 연마기(sandpaper machine), 톱 연마기(saw sharpener), 만능 목공기(wood milling machine), 각형 기계 끌(hollow chisel machine) 등이 있다. 그림 3-21은 원형 가공용 각종 기계를 보여주고 있다.

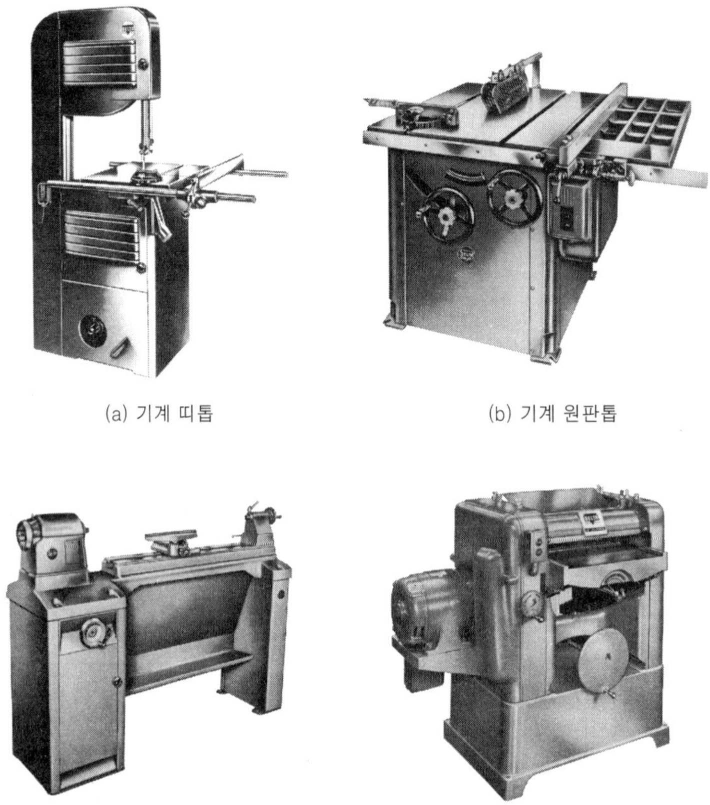

(a) 기계 띠톱 (b) 기계 원판톱

(c) 목공 선반 (d) 기계 목공 대패

그림 3-21 원형 가공 기계의 종류

(2) 보조 설비

목형을 제작하는 데는 목공구뿐만 아니라 이에 필요한 보조 설비가 있어야 한다. 아무리 좋은 목공구가 마련되어 있어도 작업에 필요한 보조 설비가 없거나 불안전하면 효율적인 작업이 어려워진다.

보조 설비에는 작업대, 절삭대, 클램프(clamp), 목공 바이스(vise) 등이 있다. 또 원형 제작에 사용되는 여러 가지 공구, 즉 대팻날, 끌, 목공 선반용 바이트(bite) 등의 연삭에 사용되는 공구 연삭기, 각종 숫돌 등은 목형 제작용으로 반드시 있어야 하는 보조 설비이다. 이 밖에 수지형 제작을 위한 각종 기기, 가열로, 건조로, 압축기, 도장용 설비 등도 있어야 한다.

2) 주형 제작용 기계와 설비

(1) 주물사 처리용 기계 설비

소규모 공장이나 부분적으로 주물사를 배합 처리할 때에는 주물사 처리용 기계 설비가 사용된다.

1 모래 체기계

주물사로부터 이물질을 제거하고 모래의 입도를 조정 분리하는 기계로, 회전식, 진동식, 요동식 등이 있다. 그림 3-22 (a)는 진동식 체기계(sand screen, sand shifter)의 보기이다.

2 자선기

자선기(磁選機, magnetic separator)는 그림 3-22 (b)와 같이 전자석을 이용하여 주물사에 혼입되어 있는 쇳조각, 못 그리고 불똥 등 철 계의 불순물을 분리 제거하는 기계이다.

3 샌드 블렌더

샌드 블렌더(sand blender)는 주물사의 통기성을 좋게 하고, 주물사의 품질을 균일하게 하여 혼입물을 제거하기 위해 사용하는 장치이다. 대부분은 그림 3-22 (c)와 같이 이동할 수 있도록 바퀴가 달려 있다.

4 혼련기

다량의 주물사를 처리할 때 사용되며 주물사와 점토 및 점결제의 배합용으로 사용된다. 그림 3-22 (d)는 신속 혼련기(speed muller)로 수분 첨가 장치 및 자동 장입 장치가 되어 있어 작업 능률을 높일 수 있다.

5 혼사기

그림 3-22 (e)는 이동식으로, 코어 모래와 CO_2법 모래 및 특수사의 혼합에 이용된다.

6 주물사 건조기

새 모래나 회수된 모래는 배합에 앞서 건조시킨다. 대규모의 건조기는 그림 3-22

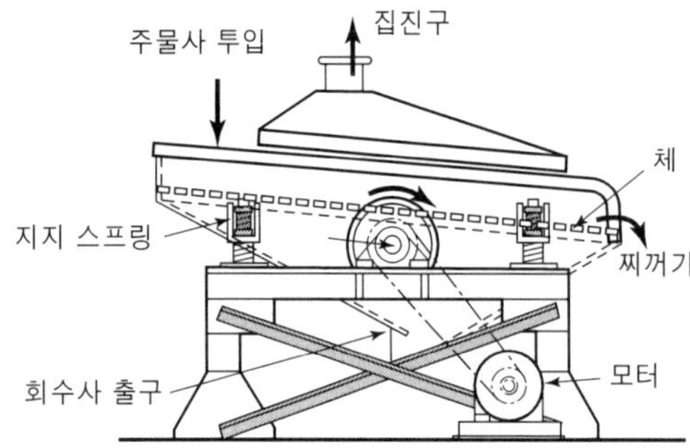

(a) 진동식 체기계

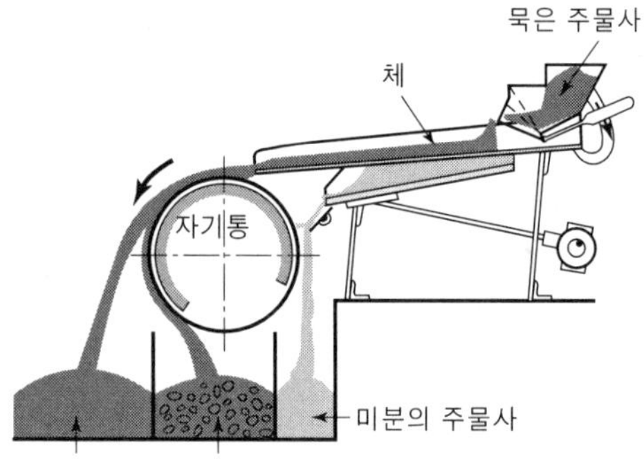

(b) 자선기

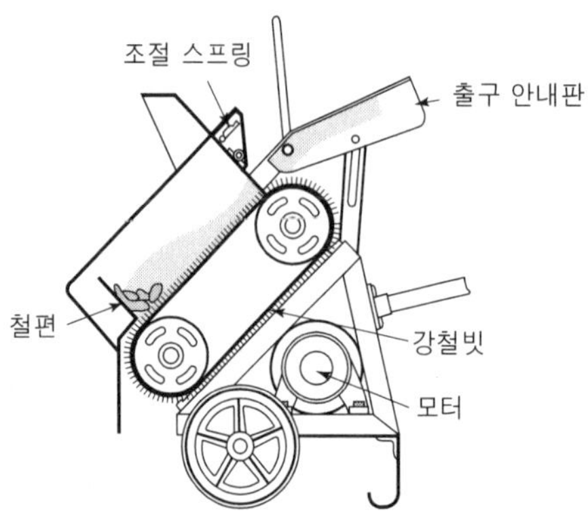

(c) 샌드 블렌더

(d) 신속 혼련기

(e) 이동식 혼사기

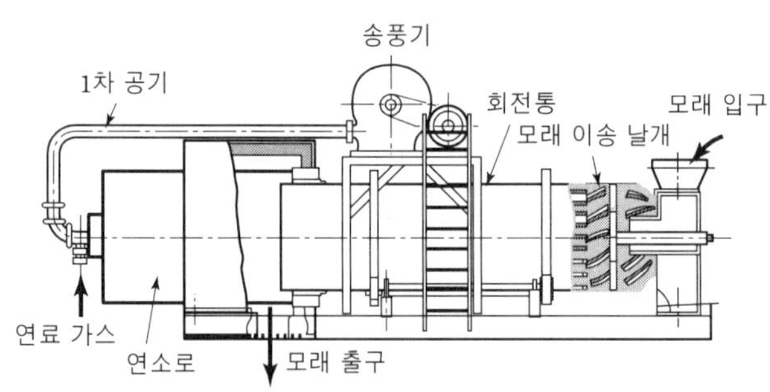

(f) 가로형 건조기

그림 3-22 주물 처리용 기계 설비의 종류

(f)와 같이 연료열에 의해 건조시키며, 연속 작업이 가능하도록 되어 있다.

(2) 조형용 기계와 설비

1 스퀴즈 조형기

주형틀 속에 넣은 주물사를 평판으로 압축하여 다지는 조형기(molding machine)를 스퀴즈 조형기(squeeze molding machine)라 한다. 그림 3-23 (a)는 스퀴즈식 조형기의 작동 원리를, 그림 3-23 (b)는 조형 기계의 보기를 나타낸 것이다.

2 졸트 조형기

주물사를 넣은 주형틀을 위아래로 진동시켜 다지는 조형기를 졸트 조형기(jolt molding machine)라 한다. 이 방법은 모래층이 두껍거나 모양이 복잡한 주물이라도 잘 다질 수 있다. 그림 3-24 (a)는 졸트식 조형기의 작동 원리를, 그림 3-24 (b)는 조형 기계의 보기이다.

기계 조형 라인

3 졸트-스퀴즈 조형기

압축형과 진동형의 장점을 같이 살리기 위하여 두 가지를 병용한 방식의 조형기를 졸트 - 스퀴즈 조형기(jalt-squeeze molding machine)라 하며, 주형틀의 주물사를 진동시킨 다음 평판으로 주형을 압축하여 조형하는 방법이다.

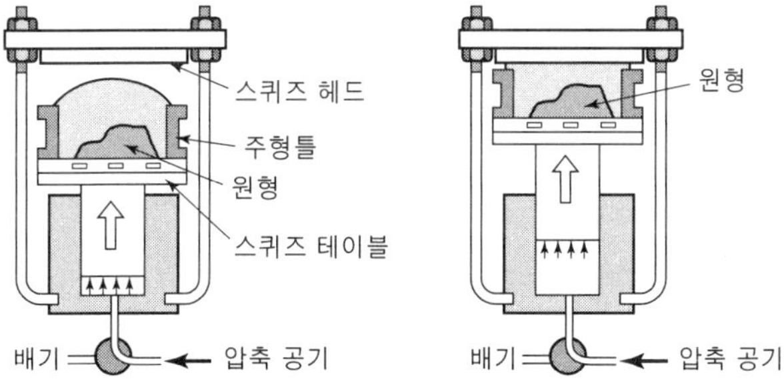

(a) 원리

(b) 조형 기계

그림 3-23 스퀴즈식 조형기와 그 원리

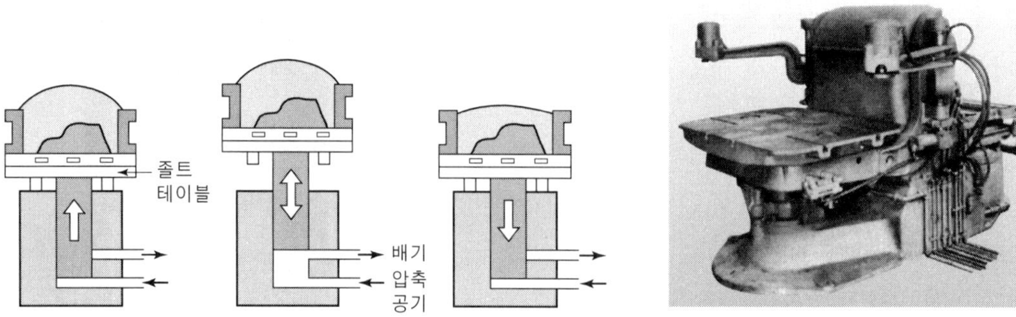

(a) 원리 (b) 조형 기계

그림 3-24 졸트식 조형기와 그 원리

그림 3-25 공기 압축기

용해 출탕

(3) 부대 설비

1 공기 압축기

주물 공장에서는 압축 공기를 사용하는 곳이 많이 있다. 예를 들면, 조형 기계의 작동, 주형의 청소, 도장, 주물 표면의 청정, 공기 해머, 공기 끌 등의 원동력으로 사용한다. 소규모의 공장에서는 그림 3-25와 같은 이동식이 사용되기도 한다.

2 건조로(drying oven)

건조 장치는 용도에 따라 주형 건조로와 코어 건조로가 있다. 건조 장치는 온도의 조절이 용이하고 노 내 온도가 일정하게 유지되어야 한다.

표 3-2 주조용 용해로의 종류

<table>
<tr><th>종류</th><th colspan="2">형식</th><th>열원</th><th>주물의 재질</th><th>용해량</th></tr>
<tr><td>큐폴라</td><td colspan="2">냉풍식
열풍식</td><td>코크스</td><td>일반 주철</td><td>1~20t/h</td></tr>
<tr><td>도가니로</td><td colspan="2">자연 송풍식
강제 송풍식</td><td>코크스</td><td>동 합금, 경 합금
기타 비철 합금</td><td><300kg</td></tr>
<tr><td rowspan="4">전기로</td><td rowspan="2">아크식</td><td>직접
아크식</td><td>중유, 가스</td><td>주강, 특수 주철</td><td>1~200t</td></tr>
<tr><td>간접
아크식</td><td>전력 (저전압
고전류)</td><td>동 합금, 특수강
특수 주철</td><td>1~10t</td></tr>
<tr><td rowspan="2">유도로</td><td>고주파</td><td>전력 (저전압
고전류)</td><td>특수강</td><td>20~10000kg</td></tr>
<tr><td>저주파</td><td>전력(주파수 :
1000~10000Hz)</td><td>동 합금,
경 합금, 주철</td><td>200~10000kg</td></tr>
<tr><td>반사로</td><td colspan="2"></td><td>전력(주파수 :
50~60Hz)</td><td>다량의 동 합금,
경 합금, 주철</td><td>500~50000kg</td></tr>
</table>

3) 용해로

주물의 용해에 쓰이는 용해로는 표 3-2와 같이 종류가 많다. 용해로를 선택할 때에는 금속의 종류, 용해량, 요구되는 품질 및 연료 조건 등을 고려하여야 한다.

(1) 큐폴라

큐폴라(cupola)는 주철의 용해에 가장 많이 이용되고 있는 용해로이며, 원통형의 노 안에 용해용 재료와 고체 연료를 번갈아 넣고, 노 아래쪽에서 점화, 송풍하여 연료를 연소시키면 그 연소열로 재료가 연속적으로 가열 융해하면서 1400~1550℃의 쇳물을 얻을 수 있는 노이다.

그림 3-26 (a)는 큐폴라의 구조를, 그림 (b)는 전로(fore hearth) 또는 쇳물받이(receiver)의 보기로, 여기에 출탕구로부터 나오는 쇳물을 얼마 동안 모아 놓고 성분을 고르게 하는 보조로이다.

(2) 도가니로

주로 비철 금속의 용해에 사용하는 노이며, 노 안에 설치한 도가니 안에서 금속을

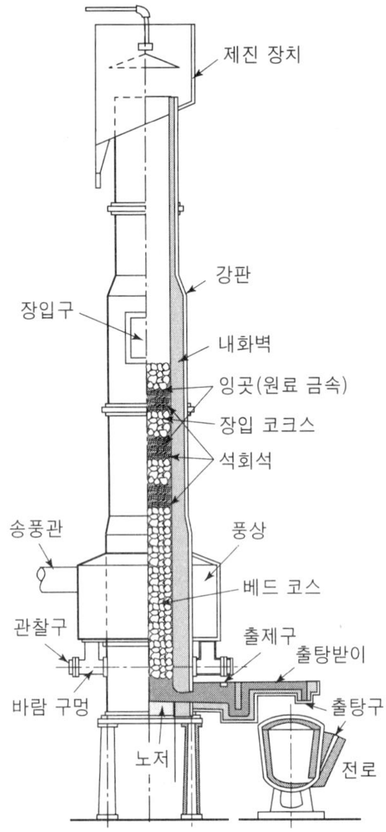

(a) 구조

(b) 전로

그림 3-26 큐폴라

용해시킨다. 도가니로(crucible furnace)는 구조가 간단하고 설비비가 적게 들어 예로부터 많이 사용되어 오고 있다. 그림 3-27 (a)는 가경식 도가니로의 보기로, 용융 금속을 노에서 옮길 때, 퍼내거나 도가니를 들어 올리는 불편 없이 직접 노의 본체를 기울여 출탕할 수 있다. 그림 3-27 (b)와 (c)는 비철 금속 용해에 많이 사용되고 있는 고정식과 피트식(pit type)의 보기이다.

비철 합금용에는 보통 흑연 도가니가 사용된다. 흑연 도가니는 50% 가량의 흑연에 강도를 높이기 위하여 30~40%의 내화 점토, 10~20%의 샤모트 벽돌이나 활석(滑石, tale) 등을 배합한 것으로, 압축 강도는 60kg/cm^2 이상이다.

(도가니)

(a) 가경식

(b) 고정식

(c) 피트식

그림 3-27 도가니로의 종류

(3) 전기로

[1] 아크로

아크로는 전극과 장입 재료 사이에서 아크를 발생시켜 열원으로 직접 이용하는 직접 아크로 방식과, 전극 간에 아크를 발생시켜 복사열을 이용하는 간접 아크로 방식이 있다.

a) 에로우(Heroult)식 아크로 : 그림 3-28 (a)는 직접 아크로의 대표적인 것으로서, 2~3개의 탄소 전극과 장입 재료 사이에 아크를 직접 발생시켜 용해하는 방식이며, 제강 및 주강의 용해에 널리 사용된다.

b) 디트로이트식 요동형 아크로(Detroit rocking furnace) : 간접 아크로의 대표적인 것으로서, 그림 3-28 (b)와 같이 탄소 전극 사이의 아크의 열과 이 열에 의하여 가열된 노 안의 복사열로 재료를 용해한다. 동 합금이나 스테인리스와 같이 화

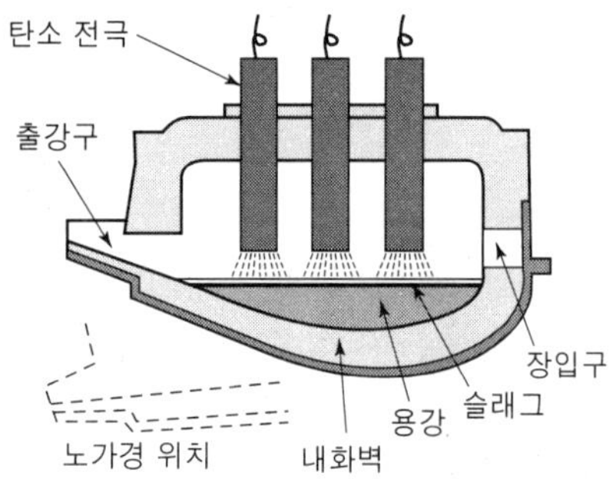

(a) 에로우식 아크로

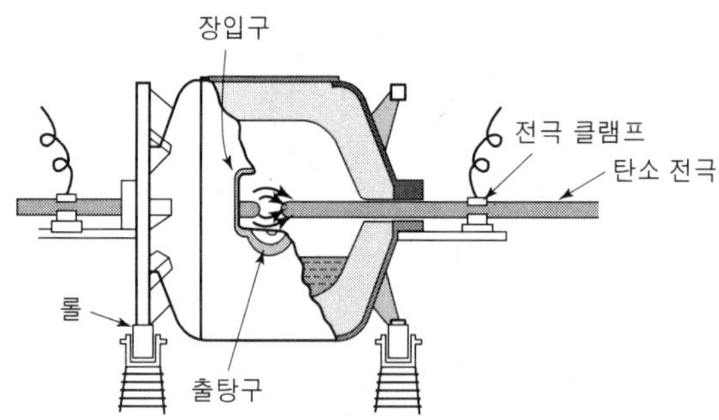

(b) 디트로이트식 요동형 아크로

그림 3-28 아크로의 종류

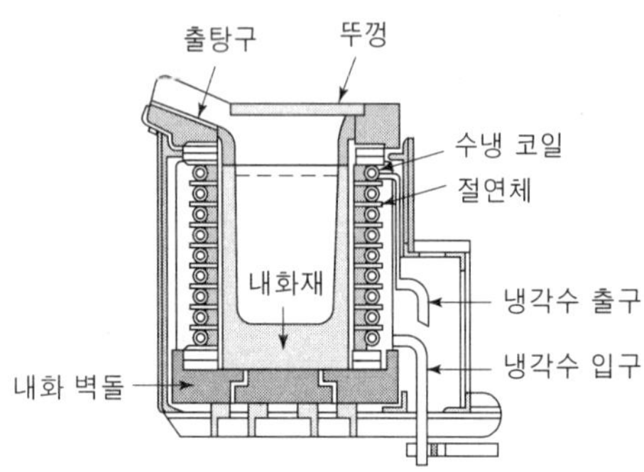

(a) 고주파 유도 전기로

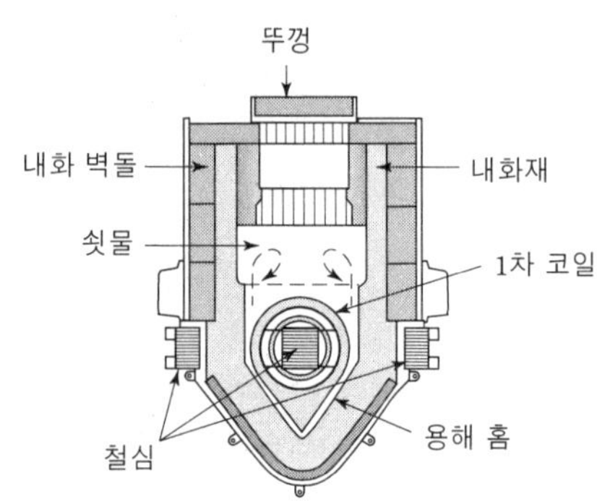

(b) 저주파 유도 전기로

그림 3-29 유도로의 종류

학 성분을 일정하게 할 필요가 있는 특수 합금의 용해에 사용된다.

2 유도로

a) **고주파로(high frequency induction furnace)** : 그림 3-29 (a)과 같이 도가니 모양의 노 둘레에 동관으로 1차 코일을 감고, 노 안의 용해용 재료를 2차 쪽으로 하여 고주파 전류를 통하면, 재료는 유도 전류의 저항열로 가열 · 용해된다. 이때, 1차 코일인 동관의 과열을 막기 위한 냉각수 장치가 있다.

b) **저주파로(low frequency induction furnace)** : 저주파로는 50~60Hz의 교류 전력을 이용하는 것인데, 2차 코일 쪽의 열이 약하므로 그림 3-29 (b)와 같이 1차 코일을 노 안에 설치한 것이다. 저주파로는 상온인 재료를 그대로 용해하기는 어렵고, 용해 시초에는 2차 쪽에 미리 쇳물을 넣은 다음 조업을 시작하여야 하

므로, 연속 작업이 아닐 때에는 알맞지 않다.

4) 주조 공장의 자동화

주조 공장은 다량의 모래를 사용하기 때문에 모래 먼지가 많고, 금속의 용해에 따라 발생하는 각종 유해 가스에 노출되어 있으며, 여기에 관련 설비의 소음이 심한 작업 환경에 처해 있다. 따라서 이러한 나쁜 환경을 개선하는 문제가 중요하다.

주물 공장에서는, 주형틀, 주물사, 원료 금속, 연료 등의 중량물을 운반하게 되고, 주조된 주물의 후처리 등 먼지와 소음이 많이 발생한다. 따라서 주형 제작, 용해 작업, 주입 작업, 주물사 처리 등의 작업 계통과 설비를 고려하여 조형 라인과 용해 라인의 공정을 자동화하여 생력화(省力化)할 필요가 있다.

3.2 소성 가공

재료에 가해진 힘이 어떤 한도 이상이 되면 변형의 크기와 외력은 비례 관계에서 벗어나, 힘을 제거한 다음에도 재료에 일어났던 변형은 남게 된다. 이러한 성질을 소성(塑性)이라 하며, 이때의 변형을 소성 변형(塑性變形, plastic deformation)이라 한다.

모든 재료는 어느 한도까지는 탄성을 지니고 있지만, 그 한도를 지나면 소성을 나타내게 된다. 소성을 갖고 있는 재료에 소성 변형을 일으켜, 원하는 모양의 제품을 만드는 가공 기술을 소성 가공(塑性加工, plastic working)이라 한다.

소성 가공은 범위가 매우 넓으며 단조, 압연, 드로잉, 압출 가공, 전조, 판금 가공, 프레스 가공 등이 이에 속한다.

1. 단조

금속 재료를 적당한 온도로 가열한 다음 외력을 가하여 필요한 모양과 치수로 가압, 성형하여 소재 또는 제품을 만드는 소성 가공법을 단조(鍛造, forging)라 한다. 단조는 금속 가공법 중에서 가장 오래된 공작법의 하나이다. 간단한 단조 작업은 전통적으로 대장간에서 해 온 것처럼 무거운 손 해머와 앤빌(anvil)을 사용하여 작업하지만, 현대화된 단조 작업에서는 다이 세트, 단조용 프레스나 기계 해머를 사용하여 균질의 제품을 대량 생산한다. 단조 작업을 통하여 금속 재료의 조직이 개선될 수 있으므로, 단조품은 우수한 강도와 인성을 갖게 된다. 일반적인 기계용 단조품에는 커넥팅 로드, 터빈의 축, 기어, 공구 및 철도와 수송 기계의 구조용 부품 등이 있다.

1) 단조 가공의 분류와 특징

(1) 단조 가공의 분류

단조 작업에는 자유 단조와 형 단조로 크게 분류할 수 있다. 또 작업 방법에 따라 손 단조(hand forging), 해머 단조(hammer forging)와 프레스 단조(press forging)로 분류하기도 한다.

자유 단조(自由鍛造, open die forging)는 형을 사용하지 않는 단조법으로, 대형의 단조품과 제조 개수가 적은 경우에 단조 프레스 또는 기계 해머를 사용하고 있다. 이에 대해 형 단조는 금형을 사용하여 소재에 대해 전체적으로 외력을 가하여 성형하는 형 단조(型鍛造, closed die forging)가 있다. 형 단조는 기어, 공구류, 크랭크축, 캠축 등 비교적 복잡한 형상의 기계 부품 제작에 이용되며, 대량 생산이 가능하여 많이 이용되고 있는 가공 방법이다.

이 밖에도 냉간 단조(冷間鍛造, cold forging)에는 회전 스웨징(rotary swaging), 냉간 성형(冷間成形, cold forging), 코이닝(coining), 압연 단조(壓延鍛造, roll forging) 등이 있다. 이들을 정리 요약하면 그림 3-30과 같이 분류할 수 있다.

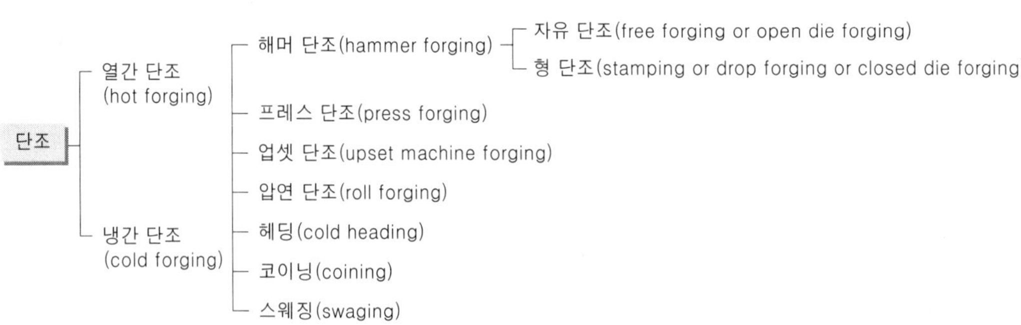

그림 3-30 단조 가공의 분류

(2) 단조 가공의 특징

단조의 기본 작업에는 그림 3-31과 같이 업세팅(upseting), 늘이기, 단만들기, 굽히기, 비틀기, 자르기, 구멍 뚫기, 단접 등이 있다. 이러한 작업은 실제의 변형 과정에 대한 것이고, 단독으로 실시하기도 하고, 이들을 조합하여 실시하기도 한다.

단조는 주로 열간 가공이며, 가장 오래된 금속 가공법으로, 해머를 사용하여 금속 재료를 손으로 두들겨 바라는 모양으로 만들었으나, 점차 기계 해머와 프레스를 사용하게 되었다.

단조의 특징은 강철 등을 가열하여 해머와 같은 단조 기계로 때려서 원하는 모양으로 가공하는 작업으로, 재료 내부에 주조에서 생긴 기포나 불순물이 제거되거나 압착되며, 거칠고 큰 결정 입자는 파괴되어 미세하고 치밀하며 강한 조직으로 된다.

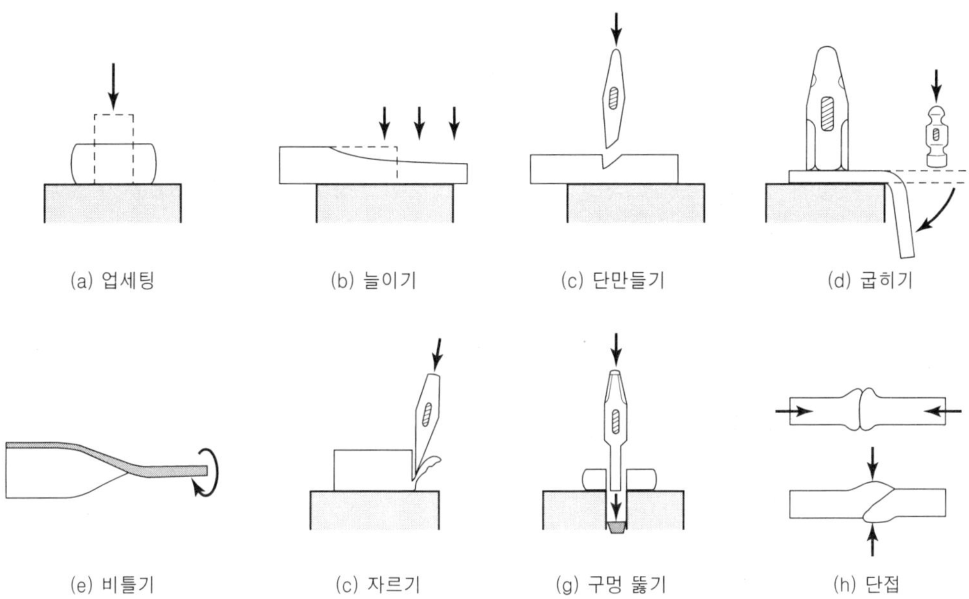

그림 3-31 자유 단조의 기본 작업

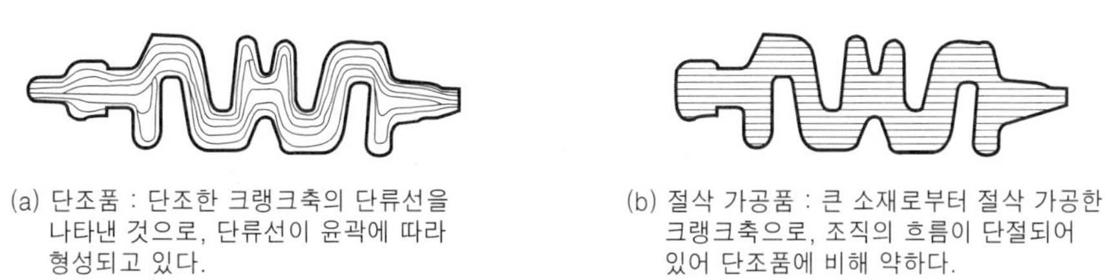

그림 3-32 단조와 절삭 가공의 섬유상 조직 비교

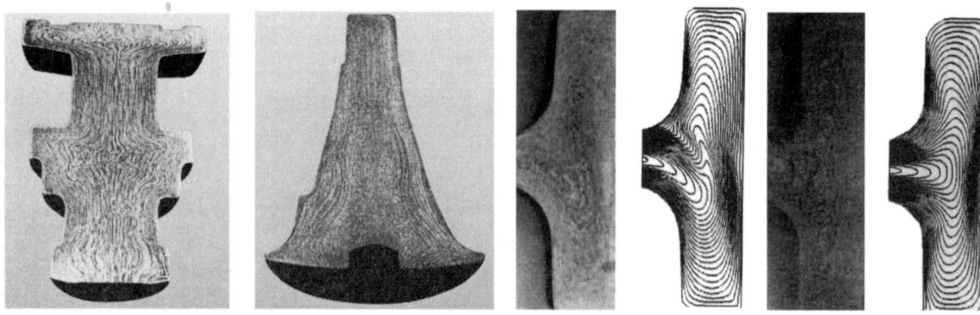

(a_1), (a_2), (a_3), (a_4) : 강의 설퍼 시험(suffur print test)
(b_1), (b_2) : AFDEX(Adviser for Forging Design Expert)에 의한 시뮬레이션

그림 3-33 단조품의 단류선

따라서 기계 부품 중 중요한 기계 요소는 단조 가공법에 의해 가공되고 있다. 그림 3-32는 크랭크축을 단조 가공한 것과 절삭 가공한 제품의 단면을 비교한 것이다.

단조 가공에 의하면 다음과 같은 작용으로 결정 조직을 균일화하는 효과가 있다.

① 단조 가공에 의해 주조 조직인 조대(粗大)한 주상정 조직이 파괴되고 가스 구멍, 수축공들을 압착하여, 국부적인 편석을 확산시켜 균일화한다.

② 금속을 절단 또는 절삭없이 원하는 모양으로 만들고, 그림 3-33과 같이 연속적인 섬유 조직인 단류선(鍛流線, flow line)을 갖게 한다.

2) 단조용 재료와 단조 온도

(1) 단조용 재료

단조용 재료는 급격한 가공 하중을 받아도 소성 변형이 잘 되는 것이어야 한다. 단조에 적합한 재료의 성질을 가단성이라 하며, 철, 구리, 알루미늄 등 특히 순도가 높은 것은 가단성이 커서 단조하기 쉽다.

그러나 기계 재료는 강도, 가격 또는 제품에 요구되는 각종 조건을 만족하여야 되므로, 가단성은 다소 떨어지더라도 알맞은 기계적 성질을 가진 것을 사용한다. 또 기계 부품으로는 비철 금속보다 철강 재료가 많이 사용된다.

표 3-4 단조 온도

재료	최고 단조 온도[°C]	단조 완료 온도[°C]	재료	최고 단조 온도[°C]	단조 완료 온도[°C]
탄소강(0.1%C)	1352	750	크로뮴강(13%C)	1280	850
탄소강(0.3%C)	1290	790	스테인리스강(18-8)	1300	850
탄소강(0.5%C)	1250	820	고속도강	1200	1000
탄소강(0.7%C)	1170	850	전기동	870	760
탄소강(0.9%C)	1120	900	4 : 6 황동	790	620
니켈강(3%Ni)	1250	850	알루미늄 청동	870	690
니켈 · 크로뮴강(3%)	1250	800	인청동	800	650
크로뮴 · 바나듐강	1250	850	단조용 알루미늄 합금	450	360

(2) 단조 온도와 가열 온도

금속 재료는 일반적으로 온도가 높을수록 단조성이 커져서 단조 가공이 쉬워진다. 단조 온도에는 최고 가열 온도와 단조 종료 온도가 중요하다. 재료를 가열할 때 최고 가열 온도가 지나쳐서 과열되면 재료의 표면 부분에 부분적인 탈탄과 연소 또는 조대한 조직상이 나타난다. 이에 따라, 재료는 약해지고 균열이 생기고 단조가 불가능하게 되거나 단조 결함의 원인이 된다. 표 3-4는 각종 재료의 최고 단조 온도와 단조 완료 온도의 기준을 나타낸 것이다.

3) 단조용 설비

단조용 설비에는 소재를 가열하기 위한 가열로와 부대 설비, 가열된 소재를 성형하는 데 필요한 각종 공구와 기계가 있다.

(a) 앤빌 (b) 스웨이지 블록 (c) 각종 다듬개 (d) 공구 집게

그림 3-34 단조용 공구

(1) 단조용 공구

단조용 공구에는 그림 3-34와 같은 앤빌(anvil), 스웨이지 블록(swage block) 및 손 해머, 집게, 다듬개, 정, 탭 등이 있다. 앤빌은 소재를 단조할 때 사용되는 받침대이며, 스웨이지 블록은 앤빌의 일종으로 소재를 여러 가지 모양으로 성형할 때 사용한다. 그 밖에 구면의 다듬질에 사용하는 스냅(snap)과 구멍 뚫기용 펀치 등이 있다.

(2) 단조용 기계

단조 기계에는 해머를 상하로 왕복 운동시키면서 충격을 가하여 성형하는 기계 해머와 정적인 힘을 가하여 성형 가공하는 단조용 프레스가 있다.

1 단조 해머

단조용 해머는 힘의 전달 수단에 따라 공기 해머, 증기 해머, 스프링 해머(spring hammer), 낙하 해머(drop hammer), 단조용 프레스, 수압 프레스 등이 있다.

그림 3-35는 공기 해머를, 그림 3-36

그림 3-35 공기 해머

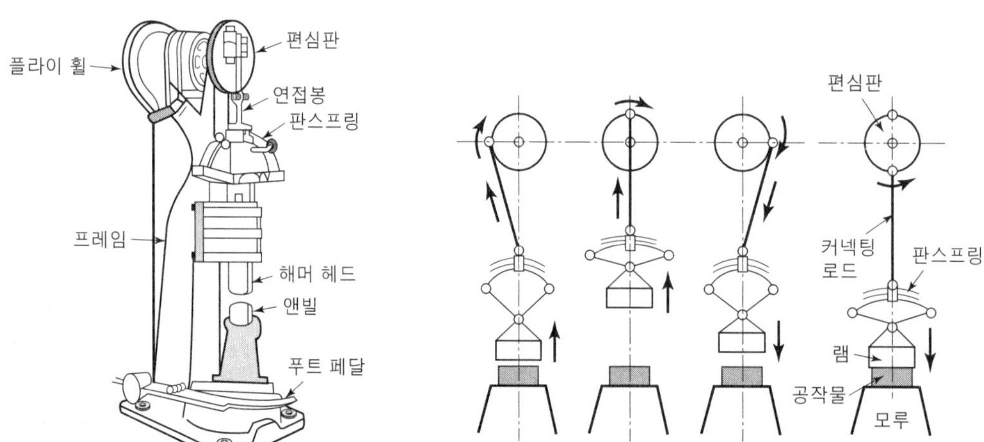

(a) 스프링 해머의 구조 (b) 스프링 해머의 원리

그림 3-36 스프링 해머

(a) 단조 프레스

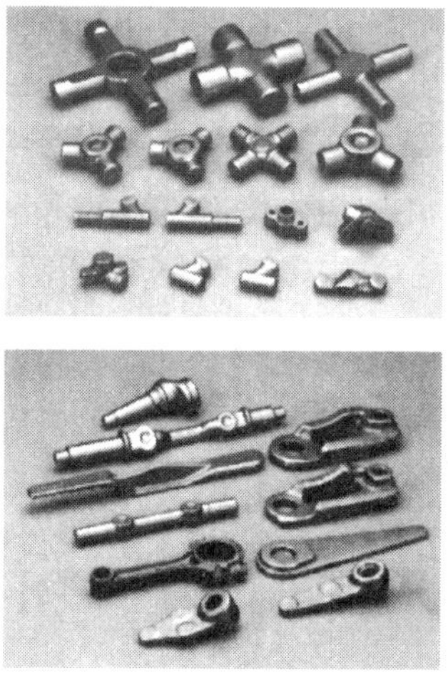

(b) 단조 제품

그림 3-37 단조 프레스(750t)와 제품의 보기(한일프레스 catalogue)

은 스프링 해머의 구조와 작동 원리를 나타낸 것이다.

2 단조용 프레스

프레스는 소재에 저속 운동으로 가공력을 가하는 기계로 작업 시에 해머와 같은 진동이나 소음이 적고, 금형을 매개로 가공력을 재료에 균일하게 가할 수 있는 장점이 있다. 또한 해머와 같이 타격력을 받쳐 주는 단단한 기초가 없어도 된다. 그러나 공작물에 가해지는 큰 힘을 프레스 자체가 지탱하여야 하므로 프레스 몸체가 단단하여야 한다. 그림 3-37은 750t 단조 프레스와 단조품의 보기이다.

대형 강괴의 단조

4) 단조 방법

(1) 형 단조

1 단조형의 형식

제품의 모양을 반대로 조각한 금형 사이에 소재를 압축하여 성형하는 단조법을 형 단조(型鍛造, die forging)라 하며, 주로 열간 가공에 이용된다. 금형에 의한 구속은 정도에 따라 그림 3-38 (a), (b), (c)와 같이 세 형식이 있으며, 개방형은 형에 의한 구속이 비교적 적어 자유 단조에 가까우나 이용에 한계가 있다. 또한 밀폐형은 가압 시에 잉여 재료를 수용할 곳이 없어서 형 내의 압력이 지나치게 높아진다. 따라서 일반적으로 사용되고 있는 형 단조에는 그림 3-38 (b)와 같은 반밀폐형이 사용되고 있다.

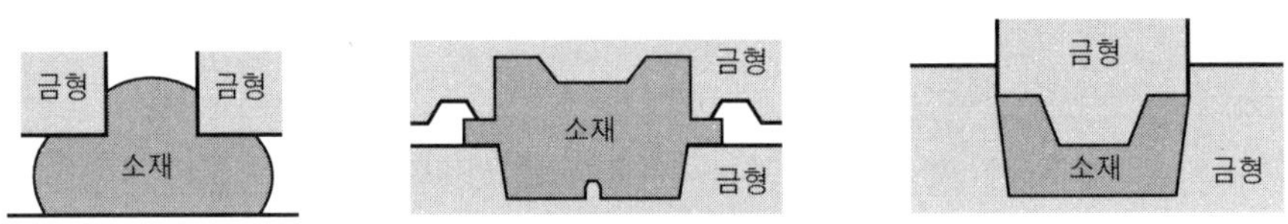

(a) 개방형 (b) 반밀폐형 (c) 밀폐형

그림 3-38 단조형의 형식

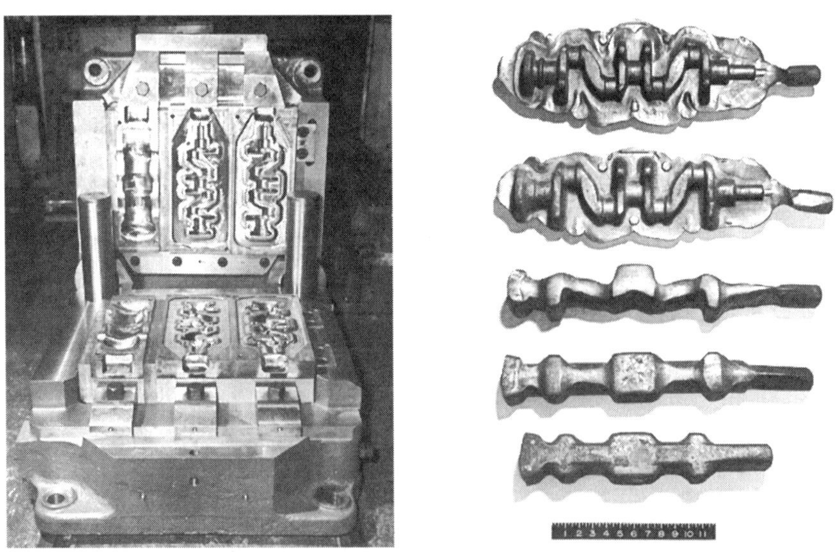

(a) 다이 (b) 성형 순서

그림 3-39 소형 크랭크축의 형 단조 공정

2 형 단조 공정

형 단조(die forging)는 반밀폐형인 상하 한 쌍의 형을 사용하며, 소재를 하형에 놓고 램을 앤빌 위에 낙하시키면 소재는 금형 속에서 변형, 충만되어 성형된다.

그림 3-39는 소형 자동차 크랭크축의 형 단조 공정을 나타낸 것이다.

(2) 헤딩과 업세팅에 의한 단조

1 헤딩

헤더(header)를 사용하여 환봉의 소재에 머리를 가공할 때에는 그림 3-40과 같이 (b), (c), (d), (e)의 방식이 있다. 헤딩 작업은 그리퍼 다이(gripper die)로 소재 한쪽을 강력히 고정하고 펀치로 축 방향에 강하게 타격을 가하여 소재의 끝 부분에 볼트, 리벳, 못, 기타 체결용 부품의 머리 부분을 성형한다. 주로 냉간 단조로 이루어진다.

2 업세팅

업세팅(upsetting)은 봉재의 끝 부분이나 중간부를 축 방향으로 압축하여 지름이 큰 부분을 가진 제품을 만드는 가공으로, 열간에서 큰 변형에 의한 형 단조에 비해 소재에 타격이나 압축력을 가하여 성형하는 단조법으로 리벳, 볼트, 너트 등의 소형 제품은 주로 냉간 단조로 제조한다. 업세팅을 하면 가공부의

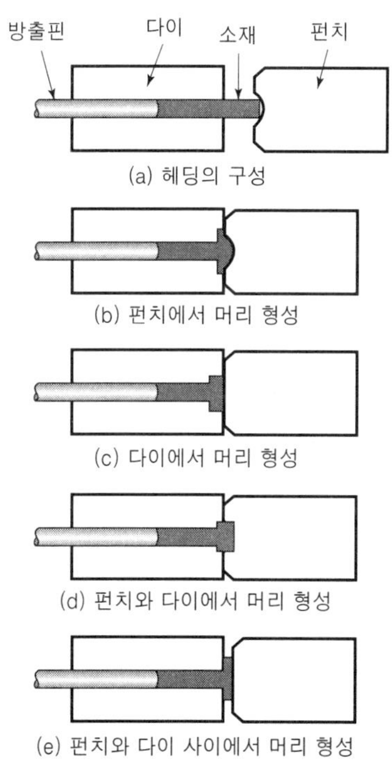

그림 3-40 볼트나 리벳의 헤딩 방식

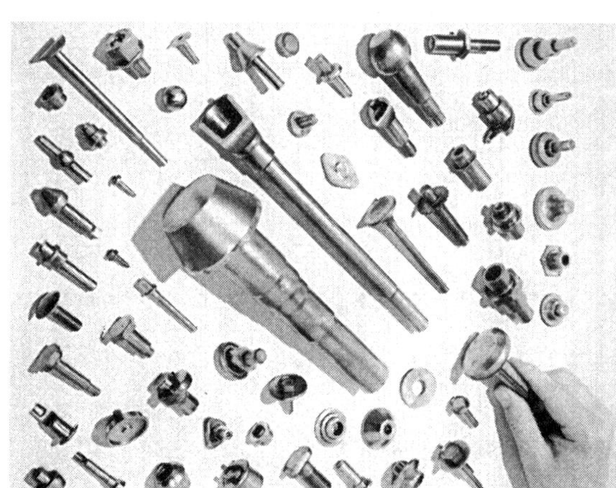

그림 3-41 냉간 단조품

재료 조직이 미세화되고, 섬유의 흐름이 연속되므로 기어(gear) 소재 등의 제조에 적합하다.

그림 3-41은 냉간 단조한 대표적인 업세팅 제품이다.

⊙ 열연 다듬 압연기(포항제철 brochure)

2. 압연

소성 변형이 비교적 잘 되는 금속 재료를 상온 또는 고온에서 회전하는 롤 사이로 통과시켜, 판재, 형재, 관재 등의 소재를 만드는 가공법을 압연(壓延, rolling)이라 한다. 압연 가공은 변형이 연속적으로 이루어지므로, 치수와 재질이 균일한 제품을 다량으로 얻을 수 있고 생산비도 적게 들어, 금속 가공법 중에서 2차 가공의 소재가 되는 판재, 형재, 봉재, 선재 및 관재 등은 대부분이 압연 가공에 의해 제조되고 있다.

1) 압연 가공의 기초

(1) 열간 압연과 냉간 압연

금속의 압연은 재결정 온도 이상에서 작업하는 열간 압연(熱間壓延, hot rolling)과 재결정 온도 이하에서 작업하는 냉간 압연(冷間壓延, cold rolling)으로 크게 나눌 수 있다.

열간 압연은 치수가 큰 재료를 압연할 때 많이 사용되는 것으로, 주조 조직도 개선할 수 있고 기계적 성질도 향상시킬 수 있으며, 변형이 잘 되어 가공에 소요되는 동력도 적게 드는 장점을 가지고 있다. 이에 대해 냉간 압연은 재료의 두께나 단면이 작은 경우 및 압연 작업의 마무리 작업에 많이 사용되는 가공으로, 치수가 정확하고 표면이 깨끗하며, 강한 제품을 얻을 수 있다.

(2) 압연 공정

압연 제품은 종류에 따라 강괴로부터 제품까지의 중간재를 만드는 분괴 압연과 이

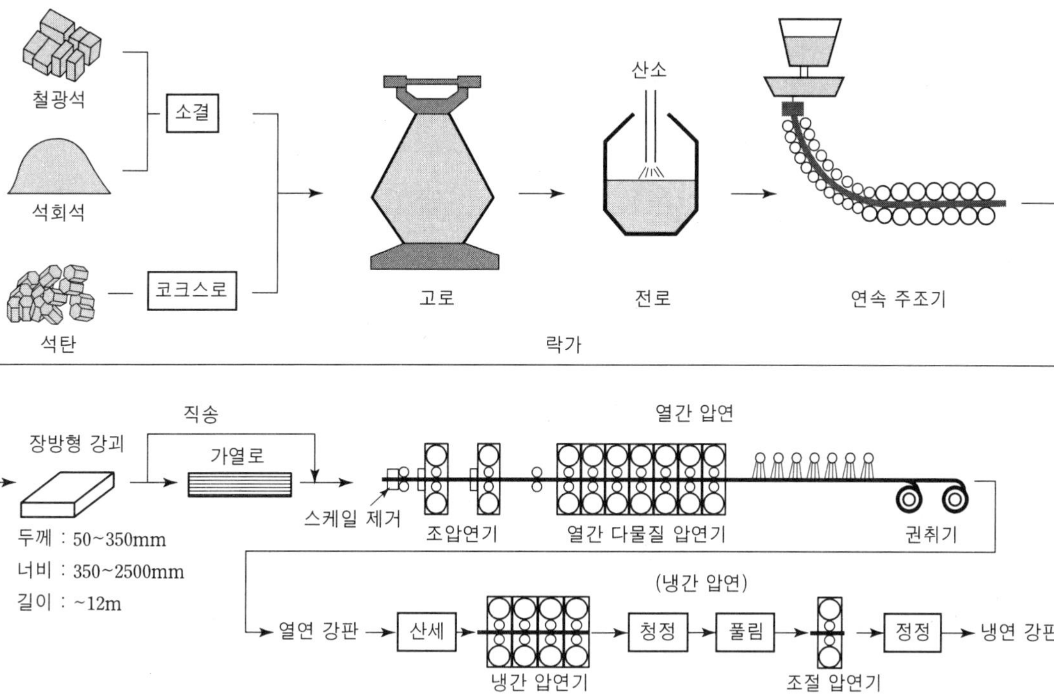

그림 3-42 강판 압연의 일관 작업 공정

중간재에서 판재, 봉재, 형재 등의 제품을 만드는 중후판 압연, 박판 압연, 형강 압연, 봉 · 선재 압연 및 특수 압연 등이 있다. 또 특수 압연에는 타이어 차바퀴 압연 성형법, 만네스만(Manesmann)법이나 플러그 밀(plug mill)법 등도 있다.

종래의 제강 공장에서의 압연 공정은 제강로에서 용융 · 조정된 용강을 강괴(ingot)로 만들어 이것을 균열로 또는 가열로에 넣어서 열간 압연 온도로 가열한 다음, 분괴 압연기에 넣어 블룸(bloom), 빌릿(billet) 또는 슬래브(slab) 등의 반제품으로 압연하였다. 그러나 현대화된 대규모의 제강 공장에서는 용강을 연속 주조하여 분괴 공정을 거치지 않고 이러한 반제품을 얻을 수 있는 연속 주조법(漣續鑄造法, continuous casting)을 채택하고 있다. 그림 3-42는 연속 주조기를 설비한 일관 작업 공정에서 박판을 주로 압연하는 압연 작업 공정의 보기이다.

(3) 압연에 의한 결정 및 조직 변화

1 결정립의 변화

모든 금속 재료는 고체 상태에서 일정한 원자 배열을 하고 있는 결정체이다. 실제

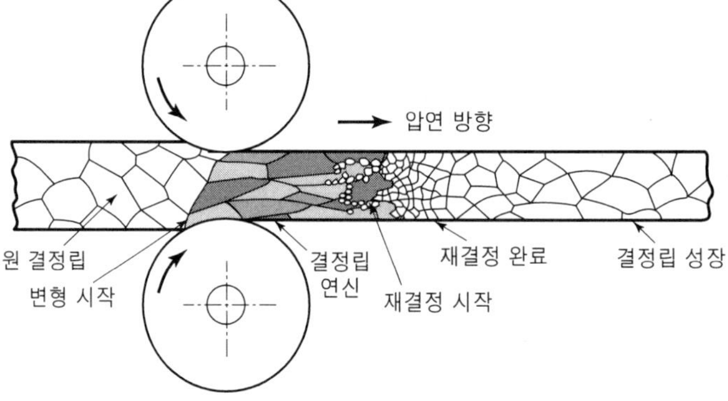

그림 3-43 열간 가공에서의 조직 변화

금속 재료의 조직은 결정립이 많이 모여 다결정 조직이 된다.

이러한 조직을 가지는 금속 재료를 압연하면 결정 격자의 일부가 결정면에 따라 이동해서 슬립(slip)을 일으킨다. 이 슬립은 원자가 가장 밀집되어 있는 격자면에서 우선적으로 일어나는데, 이 면을 슬립면이라 한다. 압연 가공을 하면 결정립은 압연 방향으로 늘어난다.

2 조직의 변화

압연할 때 재료의 조직은 가공 온도에 따라 달라지는데, 열간 가공에서는 그림 3-43에서와 같이 압연 과정에서 늘어난 결정립이 바로 회복되어 재결정 입자의 성장을 일으켜 결정립이 조대화되므로 계속해서 압연할 수 있다.

가공을 끝내는 온도, 즉 마무리 온도에 따라 결정립의 크기는 달라지며, 마무리 온도가 낮을수록 결정립은 미세화된다. 냉간 가공에서는 재료의 조직이 변형률(가공도)에 따라 섬유상 조직이 다르게 나타난다. 이와 같이, 재료가 섬유상 조직이 되면 여러 가지 성질이 달라진다. 예를 들면, 냉간 압연 강판에서는 압연 방향 및 세로 방향에서 채취한 시험편의 강도, 항복점, 연신율 등을 시험해 보면 서로 다른 값을 나타내는 것을 알 수 있다.

2) 압연 설비와 압연 방법

(1) 압연기의 형식과 종류

압연기는 일반적으로 그림 3-43과 같이 롤의 수, 회전 방향, 배치 방식 및 배열 등의 형식에 따라 분류하고 있으며, 이 밖에 제품에 따라 분류하기도 한다.

1 제품에 따른 종류

a) 분괴 압연기 : 고성능을 목적으로 하는 고속화, 대형화 및 자동화가 진행되고 있으며, 특히 슬래브(slab) 압연기에는 유니버설(universal) 방식이 채용되고 있다.

b) 후판 압연기 : 종래의 2단, 3단 압연기는 받침 롤이 있는 4단 압연기로 발전하였다. 그 후에는 제품의 품질 향상을 위하여 자동 판 두께 제어 장치, 롤 베어링 장치가 일반적으로 설치되었다.

c) 열간 대강 압연기 : 판의 수요 증가에 따라 열간 대강 압연기는 압연기 중에서도 가장 현저한 발전을 했는데, 완성 압연기의 스탠드 수도 종래 6기가 표준이었으나 이미 7기의 압연기가 사용되고 있으며, 새로 건설된 압연기는 8기 또는 그 이상이 실현되고 있다.

d) 형강 압연기 : 종래 형강 압연에 사용되었던 공형 롤이 유니버설 롤화됨에 따라 생산의 능률화, 자동화, 대형화가 이루어졌다. 봉강 압연기는 전 연속식의 배열을 하여 다른 압연기와 같이 자동 치수 제어, 컴퓨터 제어가 실현되고 있다.

2 롤의 배치 방식에 따른 종류

a) 2단식 압연기(two high mill) : 가장 간단한 형식의 것으로, 스탠드 내에 지름이 같은 2개의 롤이 상하에 있어 재료를 롤에 통과시켜 압연을 하고, 롤 상부로 다시 되돌려 먼저 위치로 운반하여 압연을 되풀이 할 수 있게 된 것으로, 그림 3-44 (a)와 같다. 2단식 압연기를 그림 3-45 (a)와 같이 일직선으로 여러 대 배치한 것을 2단 연속식 압연기(continuous two high mill)라 한다. 그리고 그림 3-45 (b)와 같이 1회 압연할 때마다 롤의 회전 방향이 반대로 역전하는 압연기를 2단 역전식 압연기(two high reversing mill)라 한다.

b) 3단식 압연기(three high mill) : 그림 3-44 (b)와 같이 3단식으로 한 것으로, 서로 인접한 각 롤은 압연할 때 각각 반대 방향으로 회전하게 되어 있다. 이것은 롤을 역전하지 않고 재료를 쉽게 왕복시켜 가공할 수 있으므로, 대형 재료의 압연에 편리하다. 박판을 지름이 큰 롤로 압연하면 힘이나 일량이 커지므로, 그림 3-46과 같이 중간 롤의 지름을 아주 작게 하여 압연 소요 동력을 줄이고 작업 효율을 좋게 하고 있다. 이것을 라우드식 3단 압연기(lauth's plats mill)라 한다.

c) 4단식 압연기(four high mill) : 그림 3-44 (c)와 같이 지름이 작은 한 쌍의 작업

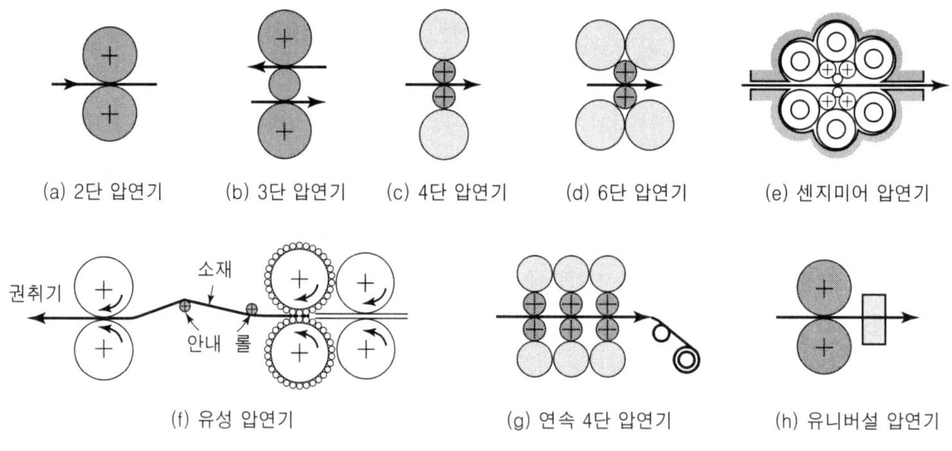

(a) 2단 압연기 (b) 3단 압연기 (c) 4단 압연기 (d) 6단 압연기 (e) 센지미어 압연기

(f) 유성 압연기 (g) 연속 4단 압연기 (h) 유니버설 압연기

그림 3-44 압연기의 형식

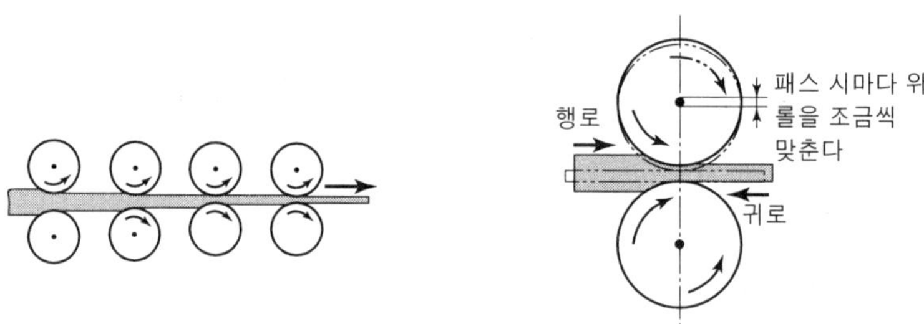

(a) 2단 연속식 압연기 (b) 2단 역전식 압연기

그림 3-45 2단식 압연기

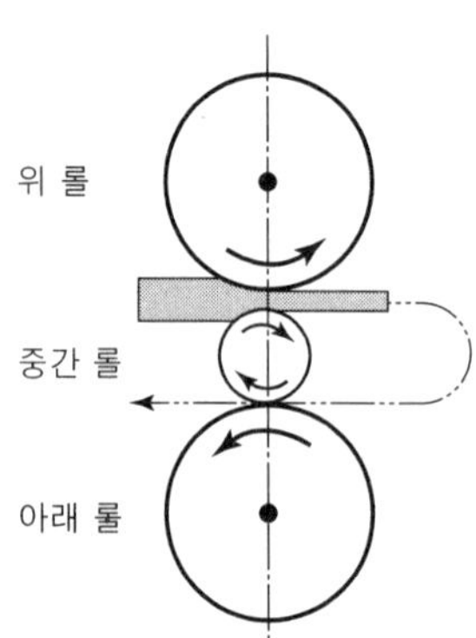

그림 3-46 라우드식 3단 압연기

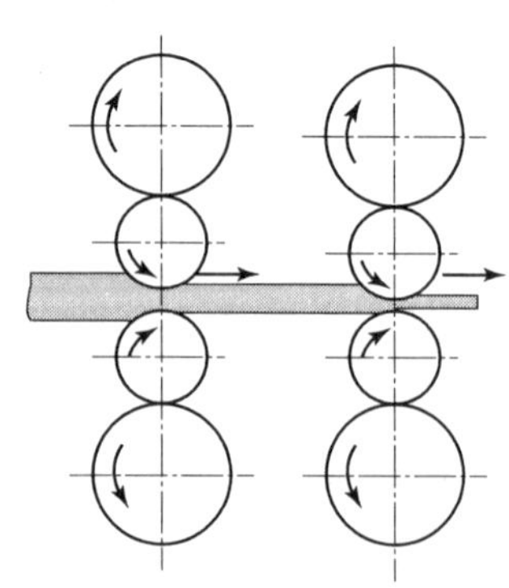

그림 3-47 4단 연속식 압연기

롤의 위아래에 지름이 큰 롤을 받쳐 주어 굽는 것을 방지하는 동시에 압연 동력을 적게 한다. 이 형식의 압연기는 주로 냉간 압연기에 많이 사용되고 있으며, 표면이 깨끗한 판재를 얻을 수 있다.

d) 4단 연속식 압연기 : 그림 3-47과 같이 4단 압연기 몇 대를 연속시킨 것으로, 각 롤 사이 또는 최종 롤과 코일링 장치 간에 인장력을 주게 되며, 큰 판을 냉간 압연할 때 쓰인다.

e) 6단식 압연기 : 그림 3-44 (d)와 같이 상하 받침 롤의 개수를 6개로 한 6단 압연기이다. 판 두께가 0.02mm 정도로 얇고, 치수가 정확한 판을 냉간 압연할 때 이용된다.

f) 센지미어 압연기(sendzimier cluster mill) : 그림 3-44 (e)와 같이 작업 롤의 지름을 되도록 작게 한 것으로, 6단, 12단, 20단 등 3종류가 있다. 작업 롤의 지름이 6~65mm인 압연기로 정밀하고 매우 얇은 박(箔)을 압연할 수 있으며, 주로 스테인리스강의 냉간 압연에 많이 이용된다.

g) 유성 압연기(planetary mill) : 그림 3-44 (f)와 같이 지름이 큰 받침 롤 주위에 지름이 작은 작업 롤을 많이 배치한 압연기로, 1회에 90% 정도의 압하율까지 가능하다.

h) 유니버설 압연기(universal high mill) : 그림 3-44 (h)와 같이, 수평 롤과 수직 롤로 조합되어 1회의 공정으로 재료의 두께와 너비를 동시에 압연할 수 있다.

(2) 압연 방법

1 판재 압연

판재 압연에는 균일한 두께의 제품을 얻기 위하여 4단식 압연기가 많이 사용되며, 특히 넓은 박판을 연속적으로 압연할 경우에는 열연 압연기와 냉연 압연기를 병용하여 사용한다. 강판은 제품의 두께에 따라 박판과 중후판으로 나누며, 또 제조 방법에 따라 열간 압연 강판과 냉간 압연 강판으로 구분한다.

그림 3-48은 발전기 및 변압기 철심으로 사용되는 전기 강판 압연의 보기이다.

그림 3-48 전기 강판의 압연

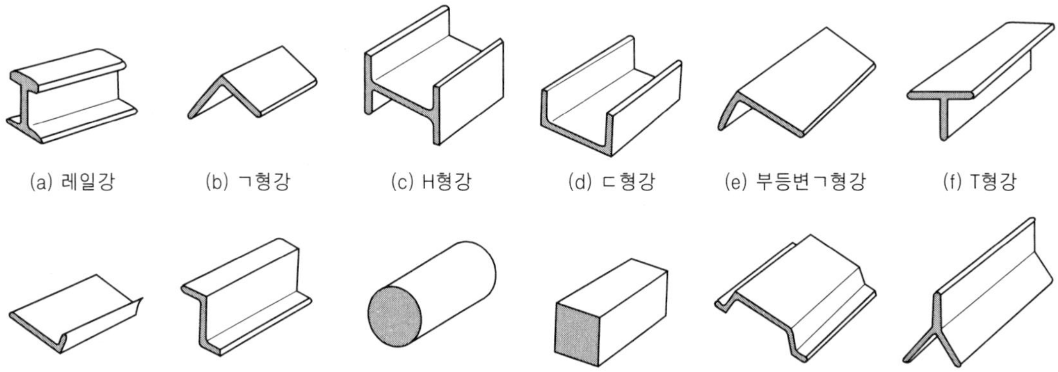

(a) 레일강 (b) ㄱ형강 (c) H형강 (d) ㄷ형강 (e) 부등변ㄱ형강 (f) T형강

(g) 구평형강[1] (h) Z형강 (i) 원형강 (j) 각형강 (k) 시트 파일 (l) 펜스 포스트

그림 3-49 형재의 종류

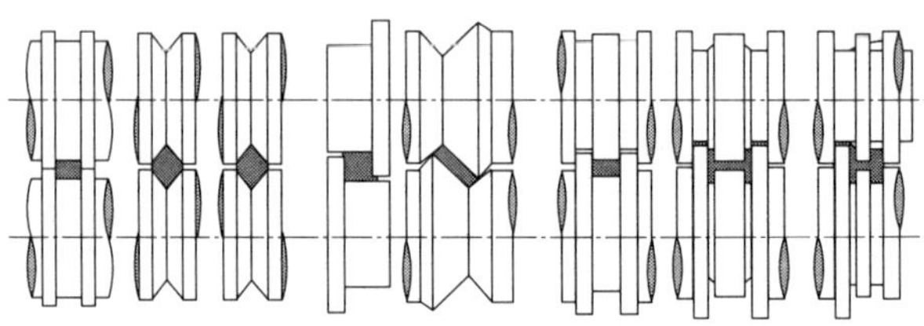

(a) (b) (c) (d) (e) (f) (g) (h)

그림 3-50 여러 가지 모양의 공형 롤

2 형재 압연

형재(形材)는 압연품의 길이가 단면에 비하여 현저하게 긴 재료로, 몇 대의 공형 롤 압연기를 통하여 그림 3-49와 같은 단면 형상으로 성형 압연한다.

● 공형 압연법

ㄱ형강, ㄷ형강, H형강, 시트 파일(sheet pile), 펜스 포스트(fence post), 레일강(rail steel) 등을 제조하는 공형 압연법에서 형강을 열간 압연하는 경우에는 너비 방향의 변형을 규제하고 소정의 제품 형상을 얻기 위하여 형강의 모양에 따라 그림 3-50과 같이 상하 롤에 공형을 만들어, 이들 공형을 순차적으로 통과할 수 있도록 배열한다.

○ H형강의 절단

[1] 구평형강 : 球平形鋼

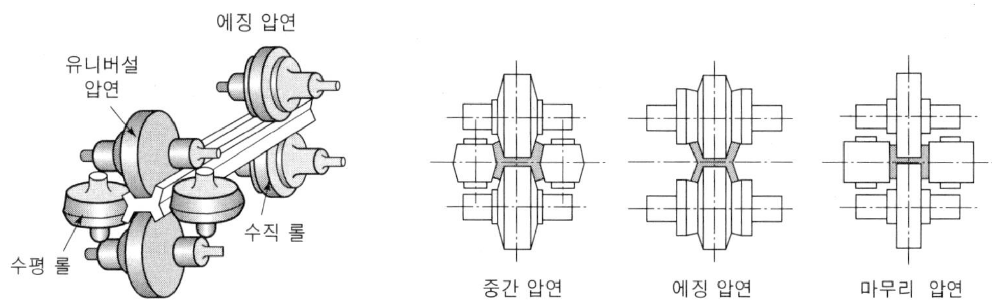

(a) 압연 기구 (b) 압연 공정

그림 3-51 여러 가지 모양의 공형 롤

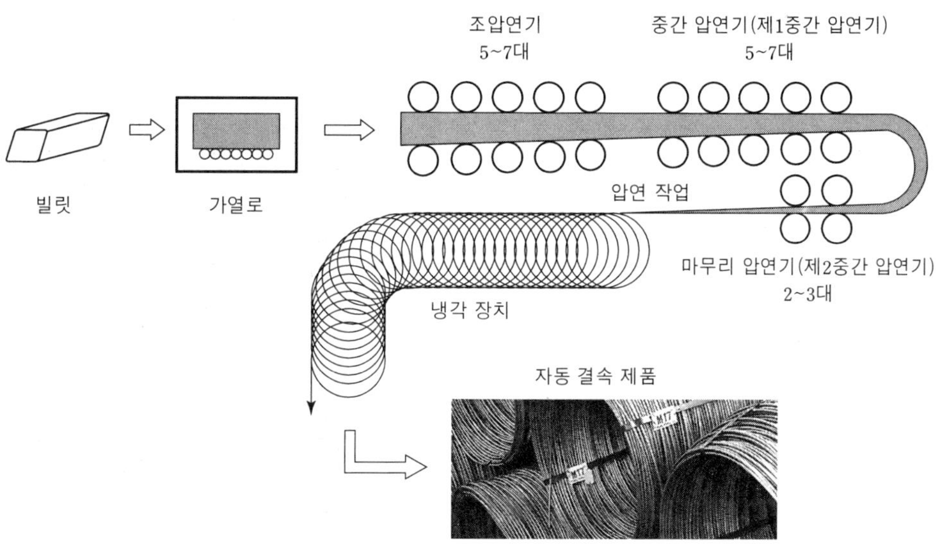

그림 3-52 선재의 압연 공정

● 유니버설 압연법

형강에 사용되는 유니버설 압연기는 그림 3-51 (a)에서와 같이 동일 단면에 수평 롤과 수직 롤을 배치한 압연기로, 수평 롤은 전동기(motor)로 구동하고 수직 롤은 압연재의 마찰력에 의해 구동된다. 그림 3-51 (b)는 유니버설 압연 공정의 보기이다.

3 봉·선 압연

봉·선(棒線)이란 봉강(棒鋼)과 선재(線材)를 총합한 이름이다. 봉강(bar)은 길게 늘인 봉상의 형강으로 대변의 크기가 10~100mm이고, 단면의 형상에 따라 원형강, 평강, 사각강 등이 있으며, 기계 부품인 축, 볼트, 너트, 스프링 등의 소재와 철근 콘

크리트의 보강재로 사용된다. 또한 선재(線材, rod)는 보통 5~15mm의 원형 단면의 것으로 열간 압연 후는 코일상으로 말아서 출하하며, 못, 철선, 와이어 로프, 피아노선, 케이블, 나사, 볼트 등의 소재로 사용된다. 그림 3-52는 빌릿을 가열하여 조압연, 중간 압연, 마무리 압연의 각 공형 롤을 통해 일정한 치수로 만든 다음 냉각 장치에서 냉각한 다음 자동 권선기(自動卷線機)에서 지름이 약 5~15mm, 무게 800~3000kg 정도의 크기로 말아 완성하는 선재의 압연 공정의 보기이다.

3. 압출 · 인발 · 전조

1) 압출 가공

알루미늄, 동, 아연 합금 등과 같이 소성이 큰 재료의 빌릿(billet)을 압출 컨테이너(container)에 넣고 램(ram)으로 압력을 가하여 다이의 구멍으로 밀어 내면, 단면이 일정한 각종 형상의 단면재와 관재 및 선재 등의 제품을 만들 수 있다. 이 가공법을 압출 가공(押出加工, extrusion)이라 한다.

압출 가공에 의하면 중간 소재를 다량으로 생산할 수 있어 작업 공정의 단순화가 가능하다. 최근에는 각종 강철 및 특수강도 압출 가공을 실시하는데, 대부분은 압연 가공이 어려운 관재 및 이형 단면재의 가공에 이용된다.

압출 가공 제품

(1) 압출 가공의 형식과 방법

1 압출 형식

압출 가공법은 압출할 소재를 가공하는 램의 방향과 제품이 압출되는 방향이 같으냐 반대이냐에 따라 전방 압출[2](前方押出, forward extrusion)과 후방 압출[3](後方押

[2] 전방 압출 : 직접 압출(直接壓出, direct extrusion)이라고도 한다.

[3] 후방 압출 : 간접 압출(間接壓出, indirect extrusion)이라고도 한다.

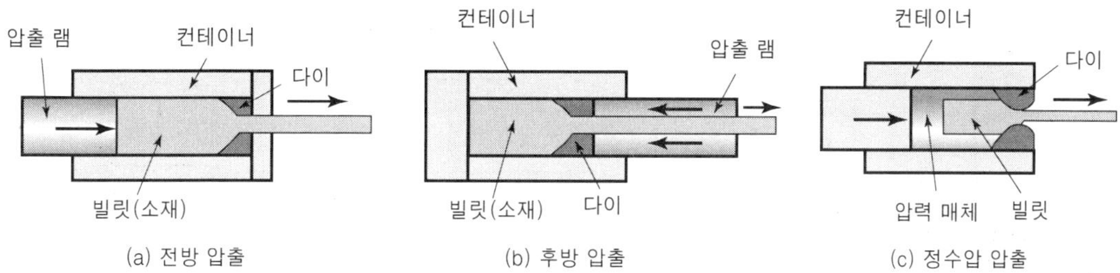

그림 3-53 압출 형식

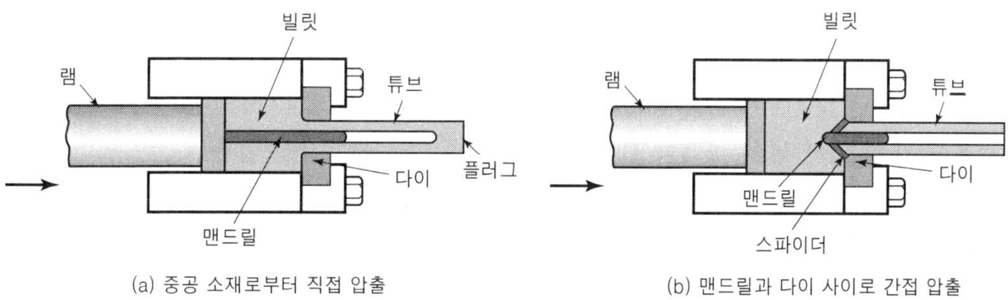

그림 3-54 관재의 압출

出, backward extrusion), 그리고 피마자 기름이나 내열 그리스 등의 압력 매개체 중에서 소재를 가입하여 압출하는 정수압 압출(淨水壓押出, hydrostatic extrusion) 방법이 있다. 또 소재를 상온에서 가공하느냐 가열하여 가공하느냐에 따라서도 냉간 압출과 열간 압출 방법으로 구분하고 있다.

그림 3-53 (a)는 소재를 가압하는 램의 방향과 제품이 압출되어 나오는 방향이 같은 전방 압출이고, 그림 3-53 (b)는 제품의 램의 진행 방향과 반대 방향으로 압출되는 후방 압출법이다. 그리고 그림 3-53 (c)는 압력 매개체를 사용한 정수압 압출법이다. 후방 압출법은 램 끝에 다이가 붙어 있고, 압출 컨테이너의 끝은 막혀 있다. 따라서 압출 과정에서 컨테이너 벽과 빌릿 사이에 상대적인 운동이 없으므로 마찰력이 작고, 이에 따라 압출에 필요한 압출력이 전방 압출인 경우보다 작다.

2 관재의 압출

속이 비어 있는 제품인 관을 압출 제조할 때에는 그림 3-54 (a)와 같이 처음부터 구멍이 있는 빌릿을 사용할 때에는 램의 끝에 맨드릴을 붙여서, 맨드릴과 다이 사이의 간격이 관의 두께를 결정하는 압출 방법이다. 그러나 속이 찬 빌릿을 사용할 경우

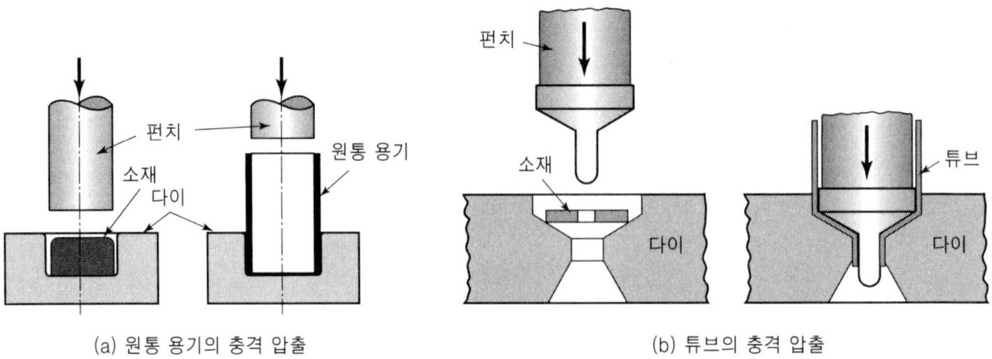

그림 3-55 충격 압출

에는 그림 3-54 (b)와 같이 스파이더(spider)가 있는 맨드릴(mandrel)을 사용하여 램을 소재에 밀어 넣어 소재를 맨드릴과 컨테이너 사이로 간접 압출하는 방법이다.

(2) 충격 압출

크랭크 프레스와 같이 충격적인 힘을 가할 수 있는 기계를 사용하여 속이 빈 짧은 컨테이너를 만드는 압출 방법을 충격 압출(impact extrusion)이라 하며, 보통 냉간 가공으로 한다. 그림 3-55 (a)는 많이 사용되고 있는 얇은 원통 용기의 충격 압출을, 그림 (b)는 얇은 튜브의 충격 압출의 보기를 나타낸 것으로, 충격 압출은 납, 주석, 아연, 알루미늄, 구리 및 그 합금으로부터 여러 가지 튜브, 전기 기기, 카메라 부품 등을 제조하는 데 이용된다.

(3) 압출 기계

압출기(press for extrusion)는 컨테이너(container), 램(ram), 다이(die) 등의 주요 부분으로 구성되어 있으며 컨테이너는 특수강으로 제작되어 있어, 큰 압력에도 견딜 수 있는 충분한 강도를 갖고 있다. 압출기에는 압력의 형식에 따라 기계압식, 수압식, 유압식이 있는데, 유압식이 구조가 간단하고 조작이 용이하여 많이 사용된다.

압출기

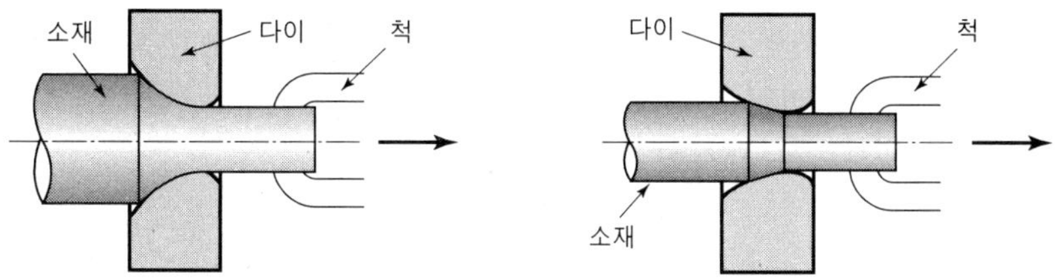

그림 3-56 다이에 의한 인발

2) 인발 가공

그림 3-56과 같이 다이(die)의 구멍보다 큰 일정한 단면의 소재를 구멍의 크기와 모양으로 줄이는 가공법을 인발(引拔, drawing)이라 한다. 압출은 압출력에 의한 소성 변형인데, 이에 비하여 인발은 다이의 바깥쪽에서 작용하는 인장력(tensile force)으로 소재를 변형 가공하게 된다. 따라서 압출과 인발에 의해 가공되는 제품의 종류는 유사하지만, 가해지는 힘의 작용 방법은 다르다. 인발은 강선, 송전선, 케이블선 등과 같이 가늘고 긴 선의 제조와 길지는 않으나 정밀 나사, 스프링, 전자 기기에 사용되는 소재의 제조에 사용된다. 지름이 작은 선재의 인발을 특히 와이어 드로잉(wire drawing)이라 한다. 인발은 열간 인발 가공과 냉간 인발 가공의 두 가지로 분류되는데, 대개의 경우 상온에서 가공하는 냉간 인발로, 재료의 굵기가 가늘고 가공에 큰 힘이 소요되지 않는 재료를 가공하는 데 사용되는 방법이다.

(1) 인발 가공 다이와 설비

1 드로잉 다이

드로잉 다이의 구성은 보통 그림 3-57과 같이 재료의 입구에 맞닿는 도입부, 재료의 단면을 감소시키는 안내부, 가공재의 치수를 정확하게 가공하는 정형부, 가공재가 나가는 출구부 등 4개의 부분으로 구성되어진다.

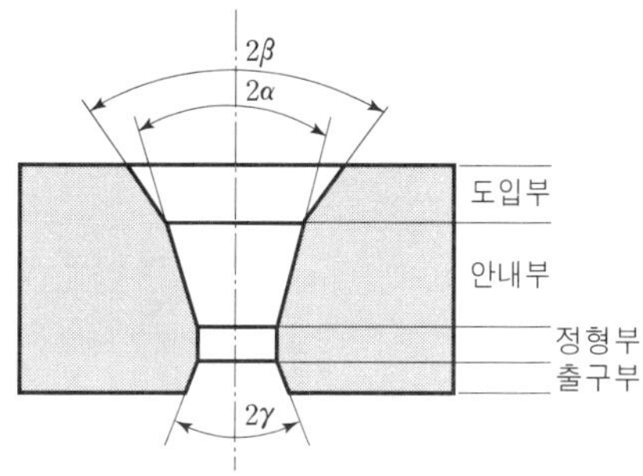

2α : 다이각　　2β : 도입각
2γ : 출구각(60° 정도)

그림 3-57 드로잉 다이의 구조

2 와이어 드로잉 머신

지름 5mm 이하의 선을 뽑는 데 사용되

는 인발 기계를 와이어 드로잉 머신(wire drawing machine)이라 한다. 와이어 드로잉 머신에는 그림 3-58과 같이 단식과 연속식이 있으며, 또 드럼축의 방향에 따라 수평식과 직립식이 있다.

연속 드로잉 머신

3 드로잉 벤치

일정한 치수의 다이와 가공 맨드릴(mandrel)을 사용하여 관재 또는 봉재를 드로잉하는 설비를 드로잉 벤치(drawing bench)라 한다. 구조는 그림 3-59와 같이, 드로잉 재료의 끝 부분을 잡아당기기 위해 고정하는 그리퍼(gripper)가 달린 드로잉 헤드(드로잉 차)가 프레임 상면을 따라서 이동할 수 있게 되어 있으며, 드로잉 작업에는 동력이 사용된다.

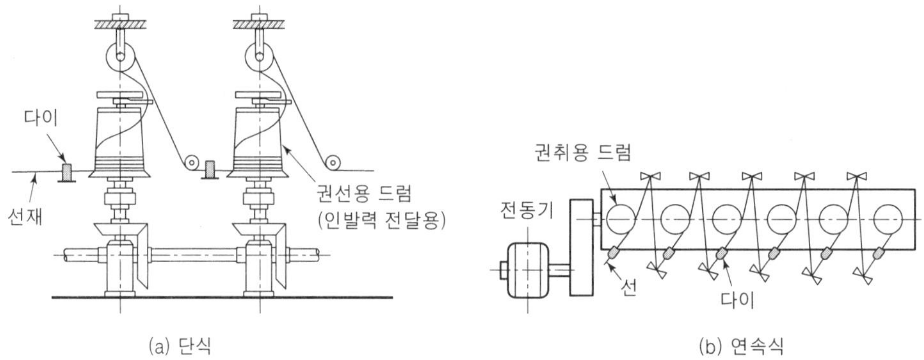

그림 3-58 와이어 드로잉 머신의 형식

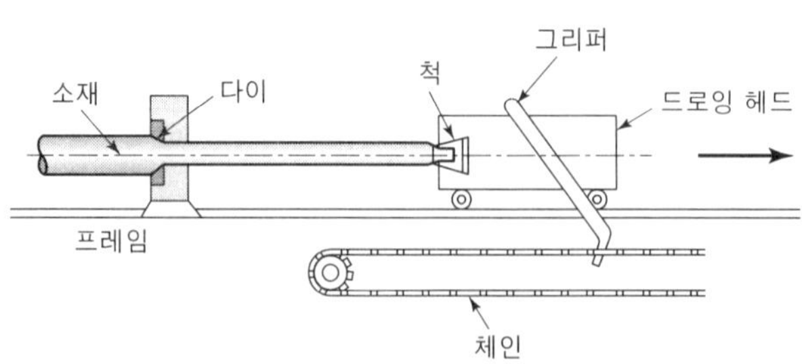

그림 3-59 드로잉 벤치

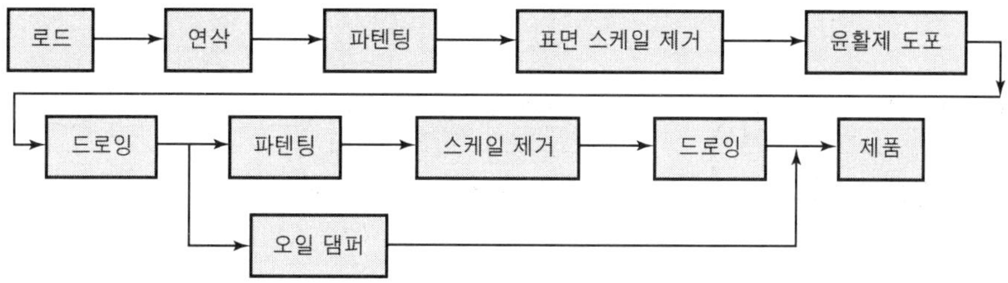

그림 3-60 강선의 제조 공정

(2) 인발 가공법

1 와이어 드로잉

와이어 드로잉(wire drawing)은 사용 재료의 종류에 따라 제조 공정이 다르지만, 강선의 제조는 5~10mm의 지름으로 열간 압연한 코일상의 와이어 로드(wire rod)를 소재로 그림 3-60과 같은 공정을 거쳐 제조한다.

2 봉재 드로잉

봉재 드로잉(bar drawing)은 다른 가공법에 비해 비능률적이면서 그 이용에 한계가 있다. 예를 들면, 봉재의 길이는 드로잉 벤치의 프레임 길이에 제한을 받으며 가공 속도도 느리고, 자동화가 어렵다.

봉재 드로잉은 와이어 드로잉과 같이 다이를 사용하는 경우와 그림 3-61과 같이 롤 다이를 사용한다. 롤 다이를 이용하는 경우에는 마찰이 적고 비교적 균일한 변형을 줄 수 있다.

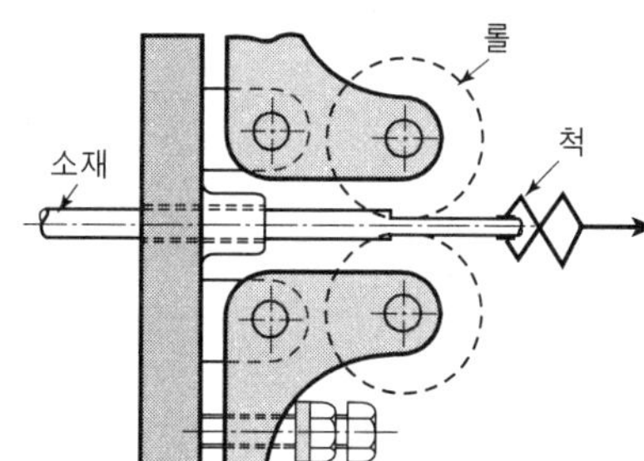

그림 3-61 롤 다이에 의한 인발

3 관재 드로잉

관재 드로잉(tube drawing)은 기본적으로 봉재 드로잉과 같이 다이를 사용한다. 다른점은 관재의 두께를 줄이고 내부면과 내경을 정확하게 조정하기 위하여 플러그 또는 맨드릴을 관의 내부에 넣어 관재를 받치면서 가공한다.

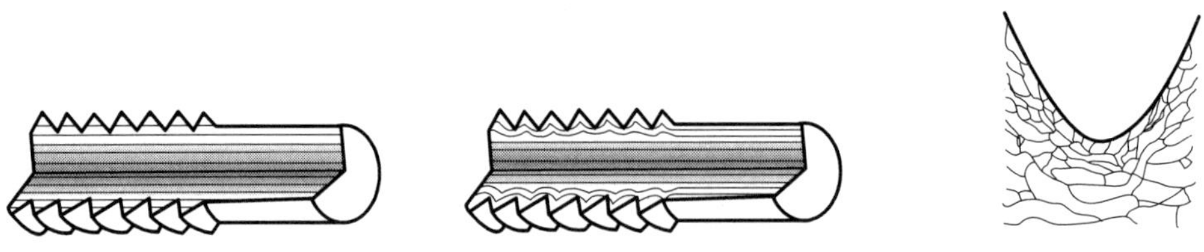

(a) 절삭 나사 (b) 전조 나사 (c) 전조 나사의 굴곡부 조직

그림 3-62 전조 나사의 섬유 조직 비교

3) 전조 가공

표면에 특정 홈이 있는 다이나 롤을 사용하여 회전하는 재료에 국부적으로 강하게 누르면 재료의 표면 부분이 다이 또는 롤 표면에 따라 소성 변형된다. 이와 같이 소재 또는 소재와 공구를 회선시키면서 제품의 표면을 가공하는 가공법을 전조(轉造, rolling)라 한다. 종래에 절삭 가공에 의해 생산되었던 나사, 기어, 볼(ball), 스플라인 축(spline shaft) 등의 가공에 전조 가공이 이용되고 있다.

(1) 나사 전조

다이 표면이 나사형인 판 또는 롤상의 전조 다이를 소재에 밀어 넣어 회전시키면 소재 표면층이 소성 가공되어 나사의 모양이 성형되는데, 이 가공법을 나사 전조(thread rolling)라 한다. 그림 3-62 (a) 절삭 나사와 (b) 전조 나사의 단면을 비교하면, 절삭 나사는 섬유 조직이 나사산에서 절삭으로 인해 중단되었는데, 전조 나사는 재료의 표면이 다이의 나사산의 면에 따라 섬유상 조직을 가지고 있다.

특히 전조하게 되면, 그림 3-62 (c)와 같이 나사의 굴곡부 표면이 소성 가공으로 경화되어 극히 미세하고 경한 조직으로 된다.

전조 나사에 사용되는 재료는 보통 나사용강, 강인강, 풀림 상태의 공구강, 황동, 경 합금 등이 있다.

1 평형 다이식 나사 전조

그림 3-63과 같이 한 쌍의 장방형 평형 다이를 사용하여 한쪽은 고정시키고, 다른 쪽은 고정 다이에 평행으로 왕복 운동하도록 되어 있다. 나사 소재를 소재 입구에 놓으면 돌기판에 평형 나사식 전조는 소재의 공급과 배출이 용이하여 대량 생산에 적합하다. 소재가 다이에 물리면 5~6회의 회전으로 나사산이 완성된다.

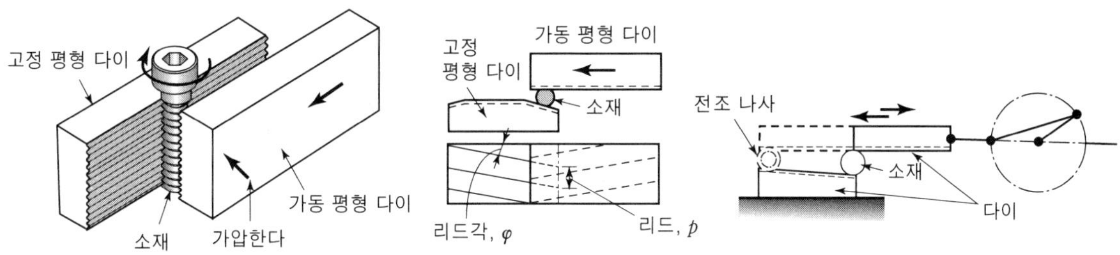

(a) 전조 방법 (b) 전조 기구 (c) 전조기의 구성

그림 3-63 평형식 나사 전조용 다이와 전조 기구

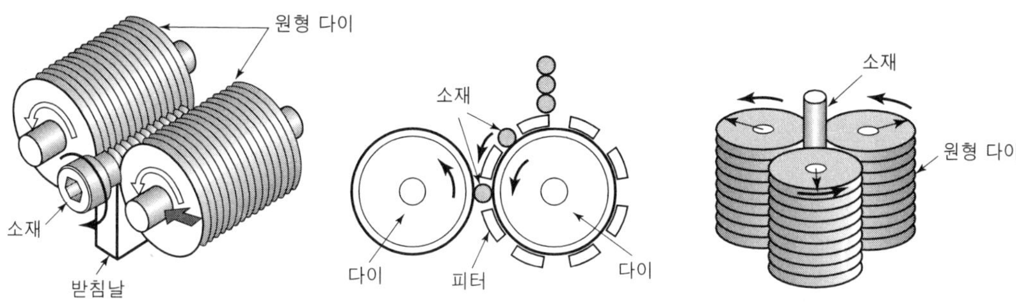

(a) 2원형 다이식 (b) 차속식 나사 전조 (c) 3원형 다이식 나사 전조

그림 3-64 원형 다이식 나사 전조의 형식

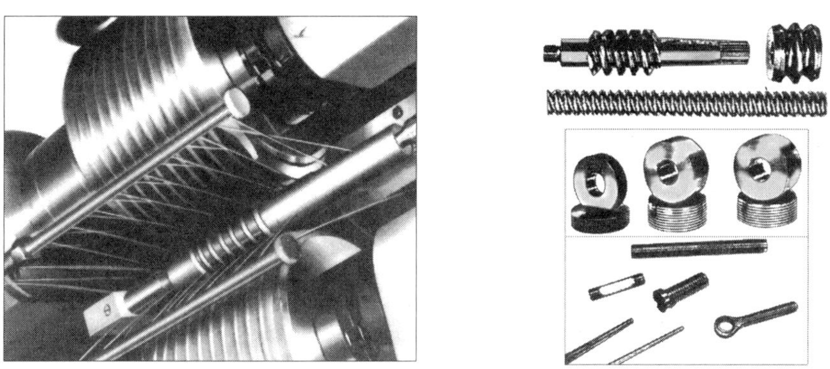

(a) 전조 가공 (b) 전조 가공 제품

그림 3-65 원형 다이식 전조 작업과 제품

2 원형 다이식 나사 전조

롤상의 전조 다이를 사용하는 것으로 그림 3-64와 같이 2개의 롤을 사용하는 2원형 다이식과 3개의 롤을 사용하는 3원형 다이식이 있다. 그림 3-64 (b)는 주속의

차가 있어, 이 방식을 차속식(差速式)이라 하며, 소재를 공급하게 되면 연속적인 가공이 가능하다. 그림 3-65 (a)는 2원형 다이식 나사 전조 가공을, 그림 3-65 (b)는 전조 가공품의 보기이다.

유압식 나사 전조기

(2) 기어와 볼의 전조

1 기어 전조

기어는 일반적으로 절삭, 연삭 등에 의해 만들어지나, 작은 기어의 경우에는 나사 전조와 같은 전조법으로 만들 수 있다. 전조 기어는 재료의 절약뿐만 아니라 이의 결정 구조가 미세하게 밀집된 섬유상 조직으로 되어 기어의 강도를 높일 수 있다. 기어의 전조도 판상 또는 롤상의 전조 공구 표면에 있는 이를 소재에 압착시켜 회전시키면, 이가 형성되어 기어를 가공하게 된다. 기어 전조 가공은 보통 냉간에서 하고 있으나, 모듈(module)이 약 3 이상인 경우나 경한 재료의 경우에는 열간 가공을 한다. 그림 3-66은 기어의 전조 형식의 보기이다.

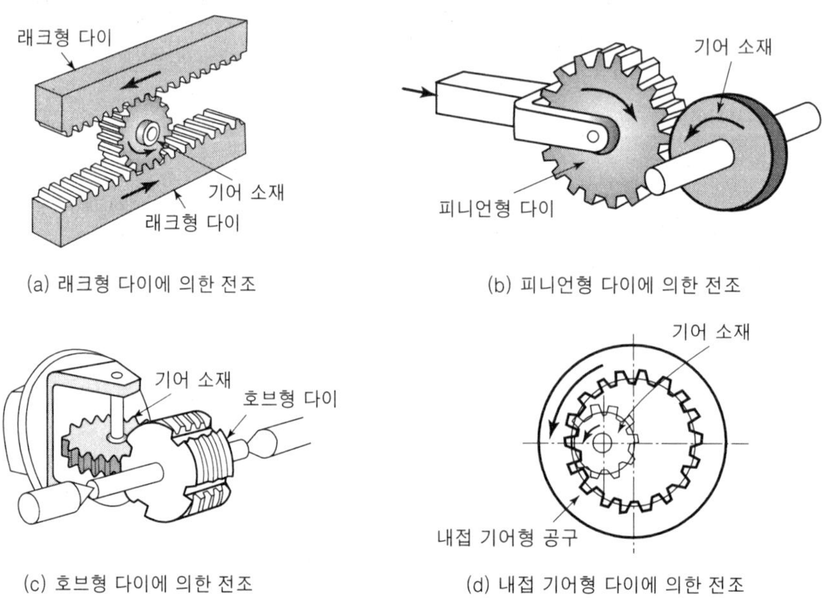

그림 3-66 기어의 전조 형식

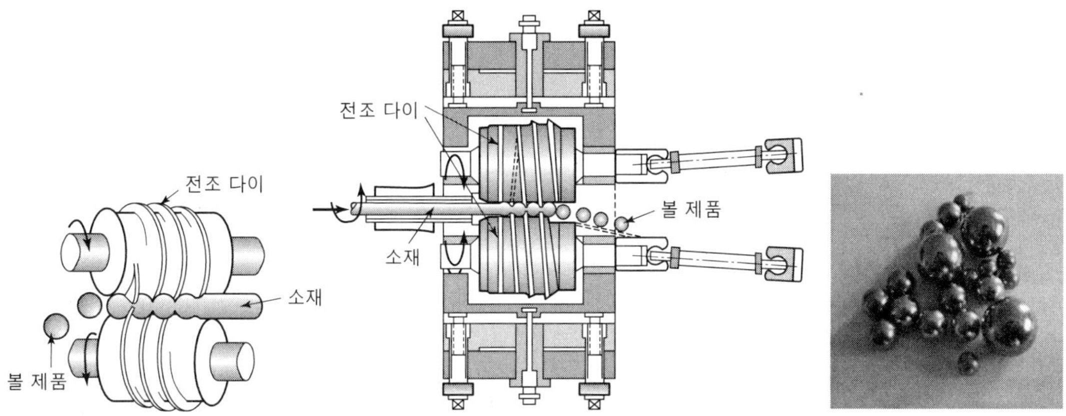

(a) 볼의 전조 공정 (b) 볼 전조기의 구조 (c) 제품의 보기

그림 3-67 볼 전조

2 볼 전조

압연 단조의 형태로서 환봉이나 선재로 되어 있는 소재를 그림 3-67 (a)와 같이 서로 교차되어 회전하는 공형 롤 모양의 두 다이(die) 사이로 이송시키면서 볼(ball)을 연속적으로 가공하는 전조 형식을 볼 전조(ball rolling)라 한다.

공형의 홈은 볼을 형성하는 가공면으로, 전조의 초기에는 원형 소재에 홈을 만들어 주고, 최종 공정에서 전단하여 마무리 성형한다. 그림 (b)는 볼 전조기의 구조이다.

4. 판금 · 프레스 가공

소성을 갖고 있는 연강이나 동, 알루미늄 등의 얇은 금속 판재를 소재로 하여 여러 가지 제품을 만드는 가공을 판금 · 프레스 가공(sheet metal stamping) 또는 판금 · 프레스 작업(press working of sheet metal)이라고 하며, 같은 개념에서 일반 판금과 프레스 가공을 모두 총칭하는 넓은 의미로 사용된다.

판금 가공은 오래전부터 무기나 장신구를 만들기 위하여 금속 판재를 해머로 두들겨 성형하였다. 그 후 15세기에 이르러 처음으로 기계 프레스가 만들어져 주로 건축 금속 장식물 등이 다량으로 만들어지게 되었으며, 자동차, 항공기, 철도 차량 등의 발달에 따라 판금 가공 기술이 급속하게 발전하여 왔다.

1) 판금 가공

(1) 판금 가공의 개요

1 판금 가공의 분류

작업 과정에 따른 분류

a) 전단 가공(shearing) : 전단에 의해서 판금 재료를 필요한 모양과 치수로 자르는 전단 및 따내기 가공 등

b) 성형 가공(forming) : 판금을 소성 변형시켜 여러 가지 모양으로 만드는 가공으로, 굽힘 가공, 드로잉(drawing) 가공 등

c) 접합 가공 : 두 판재의 이음부를 접어서 잇는 심(seam), 리벳을 이용하는 리벳 이음, 땜납을 이용하는 납땜 및 용접 등

작업 방법에 따른 분류

a) 수공 판금 : 주로 수공구와 얇은 금속판을 사용한 각종 판금 제품, 미술품 또는 시작품 가공 및 수리 작업 등

b) 기계 판금 : 판금용 기계를 사용하여 소재를 자르거나 따내는 전단, 굽힘 및 성형 가공 등

이 밖에도 가공 재료의 두께에 따라 박판 가공과 후판 가공으로 분류하기도 한다.

2 판금 가공의 특징

종래에는 수공 판금법으로 만들던 판금 제품이 프레스와 각종 판금 기계가 사용되면서, 판금 가공이 기계 제조 분야에서 중요한 자리를 차지하고 있다. 그 요인과 특징을 요약하면 다음과 같다.

① 기계적 성질이 개선되고 제품이 가볍고 튼튼하다.

② 동일 판재로부터 연속 가공되므로 제품이 균일하다.

③ 재료의 손실이 적고 제조 원가가 싸다.

④ 대량 생산이 가능하고 자동화가 용이하다.

⑤ 비교적 간단한 설비와 공구로 가공이 가능하다.

⑥ 용접 작업으로 조립하면 복잡한 모양이나 각 부분이 두께와 강도가 다른 제품 생산이 가능하다.

⑦ 수리, 개조가 용이하다.

(2) 전단 가공

1 전단 가공의 종류

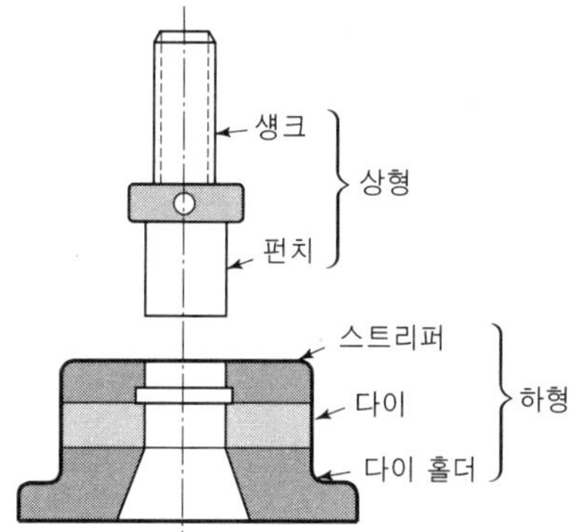

그림 3-68 다이와 펀치

a) 블랭킹 : 그림 3-68과 같은 펀치(punch)와 다이(die)를 프레스에 설치하여 판금 재료로부터 그림 3-69 (a)와 같이 목적하는 형상의 제품을 따내는 가공을 블랭킹(blanking)이라 한다. 이 가공에서 제품은 블랭크(blank)가 되므로 다이는 원하는 제품의 치수로 가공하고 펀치는 어느 정도 틈새(clearance)가 있도록 여유를 주어 작게 만든다.

b) 펀칭 : 따내기와는 반대로, 판금에 목적하는 형상의 구멍을 맞뚫는 가공을 펀칭(punching)이라 한다. 그림 3-69 (b)와 같이 구멍이 뚫린 쪽이 제품이 되며, 이 가공을 피어싱(piercing)이라고도 한다.

c) 전단과 분단 : 판금 재료를 직선 또는 곡선에 따라 절단하는 가공을 전단(shearing)이라 한다. 이 가공에서 직선의 전단은 보통 직선날 전단기를 사용하나, 곡선의 전단은 회전날 전단기를 사용하는 경우가 많다. 그림 3-69 (c)는 프레스에서 펀치와 다이에 의해 전단한 보기이다. 특히 그림 3-69 (d)와 같이 나누는 전단을 분단(parting)이라 한다.

d) 노칭 : 소재의 일부분을 그림 3-69 (e)와 같이 따내는 가공을 노칭(notching)이라 한다.

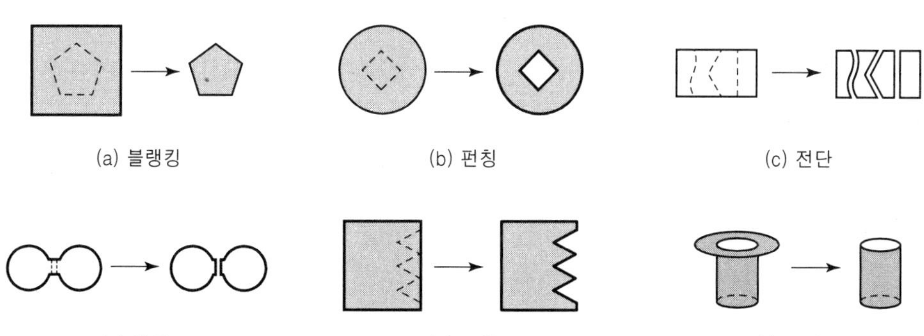

그림 3-69 전단 가공의 종류

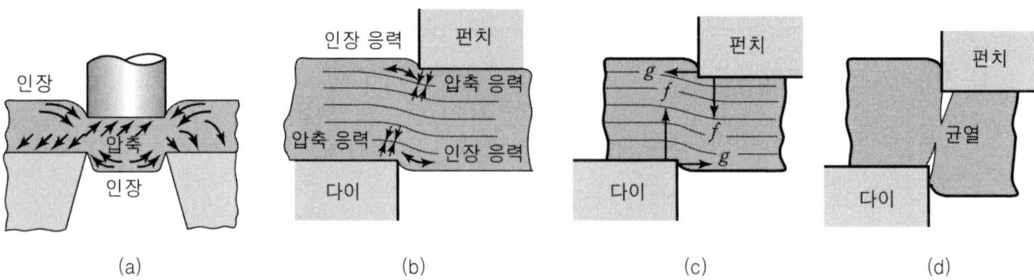

그림 3-70 전단 변형 기구

e) 트리밍 : 그림 3-69 (f)와 같이 성형한 제품의 불규칙한 바깥 테두리를 소정의 형상 및 치수로 절단하는 가공을 트리밍(trimming)이라 한다.

f) 끝손질(shaving) : 따내기나 구멍을 뚫은 제품의 자른 자리는 거칠다. 펀치와 다이 사이 틈새를 없애기 위해 가공물의 테를 조금 깎아 내어 끝손질하는 작업으로, 일종의 절삭 가공이다.

2 전단 변형 기구

전단 기구는 가공 방법, 재료의 지지 방법, 전단되는 윤곽의 모양 및 그 밖의 가공 조건 등에 따라 다소 다르게 나타난다. 그림 3-70 (a)는 전단 가공의 보기로, 전단 변형 기구는 일반적으로 위아래 한 조의 다이를 사용하여 공구측에 직각인 전단날로 가공한다. 윗날이 내려와서 아랫날의 위에 있는 판재에 닿은 다음, 더 내려가면 그림 3-70 (b)와 같이 재료의 내부에 전단 응력과 인장 응력 및 압축 응력이 생기는데, 특히 날이 닿는 부분에 집중된다.

계속 힘을 가하면 항복점(yield point)을 지나 소성 변형이 진행되며, 날끝 부분의 집중 응력이 어느 한계에 다다르면 그림 3-70 (c)와 같이 압력 f 외에 공구의 측면에서 측압력 g가 작용하여 공구의 날끝이 쐐기 작용을 하게 된다. 쐐기 작용은 펀치가 하강함에 따라 커지고 그림 3-70 (d)와 같이 균열이 생기면서 재료가 절단되기 시작한다. 날 옆쪽에 생기는 인장 응력에 날끝의 집중 압축 응력과의 쐐기 작용으로 재료에 날끝이 들어가 갈라진 틈이 더욱더 커지면 전단이 완료된다.

(3) 성형 가공

판재의 소성을 이용하여 원하는 모양으로 굽히기, 접기, 조리기 등의 가공을 통하

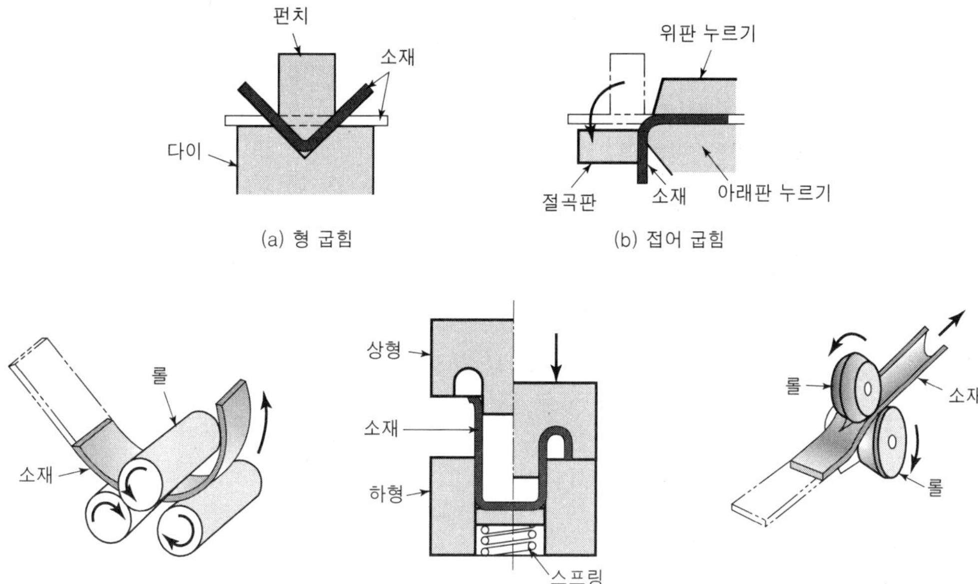

(a) 형 굽힘 (b) 접어 굽힘
(c) 롤 굽힘(대형) (d) 커링 (e) 롤 굽힘(파이프)

그림 3-71 굽힘 가공의 종류

여 여러 가지 용기, 기계 부품, 자동차와 비행기의 몸체 등의 부품을 만드는 가공법을 성형 가공이라 한다.

1 굽힘 가공

● 굽힘 가공의 종류

판재의 굽힘 형식을 크게 나누면 그림 3-71 (a), (b), (c)와 같이 세 가지가 있다.

그림 3-71 (a)와 같이 펀치와 다이를 사용하여 구부리는 형 굽힘
그림 3-71 (b)와 같이 판재의 한쪽을 고정하고 다른 쪽을 굽히는 접어 굽힘
그림 3-71 (c)와 같이 굽힘 롤에 판재를 보내어 구부리는 롤 굽힘

이 밖에 그림 3-71 (d)와 같이 다이를 사용한 끝 마무리, 그리고 그림 3-71 (e)와 같이 롤을 사용하여 파이프를 성형하는 굽힘 가공이 있다.

● 굽힘에 필요한 힘

굽힘에 필요한 힘은 재질, 제품 모양 및 가공 방법 등에 따라 다르다. 그림 3-72와 같이 V형 자유 굽힘의 경우 굽힘에 필요한 힘 P는 다음 식으로부터 근삿값을 얻을 수 있다.

$$P[\text{kg}] = \frac{C \times l \times t^2 \times \sigma_B}{W} \tag{3-1}$$

여기서 t : 판 두께[mm] l : 판의 너비(굽힘선의 길이)[mm]
σ_B : 판의 인장 강도[kgf/mm²] W : 다이홈의 너비[mm]
C : 보정 계수(V 굽힘 : 1.0~1.3, U 굽힘 : 2.0~3.0)

일반적으로 굽힘의 최종 단계에서 소재를 형틀에 꼭 맞도록 밀착시키려면, 위 식으로 계산한 힘보다는 큰 힘이 필요하다.

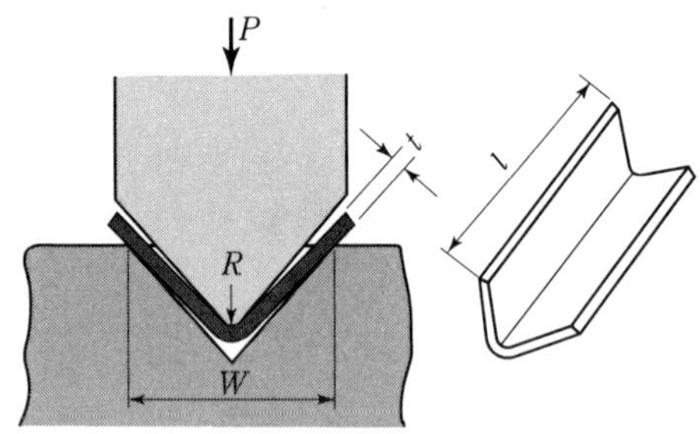

그림 3-72 V형 자유 굽힘

● **스프링 백**

굽힘 가공에서 외력을 제거하면 그림 3-73 (a)에서와 같이 탄성에 의하여 처음 상태로 약간 되돌아가는데, 이 현상을 스프링 백(spring back)이라 한다. 일반적으로 스프링 백의 양은 항복점이 높고 경한 재료일수록 크고, 같은 재료에서는 굽힘량이 작을수록 크다. 또 하중과 형의 상태와 가공 방법 등에 따라 크게 다르므로 굽힘 가공에서는 실제 가공하여 먼저 이 양을 알아낸 다음 형을 수정하여야 한다.

2 드로잉

판재를 사용하여 이음매가 없는 용기를 성형하는 가공법을 드로잉(drawing) 또는 조리기 가공이라 한다. 드로잉에는 그림 3-74와 같이 손 조리기, 형 조리기 및 스피닝(spinning) 등의 방법이 있다.

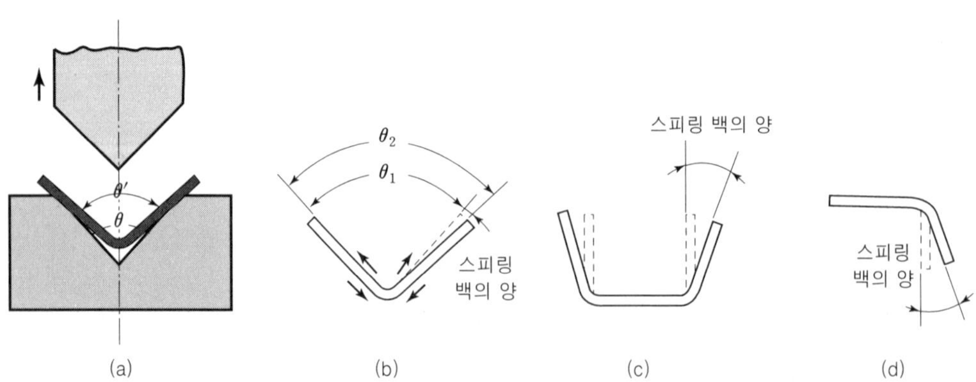

그림 3-73 스프링 백

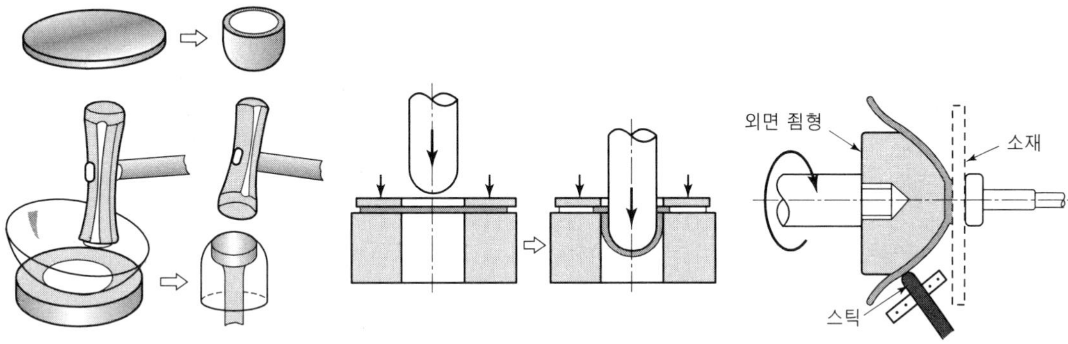

(a) 손 조리기 (b) 형 조리기 (c) 스피닝

그림 3-74 조리기의 종류

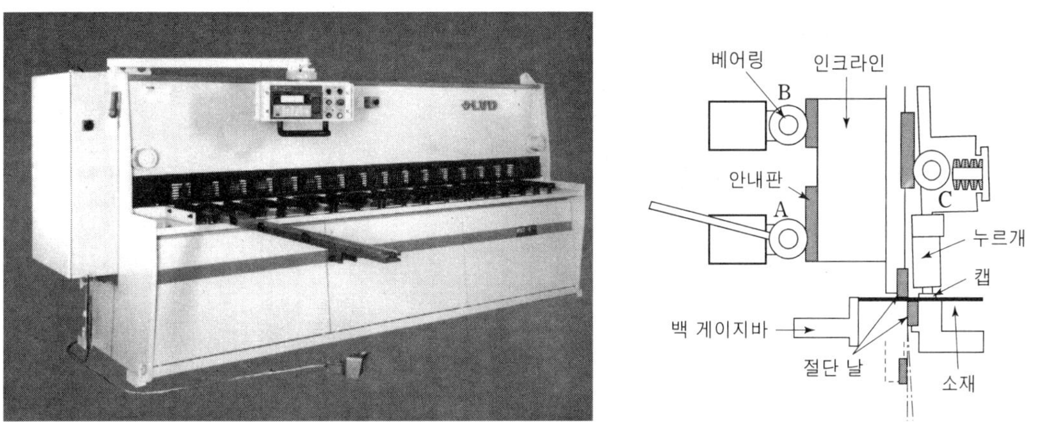

(a) 전단기 본체 (b) 날의 작동 기구

그림 3-75 갭시어와 날의 작동기구((주)본실업 brochure)

(4) 판금 가공용 기계

1 절단용 기계

a) **동력 전단기**(power shear) : 동력용 전동기는 플라이휠의 회전력을 이용하여 수평으로 고정된 아랫날에 대하여 윗날이 상하 운동을 하는 구조로, 그 사이에서 판재를 잘라 내는 박판 전단용 기계이다.

b) **갭시어** : 6~16mm의 두꺼운 후판 전단에는 그림 3-75 (a)와 같은 갭시어(gap shear)가 사용되며, 이를 기계 전단기(machinical shears), shearing machine, squaring shear 등으로 부르고 있다. 그림 3-75 (b)는 윗날의 구동을 정밀하게

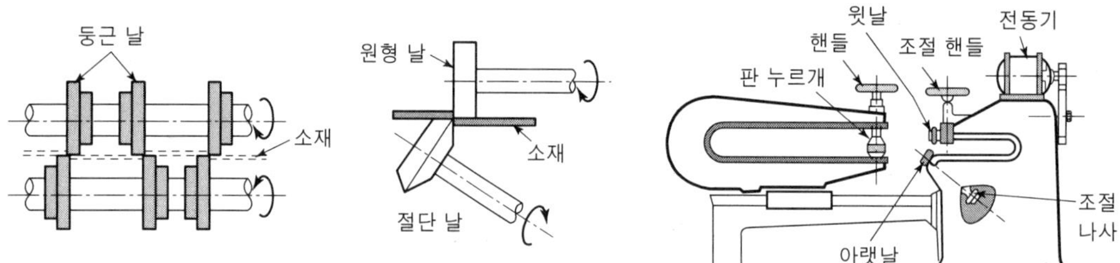

(갱 슬리터) (롤러 시어)

(a) 날의 구조성

(b) 롤러 시어

그림 3-76 둥근날 전단기의 형식

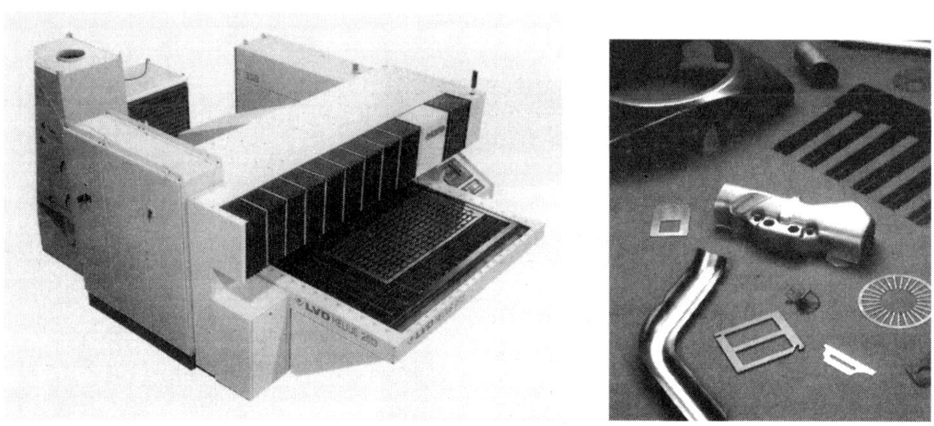

(a) 레이저 절단기

(b) 절단 제품

그림 3-77 레이저 절단기와 제품

하기 위한 날의 작동 기구를 보여주고 있다.

c) 둥근날 전단기 : 원형의 윗날과 아랫날을 회전시키고, 그 사이에 판재를 넣어서 원형, 직선, 임의의 곡선으로 절단할 때 사용한다. 그림 3-76 (a)는 둥근날 전단기 중 많이 사용되는 갱 슬리터(gang slitter)와 롤러 시어(roller shear)의 날의 기구이다. 그림 3-76 (b)는 롤러 시어의 구조로 서큘러 시어(circular shear)라고도 한다.

d) 레이저 절단기 : 그림 3-77 (a)는 레이저 절단기의 보기로, 핵심이 되는 구성 요소에는 CNC 제어 장치, Laser 발진기, 서보 증폭기와 모터 등이 있다. 레이저 전단기는 긴 축으로 laser head가 이동하고, 짧은 축으로 작업 테이블이 이동하면서 절단한다. 그림 3-77 (b)는 레이저 가공 제품의 보기이다.

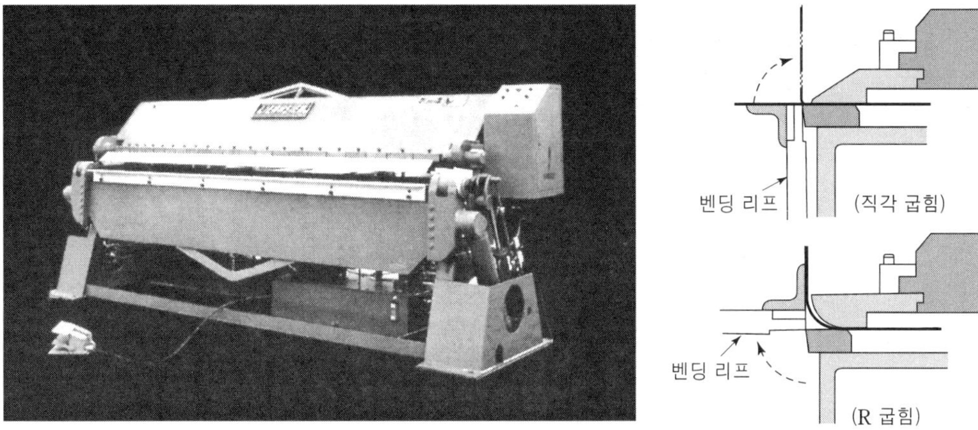

(a) 스트레이트 브레이크　　(b) 굽힘 사례

그림 3-78 스트레이트 브레이크

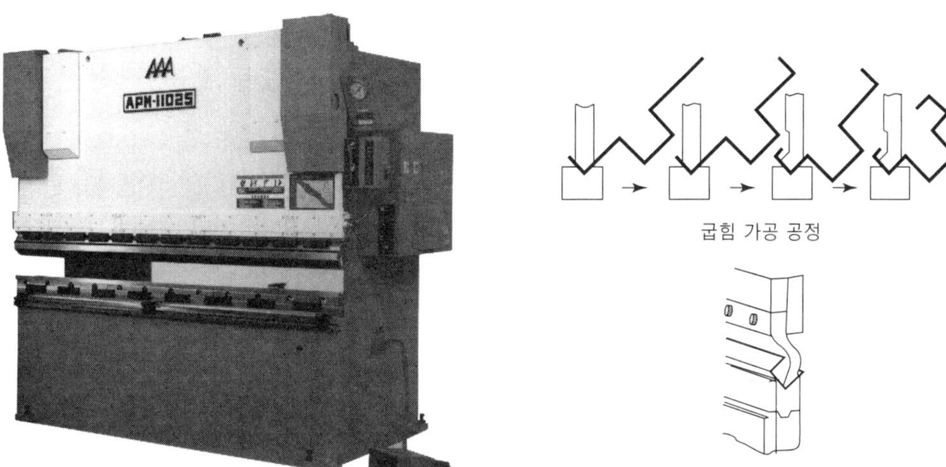

(a) 프레스 브레이크　　(b) 굽힘 가공

그림 3-79 프레스 브레이크와 굽힘 가공

2 성형 기계

a) 절곡기 : 판재의 끝을 구부려 접는 기계를 절곡기(folding machine) 또는 스트레이트 브레이크(straight brake)라 하는데, 판재를 위 누르개판과 아래 누르개판 사이에 끼워 누르고, 굽힘판을 회전시켜 꺾어 굽힘 가공을 하는 기계이다. 그림 3-78은 스트레이트 브레이크와 굽힘 사례의 보기이다.

b) 프레스 브레이크(press brake) : 비교적 긴 판재를 직선으로 굽히는 데 사용되는

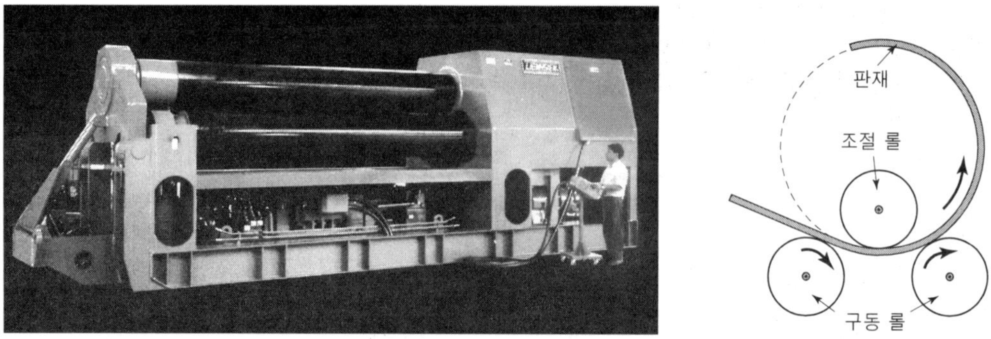

(a) 벤딩 롤러의 원형 (b) 굽힘 원리

그림 3-80 벤딩 롤러

굽힘 전용 기계로서, 긴 판재의 각종 변형 가공도 할 수 있어 여러 판금 가공에 널리 활용되고 있다. 그림 3-79 (a)는 프레스 브레이크의 보기이며, 그림 3-79 (b)는 여러 가지 굽힘 공정의 보기이다.

c) 벤딩 롤러 : 판재를 둥글게 굽히는 데 사용되는 기계를 벤딩 롤러(bending roller)라 한다. 그림 3-80은 그 보기로서, 보통 3개의 롤로 구성되어 있으며 아래의 2개가 구동되고, 위의 롤은 상하로 조정하며 가공물의 굽힘 반지름을 조정할 수 있는 구조로 되어 있다.

3 접합 기계

판금 가공에는 재료를 맞물려 이음하거나 리벳 이음 또는 용접 이음으로 가공된 소재를 결합하는 공정이 많다. 접합용 기계에는 두 장의 판재를 서로 접합하여 이음하는 그루빙 머신(grooving machine), 판재를 조립하기 위한 볼트 구멍이나 리벳 구멍을 뚫는 데는, 드릴링 머신(drilling machine)이나 펀칭 머신이 사용된다.

(5) 판금의 전개도와 결합 방법

1 판금의 전개도

입체의 표면을 하나의 평면 위에 펼쳐 놓은 도형을 전개도(展開圖, development drawing)라 한다. 전개도는 판금 공작의 기본으로, 상자나 원통 등을 제작할 때에는 제작도에 따라 전개도를 작성하여야 한다.

전개도법에는 그림 3-81 (a)와 같은 평행선법, 그림 3-81 (b)와 같은 삼각형법,

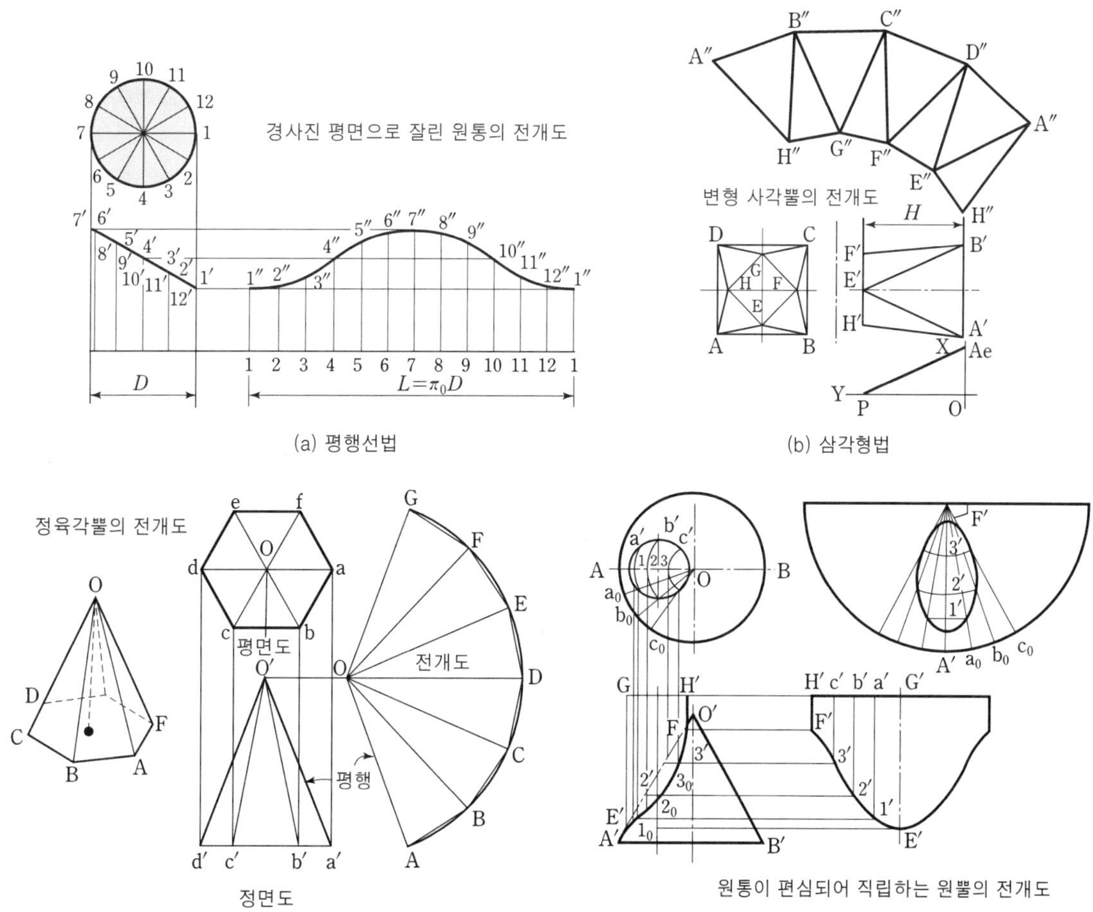

(a) 평행선법 (b) 삼각형법

(c) 방사선법 (d) 혼합법

그림 3-81 전개도법의 보기

그림 3-80 (c)와 같은 방사선법의 세 종류가 있다. 복잡한 제품은 그림 3-81 (d)와 같이 이들 세 가지 방법을 부분적으로 조합한 혼합법이 쓰이기도 한다.

2 판금의 결합

각종 판금 제품을 제조하는 과정에서 판재를 서로 접합하는 일이 많다. 이때 모재의 종류, 재질, 크기, 두께 및 요구되는 접합 강도 등을 생각해서 가장 적당한 방법을 택한다. 접합법에는 기계적인 방법 이외에 접합부를 용융해서 접합하는 용접법(熔接法), 접합부를 가열하여 압력을 가해서 접착하는 압접법(壓接法), 결합부에 금속 납을 용입시켜 접착시키는 납땜 등이 있다. 판금 가공에서 결합 방법을 분류하면 그림

그림 3-82 판금 결합법의 분류

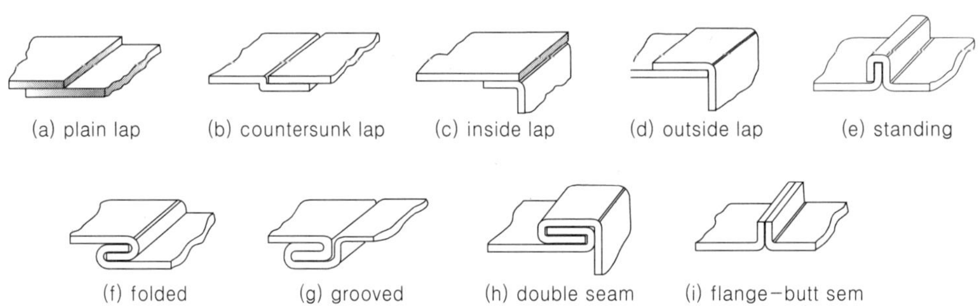

그림 3-83 심의 종류

3-82와 같다.

그림 3-83은 판금 결합에 많이 사용되는 심(seam)의 보기이다.

2) 프레스 가공

펀치와 다이 사이의 소재에 힘을 가하게 하는 기계를 프레스(press)라 하며, 프레스로 소재를 가공하는 일을 프레스 가공이라 한다. 판금 가공용 프레스(press)는 넓은 의미에서 공작 기계의 일종이지만, 선반이나 밀링 머신과 같이 절삭 가공하는 기계는 아니다. 프레스는 동력원으로부터 전동된 회전 운동 에너지를 직선 운동 에너지로 바꾸어 프레스에 설치한 금형을 가압하여 판재를 원하는 치수와 모양으로 자르거나 성형 가공하는 판금용 기계이다.

(1) 프레스용 다이

편치와 다이는 가공되는 물품에 직접적으로 영향을 줄 뿐만 아니라 압축, 충격, 마찰 등을 받기 때문에, 강도나 마멸에 대하여 잘 견딜 수 있는 재료를 선택해야 한다.

프레스 가공에 있어서 펀치의 단면 모양은 제품의 모양에 따라 여러 가지가 있으며, 둥근 펀치에 대해서는 KS B 4118에 규정되어 있다. 그림 3-84는 프레스 금형의 보기로, 외형 따내기 금형의 구조를 나타낸 것이다.

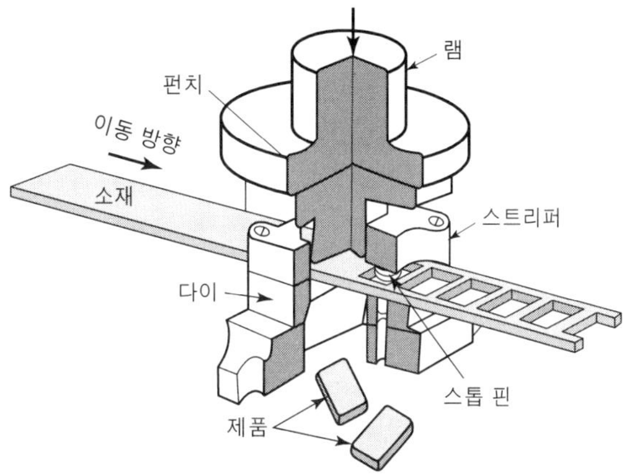

그림 3-84 외형 따내기 금형

(2) 다이 홀더와 다이 세트

1 다이 홀더

프레스 가공 중에 생기는 충격 하중에 견디고, 다이의 고정과 분리를 용이하게 하기 위하여 다이 홀더(die holder)가 사용된다. 다이 홀더에는 그림 3-85와 같이 플랜지가 있는 것, 플랜지에 고정 홈이 있는 것, 데브테일을 붙인 것 등이 있다.

2 다이 세트

금형 전체의 강도 유지와 가공 압력을 2차적으로 받도록 하기 위해 다이나 펀치를 그림 3-86과 같은 다이 세트(die set)에 설치한다.

KS에서는 프레스 금형용 다이 세트를 KS B 4115로 규정하고 있다.

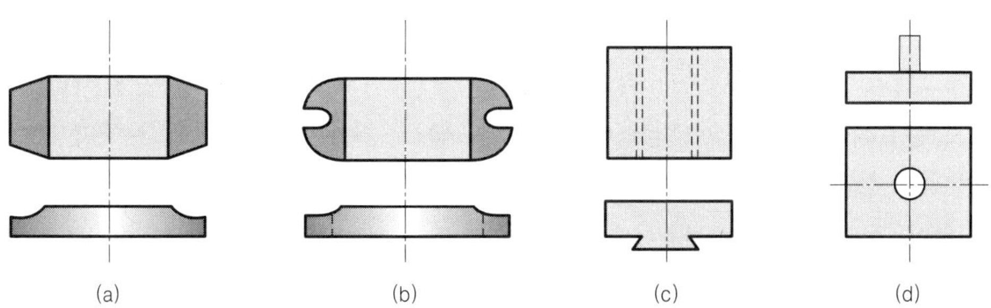

그림 3-85 다이 홀더의 종류

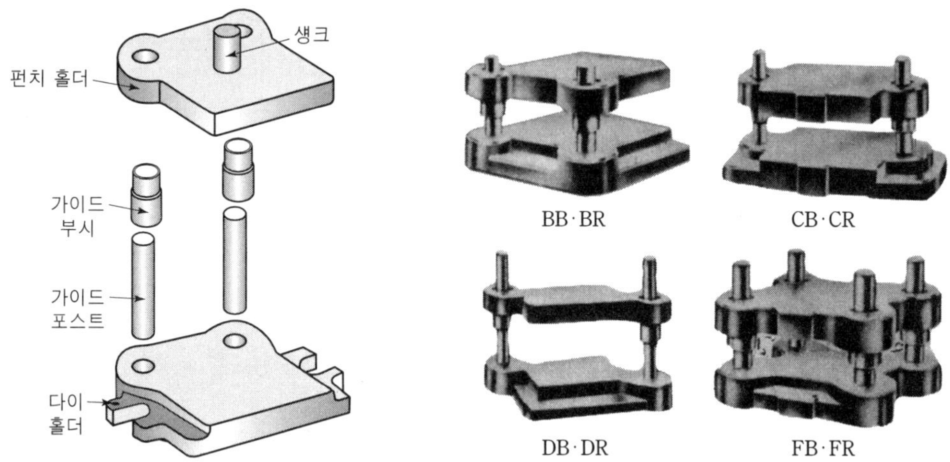

그림 3-86 프레스 금형용 다이 세트의 종류

표 3-5 프레스의 분류

구분	분류	형식	구동 기구
인력 프레스	핸드 프레스	나사 프레스	나사
		편심 프레스	캠
	푸트(foot) 프레스	너클 프레스	레버
동력 프레스	기계 프레스	크랭크 프레스	크랭크
		토글 프레스, 너클 프레스	토글, 너클
		마찰 프레스	마찰판, 나사
		크랭크리스 프레스	편심축과 원판
		캠 프레스	캠
	액압 프레스	수압 프레스	수압
		유압 프레스	유압

(3) 프레스

프레스(press)는 동력원이나 작동 방식과 기구 그리고 프레임 형식 등에 따라 여러 가지로 분류하고 있다. 동력원에 따라 인력 프레스, 기계 프레스 그리고 액압 프레스가 있으며, 슬라이더의 수에 따라 단동식과 복동식이 있다.

큰 힘이 들지 않는 경우에는 사람의 힘으로 움직이는 인력 프레스도 있다. 프레스는 일반적으로 표 3-5와 같이 분류하고 있다.

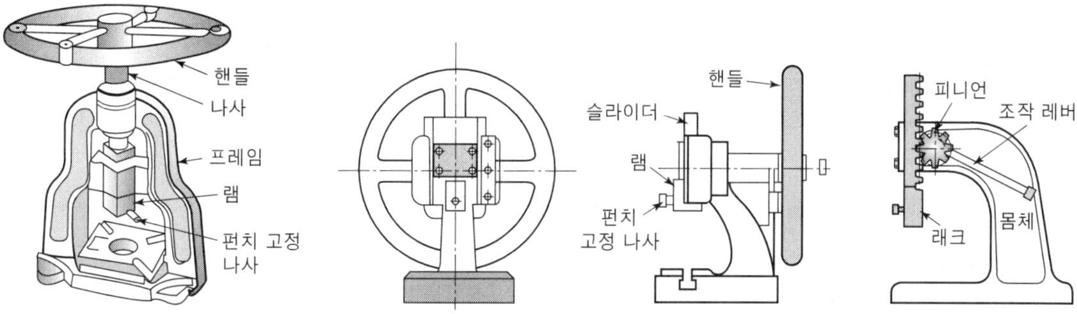

그림 3-87 핸드 프레스

1 인력 프레스

a) **핸드 프레스(hand press)** : 손의 힘을 이용하여 구동시키는 프레스로서, 작동 기구에 따라 그림 3-87과 같이 나사 프레스, 편심 프레스, 래크 프레스 등이 있다.

b) **푸트 프레스(foot press)** : 그림 3-88과 같은 구조로, 발의 힘을 가공력으로 이용한 프레스이다. 주로 얇은 판재를 가공하는 가내 공업에 이용되었으나 현재는 그 사용이 줄어들고 있다.

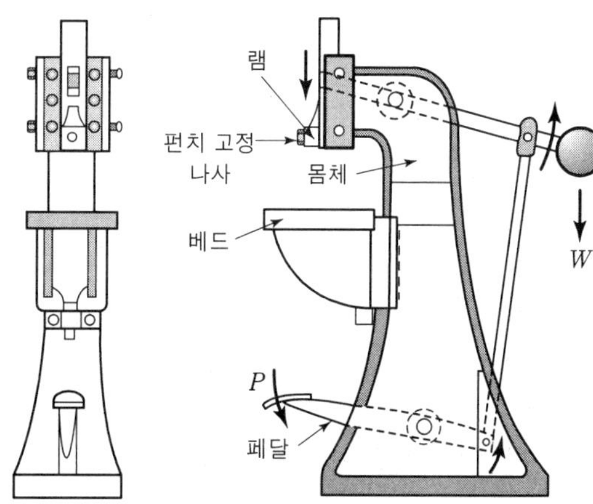

그림 3-88 푸트 프레스

2 동력 프레스(power press)

● 기계 프레스

펀치를 고정하는 슬라이드의 구동에 기계력을 이용한 프레스를 기계 프레스(mechanical press)라 한다. 기계 프레스는 액압 프레스에 비해서 가공 속도가 빨라 생산적이므로 파금 가공에 가장 많이 사용되고 있다.

a) **크랭크 프레스(crank press)** : 프레스 중에서 가장 많이 사용되며, 파워 프레스라고도 한다. 플라이휠의 회전을 직선 운동으로 바꾸어 프레스에 필요한 슬라이더에 상하 운동을 준다. 보통은 그림 3-89 (a)와 같이 크랭크가 1개인 단동식 크

(a) 단동식 크랭크 프레스

(b) 복동식 크랭크 프레스

(c) 너클 프레스

(d) 링크 프레스

(e) 마찰 프레스

(f) 유압 프레스

그림 3-89 프레스의 종류

랭크 프레스(single crank press)가 사용되며, 너비가 넓거나 디프 드로잉에서는 그림 3-89 (b)와 같이 크랭크가 2개인 복동식 크랭크 프레스(double crank press)가 사용된다.

b) 너클 프레스(knuckle press) : 플라이휠의 회전 운동을 크랭크 기구를 사용하여

왕복 운동으로 바꾸고, 이것을 3개의 링크(link)로 구성된 너클 기구를 이용하여 역비(力比)가 큰 직선 운동을 얻는 구조이다. 너클 프레스는 가공의 마지막 단계에서 큰 힘을 얻을 수 있으므로 주로 성형, 압인, 축박기, 압출 가공 등에 사용한다. 그림 3-89 (c)는 너클 프레스의 보기이다.

c) **토글 프레스(toggle press)** : 너클 프레스와 혼용하는 경우가 있는데, 여러 개의 링크가 조합하여 연결된 토글 기구로, 많은 링크를 매개체로 동력이 전달되므로 가압 속도는 느리나 가압 충격이 적어 대형 드로잉, 압인, 압출 가공 등에 알맞다.

d) **링크 프레스(link press)** : 링크 프레스의 구동 방식은 크랭크 프레스와 같이 주축에 회전 운동이 전달되고 주축의 끝에 있는 링크 기구의 독특한 기능에 의하여 슬라이드 운동 속도가 하사점 부근에서 느린 속도(링크 프레스 : 11m/min, 일반 프레스 : 24m/min)로 성형 가공하게 되어 정밀 블랭킹, 피어싱 및 드로잉 등에 적합하다. 그림 3-89 (d)는 링크 프레스의 보기이다.

e) **마찰 프레스(friction press)** : 그림 3-89 (e)와 같이 수평축에 고정한 2개의 마찰차의 측면과 수직축 끝에 고정된 탄력차를 마찰차(플라이휠)의 좌우 어느 한쪽면에 접촉시켜, 접촉면의 마찰에 의하여 나사축에 전등되는 에너지를 이용하여 가압 작용을 하는 프레스이다. 슬라이더가 내려감에 따라 탄력차(플라이휠)는 마찰차의 지름이 커지는 쪽에서 접촉되므로 더욱더 빨라지고, 올라갈 때에는 이와 반대로 느려진다. 작업에는 숙련을 필요로 하나, 높은 정밀도가 요구되지 않는 단조나 압입 가공 등에 적합하다.

NC 피더를 이용한 트랜스퍼 로봇 라인의 보기(한얼프레스 제공)

액압 프레스

액압 프레스(hydraulic press)는 수압이나 유압으로 작동하는 프레스로, 압축된 액체를 실린더에 보내면, 램이 왕복 운동을 하게 된다. 액압 프레스는 행정을 자유롭게 변경할 수 있으며, 압력 조정이 가능하다. 그리고 가압 상태를 길게 유지할 수 있을 뿐만 아니라 전 공정에 걸쳐 가압력이 일정하고 과부하에 대해 안전한다.

그러나 가공 속도가 느리고 기계값이 고가인 것이 결점이다. 액압 프레스는 크게 프레스 본체, 압력 장치와 운전 장치 및 배관으로 구성되어 있으며, 용도에 따라 수십 톤에서 수만 톤의 대형 프레스가 있다. 그림 3-89 (f)는 대형 유압 프레스의 보기이다.

3.3 플라스틱 가공과 분말 야금

1. 플라스틱 가공

플라스틱 가공은 판재나 봉재 등을 사용하여 자르거나 구부려 붙이는 등의 가공 방법과 플라스틱 원료를 금형이나 컨테이너에서 가열하여 사출 · 압축 등의 방법으로 성형하는 가공이 포함된다. 플라스틱의 성형가공은 필요한 모양을 만드는 1차 가공과 이것을 제품화하기 위하여 끝손질을 하는 2차 가공으로 나뉘는데, 넓은 뜻에서의 성형은 1차 가공과 2차 가공을 통틀어 말하기도 한다.

플라스틱 사출 성형기

1) 압축 성형과 이송 성형

(1) 압축 성형

분말 또는 입상(粒狀, pellet)의 재료를 그림 3-90과 같이 금형에 넣고 적당한 온도로 가열하여 압축 성형하는 방법을 압축 성형법(壓縮成形法, compression molding)이라 한다. 열경화 수지를 금형 속에 넣고 가열하면 온도가 상승함에 따라 유동성이 생기는데 성형할 수 있는 상태가 되면 가압해서 성형한다. 성형 후 경화가 시작되어 완전 고화되면 성형이 끝난다. 이때의 성형 온도와 압력은 성형 재료에 따라 다르나 150℃ 정도에서 성형이 이루어진다.

압축 성형기는 수동식에서 전동식으로 발전하였으며, 요즈음에는 전자동식, 슬라이드식 등이 개발되어 사용되고 있다.

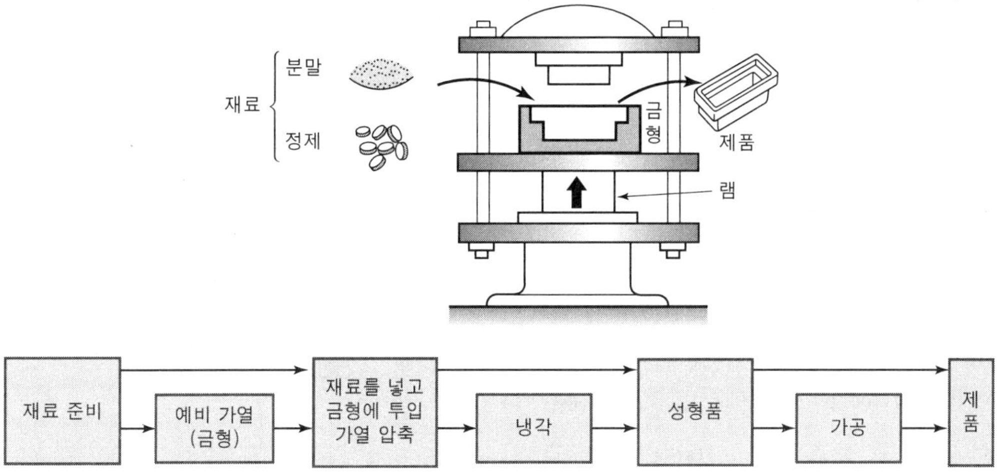

그림 3-90 압축 성형법

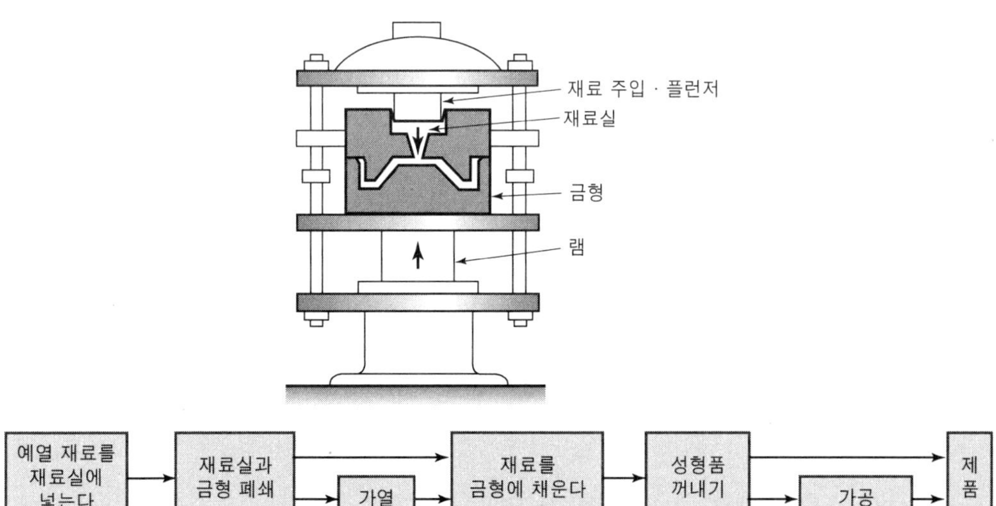

그림 3-91 트랜스퍼 성형법

(2) 이송 성형

이송 성형법(移送成形法, transfer molding)은 트랜스퍼(transfer) 성형법이라고 하는데, 예열 가소화된 재료를 그림 3-91과 같이 금형의 트랜스퍼 포트에 공급하고, 이것을 플런저로 가압하여 폐쇄된 금형에 주입시켜 성형하는 방법이다. 이 방법에 의하면 압축 성형법에 비해 압력이 1/3 정도이고 성형 시간도 짧으며, 섬세하고 복잡한 모양도 성형할 수 있다.

2) 적층 성형과 사출 성형 및 압출 성형

(1) 적층 성형

얇은 플라스틱과 종이, 직물, 매트 등을 서로 겹쳐 쌓은 상태에서 가열, 가압 경화시켜 단일체로 성형하는 방법을 적층 성형법(積層成形法, laminated molding)이라 한다. 이때에 가해지는 압력에 따라 저압 적층은 0~50kg/cm^{2}에서, 보통 적층은 50~100kg/cm^2, 고압 적층은 100~300kg/cm^{2}에서 성형하는 경우를 말하며, 페놀 수지, 멜라민 수지 등과 같은 축합형의 수지를 사용한 경우에 적용된다. 유리 섬유 매트나 직물을 사용하여 성형하는 강화 플라스틱은 저압 적층의 대표적인 성형법이다. 적층 성형에서는 적층판, 화장판, 기어, 베어링, 안전모 등을 만들며 각각 적합한 성형법이 사용된다. 적층판은 일정한 크기로 제단한 여러 종류의 소재를 쌓아 겹치게 하고, 그림 3-92와 같이 다단 프레스에 쌓아 놓은 상태에서 가열, 가압 성형한다.

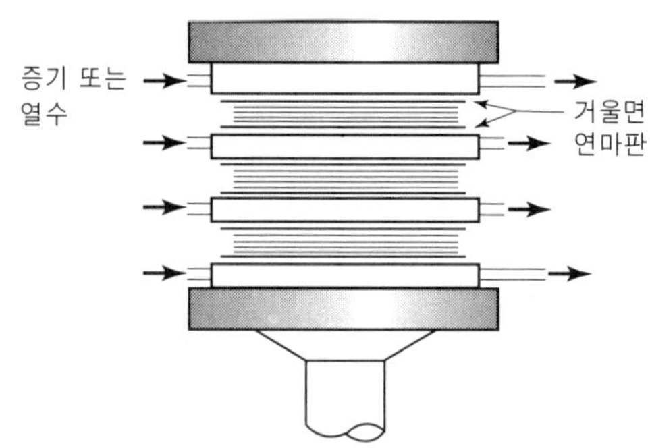

그림 3-92 적층판의 성형

(2) 사출 성형

사출 성형법(射出成形法, injection molding)은 열가소성 수지의 성형에 많이 사용되고 있는 대표적인 성형법으로, 입상(粒狀)의 재료를 호퍼(補給器, hopper)에 넣고, 일정량을 가열통에 보내고, 가열 후 금형에 사출하여 성형하는 방법이다.

요즈음에는 성형 조건의 설정과 관리를 컴퓨터를 이용한 프로그램에 의해 전자동

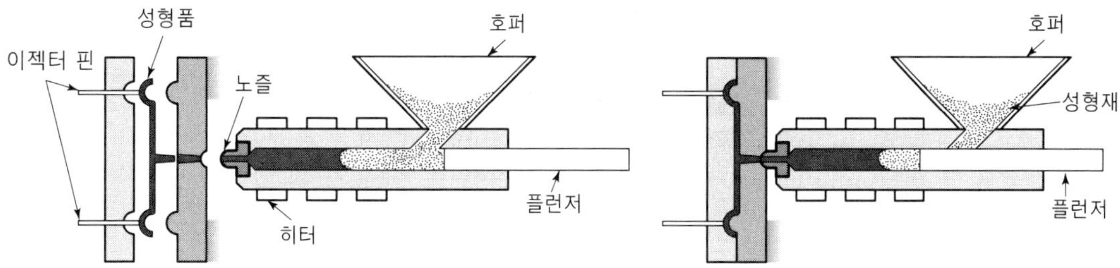

(a) 사출 후

(b) 사출 중

그림 3-93 플런저형 사출 성형기

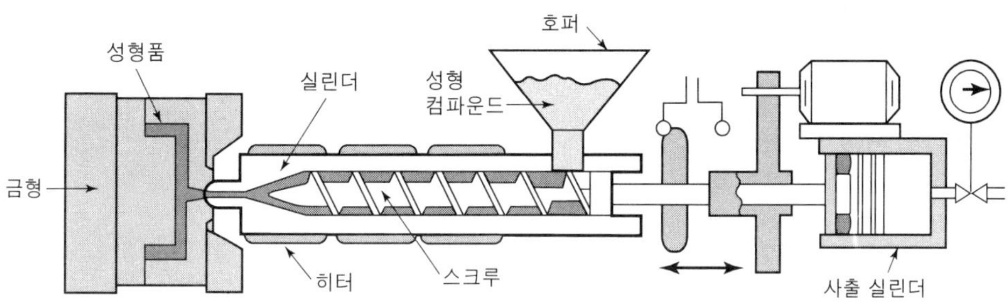

그림 3-94 스크루형 사출 성형기

으로 고품질의 제품을 성형할 수 있으며, 열경화성 수지도 성형할 수 있다. 연속 성형 주기는 10~30초로 짧아서, 제품을 능률적으로 대량 생산이 가능한 성형법이다.

1 플런저형

플런저형(plunger type)은 그림 3-93과 같이 성형기의 호퍼에 일정량의 성형 재료를 넣고, 가열 실에 왕복 플런저로 밀어 넣어 가열하여, 이것을 가압 플런저로 금형에 사출하면 성형과 동시에 냉각된다.

2 스크루형

스크루형(screw type)은 그림 3-94와 같이 플

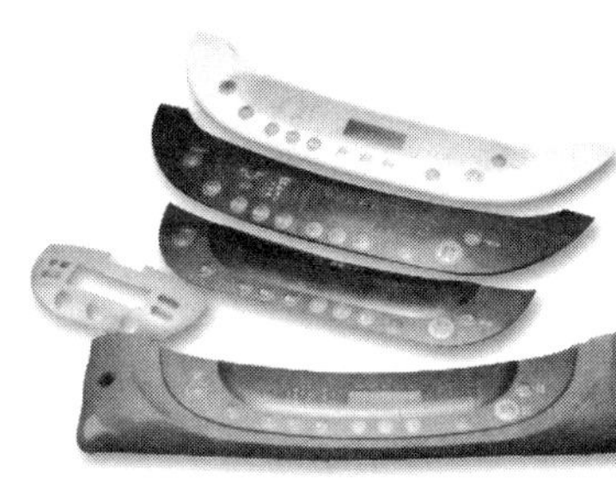

(a) 패널

(b) 톱 커버 세트

사출 성형한 세탁기 패널의 보기

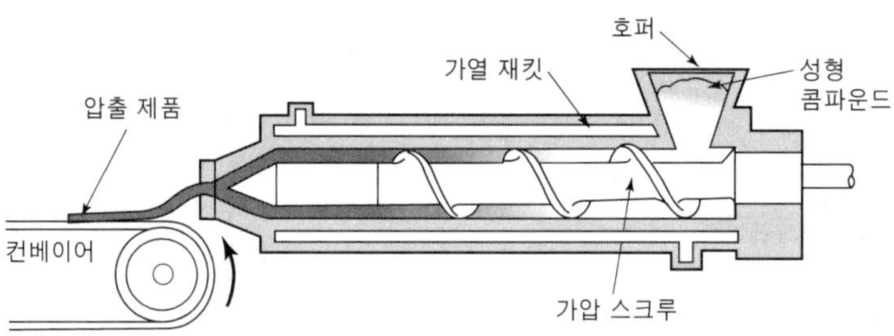

그림 3-95 압출 성형기의 구조

라스틱 원료와 첨가제를 호퍼에 넣어 공급하면 스크루가 회전하면서 원료는 실린더 내에서 가열, 용융되어 혼합된다. 용융한 수지는 1회 사출량이 채워지면 사출 실린더를 통해 금형 속으로 사출되어 성형이 이루어진다.

(3) 압출 성형

압출 성형(押出成形, extrusion molding)은 압출기에서 가열, 연화한 열가소성 플라스틱을 압출시켜 다이의 구멍 모양과 같은 단면을 갖고 있는 동일 단면을 가지는 파이프, 시트, 피복 전선 등과 같은 제품을 연속적으로 제조하는 가공법이다. 그림 3-95는 단축 압출 성형기의 구조를 나타낸 것이다.

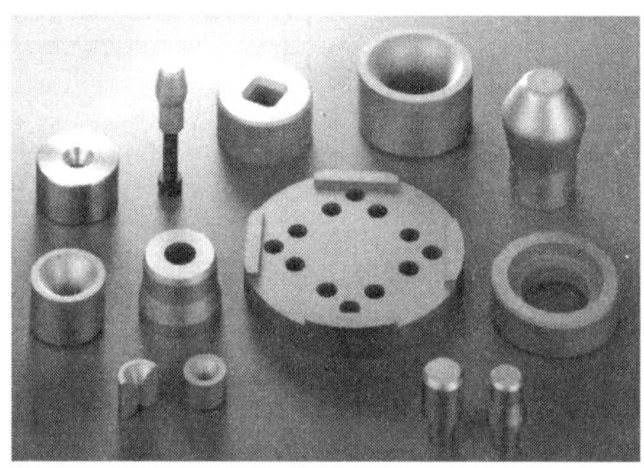

각종 다이

2. 분말 야금

1) 분말 야금법의 특징

금속 또는 금속 산화물의 분말을 혼합한 원료를 사용하여 용융점보다 낮은 온도에서 압축 성형(壓縮性形)하고 이를 소결(燒結)하여 제품 또는 중간 제품을 만드는 방법을 분말 야금(粉末冶金, powder metallurgy : PM)이라 한다.

분말 야금 방법은 19세기 텅스텐 필라멘트를 만들기 위해 개발된 기술로, 초기에는

표 3-6 분말 야금법의 특징

장점	단점
1. 생산성이 높아 대량 생산에 적합	1. 제품 크기의 제한
2. 절삭 가공, 소성 가공 공정의 생략 가능	2. 가공품 형상의 제한
3. 다공질 제품의 제조 가능(含浸, 含油 가능)	3. 원료 분말이 비교적 고가
4. 고융점 재료, 복합 재료의 제조 용이	4. 공공이 있으면 강도가 낮다.
5. 결정립이 미세한 치밀한 재질	5. 취성이 있으며 절삭 가공 불가

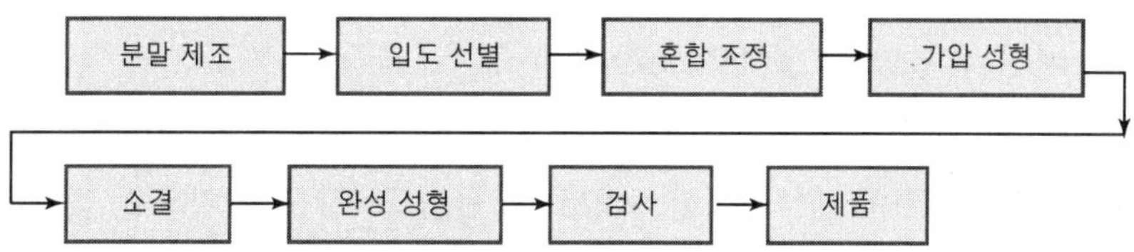

그림 3-96 분말 야금의 제조 공정

용융점이 높은 금속의 가공에서부터 시작되어 초경 공구(超硬工具)인 절삭 공구팁의 제작에 이용되었다. 그 후, 분말 야금 기술의 급속한 발전에 따라 최근에는 일반 금속의 가공에까지 사용되어 각종 기계 부품, 내화물을 만들게 되었다. P/M 방법으로 만든 기계 부품에는 기어, 캠, 부시 및 절삭 공구 등과 필터, 기름 함유 베어링(oilless bearing)과 같은 다공질 제품, 피스톤링, 밸브 가이드, 커넥팅 로드와 같은 자동차 부품 등이 있다. 기술의 발달에 의해 랜딩 기어, 엔진 마운트 지지대, 임펠러 등과 같은 비행기의 구조 부품도 P/M으로 만들어진다.

분말 야금은 사용하는 원료는 다르나 본질적으로는 도기(陶器) 또는 자기(磁器)의 제조법과 유사하다. 특히 조성의 성질상 분해와 반응이 일어나 융해가 불가능한 경우 또는 비중의 차가 커서 균일한 재질의 합금이 어려운 경우에는 분말 야금을 하면 쉽게 제품화를 할 수 있다. 분말 야금법의 특징은 표 3-6과 같다.

그림 3-96은 분말 야금의 일반적인 제조 공정을 나타낸 것이다.

2) 분말 야금법

(1) 배합

금속 분말은 부피에 비해 큰 겉넓이를 가지므로 특히 마그네슘, 알루미늄, 타이타늄, 지르코늄, 토륨 등의 금속은 폭발의 위험이 있으므로 혼합 과정에서 세심한 주의

가 요구된다. 또한 분말의 혼합은 오염을 피할 수 있도록 조절된 분위기에서 수행되어야 한다. 그림 3-97은 볼밀에 의한 분말의 배합을 보여 주고 있다.

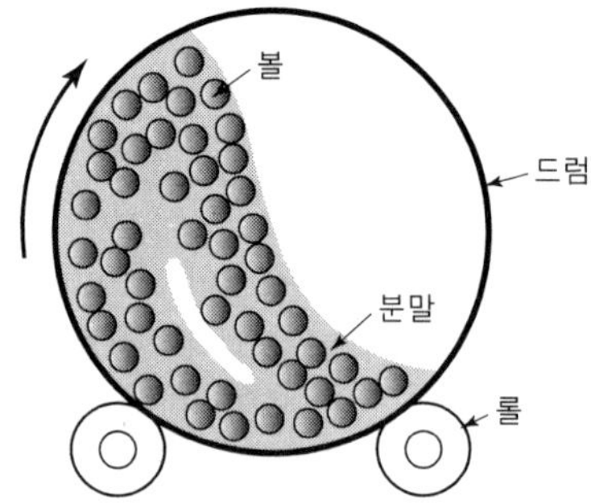

그림 3-97 볼밀에 의한 분말의 배합

(2) 성형

1 압축 성형

분말 야금에서는 분말을 그대로 소결하는 경우는 거의 없으며 압축 성형(壓縮成形, metal powder injection molding)하는 것이 일반적이다. 분말을 압축하면 일정한 모양으로 만들고, 강도와 밀도를 높이면서 균일한 압분체(壓紛體)로 만들 수 있다. 또한 모양과 치수가 성형 완성품에 가까워시므로 기계 가공을 하지 않아도 되며, 소결도 용이해진다.

압축 성형(壓縮成形)은 입도를 조정하고 혼합한 분말을 금형(金型)에 넣고 성형한다. 압축기(壓縮機)로는 20~30t 용량의 기계 프레스, 유압 프레스 등이 사용된다. 압축 성형법은 그림 3-98과 같은 순서로 이루어진다.

2 분말 압연

그림 3-99와 같이 분말 슬러리(powder slurry)를 호퍼로부터 여러 개의 롤 사이로 보내어 금속 스트립(strip)으로 압연 성형하는 가공법을 분말 압연(粉末壓延, powder rolling, metal powder-to-strip technology)이라 한다. 판재로 압연이 가능한 금속 분말은 구리, 황동, 청동, 모넬메탈 그리고 스테인리스강을 포함한다. 분말 압연으로

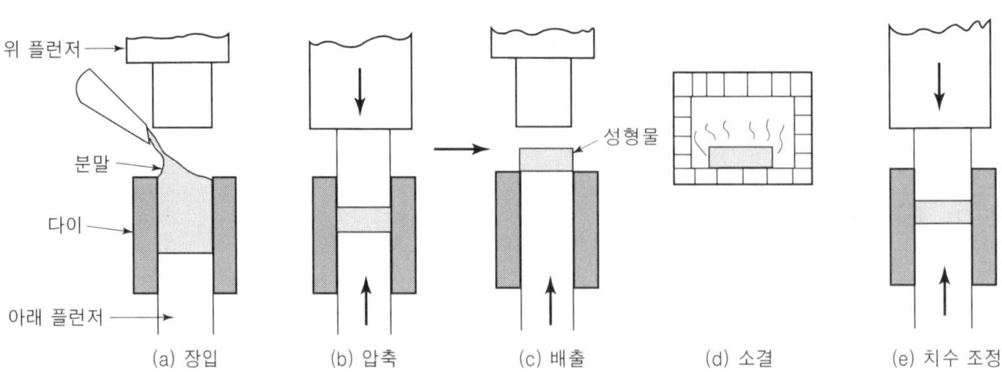

그림 3-98 분말 야금 제조 순서

균일한 기계적 성질과 조절된 다공성을 얻을 수 있다. 분말 압연 제품에는 여러 가지가 있으며, 특히 바이메탈(bimetal)의 스트립과 고강도 타이타늄 스트립(high-strength titanium strip)이 항공기의 특수 부품 제작용 등이 있다.

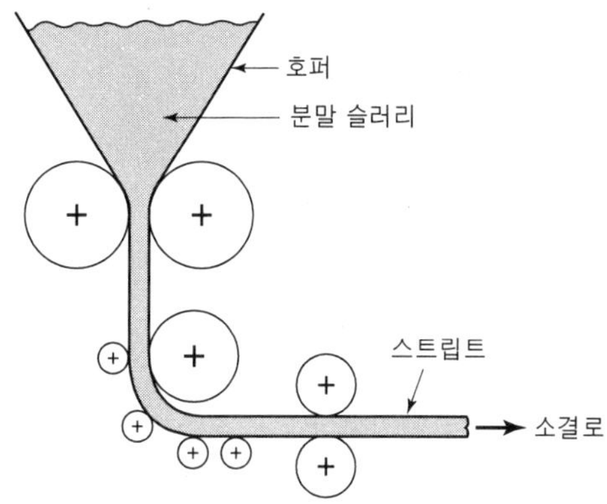

그림 3-99 분말 압연

3 고온 가압 성형

분말에 열과 압력을 동시에 가하여 성형하는 것을 고온 가압 성형(高溫加壓成型)이라 한다. 고온에서 가압하면 분말 혼합물이 소성이 커지고 확산 속도가 증가하여, 비교적 적은 압력으로 짧은 시간에 성형할 수 있다.

가열 방식에는 직접 가열과 간접 가열 방식이 있다. 간접식은 금형 주위를 전기로에서 가열하고, 직접식은 플런저를 통하여 분말에 직접적으로 강한 전류를 통하여 가열하는 방법이다.

4 압출 성형

봉상(棒狀)과 같이 길이가 긴 모양의 제품은 압출 방법(押出方法)으로 제조하며, 이를 압출 성형(押出成形)이라 한다. 압출 성형 기술의 발전으로 매우 높은 밀도와 우수한 기계적 성질을 가진 압출형 제품의 생산이 가능하게 되었다. 압출 방법은 분말의 특성에 따라 결합제와 함께 냉간 압출을 하거나, 필요한 특정 압출 온도로 가열하여 압출한다.

3.4 용접과 용단

1. 용접과 납접

1) 용접

고체 상태의 금속 재료에 열이나 압력 또는 열과 압력을 동시에 가하여 두 개의 재

용접

료를 서로 접합시키는 가공 기술을 용접이라 하며, 일반적으로 단조, 프레스, 주조, 절단, 분말 야금 등에 의해 소정의 모양과 치수로 제작된 부재(소재)를 용접 조립하여 제품화하는 경우에 많이 적용된다.

금속을 결합하는 방법에는 기계적 접합(接合)과 야금적 접합(冶金的接合) 방법이 있다. 기계적 방법은 금속을 볼트, 리벳, 키(key), 핀(pin) 및 심(seam) 등으로 결합하는 방법이며 리벳과 심 방법 외에는 분해 또는 해체가 가능하다.

야금적 결합은 고체 상태의 금속을 접합하기 위하여, 그 접합 부분을 용융하여 여기에 용접봉을 용해 보충하여 접합하는 방법으로 이를 용접[4](熔接, welding)이라 한다. 또한 접합부를 고온으로 가열하고 용접봉을 사용하지 않고 모재(母材)를 서로 가압하여 접합하는 압접(壓接)이 있으며, 이를 총합하여 용접이라 한다. 용접은 주로 영구적인 결합에 사용된다.

이 밖에 모재는 용해하지 않고 모재보다 융점이 낮은, 금속(연납, 경납)으로 접합하는 방법을 납땜(soldering)이라 하는데, 이 방법도 넓은 의미에서 용접에 속한다.

용접을 접합시키는 방법에 따라 분류하면, 그림 3-100과 같이 융접, 압접, 납땜의 세 가지로 크게 나눌 수 있다.

(1) 가스 용접

가스 용접은 아세틸렌 가스, 수소 가스, 도시 가스, LP 가스 등의 가연성 가스와 산소와의 혼합 가스의 연소열을 이용하여 용접하는 방법이다. 이 중에서 산소 – 아세

[4] 용접 : 溶接, 鎔接, 熔接 등의 한자를 사용하고 있는데, 금속임을 강조하기 위하여 '鎔'이라고 쓰기도 하고, 금속을 액체 상태에서 결합한다는 의미로 '溶'이라 쓰는데, 모든 금속이나 비금속은 열을 가해 접합한다는 광범위한 의미로 한자로 '熔接'이라고 쓰는 추세이다. 또 용접에서 압접(preasure welding) 및 납땜(soldering)과를 구분할 때에는 융접(融接, fusion welding)이라 한다.

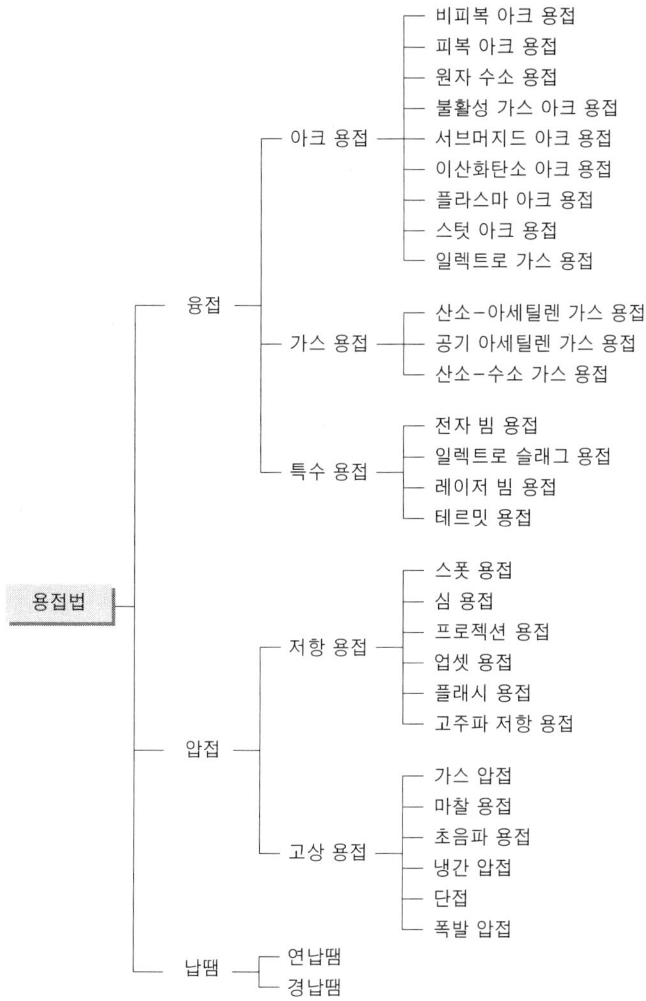

그림 3-100 용접법의 분류

틸렌 가스 용접(oxy-acetylene gas welding)이 가장 많이 사용되고 있으며, 요약하여 가스 용접이라고도 한다.

1 산소-아세틸렌 화염

산소-아세틸렌(oxy-acetylene flame)은 토치(torch) 내 혼합실의 아세틸렌과 산소비에 따라 그림 3-101 (b)와 같은 탄화염(炭化炎, 過剩炎, carbonizing flame), 그림 3-101 (c)와 같은 중성염(中性炎, 標準炎, neutral flame) 또는 그림 3-101 (d)와 같은 산화염(酸化炎, 酸化過剩炎, oxidizing flame)이 된다.

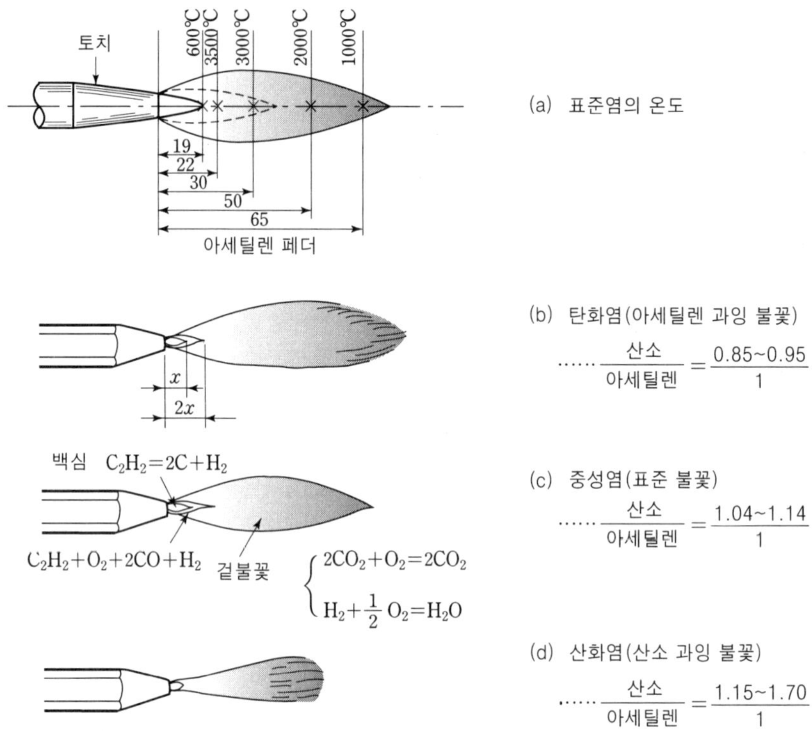

그림 3-101 산소-아세틸렌 화염

표 3-7 여러 가지 금속과 용접 화염의 종류

금속의 종류	녹는점[℃]	용접 화염	두께 1mm에 대한 토치 능력[l/h]
연강	약 1500	중성	100
경강	약 1450	아세틸렌 약간 과잉	100
스테인리스강	1400 ~ 1450	아세틸렌 약간 과잉	50 ~ 75
주철	1100 ~ 1200	중성	125 ~ 150
동	약 1083	중성	125 ~ 150
알루미늄	약 660	중성	50
황동	880 ~ 930	산소 과잉	100 ~ 120

그림 3-101 (a)는 표준염의 화염 온도를 나타낸 것이다. 용접에 사용되는 화염은 표 3-7과 같이 용접 금속의 종류에 따라 다르나 대부분의 경우에는 중성 화염이 사용된다.

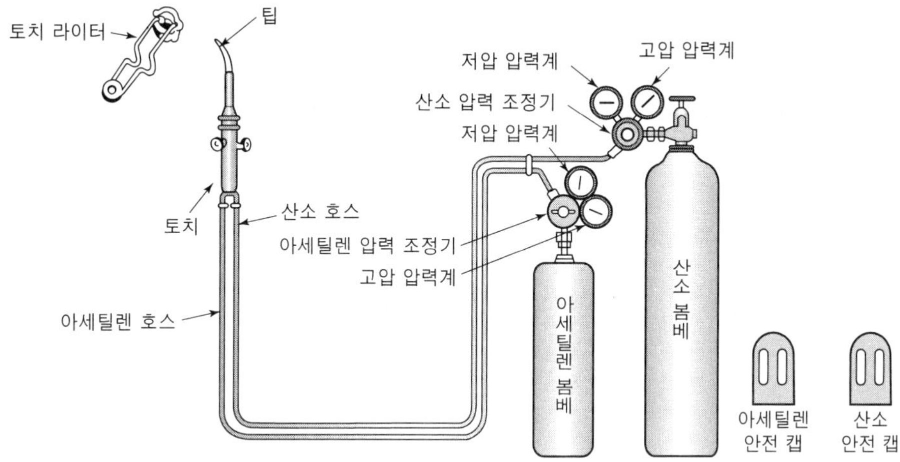

그림 3-102 가스 용접 장치

2 가스 용접 장치

산소-아세틸렌 가스의 주요 용접 장치에는 그림 3-102와 같이 토치, 산소 봄베(bombe), 용해 아세틸렌 봄베(또는 아세틸렌 가스 발생 장치), 압력 조정기, 호스(hose) 등이 필요하다. 산소는 보통 고압 용기인 산소 봄베에 넣어 두고, 아세틸렌 가스는 용해 아세틸렌 봄베에 저장한 것을 사용한다. 아세틸렌 가스와 산소는 감압변을 통하여 토치의 능력에 맞도록 압력을 조절하여 토치 안에서 혼합하게 된다. 혼합된 가스는 토치의 팁을 통하여 나오는데 이것에 점화하여 고온의 열원을 얻는다.

3 용접봉

산소-아세틸렌 가스 용접에 사용하는 용접봉을 용가재(filler metal)라고도 하며, 보통 비피복 용접봉이지만 아크 용접봉과 같이 피복된 용접봉도 있고, 때로는 용제(flux)를 심선 내부에 넣은 복합 심선 용접봉도 사용된다. 가스 용접용 용접봉은 원칙적으로 모재와 조성이 동일하거나 유사한 것이 일반적이다. 그러나 주철이나 특수강을 용접할 때에는 모재의 성분과 다른 특수 용접봉을 사용한다. 연강용 가스 용접봉의 규격은 KS D 7005로 규정하고 있으며, 아크 용접봉의 심선과 같이 인이나 황 등의 유해 성분이 극히 적은(0.040% 이하) 저탄소강이 사용된다.

비철 금속용 가스 용접봉으로는 산화물의 혼입이 없고 결정립이 비교적 미세한 용착 금속을 얻을 수 있는 합금봉을 사용한다. 보기를 들면, 6:4 황동에 망가니즈와 규소를 함유한 가스 용접봉은 동 합금의 용접이나 강의 경납땜(brazing)에 널리 사용한다.

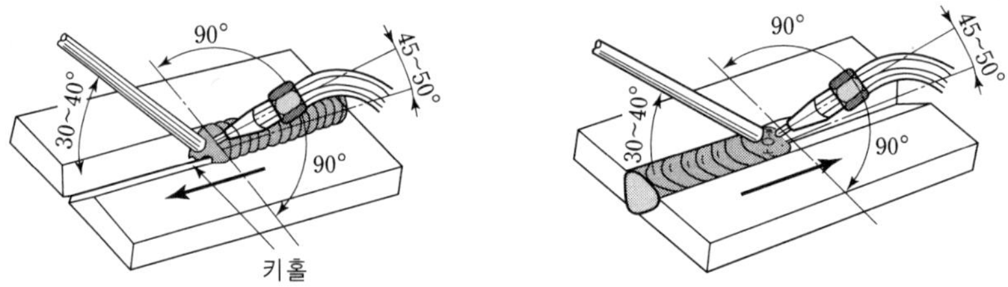

(a) 전진 용접법 (b) 후진 용접법

그림 3-103 산소-아세틸렌 용접법

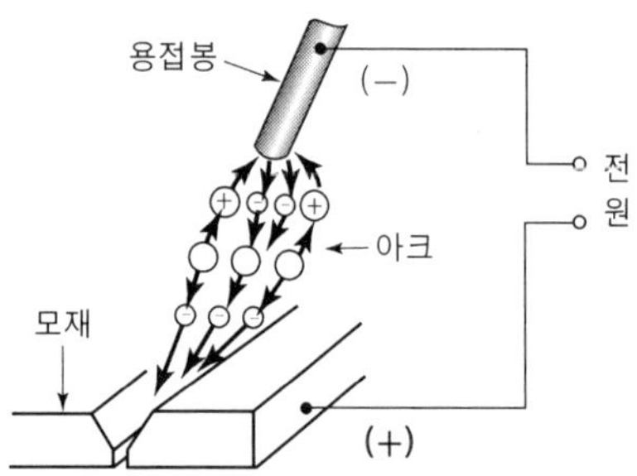

그림 3-104 용접 아크 발생

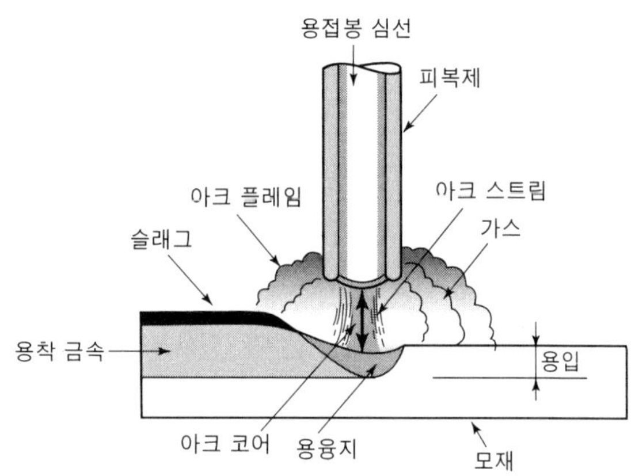

아크 용접

4 가스 용접법

용접을 위한 표준염에서는 심염(心炎)의 끝에서 2~3mm 떨어진 부분이 최고 온도 3000~3500℃가 되므로, 이 부분을 용접부에 접근시키면서 용접한다.

산소-아세틸렌 용접법은 용접 진행 방향과 토치의 팁이 향하는 방향에 따라 그림 3-103 (a)와 같이 오른쪽에서 왼쪽으로 용접해 나가는 방법을 전진법(前進熔接, forehand welding)이라 하고, 그림 3-103 (b)와 같이 토치와 용접봉을 오른쪽으로 용접해 나가는 방법을 후진법(後進熔接, backhand welding)이라 한다.

전진법은 특히 3mm 이하의 얇은 용접에, 후진법은 두꺼운 판의 용접에 적합하다.

(2) 아크 용접

전기 회로를 구성하고 있는 금속 소재에 알맞는 전압으로 전류를 통한 다음 약간 떼었을 때 그림 3-104와 같이 전극 사이에서 발생하는 강한 빛과 고열을 내는 화염인 아크(arc)가 발생한다. 이때 발생하는 고온의 열을 이용하여, 접합하려는 금속을 용해하여 직접 접합하거나 접합부에 다른 금속을 용해 보충하여 접합하는 용접법을 아크 용접(arc welding)이라 한다.

1 탄소 아크 용접과 금속 아크 용접

탄소 아크 용접

그림 3-105 (a)와 같이 모재와 탄소 전극(炭素電極)으로 회로(回路)를 만들어 이 사이에서 아크를 발생시키고, 이 열로 모재와 용접봉을 용해하여 용접하는 방법을 탄소 아크 용접(炭素아크熔接, carbon arc welding)이라 하며, 전원으로는 직류가 사용된다. 이 용접법은 전력 소모가 많고 작업이 복잡하다는 결점이 있어 점진적으로 줄어들고 있는 추세이다.

금속 아크 용접

그림 3-105 (b)와 같이 모재와 용접봉 사이에서 아크를 발생시켜 용접하는 방법으로 이를 금속 아크 용접(金屬아크熔接, metal arc welding)이라 한다. 금속 아크 용접에 사용되는 용접봉은 용가재(熔加材)와 전극의 역할을 겸하게 되므로, 용접 방법이 간단하여 널리 사용되고 있다. 그러나 용접 작업 중에 금속 전극이 짧아지므로 모재의 간격을 일정하게 유지되도록 하는 숙련이 요구된다. 전원으로는 직류와 교류를 모두 사용할 수 있다.

2 아크 용접기

아크 용접기(arc welder)는 아크 발생에 필요한 전력을 공급해 주는 장치로, 용접에 적합하도록 낮은 전압에서 큰 전류가 흐를 수 있도록 되어 있다. 용접기는 양극을

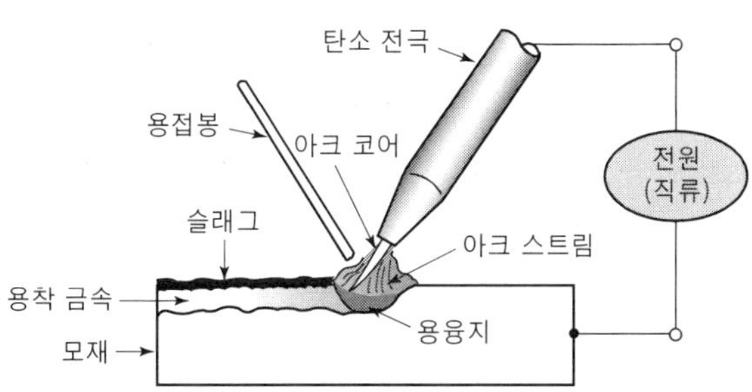

(a) 탄소 아크 용접

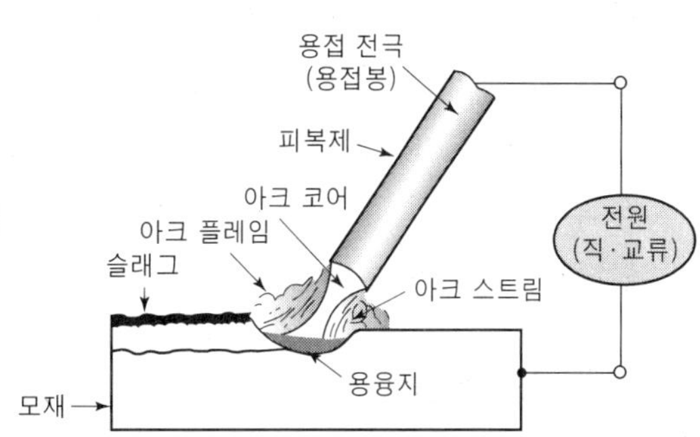

(b) 금속 아크 용접

그림 3-105 아크 용접의 형식

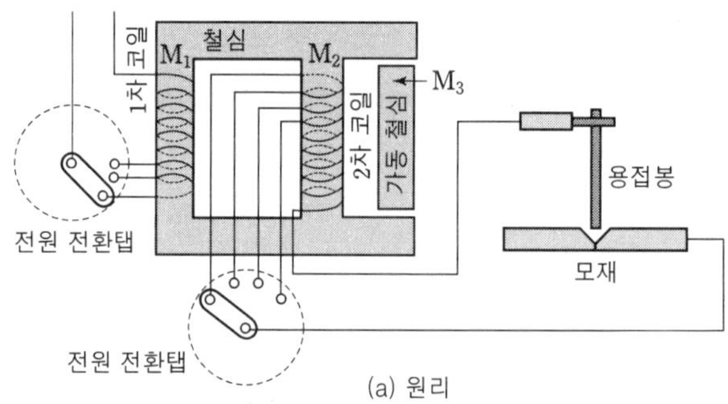

(a) 원리

(b) 구조

(c) 외형

그림 3-106 가동 철심형 아크 용접기(keum ho electric Co. brochure)

단락(short circuit)시켜도 전류가 일정한 한도 이상으로 흐르지 않도록 제어(control)되어 있으며, 일반 전기 기기와는 달리 소손될 위험성이 거의 없다. 아크 용접기는 흐르는 전류의 방향에 따라 직류 아크 용접기와 교류 아크 용접기가 있다.

용접의 발달 초기에는 아크의 안정성이 좋은 직류 아크 용접기가 많이 사용되었으나, 그 후 피복 아크 용접봉을 개량하여 교류에서도 안정된 아크를 발생할 수 있게 되어, 교류 아크 용접기가 많이 이용되고 있다.

현재 많이 사용되고 있는 교류 아크 용접기는 규격을 KS C 9602에서 종류에 따른 정격 및 특성이 규정되어 있다. 그림 3-106 (a)는 가동 철심형 교류 아크 용접기의 원리를 그림 (b)는 구조를, (c)는 그 외형의 보기이다.

3 아크 용접봉

아크 용접에서 용접봉(welding rod)은 용착 금속이 되므로, 용가제(filler metal)라고도 하며, 모재 사이에서 아크를 발생시키므로 이를 전극봉(electrode)이라고도 한다. 아크 용접봉에는 비피복 용접봉(bare electrode)과 피복 용접봉(covered electode)이 있다. 비피복 용접봉은 탄소 아크 용접용으로 일부가 사용되나, 주로 자동이나 반자동 용접에 사용된다. 수동 아크 용접에서는 피복 아크 용접봉이 주로 사용된다.

4 아크 용접법

수동 아크 용접

그림 3-107은 아크 발생법을 나타낸 것으로, 그림 (a)와 같이 용접봉의 끝을 모재에 살짝 찍어 아크를 발생시키는 찍는법(tapping method)과, 그림 (b)와 같이 용접봉을 긁어 아크를 발생시키는 긁는법(scratch method)이 있다. 직류 아크 용접에서는 찍는법을, 교류 아크 용접에서는 긁는법이 사용된다.

용접봉 각도는 그림 3-108과 같이 작업각은 90°, 진행각은 70~80°를 유지하며, 왼쪽에서 오른쪽으로 진행한다. 2층 비드 운봉을 할 때에는 그림 3-109와 같이 비드 너비 양 끝에서 잠시 머물러 충분한 용입이 되도록 하고, 중앙은 스쳐 지나가듯 조금 빠르게 하며, 용융지의 크기를 일정하게 만들면서 진행한다.

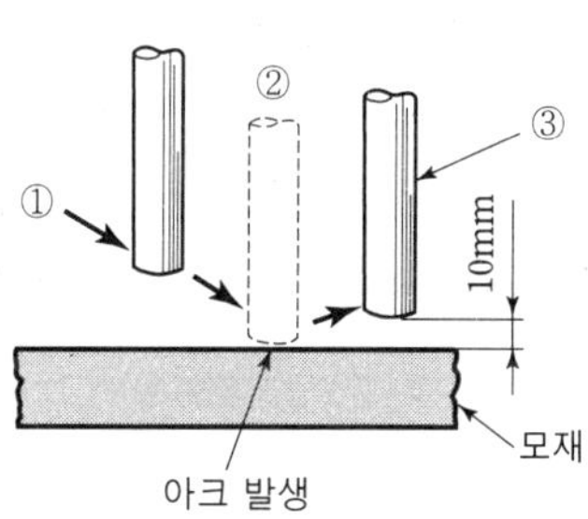

(a) 찍는법

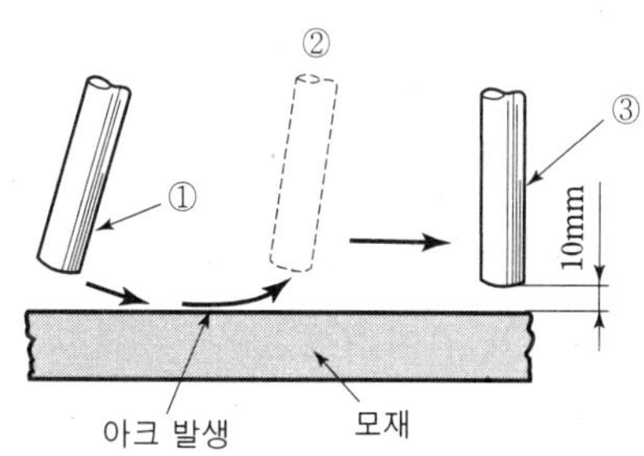

(b) 긁는법

그림 3-107 아크 발생법

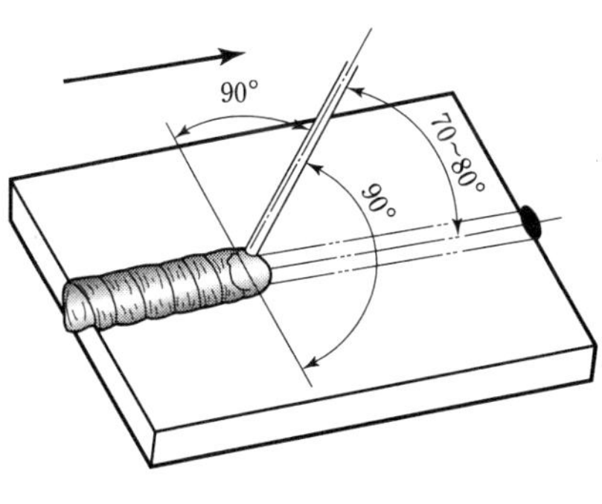

그림 3-108 용접봉의 각도

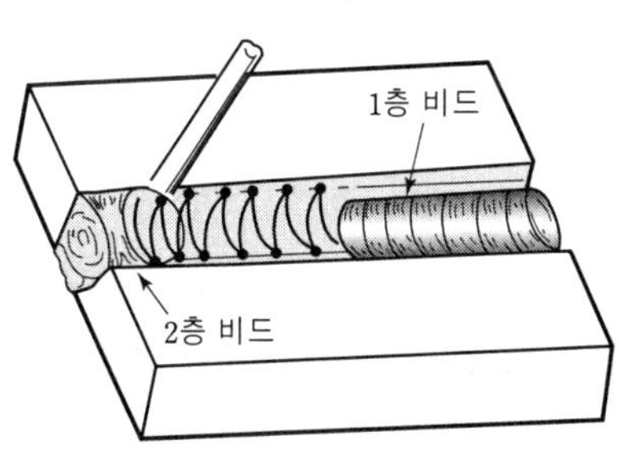

그림 3-109 2층 비드 만들기

● 자동 아크 용접

자동 용접(automatic arc welding)은 직류와 교류 다 같이 사용할 수 있으며, 아크의 길이가 변하면 아크 전압에 의해 이송 속도가 조절되므로 용접이 정확하게 이루어진다. 자동 용접은 손 용접에 비해서 전류를 크게 할 수 있을 뿐 아니라 용접 속도를 3~6배 높일 수 있고, 대량 생산에서는 생산비를 낮출 수 있다.

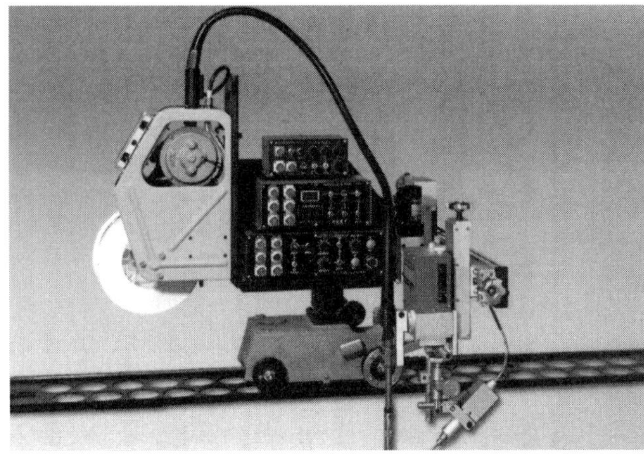
그림 3-110 자동 아크 용접기(HANIL Co. brochure)

그림 3-110은 자동 아크 용접기의 보기로, 용접봉은 와이어릴(wire reel)에 감긴 것을 사용한다.

(3) 전기 저항 용접

용접하려는 금속을 접촉시킨 다음 접촉면과 직각의 방향에 전류를 통하면, 금속 자체의 전기 저항과 접촉부의 전기 저항으로 접촉면과 그 부근이 용융 상태 또는 이에 가까운 온도까지 급속하게 가열된다. 이때 양 금속을 가압하여 용착하는 결합법을 전기 저항 용접(電氣抵抗熔接, electric resistance welding) 또는 저항 용접(抵抗熔接, resistance welding)이라 한다.

전기 저항 용접은 가스 용접, 아크 용접에 비해 동일 작업의 반복 공정에 적합하므로, 소품종 대량 생산 등 제조 공업의 전 분야에 사용되며, 주로 자동차, 항공기, 차량, 가전 제품 등의 조립 생산에 사용되고 있다.

1 겹치기 저항 용접

● 스폿 용접

접합할 2매의 판을 그림 3-111과 같이 두 전극 사이에 끼워 놓고 가동 전극을 내려 판에 접촉된 상태에서 전류를 통하면, 전극 간에 끼워 놓은 판

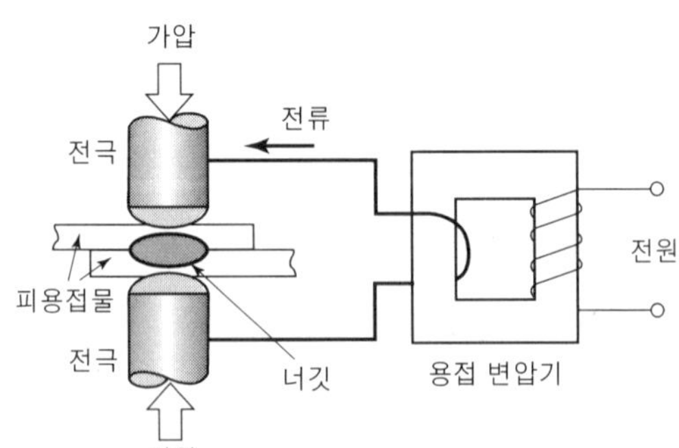

그림 3-111 스폿 용접의 원리

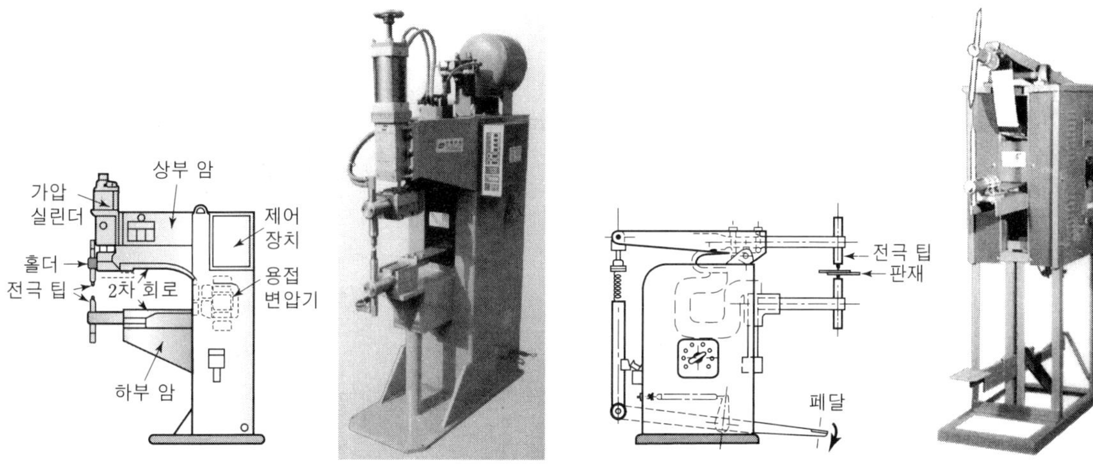

(a) 프레스형 (b) 레버형

그림 3-112 스폿 용접의 형식(신화전기 brochure)

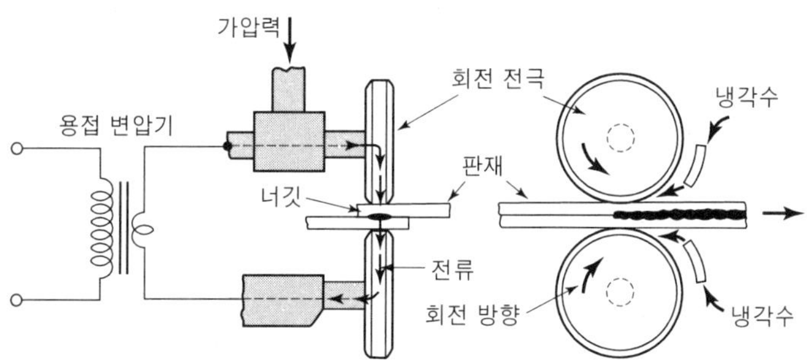

그림 3-113 심 용접법의 원리

의 접촉부에 열이 집중되면서 순간적으로 가열되고 이 온도가 용접에 알맞는 온도에 달했을 때 가압하여 용접하는 방법으로 스폿 용접(點熔接, spot welding)이라 한다.

스폿 용접기의 형식에는 정치식(定置式)의 경우는 그림 3-112 (a)와 같은 프레스형과 그림 3-112 (b)와 같은 레버형이 있다.

● 심 용접

심 용접(seam welding)은 스폿 용접을 연속적으로 반복하는 형식이다. 그림 3-113과 같이 롤 전극 사이에 판재인 용접물을 끼워 전극을 회전시키면서 용접부에 전류를 통함과 동시에 압력을 가하여 판재를 연속적으로 용접하는 방법이다. 주로 기밀, 유밀을 필요로 하는 용기 등의 이음부의 용접에 이용된다. 그림 3-114 (a)는 심 용접의 적용 사례를, 그림 (b)는 심 용접기의 보기이다.

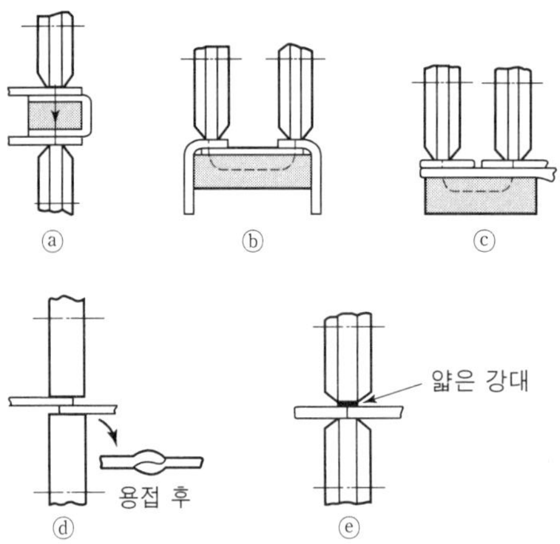

(a) 심 용접의 적용 사례

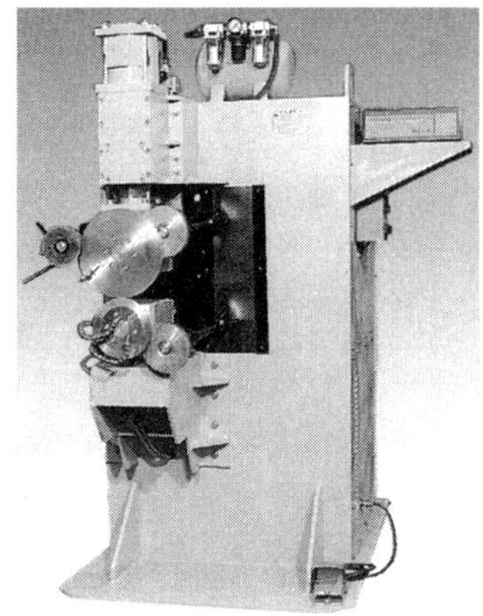

(b) 심 용접기

그림 3-114 심 용접기(금호전기 brochure)

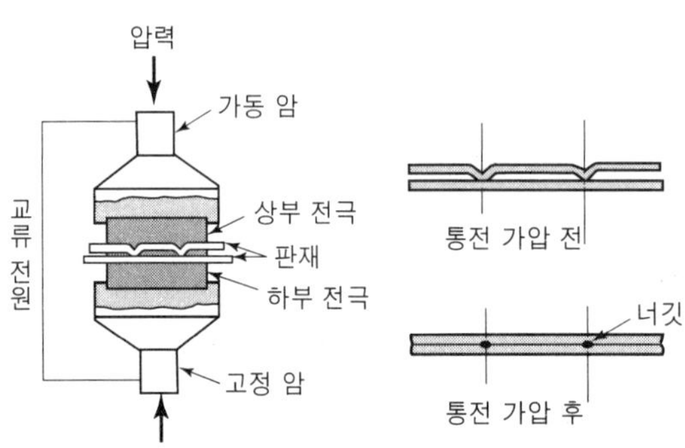

(a) 원리

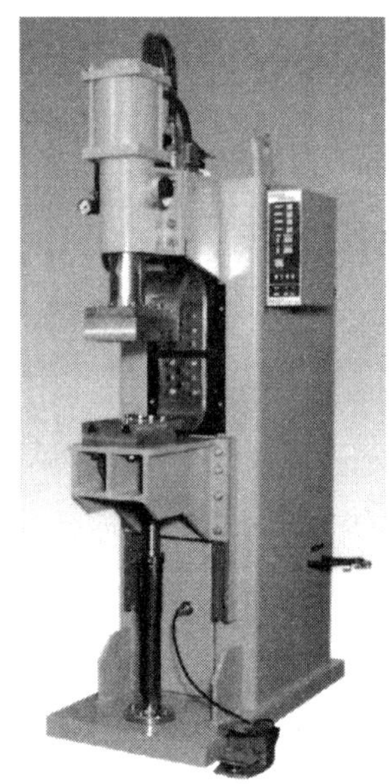

(b) 용접기

그림 3-115 프로젝션 용접기

● 프로젝션 용접

프로젝션 용접법(突起熔接, projection welding)은 스폿 용접을 응용한 형식으로 평탄한 전극을 사용하는 것이 특징이다. 그림 3-115와 같이 모재의 한쪽에 작은 돌기(projection)를 만들고, 다른 쪽은 평탄한 판을 겹쳐서 통전, 가열하여 용융 온도가

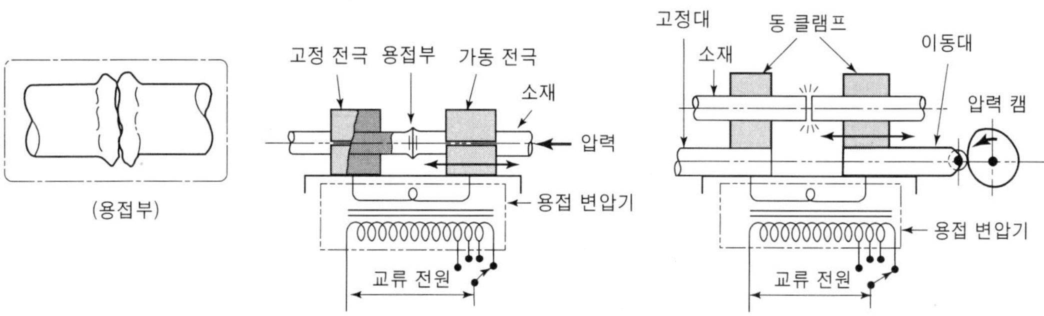

(a) 업셋 용접 (b) 플래시 용접

그림 3-116 맞대기 저항 용접

되었을 때, 압력을 가해 돌기부를 부셔서 압접하는 방법이다. 용접 과정은 최초 통전 전의 예압에 의하여 돌기부를 약간 눌러 준 다음 전류를 통하면 발열하여 돌기부는 완전히 찌그러지며, 압접의 상태를 경과하여 너깃(nugget)이 생성되고 용접이 완료된다. 그림 3-115 (b)는 프로젝션 용접기의 보기이다.

2 맞대기 저항 용접

업셋 용접

환봉이나 선 등을 서로 맞대고 접합할 때 이용되는 용접법을 업셋 용접(upset butt welding)이라 한다. 그림 3-116 (a)와 같이 용접할 두 개의 봉을 일직선이 되도록 고정하고, 양 단면을 접촉한 다음, 전류를 보내고, 접촉부가 용가 온도(熔加溫度)가 되었을 때 축 방향으로 가압하여 용접하는 방법이다.

플래시 용접

플래시 용접법(flash welding)은 그림 3-116 (b)와 같이 용접할 2개의 소재에 적당한 전압을 걸고 단면을 가볍게 접촉시키면, 여기에 대전류가 집중적으로 통하여 접촉점에서 불꽃이 일어나면서 급속히 가열된다. 플래시 용접은 업셋 용접과 유사한 용접법으로, 용접 열원으로 일부는 저항열을 이용하고, 그 중심은 아크열을 이용하는 점이 다르다. 용접 중에 아크에 의해 용융한 금속이 불꽃으로 비산되므로 이를 불꽃 용접 또는 플래시 용접이라 한다.

플래시 용접은 주로 단면이 큰 재료의 용접에 이용된다. 즉, 제철업에서는 스트립(strip)의 접속이나 전선관용 코일의 접속에, 자동차 공업에서는 스티어링 샤프트(steering shaft), 프레임, 밸브 등의 이음에, 그리고 철도용 레일, 형강, 평강, 환강,

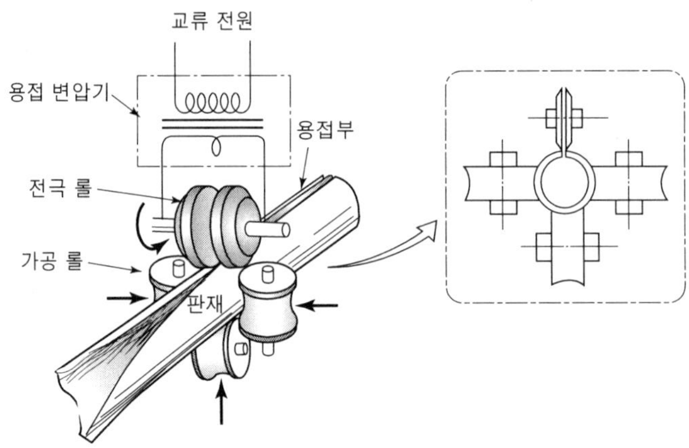

그림 3-117 맞대기 심 용접(용접관의 제조)

파이프 등의 이음에 사용된다.

● 맞대기 심 용접

맞대기 심 용접(butt seamed welding)은 업셋 용접과 심 용접법의 원리를 동시에 적용하는 용접 방법으로 용접관의 이음매를 용접하는 저항 용접법의 하나이다.

용접관을 연속적으로 생산하는 공정에서는 모재인 대강(帶鋼)이 롤에 의해 자동적으로 성형되는 최종 과정에서 관의 이음매 부분을 그림 3-117과 같이 독립된 바퀴 모양의 전극 롤로 저주파 전류를 통전하면 이음매 부분이 급격하게 가열되고, 동시에 양측면과 아래의 가압 롤로 가압하면서 용접이 진행된다. 이 용접법은 용접관의 대량 생산에 이용된다.

2) 납접

접합하려는 양금속 사이에 모재(母材)보다 용융점이 낮은 납(鑞, brazing filler)을 사용하여, 모재는 용융되지 않는 상태에서 금속을 접합하는 이음법을 납접(鑞接)이라 한다. 납접에 사용되는 용가재(熔加材)인 땜납은 모재보다 용융점이 낮아야 하고 표면 장력이 적고, 유동성이 좋아서 모재 표면에 잘 퍼지고, 좁은 틈도 잘 스며들 수 있는 성질을 가지고 있어야 한다.

땜납은 사용하는 납재의 용융점에 따라 450℃ 이하의 납을 연납(軟鑞, solder)이라 하고 그 이상의 납을 경납(硬鑞, braze metal)이라 한다. 납접에서는 용가제로 연납을 사용할 때를 연납땜(soldering), 경납을 사용할 경우를 경납땜(brazing)이라 한다.

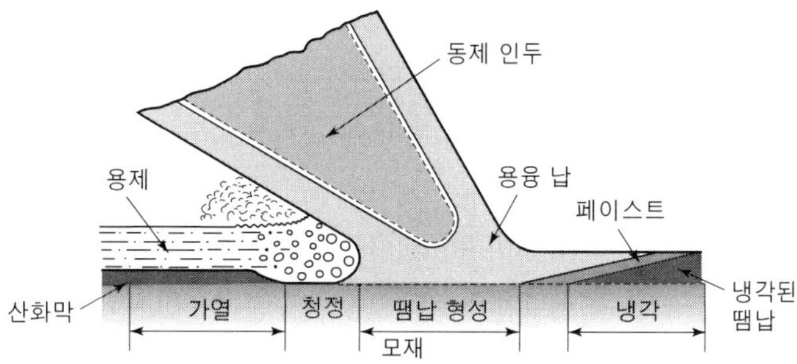

그림 3-118 인두 납접의 작용 기구

그림 3-118은 연납땜 공정에서 일어나는 인두와 소재 사이에서 용가재와 용제의 작용 기구를 나타낸 것이다.

2. 융단 가공

금속을 절단하는 방법에는 기계적인 방법과 절단 부위를 가스나 아크의 열 에너지를 이용하여 국부적으로 용융 절단하는 화학적 방법인 융단법(融斷法, fusion cutting)이 있다. 용접 시공과 관련되는 화학적인 방법은 일반적으로 가열 절단(加熱切斷), 열절단(熱切斷), 융단(融斷) 또는 용단(熔斷) 등으로 불리고 있으며, 여기서는 융단(fusion cutting)이란 용어를 사용하겠다.

그림 3-119 금속 융단법의 분류

융단법은 크게 가스 절단(gas cutting)과 아크 절단(arc cutting)으로 나뉘는데, 일반적으로 그림 3-119와 같이 분류하고 있다.

1) 가스 절단

강재의 절단 부분을 산소-아세틸렌 가스나 수소 가스 화염으로 가열하여, 고압의 산소를 불어 넣어 절단하는 방법을 가스 절단(gas cutting)이라 하며, 주로 강재의 절단에 이용된다.

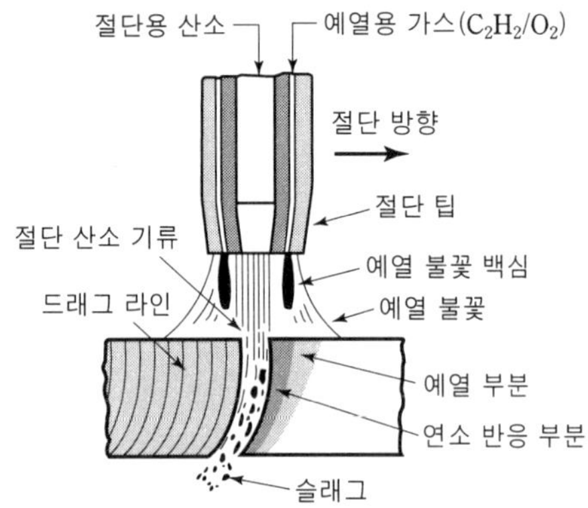

그림 3-120 가스 절단

가스 절단은 강재의 절단 부분을 그림 3-120과 같이 팁(tip)에서 나오는 산소-아세틸렌 가스 화염으로 약 850~900℃가 될 때까지 예열한 후, 팁의 중심에서 고압의 산소(절단 산소)를 불어 내면 철은 연소하여 산화철이 되고, 그 산화철의 용융점은 강보다 낮으므로 용융과 동시에 절단된다.

금속의 가스 절단을 난이도에 따라 분류하면 다음과 같다.

① 절단이 용이한 금속 : 순철, 연강, 주강
② 절단이 약간 어려운 금속 : 경강, 합금강, 고속도강
③ 절단이 꽤 어려운 금속 : 주철
④ 절단이 안 되는 금속 : 동, 황동, 청동, 알루미늄, 연, 주석, 아연

(1) 수동 가스 절단

수동 가스 절단에서는 먼저 예열 화염을 중성 화염으로 조정한 다음, 절단선의 왼쪽 끝을 가열하여 표면이 약 850~950℃ 정도가 되었을 때 절단 산소 밸브를 열어 절단을 시작한다. 이때 팁 끝과 연강판 사이의 거리는 속화염(inner flame)의 끝에서 1.5~2.0mm 정도 떨어지게 한다. 또한 토치의 진행 속도도 알맞게 진행한다. 토치의 진행 속도가 너무 빠르면 절단이 중단되며, 너무 늦으면 절단면 윗모서리가 녹아서 둥글게 된다. 그림 3-121 (a), (b)는 수동 가스 절단의 절단 방향과 기본 자세를, 그림 3-121 (c)는 절단 사례를 나타낸 것이다.

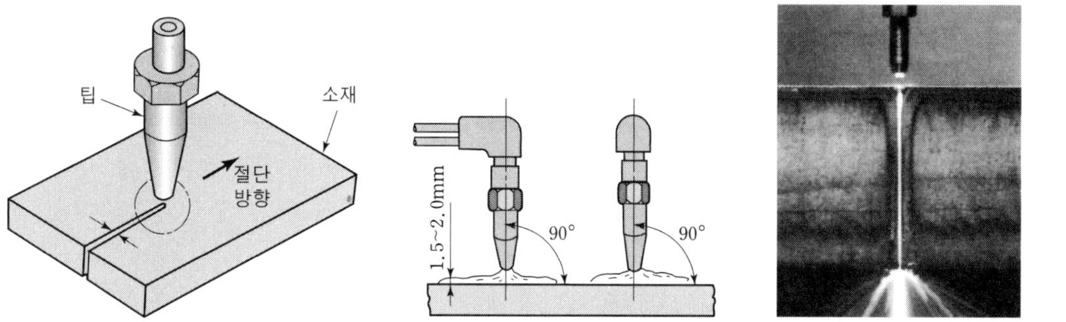

(a) 절단 방향 (b) 팁의 각도와 거리 (c) 절단 사례

그림 3-121 수동 가스 절단의 기본 자세

(a) NC 절단기 (b) 선박 구조

그림 3-122 수치 제어 가스 절단

(2) 자동 가스 절단

강판, 파이프 등의 소재 절단 가공을 자동화한 가스 절단법을 자동 가스 절단이라 하며, 강판에 놓인 직선 레일 위를 일정 속도로 주행하는 전동 대차에 토치를 부착하여 강판을 직선 또는 곡선으로 절단한다. 2개 또는 3개의 토치를 사용하면 일시에 여러 개를 자동으로 절단 가공할 수 있어 능률적이다.

자동 가스 절단기에는 직선으로 절단하는 것, 원통이나 곡선으로 절단하는 것 그리고 파이프용 등 용도에 따라 여러 종류가 있다. 형판(型板, template)과 같은 모양으로 여러 개를 동시에 절단할 수 있는 형판 자동 가스 절단기는 토치를 원형에 맞추어서 이동시키는 트레이스(trace) 장치가 필요하다.

형을 트레이스하는 방식에는 수동식 이외에 기계식, 전자석식, 광전관을 사용하는 전자관식, 수치 제어식 등이 있다.

그림 3-122는 형 또는 도면을 이용하는 대신 수치 제어(numerical control) 방식을 이용한 NC 절단기의 보기로 그림 (b)와 같은 선박 구조물의 소재 제단에 많이 이용되고 있다.

2) 아크 절단

아크 열에 의해 금속을 국부적으로 가열 용해하여 절단하는 방법을 아크 절단(arc cutting)이라 한다. 절단면은 가스 절단면에 비해 매끄럽지 못하나 주철, 스테인리스강, 비철 금속과 같이 가스 절단이 어려운 금속의 절단이 가능하고, 절단 단가가 저렴하다.

(1) 탄소 아크 절단법

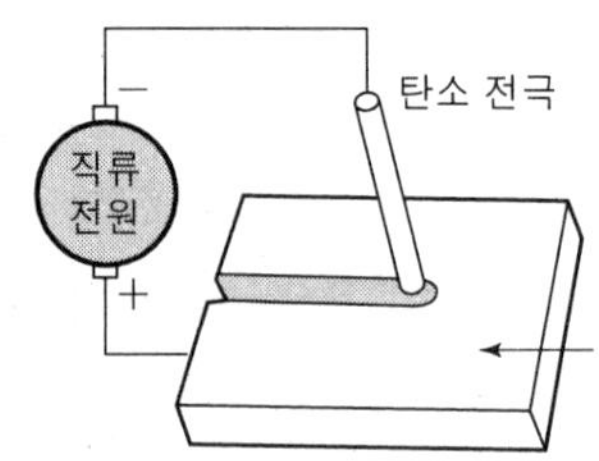

그림 3-123 탄소 아크 절단 회로

탄소 아크 절단(carbon arc cutting)법은 탄소 또는 흑연 전극과 모재 사이에 아크를 일으켜 절단하는 방법으로, 전원은 직류, 교류 모두 사용하지만, 직류 정극성이 많이 사용된다. 전극봉은 전도성 향상과 산화 방지를 목적으로 표면에 동 도금을 하여 사용한다. 흑연 전극봉은 탄소 전극봉보다 전기 저항이 적어서 더 많이 사용한다. 그림 3-123은 탄소 아크 절단의 회로를 나타낸 것이다.

(2) 금속 아크 절단법

탄소 전극봉 대신에 피복 용접봉을 사용하여 절단하는 방법을 금속 아크 절단(metal arc cutting)이라 하며, 비피복 용접봉은 거의 사용하지 않으므로 피복 금속 아크 절단(shield metal arc cutting)이라고도 한다. 전원으로는 직류 정극성이 적합하나 교류도 사용된다. 피복제는 발열량이 많고 산화성이 풍부하여, 연소 시에 다량의 가스를 방출시켜, 그 압력으로 절단을 촉진하는 동시에 절단층을 보호하며, 모재와의 단락(short) 방지 및 아크의 집중을 좋게 한다. 절단 조작 원리는 탄소 아크 절

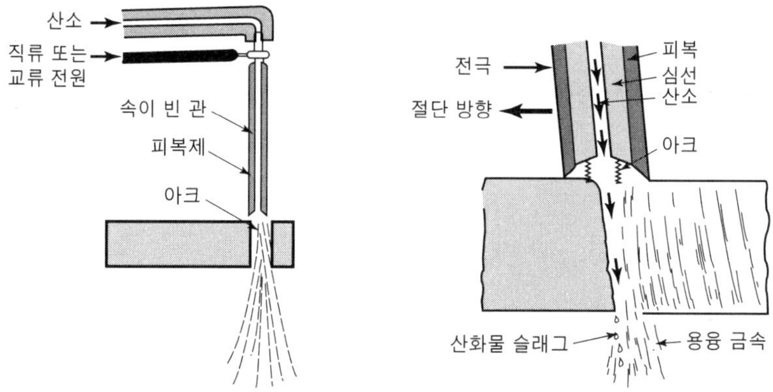

(a) 산소 아크 절단 (b) 산소 아크 절단의 구조

그림 3-124 산소 아크 절단 방법

단의 경우와 같으며, 절단면은 가스 절단면에 비하여 매우 거칠다.

(3) 산소 아크 절단법

그림 3-124와 같이 속이 빈 피복 용접봉과 모재 사이에 아크를 발생시켜, 예열된 모재 절단부에 원통상의 전극 구멍의 끝에서 고압 산소를 분출하여 그 산화열로 절단하는 방법이다. 이와 같이 아크열과 고압의 산소를 이용한 가스 절단법을 산소 아크 절단(oxygen arc cutting)이라 한다.

산소 아크 절단은 아크의 예열 효과 외에 산소에 의한 산화 발열 효과 및 산소 분출의 기계적 에너지 등에 의하여 일반적인 아크 절단보다 절단 능력이 좋다.

또한 가스 절단이 되지 않는 스테인리스강 및 알루미늄 합금인 비철 금속의 절단도 가능하다. 전원은 보통 직류가 사용되나 교류도 사용된다. 절단면은 가스 절단면에 비하여 거칠지만, 절단 속도가 크므로 철강 구조물의 해체, 특히 수중 해체 작업에 널리 이용되고 있다.

3.5 절삭 가공

단조, 주조 등으로 만든 부품 소재를 필요한 모양과 치수로 가공할 때 절삭 공구를 사용하여 쇳밥을 내면서 깎는 방법을 절삭 가공(切削加工, machining of metals)이라

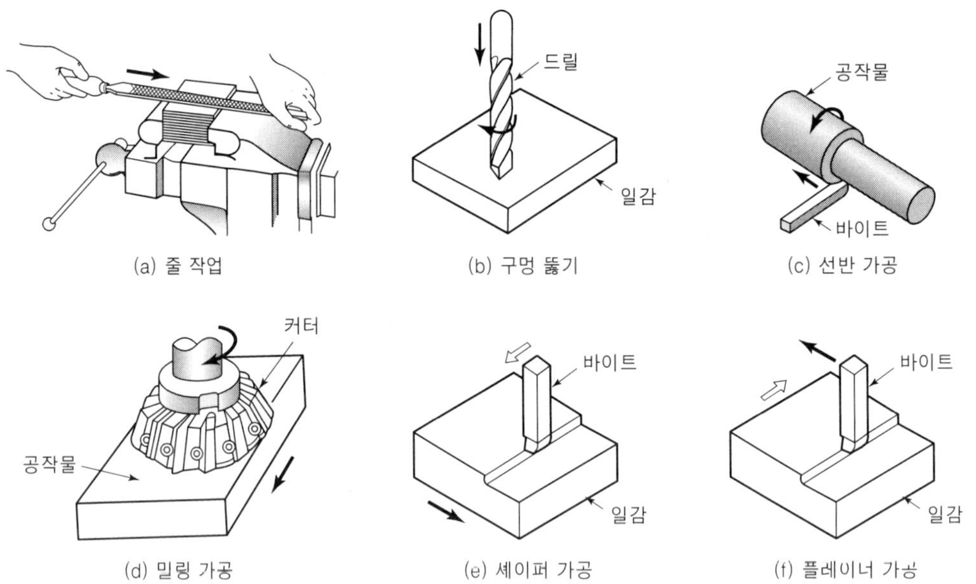

그림 3-125 절삭 가공 방법

한다.

절삭 가공은 절삭 공구를 다루는 방법에 따라 손 공구를 사용하는 수기 가공(手技加工, hand finishing)과 선반, 밀링 머신, 연삭기 등의 공작 기계를 사용하여 가공하는 기계 가공(機械加工, machining)으로 구분한다. 기계 가공에 사용하는 각종 기계를 공작 기계(工作機械, machine tool)라 한다. 절삭 가공은 금속 재료뿐만 아니라 나무, 합성 수지, 석재 등 비금속 재료의 가공에도 사용된다. 그림 3-125는 여러 가지 절삭 가공 방법을 나타낸 것이다.

1. 수기 가공과 조립 작업

1) 수기 가공

수기 가공은 공작 기계에 의한 가공 작업에 비해 가공 능률이 떨어진다. 또한 작업자의 높은 숙련이 요구되어 그 이용이 줄어들고 있다. 그러나 특수 기계의 소량 생산, 새로운 시작 제품(試作製品)의 제작, 또는 기계의 정비와 수리 보수 등, 수기 가공이 필요한 경우도 적지 않다. 특히 자동차 엔진과 같이 대량 생산이 요구되는 부품 가공에는 지그와 고정구(固定具) 등이 필요하게 된다. 이들을 가공하고 조립, 정비

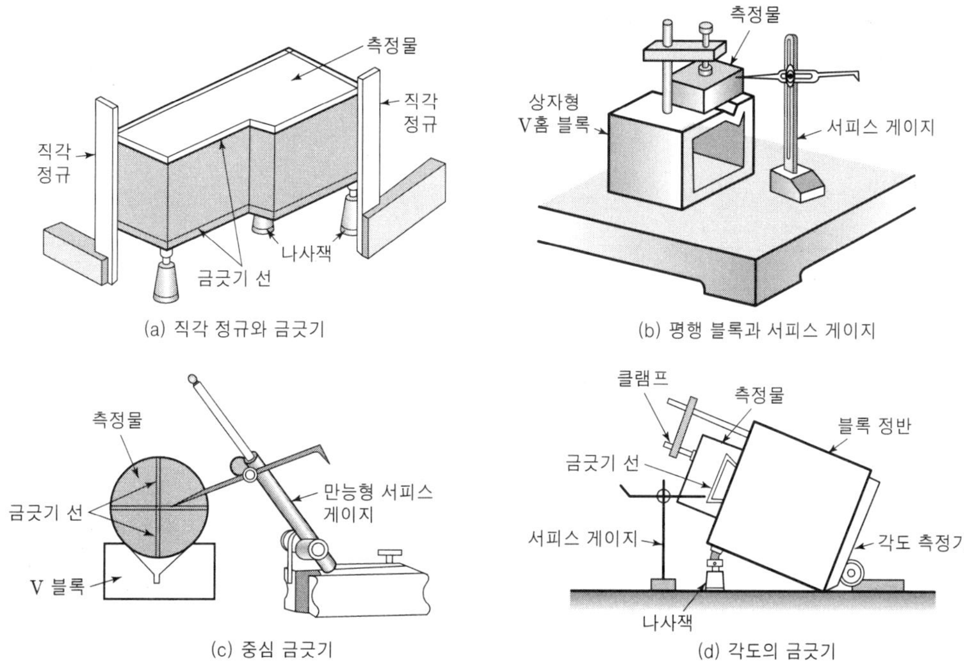

그림 3-126 각종 금긋기 방법

유지하는 데는 수기 가공의 역할이 중요하다.

(1) 금긋기

주조품, 단조품, 용접 구조물 등의 소재를 가공하기에 앞서 잘라내거나 깎아낼 분량을 어림하는 기준선을 긋거나 구멍을 뚫을 위치에 중심선, 기준선, 가공선 등을 표시하는 작업을 금긋기(marking off)라 한다. 금긋기는 기본적으로 정반 위에서 한다. 그림 3-126은 가장 기본이 되는 금긋기 용구를 사용한 금긋기 보기의 예시이다.

(2) 정 작업

공작물의 여유 표면에 정(chisel)을 대고 해머로 타격하여 깎아 내는 작업을 정 작업이라 한다. 공작 기계나 줄로 깎아 내기 힘든 부분을 깎거나, 주물이나 단조품의 거스러미 제거, 가는 둥근 막대나 판금의 절단, 베어링 메탈의 기름 홈 가공 등 기계 가공 및 조립의 보조 기능을 하는 수기 가공이다.

그림 3-127은 정의 종류를 나타낸 것이다.

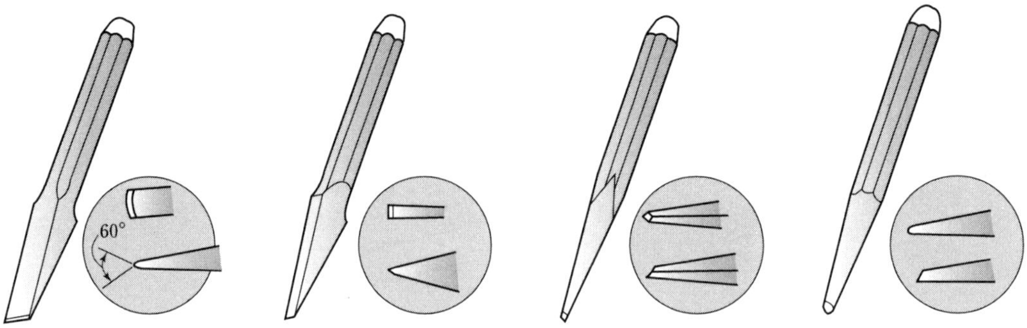

(a) 코울드 치즐 (b) 케이프 치즐 (c) 다이아몬드 포인트 치즐 (d) 라운드 노우스 치즐

그림 3-127 정의 종류

그림 3-128 줄에 의한 세공 작업

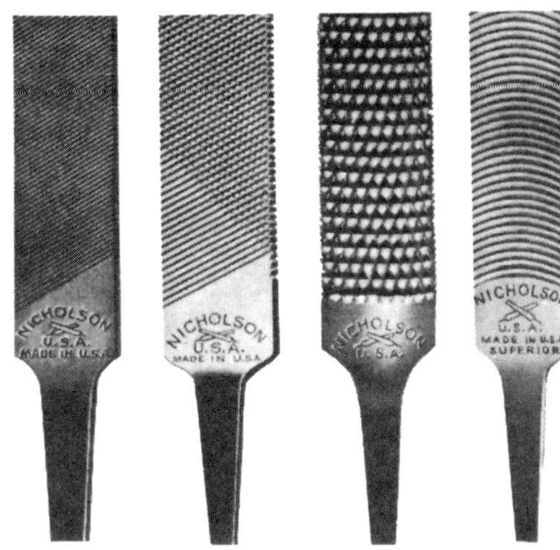

(a) (b) (c) (d)

그림 3-129 줄의 종류

(3) 줄과 줄 작업

수공구인 줄(file)을 사용하여 공작물의 평면 또는 곡면을 손 다듬질하는 작업을 줄 가공(filing) 또는 줄 작업(file work)이라 한다. 기계 가공과 비교하면 매우 비능률적인 가공법이지만, 수량이 적은 기계 다듬질의 보조적인 작업 외에 게이지류, 치공구(治工具), 금형의 마무리 가공에서는 줄에 의한 정교(精巧)한 가공이 필요하고, 기계 조립, 조정, 수리에서도 줄에 의한 다듬질 가공이 필요하다. 그림 3-128은 금형, 마무리 작업에서 줄 작업의 보기를, 그림 3-129는 줄의 종류에 대한 보기이다.

평면을 다듬질할 때의 줄작업 방법은 그림 3-130과 같이 직진법(直進法, straight

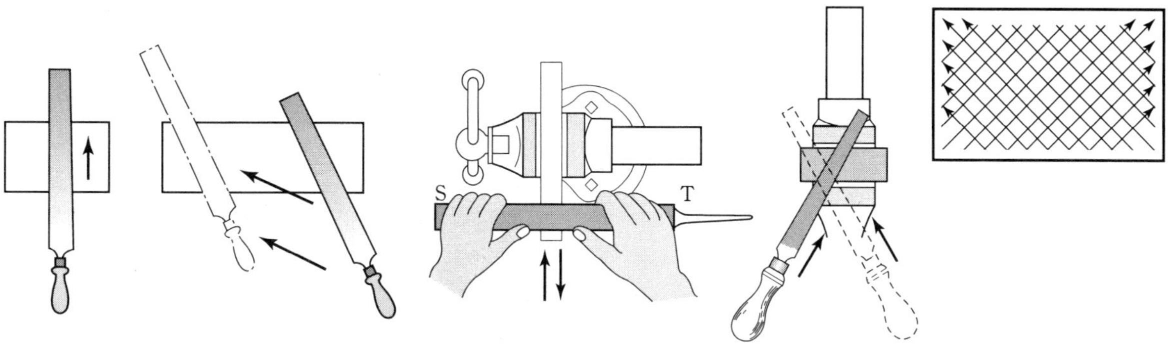

(a) 직진법 (b) 사진법 (c) 횡진법 (d) 교차 사진법과 줄질 방향

그림 3-130 평면 줄작업

filing), 사진법(斜進法, diagonal filing), 횡진법(橫進法, draw filing) 등이 있다.

2) 기계 분해 · 조립 작업

과학 기술의 발달과 소비자의 다양한 요구에 따라 공산품, 특히 기계 제품의 수명이 짧아지면서 기계 부품의 분해 · 조립에 대한 개념도 많이 달라지고 있다. 즉, 고장에 대한 수리 작업이 단위 부품을 분리한 다음 각 요소들을 분해하여 마멸되거나 파손된 부품을 교환 수리하기 위한 종전의 분해와 수리에서, 수명이 다 되었거나 파손된 단위 부품을 새 것으로 교환하는 분리 · 조립 작업으로 단순화되고 있다. 모든 시설과 기계의 부품들을 1회용 소모 부품으로 단위화하여 고장에 대한 대처가 새로운 부품을 교환하는 작업으로 바뀌고 있는 추세이다.

기계 가공이나 수기 가공이 완료된 부품들은 조립도와 사양서에 맞게 조립하게 되는데, 조립 방법과 순서는 기계의 종류와 형식 등에 따라 다르나, 일반적으로는 각 부품별로 부분 조립을 하고, 이들을 기계 본체에 조립하여 완성한다. 조립된 기계는 정적인 검사와 시운전을 하여, 미비한 곳이 발견되면 소정의 성능을 발휘할 수 있도록 조정 작업을 한다.

또한 사용하는 기계는 베어링 또는 미끄럼 부분이 마멸되거나 풀림으로 인하여 떨림이 발생하면 분해하여 수리하거나 조정하여야 한다.

그림 3-131 기어 분해 작업

브레이크의 분해 작업

(1) 분해 작업

분해 작업에서는 각 부품을 검사하여 사용할 수 없게 된 부품을 골라 내고, 새로운 부품과 교환하여 수리 · 조정하면 소정의 성능과 정도를 갖게 되는 경우가 많으므로 기계의 구조와 각 부품의 기능 및 기구 등을 확인 후 분해하도록 한다.

그림 3-131은 기어 풀러를 사용하여 축의 기어를 분해하는 보기이다.

(2) 조정 작업

공작 기계 각부의 조정은 기계의 종류, 형식, 구조 등에 따라 달라지므로, 실제의 조정에는 각 기계의 취급 설명서와 전문가의 지시에 따르는 것이 좋다.

일반적으로 공작 기계는 사용하는 동안에 사용자의 부주의에 의한 고장 외에도 진동에 의한 나사의 풀림, 회전 부분과 습동 부분의 베어링과 미끄럼면의 마멸에 의한 떨림, 마찰면의 소모에 따른 클러치와 브레이크의 고장, 클램프의 작동 불량, 유압 장치의 고장 등이 일어나게 되는데, 이들에 대한 수리와 조정이 필요하다. 조정 방법으로는 부품의 위치 조정, 체결 볼트와 너트의 조정, 스프링의 압축 또는 장력 조정, 압력의 가감, 부품의 청소 등이 필요하다.

2. 절삭 가공법

절삭 가공에는 선삭(旋削, turning), 구멍 가공(boring), 구멍 뚫기(drilling), 평삭(平削, planing), 형삭(形削, shaping), 밀링(milling), 기어 가공(gear cutting), 절단(cutting), 손 가공(hand finishing) 등이 있으며, 여기에 사용되는 공작 기계와 손 공구에는 선반(旋盤, lathe), 밀링 머신(milling machine), 셰이퍼(shaper), 플레이너(planer), 슬로터(slotter), 기어 컷팅 머신(gear cutting machine), 보링 머신(boring machine), 드릴링 머신(drilling machine), 손 공구(hand tool) 등이 사용된다.

가공할 공작물의 형상을 기계 요소의 기본적인 형상에 따라 ① 원통 외면 가공, ② 원통 내면 가공, ③ 평면 가공, ④ 나사 가공, ⑤ 기어 가공, ⑥ 그 밖의 곡면 가공 등으로 분류할 수 있다.

여기에는 한 대의 공작 기계로 위에 제시한 한 항목만을 가공할 수 있는 것과, 2개 이상의 항목을 가공할 수 있는 공작 기계도 있다. 또는 동일한 가공면이라도 가공 방식이 다른 공작 기계에 의해 가공할 수 있으며, 손 가공은 여러 가공과 연관성을 가지고 있는 절삭 가공에 포함된다.

1) 원통면의 절삭 가공

공작 기계에 의한 원통면의 가공은 주로 선반(lathe)이 이용되는데 원통면은 평행한 원통면과 테이퍼 또는 각도, 그리고 단을 갖고 있는 원통면으로 크게 나눌 수 있다. 이 밖에도 원통 외면에 모양을 내는 널링(knurling) 가공도 포함된다.

보통 선반

(1) 평행 원통면의 절삭 가공

주로 선반에서 공작물을 그림 3-132 (a)와 같이 양 센터 사이에 설치하거나 그림 (b)와 같이 주축의 척에 고정하여, 회전 운동을 주고, 공구대에 설치한 절삭 공구인 바이트에 전후 또는 좌우의 직선 이송 운동을 주면서 평행 원통면을 가공한다.

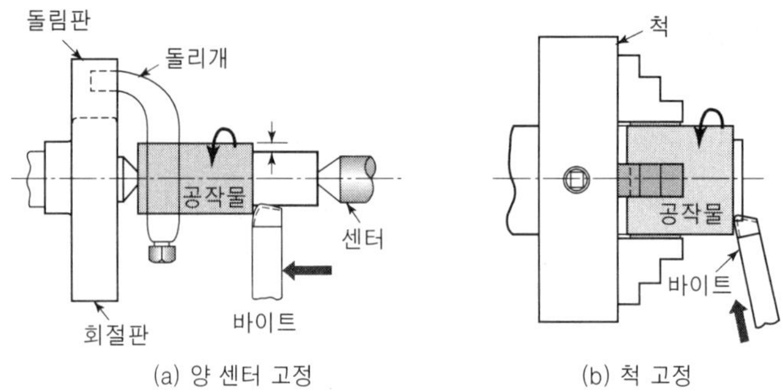

그림 3-132 공작물의 고정 방식

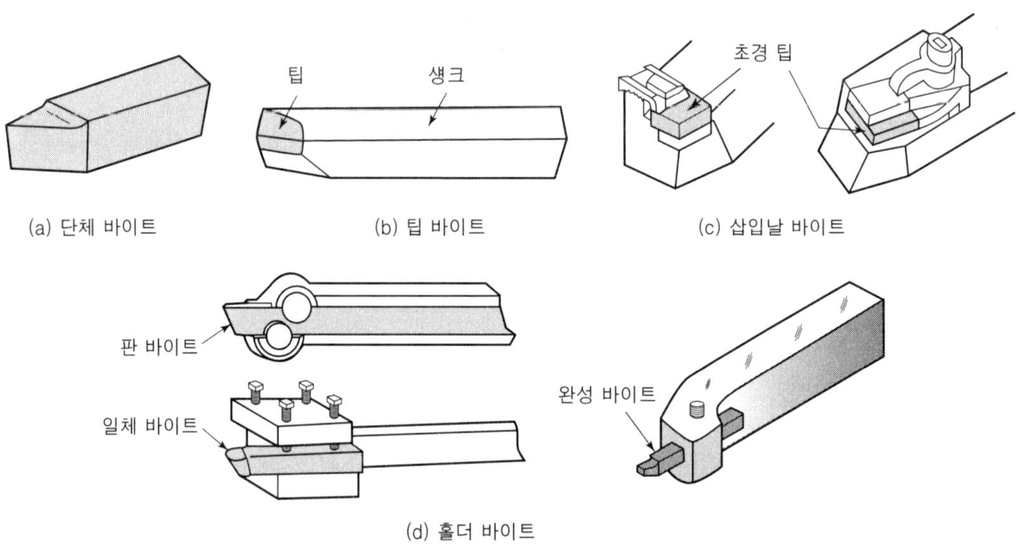

그림 3-133 바이트의 종류

그림 3-133은 선반용 바이트[5)]의 보기이다.

(2) 테이퍼의 절삭 가공

공작 기계의 주축에는 일정한 규격의 테이퍼 구멍이 있고, 공구의 자루에도 이와 같은 테이퍼로 되어 있는 것이 많이 있다. 이들 테이퍼는 공구의 자루에 끼우는 슬리

5) 바이트 : 선반 가공, 셰이퍼 가공, 플레이너 가공 및 보링에 사용되는 절삭 공구를 단인 공구(單刃工具, single point tool)라 한다. 이를 속칭으로 바이트(tool bit)라 부르고 있으며 바이트에 대한 용어와 정의는 KS B 0108에 따르도록 하고 있다.

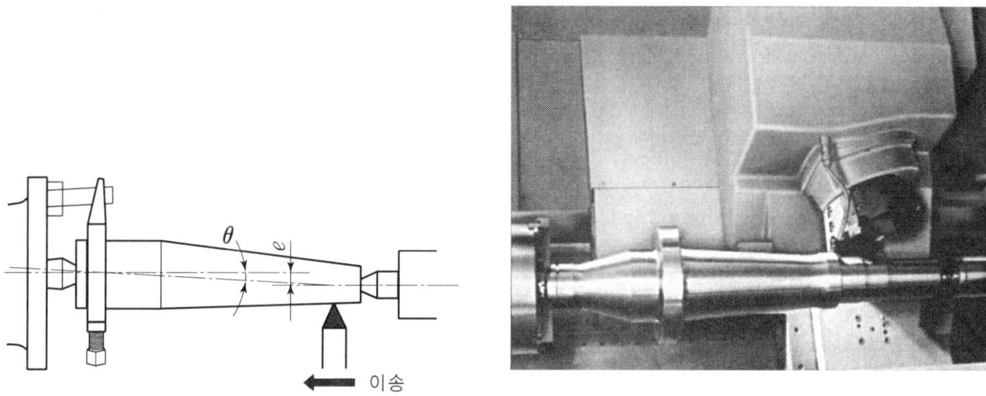

(a) 양 센터 작업　　(b) NC 선반에서 테이퍼 가공

그림 3-134 심압대의 편위에 의한 테이퍼 가공

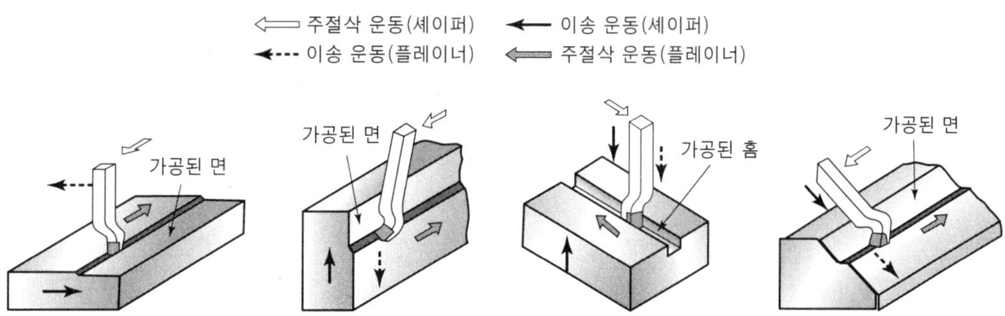

(a) 수평 절삭　　(b) 수직 절삭　　(c) 홈 절삭　　(d) 각도 절삭

그림 3-135 플레이너 가공과 셰이퍼 가공

브나 소켓을 공작 기계의 주축 구멍에 끼워놓고, 회전력(절삭력)을 전달할 수 있어야 한다. 테이퍼의 절삭 가공은 주로 선반을 사용한다. 선반에서는 그림 3-134와 같이 양 센터 사이에 공작물을 고정하고 심압대를 편위시킨다. 이 방법은 주로 원통의 테이퍼 깎기에만 이용되는데, 공작물이 길고 테이퍼가 작을 때 적합하다.

2) 평면 및 홈 가공

평면 및 홈의 가공에는 공작물 또는 바이트를 직선 왕복 운동시켜 절삭하는 방법과 밀링 커터 또는 엔드밀을 회전시키면서 절삭 가공하는 방법이 있다. 그림 3-135는 플레이너와 셰이퍼 가공의 보기이다.

(1) 바이트를 사용한 평면 및 홈 가공

1 플레이너에 의한 가공

대형 공작물인 정반, 다이블록 등의 평면 가공과 선반 베드의 안내면, 홈 등의 가공에는 주로 플레이너(平削盤, planer)가 사용된다. 플레이너는 테이블에 공작물을 고정하

플레이너

(a) 측면 가공

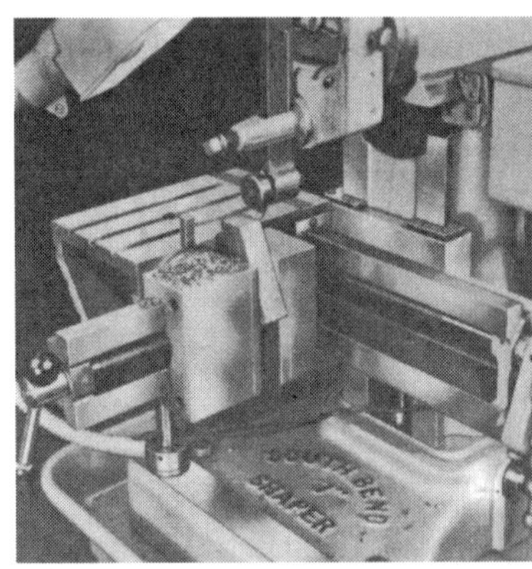

(b) 각도 가공

(c) 더브테일 가공

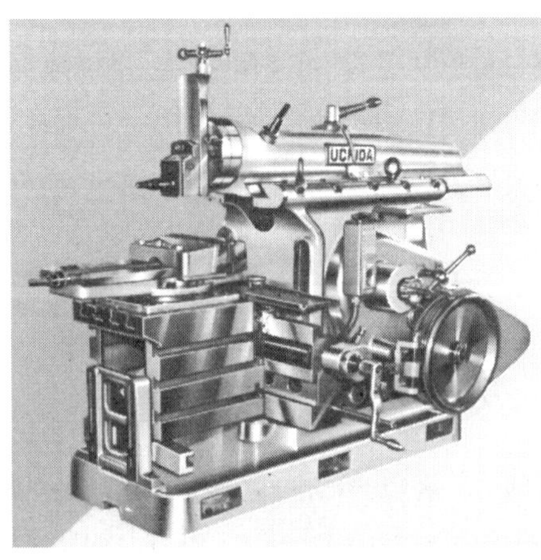

(d) 보통 셰이퍼

그림 3-136 셰이퍼에 의한 경사면 가공의 보기

여, 수평 왕복 운동을 시키고, 바이트는 공작물의 운동 방향과 직각 방향으로 이송하면서 절삭 가공한다.

2 셰이퍼에 의한 가공

평행대, 소형 정반, V 블록, 앵글 플레이트 등 소형 형삭 가공물(形削加工物)의 평면, 측면 및 홈 등의 절삭 가공에는 셰이퍼(shaper)가 사용된다.

셰이퍼는 플레이너와는 달리, 바이트를 왕복 운동시키고, 테이블에 고정한 공작물을 이송하면서 절삭 가공한다. 공작물의 이송은 테이블을 바이트의 운동 방향에 대해 직각으로 움직이도록 되어 있다. 그림 3-136은 셰이퍼 가공과 셰이퍼의 보기이다.

3 슬로터에 의한 가공

구멍의 내면, 키홈, 4각 구멍, 스플라인 구멍, 그 밖의 수직면의 절삭에는 슬로터(slotter, slotting machine)가 사용된다.

슬로터는 셰이퍼를 직립형으로 세워 설치한 형식의 공작 기계로, 그 운동 기구는 셰이퍼와 유사하다. 그림 3-137은 슬로터의 보기이다.

4 선반에 의한 가공

선반 작업에서 그림 3-138과 같은 면판이나 그림 3-139와 같은 선반척을 사용하여 공작물을 고정하면 공작물의 특정한 평면을 절삭 가공할 수 있다. 또한 왕복대의 가로 이송 기구를

그림 3-137 니형 슬로터

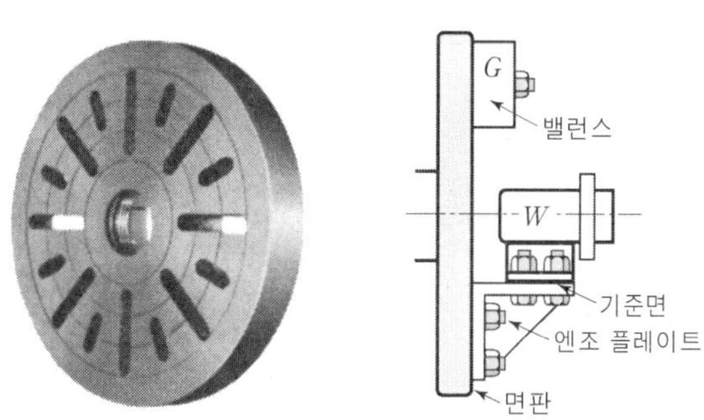

(a) 면판 (b) 면판의 사용

그림 3-138 면판을 이용한 고정

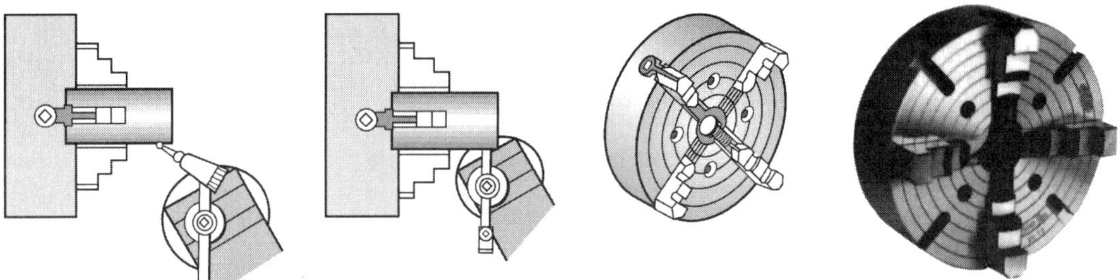

ⓐ 사용 사례 ⓑ 단동척

(a) 단동척과 사용 사례

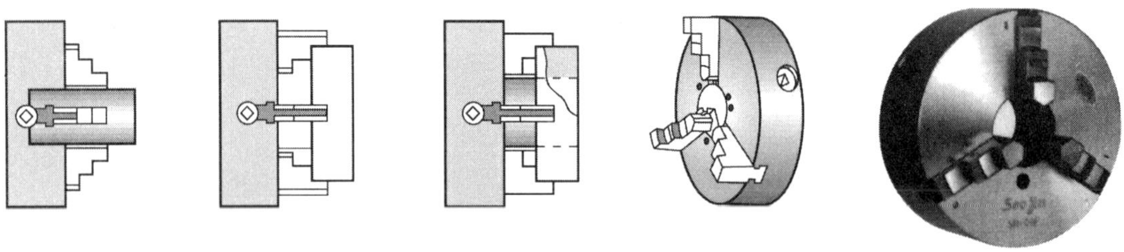

ⓐ 사용 사례 ⓑ 연동척

(b) 연동척과 사용 사례

그림 3-139 단동척과 연동척

(경절삭) (중절삭)

(a) 플레인 밀링 커터

(표준형) (측면 전용)

(b) 측면 밀링 커터

(c) 슬로팅 소

(d) 슬로팅 커터

(편각) (양각)

(e) 각 밀링 커터

그림 3-140 밀링 커터의 종류(수평 밀링용)

(a) 수평형　　(b) 직립형　　(c) 직립·수평형

그림 3-141 밀링 머신의 종류

사용하여 축에 키홈을 가공할 수도 있다. 그러나 이러한 방법은 높은 숙련과 시간이 소요되는 등 비효율적인 방법으로 특수한 경우 외에는 이용되지 않는다.

(2) 밀링 커터를 사용한 평면 및 홈 가공

비교적 작은 공작물의 평면, 측면, 경사면 등의 절삭 가공에는 그림 3-140과 같이 많은 날을 가진 밀링 커터(milling cutter)를 사용하는 밀링 머신(milling machine)이 사용된다. 그림 3-141은 밀링 머신의 종류이다.

3) 구멍 뚫기와 구멍의 절삭 가공

(1) 드릴 가공

철공용 드릴을 사용한 구멍 뚫기에는 핸드 드릴(hand drill), 전동 드릴(electric drill), 각종 드릴 머신(drill machine) 그리고 선반과 보링 머신 등에서 구멍 뚫기를 할 수 있다.

1 핸드 드릴에 의한 가공

핸드 드릴은 공작물에 구멍을 뚫을 때에 사용되는 일반적인 손 작업용으로, 드릴을 고정하는 척의 최대 용량은 6mm이고, 큰 것은 25mm인 것도 있다. 손 작업용에는

(a) 핸드 드릴의 사용 (b) 벤치 드릴의 사용 (c) 레이디얼 드릴링 머신

그림 3-142 드릴 가공

주로 소형 전기 모터가 내장된 전동 드릴(electric drill)이 사용된다. 그림 3-142 (a)는 핸드 드릴의 사용사례이다.

2 드릴링 머신에 의한 가공

공작물의 모양과 크기, 뚫을 구멍의 크기와 정밀도, 구멍의 종류와 수 등에 따라 여러 가지 드릴링 머신을 선택하여 사용한다. 그림 3-142 (b)는 벤치 드릴의 사용을, 그림 3-142 (c)는 레이디얼 드릴 머신의 보기이다.

3 선반에 의한 가공

기계 부품에는 뚫어야 할 구멍이 많고, 크기, 깊이 등도 다양하다. 선반에서도 그림 3-143과 같이 선반 척에 공작물을 고정하여 회전시키고, 심압대에 드릴을 고정하여 구멍을 뚫을 수 있다. 선반 작업에서의 구멍 뚫기는 구멍을 더 크게 보링하거나 암나사를 가공하는 기초 구멍으로 사용하는 경우가 많다.

그림 3-143 선반에 의한 드릴링

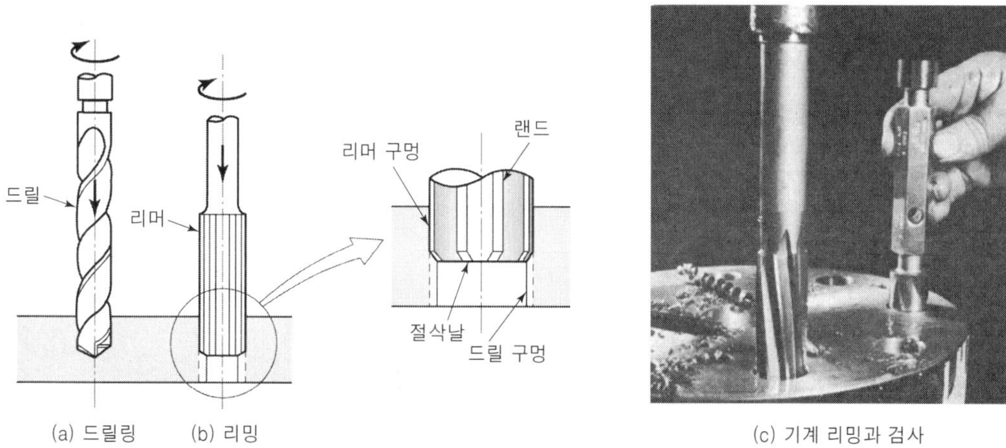

그림 3-144 리머 가공

(2) 리머 가공

드릴링한 비교적 작은 구멍은 정도(精度)가 떨어지고, 내면의 다듬질 정도도 나쁘므로, 정확하고 원활한 내면을 얻기 위하여, 일정한 크기의 구멍을 뚫은 다음, 리머(reamer)를 통과시켜 구멍을 다듬질한다. 이러한 가공을 리머 가공 또는 리밍(reaming)이라 한다. 리머의 종류에 따라 핸드 리밍(hand reaming)과 기계 리밍(machine reaming)으로 나뉜다. 그림 3-144는 리머 가공의 공정과 검사의 보기이다. 기계 리밍은 드릴 프레스를 사용할 수도 있다.

(3) 보링

드릴을 사용하여 뚫은 구멍이나 주조와 단조 작업에서 만들어진 구멍의 내면을 바이트를 사용하여 새로운 모양과 크기로 절삭하는 가공법을 보링(boring)이라 한다. 보링에는 그림 3-145 (a)와 같은 수직 보링(vertical boring)과 그림 (b)와 같은 수평 보링(horizontal boring) 방식이 있는데, 공작물 또는 공작 기계의 조건에 따라 효율적이고 안전한 방법을 선택하여 가공한다. 그림 (d)는 정밀 보링에 사용하는 지그 보링 머신(jig boring machine)의 보기이다.

1 선반에 의한 구멍 가공

선반은 가장 다양한 절삭 가공을 할 수 있는 공작 기계로서, 드릴 작업 후 구멍을 소기의 치수와 모양으로 절삭 가공하거나, 나사를 가공하기에 앞서 내경을 절삭 가공

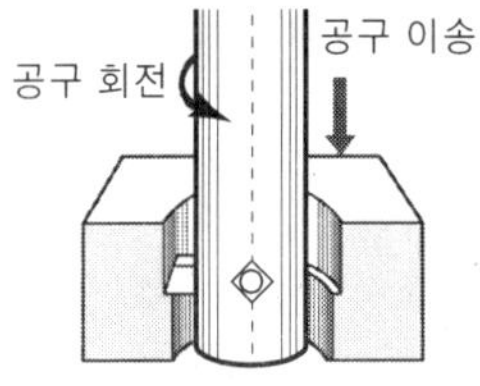

(a) 수직 보링

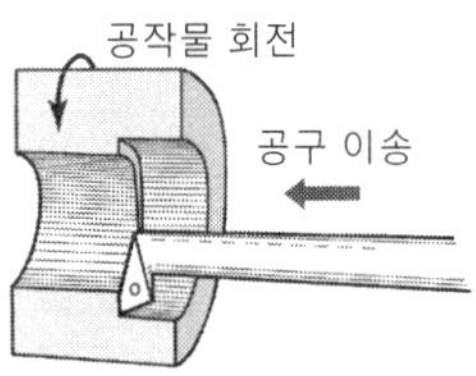

(b) 수평 보링

(c) 수직 정밀 보링 사례

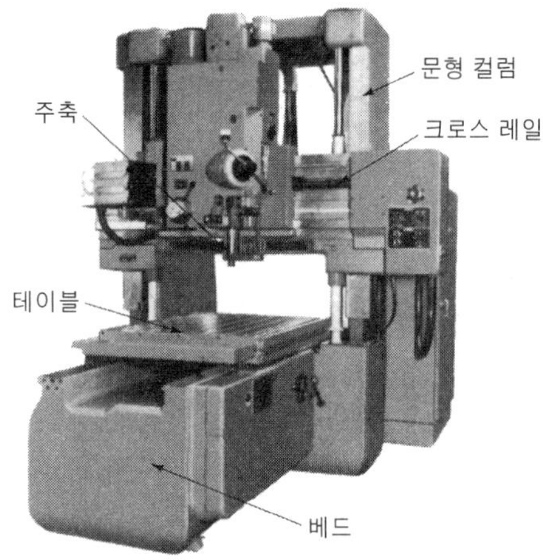

(d) 지그 보링 머신

그림 3-145 보링 방식

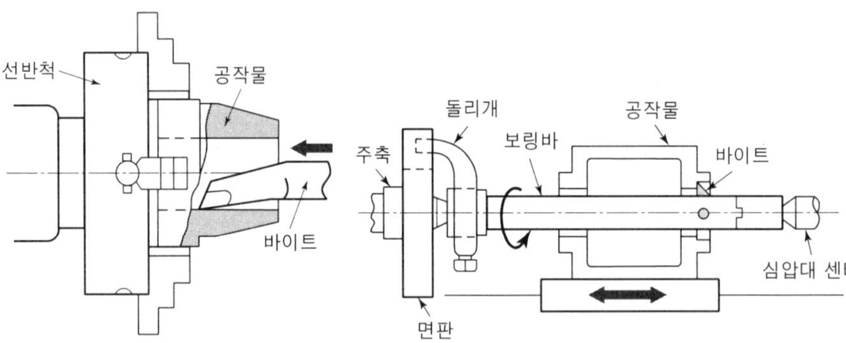

(척 작업) (양 센터 작업)

(a) 선반에 의한 보링

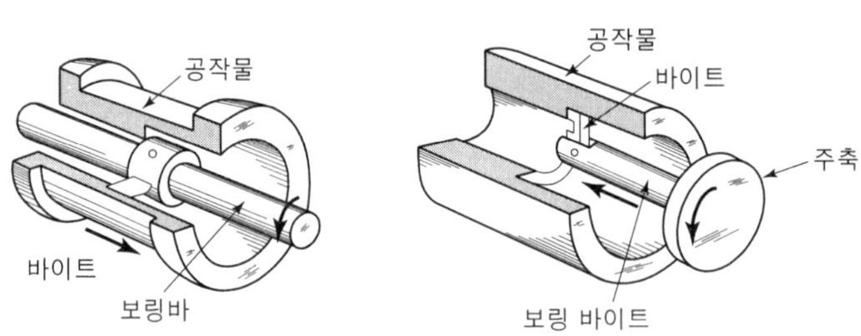

(b) 보링 머신에 의한 보링

그림 3-146 보링 방법

하는 등의 보링 작업을 할 수 있다. 그 밖에도 큰 지름의 공작물을 왕복대 위에 고정하고 주축과 심압대에 보링바를 설치하면 보링 머신에서와 같은 보링 작업이 가능하다. 그림 3-146 (a)는 선반에서 할 수 있는 보링 작업의 보기이다.

2 보링 머신에 의한 구멍 가공

보링 머신에서 공작물의 크기, 모양, 구멍의 위치와 특성 등에 따라 알맞는 공구를 선택하여 사용하면 효율적이다. 그림 3-146 (b)는 보링 머신에 의한 보링의 보기로서 바이트는 보링바 또는 직접 주축에 고정하여 회전하고, 이송은 공작물 또는 바이트가 하도록 되어 있다.

4) 나사의 절삭 가공

(1) 손 공구에 의한 가공

각종 기계 부품의 조립 체결(組立締結)에는 나사에 의한 방법이 가장 많다. 이는 조립과 분해가 용이하고, 나사의 값도 저렴하기 때문이다. 공구를 사용한 나사 깎기에는 손 작업에 의한 방법과 드릴 프레스나 선반 및 밀링 등 기계적인 힘을 사용하는 방법이 있다.

1 나사 탭을 사용한 가공

나사 탭(threading tap)을 사용하여 드릴로 뚫어 놓은 기초 구멍에 나사를 깎는 방법으로 작업 조건에 따라 그림 3-147과 같은 핸드 탭(hand tap) 또는 기계 탭(machine tap)이 사용된다.

그림 3-148 (a)는 바이스에 고정한 공작물에 탭 구멍을 뚫은 다음, 탭을 끼운 탭 렌치를 사용하는 손 작업이고, 그림 3-148 (b)는 선반척에 고정한 공작물에 구멍을 뚫은 다음, 기계 탭에 탭 렌치를 끼워놓고 나사 깎기 하는 보기이다. 이 밖에 드릴 프레스와 밀링 머신을 사용하는 방법도 있다.

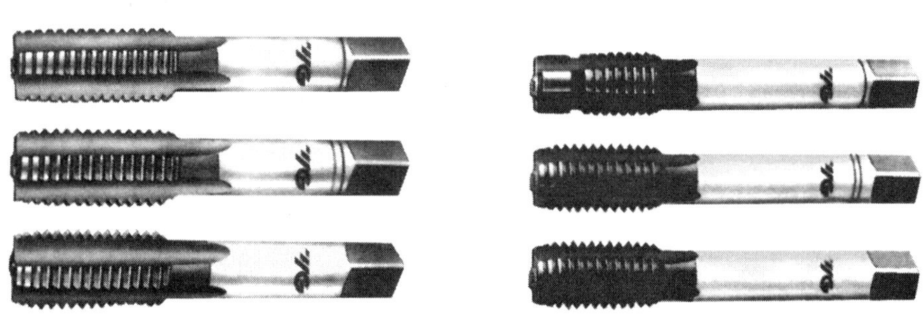

(a) 일반형 (b) 파일럿 안내형

그림 3-147 표준 핸드 탭

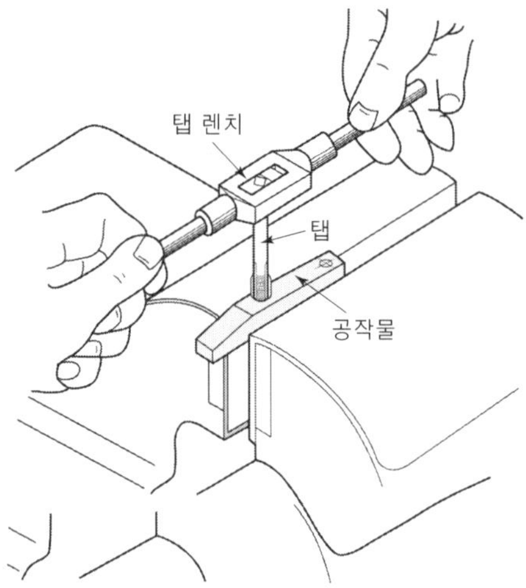

(a) 손 작업

(b) 선반 작업

그림 3-148 나사 탭 작업의 보기

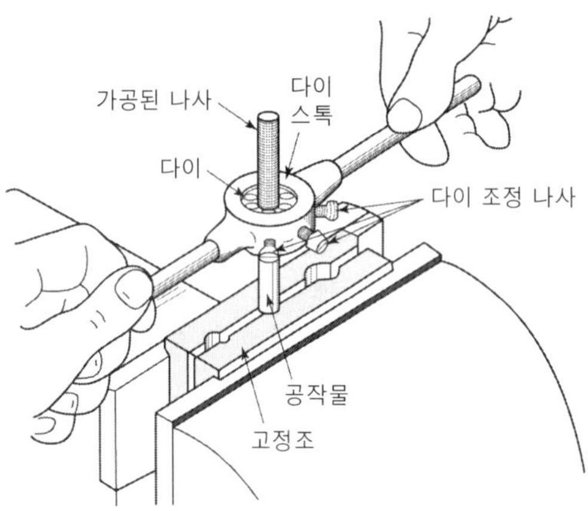

(a) 손 작업

(b) 선반 작업

그림 3-149 나사 다이 작업의 보기

2 나사 다이를 사용한 가공

나사 깎기 다이(threading die)는 너트에 날을 붙인 것과 같은 공구로 수나사를 깎는 데 사용된다. 그림 3-149 (a)는 바이스에 고정한 공작물을 다이 핸들을 사용한 손 작업의 보기를, 그림 3-149 (b)는 선반척과 심압대 사이에 공작물을 고정하고 탭

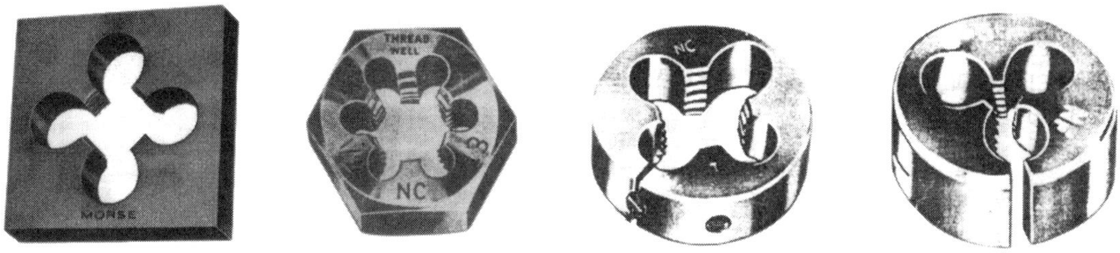

(4각형) (6각형) (나사 조정형) (개방 조정형)

(a) 단체형 (b) 조정형

그림 3-150 나사 다이의 종류

작업을 하는 보기이다. 그림 3-150은 나사 다이의 보기이다.

(2) 장치에 의한 가공

핸드 툴(hand tool)에 의한 수기적인 방법에 보조적인 장치를 사용하여 전용 기계가 아니면서 작업 능률을 높일 수 있는 다양한 기능을 갖고 있는 보조 장치가 생산 현장과 작업 현장에서 많이 활용되고 있다.

1 태핑 장치를 사용한 나사 가공

태핑 장치(tapping attachment)는 전기 핸드 드릴, 드릴 프레스 그리고 선반에서 탭을 사용하여 나사를 가공할 때 장착하여 사용하는 부속 장치로, 나사를 낼 때는 속도를 줄이고, 완료되면 역회전과 빠른 속도로 전환되면서 원상태로 복귀한다. 수기 가공에 사용되는 동력 드릴 태핑 장치(power drill tapping attachment)는 태핑 속도를 1단에서 7단까지 조절할 수 있게 되어, 모든 종류의 재료에 적용할 수 있다.

2 삽입날 다이를 사용한 수나사 가공

삽입날인 체이서(chaser)가 있는 삽입날 다이 헤드(inserted chaser die head)는 절삭 작용이 이루어지고 나서 체이서를 후퇴시키면 다이의 제거가 신속하게 이루어지는 구조로, 선반이나 드릴링 머신을 이용할 수 있다.

3 파이프 나사 절삭기를 사용한 나사 가공

전동 파이프 나사 가공은 날을 교체할 수 있는 삽입날식 다이(inserated chaser die)로, 4개의 날이 순서에 따라 끼워져 있으며, 이를 개폐하면 지름을 조절할 수 있

(a) 휴대용 전동 나사 가공기

(b) 파이프 나사 가공기

그림 3-151 파이프 나사 가공 장비

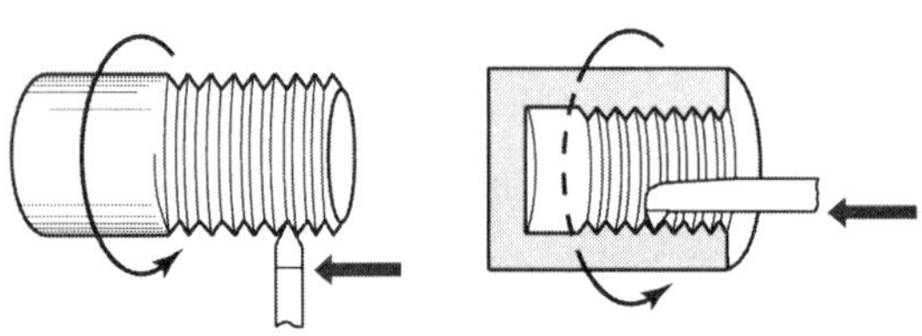

(수나사) (암나사)

(a) 보통 나사 바이트

(보통 나사) (가는 나사)

(b) 나사 인서트

그림 3-152 바이트에 의한 나사 가공

게 되어 있어, 전기 모터를 동력으로 사용한다. 그림 3-151 (a)는 휴대용으로 현장 배관에 사용되며, 그림 3-151 (b)는 전기 모터를 장착한 전용 파이프 나사 절삭기로 배관 공사 현장에서 많이 사용되고 있다.

(3) 공작 기계에 의한 가공

1 선반에 의한 나사 가공

선반에서 나사를 절삭할 때에는 그림 3-152와 같이 절삭할 나사와 동일한 각도와 모양의 나사 바이트를 사용하여 공작물의 회전에 맞추어 바이트를 이송하면서 나사를 절삭한다.

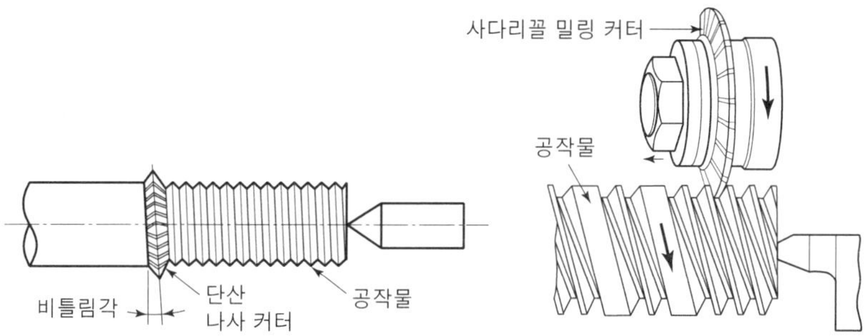

(a) 단산 나사 밀링 (b) 사다리꼴 나사 밀링

그림 3-153 단산 밀링 커터에 의한 나사 가공

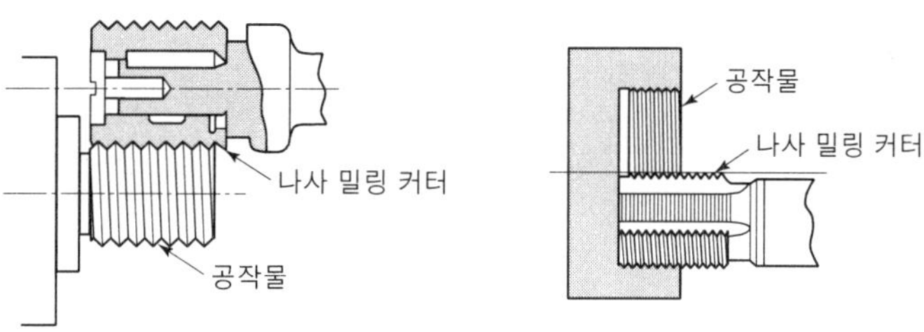

(a) 수나사용 (b) 암나사용

그림 3-154 다산 나사 밀링 커터에 의한 나사 가공

2 밀링 머신에 의한 나사 가공

나사를 깎는 전용 밀링 머신에 사용하는 커터에는 단산형(單山形) 나사 커터와 다산형(多山形) 나사 커터가 있다.

a) 단산 밀링 커터에 의한 가공 : 공작물의 길이가 비교적 긴 나사를 깎을 때, 특히 정밀도가 높은 사다리꼴 나사의 경우 또는 대량 생산 작업에서 비교적 높은 정도를 요구하는 나사의 가공에는 나사 절삭용 밀링 커터를 사용한다. 그림 3-153 (a)는 단산 나사 밀링이고, 그림 3-153 (b)는 사다리꼴 나사 밀링의 보기를 나타낸 것이다.

b) 다산 밀링 커터에 의한 가공 : 그림 3-154는 다산 나사 밀링 커터에 의한 나사 가공의 보기로서 그림 3-154 (a)는 수나사의 가공을, 그림 3-154 (b)는 암나사의 가공을 보여주고 있다. 나사 밀링 커터에 의한 나사 가공은 조작이 간단하고 가공 능률이 좋으며, 깨끗한 다듬질면을 만들 수 있다.

5) 기어 절삭 가공

(1) 기어 절삭법

호브에 의해 가공되는 초대형 스퍼 기어 가공 사례
(Illinois Gear, a Household Internatinal Co.)

기어의 모양에는 인벌류트 치형, 사이클로이드 치형, 이 밖에 특수한 치형 등이 있는데 그중에서 제작이 간편하고 중심 거리가 다소 틀려도 정확한 물림을 하는 인벌류트 치형이 많이 사용된다. 기어 가공은 대부분이 절삭 방법에 의하여 제작되는데, 절삭 가공 방법으로는 선반, 밀링 머신, 슬로터 등을 이용하여 가공할 수도 있으나 기어 전용 절삭기를 사용하면 능률적이고 정밀도가 높은 기어를 제작할 수 있다. 기어 가공법에는 성형법(成形法)에 의한 기어 절삭법과 창성법(創成法)에 의한 기어 절삭법이 있다.

(2) 성형 기어 절삭 가공

1 판형에 의한 기어 모방 절삭 가공

절삭하기 어려운 매우 큰 기어의 절삭에는 그림 3-155 (a)와 같이 셰이퍼의 테이

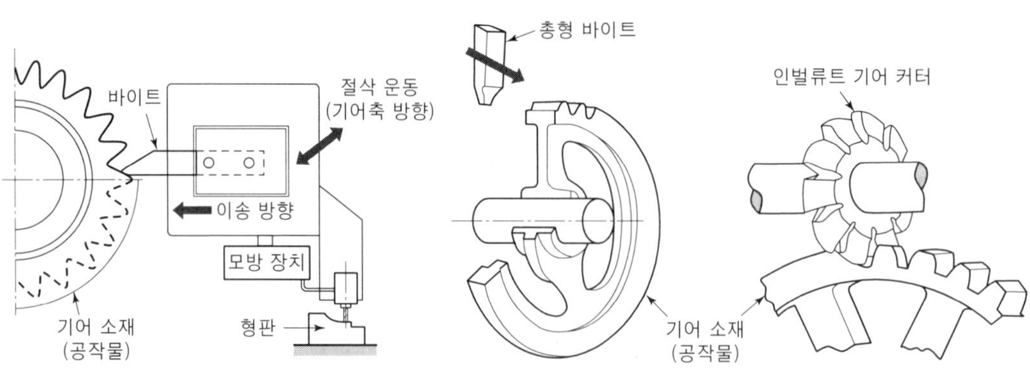

그림 3-155 성형 기어 절삭법

블 상에 기어 곡선과 동일한 윤곽을 갖는 형판(形板, template)과 기어 소재를 고정하고 바이트가 형판에 따라 모방 절삭이 이루어지도록 이송하거나 절입하여 기어를 가공하는 방법이다.

1매의 기어가 절삭 완료되면 소재를 1피치 만큼 분할(indexing) 회전하여 다음 기어를 절삭 가공한다. 이와 같은 가공법은 종래에는 손 조작에 의해 기어를 절삭하는 방법으로 극히 일부의 기어 제작에 사용되었으나 최근에는 NC 제어 장치의 발달로 보다 폭넓게 이용되고 있다.

2 총형 공구에 의한 기어 절삭 가공

총형 공구에 의한 기어 가공법은 깎고자 하는 기어의 홈과 같은 모양으로 된 총형 바이트(formed bite)를 사용하여, 기어 소재를 1피치씩 돌려 가며 깎는 방법이다. 이 방법에는 그림 3-155 (b)와 같이 총형 바이트를 사용하여 셰이퍼나 슬로터(선반도 가능)에서 절삭하는 방법과 그림 3-155 (c)와 같이 인벌류트 기어 커터를 사용하여 밀링 머신 또는 선반에서 깎을 수 있다.

3 호브에 의한 기어 가공

호브(hob)는 래크를 원통의 주위에 비틀림 모양으로 감은 것과 같은 공구이다. 그림 3-156 (a)는 호브와 기어 소재와의 관계를 나타낸 것으로, 호브를 화살표 방향으로 회전시키면 나사의 산은 왼쪽에서 오른쪽으로 연속하여 움직인다.

이때 호브의 단면과 같은 가상 래크는 왼쪽에서 오른쪽으로 이동하고, 이것과 서로 물리는 것과 같은 회전을 기어의 소재에 주면 인벌류트 치형으로 창성된다. 그림 3-

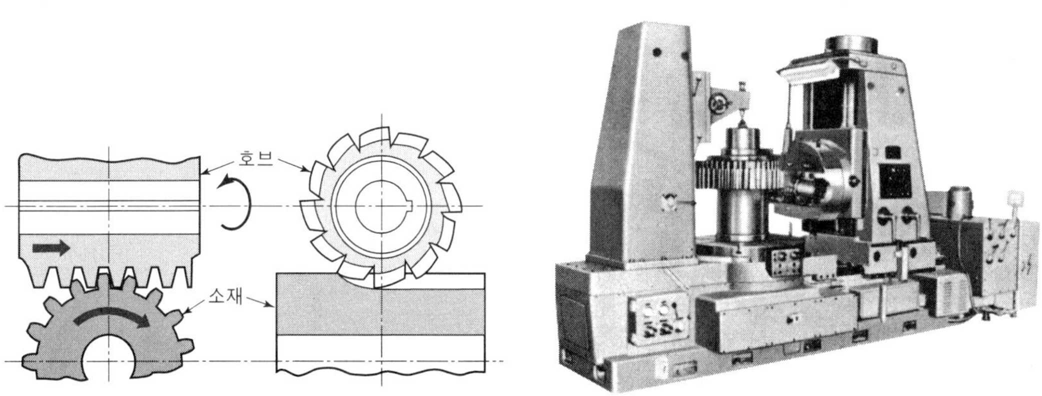

(a) 호브와 소재의 관계 (b) 호빙 머신

그림 3-156 호브에 의한 기어 가공

156 (b)는 호빙 머신(hobbing machine)의 보기이다.

6) 곡면 가공과 절삭 절단

(1) 곡면 가공과 브로칭

1 곡면 가공

기계 부품 중에서 손잡이, 베어링축, 캠, 미끄럼면은 곡면인 경우가 많다. 곡면의 가공에는 단일 공구인 바이트를 비롯하여 총형 바이트, 총형 밀링 커터, 엔드밀 등이 사용되며 수량이 많거나 규격품을 생산할 때에는 모방 공작 기계, 수치 제어 공작 기계 및 CAD/CAM 등이 이용되고 있다.

곡면의 가공 방법은 사용 공구, 공작 기계 가공 방식 등에 따라 분류할 수 있으나 여기서는 사용 공구를 중심으로 설명하기로 한다.

● 바이트에 의한 곡면 가공

바이트를 사용하여 곡면을 절삭 가공할 수 있는 공작 기계로는 선반이 주가되고 이 밖에 셰이퍼, 슬로터 등이 있다. 바이트는 단인 바이트와 총형 바이트가 주로 사용된다.

a) 단인 바이트에 의한 곡면 절삭 : 비교적 단순하거나 완만한 곡선 절삭 가공은 그림 3-157 (a)와 같이 선반, 셰이퍼 또는 슬로터에서 절삭 가공할 수 있다. 그러나 손 조작에 의해 곡면이 가공되므로 많은 숙련과 시간이 요구되며, 비능률적이다. 따라서 시작품 제작이나 1, 2개의 주문 생산에 제한적으로 이용된다.

b) 총형 바이트에 의한 곡면 절삭 : 그림 3-157 (b)와 같이 선반에서는 비교적 복잡한 곡면의 절삭 가공을, 셰이퍼에서는 기어가 커서 알맞은 커터나 호브가 없고, 제

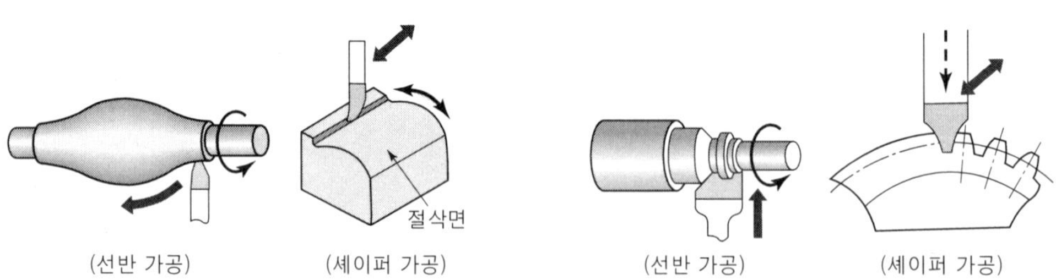

(a) 단인 바이트에 의한 방법 (b) 총형 바이트에 의한 방법

그림 3-157 바이트에 의한 곡면 가공

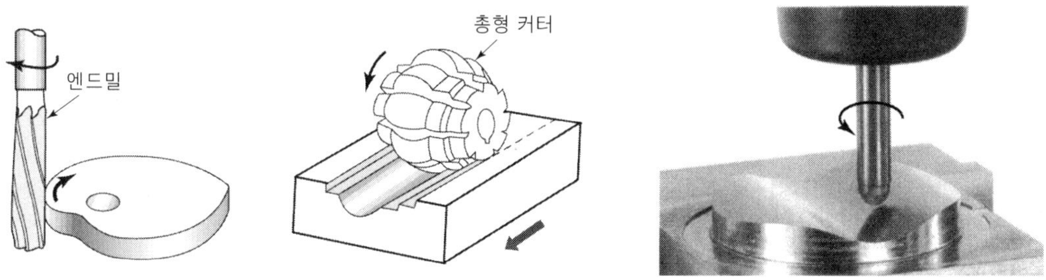

(a) 엔드밀 (b) 총형 커터 (c) 솔리드 볼 엔드밀

그림 3-158 밀링에 의한 곡면 가공

작 수량이 적거나 시작품의 제작에 이용된다.

● 밀링 커터에 의한 곡면 가공

가공할 임의의 곡면을 밀링 머신에서 절삭할 때에는 그림 3-158 (a)와 같이 엔드밀 또는 그림 3-158 (b)와 같은 총형 커터를 사용하여 필요한 곡면으로 절삭 가공한다. 최근에는 CNC 밀링 머신에서 그림 3-158 (c)와 같이 솔리드 볼 엔드밀(solid ball end mill)에 의해 금형의 곡면을 고속으로 초정밀 가공이 이루어지고 있다.

● 그 밖의 곡면 가공

가공품이 많거나 정밀을 요하는 경우에는 미리 만들어 높은 모형(模型)에 따라 복잡한 모양의 부품을 자동 가공하는 모방 선반(copying lathe), 모방 밀링 머신(profile milling machine) 등이 있다. 최근에는 설계와 기계 가공이 통합된 CAD/CAM 방식이 도입되어 자동차의 핸들, 전화기, 각종 유리병 금형 등의 설계와 가공이 유선으로 설계실의 모니터와 생산 현장의 공작 기계가 직결되어 자동 생산되고 있다.

2 브로치 가공

공작물에 다각형의 구멍 또는 여러 개의 홈이 있는 구멍을 절삭 가공하기 위해서는 줄이나 끌과 같은 수기 공구로 가공하거나 밀링 머신, 셰이퍼, 슬로터 등의 공작 기계를 사용하여 가공할 수 있다. 그러나 이러한 가공법으로는 가공 능률이 좋지 않을 뿐 아니라 가공 정밀도도 좋은 편이 못된다. 따라서 이들의 결점을 보완하기 위하여 브로칭(broaching)을 한다.

브로칭은 1차 가공된 공작물의 구멍에 그림 3-159 (a)와 같이 브로치를 넣어 브로치에 주절삭 운동을 주거나 그림 3-159 (b)와 같이 브로치를 공작물의 표면에 밀어 붙이고, 여기에 주절삭 운동을 줌으로써 공작물의 내면 또는 표면을 한 공정으로 가

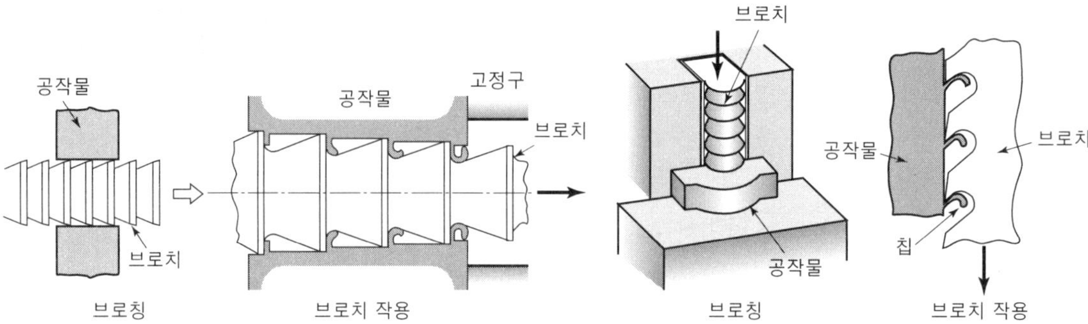

(a) 내면 브로칭 (b) 표면 브로칭

그림 3-159 브로칭 가공

공할 수 있는 절삭 가공 방법이다. 그림 3-159 (a)와 같이 내면 브로칭에 의해 둥근 구멍의 키홈, 다각형의 구멍, 스플라인 구멍 등을 요구하는 정확한 치수와 단면 모양으로 가공한다. 또 그림 3-159 (b)와 같이 표면 브로칭에 의하면 특수한 모양을 하고 있는 공작물의 표면을 가공할 수 있다.

그림 3-160 (a)는 직립 외면 브로칭 머신의 보기이며, (b)는 내연 기관의 커넥팅 로드(connecting rods)와 캡(cap)의 브로칭 공정의 보기이다.

(a) 브로칭 머신

(b) 가공 공정(커넥팅 로드)

그림 3-160 직립 외면 브로칭 머신과 브로칭 공정(Apex Broach & Machine Co.)

(2) 금속 재료의 절삭 절단

봉재, 형재, 파이프 및 판재 등의 기계 재료는 필요한 치수, 모양으로 절단하여 기계 가공이나 수기 가공에 사용하게 된다. 절삭 방법에 의한 기계 재료의 절단 작업은 공작물의 준비와 작업 공정 등 생산의 효율성에 있어서 대단히 중요한 공정이지만, 일반적으로 다른 공정보다 소홀히 다루는 경향이 있다. 그러나 절단 작업 시간이나 재료 손실 등으로 미루어볼 때 소홀히 다루어서는 안될 중요한 공정이다. 금속 재료의 절삭 절단에는 쇠톱에 의한 방법이 주로 사용되고 있으나 절삭 과정에서 이루어지는 경우도 상당히 많다. 즉, 선반에서는 바이트 절단, 밀링 머신에서의 메탈 슬리팅 등이 있으며 이밖에도 커팅휠 절단이 있다.

기계톱에 의한 절단 가공

1 쇠톱 절단 가공

● 손 작업에 의한 절단

쇠톱 틀을 사용한 손 작업에 의한 쇠톱 절단은 공작물을 바이스에 고정하여 절단하는 것이 일반적이다. 그림 3-161 (a)는 날의 고정 방향을, (b)는 절단할 때 공작물의 형상에 따라 바이스에 고정하는 일반적인 사례를 나타낸 것이다.

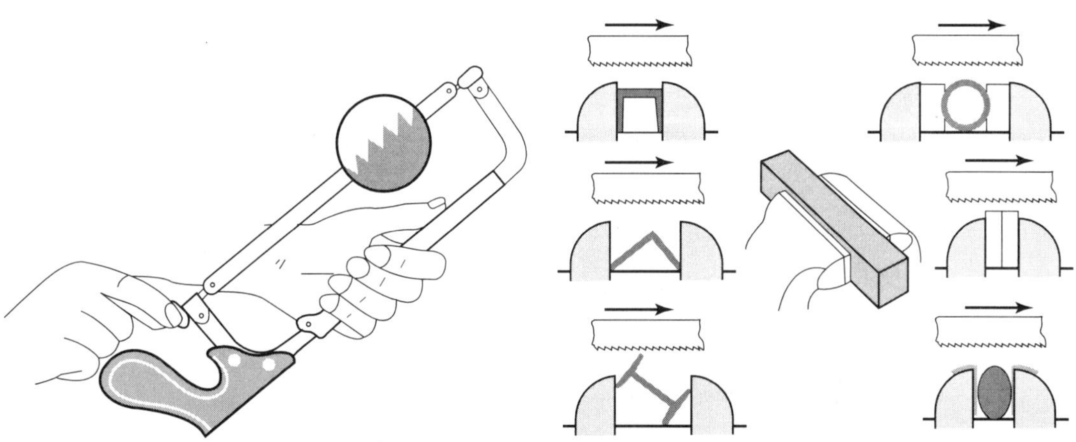

(a) 날의 방향 (b) 공작물 고정법

그림 3-161 톱날 끼우기와 공작물의 고정법

기계톱에 의한 절단

동력을 이용한 기계톱에는 톱날의 왕복 운동에 의해 절단하는 기계 활톱(hack sawing machine)과 띠톱을 사용하는 기계 띠톱(band sawing machine)이 있다. 또 너비가 좁은 띠톱을 사용하는 윤곽 기계(counter machine)는 재료를 절단하는 작업 외에 특정한 모양으로 절단하거나 부분 따내기 절단이 가능하다.

이 밖에도 원판의 바깥 둘레에 날을 붙인 둥근톱을 회전시켜 절단하는 방법도 있다. 이 절단법은 기계 활톱에 비하여 작업 능률이 높다. 절단할 때는 둥근 톱날을 이

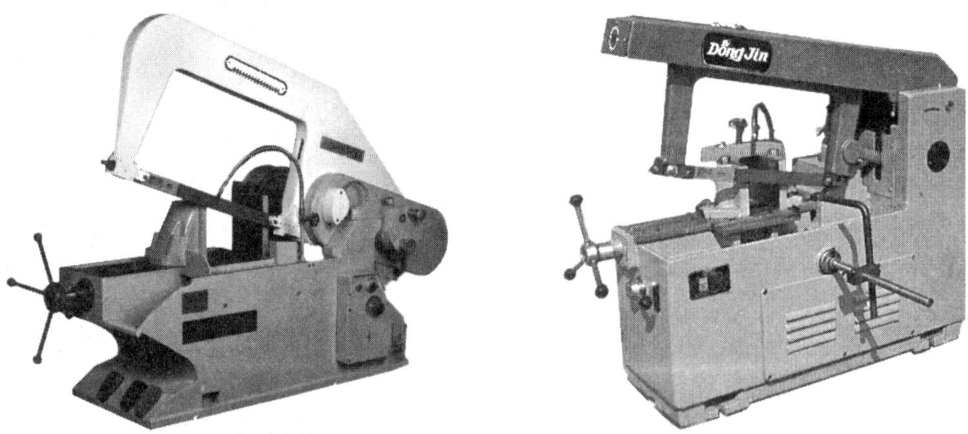

(a) 유압식 (b) 기계식

그림 3-162 기계 활톱

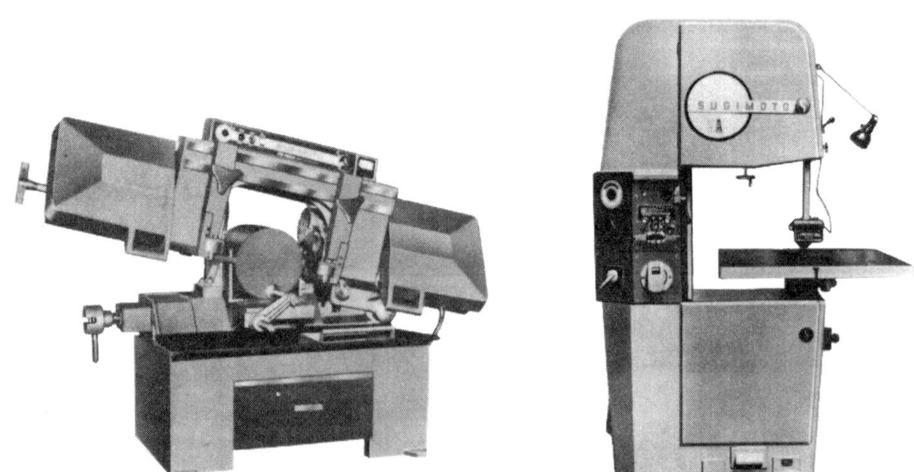

(a) 수평형 (b) 직립형

그림 3-163 기계 띠톱의 종류

동시키며, 그 작동은 이송 나사 또는 유압으로 한다. 그림 3-162는 가장 많이 사용되고 있는 기계 활톱의 보기이고, 그림 3-163은 기계 띠톱의 보기이다.

2 바이트 및 커터에 의한 절삭 절단

바이트에 의한 절단

바이트에 의한 절단 가공(cutting off operation)은 선반 작업의 척 작업에서 가공 전에 일정 길이의 소재를 마름질할 때, 또는 작업이 완료되어 가공품을 분리할 때 사용된다. 그림 3-164는 절단 바이트를 사용한 홈 가공에서 절단 작업 공정을 나타낸 보기이다. 선반 가공에서 그림 3-164 (a)와 같은 완성 바이트, 인서트팁을 사용하는 절단 바이트용 홀더와 스프링형 절단 바이트 등이 사용되고 있다.

커터에 의한 절단

밀링 가공 공정에서 공작물의 일부분을 잘라 내거나 분리할 때에는 너비가 좁은 밀

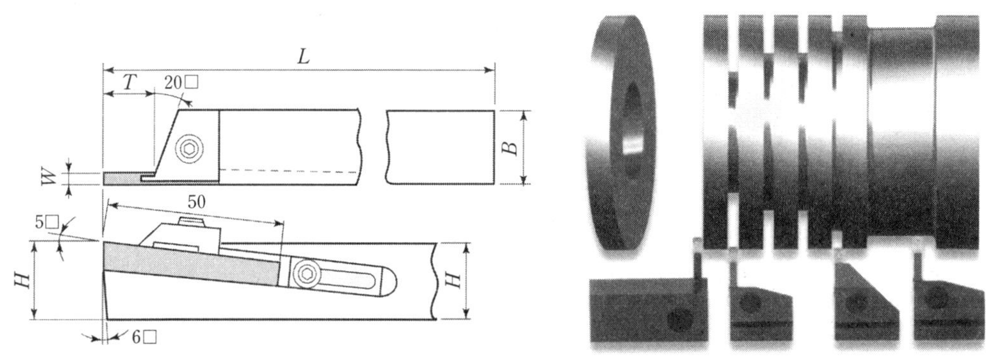

(a) 절단 바이트 (b) 절단 사례

그림 3-164 바이트에 의한 절단 가공

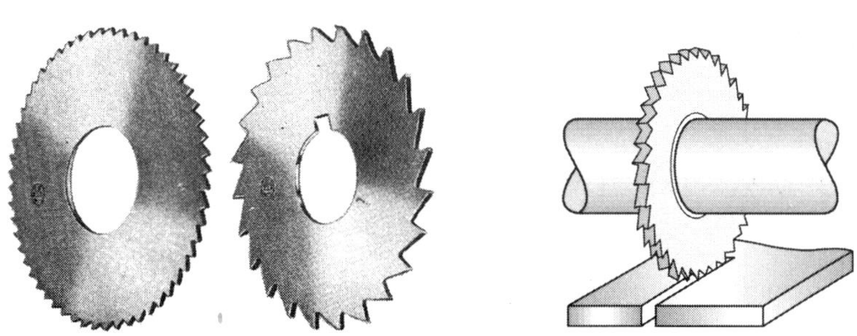

(a) 슬리팅 소 (b) 절단 작업

그림 3-165 메탈 슬리팅 소에 의한 절단

(a) 절단기와 기구 (b) 절단 작업 (c) 절단기

그림 3-166 숫돌바퀴에 의한 절단

링 커터의 일종인 그림 3-165 (a)와 같은 메탈 슬리팅 소(metal slitting saw)를 사용한다. 메탈 슬리팅 소는 그림 3-165 (b)와 같이 비교적 두꺼운 공작물을 잘라 쪼개는 가공을 주로 하지만 필요에 따라서는 좁고 깊은 홈의 가공에도 이용된다.

3 숫돌 원판에 의한 연삭 절단

얇은 숫돌바퀴를 사용하는 연삭 절단기(研削切斷機, abrasive cut-off machine)는 절단 숫돌을 알루미나(Al_2O_3)질 및 탄화규소(SiC)질 등의 숫돌 입자를 에보나이트(ebonite) 또는 플라스틱(plastic)의 결합제를 사용하여 원판 모양으로 성형한 것으로 활톱이나 띠톱으로 절단할 수 없는 백주철, 합금강, 열처리와 경화된 재료들을 절단할 때 사용된다. 이 밖에 배관이나 구조물 조립 작업 및 건설 현장에서 파이프 철근 또는 앵글 등의 절단에도 많이 사용되고 있다.

그림 3-166은 숫돌바퀴 절단기에 의한 연삭 절단 작업과 절단기의 보기이다.

3.6 연삭과 특수 정밀 가공

1. 연삭과 숫돌 입자 가공

연삭 가공은 넓은 의미에서 절삭 가공의 한 분야로서 가공 정밀도가 높고 적용 범위가 넓은 중요한 가공 기술 분야로 다루어지고 있다. 연삭 가공은 매우 단단한 숫돌 입자의 예리한 모서리 각을 날로 사용하여 절삭하는 가공으로, 고정 연마 입자(固定

研磨粒子, bonded abrasive)와 유리 연마 입자(遊離研磨粒子, loose abrasive)에 의한 가공으로 분류한다.

고정 입자에 의한 가공은 숫돌바퀴, 숫돌 또는 입자를 한면에 접착한 연마포(지)에 의한 가공이다. 유리 입자에 의한 가공은 숫돌 입자를 고정하지 않고, 입자 그대로의 상태 또는 별도의 액체와 혼합하여 사용하는 가공이다.

여기서는 숫돌바퀴에 의한 공작 기계 영역을 연삭 가공으로, 그 밖의 숫돌 입자 가공을 정밀 입자 가공으로 구분하여 다루기로 하겠다.

1) 연삭 가공

연삭 가공(研削加工, grinding)은 연삭 숫돌바퀴(grinding wheel)를 고속으로 회전시켜 공작물의 가공면을 미세하게 절삭하는 가공법으로, 절삭 가공의 한 분야라 할 수 있다. 연삭 가공은 매우 단단하고 예리한 숫돌 입자 하나 하나가 각기 밀링 커터의 날과 같은 절삭날의 기능을 하게 되며, 일반 바이트나 밀링 커터로는 가공할 수 없는 담금질한 강이나 경도가 큰 합금강과 같은 공작물을 가공할 때 사용된다.

연삭 가공은 선반, 밀링 등에 의해 1차 가공한 기계 부품을 최종적으로 다듬질 가공하는 데 주로 이용하는 가공법이다. 그러나 주조나 단조품에 따라서는 1차적 절삭 가공을 생략하고 직접 연삭하는 방법도 있다.

(1) 연삭 가공의 개요

1 숫돌바퀴에 의한 연삭

연삭 가공은 그림 3-167과 같이 밀링과 유사한 가공법이다. 연삭 가공은 선반이나

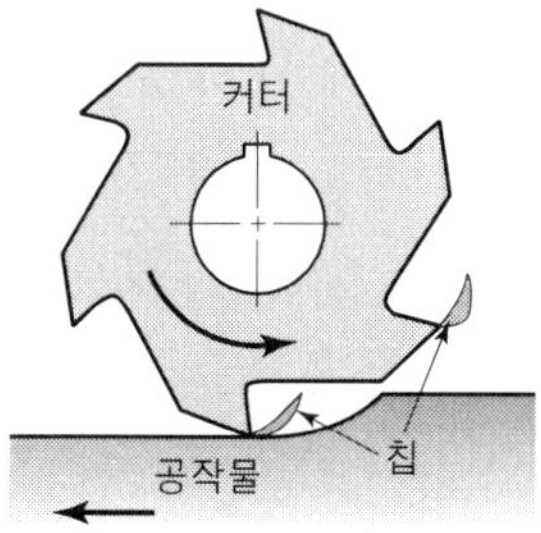

(a) 밀링

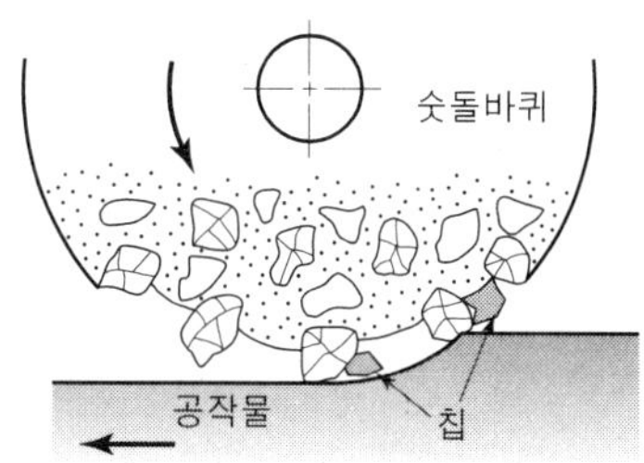

(b) 연삭 가공

그림 3-167 밀링과 연삭 가공

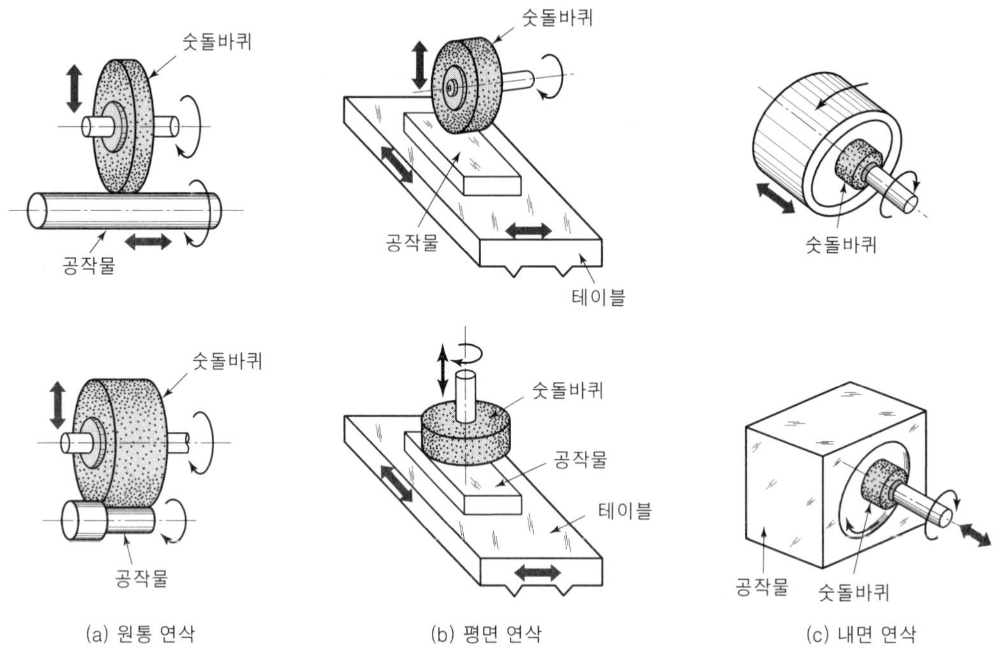

그림 3-168 연삭 가공 분야

밀링 머신에서 1차 가공한 공작물을 보다 높은 정밀도로 가공할 때 사용되며, 절삭 가공이 어려운 담금질한 강이나 초경 합금과 같은 단단한 금속 재료는 1차 가공부터 연삭하게 된다.

2 연삭 가공 분야

연삭 가공 분야에서 주로 이루어지는 가공에는 그림 3-168과 같이 바깥면, 내면, 정면, 측면 등을 비롯하여 평면, 수직면, 경사면, 홈 등을 연삭할 수 있다. 특수 연삭으로는 나사, 기어, 크랭크축, 캠 등 여러 가지 부품도 연삭한다.

이 밖에도 주조품의 거친 표면을 다듬을 때, 특수 숫돌바퀴에 의한 고속 절단 작업, 소형 자동차의 구상 흑연 주철제인 크랭크샤프트를 절삭 가공 없이 직접 연삭 가공하는 경우 등에 사용되고 있다.

3 숫돌 입자

연삭제의 입자를 숫돌 입자(abrasive grain)라 하며, 이것은 숫돌바퀴의 날을 구성하는 부분이므로, 공작물보다 단단하고, 적당한 인성을 구비하여야 한다.

표 3-8 연삭 숫돌의 재질과 인조 숫돌 입자의 종류

계	숫돌 입자		인조 숫돌 입자의 종류
	재질	기호	
A계	백색 알루미나	WA	4A
	갈색 알루미나	A	2A
C계	녹색 탄화규소	GC	4C
	흑색 탄화규소	C	2C

A계 숫돌 입자

A계 숫돌 입자는 알루미나를 전기로에서 가열 용융한 다음 서랭하여 결정으로 만든 것으로, 첨가 성분이나 결정 구조를 병행시켜 여러 가지 용도에 알맞게 제조한 것을 WA, A의 기호로 표시한다. 순도에 따라 4A, 3A, 2A, 1A 등이 있으며 4A가 가장 순도가 높다. A계 숫돌 입자는 강재의 연삭과 래핑 등에 많이 사용된다.

C계 숫돌 입자

탄화규소계(SiC)의 결정으로, SiC와 C를 전기로에서 가열 반응시켜 제조한다. 탄화규소질 인조 숫돌 입자는 GC, C의 기호로 표시하며, 순도에 따라 4C, 3C, 2C, 1C 등이 있는데, 4C는 다른 것에 비하여 순도가 높다. C계 숫돌 입자는 강 이외의 비금속(유리, 석재, 고무, 피혁 등)의 연삭과 래핑에 널리 사용된다.

표 3-8은 연삭 숫돌의 재질과 인조 숫돌 입자의 종류를 나타낸 것이다. WA와 A 연삭 숫돌은 일반적으로 탄소강, 합금강, 공구강, 스테인리스강 등 인장 강도가 큰 강철 계통의 재료를 연삭하는데, GC와 C 숫돌은 주철, 황동, 초경 합금 등 인장 강도가 작은 재료의 연삭에 적합하다.

다이아몬드 숫돌 입자

다이아몬드는 지상에 존재하는 물질 중에서 가장 경질의 숫돌 입자로서 우수한 성능을 갖고 있다. 그러나 값이 고가이므로 초경 합금, 유리, 석재, 세라믹스, 반도체 등과 같이 경질이거나 가공 능률을 높이고자 할 때 사용된다. 다이아몬드는 고온의 철과 반응하기 쉬우므로 강의 가공에는 적합하지 않다.

다이아몬드 숫돌 입자에는 천연 다이아몬드(D), 합성 다이아몬드(SD) 그리고 금속을 피복한 합성 다이아몬드(SDC) 등 여러 종류가 있다. 다이아몬드 숫돌 입자는 고정 숫돌 입자 외에 유리 숫돌 입자로서 또는 유지(油脂)와 혼합한 페이스트(paste)상태의 래핑용이 있다.

4 숫돌바퀴

숫돌바퀴의 구성 요소

숫돌바퀴는 많은 숫돌 입자를 결합제(結合劑)로 굳힌 것으로서, 숫돌 입자의 예리한 끝이 절삭날이 되어 공작물을 연삭한다. 숫돌바퀴는 그림 3-169와 같이 숫돌 입자와 결합제, 기공(氣孔)의 세 가지로 구성되어 있는데, 이를 숫돌바퀴 구성의 3요소(要素)라 한다. 숫돌바퀴의 성능은 숫돌 입자, 입도, 결합도, 조직, 결합제 등

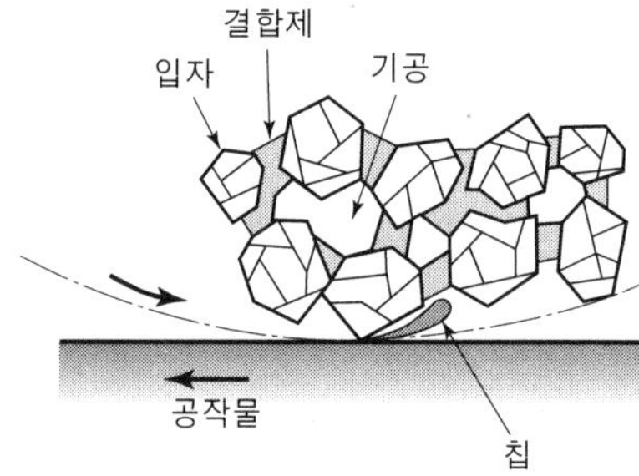

그림 3-169 숫돌바퀴의 구성 3요소

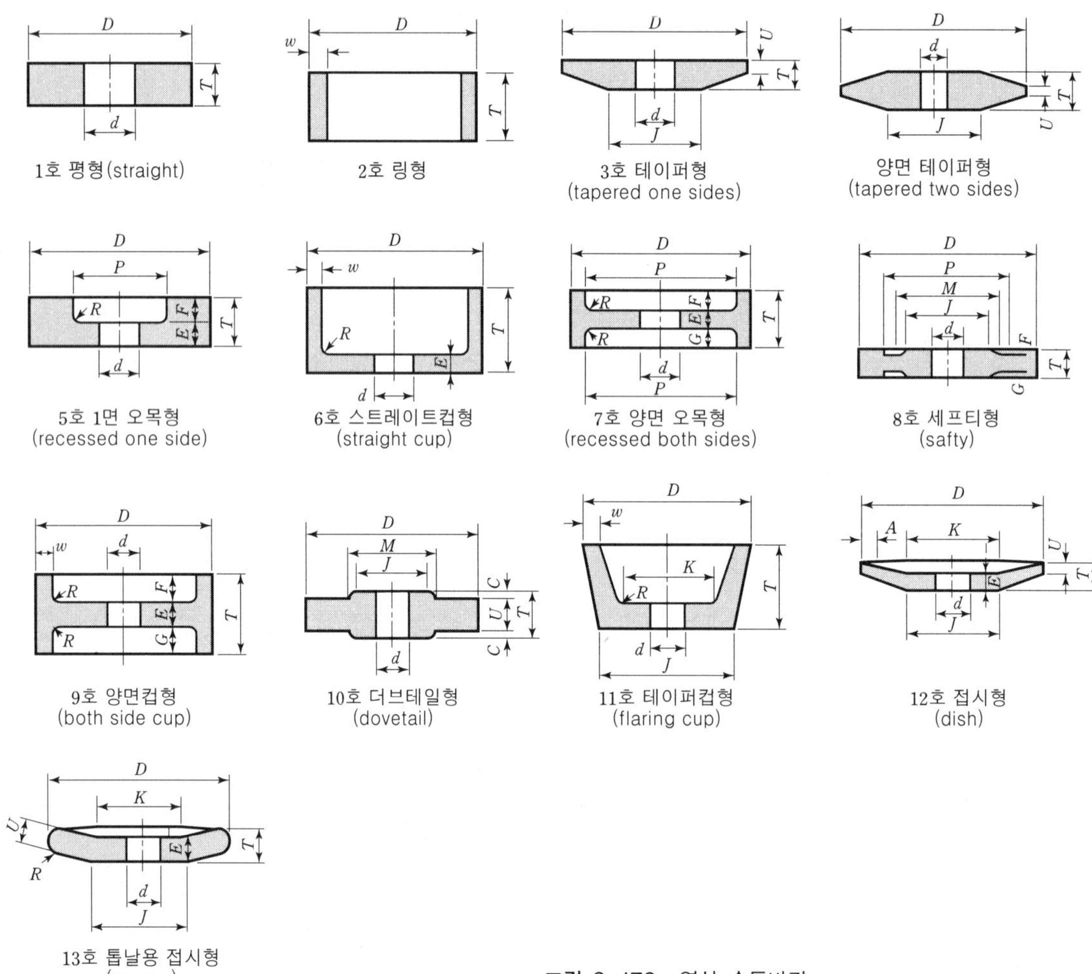

그림 3-170 연삭 숫돌바퀴

의 다섯 가지 요소에 의하여 결정된다. 숫돌바퀴를 사용하여 작업을 할 때에는 이와 같은 요소에 대하여 정확한 지식을 가지고 있어야 한다.

숫돌바퀴의 모양과 치수

연삭용 숫돌바퀴의 모양과 치수는 KS L 6517 연삭 숫돌의 모양 및 치수(shape and dimensions of grinding wheels)에서 규정하고 있다.

그림 3-170은 그 보기로서 총 28호 중 표준이 되는 13종을 나타낸 것으로, 같은 치수로 만들도록 규격화하고 있다.

연삭 숫돌바퀴의 표시

숫돌바퀴를 표시할 때 KS L 6501에서 규정과 표시 보기를 제시하고 있는데 그 사항은 숫돌 입자, 입도, 결합도, 조직, 결합제, 모양 및 연삭면의 모양, 치수(외경×두께×구멍 지름), 회전 시험 원주 속도 및 사용 원주 속도 범위, 제조자 이름, 제조 번호, 제조 연월일 등이며, 그 사례는 그림 3-171과 같다.

숫돌바퀴의 선택 관리

공작물의 크기와 모양, 재질, 다듬질면의 상태, 공작물의 원주 속도, 공작물의 접촉 넓이 및 숫돌바퀴의 크기 등에 따라 연삭 숫돌 입자의 입도, 결합도, 조직, 결합제 및 숫돌바퀴의 모양 등이 달라지게 된다. 표 3-9는 결합도에 따른 숫돌바퀴의 선택 기

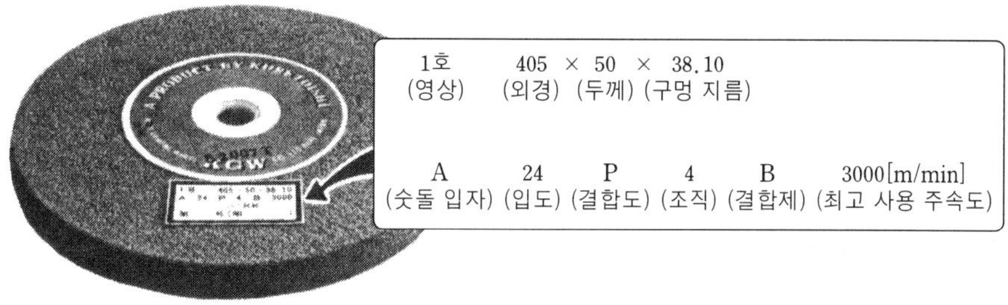

그림 3-171 숫돌바퀴의 표시 사례

표 3-9 결합도에 따른 숫돌바퀴의 선택 기준

결합도가 높은 숫돌(단단한 숫돌)	결합도가 낮은 숫돌(연한 숫돌)
1. 연질 재료의 연삭 2. 숫돌바퀴의 원주 속도가 느릴 때 3. 연삭 깊이가 얕을 때 4. 접촉 넓이가 작을 때 5. 재료 표면이 거칠 때	1. 경질 재료의 연삭 2. 숫돌바퀴의 원주 속도가 빠를 때 3. 연삭 깊이가 깊을 때 4. 접촉 넓이가 클 때 5. 재료 표면이 치밀할 때

표 3-10 조직에 따른 연삭 숫돌의 선택 기준

조직이 거친 연삭 숫돌	조직이 치밀한 연삭 숫돌
1. 연질이고 연성이 높은 재료 2. 거친 연삭 3. 접촉 넓이가 클 때	1. 굳고 메진 재료 2. 다듬질 연삭, 총형 연삭 3. 접촉 넓이가 작을 때

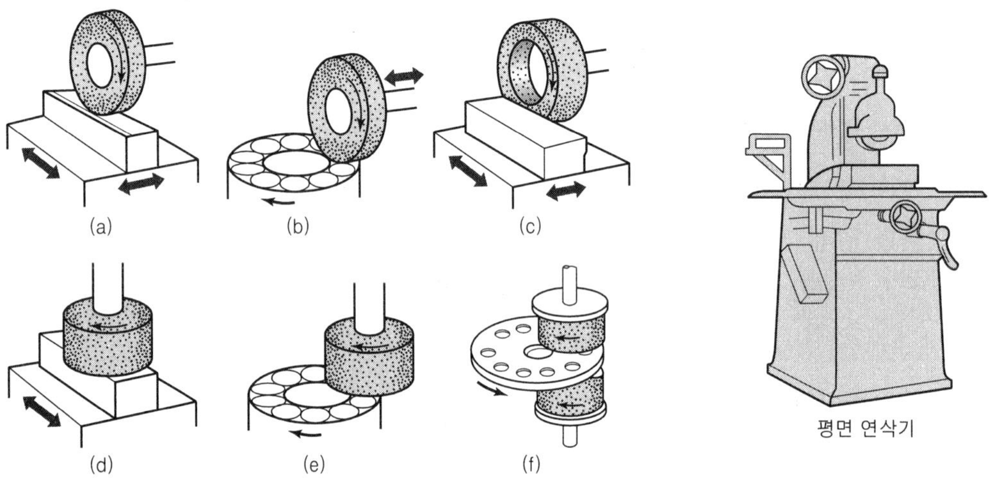

그림 3-172 평면 연삭 방식

준, 표 3-10은 조직에 따른 연삭 숫돌의 선택 기준이다.

(2) 평면 연삭

1 평면 연삭 방식

평면 연삭은 공작물의 평면을 연삭하는 작업으로, 숫돌바퀴의 바깥 둘레를 사용하는 방식과, 숫돌바퀴의 측면을 사용하여 연삭하는 방식으로 크게 나뉘어진다. 또 공작물을 고정하는 테이블은 각형과 원형이 있는데, 그 운동기구는 그림 3-172 (a), (c) 및 (d)와 같이 왕복 직선 운동을 하는 것과 (b), (e), (f)와 같이 회전 운동을 하는 것이 있다. 또한 숫돌 축에는 그림 3-172 (a), (b), (c)와 같은 수평축과 (d), (e), (f)와 같은 직립축이 있는데, 이들을 조합하면 여러 가지 연삭 작업을 할 수 있다.

평면 연삭 중에서 그림 3-172 (a), (b)와 같이 숫돌바퀴의 바깥 둘레를 사용하여 연삭하는 방식은 연삭량이 비교적 적으나 표면 거칠기 및 치수 정밀도는 매우 좋다. 반대로 (c), (d), (e), (f)와 같이 숫돌바퀴의 측면을 사용하는 연삭 방식은 숫돌바퀴

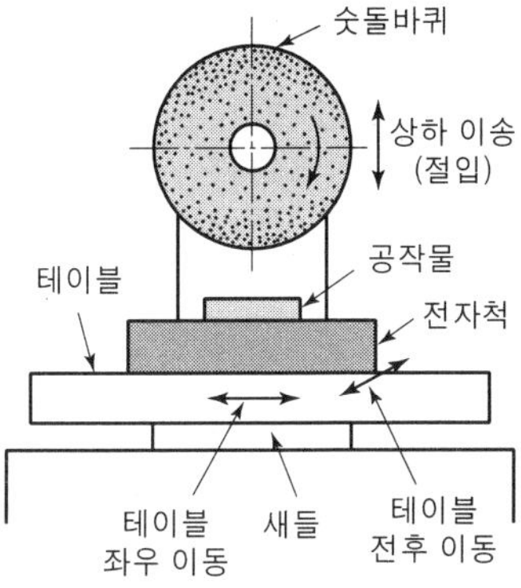

그림 3-173 평면 연삭법

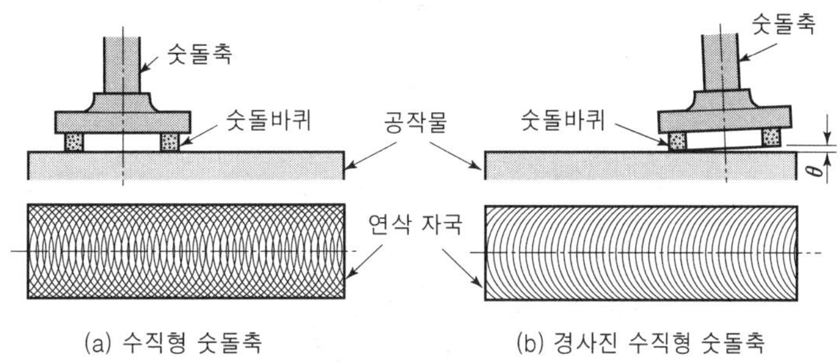

그림 3-174 직립형 평면 연삭 자국

가 공작물의 다듬면과 면접촉을 하기 때문에 동시에 많은 연삭을 할 수 있으며, 거친 연삭 작업에 적합하다.

2 평면 연삭법

a) **수평형 평면 연삭** : 그림 3-173과 같이 테이블 위에 고정한 공작물을 숫돌바퀴를 아래로 미소량 이송하여 연삭 깊이를 주고, 테이블을 왕복 운동하면서 연삭된다.

b) **직립형 평면 연삭** : 숫돌축이 테이블의 운동면에 정확하게 수직이 되어 있어야 한다. 이 경우에는 그림 3-174 (a)와 같은 연삭 자국이 생긴다. 숫돌축이 그림의 (b)와 같이 θ만큼 조금이라도 경사져 있으면 그림과 같은 연삭 자국이 생기고, 다듬질면은 중앙부가 오목하게 된다. 거친 연삭의 경우는 능률을 향상시키기 위하여 일부러 숫돌축을 기울일 때도 있다.

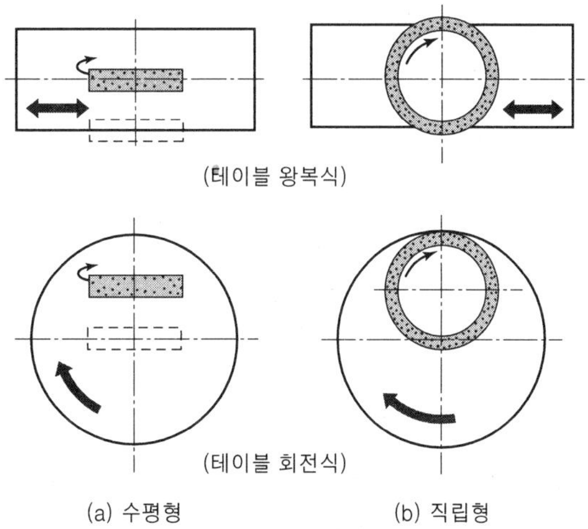

그림 3-175 평면 연삭기의 형식

3 평면 연삭기

평면 연삭기(surface grinding machine)는 숫돌바퀴의 연삭면, 위치 및 공작물과의 관계 운동 등에 따라 그림 3-175 (a)와 같은 수평형과 그림 (b)와 같은 직립형이 있으며, 테이블의 구동 형식에 따라

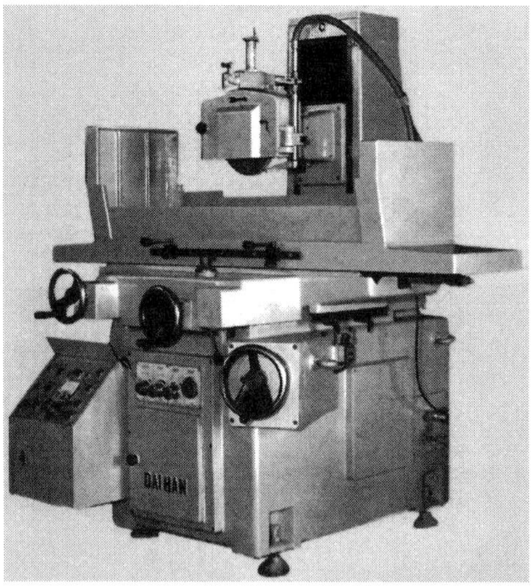

(a) 수평형

(b) 테이블 회전식 직립형

그림 3-176 평면 연삭기의 종류

테이블 왕복식과 테이블 회전식 등이 있다. 그림 3-176 (a)는 테이블 왕복식 수평형 평면 연삭기를, 그림 (b)는 테이블 회전식 직립형 평면 연삭기의 보기로서 공작물은 회전 테이블에 고정하고, 숫돌 지지대는 수동 또는 자동으로 위아래로 이송하여 연삭할 수 있는 구조로 되어 있다.

(3) 원통 연삭

1 원통 연삭 방식

원통형 공작물의 외경을 연삭하는 작업을 원통 연삭(cylindrical grinding)이라 하며, 연삭 방법에는 그림 3-177과 같이 트래버스(traverse) 연삭법과 플런지(plunge) 연삭법이 있다. 플런지 연삭은 그림 3-177 (c)와 같은 성형과 숫돌바퀴에 의한 총형 연삭(formed grinding)에 편리하다.

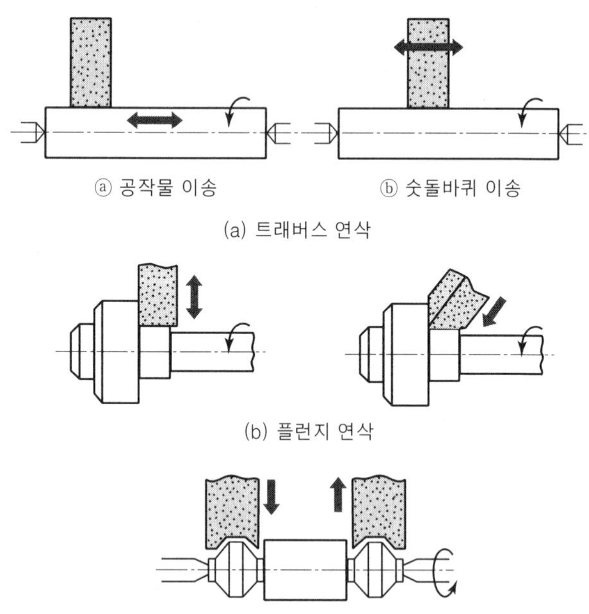

ⓐ 공작물 이송 ⓑ 숫돌바퀴 이송

(a) 트래버스 연삭

(b) 플런지 연삭

(c) 총형 연삭

그림 3-177 원통 연삭 방식

2 원통 연삭법

● 맨드릴을 이용한 원통 연삭

공작물의 모양과 연삭 방법에 따라 여러 형식의 맨드릴이 사용된다. 맨드릴은 그림 3-178 (a)와 같이 선반 작업에서처럼 맨드릴에 공작물을 알맞은 세기로 끼운 다음 양 센터 사이에 공작물을 고정하여 원통면을 연삭하는 경우 사용된다.

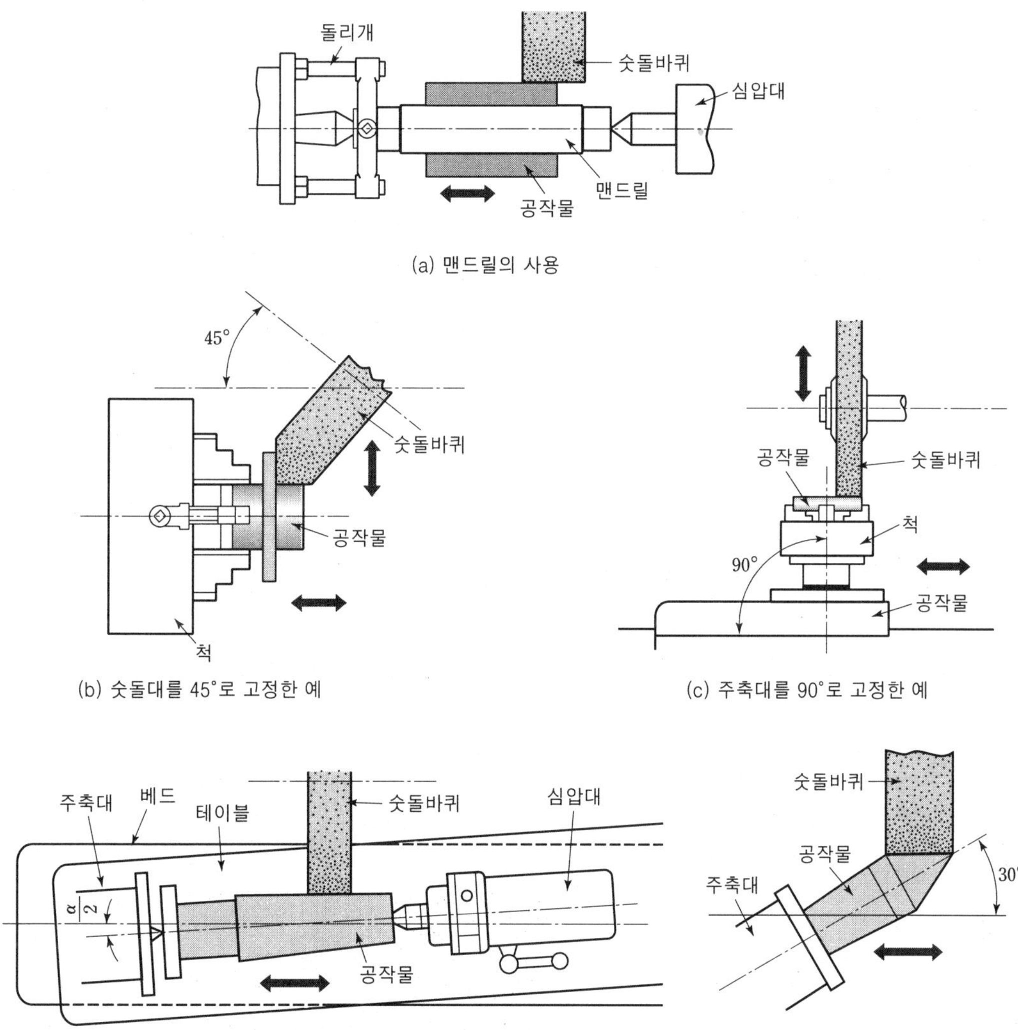

(a) 맨드릴의 사용

(b) 숫돌대를 45°로 고정한 예

(c) 주축대를 90°로 고정한 예

(d) 테이블 선회

(e) 주축대를 돌리는 경우

그림 3-178 원통 연삭법

측면 연삭

공작물의 측면을 중심축에 대해 수직인 평면으로 연삭할 때에 숫돌의 원주면 또는 측면을 이용하여 연삭한다. 그 특수한 예로는 그림 3-178 (b)와 같이 숫돌대를 회전시킨 경우, 그림 3-178 (c)와 주축대를 90°로 고정한 경우 등이 있다.

테이퍼 연삭

테이퍼 연삭 방법은 공작물의 모양과 크기에 따라 그림 3-178 (d), (e)와 같은 방식이 있다.

3 원통 연삭기

원통 연삭기(cylindrical grinding machine)는 원형 공작물의 원통면, 단붙이, 테이퍼 등의 연삭 다듬질 가공을 주 목적으로 하는 연삭기로, 기본 구조는 그림 3-179와 같이 베드, 테이블 위에 설치된 주축대와 심압대, 숫돌대, 이송 기구, 유압식 구동 기구, 절삭유 펌프 등으로 되어 있다. 그림 3-180 (a)는 테이블 왕복형의 한 보기로, 소형

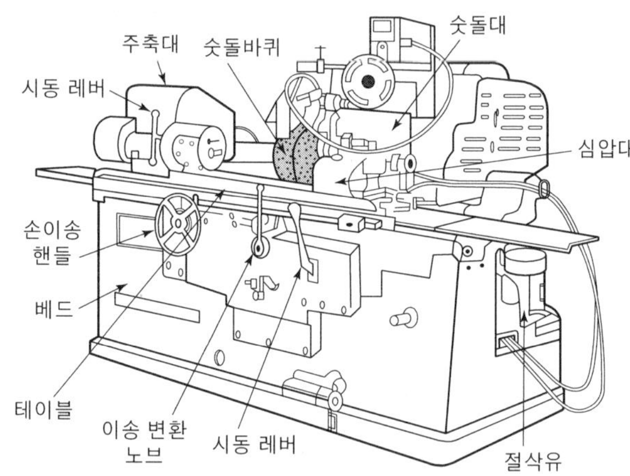

그림 3-179 원통 연삭기의 기본 구조

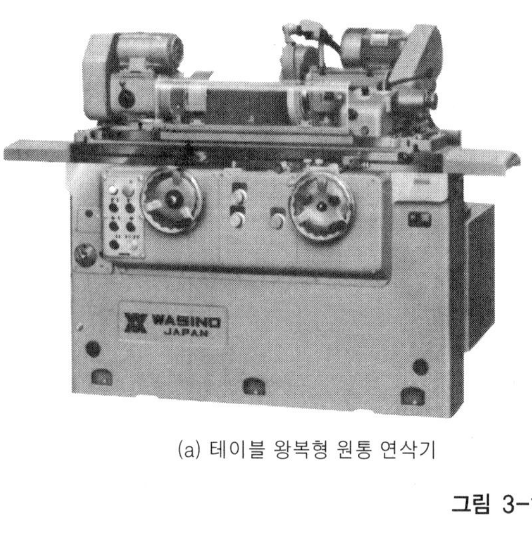

(a) 테이블 왕복형 원통 연삭기

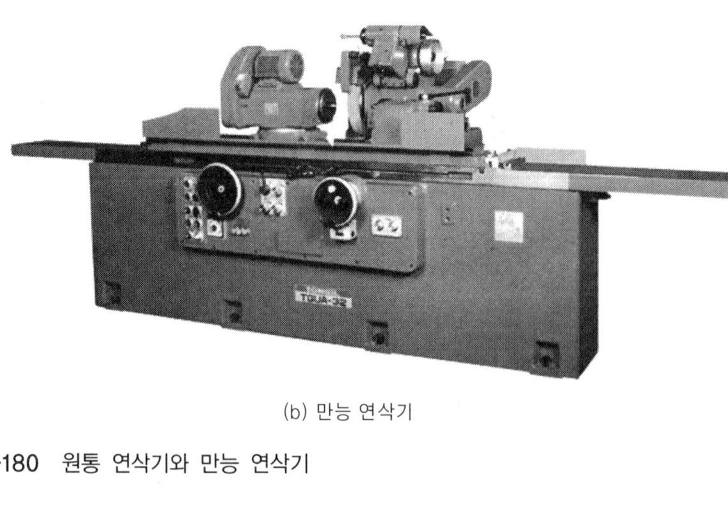

(b) 만능 연삭기

그림 3-180 원통 연삭기와 만능 연삭기

공작물의 연삭에 적합하다. 특히 만능 연삭기(universal grinder)는 그림 3-180 (b)와 같이 구조는 보통 원통 연삭기와 대체로 같으나, 테이블, 숫돌대, 주축대가 각각 회전할 수 있어 작업 범위가 넓다. 또한 내면 연삭도 할 수 있으며, 테이퍼 연삭, 정면 연삭 등의 특수 작업도 할 수 있다.

(4) 내면 연삭

뚫려 있는 구멍의 내경을 연삭하는 가공을 내면 연삭(internal grinding)이라 한다. 공작물이 소형이면서 모양이 단순한 것은 그림 3-181과 같이 공작물을 척으로 고정하여 회전시키고, 회전하는 작은 지름의 숫돌바퀴를 공작물의 내면에서 축 방향으로 이동하여 연삭한다. 이에 대해 대형 공작물이나 지그 연삭(jig grinding)의 경우에는 공작물은 정지하고 숫돌바퀴에 유성 운동(遊星運動)을 작용하여 연삭한다.

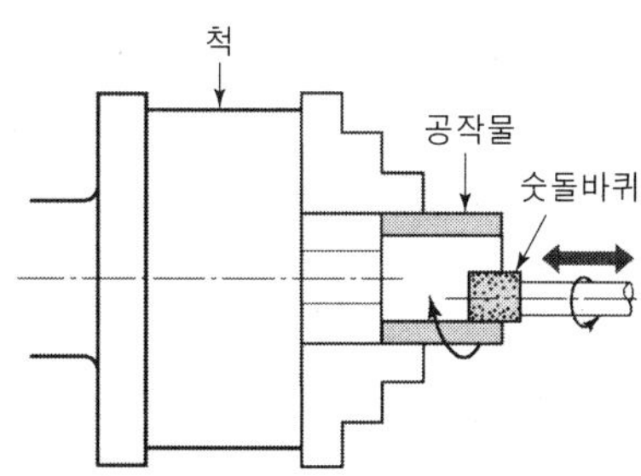

그림 3-181 내면 연삭

1 내면 연삭 방식

● 보통형

그림 3-182 (a)와 같이 공작물과 숫돌바퀴 모두에 회전 운동을 주어 연삭하는 방식으로, 비교적 작고 모양이 단순한 공작물에 적용된다.

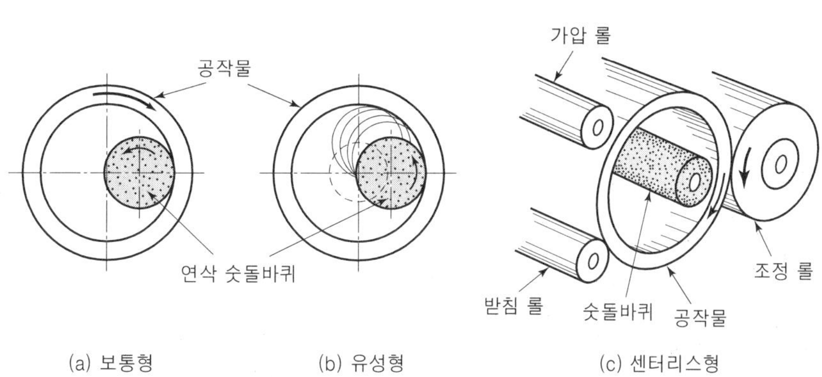

그림 3-182 내면 연삭 방식

● **유성형**

그림 3-182 (b)와 같이 공작물을 고정하고, 숫돌축이 회전 연삭 운동과 유성 운동(遊星運動)을 하는 플래너터리형(planetary type)과 공작물의 형상이 복잡하거나 대형이기 때문에 척이나 면판 또는 회전 테이블에 고정하여 회전 운동을 가하기 어려운 경우에 공작물을 고정하는 유선형이 있다.

● **센터리스형**

그림 3-182 (c)와 같이 공작물을 고정하지 않은 상태에서 연삭하는 방식이다.

2 내면 연삭법

● **원통의 내면 연삭**

척을 사용할 경우에는 주축에 척을 고정하고, 그림 3-183 (a)와 같이 다이얼 게이지를 사용하여, 공작물을 정확하게 고정한 다음, 그림 (b)와 같이 원통의 내면을 연

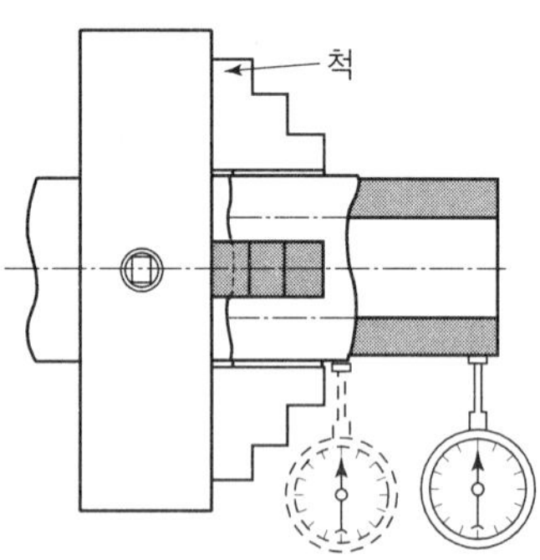

(a) 중심내기

(b) 내면 연삭

그림 3-183 원통의 내면 연삭

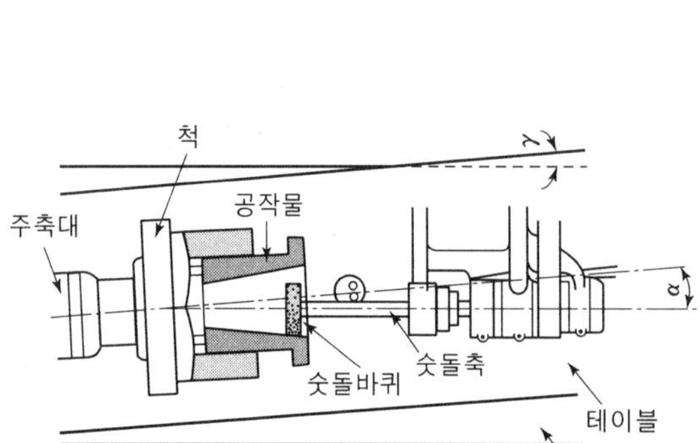

(a) 테이퍼의 크기가 작은 경우

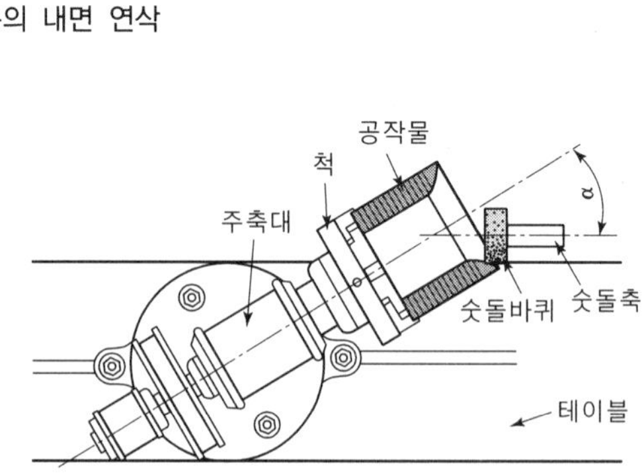

(b) 테이퍼의 크기가 큰 경우

그림 3-184 테이퍼 내면 연삭

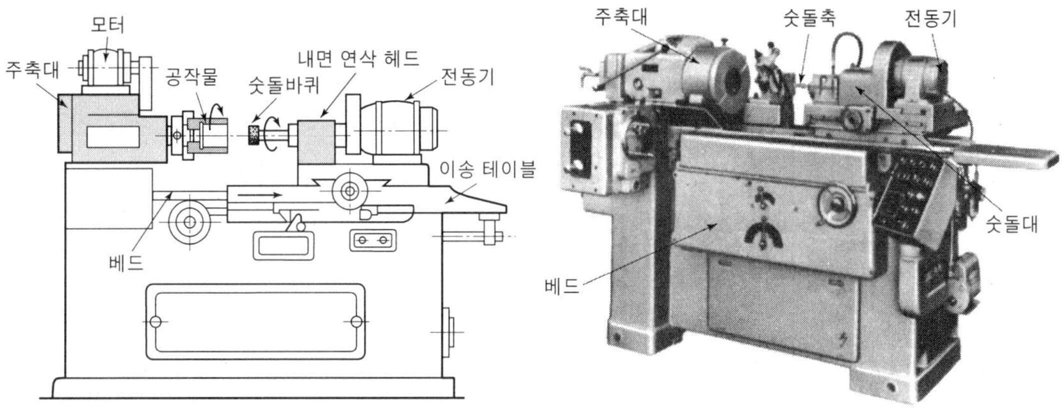

(a) 구조 (b) 외형

그림 3-185 내면 연삭기의 구조

삭한다.

● **테이퍼 내면 연삭**

테이퍼의 크기가 작을 때는 그림 3-184 (a)와 같이 테이블을 테이퍼각(2α)의 1/2인 α만큼 돌려 놓고 연삭하고, 테이퍼의 크기가 클 때는 그림 3-184 (b)와 같이 주축대를 α만큼 돌려 놓고 연삭한다.

3 내면 연삭기

내면 연삭기의 구조는 그림 3-185와 같이 원통 연삭기와 유사하다. 다른 점은 내면 연삭용 숫돌바퀴를 조립하여 이것을 고속 회전시키는 장치인 내면 연삭 헤드(內面研削頭, internal grinding head)가 있으며, 특수한 것은 유성 운동 기구(遊星運動機構)를 갖고 있다.

내면 연삭기는 구조적으로 보통 내면 연삭기(普通內面研削機, conventional internal grinding machine)와 내연 기관의 엔진 블록(engine block)과 같이 대형이고 균형이 잡히지 않은 공작물에 적합한 유성 내면 연삭기(遊星內面研削機, planetary motion internal grinding machine)로 나눌 수 있다.

(5) 그 밖의 연삭법

1 센터리스 연삭

센터리스 연삭(centerless grinding)은 센터나 척을 사용하지 않고 공작물의 바깥면 또는 내면을 연삭하는 가공 방법이다. 그림 3-186과 같이 연삭 숫돌바퀴(grinding wheel), 조정 숫돌바퀴(regulating wheel) 그리고 받침날(work rest blade)의 3요소가 공작물의 위치를 유지한 상태에서 연삭 숫돌바퀴로 공작물의 바깥 둘레를 연삭하는 방식이다.

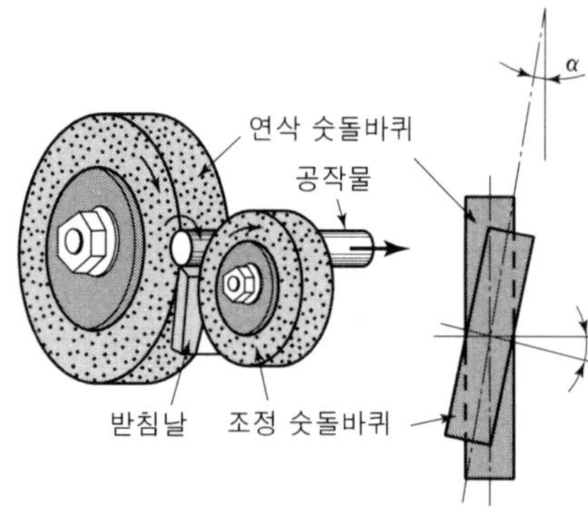

그림 3-186 센터리스 연삭

센터리스 연삭은 공작물을 연속적으로 밀어 넣을 수 있고, 한 번 조정으로 가공이 자동적으로 이루어지므로, 원형 단면인 공작물, 즉 피스톤 핀, 베어링 레이스, 롤과 같은 부품과 테이퍼 핀 및 드릴 자루와 같이 테이퍼가 있는 부품의 대량 생산에 적합하다.

센터리스 연삭기는 특성에 따라 공작물을 선택하여야 생산성을 높일 수 있다. 그림 3-187은 가장 대표적인 센터리스 연삭기의 외형을, 그림 3-188은 센터리스 연삭기로 베어링 레이스(bearing race)의 외면을 연속적으로 다량 연삭하는 보기를 나타낸 것이다.

그림 3-187 센터리스 연삭기

그림 3-188 통과 이송법에 의한 베어링 레이스의 연속 연삭

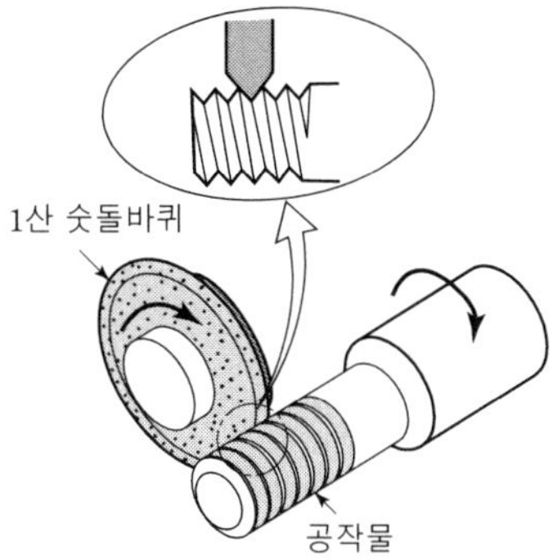

(a) 1산형 숫돌바퀴에 의한 연삭

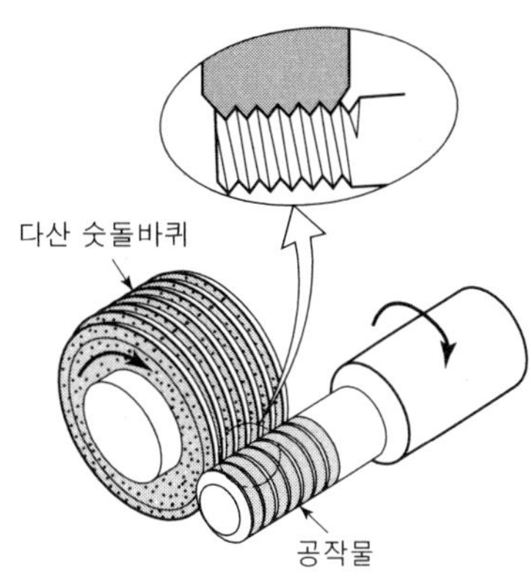

(b) 다산형 숫돌바퀴에 의한 연삭

그림 3-189 나사 연삭의 두 형식

2 나사 연삭

그림 3-190 나사 연삭기

정밀도가 높은 나사, 마이크로미터 스핀들 나사 또는 게이지용 나사는 나사 연삭기(thread grinding machine)에 의해 나사 연삭 가공(thread grinding)을 실시한다.

나사 연삭 가공은 절삭 가공으로 가공한 나사를 연삭하여 정밀도를 높이는 경우와, 담금질한 환봉 소재로부터 직접 나사 연삭하여 나사산을 가공하는 방법이 있다. 나사 연삭은 그림 3-189 (a)와 같이 1산형(一山形) 숫돌바퀴에 의한 방법과, 그림 3-189 (b)와 같이 다산형(多山形) 숫돌바퀴를 사용하는 연삭법이 있다. 1산형 숫돌바퀴에 의한 연삭은 바이트에 의한 절삭 원리와 같으며, 나사산의 비틀림각만큼 숫돌축을 경사지게 조정하면 된다. 그림 3-190은 1산형 숫돌바퀴를 사용하는 소형 나사 연삭기의 보기이다.

3 기어 연삭

고속 회전과 큰 하중을 받는 기어는 절삭 가공한 다음 열처리를 하고, 다시 연삭 가공하게 되는데, 기어 연삭기(gear teeth grinding machine)는 기어 절삭의 경우와 같이 성형법과 창성법이 있다.

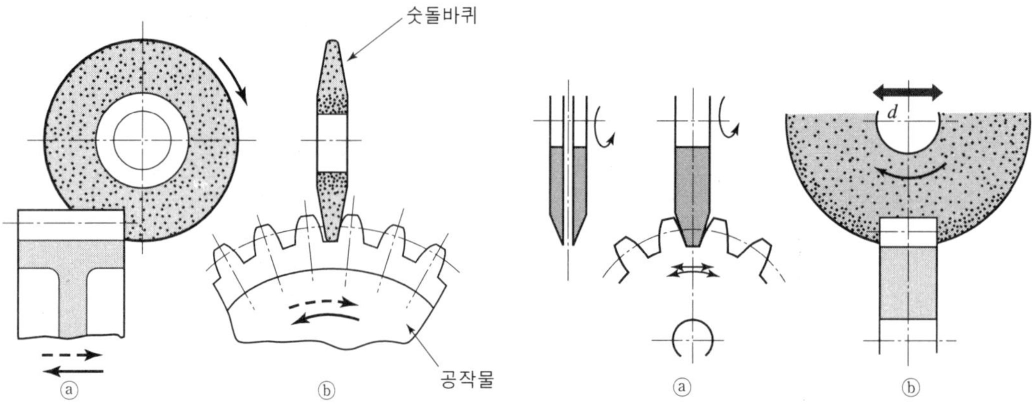

(a) 총형 숫돌바퀴에 의한 연삭　　(b) 래크형 숫돌바퀴에 의한 기어 연삭

그림 3-191 기어 연삭법

그림 3-192 기어 연삭기

성형법(成形法, formed wheel method)을 이용한 방법을 총형 숫돌 연삭법이라고도 하며, 숫돌바퀴를 기어의 홈과 같은 단면형으로 성형하여 그림 3-191 (a)와 같이 기어의 홈을 총형 숫돌바퀴에 의해 하나씩 분할하여 연삭하는 방법이다. 또한 창성법(創成法, generating method)에 의한 방법은 대부분의 기어 연삭기에 이용하고 있는 방법으로, 이를 래크형 창성 연삭법이라고도 한다. 현재 사용되고 있는 기어 연삭기의 대부분은 창성 연삭 방식으로, 성형 연삭 방식은 사용되고 있지 않다. 가장 일반화되어 있는 마그 기어 연삭기(Maag gear grinding machine)는 소형 기어에서 지름이 3600mm 정도에 이르기까지 연삭할 수 있다. 그림 3-192는 기어 연삭기의 보기이다.

4 만능 공구 연삭기

만능 공구 연삭기(universal tool cutter grinding machine)는 여러 가지 부속 장치를 사용하면 밀링 커터, 호브, 리머 등 여러 종류의 절삭 공구를 연삭할 수 있으며 정밀도가 높다. 그림 3-193은 만능 공구 연삭기와 밀링 커터 연삭의 보기이다.

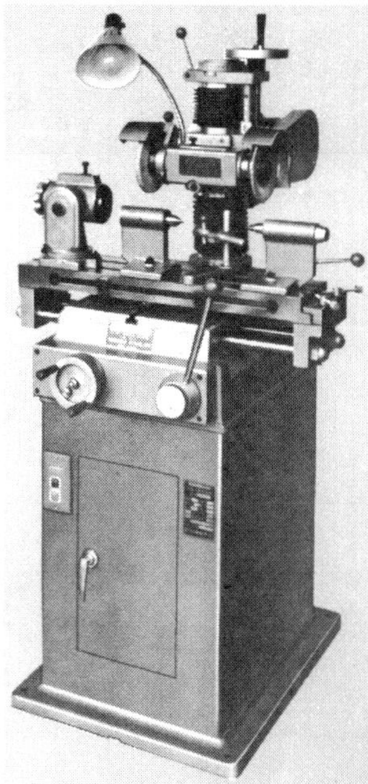
(a) 만능 공구 연삭기

(b) 측면 밀링 커터의 연삭

그림 3-193 만능 공구 연삭기와 밀링 커터의 연삭

2) 숫돌 입자 가공

절삭 가공과 연삭 가공에 의해 가공된 공작물을 치수와 정밀도 및 표면의 정도를 한층 높이기 위해 정밀 가공하는데, 이를 숫돌 입자 가공 또는 정밀 입자 가공이라 한다. 숫돌 입자 가공은 1차 가공인 선삭이나 연삭 가공을 전가공(前加工)으로 하고 그 후에 실시되는 가공이다. 따라서 가공량이 적고 다듬질 면이 곱고 매끄러운 것이 특징이다.

또한 절삭이나 연삭 가공은 일정한 절입과 이송을 위하여 강제적으로 필요한 절삭이 이루어지므로 이를 강제 절삭(强制切削)이라 하기도 한다. 그러나 숫돌 입자 가공에서는 가공량이 매우 적기 때문에 공구를 공작물에 일정한 압력을 가하여, 이 압력에 상응하는 절삭량을 제거하는 방법으로 이를 가압 절삭(加壓切削)이라 할 수 있다.

숫돌 입자 가공은 다음과 같은 가공 조건에 따라 분류하고 있다.

a) 숫돌에 의한 정밀 가공 : 호닝, 수퍼 피니싱 등

b) 숫돌 입자에 의한 정밀 가공 : 래핑, 연마포(지) 가공, 버핑, 배럴 가공(barrel finishing), 분사 가공, 쇼트 피닝, 액체 호닝 등

(1) 호닝

호닝(honing)은 그림 3-194와 같이 혼(hone)이라는 몇 개의 숫돌에 스프링이나 유압으로 가공면에 압력을 가한 상태에서 회전 운동과 축 방향의 왕복 운동에 의해 접촉면을 가공하는 방법이다. 호닝은 연삭에 비하면 가공 능률은 떨어지나 열 변질층과 가공 변질층이 작고 내마멸성과 윤활성이 우수한 다듬질면을 얻을 수 있다. 그러나 제거 능률이 낮으므로 절삭 또는 연삭 후의 2차 가공에 사용된다.

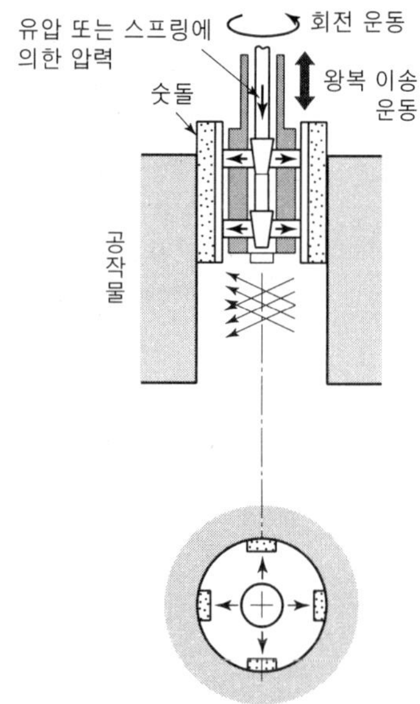

그림 3-194 호닝

1 혼

혼에는 여러 형식이 있으나 보통 3개 이상의 호닝 숫돌을 같은 간극으로 배열하고, 동시에 반지름 방향으로 이동할 수 있는 구조로 되어 있다. 이들 숫돌에 압력을 가하는 방법으로는 그림 3-195 (a)와 같이 테이퍼 부가 있는 콘 로드(cone rod)를 축 방향으로 움직이면, 이것과 접촉하고 있는 익스팬더(expander)에 의해 숫돌을 반지름 방향으로 밀어낸다. 콘 로드를 가압하는 방식에는 스프링에 의한 것, 유압에 의한 것 그리고 나사에 의해 강제적으로 이루어지는 것 등이 있다.

혼의 형식에는 그림 3-195 (b)와 같은 자재 이음을 사용하는 호닝 헤드 부동식(浮動式)과 공작물을 부동대(浮動臺) 위에 고정하는 공작물 부동식이 있다.

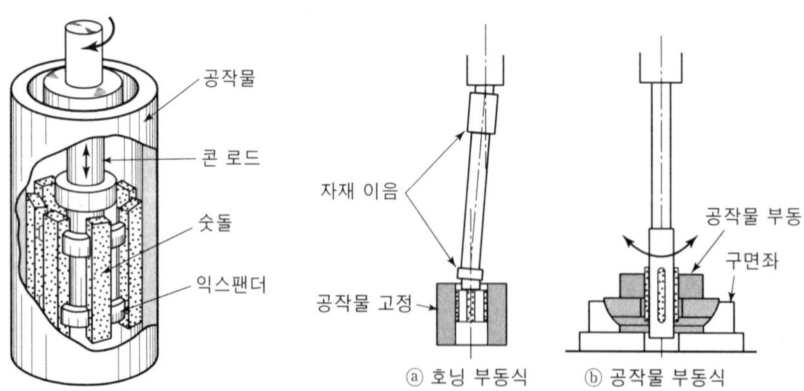

그림 3-195 혼의 구조와 형식

2 호닝 머신

호닝 머신(honing machine)은 혼을 주축에 고정하고, 이것을 회전 운동과 축 방향으로 왕복할 수 있는 구조로, 공작물은 테이블 위에 고정한다. 호닝 머신에는 직립식과 수평식이 있으나, 최근에는 자동 치수 조정 장치를 구비한 전자동 호닝 머신이 있다. 그림 3-196은 직립식 호닝 머신의 보기이다.

그림 3-196 직립식 호닝 머신

(2) 수퍼 피니싱

수퍼 피니싱(super finishing)은 미세하고 연한 숫돌을 낮은 압력으로 가공할 표면에 가압하고, 공작물에 이송 운동을 주면서 동시에 숫돌에 진동을 주어 거칠기 0.5μ 이하의 경면(鏡面) 다듬질에 사용되는 정밀 가공법이다. 호닝과 유사하지만 보다 양호한 가공면을 단시간에 얻을 수 있으면서 가공에 의한 변질층[6]이 매우 적다. 이 가공법은 원통의 바깥면은 물론 내면, 평면까지도 다듬질할 수 있다.

정밀 롤, 저널, 볼 베어링의 레이스, 그 밖의 게이지의 정밀 다듬질에 이용된다.

수퍼 피니싱은 치수에 변화를 주기 위한 가공이라기보다는 높은 정밀도의 표면을 얻는 것이 주 목적이다.

수퍼 피니싱의 가공 운동 기구는 원리적으로는 호닝과 같으나, 다른 점은 숫돌에 공작물의 축 방향으로 작은 진동을 주는 것이다.

수퍼 피니싱은 공작물이 원통의 경우에는 그림 3-197과 같이 회전하는 넓은 면과 접촉하는 숫돌을 스프링으로 가압하면서 동시에 회전축 방향에 아주 작은 저주파 진동을 준다.

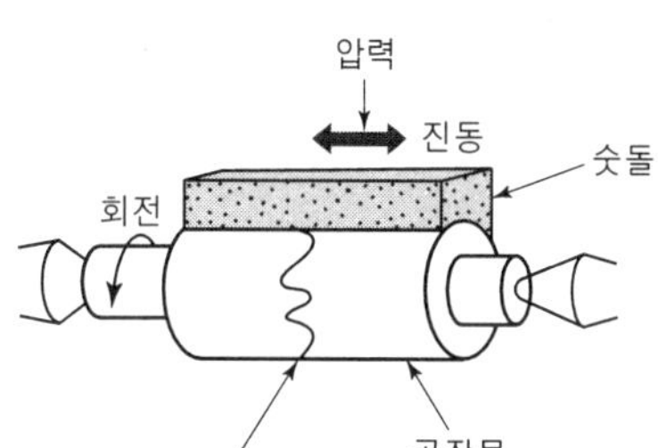

그림 3-197 수퍼 피니싱의 가공 운동 기구

[6] 변질층(affected layer) : 가공에 의해 표면에 변질이 나타난 부분의 두께

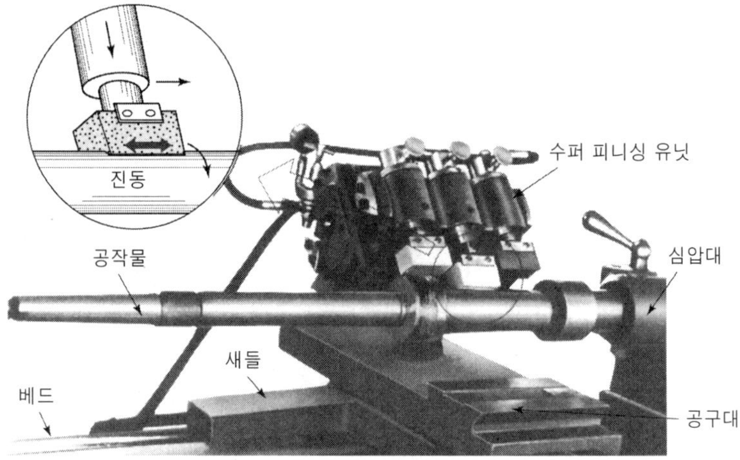

그림 3-198 수퍼 피니싱 유닛

1 수퍼 피니싱 숫돌

일반적으로 주철, 알루미늄, 구리 합금 등에는 GC 숫돌, 고탄소강, 합금강 등에는 WA 숫돌이 사용된다. 입도는 400～1000번 범위에서 가공 표면 정밀도에 따라 선택한다.

2 수퍼 피니싱 머신

그림 3-198은 선반의 공구대에 장치한 수퍼 피니싱 유닛(super finishing unit)의 보기로 널리 사용되고 있는 장치이다. 숫돌의 진동 장치와 가압 기구(加壓機構)로 구성된 간단한 유닛으로, 이를 수퍼 피니싱 헤드(super finishing head)라고도 한다. 특별한 공작물을 다량으로 생산하는 데는 전용 수퍼 피니싱 머신(super finishing machine)이 사용된다.

(3) 래핑

래핑(lapping)은 랩(lap 또는 lapper라고도 함)이라고 하는 공구와 공작물의 가공면과의 사이에 적당한 숫돌 입자와 기름을 혼합한 랩제(lapping compound, lapping powder)를 넣고, 공작물을 적당한 압력으로 공구에 가압한 상태에서 상대 운동을 함으로써 숫돌 입자에 의해 공작물이 표면을 깎아 내어 정밀도가 높고 매끈한 표면으로 다듬질하는 가공법이다.

래핑은 가공액을 사용하느냐, 아니냐에 따라 그림 3-199 (a) 또는 (b)와 같이 습

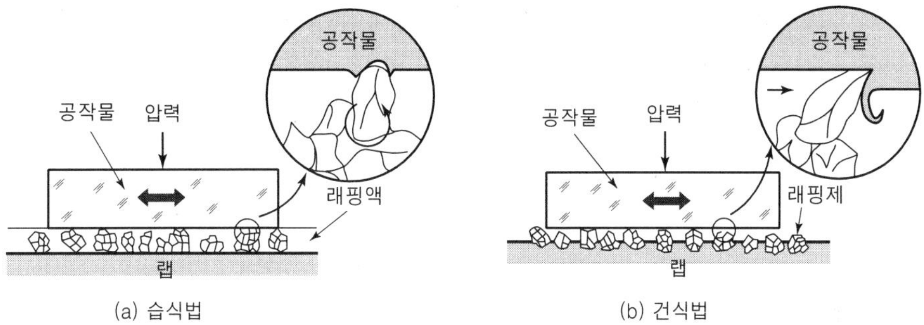

그림 3-199 래핑 방법

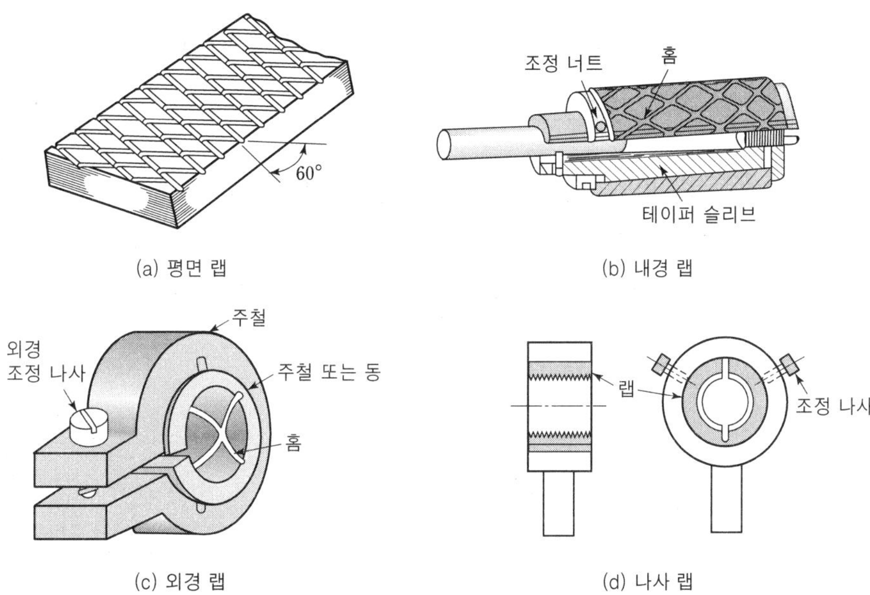

그림 3-200 랩의 종류

식법(濕式法, wet lapping)과 건식법(乾式法, dry lapping)이 있다.

1 랩과 래핑

랩의 기본적인 형상은 평면 가공에서는 그림 3-200 (a)와 같은 평면 랩을 사용하며, 내경용에는 그림 3-200 (b)와 같이 테이퍼 슬리브로 조정하는 내경용 랩이 사용된다. 그리고 외경에는 그림 3-200 (c)와 같이 분할된 부분을 나사로 조정할 수 있는 외경용 랩이 사용된다. 이 밖에는 공작물의 모양이나 특성에 따라 특별하게 설계된 공작물 고정구(work holder), 그림 3-200 (d)와 같은 나사용 랩 등이 있다.

래핑에는 손작업으로 하는 손 래핑(hand lapping)이 있다. 손 래핑은 선반이나 드릴링 머신 등을 이용하기도 한다. 또한 제품의 생산 수량이 적을 때, 전용 래핑 머신으로는 작업이 어려운 고정밀 부품의 최종 다듬 등에 적합하다.

2 래핑 머신

기계 래핑은 생산 능률을 높여 대량 생산을 목적으로 하는 전용 래핑 머신과 가공면의 특성에 따라 평면, 원통, 원뿔, 볼, 기어 등의 래핑 머신이 있다.

래핑 머신(lapping machine)에는 래핑축의 방향에 따라 직립식과 수평식이 있는데, 원통 바깥면 또는 평면 래핑에는 직립식 래핑 머신이 널리 사용되고 있다. 직립 래핑 머신에는 2면 랩식과 1면 랩식의 2종류가 있다. 또 위아래의 랩판은 서로 반대 방향으로 회전하는 것과, 위 랩판은 회전하지 않고 아래 랩판만 회전하여 공작물에 편심 운동을 주는 것도 있다.

그림 3-201 (a)는 직립식 래핑 머신의 구조를, 그림 3-201 (b)는 래핑 머신의 보기이다. 이 밖에도 스냅 게이지 래핑 머신(snap gauge lapping machine), 센터리스 래핑 머신(centerless lapping machine) 및 센터 홀 래핑 머신(center hole lapping machine) 등이 있다.

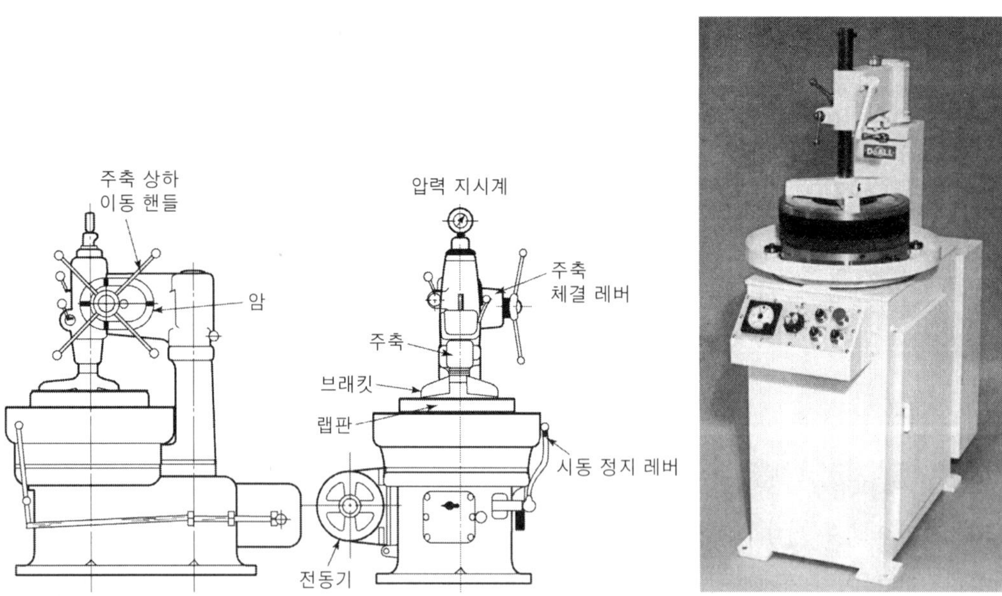

(a) 구조 (b) 외형

그림 3-201 래핑 머신

2. 특수 정밀 가공

새로운 산업의 출현과 개발은 새로운 재료를 필요로 하고 있다. 특히 원전 산업, 우주 관련 사업, 해양 개발 산업 등의 발달에 따라 요구되는 재료의 특성은 경도, 강도, 크리프한도(creep limit), 연신율, 내열성, 내마멸성 등에 대한 요구가 엄격해지고 있다. 이러한 요구를 구비하고 있는 재료는 항상 피삭성이 나쁘고, 절삭과 연삭에 의한 가공이 어려우므로, 이에 대한 방안으로 종래의 가공법과는 방법과 가공 원리가 전혀 다른 제거 가공법(除去加工法)이 발달되어 왔다.

이와 같은 새로운 가공법을 총칭하여 특수 가공(特殊加工, nontraditional machining) 또는 열적 제거 가공(熱的除去加工)이라 부른다. 이 밖에도 정밀한 가공이 이루어지므로 이를 특수 정밀 가공(特殊精密加工)이라고도 한다.

1) 방전 가공과 레이저 가공

(1) 방전 가공

방전 가공(放電加工, electric discharge machining : EDM)은 기계 가공이 어려운 합금 또는 담금질한 강의 구멍 뚫기, 조각, 절단, 그 밖의 가공에 널리 사용되고 있는 가공법이다. 최근에는 NC 제어 와이어 커트(wire cut) 방전 방식이 실용화되면서 종래의 형각 방전 가공기(型却放電加工機)와 병행하게 되었다.

방전 가공은 인발, 단조, 유리 제조, 분말 야금, 프레스 등의 다이와 플라스틱 금형 제작 등 그 응용 범위가 매우 넓다.

방전 가공은 등유 등 절연성이 있는 가공액 중에 공구(電極)와 가공물을 넣고 공구를 음극(陰極, cathode), 피가공물인 공작물을 양극(陽極, anode)으로 하고, 이 사이에 약 100V의 직류 전압을 주어 양자의 거리를 서서히 접근시켜, 음극과 양극 사이가 작아지면 그림 3-202 (b)와 같이 스파크 방전이 일어난다.

스파크의 온도는 5000℃ 정도로 매우 높으므로, 이것이 발생한 미소한 영역(放電点)에서는 스파크에 의해 절연유(絕緣油, dielectric fluid)도 동시에 국부적으로 가열되어 기름은 기화되어 부피를 팽창하려 하나, 주위에 있는 기름의 폐쇄 작용에 의해 매우 큰 고압이 되면서 충격력을 발생하게 된다. 이와 같은 충격력에 의해 피가공물이 용융되거나 증발한다. 이렇게 된 재료는 가공액의 유동에 의하여 표면에서 급속히 제거된다. 그림 3-202 (a)는 방전 가공의 원리를 나타낸 것이며, 실제로 방전 가공

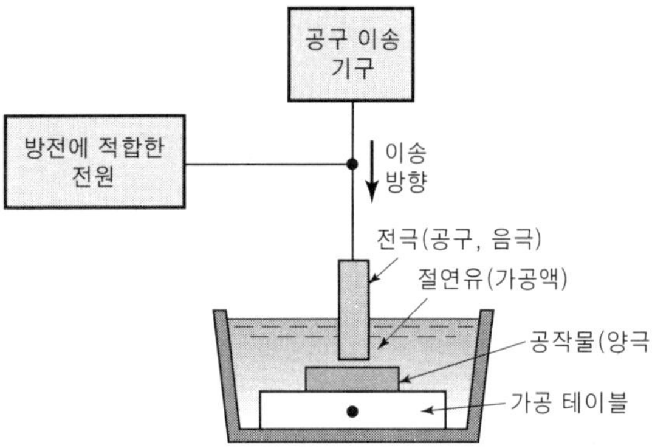

(a) 가공 원리

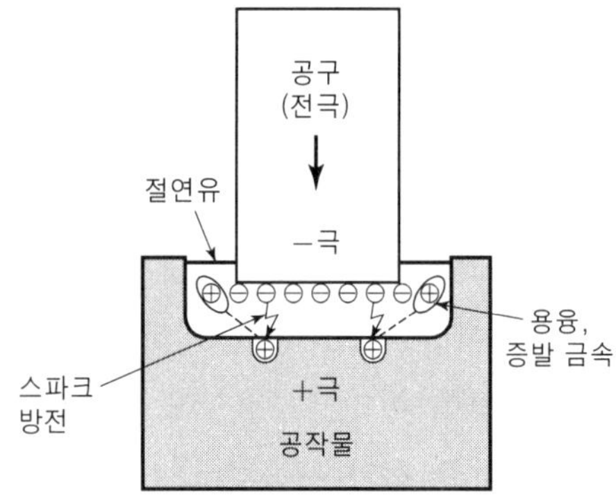

(b) 스파크 방전

그림 3-202 방전 가공

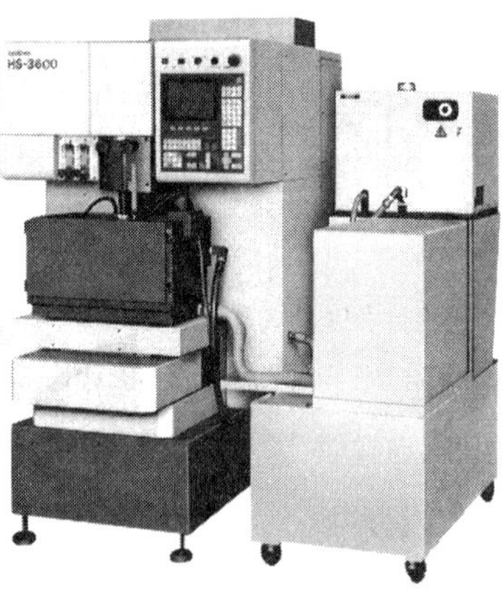

(a) 방전 가공기

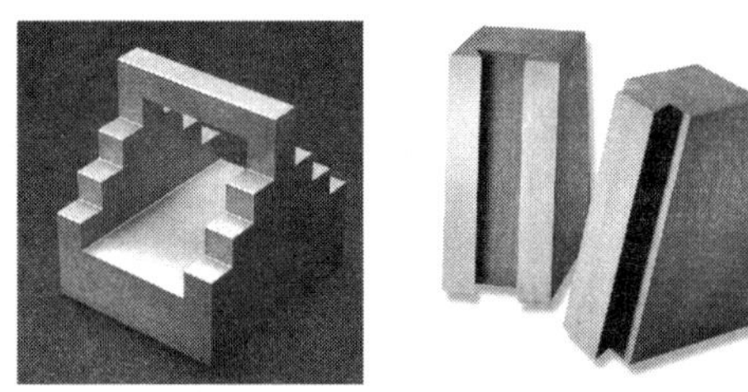

(단 가공) (테이퍼 가공)

(b) 가공 제품의 보기

그림 3-203 CNC 와이어 방전 가공기

은 1초 사이에 수백 내지 수십만 회의 방전을 한다. 그림 3-203은 수치 제어를 도입한 CNC 와이어 방전 가공기이고, 그림 3-203 (b)는 가공 제품의 보기이다.

(2) 레이저 가공

레이저(laser)[7]에서 방출되는 광에너지인 레이저 빔(laser beam)은 위상(位相)이

---

[7] 레이저(laser) : 유도 방사(誘導放射)에 의한 광증폭(光增幅), 즉 'light amplification by stimulated emission of radiation'의 머리 글자를 딴 것으로, 가시 광선(可視光線)과 전자파(電磁波)에 공명(共鳴)하여 빛을 내는 물질의 총칭이다.

균일하고, 분광(分光, spectrum), 너비가 좁고, 간섭성(干涉性, coherent light)이 높은 순수한 단색광(單色光)으로, 지향성(指向性), 집속성(集束性) 등이 매우 뛰어나서, 렌즈계로 미소 면적으로 집속할 수가 있다. 그리고 조사면(照査面)에서 빛의 에너지가 열 에너지로 변환되는데, 에너지 밀도도 매우 높다.

이와 같은 레이저를 집속하여, 고에너지 밀도에 의해 공작물을 국부적으로 가열 용융, 기화하여 제거 가공에 응용한 것을 레이저 가공(laser beam machining : LBM)이라 한다.

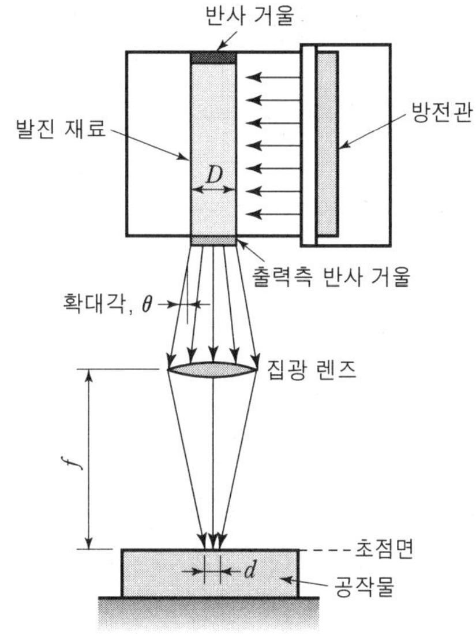

그림 3-204 레이저 가공의 원리

그림 3-204는 레이저 가공의 원리를 나타낸 것으로서, 고밀광도의 에너지로 공작물의 국부를 가열, 용융, 증발시키는 열적 제거 가공 방법이다.

그림 3-205는 레이저 가공기와 가공 제품의 보기이다.

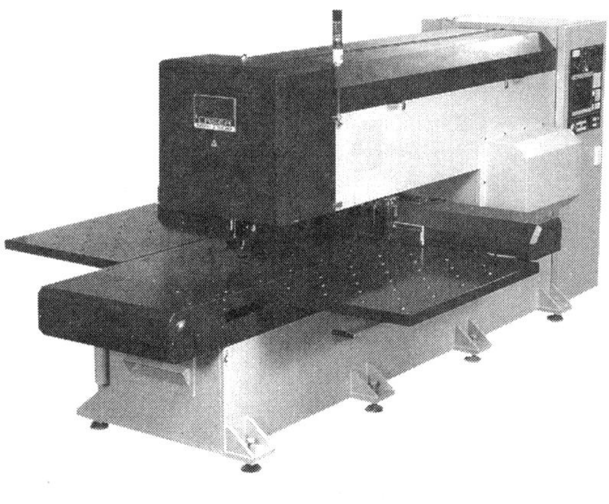

(a) 레이저 가공기

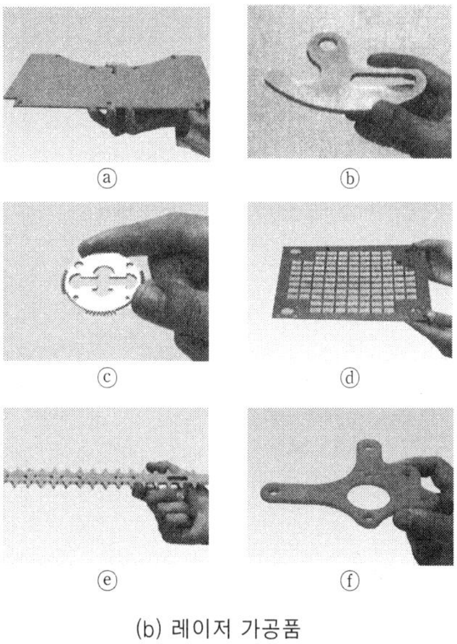

(b) 레이저 가공품

그림 3-205 레이저 가공기와 제품

2) 전해 가공과 초음파 가공

(1) 전해 가공

1 전해 가공의 원리

양극(陽極)을 용출(溶出)하는 전기 화학적 용해 작용을 공작물의 일정한 부분으로 제한하여 소요의 형상, 치수, 표면의 성상(性狀)으로 가공하는 방법을 전해 가공(電解加工, electrolytic machining)이라 하며, 이를 전기 화학 가공(ECM)이라고도 한다.

전해 가공의 원리를 전기 도금과 비교하면 반대 현상임을 알 수 있다. 즉, 그림 3-206 (a)와 같이 전해액(電解液, electrolytic) 중에 두 개의 금속판을 담그고, 직류 전원으로 접속한다. 전해액은 양(+)이온과 음(−)이온 (식염수용액의 경우는 Na^+ 와 Cl^-)으로 분리한 다음 그림 3-206 (b)와 같이 직류 전류를 통전(通電)하면 Fe인 양극 금속(陽極金屬)은 $FeCl_2$로 되어 전해액 중으로 용해한다.

전해 가공은 공작물의 경도, 인성에 관계없이 일정한 속도로 가공할 수 있으며, 공구 전극의 소모가 전혀 없는데, 이 현상은 방전 가공과 크게 다른 점이다. 또 가공 속도가 빠르고 복잡한 형상을 한 공정으로 가공할 수 있으며, 열이나 기계력이 작용

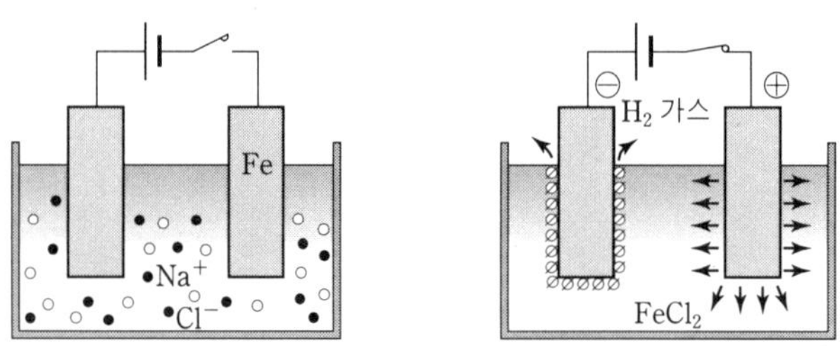

(a) (b)

그림 3-206 전해 가공의 원리

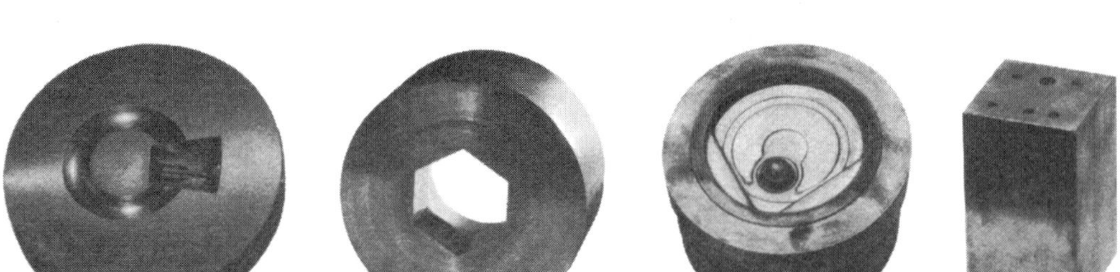

(a) 아이 볼트의 단조형 (b) 6각 압출 다이 (c) 자동차 부품 단조형 (d) 가는 구멍 가공의 보기

그림 3-207 전해 가공한 각종 금형의 보기

하지 않으므로 가공면에 응력이나 변형이 나타나지 않을 뿐만 아니라, 가공면은 거울과 같은 거울면을 얻을 수 있다. 그림 3-207은 전해 가공한 각종 금형의 보기이다.

2 전해 연마

연마할 금속 또는 합금인 공작물을 그림 3-208과 같이 양(+)극으로 하고, 음(-)극판과 같이 전해액 속에 담근 상태에서 전류를 보내면 가공면의 미시적(微視的)인 요철(凸凹)부가 용해하여 이온이 되면서 음극에 금속이 석출한다.

이와 같이 금속 표면(공작물)의 미시적인 요철부를 선택적으로 용출되게 하는 전해액 조건에서 광택이 나며 매끄러운 표면으로 전해 가공하는 방법을 전해 연마(電解研磨, electrolytic polishing or electropolishing : ELP)라 한다.

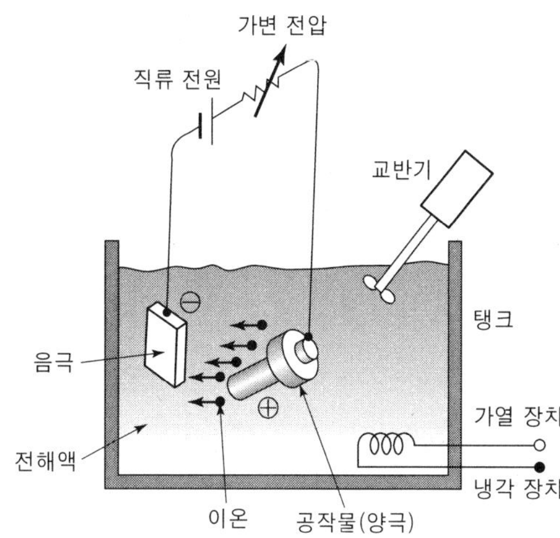

그림 3-208 전해 연마

3 전해 가공기

전해 가공용 기계에는 가공 방식과 용도에 따라 전해 가공기, 전해 평면 연삭기, 전해 총형 연삭기 그리고 전해 거스러미 제거기 등이 있다. 구조는 일반적으로 가공기 본체, 가공 전원과 제어 장치, 전해액 공급 장치가 있으며, 특별 부속 장치로는 가공액 냉각 장치와 자동 이송 장치 등이 있다. 그림 3-209는 새로운 전해 가공기의 보기이다.

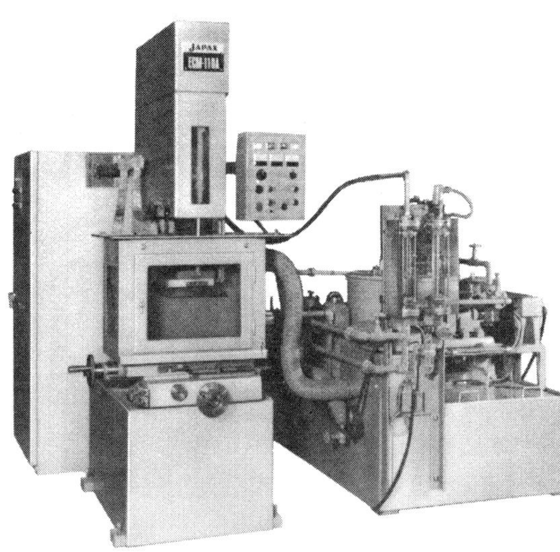
그림 3-209 전해 가공기

(2) 초음파 가공

전기적(電氣的)인 고주파 발진기(高周波發振器)에 의해 여진(勵振, excitation)되는 초음파 진동(超音波振動)을 에너지원으로 이용하여 상하 방향으로 초음파 진동을 하는 공구(horn)와 공작물 사이에 연삭 입자를 두어 피공작물을 정밀하게 다듬는 방법을 초음파 가공(超音波加工, ultrasonic machining)이라 한다. 이와 같이 전기 에너지를 기계적 에너지로 변환함으로써 공작물은 전기의 양도체, 부도체를 불문하고 담금질 경화한 강, 다이강, 수정, 보석, 유리, 자기 등 금속 · 비금속을 망라한 공작물을 정밀 가공하는 데 광범위하게 이용되고 있다.

1 초음파 가공의 원리

초음파 가공의 원리는 그림 3-210과 같이 고주파 발전기에서 고주파 전류를 초음파 발생 장치로 보내면 고주파 진동으로 변환되어 기계적인 상하 방향(上下方向)으로 진동한다.

초음파 가공은 혼의 끝에 고정한 공구와 공작물 사이에 숫돌 입자와 혼합한 가공액을 넣어 가볍게 압력을 가한 상태에서 공구에 진동을 주어 가공하는 방법이다. 이때 진동은 타격 작용으로 공작물의 가공면을 미세하게 파쇄한다. 또 공작물은 침식 작용을 받게 되어, 초음파 가공은 이 두 가지의 복합 작용에 의해 가공이 이루어진다.

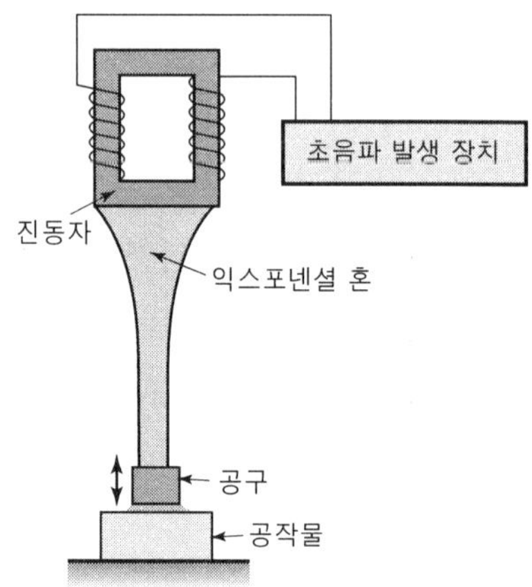

그림 3-210 초음파 가공의 원리

2 초음파 가공법

초음파 가공에는 큰 진폭(振幅)으로 공구를 초음파 진동시킬 필요가 있다. 이를 위해서는 초음파 진동의 발생 장치로서 고주파 발진기(高周波發振器)와 진동자(振動子, transducer)를, 증폭 장치(增幅裝置)로는 콘(cone)과 혼(horn)이 사용된다. 일반적인 초음파 가공 장치의 구조는 그림 3-211과 같다.

초음파 가공에서 가공 작용의 주 운동은 공구가 직접 입자에 되풀이 충격을 가하면서 가공

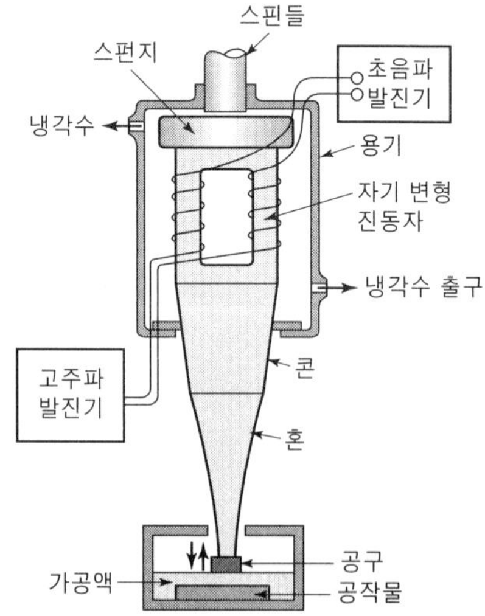

그림 3-211 초음파 가공 장치의 구조

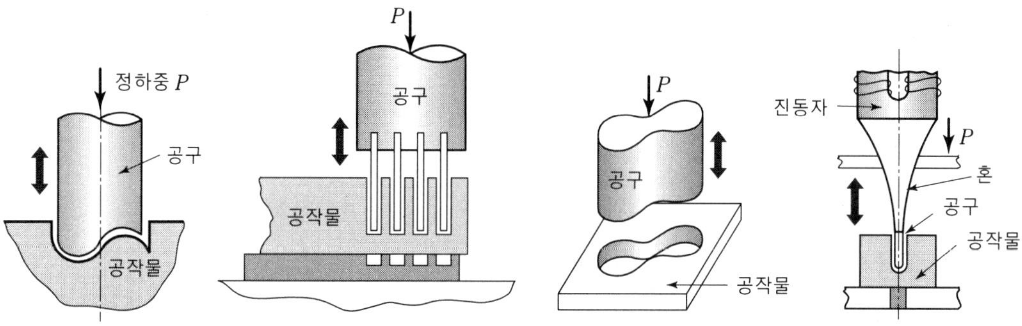

(a) 형 조각 (b) 소편 절단 가공 (c) 비등경 구멍 가공 (d) 미세 구멍 가공

그림 3-212 초음파 가공의 보기

면을 연타하는 해머 작용이다.

초음파 가공 공구는 회전하지 않아도 되므로, 공구와 가공 조건을 적당히 선택하면 그림 3-212와 같이 형 조각, 구멍 뚫기, 홈파기, 절단 등 여러 가지 가공이 가능하다.

연습 문제

3.1 주조

1. 주조 작업에서 원형(목형)의 기능과 중요성을 설명하시오.
2. 주물사의 종류와 특성을 설명하시오.
3. 주형의 종류와 특징을 설명하시오.
4. 주조용 용해로의 종류와 용도을 설명하시오.
5. 특수 주조법의 용도와 특징을 요약 설명하시오.

3.2 소성 가공

6. 내간 가공법과 열간 가공법의 장단점을 비교 설명하시오.
7. 자유 단조와 형 단조를 비교하며 장단점을 설명하시오.
8. 압출과 인발 가공을 비교 설명하시오.
9. 프레스의 종류와 용도를 설명하시오.

3.3 플라스틱 가공과 분말 야금

10. 열가소성 수지와 열경화성 수지의 특성을 비교하시오.
11. 강화 플라스틱의 종류와 용도를 설명하시오.
12. 분말 야금 제품의 특징과 용도를 설명하시오.
13. 분말 야금의 제조 공정을 설명하시오.

3.4 용접과 융단

14. 가스 용접과 전기 용접의 장단점을 말하시오.
15. 탄소 아크 용접과 금속 아크 용접을 비교 설명하시오.
16. TIG 용접과 MIG 용접의 특징과 용도를 설명하시오.
17. 가스 절단과 아크 절단을 비교하며 장단점을 설명하시오.

3.5 절삭 가공

18. 금긋기 작업의 중요성을 설명하시오.
19. 바이트를 사용한 평행 원통면의 절삭 가공법을 설명하시오.
20. 밀링 머신의 종류와 특징을 설명하시오.
21. 기계 톱기계의 종류와 특징을 설명하시오.

3.6 연삭과 특수 정밀 가공

22. 평면 연삭 방식과 특징을 설명하시오.
23. 원통 연삭 방식과 특징을 설명하시오.
24. 센터리스 연삭 방식을 설명하시오.
25. 다음 용어에 대해 설명하시오.

    ① 호닝 ② 래핑

    ③ 랩 ④ 수퍼 피니싱

연구 과제

1. 우리나라 주조 기술 현황을 조사 설명하시오.
2. 비철 금속 용해용 용해로의 종류와 특징을 요약 설명하시오.
3. 특수 조형법과 특수 주조법을 비교 설명하시오.
4. 전개도의 목적과 사례를 들어보시오.
5. 프레스에 사용되고 있는 안전 장치를 설명하시오.
6. 압출 성형과 사출 성형법을 비교 설명하시오.
7. 플라스틱의 성질을 금속 재료와 비교하며 장단점을 설명하시오.
8. 스포트 용접기의 종류와 특징을 조사하시오.
9. CO_2 아크 용접기의 구성과 특징을 설명하시오.
10. 자동 선반과 모방 선반의 특징을 비교 설명하시오.
11. 기어 가공 기계의 종류와 특징을 설명하시오.
12. 센터리스 연삭의 특징과 용도를 설명하시오.
13. 방전 가공과 레이저 가공을 비교 설명하시오.

4장 공작 측정과 기계 공작의 자동화

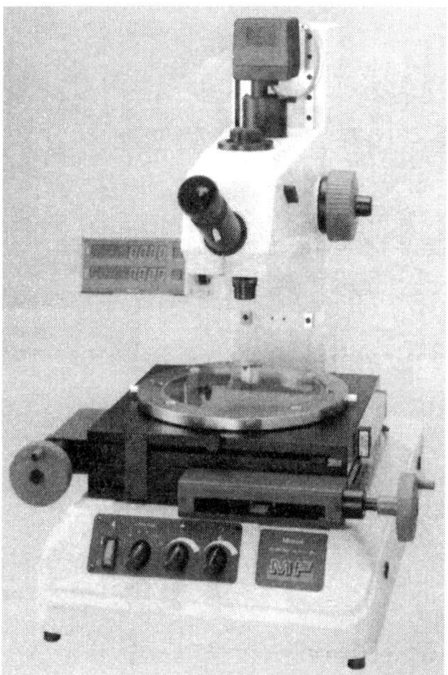

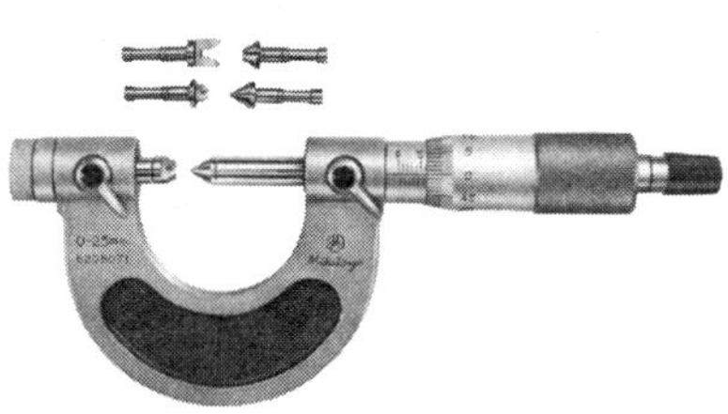

4.1 공작 측정과 제품 검사

제조 과정이거나 가공된 기계 부품은 모양과 치수, 정밀도, 가공면의 거칠기 그 밖의 가공 상태 등이 도면의 요구대로 가공되었는가를 확인하기 위해서 검사나 측정을 해야 하는데, 이를 공작 측정(工作測定) 또는 부품 측정(部品測定)이라 한다.

측정은 기계 부품의 모양, 치수를 도면에 제시된 치수와 정밀도에 따라 정확히 측정하여 측정값을 구하는 일이고, 검사는 측정한 값이 주어진 도면에 따라 만들어졌는지를 판정하는 일이다. 검사를 할 때 공작물의 크기를 수치적으로 계측할 필요는 없다. 또한 생산 공정에서 실시하는 측정은 거의 검사를 위한 측정이다.

그 동안 가공 기술의 발전으로 다양하고 정밀한 제품들이 만들어지면서 이에 맞는 정확한 측정과 신속한 검사가 요구되고 있다. 따라서 측성 기구도 일반적인 것으로부터 고도의 정밀 측정기에 이르기까지 그 종류가 매우 다양해졌다.

1. 공작 측정

길이를 강철자로, 질량을 천칭(balance)으로 측정하는 경우와 같이 측정량(測定量)[1]과 기준량(基準量)[2]을 비교하여, 수치(數値)로 나타내는 것을 측정(測定, measurement)이라 한다. 측정에서는 단위를 나타내는 표준기나 눈금 또는 단위와 관계가 있는 눈금이 마련된 기기를 사용한다.

기계 제품은 치수, 모양, 직각도(直角度), 평행도(平行度), 평면도(平面度), 진직도(眞直度), 표면 거칠기 등이 지정된 대로 가공되었는지를 확인하기 위하여 기계 가공 중이거나 가공이 완료된 후에 측정하여 제품을 평가하게 된다. 부품 측정은 일반적으로 길이, 각도 및 다듬면의 거칠기를 측정하게 된다.

1) 측정의 기초

측정에 의하여 단위의 몇 배수로 나타내는 수치를 구했을 때 이것을 측정값이라 하며, 측정한 양은 보통 측정값에 단위를 붙여서 표시한다. 측정에는 직접 측정과 간접

---

[1] 측정량 : 사물의 치수, 형상 등 측정하려는 양 또는 상태

[2] 기준량 : 측정량과 같은 종류의 일정량으로 단위(單位, unit)라 한다.

측정이 있는데, 전자는 측정하려는 양을 직접 측정 기기와 비교하여 재는 방법이고, 후자는 측정하려는 양과 일정한 관계를 가지고 있는 다른 양을 재어 계산으로 그 양의 측정값을 구하거나 비교하는 측정이다.

이와 같이 일정한 관계에 있는 몇 가지의 서로 독립된 측정량에 대해서 각각 직접 측정을 하고, 그로부터 수치를 유도하여 간접 측정을 할 수 있다. 같은 조건하에서 몇 번이고 되풀이하여 측정하였을 때에도 측정값에는 다소의 오차가 생기게 된다. 오차를 줄이면서 빠르고 정확한 측정값을 쉽게 읽을 수 있도록 눈금(scale)에서 지침(dial)으로, 그리고 최근에는 디지털(digital)로 바뀌고 있다.

(1) 측정 오차

우리가 측정값을 얻더라도 측정하려는 본래의 값, 즉 참값과는 약간의 차이가 생긴다. 이때 측정값과 참값과의 차이를 절대 오차(絕對誤差) 또는 오차(誤差)라 하고, 오차의 참값 또는 측정값과의 비율을 상대 오차(相對誤差)라 하며, 다음과 같이 나타낼 수 있다.

$$\left.\begin{aligned} \text{오차} &= \text{측정값} - \text{참값} \\ \text{상대 오차} &= \text{오차/참값 또는 측정값} \end{aligned}\right\} \qquad (4-1)$$

여기서 상대 오차는 보통 백분율(%)로 표시하여 백분율 오차라고도 한다. 오차는 발생 원인을 기준으로 하여 그림 4-1과 같이 분류한다.

1 계통 오차

측정값에 어떤 일정한 영향을 주는 원인에 의하여 생기는 오차를 계통 오차(系統誤差)라 하며, 다음과 같이 구분하고 있다.

a) 계기 오차(計器誤差) : 측정기가 불완전하거나 사용상의 제한 등으로 생기는 오차

b) 환경 오차(環境誤差) : 온도, 압력, 습도 등 측정 환경의 변화에 의해 측정기나 측정량이 규칙적으로 변화하기 때문에 생기는 오차

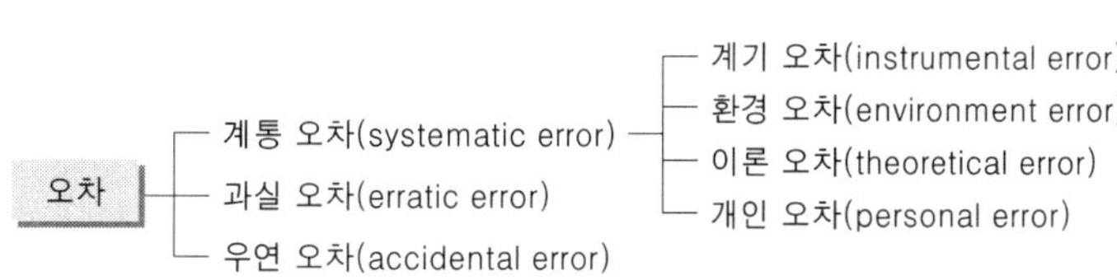

그림 4-1 오차의 분류

c) 개인 오차(個人誤差) : 관측자의 개인적인 버릇으로 인하여 생기는 오차
d) 이론 오차(理論誤差) : 사용하는 공식이나 근사 계산 등으로 인하여 생기는 오차

이상과 같은 오차들은 기기의 특성, 관측자 자신의 습성 등을 잘 파악하고 기기의 점검 및 이론적 검토 등을 통해서 어느 정도 줄일 수 있다.

2 과실 오차

측정자의 부주의로 생기는 오차를 과실 오차(過失誤差)라고 한다. 이것은 주의해서 측정하고, 또 결과를 정리하면 줄일 수 있다.

3 우연 오차

측정자와는 관계없이 우연하고도 필연적으로 생기는 오차이다. 따라서 이 오차는 아무리 노력해도 원인을 찾아낼 수 없고, 보정(補正)하여도 항상 측정값에 남게 된다. 우연 오차(偶然誤差)는 성질상 같은 측정을 몇 번이고 되풀이하면 어떤 측정에서는 정(+), 다른 측정에서는 부(−)로 우연적으로 나타나며, 계통 오차와 같이 일방적으로만 나타나지는 않는다.

(2) 측정기의 성능

1 측정기의 감도와 정도

a) 측정기의 감도 : 측정하려는 양의 변화는 지침(指針)이 나타내는 지시량(指示量)의 변화의 단계를 측정기의 감도(感度, sensitivity)라 한다. 감도를 나타내는 방법은 여러 가지 있으나, 보통은 측정기의 최소 눈금(1目盛)으로 나타낸다. 예를 들면, 1목성이 0.01mm인 다이얼 게이지의 감도는 1눈금에 대해 0.01mm라고 한다. 1눈금이 작을수록 감도가 좋다고 한다. 디지털형은 0점 이하의 자릿수가 많을수록 감도가 좋다.
b) 측정기의 정도 : 측정기의 정도(精度)는 측정기를 최대량의 상태에서 사용하였을 때 얻어진 측정값의 오차 또는 오차율(誤差率)의 최대치로 나타낸다. 예를 들면, 블록 게이지로 마이크로미터의 정도를 검사할 때, 측정 범위의 어떤 위치에서 (+)측의 최대 오차가 0.02, (−)위치에서는 −0.01의 최대 측정 오차가 나타났을 때, 마이크로미터의 정도는 $^{+0.02}_{-0.01}$과 같이 따로 나타내거나 ±0.02로 나타낸다. 측정기는 (+)측과 (−)측의 오차가 같이 되도록 제작 · 조정되어 있다.

그러나 측정기를 오래 사용함에 따라 각 부분의 마멸 등에 의해 측정기의 정도가 떨어지게 된다.

2 정도와 감도의 관계

정도가 좋은 측정 결과를 얻으려면, 감도가 좋은 측정기를 사용해야 한다. 그러나 감도가 좋은 측정기가 정도가 좋은 측정기라 말할 수는 없다. 감도는 확대율을 크게 할 수 있으나 측정 결과로 지시된 값이 측정량의 정확한 값을 나타낸다고 보증할 수는 없다.

감도가 측정기의 정도에 비해 필요 이상으로 확대되면, 그 지시가 불안정해진다. 이에 따라 측정 범위가 좁아져서 사용이 불편해진다. 따라서 측정기는 정도에 알맞는 감도를 갖고 있어야 한다.

(3) 측정 대상과 분류

1 측정 대상과 측정기의 분류

기계 부품을 측정할 때는 먼저 측정할 부품의 모양과 정밀도에 따라 적합한 측정기기를 선택하여야 한다. 표 4-1은 기계 부품을 주 대상으로 하는 측정 기기들을 측정 대상별로 분류한 것이다.

2 길이 측정용 기기와 특징

각종 기계 부품의 길이를 측정할 때 쓰이는 주요 측정 기기를 분류하면 표 4-2와 같다.

표 4-1 측정 대상과 측정 기기의 분류

측정 대상	측정 기기의 분류
외경, 길이 측정	버니어 캘리퍼스, 외경 마이크로미터, 축용 한계 게이지, 공기 마이크로미터, 외경 지침 측미기 등
내경 측정	내경용 한계 게이지, 내경 마이크로미터, 내경 지침 측미기 등
각도 측정	만능 각도기, 사인 바, 각도 게이지 등
나사 측정	나사 마이크로미터, 공구 현미경 등
기어 측정	기어 시험기, 치형 버니어 캘리퍼스 등
다듬면의 측정	옵티컬 플랫, 스트레이트 에지, 정반, 정밀 수준기, 오토콜리미터 등

표 4-2 길이 측정용 기기와 특징

측정 방법	측정 내용	측정 기기	측정 기기의 특징	비고
직접 측정	실제 치수를 측정하는 것	버니어, 디지털, 캘리퍼스, 마이크로미터 측장기, 투영기	기준이 되는 치수 눈금이 있는 것으로, 실제 치수를 직접 읽을 수 있다. 직접 측정 또는 실장 측정이라고도 한다.	scale indicater 디지털화 추세
비교 측정	실제 치수와 표준 치수와의 차를 측정하는 것	다이얼 인디케이터, 공기 마이크로미터	블록 게이지 등의 표준 게이지와 같이 표준 치수가 있는 것에 맞추어 실제 치수와의 차를 비교, 측정하는 것이며, 양선적 측정에 적합하다. 간접 측정 또는 비교 측정이라고도 한다.	다이얼과 인디케이터 및 센서를 도입한 자동화 추세
한계 측정	부품의 치수가 허용차 안에 있는지를 측정하는 것	한계 게이지(축용, 구멍용, 길이용, 깊이용 등)	부품의 치수를 직접 측정할 수는 없으나, 그 부품의 치수가 허용 공차 안에 있는지를 판정하는 데 편리하다. 대량 생산, 품질 관리 등의 분야에서 치수 검사에 쓰인다.	로봇, 센서 및 컴퓨터를 종합한 관리 시스템에 통합 추세

2) 부품의 측정

(1) 내 · 외경의 측정

부품의 내 · 외경 측정에는 일반적으로 캘리퍼스, 버니어 캘리퍼스, 마이크로미터 등이 사용되는데, 대량 생산 공정에서는 측미계(測微計)를 응용한 내 · 외경 측정 전용(內外徑測定專用)의 측정기가 사용되고 있다.

1 캘리퍼스

보통 캘리퍼스(calipers)는 그림 4-2와 같으며, 원통 공작물의 지름이나 길이의 측정, 또는 설정한 치수나 크기를 자의 눈금과 같이 표준이 되는 것과 비교하는 데 사용된다. 캘리퍼스는 버니어 캘리퍼스나 마이크로미터와 같이 자눈이 있어 측정 결과를 직접 읽을 수 있는 것과 구별하여 이를 '파스' 라고 한다.

그러나 최근에는 그림 4-3과 같은 다이얼 또는 디지털이 있어 직접 읽을 수 있는 것도 있다. 그림 4-4는 캘리퍼스의 사용 사례이다.

2 버니어 캘리퍼스

버니어 캘리퍼스(vernier calipers)는 본척(本尺)상에 부척(副尺)이 이동할 수 있는

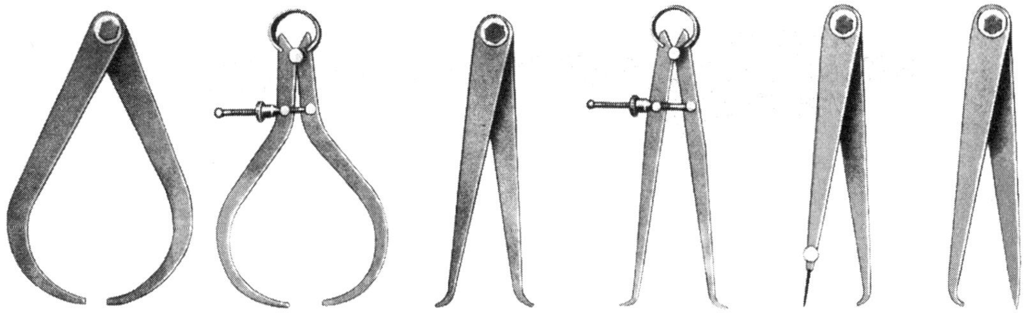

(퍼엄 조인트) (스프링) (퍼엄 조인트) (스프링) (조정 포인트) (고정 포인트)

(a) 외측 캘리퍼스 (b) 내측 캘리퍼스 (c) 허매프로다이트 캘리퍼스

그림 4-2 일반 캘리퍼스의 종류

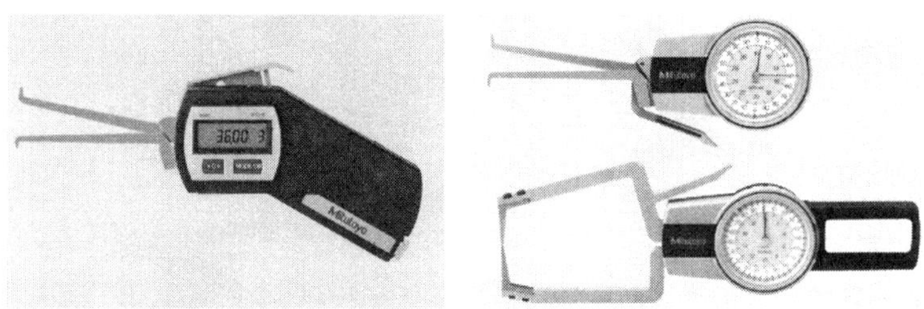

(a) 디지털형 (b) 다이얼형

그림 4-3 디지털 및 다이얼형 캘리퍼스와 사용

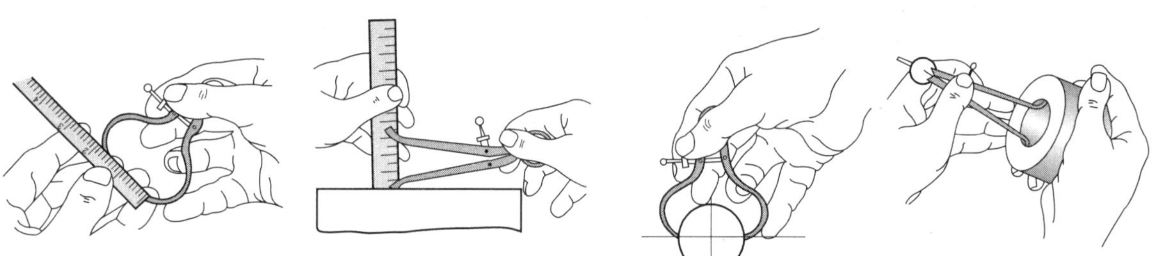

(a) 캘리퍼스의 설정 (b) 캘리퍼스의 측정

그림 4-4 캘리퍼스의 사용

구조로, 부척의 눈금을 사용하여, 주척의 한 눈금보다 작은 치수 범위를 어느 정도 정확하게 측정할 수 있다. 특히 공작물의 길이, 외경, 깊이 등을 측정할 수 있고, 또 측정 범위도 상당히 넓어 대단히 편리한 측정 기구이다.

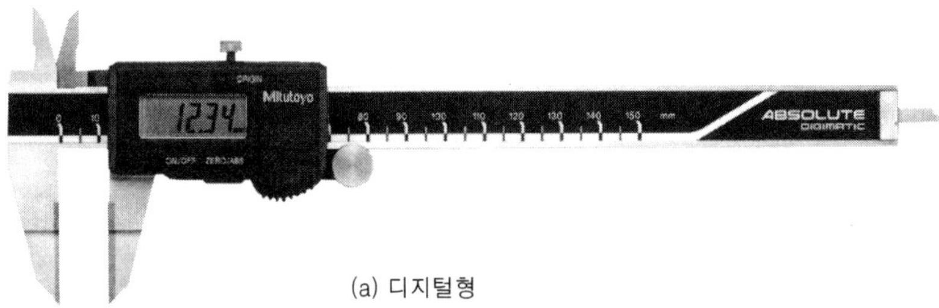

(a) 디지털형

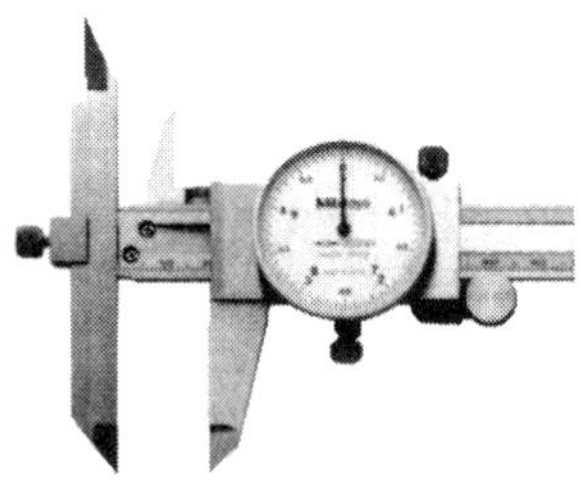

(b) 다이얼형

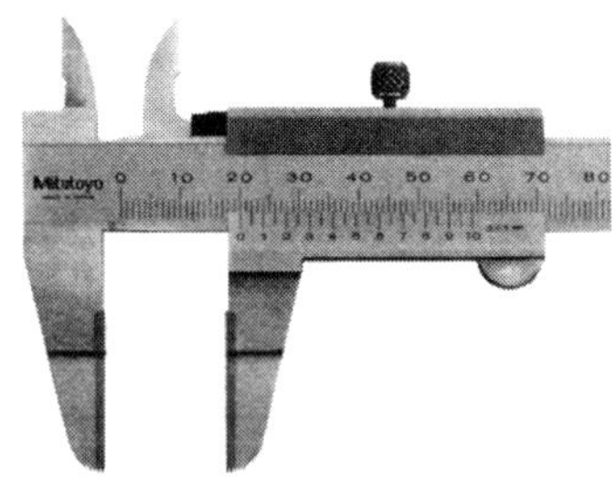

(c) 버니어형

그림 4-5 캘리퍼스의 형식

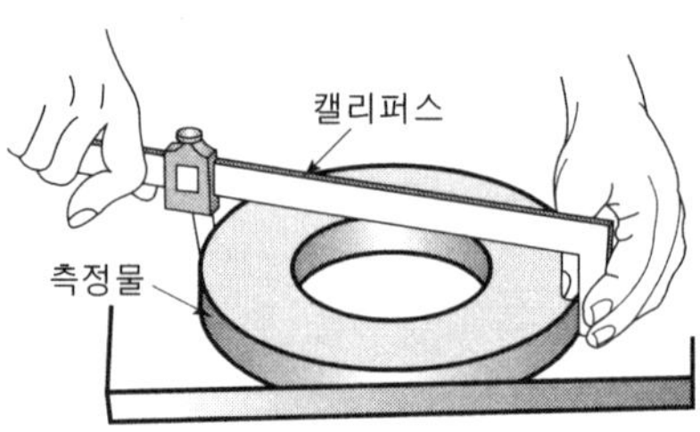

(a) 외경의 측정

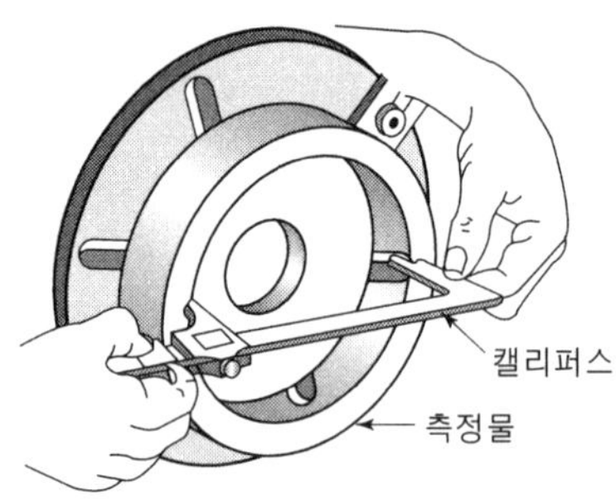

(b) 내경의 측정

그림 4-6 버니어 캘리퍼스의 사용

캘리퍼스에는 밀리용, 인치용 또는 밀리용과 인치용의 눈금이 상하로 나누어 새겨져 있는 겸용이 있다. 밀리용에서는 1/20mm 및 1/50mm까지, 인치용에서는 1/128in, 1/200in 및 1/1000in까지 측정할 수 있다. 또 형식에 따라 M형 캘리퍼스, CB형 캘리퍼스, CM형 캘리퍼스가 있으며, 최근에는 그림 4-5 (b)와 같은 다이얼형에서 그림 4-5 (a)와 같은 디지털형이 일반화되고 있다.

그림 4-6은 비교적 큰 외경과 내경을 측정하는 보기로, 측정부의 길이가 길어서 상당한 숙련이 요구된다.

3 마이크로미터

외측 마이크로미터

외측 마이크로미터(outside micrometor)는 그림 4-7 (a)와 같은 표준형과 그림 (b)와 같이 표준형 마이크로미터 딤블의 9눈금을 10등분하여 슬리브에 부척의 눈금으로 새긴 것으로, 최소 단위 0.001mm까지 읽을 수 있는 것이 있다.

마이크로미터에는 그림 4-8 (b)와 같은 표준형 외에 측정값을 제시하는 형식에 따

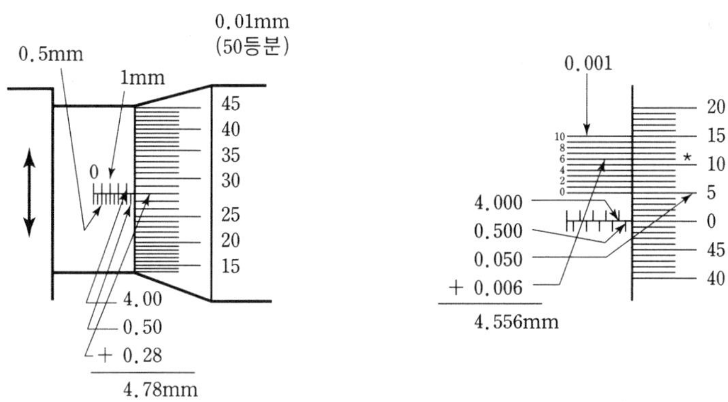

(a) 표준형 (b) 버니어부

그림 4-7 눈금 읽기

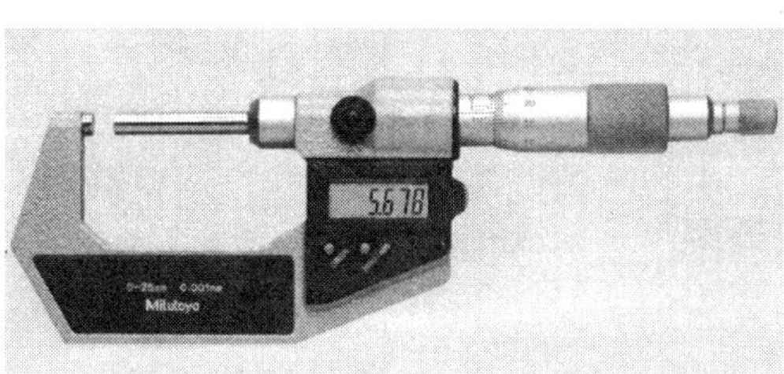

(a) 디지털형

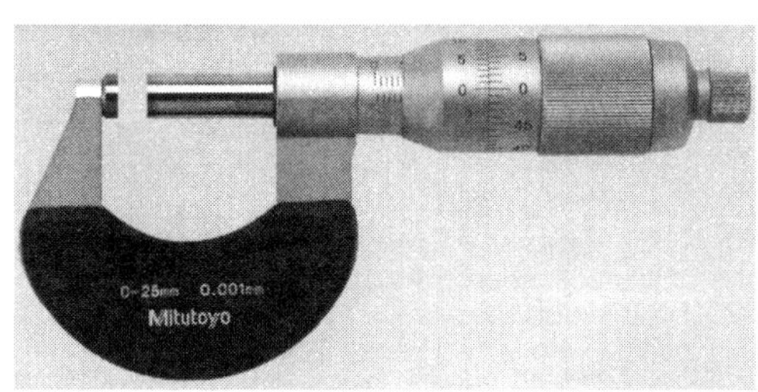

(b) 표준형

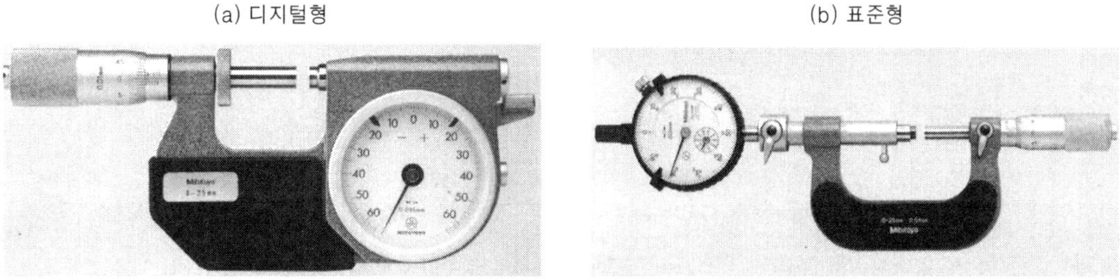

(c) 다이얼형

그림 4-8 외측 마이크로미터의 형식

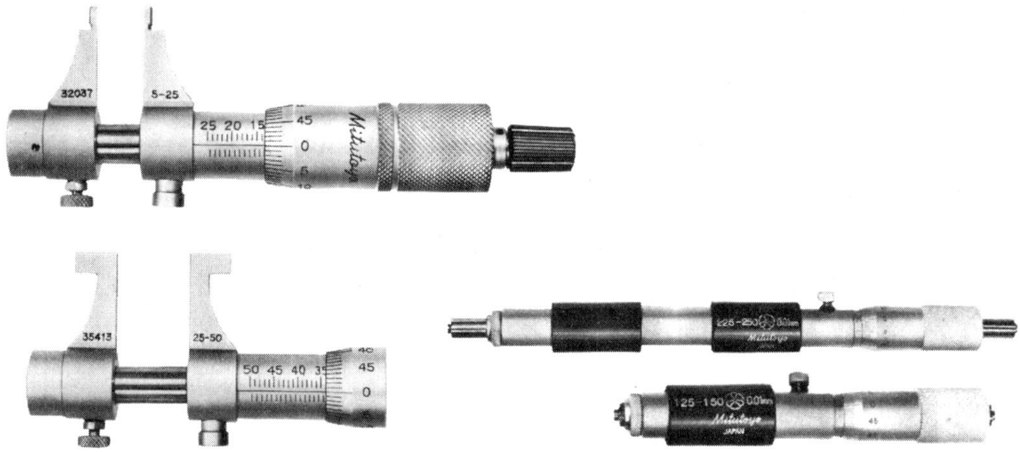

(a) 캘리퍼스형 (b) 로드형

그림 4-9 내측 마이크로미터

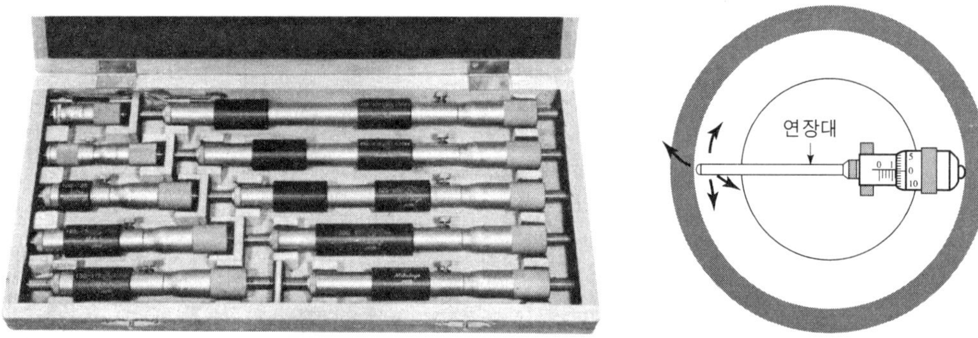

(a) 세트 (b) 사용

그림 4-10 로드형 내측 마이크로미터와 사용

라 그림 4-8 (a)와 같은 디지털형(digital type), 그림 4-8 (c)와 같은 다이얼형(dial type) 등이 있다. 다이얼형은 측정물의 한계 치수를 다이얼 게이지가 지시할 수 있어 편리하다.

● 내측 마이크로미터

내측 마이크로미터(inside mirometer)에는 그림 4-9 (a), (b)와 같은 캘리퍼스형과 로드형의 2종류가 있다. 캘리퍼스형의 측정 범위는 5~50mm이고 그 이상의 것은 로드형을 사용한다. 또 로드형에는 연장대(extension)를 사용하여 측정 범위를 크게 하는 것이 많으나 단체형에 비하여 정도가 떨어진다. 그림 4-10 (b)는 지름이 큰 경우로서 로드형에 연장대를 끼우고 구멍의 지름을 측정하는 보기이다.

(2) 높이 측정

지그(jig)나 부품에 마름질을 할 때, 또는 구멍 위치의 점검, 표면의 점검 등에 사용하는 측정기를 버니어 하이트 게이지 또는 하이트 게이지(height gauge)라고 한다.

1 버니어 하이트 게이지

버니어 하이트 게이지(vernier height gauge)의 크기는 정반 위에서 측정할 수 있는 높이로 구분되며 호칭 치수는 보통 150mm, 300mm, 600mm, 1000mm 등이 있다. 그림 4-11은 버니어 하이트 게이지의 보기로, 버니어 캘리퍼스처럼 미터식에서는 부척의 눈금으로 1/20mm 또는 1/50mm까지 읽을 수 있다. 그림 4-12는 하이트 게이지로 공작물을 측정하는 보기를 나타낸 것으로 초경 합금 금긋기를 설치한 하이트 게이지의 보기이며 유리, 경화 강 또는 기타의 경도가 높은 물질을 대상으로 마름질 선을 그을 때에 사용된다.

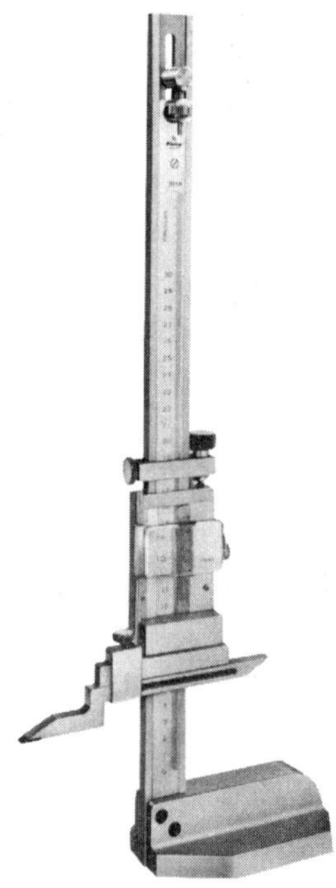

그림 4-11 버니어 하이트 게이지

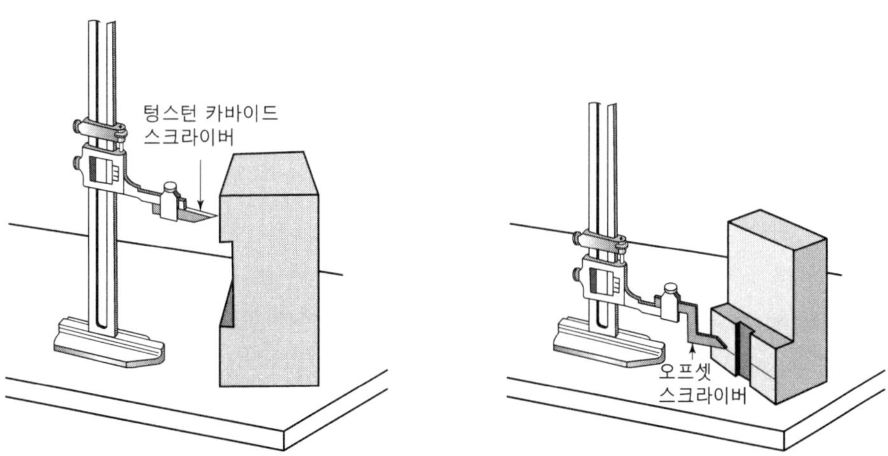

(a) 스크라이버의 설치 (b) 오프셋 스크라이버의 설치

그림 4-12 버니어 하이트 게이지의 사용

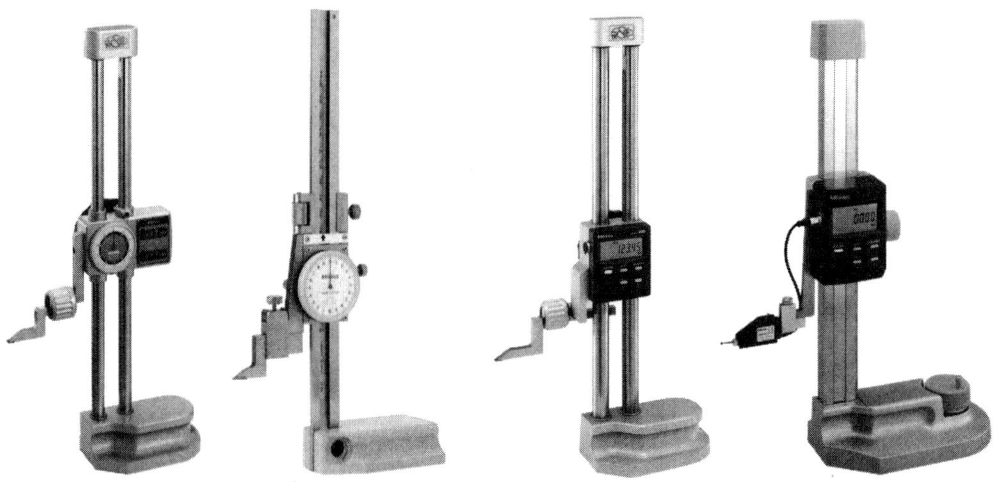

(a) 다이얼형 (b) 디지털형

그림 4-13 다이얼 및 디지털 높이 게이지

2 다이얼 및 디지털형 하이트 게이지

그림 4-13 (a)는 하이트 게이지에 다이얼 테스트 인디케이터를 부착하여 비교 측정에도 사용할 수 있는 다이얼 하이트 게이지(dial height gauge)이고, 그림 4-13 (b)는 정밀 측정용으로 디지털로 현재 위치를 1/100mm 또는 1/1000mm 단위로 나타낼 수 있는 초정밀 디지털 높이 게이지(high precision digital height gauge)의 보기이다.

(3) 깊이 측정

1 버니어 깊이 게이지

깊이 게이지는 구멍, 홈(slot), 카운터 보어(counter bore), 리세스(resesse) 등의 깊이 측정에 사용된다.

그림 4-14 (d)는 버니어 깊이 게이지(vernier depth gauge)의 보기로 눈금이 새겨 있는 150mm, 200mm 또는 300mm의 본척과 부척으로 되어 있다.

그림 4-14 (a)는 디지털 깊이 게이지(digital depth gauge)를, 그림 (b)는 다이얼 깊이 게이지(dial depth gauge)의 보기이다. 깊이 게이지의 측정 범위는 0~150mm, 0~200mm, 0~300mm가 있으며 큰 것은 0~1000mm의 것도 있다.

그림 (c)는 디지털 깊이 게이지를 사용한 구멍의 턱 깊이를 측정하는 보기로, 정밀

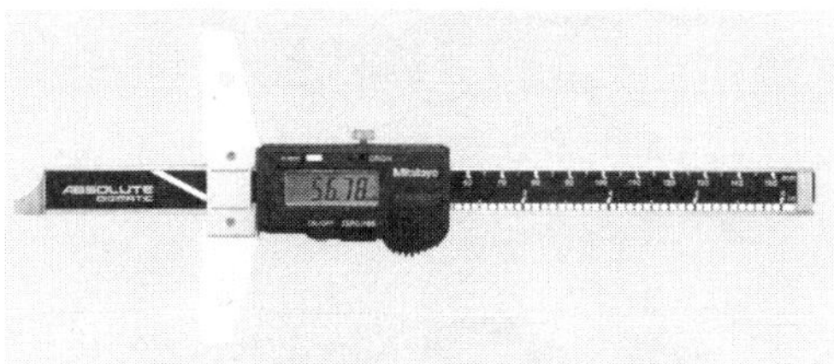

(a) 디지털형

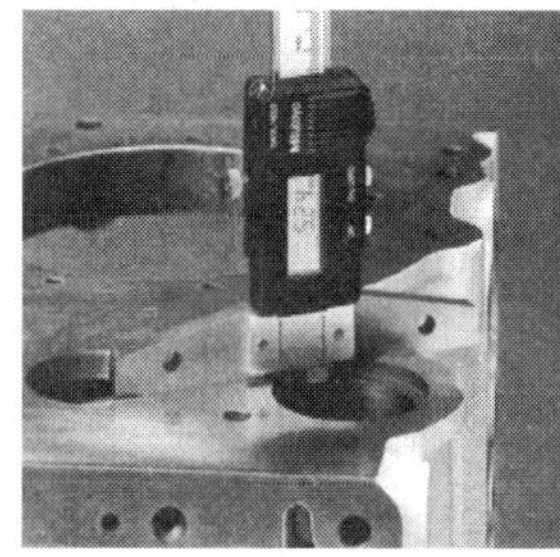

(b) 디지털 깊이 게이지의 사용

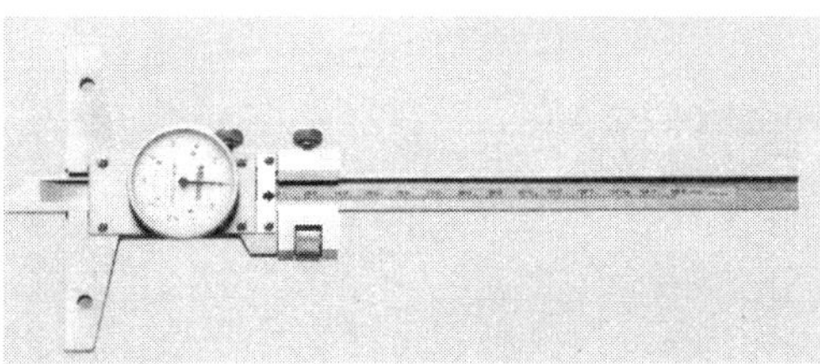

(c) 다이얼형

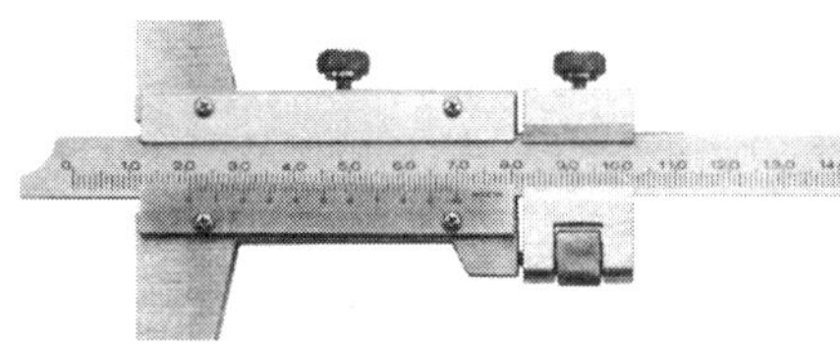

(d) 버니어형

그림 4-14 깊이 게이지의 형식과 사용

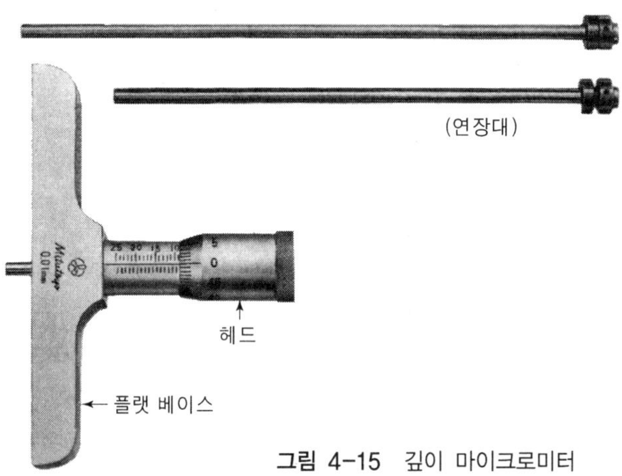

그림 4-15 깊이 마이크로미터

도는 1/100mm이다.

2 깊이 측정 마이크로미터

깊이 측정 마이크로미터(micrometer depth gauge)는 마이크로미터 깊이 게이지라고도 하며, 구조는 그림 4-15와 같이 플랫 베이스(flat base)와 헤드로 구성되어 있으며, 여러 개의 연장대가 있다. 측정 범위는 연장대의 사용에 따라 0~225mm 정도

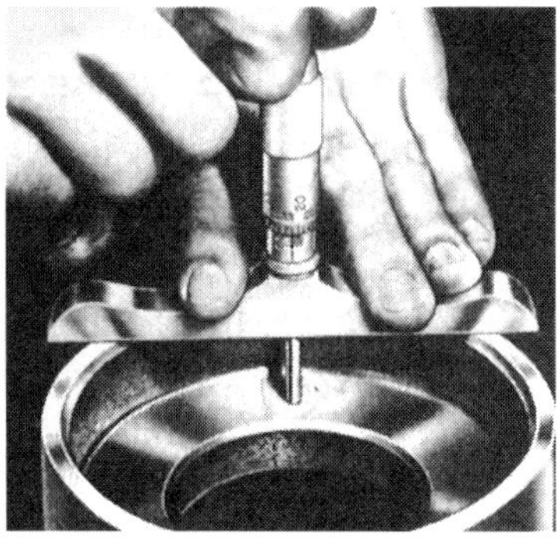

(a) 실린더의 길이 측정

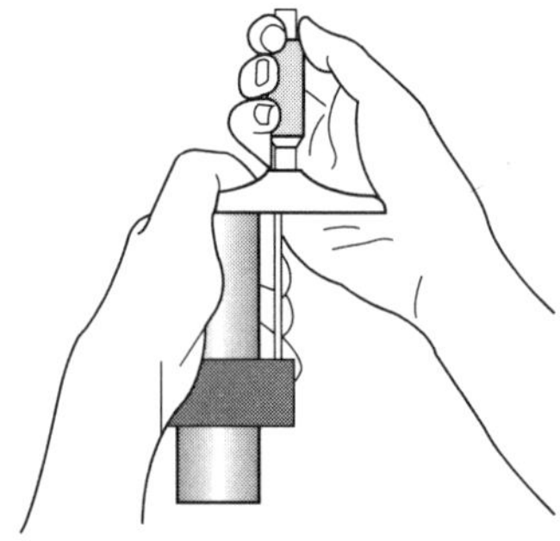

(b) 단축의 길이 측정

그림 4-16 깊이 마이크로미터의 사용

이고, 플랫 베이스의 크기는 63.5~150mm이다. 그림 4-16은 깊이 측정 마이크로미터의 사용 보기이다.

(4) 표준 게이지와 한계 게이지

1 표준 게이지

표준 게이지(standard gauge)는 비교 측정에 대한 기준이 되므로 제품의 생산성을 높이려면 기준이 될 크기의 것을 만들고 이것과 비교해 가며 제작하는 것이 간단하고 확실하며 능률적이다.

● 블록 게이지[3)]

표준 게이지로서 가장 널리 사용되는 블록 게이지(block gauge)는 게이지 블록(gauge block)이라고도 하며 표준 게이지 중에서도 길이의 기준이 된다. 블록 게이지는 그림 4-17 (b)와 같이 여러 가지 두께의 합금 공구강의 직육면체를 조합하여 한 조로, 육면 중에서 상대하는 두 면이 정확하게 평행 평면으로 만들어져 있으며, 서로 반대의 면을 측정면으로 한다.

● 표준 원통 게이지

표준 원통 게이지(標準圓筒게이지, standard cylindrical gauge)는 그림 4-18과 같이 표준 플러그 게이지(standard plug gauge)와 링 게이지(ring gauge)가 한 짝으로

---

3) 블록 게이지 : 스웨덴의 Carl Edward Johanson이 1896년에 처음 제작하였다.

(a) 세트 (b) 종류

그림 4-17 블록 게이지

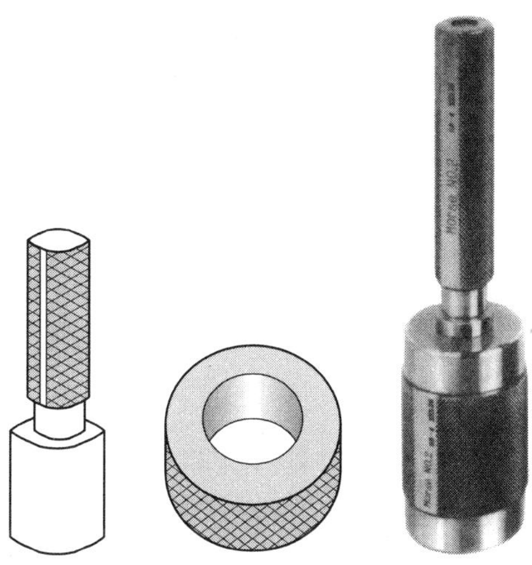

(a) 내경용 (b) 외경용

그림 4-18 표준 원통 게이지

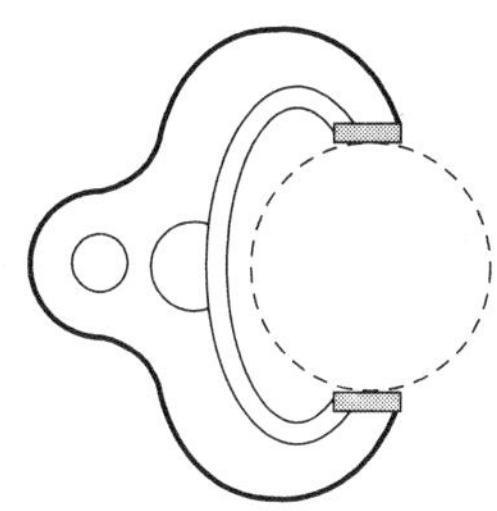

(a) 외경용

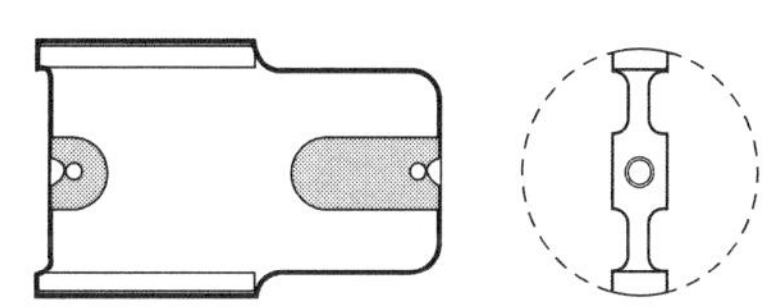

(b) 내경용

그림 4-19 표준 캘리퍼스 게이지

되어 있는 것이 보통이다. 플러그 게이지는 공작물 구멍의 지름을 검사하며, 또한 링 게이지는 가공된 외경을 검사하는 기준이 된다.

표준 캘리퍼스 게이지

표준 캘리퍼스 게이지(standard calipers gauge)는 그림 4-19와 같이 내경 게이지와 외경 게이지로 한 짝을 이루고 있으며, 이것이 일체로 만들어진 것도 있다. 내경용 게이지의 측정면은 원통의 일부를 이루고 있으며, 주로 내외 퍼스의 기준 치수로 사용된다. 외경용은 주로 한계 게이지를 사용하지 않는 공장에서 많이 사용되며, 일명 C 게이지라고도 한다.

표준 테이퍼 게이지

표준 테이퍼 게이지(standard taper gauge)는 그림 4-20과 같이 원통형의 플러그 게이지 및 링 게이지와 유사한 한 짝의 게이지를 말한다. 테이퍼는 모스 테이퍼(Morse taper) 또는 브라운 샤프 테이퍼(Brown & sharpe taper)의 번호(규격)에 맞추어 제작한다.

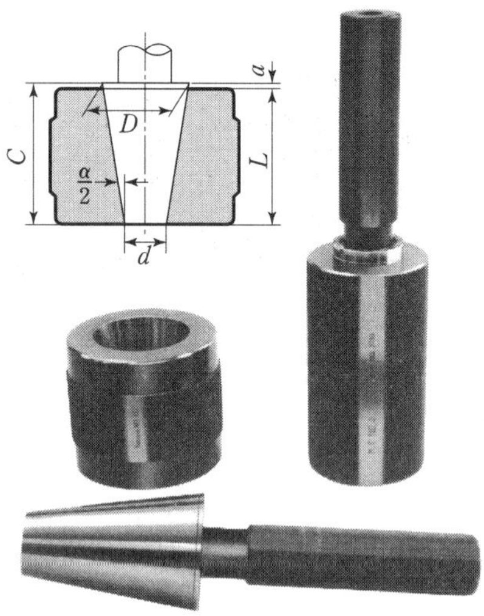

그림 4-20 표준 테이퍼 게이지

2 한계 게이지

일반적으로 한계 게이지에는 구멍용과 축용이 있으며 이를 각각 통과 게이지(通過게이지, go gauge)와 정지 게이지(停止게이지, not go gauge)로 구분되어 한계 게이지를 구성한다. 구멍용 한계 게이지(internal limit gauge)에는 플러그 게이지(plug gauge)와 판 게이지(plate gauge)가 있다. 축용 게이지(external limit gauge)에는 링 게이지(ring gauge)와 캘리퍼 게이지(caliper gauge)가 사용된다.

그림 4-21 (a), (b)는 플러그 게이지의 종류로, 원통형과 평형의 보기로서 GO, NOGO의 한계 치수가 표기되어 있다. 또한 그림 4-21 (c)는 링 게이지의 보기이다.

(5) 나사의 측정

나사의 측정 요소는 나사 유효 지름(有效直經), 피치(pitch), 나사산의 반각(半角)으로, 이들을 나사 측정의 3요소라 한다.

(a) 원통형 (b) 평형 (c) 링 게이지

그림 4-21 플러그 게이지의 종류

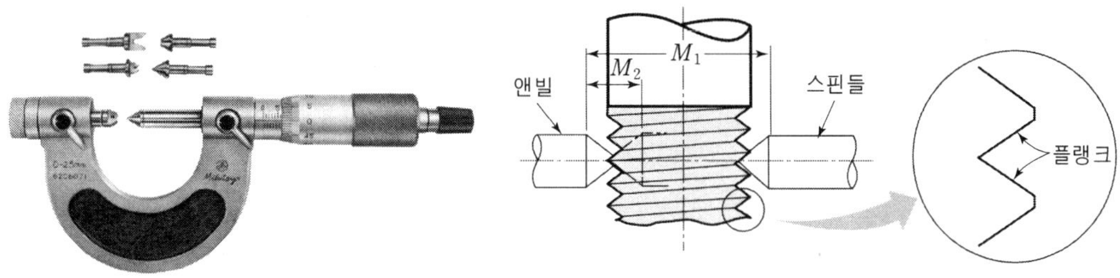

(a) 나사 마이크로미터 (b) 유효 지름의 측정

그림 4-22 나사 마이크로미터와 유효 지름의 측정

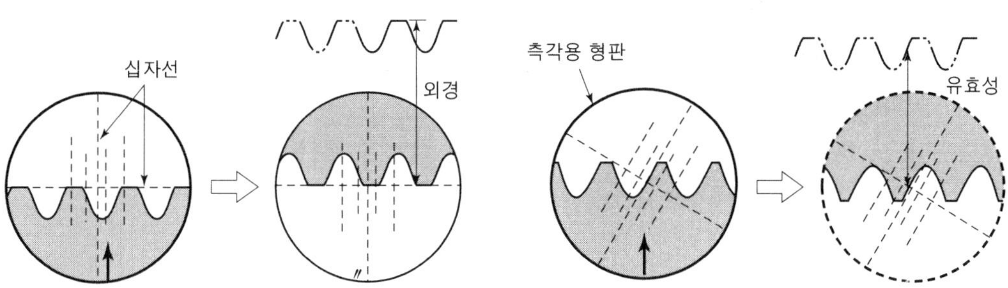

(a) 외경의 측정 (b) 유효성의 측정

그림 4-23 공구 현미경에 의한 유효 지름의 측정

1 유효 지름의 측정

나사 마이크로미터에 의한 측정

나사 마이크로미터(thread micrometer)의 스핀들과 앤빌의 끝은 그림 4-22 (a)와 같이 각각 원뿔형과 V형 홈으로 되어 있다. 나사 측정은 그림 4-22 (b)와 같이 나사 경사면에 스핀들과 앤빌을 접촉시키고, 이때 마이크로미터의 지시값을 M_1, 다음에 스핀들과 앤빌을 직접 접촉시켰을 때의 지시값을 M_2라고 하면, 유효 지름 d_2는 다음 식으로 구한다.

$$d_2 = M_1 - M_2 \qquad (4\text{-}3)$$

공구 현미경에 의한 측정

공구 현미경(工具顯微鏡, tool-maker's microscope)에서 그림 4-23과 같은 측각용 형판(測角用型板)을 사용하여, 여기에 각인되어 있는 기선의 하나를 나사산의 플랭크에 합치시키고, 마이크로미터로 나사를 직각 방향으로 이동하여, 반대측의 나사산의 플랭크에 기선이 합치되었을 때, 마이크로미터로 나사의 이동 거리를 읽으면 나사의

공구 현미경

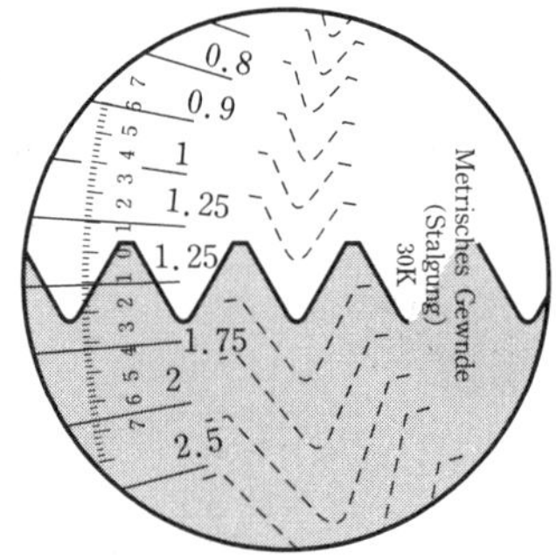

그림 4-24 나사 피치의 측정

유효 지름을 알 수 있다.

2 피치의 측정

가장 간단한 방법으로는 스크루 피치 게이지를 사용하여 피치의 크기 또는 나사산의 수를 측정하는 방법이 있다.

공구 현미경을 사용할 때에는 ① 대안경에 형판 대안경을 끼워 놓고, 측정할 나사의 축을 테이블의 좌우 방향에 일치하게 설치하고, 경통(鏡筒)을 나사의 리드 각 β만큼 기울인다. ② 테이블을 좌우 또는 전후 방향으로 이동하여, 그림 4-24와 같은 형판이 나사산의 상(像)에 합치시킨다. ③ 이때의 마이크로미터의 눈금을 읽는다.

(6) 기어의 측정

1 기어의 측정 요소

기어가 서로 물린 상태에서 동력이나 회전을 전달할 경우, 다음과 같은 요소에 오차가 없어야 정확한 물림하에 요구하는 성능을 기대할 수 있다.

① 법선 피치 : 두 개의 기어가 정확하게 물리려면, 이웃한 두 개의 기어의 잇면각의 법선 방향의 거리가 서로 같은가?

② 중심 : 기어의 이가 중심에서 편심이 없이 등거리에 배치되었는가?

③ 치형 : 치형이 정확하며 기어의 회전 성능이 좋은가?

④ 물림 : 표준 치형과 물렸을 때 정확한 물림 상태를 유지하여 소음과 진동이 없이 성능을 발휘할 수 있는가?

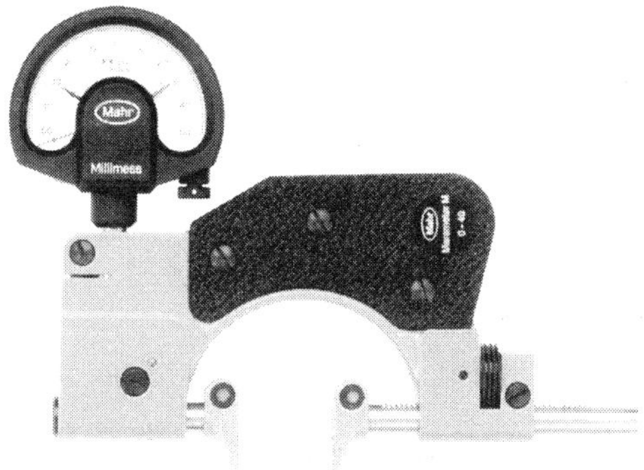

(a) 측정기

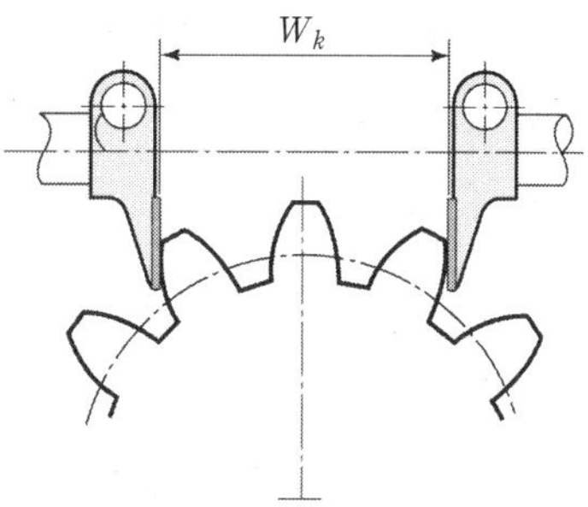

(b) 측정 방법

그림 4-25 인디케이팅 기어 스냅 게이지

각종 기계에 널리 쓰이는 기계 요소인 기어는 기계의 고성능과 고속화에 따라 높은 정밀도가 요구되고 있다. 따라서 기어의 측정은 치형의 정확도, 이 두께, 피치, 편심 오차 등을 하나하나 측정하고 검사할 뿐만 아니라, 상대 기어와 물려서 운전하였을 때의 진동과 소음 등을 시험하여야 한다. 최근에는 그림 4-25와 같은 인디케이팅 기어 스냅 게이지(indicating gear snap gauge)를 사용하여 측정 결과를 직접 읽고 있다.

2 기어의 시험

가공된 기어에 대해 여러 가지 시험을 한다. 그림 4-26은 기어의 흔들림, 기어축의 편심 및 굽힘 검사에 사용된다.

그림 4-26 기어 시험기

2. 제품 검사

각 공장에서 제작 가공된 기계 부품들은 도면에 따라 치수와 모양 등의 부품 검사를 거쳐 조립한다. 이 조립이 끝난 제품은 검사 부서로 옮겨져 제품 검사를 받게 된다. 제품 검사를 하는 목적은 제품의 성능이 사양서(仕様書)의 조건과 설계 도면대로 사용 목적에 적합하게 제작되었는지를 알기 위한 것으로, 제작자가 책임지고 확인할 매우 중요한 검사이다.

제품의 검사 방법은 제품의 종류와 주문자의 요구에 따라 다르나 일반적으로는 제품이 사용되는 실제의 조건에서 소정의 성능을 충분하게 발휘할 수 있느냐를 시험·조사하면 된다. 예를 들어, 공작 기계를 제작하였을 때 실시하는 주요 검사 항목을 다음과 같이 요약할 수 있다.

① 구조·치수 검사 : 구조와 치수를 도면과 사양 등에 따라 검사한다.

② 조립 검사 : 각부의 조립 상태, 끼워맞춤 정도, 체결 상태 등을 검사한다.

③ 정밀도 검사 : 정적인 상태에서 각부 조립의 정밀도를 검사한다.

④ 운전 검사 : 동적인 상태, 즉 운전 상태에서 각부의 동작의 원활성과 기능, 강성 편리성 등을 무부하 운전과 부하 운전 상태에서 검사한다.

⑤ 공작 정도와 외관 검사 : 각부의 기계 가공의 다듬 정도, 전체적인 조립 상태의 섬세성, 도장, 공작 기계의 외관 등을 검사한다.

1) 제품 검사의 요건

기계 제품의 검사는 제품의 종류와 사용 목적, 사양서의 요구 등에 따라 여러 가지 방법이 적용된다. 일반적으로 공작 기계와 작업 기계 등에 대해서는 KS 규격으로 시험 및 검사 방법을 규정하고 있다. 공작 기계에 대해서도 정밀도 검사는 동적인 하중을 가하지 않은 상태에서 각 부분의 가공 정도(加工精度)와 조립 정도(組立精度)를 검사하고, 특히 실제로 공작 작업하에서 공작 정도에 영향을 주는 부분에 대해 검사하면 된다.

공작 기계에 대해서도 정밀도 검사는 동적인 하중을 가하지 않은 상태에서 각 부분의 가공 정도(加工精度)와 조립 정도(組立精度)를 검사하고, 특히 실제로 공작 작업하에서 공작 정도에 영향을 주는 부분에 대해 검사하면 된다.

공작 기계 중에서 많이 사용되는 직립 드릴링 머신의 정적 정밀도 검사법을 보기로 들어 보면 다음과 같다.

(1) 시험 및 검사 항목

예를 들면 KS B 4036에 규정하고 있는 직립 드릴링 머신의 시험 및 검사 방법(test code for performance and accuracy of upright drilling machine)에서는

① 적용 범위에서 스윙 1000mm 이하의 직립 드릴링 머신의 운전 성능, 정밀도에

관한 시험 및 검사 방법에 대하여 규정하고,

② 운전 시험 및 검사 방법에서 기능 시험 방법, 무부하 운전 시험 방법 및 검사 방법으로 되어 있다.

그림 4-27는 KS B 4036에 규정하고 있는 직립 드릴링 머신의 정적 정밀도 검사 방법의 18개 검사 항목 중에서 8개 항을 발췌하여 나타낸 것이다.

(2) 측정 방법 및 허용차

그림 4-27에서 제시하고 있는 ①~⑧개 검사 사항은 다음과 같다.

① 베이스면의 평면도 : 좌우 방향과 전후 방향
② 테이블 윗면의 평면도 : 좌우 방향과 전후 방향
③ 주축 구멍의 흔들림
④ 테이블면의 흔들림
⑤ 주축 중심선과 테이블면의 직각도 : 좌우 방향과 전후 방향
⑥ 주축 중심선과 베이스면의 직각도 : 좌우 방향과 전후 방향
⑦ 주축 슬리브의 운동과 테이블면의 직각도 : 좌우 방향과 전후 방향
⑧ 주축 헤드의 상하 운동과 테이블 윗면의 직각도 : 좌우 방향과 전후 방향

구체적인 내용은 KS B 4036 '직립 드릴링 머신의 정적 정밀도 검사 방법'에 제시

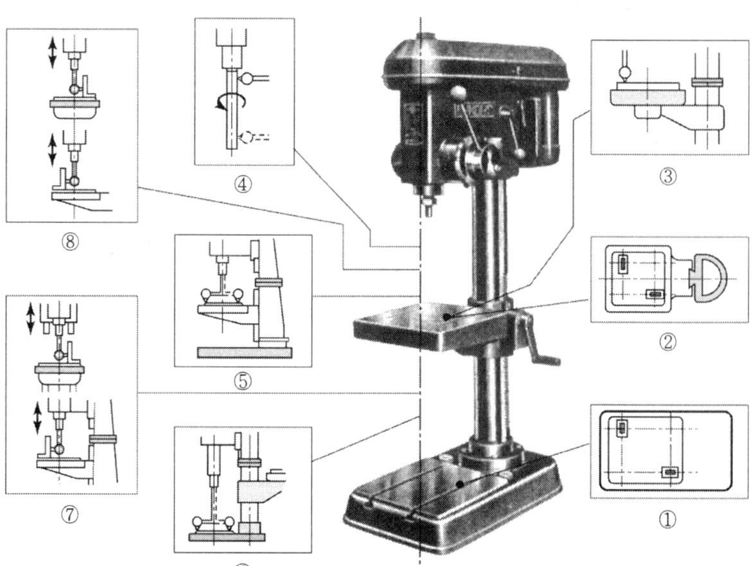

그림 4-27 직접 드릴링 머신의 시험 및 검사

하고 있다.

2) 제품 검사법

(1) 운전 검사

제작된 공작 기계는 정적인 정밀도 검사뿐 아니라 실제 운전하여 절삭 작업을 하였을 때의 검사가 필요하다. 드릴링 머신을 보기로 한 운전 검사 항목은 다음과 같다.

1 기능 시험 방법

직립 드릴링 머신에 대한 기능 시험 방법은 각부를 조작하여 동작의 원활성, 확실성 등이 설계대로 기능을 하고 있는가를 시험한다.

2 무부하 운전 시험 방법

무부하 운전 시험은 주축 정회전의 최저 속도로부터 각 단계에 대하여 운전하며, 이어서 최고 속도에 대하여 원칙으로 30～60분간 운전을 계속하였을 때의 소비 전력, 주축 베어링 온도 등을 측정한다(KS B 4001의 3.3 참조).

또한 최고 주축 속도에서 운전의 최후에 있어서 이송량을 최소, 최대 및 중간으로 잡아, 각각에 대하여 소요 전력을 측정한다. 또 진동 · 소음도 관찰한다. 진동 · 소음을 특히 문제로 할 경우에는 KS B 4009(공작 기계의 진동 검사 방법) KS I 5004(공작 기계의 소음 레벨 측정 방법)에 따른다.

3 부하 운전 시험 방법

부하 운전 시험은 여러 조건에 따라 구멍 뚫기를 실시하였을 때의 드릴의 지름, 주축 속도, 절삭 속도, 이송량 등의 절삭 조건과 소요 전력을 측정한다(KS B 4001의 3.4 참조). 또 진동 · 소음을 특히 문제로 할 경우에는 KS B 4009, KS I 5004에 따른다.

(2) 공작 정밀도 검사

공작 정밀도 검사는 다음의 여러 조건에 따라 시행한다.

1 공구

a) 원칙으로 드릴의 지름은, 강재에 대하여 해당 기계의 시방서에 표시되어 있는 최대 지름의 1/2～2/3로 하고, 그 모양은 원칙으로 KS B 3242에 따른다.

b) 재질은 원칙적으로 KS D 3522의 SKH 9로 한다.

2 공작물

상하 양면이 평행하게 기계 가공된 것으로서, 두께는 사용 드릴 지름의 1.5배 이상으로 하고, 재질은 적당히 정한다.

4.2 기계 공작의 자동화

1. 공작 기계의 자동화와 생력화

자동화(自動化, automation)는 기계 사이에서 공작물을 자동으로 운반하고, 각 공작 기계의 계속적인 생산 공정의 이행으로, 생력화(省力化, elimination of labor)를 기하는 데 있다. 연속 및 자동적 요소는 자동화를 기계화와 구분할 필요가 있다.

예를 들면, 단일 기계는 기계화할 수 있으며, 따라서 완전한 자동화라고 할 수 있으나 넓은 의미의 자동화의 개념은 아니다. 자동화의 정의에 따르면, "자동화는 다만 관련된 작업의 그룹이 기계적 또는 전자적으로 혹은 컴퓨터나 로봇의 도움으로 모두 연합되어 이루어질 때"라고 정의하고 있다.

자동화를 가지기 위해서 컴퓨터와 로봇이 필요한 것은 아니다. 즉, 컴퓨터 제어가 있기도 하고 없기도 하는 트랜스퍼 라인을 포함한다. 그러나 아크 용접과 부품 운반 등의 자동화에는 로봇이 포함되고 있다.

1) 생산성 향상과 공작법

(1) 생산 방식에 따른 공작법의 선택

산업 활동에 필요한 여러 가지 제품을 제조 생산하는 데는 여러 가지 수단과 방법이 이용된다. 따라서 이들이 여러 가지 가공 조건, 즉 가공 재료의 성질, 크기, 모양,

가공 기계의 기능과 특성 등에 따라 생산성이 달라진다. 일반적으로 제품의 생산 목적에 따라 생산성을 높일 수 있는 방법을 구안하고 채택한다. 따라서 다음과 같은 목표를 만족시킬 수 있어야 한다.

① 능률적으로 생산할 것
② 제품의 품질이 균일할 것
③ 제품의 가공 정밀도가 높을 것
④ 경제적일 것

또한 생산 방식이 대량 생산 또는 소량 생산이냐에 따라 그에 알맞는 공작법을 선택하여야 한다. 소량 생산의 경우에는 제품별 종류에 따라 특정한 공작법을 선택하면 된다. 그러나 균일한 품질의 동일 제품을 대량으로 생산하게 되는 경우에는 전체를 통하여 생산성을 고려한 생신 방식을 바탕으로 하나하나의 공정에 적합한 공작법을 선택할 필요가 있다.

절삭 가공에서는 공작 기계 자체의 성능 향상을 기할 수 있으면서 기계의 자동화, 전용화를 도입함으로써 생산비의 절감을 가져와야 한다.

(2) 생산 방식의 전환

기계 기술의 발전에 따른 가공 기술의 발달, 수요자의 요구가 고도화 · 다양화되고, 제품의 상품 수명이 짧아지면서, 지금까지 생산되고 있는 제품의 변경과 개량이 요구되고 있다. 이에 따라 생산 방식과 가공 형태를 바꿔야 하는 필요성이 발생한다.

이와 같은 경우, 연속 생산 방식으로의 전환이나, 수치 제어 공작 기계 또는 전용 공작 기계 등을 새롭게 도입함으로써 가공 형태가 새로워져야 할 필요가 생기게 된다.

이와 같이, 생산 방식의 전환이 이루어져야 할 경우에는 생산 설비를 재배치하거나 새롭게 신설하게 된다. 이런 경우, 이 기간 동안에는 생산이 중단되는 경우가 많으므로 이 기간을 되도록 단축시키는 노력이 필요하다. 따라서 생산 방식과 가공 형태의 전환에 있어서는 생산 조직, 생산비, 작업자의 기술 수준 등을 전반적으로 고려한 면밀한 계획하에 실시하는 일이 매우 중요하다.

2) 생산성과 생력화

제품 생산에 있어서 생산성은 이루 말할 수 없이 중요한 항목이다. 일반적으로 생산성에는 재료, 동력, 노동, 가치 등에 대해 생각할 수 있으며, 또한 이들의 생산성을 높이기 위해서는 생력화(省力化)가 이루어져야 한다. 또한 노동력 부족이 심각한 현실 문제로 대두되고 있어, 특히 노동의 생산성과 생력화에 유념할 필요가 있다.

LPG 저장 탱크

(1) 공정의 생력화

제품 제작에서 개별적인 가공 공정은 공작물의 모양, 재질, 가공비 등을 고려하여 공작법을 선택하게 되는데, 실제로 대량 생산 공정에서는 정밀도의 확보와 가공의 능률화 등 생산 관리의 입장에서 공정 순서가 결정된다. 따라서 가공 능률을 높이기 위해서 작업을 되도록 기계화 · 자동화하여 인력에 의하는 작업을 생략하여 생산성을 높이는 일을 생력화(省力化, elimination of labor, labor sawing)라 한다. 현재 이루어지고 있는 기계의 자동화는 가공 공정의 흐름 전체를 자동화하지 않는 경우가 많으며, 특히 공정과 공정 간에 공작물의 반입, 고정과 떼어 내기 등은 아직까지도 손 작업으로 하고 있는 경우가 많이 있다.

대량 생산 방식을 채택할 경우에는 그것이 부품 가공이든, 조립 제품이든 간에 부분적이든 전체적으로 자동화의 방향으로 일관되게 실시하여 생력화를 기할 수 있도록 하여야 한다.

(2) 대량 생산 체제에서의 생력화

대량 생산 체제에서 기계화는 자동차 판금 작업에서의 트랜스퍼 다이, 업세트와 금속 변형에서의 냉간 헤더, 기계 가공에서의 자동 나사 절삭기 등이 있다. 또 유리 및 플라스틱 컨테이너를 제조하는 병제작 공정은 오래된 자동화 사례로, 기계화에서 생력화를 이룬 자동화로 전환한 사례이다. 가공 부품은 기계적 방법으로 스테이션에서 스테이션으로 움직이고 남아 있는 손 동작은 소재의 새로운 가공 재료군을 기계에 적하(積荷, loading)하는 일을 하게 된다.

또한 종전에는 각종 원료 가스나 원료 소재를 유개 화차(有蓋貨車) 또는 용기로 운반하던 것을 대형 저장소에서 파이프를 통하여 안전하게 제조 라인까지 직접 운반하는 공급 구조를 이루면서 생력화하고 있다.

2. 생산 방식과 공작 기계의 자동화

1) 생산과 공작 기계의 기능

(1) 생산 방식과 공작 기계

시작품(始作品)의 생산 또는 다양한 제품 수준에 대응해야 하는 소규모 공장에서는 가공 내용이 자주 변하므로, 공작 기계는 여러 가지 요구에 대응할 수 있는 만능 공작 기계가 많이 사용되고 있다. 또 제품이 여러 가지라도 가공 기능이 한정되어 같은 종류로 볼 수 있는 나사 절삭, 핀 가공과 같이 단일 기능만으로 충분한 가공의 경우에는 단능 공작 기계(전용 공작 기계)를 사용하면 불필요한 기구가 생략되어 조작이 간편하여 능률적인 가공이 가능하다.

소종 대량 생산 방식에서는 한정된 종류의 규격 제품을 대량으로 생산하게 되므로, 가공 기능이 단능 공작 기계 또는 특정 부품을 전문으로 가공하는 전용 공작 기계를 사용하는 것이 유리하다.

특히 한 종류의 규격 제품을 대량으로 생산하는 경우에는 기계의 융통성이나 가공을 위한 준비, 공구의 변환 등을 생략할 수가 있어 자동화가 용이하므로, 대량 생산 방식에서 전용화된 공작 기계가 많이 사용되고 있다.

(2) 공작 기계의 자동화 기능

공작 기계의 자동화를 계획할 때에는, 여러 가지 가공 공정 가운데 어느 부분이 자동화 할 수 있느냐를 조사 분석하고, 자동화하기 위한 기구(機構)가 되도록 많아지도록 구안하여야 한다. 공작 기계를 자동화하려면 여러 가지 방법과 단계를 생각할 수 있다. 일반적으로 공작 기계를 자동화할 수 있는 기능은 다음과 같다.

① 재료를 공급하는 데 필요한 기능
② 가공에 필요한 기능
③ 공작물과 공구 등을 고정하고 떼어 내는 데 필요한 기능

이상의 기능 모두를 자동화하는 경우는 많지 않으나 그 일부분만이라도 자동화하게 되면 작업 능률을 향상시킬 수 있다.

공작 기계 공정에서 절삭 공구의 전진 → 절삭 가공 → 후퇴 또는 정지 등이 가공 사이클을 자동화하고, 여기에 재료 자동 공급 장치(材料自動供給裝置) 등을 사용하여 공작물(소재)의 고정과 떼어 내기 작업도 자동화한 공작 기계를 전자동 공작 기계(全自動工作機械, full automation tool machine)라 한다.

이에 비해 가공 사이클은 자동화하고, 공작물의 고정과 떼어 내기를 손 작업으로 하는 공작 기계를 반자동 공작 기계(半自動工作機械, semiautomatic tool machine)라 한다. 또한 전자동 공작 기계에 있어서, 절삭 작업 중에 치수를 측정하고, 소정의 치수로 가공되면 기계가 멈추는 자동 치수 장치를 설치한 공작 기계가 많아지고 있다.

공작 기계의 자동화에 적용되고 있는 기구와 장치에는 유체압 기구, 파워 유닛(power unit), 재료 자동 공급 장치, 동력척, 전자(電磁) 클러치, 자동 치수 장치 등이 있다.

2) 유닛과 전용 공작 기계

(1) 유닛

대량 생산을 위한 자동 기계 또는 장치는 대상 가공품의 기본적인 요소 작업을 모아서 이것을 연속적으로 작업할 수 있게 꾸민 것이다. 따라서 각 요소 작업을 하나의 공작 기계로 통합하여 단능화(單能化)한 것을 유닛(unit) 또는 파워 유닛(power unit)이라 한다. 유닛은 절삭 가공을 하기 위한 주축의 회전과 자동 이송 등의 기구를 가지고 있는 기계적 단위 기구이며, 목적에 따라 적합한 절삭 공구와 공작물의 설치구를 구비하게 되면 공작 기계로서의 기능을 갖고 단독의 공작 가공을 수행할 수

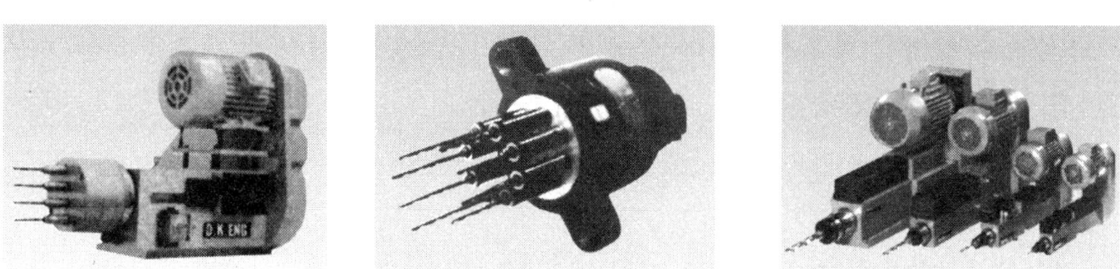

(다축 유닛) (드릴 헤드)

(a) 다축 유닛과 헤드

(b) 드릴/탭 유닛

그림 4-28 드릴 유닛

있다. 따라서 이 기구의 성능은 기계 전체의 성능에 크게 영향을 끼친다.

그림 4-28 (a)는 한 대의 유닛으로 여러 개의 드릴을 사용할 수 있는 다축 유닛과 다축 드릴 헤드를, 그림 4-28 (b)는 드릴과 탭을 사용할 수 있는 드릴 · 탭 유닛의 보기이다.

유닛은 사용 목적에 따라 여러 가지 형식의 유닛이 자동화 기계의 일부분으로 사용되고 있다. 예를 들면, 밀링 커터를 사용하는 밀링 유닛(miling unit), 제품에 부품을 압입하는 데 사용되는 압입 유닛(壓入 유닛) 등이 있다.

또한 자동화 기계에 필요한 작은 부품을 일정하게 규칙적으로 공급하는 파트 피더(parts feeder), 부품을 반송하는 반송 장치(搬送裝置), 자동 이송 장치, 자동 치수 장치, 모방 장치(模倣裝置), 자동 정지 장치(自動停止裝置), 반전 장치(反轉裝置) 등도 유닛의 개념으로 자동화 공작 기계의 지원 장치로 다루고 있다.

(2) 전용 공작 기계

전용 공작 기계는 드릴링 프레스와 같이 한 면에 구멍을 뚫는 것에서부터 십여 개의 공정을 한 공정으로 자동 가공이 가능한 기계 등 종류가 다양하다. 따라서 각종 파워 유닛을 이용하여, 그림 4-29와 같이 배치를 변경함으로써 제품 생산 방식을 변경할 때 비교적 용이하게 이루어질 수 있는 장점이 있다. 적당한 지그, 고정구를 장치하면 다른 부품 가공을 위한 전용 기계로도 개량할 수 있어 활용 범위가 넓다. 전용 공작 기계에는 주로 크랭크축 선삭, 차륜 선삭, 롤 연삭, 크랭크축 연삭에 사용된다. 또 1대로 한 공정의 가공만을 하는 1스테이션 공작 기계와 두 공정 이상의 가공을 하는 다스테이션 공작 기계로 분류된다.

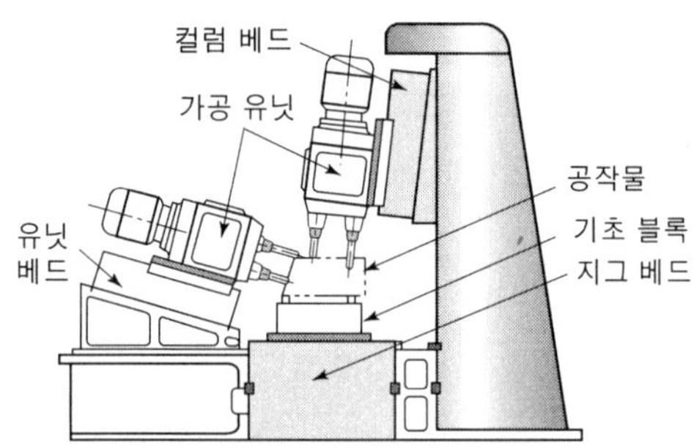

그림 4-29 유닛 배치의 보기

1 스테이션 기계

공작물은 일정한 곳에 고정하고 가공 유닛을 1방향 또는 여러 방향에서 전진하여 가공을 하는 전용 공작 기계를 스테이션 기계라 한다. 스테이션 기계는 방향수에 따라 1방향형, 2방향형, 3방향형 및 다방향형이 있다.

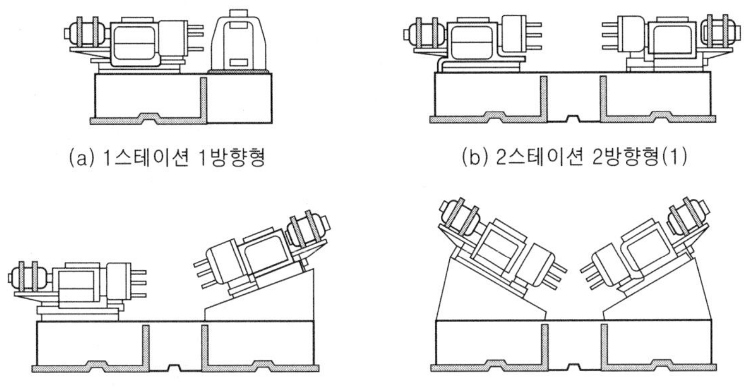

(a) 1스테이션 1방향형 (b) 2스테이션 2방향형(1)

(c) 2스테이션 2방향형(2) (d) 2스테이션 2방향형(3)

그림 4-30 스테이션 기계의 보기

그림 4-30 (a)는 1스테이션 1방향형, 그림 4-30 (b), (c), (d)는 2방향형을 나타낸 것이다.

2 다스테이션 기계

다스테이션 기계에서는 공작물은 처음 1공정의 가공이 끝나면 자동적으로 다음 공정으로 이송되어 가공이 이루어진다. 이상과 같은 공정이 3공정, 4공정 과정을 거치면서 자동적으로 가공이 진행되어 소정의 모든 가공이 완료된다.

다스테이션 기계에는 1개의 부품 가공이 완료될 때마다 정지하는 공작 기계와 반송과 가공을 자동적으로 반복하면서 정지하지 않고 계속적으로 가공이 이루어지는 방식이 있다. 특히 후자를 다스테이션 다사이클 기계라 하며 여기에는 다음과 같은 트랜스퍼 머신(transfer machine), 다이얼 머신(dial machine) 및 트러니온 머신(trunnion machine)이 있다.

트랜스퍼 머신(transfer machine)에서는 공작물이 직선적으로 반송되며, 다공정의 가공이 병행하여 이루어진다. 트랜스퍼 머신은 공작물의 위치와 반송 방식에 따라 직접 이송식과 팰릿(pallet)[4] 이송식이 있다. 직접 이송식은 자동차 기관의 실린더 블록과 같이 기준면과 기준 구멍이 가공되어 있는 공작물이 직선적으로 이송되면서 여러 가지 공정의 가공이 병행하여 이루어지는 기계이다. 그림 4-31은 트랜스퍼 머신의 배치와 소형 자동차의 실린더 블록을 가공하는 실제의 보기이다.

[4] 팰릿(pallet) : 짐을 일정 단위로 운반하는 데 사용하는 하대(荷臺)로, 기계 가공과 조립 작업에서 가공물을 실어 각 공정에 보내는 데에 사용된다.

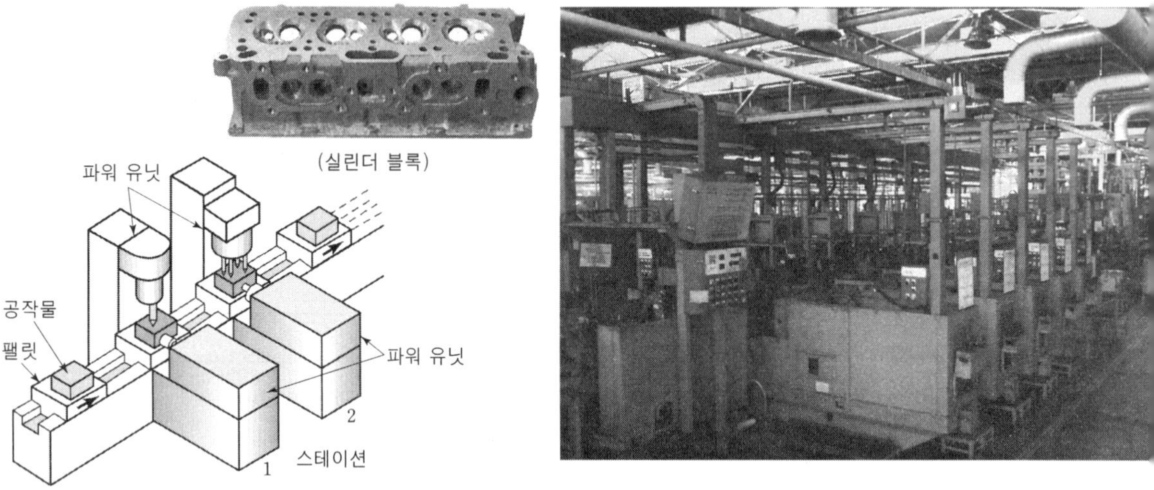

(a) 배치 (b) 실린더 블록 가공 현장

그림 4-31 트랜스퍼 머신의 보기

3. 생산 공정의 자동화

1) 조립 작업의 자동화

(1) 조립의 기본 기능

기계 공업에서 완성 제품이 제작되는 공정에는 조립 작업이 필수적으로 이루어지게 되는데, 여기에 별도의 공정에서 가공된 두 개 이상의 부품을 영구적 또는 일시적인 결합 수단을 사용하여 지시에 따라 결합하는 작업을 조립(組立, assembly)이라 한다.

조립의 기본 기능은 부품의 공급, 이송 그리고 조립(結合)이다. 일반적인 조립 라인에서는 기판 부품(dominant base element)이 컨베이어 시스템(conveyer system)에 놓여 이동되는 과정에 다른 부품들이 필요한 장소에 차례로 공급되면서 순서에 따라 조립된다.

이 과정에는 불량 조립품을 발견하여 검사하는 지점이 있으며, 이 지점에서 발견된 결함이 있는 제품은 작업 라인에서 제거하여 재작업에 투입하거나 분리시킨다.

그림 4-32는 일반적인 조립라인의 기능을 도식화한 것이다. 기계 또는 부품생산 공정에서는 가공된 부품 또는 조립된 부품들이 제 위치에 공급되고, 이들은 나사와 볼트 등으로 조립되어 제품화된다.

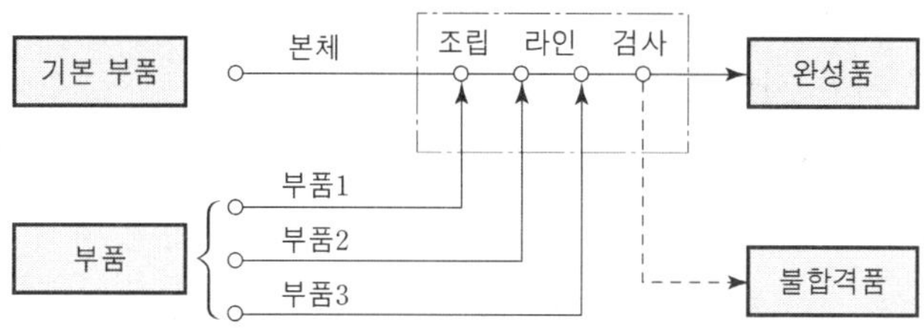

그림 4-32 조립의 기본 기능

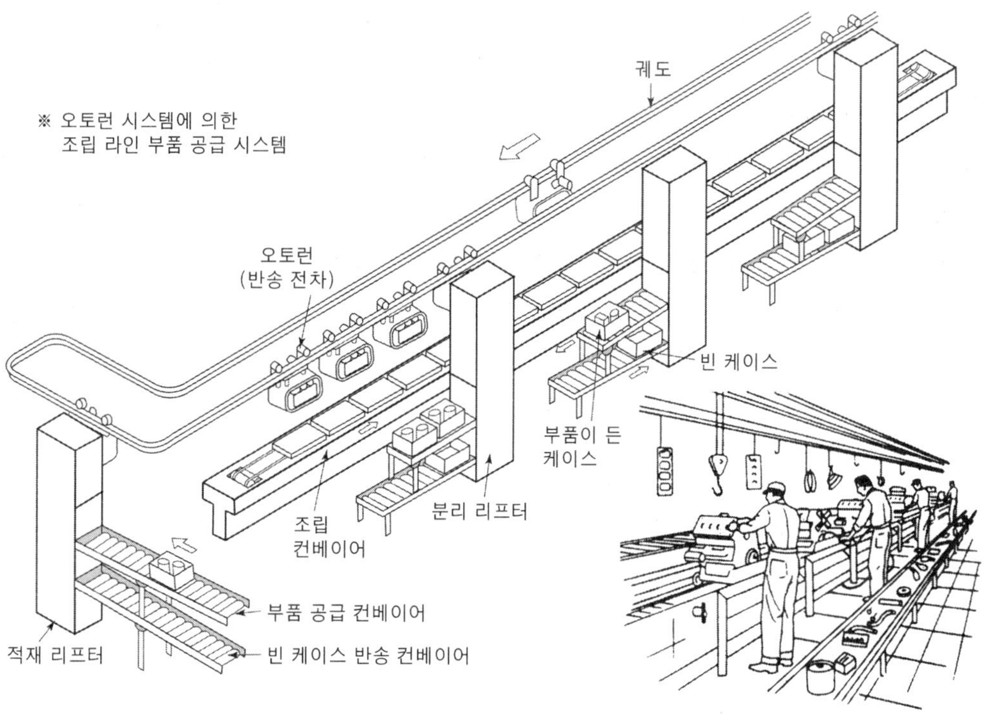

(a) 자동화 조립 라인 (b) 노동 집약적 컨베이어 조립 라인

그림 4-33 조립 라인

(2) 자동 조립 라인

자동 조립에서 사용되는 많은 요소는 기계화 생산의 경우와 같으며, 또한 기계식 제어, 전자 기계식 제어, 유체식 제어, 또는 수치식, 즉 컴퓨터 제어 등으로 조립 작업이 자동화되고 있다. 이와 같이 조립 작업을 자동화한 생산 공정을 자동 조립 라인(automatic assembly line)이라 한다. 조립 작업에서 부품과 제품의 이송 방식에는 테이블 또는 컨베이어 등의 구조에 따라 직선 형태로 이송하는 직선식 이송 방식과

원형 경로에 따라 이송하는 회전식 이송 방식이 있다. 또한 이송 사이클에는 고정 사이클 이송 방식과 자유 사이클 이송 방식 등이 있다.

복잡한 제품이나 기계 부품을 조립하는 데 처음 단계는 조립품을 작은 단위로 분리하여 공정화하는 일이다. 이것은 부품을 적당한 장소에 순서에 따라 공급하여 재료의 취급과 조립 작업을 능률화하기 위해서이다. 재료의 취급은 크기, 모양, 무게, 특성 등에 따라 여러 방법이 사용된다. 크거나 무거운 제품과 재료는 문형 크레인, 천장 크레인, 이동암 전자척, 전동 트럭 그 밖의 간단한 컨베이어 등이 사용된다. 조립은 제품을 생산하기 위하여 각 개별 부품을 조립하게 되는데, 부품은 처음 소형 조립품으로 결합하고 다음에 반조립품 그리고 끝으로 최후 조립품으로 완성된다.

그림 4-33 (a)는 조립 라인의 각 부문에 필요한 부품을 케이스 단위로 자동적으로 공급해 주는 오토런 시스템(autorun system)의 보기이다. 그림 4-33 (b)는 1947년에 미국의 Ford 자동차 회사가 착안하여 처음으로 도입하여 자동차 부품을 생산한 컨베이어 조립 라인으로, 대량 생산 체제의 상징이었다. 그러나 산업 구조가 변하면서 단순 조립 라인인 컨베이어 조립 라인이 추방되고 그 대신 몇 명이 한 팀이 되어 제품 조립의 시작에서 완성까지를 담당하는 셀(cell) 방식이 도입되고 있는 추세이다. 따라서 현대 산업에서는 중소 기업과 농수산물 가공 공장에서 볼 수 있는 방식이다.

4. 공작 기계의 자동화

1) 공작 기계의 제어

공작 기계의 동작과 순서를 정확하게 자동으로 제어하기 위해서는 제어 장치가 필요하다. 제어 장치는 제어 방법에 따라 여러 가지 형식이 있으며, 제어 방법은 생산 방식에 따라 달라진다. 즉, 소종 대량 생산의 경우에는 동일 형상과 치수의 공작물을 대상으로 하게 되므로, 가공 내용이 얼마간 복잡하더라도 동일한 동작이 반복 제어가 된다. 이에 비해 다종 소량 생산의 경우에는 가공 내용에 따라 동작도 달라진다. 따라서 다종 소량 생산을 하는 공작 기계의 제어는 소종 대량 생산에 비해 복잡하고 어렵다.

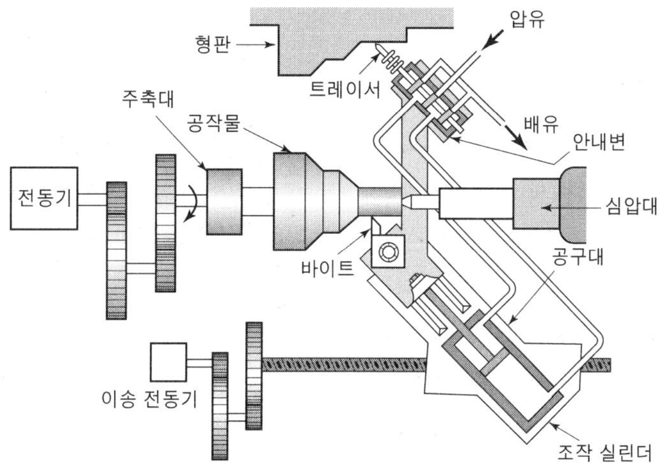

그림 4-34 유압식 모방 절삭 기구

(1) 모방 제어

모방 제어(模倣制御, tracer control, copping control)는 아날로그 제어의 일종으로 가공할 제품과 같은 모형이나 형판 등에 차동 변압기의 철심에 끼워 있는 트레이서(tracer)를 접촉시키면, 차동 변압기 몸체와 일체로 연결된 공구가 모형의 형상에 따라 발생하는 신호의 크기에 의해 연속적으로 제어하면서 절삭하는 방식이다.

그림 4-34는 안내변식 유압 서보 기구의 보기로서, 모방 제어 장치를 이용한 모방 선반(copying lathe)에서 많이 이용된다.

(2) 플러그 보드를 이용한 프로그램 제어

프로그램 제어는 그림 4-35와 같은 플러그 보드(plug board)를 사용하여 전기적으로 제어하는 방식을 프로그램 제어(program control)라 한다. 플러그 보드에는 주축 회전 속도의 변환, 주축의 상하 움직임, 테이블의 좌우 이송, 이송 속도의 변환 및 정지 위치 등의 지령이 설정되어 있다. 따라서 이것에 플러그를 삽입함으로써 공정의 순서와 내용을 기계에게 지령(指令)할 수 있게 된다. 플러그 보드의 배열은 조합하는 방법에 따라 수십 공정(數十工程)의 작업을 할 수 있다. 프로그램 제어를 공작 기계에 적용하면 프로그램된 순서에 따라 자동적으로 가공, 조립, 측정 등을 전용기에서 행하는 것과 같은 제어 장치를 구성한 시퀀스 제어의 자동 운전 방식이 된다. 그러나 이 방식은 직선 제어에 한정되며 선반, 드릴링 머신, 연삭기, 밀링 머신 등에 적용된다.

(3) 수치 제어

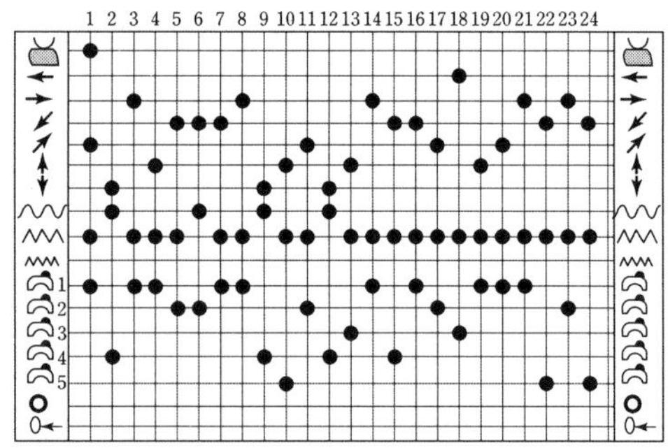

그림 4-35 프로그램 보드

공작 기계에서 공작물의 가공에 필요한 작업 순서와 작업의 개시점, 그리고 경로 및 종점 등을 나타내는 위치 정보 또는 작업 정보를 수치화하고, 이를 종이 테이프나 자기 테이프, 표로 정리된 카드, 컴퓨터 디스켓 또는 직접 컴퓨터 정보로 저장된 수치 데이터 등의 정보를 매체로 수치 제어 장치에 입력하여 정해진 작업을 자동적으로 제어하는 방법이다. 수학적 정보를 사용하기 때문에 이를 수치 제어(numerical control) 또는 머리 글자를 따서 NC라 한다.

NC는 공작 기계와 그 밖의 작업 기계를 부호로 구성된 NC 프로그램에 의해 운전한다. NC는 가공 방법이 아니라 기계의 조작 수단이다.

(4) 적응 제어

NC 공작 기계에 의한 가공에서 절삭 능률을 최대로 하고 공구 또는 기계의 이상 현상이 발생하였을 때 신속히 대처하며, 가공 환경이 여러 가지로 변화하는 상태에서 절삭 조건을 적절하게 유지하면서 가공이 이루어지도록 하는 것을 적응 제어(適應制御, adaptive control)라 한다. NC 공작 기계에서는 공구의 경로나, 피드 주축 속도 등 절삭에 관한 정보만 지령할 뿐, 실제 절삭되고 있는 상황을 피드백할 수는 없다.

적응 제어는 공작 기계 또는 공구에 검출기를 부착하여, 주축의 회전력(torque), 기계 및 공구의 온도, 공구의 변위, 진동 등을 검출 감지하여, 최적의 절삭 조건에서 가공이 이루어질 수 있도록 주축 속도, 이송 속도 등을 변화시킨다. 이때 검출된 자료의 해석에는 컴퓨터를 사용한다.

적응 제어는 가공의 능률화, 경제적 최적화, 가공 재료의 절약, 가공 중의 불량화 방지, 공구와 기계의 보호, 가공 정밀도의 향상, 검사공수의 감소 및 작업자의 노력 경감 등을 목적으로 하고 있다. 적응 제어는 기계 절삭 가공과 연삭뿐 아니라 판금 성형, 조립 및 용접 작업에도 적용되고 있다.

2) NC 및 CNC 공작 기계와 CAD/CAM 시스템

(1) NC 공작 기계

NC(數値制御, numerically control)는 선반, 밀링 머신, 제도 기계 등에서의 작업에 필요한 치수, 모양, 이송 속도, 주축의 속도 등에 대한 정보를 제공함으로써 기계 가공과 작업을 제어하는 자동화 장치이다.

NC 장치는 다음과 같은 특징과 장점이 있다.

① 작업자가 하던 여러 가지의 손 조작이 자동화로 바뀐다.

② 수동으로는 매우 어려웠던 복잡한 모양의 공작물을 가공할 수 있다.

③ 범용 공작 기계와 비교하면 3~5배의 능률이 있다.

④ 가공상의 유연성이 좋아서 작업의 전환이 용이하고, 다종 소량 생산에 유리하다.

⑤ 테이프의 지령으로 움직이며, 그 테이프는 기술실에서 작성되는 기계의 운전과 계획의 결정이 경영진의 통제하에 개방된다.

이상과 같은 이유에서 공작 기계의 NC화가 확대되면서 각 공작 기계의 자동화에 머물지 않고, 여러 대 또는 수 십대를 공작 기계군(工作機械郡) 시스템으로 제어하거나 관리할 수 있어 능률적이면서 생산적이다.

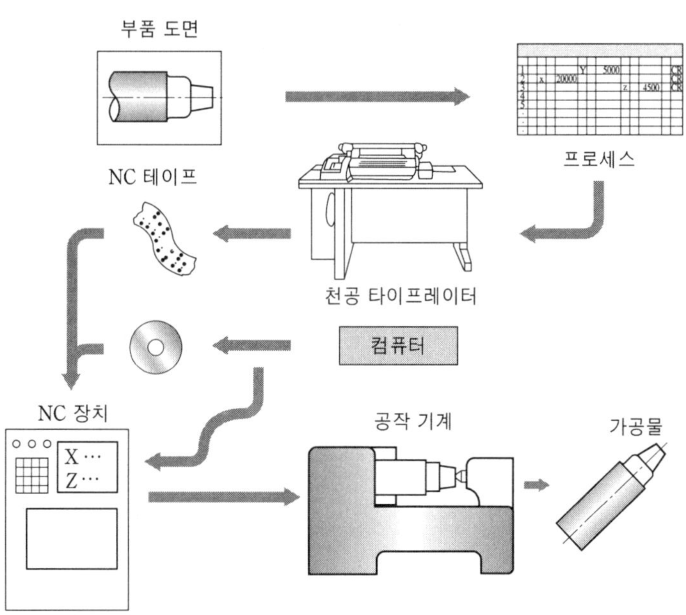

그림 4-36 NC 공작 기계의 작업 흐름

그림 4-36은 도면에서 제품이 가공 생산되기까지의 NC 공작 기계의 작업 공정의 흐름을 보여주고 있다.

1 NC 선반

공구의 전후 이송과 주축 기능, 보조 기능 등을 수치 제어함으로써 여러 가지 모양과 치수의 공작물을 자동화 작업으로 가공할 수 있도록 한 선반을 NC 선반(數値制御旋盤, NC lathe)이라 하며, 일반적으로 터릿 헤드를 구비한 터릿 선반 형식이 많이 있다.

보통 선반과 비교하면 절삭 소요 시간은 비슷하나 조작과 준비를 위한 시간을 크게 단축시킬 수 있어 총 가공 소요 시간이 단축되고 가공자의 숙련도에 따른 제품의 정밀도와 균일성 등에서 생산성이 높다.

최근에는 컴퓨터의 발달로 CNC 선반으로 대치되면서 단종 상태에 이르고 있다. 그림 4-37은 선삭의 후가공으로 엔드밀과 드릴 등에 의한 구멍 가공이 가능한 터닝 센터(turning center)라 부르는 복합 가공용(復合加工用) NC 선반의 보기이다.

2 NC 밀링 머신

NC 밀링 머신(NC milling machine)은 용도가 다양하여 현장에서 가장 많이 사용되었으며, 형식에 있어서는 위치 결정 직선 절삭 제어가 되는 것과 윤곽 제어에 의한 평면 캠, 원통 캠 등의 가공에 효과적인 방법으로 사용되었다. 그러나 NC 밀링 머신도 NC 선반과 같은 이유로 CNC 밀링 머신이 생산되면서 단종 상태에 있다.

그림 4-37 NC 선반(Doosan Co. brochure)

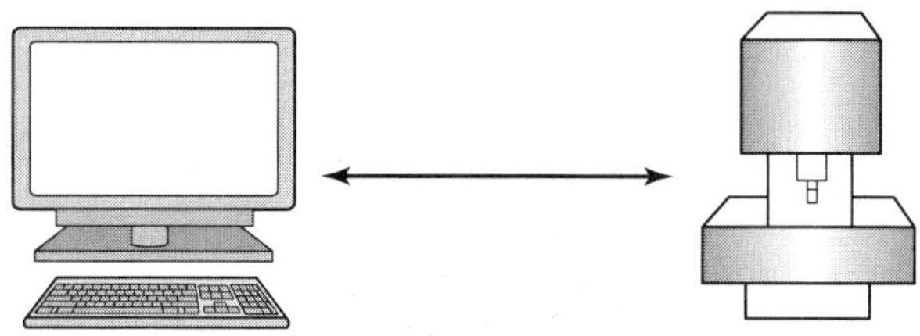

(a) 컴퓨터 (b) NC 기계

그림 4-38 CNC 구성

(2) CNC 공작 기계와 그 특징

1 CNC 시스템

CNC(computer NC)는 미니 컴퓨터를 NC 공작 기계에 내장한 것으로, NC의 제어 기능을 수행하는데 그림 4-38과 같이 독자적인 컴퓨터 시스템을 사용하므로 이를 컴퓨터 NC(computer NC), 또는 CNC(computerized numerical control) 시스템이라 한다. CNC는 지령 프로그램의 내용을 기억시키는 기억(memory) 장치가 있어 기억된 내용을 읽음으로써 NC 가공을 되풀이할 수 있다. 또 지령 테이프에 잘못이 있으면 기억된 내용을 수정할 수도 있다.

CNC는 기존의 NC에 비해 프로그램밍만으로 쉽게 기능이 변경되므로 유연성이 높고 계산 능력도 훨씬 뛰어나다. 그리고 기타 시스템 명령이 소프트웨어상에서 수정되므로 이를 soft-wired NC라 부르기도 한다.

2 CNC 공작 기계

CNC 공작 기계는 범용성이 있는 소형 컴퓨터를 내장하고 있어서 직선 보간(直線補間), 원호 보간(圓弧補間), 공구경 보간(工具徑補間) 등을 입력으로 조정할 수 있다.

또한 3차원 공구 중심 통로의 보정, NC에서의 모방 가공, 윤곽 가공 등의 기능이 있다. 그림 4-39는 CNC 공작 기계의 종류를 나타낸 것이다.

(3) 머시닝 센터

머시닝 센터(machining center)는 각 공정에 필요한 절삭 공구의 교환과 가공 위치의 변환을 자동으로 할 수 있는 자동 공구 교환 장치(automatic tool changer : ATC)와 분할 테이블 또는 각도 분할 테이블(index table)을 구비하고 있다.

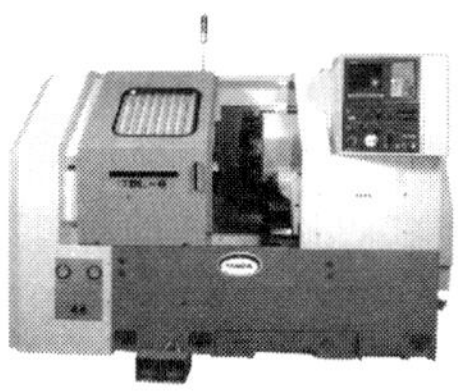

(a) 수평형 CNC 선반

(b) 직립형 CNC 밀링 머신

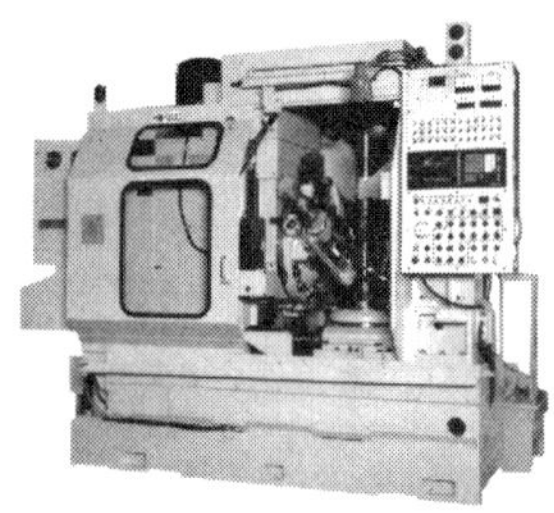

(c) CNC 기어 호빙 머신

(d) 수평형 CNC 원통 연삭기

(e) 수평형 CNC 평면 연삭기

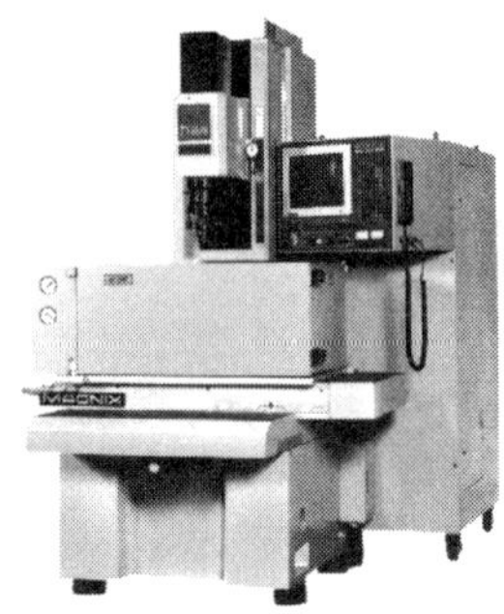

(f) CNC 방전 가공기

그림 4-39 CNC 공작 기계의 보기

(a) 직립형

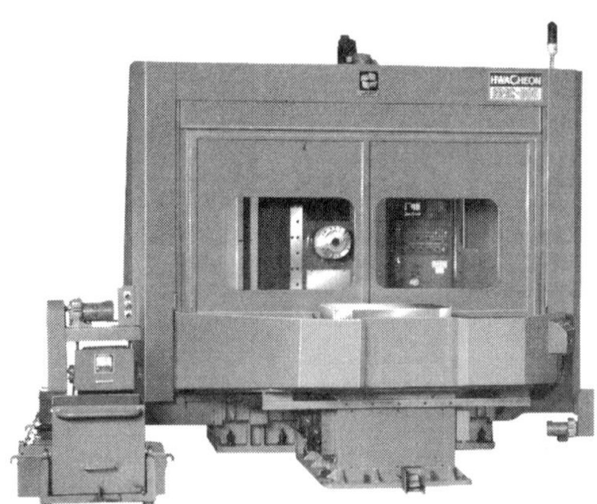

(b) 수평형

그림 4-40 머시닝 센터

머시닝 센터는 원하는 공구를 자유롭게 자동으로 교환할 수 있고 프로그램에 의해 3차원 가공이 가능하여, 복잡한 가공을 보다 효율적으로 할 수 있는 기계 · 전기 · 전자 · 통신 분야 기술이 통합되어 만들어진 수치 제어 공작 기계이다.

머시닝 센터는 주축의 방향에 따라 그림 4-40 (a)와 같이 테이블면에 대하여 주축이 수직으로 된 직립 머시닝 센터(vertical machining center)와 그림 4-40 (b)와 같이 주축이 수평으로 된 수평 머시닝 센터(horizontal machining center)가 있다.

머시닝 센터는 직선 원호, 나선 절삭 등 여러 대의 공작 기계가 작업해야 할 많은 가공 부분을 한 대의 기계로 가공할 수 있다.

(4) CAE/CAD/CAM 시스템

1 CAE/CAD/CAM의 의미

생산 공정의 최소화, 효율화를 통한 생산 원가의 절감과 품질 향상 등이 컴퓨터에 의해 실현되면서 컴퓨터에 의한 설계 제도와 가공 생산을 상징하는 CAD/CAM은 CAD(computer aided design)와 CAM(computer aided manufacturing)을 복합한 핵심 기술 요소로 발전하여 왔다.

특히 CAD는 단순히 설계 도면을 컴퓨터에 의해 작성하는 computer aided drafting 기술에서 제품의 설계와 분석까지 가능게 하는 CAD와 CAE(computer aided engineering)로 발전하면서 그 의미가 확대되었다.

이에 따라 CAE, CAD, CAM을 합해서 CAE/CAD/CAM 또는 CAD/CAM/CAE로 표기하고 있는데 이것은 이들을 해석, 설계로부터 생산까지의 모든 기술과 공정을 유기적으로 통합하는 의미로 사용되고 있다.

2 CAE/CAD/CAM 시스템의 구성

일반적으로 CAD 시스템, CAE 시스템, CAM 시스템을 묶어서 CAD/CAM 시스템 또는 CAE/CAD/CAM 시스템이라 부르고 있다. 그러나 CAD 기능에 대해서도 CAD/CAM 시스템이라 하고, CAM에 대해서도 마찬가지로 CAD/CAM 시스템이라는 용어가 명확한 구별없이 사용되고 있다. 따라서 본장에서도 명확한 구분에 의한 것보다는 각 시스템에 주안점을 주고 설명하였다.

● CAD 시스템

컴퓨터를 이용한 설계를 CAD(computer aided design)라고 하며 공작 기계를 비롯한 각종 제조, 건설, 섬유, 의장 등의 여러 산업 분야에서 이미 입력해 많은 자료를 통해 새로운 제품 구상과 설계를 더욱 빠르고 정교하게 설계할 수 있는 시스템의 하나이다.

컴퓨터에 설계 자료를 입력시키면 논리적 단계를 거쳐 도면이나 도형을 모든 방향으로 다양하게 이동시키면서 축소, 확대는 물론 치수선이나 기호, 문자의 입력 등을 자유자재로 할 수 있다. 즉, 컴퓨터를 이용한 설계는 인간의 창조성과 컴퓨터의 빠르고 정확한 계산 능력을 조화시킨 자동 설계법으로서, 원하는 형태를 자동으로 그려 낸다.

컴퓨터를 이용한 설계에서는 설계에 필요한 여러 가지 자료를 입력하면 컴퓨터가 신속하게 자료를 처리하고, 도면 작성용 프로그램을 작동시켜 화면에 도면을 나타낸다.

컴퓨터가 그림을 그리는 원리는 음극선관 화면에 전자빔이 움직여 그림 4-41 (a)와 같이 화살표 방향으로 선을 긋는 것이다. 평행선을 여러 개 그릴 때는 그림 4-41 (b)와 같이 전자빔 왼쪽에서 오른쪽으로 움직여 한 줄을 긋고 내려와 반복하여 줄을 긋는다. 그림 4-41 (c)는 CAD에 의해 설계한 기계 부품의 보기이다.

CAE 시스템

설계의 초기 단계에서 설계 제도를 위한 설계 해석 및 시뮬레이션(simulation) 과정을 통합한 기술을 CAE(computer aided engineering)라 한다.

CAE는 기본 설계에 필요한 기능이 만족되도록 제품 전체의 형상과 구성을 검토하여 성능 예측, 강도 해석, 기구 해석 등의 해석 시뮬레이션을 하는 것이다. 이 과정에서 컴퓨터는 입력되어 있는 과거의 설계 사례와 문헌 등을 참조하게 된다. 컴퓨터는 예전에 모아 놓은 데이터베이스(data base)로부터 필요한 자료를 검색하게 된다.

이와 같이 CAE를 도입하여 설계 시행 착오를 조기에 확인하고 검토함으로써 시제품(始製品)의 제작 횟수를 감소시키고, 여러 가지 대안을 시뮬레이션을 통하여 현실

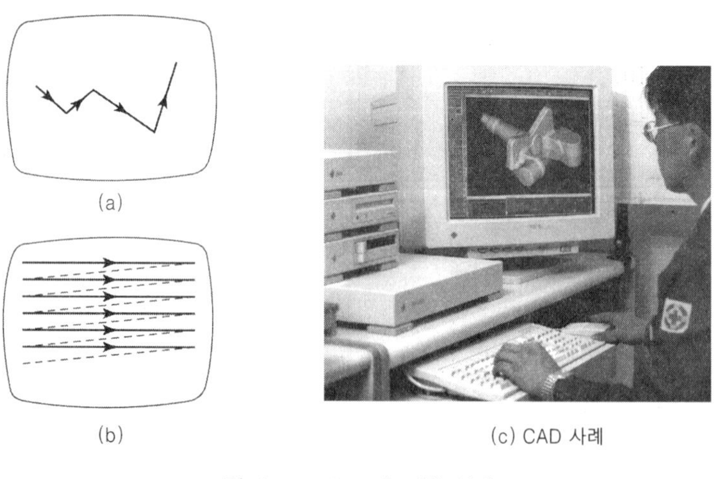

(a)

(b)

(c) CAD 사례

그림 4-41 CAD에 의한 설계

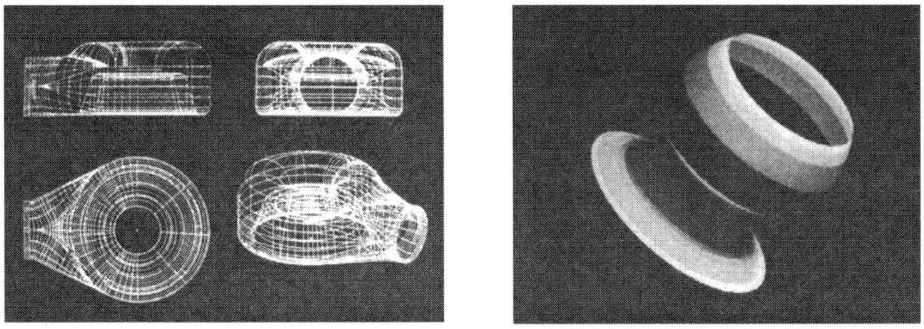

(a) 다양한 위치에서 본 복잡한 형태의 면　　(b) 곡률 분석(curvature analysis)의 모델

그림 4-42 CAE에 의한 해석 · 시뮬레이션의 보기

감 있게 비교, 검토, 수정, 보완할 수 있게 되었다. 따라서 초기 단계 설계 해석과 다음 공정 작업을 능률적으로 대응할 수 있게 된다.

그림 4-42는 CAE에 의한 시뮬레이션의 보기를 나타낸 것이다.

CAM 시스템

CAM(computer aided manufacturing)은 컴퓨터와 수치 제어 공작 기계를 연결한 시스템으로, 컴퓨터에 수록된 설계 정보를 이용하여 부품 가공, 조립, 운반, 검사 등의 생산 과정을 자동화하는 시스템이다.

특히 CAD 소프트웨어는 공구 경로 확인과 편집 기능을 비롯한 모의 가공, 마스터 모델 기능 등을 갖추고 있으며, 모방 밀링 방식의 단점을 근본적으로 해결할 수 있어, 금형 제작의 품질 향상과 생산성 제고에 기여하고 있다.

5. 산업용 로봇과 무인화 공장

1) 산업용 로봇과 메커트로닉스 및 FA

(1) 산업용 로봇

최근에 선보이고 있는 로봇은 동물의 운동 기능처럼 유연한 동작 기능과 지적 기능을 갖추고 있는 등 사람의 요구에 따라 동작할 수 있다. 로봇 중에서도 주로 생산 공장에서 사람의 힘을 덜거나 위험한 일을 대신하고 생산성 향상을 위하여 사용되는 로봇을 산업용 로봇(industrial robot)이라 한다.

한편 미국 로봇협회는 산업용 로봇을 "여러 가지 임무를 수행하기 위하여 프로그램된 다양한 동작을 통하여 재료, 부품, 공구, 그 밖의 특수 장치를 움직이도록 설계된 재프로그램이 가능한 다기능 자동 조정 장치"라고 정의하고 있다.

사람이 작업 순서를 미리 로봇에게 입력시켜 주면 산업용 로봇은 주어진 명령이나 지시에 따라 작업을 스스로 해 나가게 된다.

(2) 메커트로닉스

메커트로닉스(mechatronics)란 기계학(machanics)과 전자 공학(electronics)과의 융합 기술(融合技術)로서, 이들 학문의 영어명을 조합한 명칭이다. 종래의 기계는 기구(機構, machanism)에 의해 만들어졌으나 여기에 전자 부품이 접목된 데서 온 일본식 영어이다. 마이크로 컴퓨터나 센서로 이루어지는 일렉트로닉스를 기계에 꾸며 넣은 제품 및 기술을 말하며, 세계적으로 명성이 높은 일본의 FANUX Co. 사에서 맨처음 시도하였다.

이것은 철을 주체로 하는 금속으로 제작된 기계 속에, 전자 부품을 조합한 새로운 지능 주입형 공작 기계이다. 이것의 기초가 되는 새로운 기술 분야로 부상한 것이 바로 메커트로닉스이다.

여기서 전자 부품이란, 집적회로(集積回路, integrated circuit : IC)와 대규모 집적회로(大規模集積回路, 高密度集積回路, large scale integration : LSI) 등의 초소형 전자 부품을 말한다. 이들 부품의 개발과 회로 설계 및 응용에 관한 기술을 마이크로일렉트로닉스(microelectronics)라 한다. 이들 전자 부품은 극히 소형이면서 신뢰성이 높고, 값이 저렴하며, 기계에의 조합이 용이하고, 또한 기계의 동작과 조화를 이루므로 보급이 급속하게 신장되고 있다.

메커트로닉스의 주역은 지능 부분을 구성하는 IC 등으로 만들어지는 소형 컴퓨터로 마이크로프로세서(microprocessor)라 한다. 이 밖에도 전기 입력을 기계적 출력으로 변화하기 위한 소형의 전동기, 전자 장치(電子裝置), 정밀 기계, 유압 또는 공기압 장치, 서보 기구 등의 기계에 관한 기술, 또 여러 가지 물리량, 화학량을 계측하는 센서 기술, 기계 · 전기 분야 기술의 융합을 위한 시스템 기술, 또한 생물의 신경과 감각 등의 기능을 기계나 지능 부분에 실현하려는 사이버네틱스(cybernetice) 등의 과학 기술이 메커트로닉스의 발전에 기여하고 있다.

메커트로닉스는 사무실 관리를 위한 OA(office automation), 생산 자동화와 로봇화 또는 메커트로닉스 관련 신제품의 개발, 통신과 운송 등 응용 범위가 확대되고 있다.

(3) FA

현대화된 석유 화학이나 철강 공업과 같은 장치 산업(裝置産業)에서는 산업 구조의 자동화로 극히 적은 인원의 감시원과 보수 요원을 제외하면, 넓은 산업 현장은 거의 무인 시스템으로 이루어지고 있다. 그러나 현대화된 자동차 공업과 전자 공업에서의 생산 공정은 최신의 자동화 기기가 채용되고 있음에도 불구하고 사람의 손 작업에 의한 공정이 많이 있다.

어떤 일정한 제품을 다량으로, 장기간 생산하는 공정에서는, 현재 사용되고 있는 전용 자동화 기계에 의해 고속이면서 고능률의 자동 생산 체제를 충분히 활용하기도 한다.

그러나 이와 같은 소품종 대량 생산 체제의 고정적 전용 자동화(fixed automation)로는 소비자의 다양한 요구에 부응할 수 없다. 따라서 높은 부가 가치를 부여하기 위한 방안으로 라이프 사이클(life cycle)이 짧은 다품종 제품을 소량으로 생산하는 자동화 기술이 각광을 받으면서 급성장하고 있는데, 이를 FA(flexible automation) 또는 PA(programable automation)라 한다.

2) 산업용 로봇에 의한 생산의 자동화

우리나라는 70년대말 자동차 생산이 본격화되면서 산업용 로봇(industrial robot)[5]이 자동차 차체 용접 조립 공정에 도입되기 시작하여, 전기, 전자 산업에서 일반 기계 산업, 각종 제조 산업 그리고 물류 시스템에 이르기까지 수요가 증가되고 있다.

---

[5] 산업용 로봇(industrial robot) : 프로그램된 동작으로 재료, 부품, 공구 그 밖의 장치들을 다루거나 여러 가지 일들을 하도록 설계된 반복 프로그램이 가능한 다기능의 매니퓨레이터(manipulater)이다. 1960년대 초에 소개된 최초의 산업용 로봇은 지루하고(dull), 지저분하며(dirty), 위험한(dangerous) 일들인 3D와 뜨겁고(hot), 무거우며(heavy), 유해한(hazardous) 일들인 3H의 생산 공장에서 작업자의 안전을 위하여 사용되었으며 그 후 모든 산업 분야로 이용이 확대되고 있다.

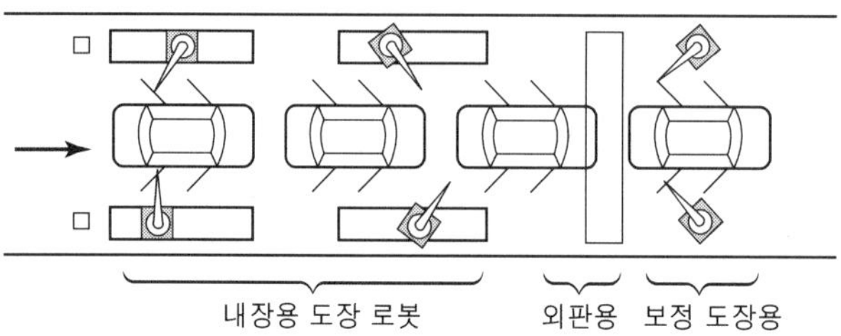

(a) 차체의 도장

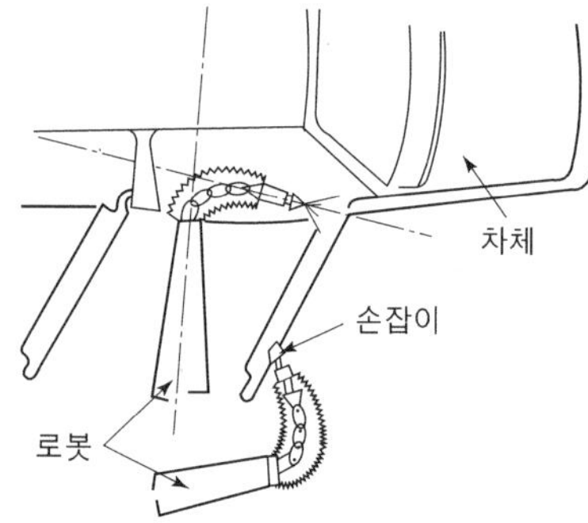

(b) 내부의 도장

그림 4-43 도장용 로봇의 보기

(1) 도장용 로봇

도장 로봇은 자동차 차체의 도장을 시작으로 가전 제품인 냉장고, 세탁기, 각종 철제 사무 기구와 목공 도장, 재료의 표면 처리 공정에서 사람의 손을 대신하고 있다.

도장 작업은 유기 용제(有機溶劑)를 사용하는 악조건의 환경에서 이루어지며, 일정 수준의 도장 기술을 갖기에는 많은 경험과 시일이 소요되었던 문제를 로봇이 감당하고 있다.

그림 4-43 (a)는 자동차 보디(body)의 도장 상태를, 그림 4-43 (b)는 자동차의 내장을 도장하는 보기를 나타낸 것이다. 일반적으로 문을 열어 안쪽을 도장할 때에는 지그를 사용한다. 로봇이 지그를 끌어당겨 열어서 도장하는데, 그림 4-43 (b)와 같이 치공구 없이 로봇의 손목에 센서를 부착하여 이것이 문의 손잡이 틈에 끼워서 자동으로 열어 놓고 도장할 수 있는 도장용 로봇의 보기이다.

(2) 용접용 로봇

용접의 자동화는 두꺼운 판이나 용접선이 긴 용접에 일렉트로 슬래그 용접 또는 서브머지드 아크 용접이 사용되었으며 그 뒤에 조선, 고압 가스, 액체 저장 탱크와 같이 대형 구조물의 제작에 이용되면서 절단 작업도 자동으로 이루어지고 있다.

또한 이산화탄소 아크 용접과 미그 용접(MIG welding) 등의 자동 또는 반자동 용접이 보급 확대되었다. 용접은 높은 열과 강한 광선, 분진 등에 의한 열악한 환경에서 반복 작업이 이루어져야 하기 때문에 자동화의 필요성이 강조되었다.

따라서 용접의 자동화는 열악한 작업 환경에서 벗어나고, 동시에 생산성과 품질을 향상시키며 노동력을 감축할 수 있다. 이에 따라 용접의 자동화를 한층 높이기 위한 수단으로 용접 작업에 산업용 로봇을 도입하게 되었다.

용접용 로봇은 자동차의 차체 조립 라인에서 스폿 용접에 적용한 것이 최초이며, 이어 이산화탄소 아크 용접 로봇이 개발되면서 그 수요가 공장을 시스템화 무인화하는 데 기여하게 되었다.

그림 4-44는 로봇군에 의한 차체 조립 용접 라인의 무인화 공장의 보기이다.

그림 4-44 자동차의 차체 조립 용접 라인

(3) 기계 가공용 로봇

메커트로닉스의 발전과 더불어 로봇 산업이 확대 적용되면서 기계 가공에 있어서도 본격적으로 산업용 로봇이 활용되고 있다. 기계 가공 자동화는 NC 공작 기계, CNC, CAM 등의 자동 공작 기계에 의하여 가능하나 가공의 부대 작업인 공작 기계에 대한 공작물의 로딩과 언로딩이나 공구의 착탈, 칩의 제거 등에 대한 자동화는 이루어지지 못한다. 따라서 이들의 작업을 자동화하기 위한 수단으로 산업용 로봇이 이용되었다.

NC 공작 기계와 조합하여 공작물의 로딩과 언로딩을 행하기 위한 로봇은 그에 적

(a) NC 선반과 로봇 (b) 머시닝 센터와 로봇

그림 4-45 기계 가공 셀의 보기

합한 기능의 것이 개발되어 기계 가공용 로봇으로서 상품화되어 있다. 그리고 NC 공작기계와 모니터와 이 기계 가공용 로봇이 조합되어 FA 시스템의 기본 구성 요소인 기계 가공 셀을 구성하고 있으며, FMS와 FA의 필수적 구성 요소로서 중요한 비중을 차지하고 있다. 그림 4-45 (a)는 NC 선반과 로봇에 의한 기계 가공 셀의 보기이며, 그림 4-45 (b)는 머시닝 센터와 로봇에 의한 기계 가공 셀의 보기를 나타낸 것이다.

3) 무인화 공장

(1) 무인화 공장의 도입

1 FA 공장의 보기

그림 4-46은 FA 공장으로 자동 창고(I)에서 반입된 재료가 반출되고, 가공 라인, 조립 라인, 검사 라인을 거쳐 생산된 제품이 자동 창고(II)에 입고, 관리되면서 필요에 따라 출하된다. 제품의 반송은 무인 반송차가 수행한다.

2 중앙 통제실 운영

생산 공장이 무인화로 생산 라인의 조작 기능이 자동화 기기의 중앙 집중 조작 방식으로 바뀌면서 현장의 기술 인력은 대폭 감축되었다. 그림 4-47에서와 같이 중앙 통제실에서 몇 명의 기술 인력만으로 기능을 통제하고 있다.

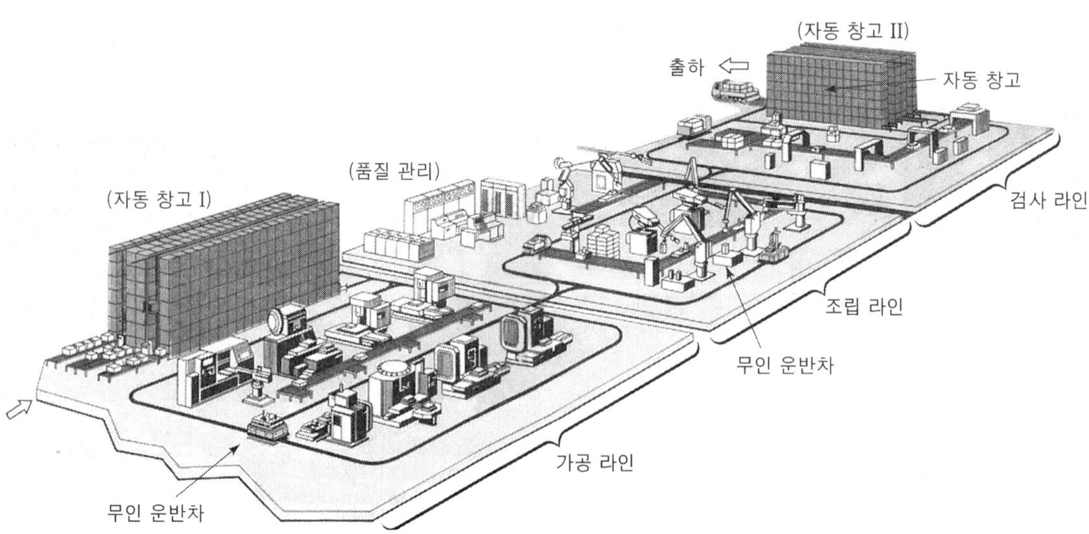

그림 4-46 FA 공장

그림 4-47 중앙 통제실

그림 4-48 로봇을 이용한 VCR DECK의 무인화 조립 라인

그림 4-49 로봇에 의한 공작물의 착 · 탈 작업

(2) 무인 공장과 운반 시스템

[1] 무인 공장

그림 4-48은 로봇을 이용한 VTR DECK의 무인 조립 라인의 보기이며, 그림 4-49는 무인 공장(無人工場)에서 로봇이 소재 공급에서 가공 후 공작물을 펠릿(pallet)상에 적재하는 공작물의 착 · 탈 작업의 보기이다.

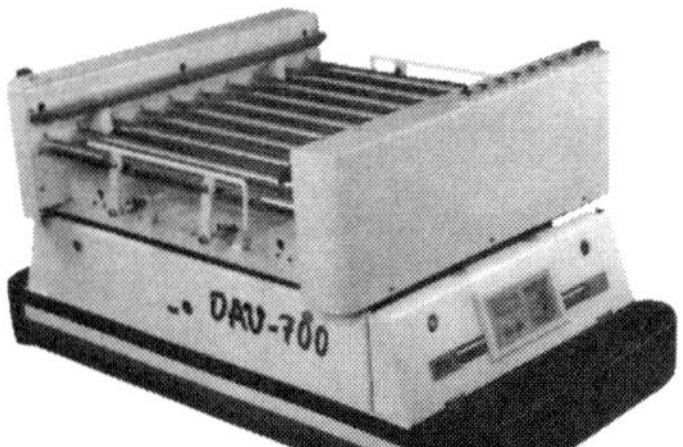

(전자 유도 방식)

(지도 기억 자율 운영 방식)

(a) 무인 운반차

(b) 생산 공정에서의 무인 운반 사례

그림 4-50 무인 운반차와 운영 사례

2 무인 운반 시스템

생산 라인의 공정 간에 소재 또는 중간 제품의 운반을 적시에 실현할 수 있는 새로운 운반 장치(운반차)로서 특히 제조업의 생산 라인에서 많이 채용되고 있다.

화물에 따라 다음과 같은 3종류가 있다.

a) 구동 롤 방식(roller type) : 롤의 회전으로 화물을 적재
b) 푸시 풀 방식(puch-pull type) : 암(arm)을 사용한 확실한 적재
c) 리프트 방식(lift type) : 적재 위치의 구조가 간단한 적재

또한 유도 방식도 다음과 같은 2가지 방식이 있다.

a) 지도 기억 자율 운행 방식 : 무인차에 탑재된 컴퓨터의 메모리에 주행 루트의 지도(map)를 입력하여, 무인차 스스로 목적지의 경로를 판단하여 주행하는 방식을 채택한 것이다.
b) 전자 유도 방식(電磁誘導方式) : 바닥에 부착(또는 매몰)된 자기 테이프로부터 발생되는 자계로 무인차를 유도하는 방식으로 루트의 변경 · 증설이 용이하고 오염에도 강한 장점이 있다. 그림 4-50은 무인 운반차와 도입 사례를 보여주고 있다.

(3) 창고의 무인화

최근 시장 요구의 다양화에 따라 장기 보관에서 일시 보관으로 기능이 변화하면서 이름도 무인 창고(無人倉庫) 또는 자동화 창고(自動化倉庫, automated warehouse)로 불리고 있다.

1965년경에 상품 보관을 위한 창고로서 도입된 자동 창고(自動倉庫)는 그 동안 대형 기종을 중심으로 발전하였으며, 최근에는 생산 분야에서 일시 보관을 위해 사용되는 소형 공정 창고(工程倉庫)로 전환되고 있다. 그리고 공장 내에서 사용되는 무인 창고는 부품이나 완성품을 보관하는 기능에 그치지 않고 가공 공정이나 조립 공정을 연결하는 역할을 하는 예가 많고 생산의 흐름을 제어하는 요소로서 위치를 부여하는 개념으로 확대되고 있다.

보관의 단위도 유통 분야(流通分野)에서 널리 사용되고 있는 로트(lot) 단위의 보관에서 보다 소형이고 격납수가 많은 각종 팰릿(pallet)을 이용하여 버킷(bucket) 단위로 격납하는 자동 창고의 수요가 급속히 증가되고 있다. 또한 자동 창고가 작업장에 인접하여 설치되며 생산 라인에 직결되어 있는 경우가 많다.

ⓐ 콤비네이션 팰릿(다용도용)

ⓑ 오픈 팰릿(base open pallet)

ⓒ 부품 팰릿(자동 창고형)

ⓓ 전용 팰릿(auto lever)

(a) 팰릿의 종류

(b) 입출고의 자동화 사례

그림 4-51 팰릿의 종류와 자동화 창고

그림 4-51은 팰릿의 종류와 자동화 창고 내부의 보기이다.

산업 현장에 물류 시스템이 도입되면서 자동 창고는 온라인 시스템의 비중이 크게 확대되고 있으며, 하루가 다르게 정보 창고화가 이루어지고 있다. 사용 분야도 종전의 창고형에서 생산 라인 직결형으로 첨단화하고 있으며, 운용 방식도 다양화·디지털화되고 있다.

자동화의 범위도 크레인 중심형에서 시스템 전체를 통합한 완전 자동화가 매우 중요시되고 있으며 자동 창고 시스템 전체의 고기능화가 급속하게 실현되고 있다.

연습 문제

4.1 공작 측정과 제품 검사

1. 다음 용어에 대해 설명하시오.
   ① 측정 오차　② 환경 오차
   ③ 과실 오차　④ 우연 오차
2. 측정기의 감도와 정도를 설명하시오.
3. 길이 측정기의 용도와 종류를 설명하시오.
4. 블록 게이지의 용도와 특징에 대해 설명하시오.
5. 제품의 주요 검사 항목을 요약하시오.

4.2 기계 공작의 자동화

6. 다음 용어에 대해 설명하시오.
   ① 자동화　② 생력화
   ③ 파트 피더　④ 유닛
7. 수치 제어와 적응 제어를 비교 설명하시오.
8. NC 장치의 특징과 장점을 설명하시오.
9. 다음 용어에 대해 설명하시오.
   ① 메커트로닉스　② FA
   ③ 무인 운반차　④ 팰릿

연구 과제

1. 측정 오차를 분류하고 요약 설명하시오.
2. 측정기의 감도와 정도를 비교 설명하시오.
3. 표준 게이지와 한계 게이지를 비교 설명하시오.
4. 기어의 측정 방법을 설명하시오.
5. NC 장치의 특징과 장점을 들어보시오.
6. 머시닝 센터의 용도와 특징에 대해 설명하시오.
7. CAE/CAD/CAM의 의미를 설명하시오.
8. 제조업에서 산업용 로봇의 이용 사례를 들어보시오.

5장 원동기

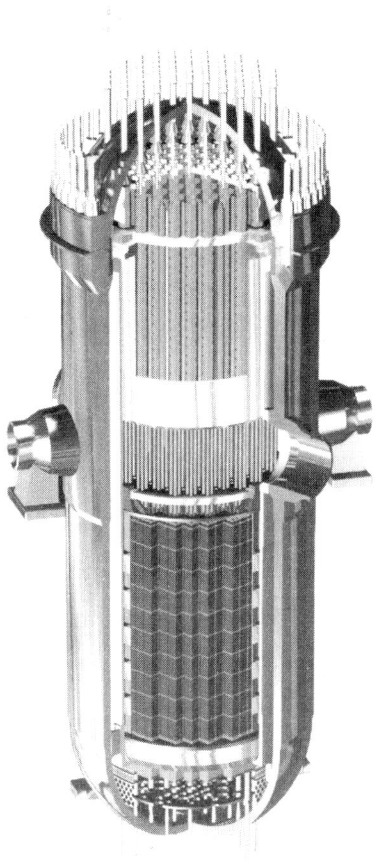

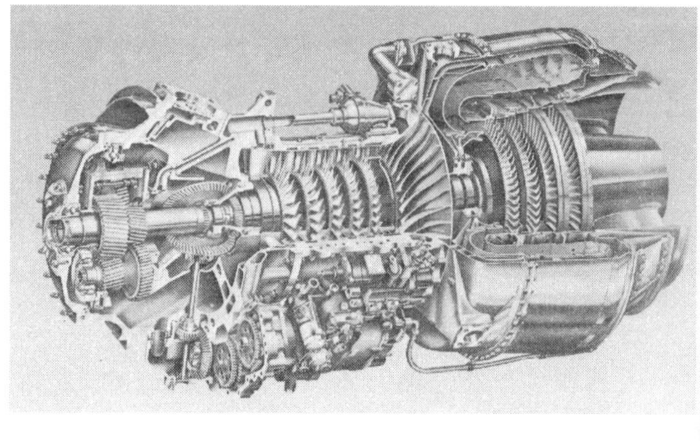

5.1 원동기의 기초

자연에 존재하고 있는 여러 가지 형태의 에너지(energy)를, 이들에 알맞는 방법으로 왕복 운동(往復運動)이나 회전 운동(回轉運動)과 같은 기계적 에너지(mechanical energy)로 변환시켜 동력(動力)을 발생하는 장치를 원동기(原動機, prime mover)라 한다.

1. 에너지와 원동기

1) 에너지

높은 곳에 있는 물을 사용하여 수차(水車)를 회전시킬 수 있으며 바람에 의해 풍차(風車)를 회전할 수 있다. 이것은 물이나 공기가 수차나 풍차를 회전시키는 일(仕事, work)을 하게 된다.

일반적으로 물체가 일을 할 수 있는 능력을 가질 때, 그 물체는 에너지를 갖고 있다고 한다. 따라서 일과 에너지는 동질의 것으로 단위도 같다. 높은 곳에 있는 물이 일을 할 수 있는 것은 높이에 따라 다르며, 이와 같은 높이(位置)에 의한 에너지를 보통 중력(重力)에 의한 위치 에너지(potential energy)라 한다. 또 바람이 풍차를 회전시키는 것은 공기가 운동하기 때문이며, 이와 같이 운동하는 물체가 갖는 에너지를 보통 운동 에너지(kinetic energy)라 한다. 일반적으로 위치 에너지와 운동 에너지를 총칭하여 기계적 에너지(mechanical energy)[1]라 한다.

자연에는 기계적 에너지 외에도, 여러 가지 종류의 에너지가 존재하고 있다. 예를 들어, 열(熱) 에너지, 전기(電氣) 에너지, 화학(化學) 에너지, 방사(放射) 에너지, 원자력(原子力) 에너지 등이 있다. 이들 에너지는 종류가 고정되어 있지 않다. 예를 들면, 태양으로부터 방사 에너지가 물체에 흡수되어 열 에너지로 변환된다. 석탄이나 석유의 화학 에너지도 화학 변화(燃燒)하여 열 에너지로 변환된다. 이와 같이 에너지의 종류가 다른 종류로의 변환이 자연계에서 많이 나타나고 있다.

---

[1] 역학적 에너지라고도 한다.

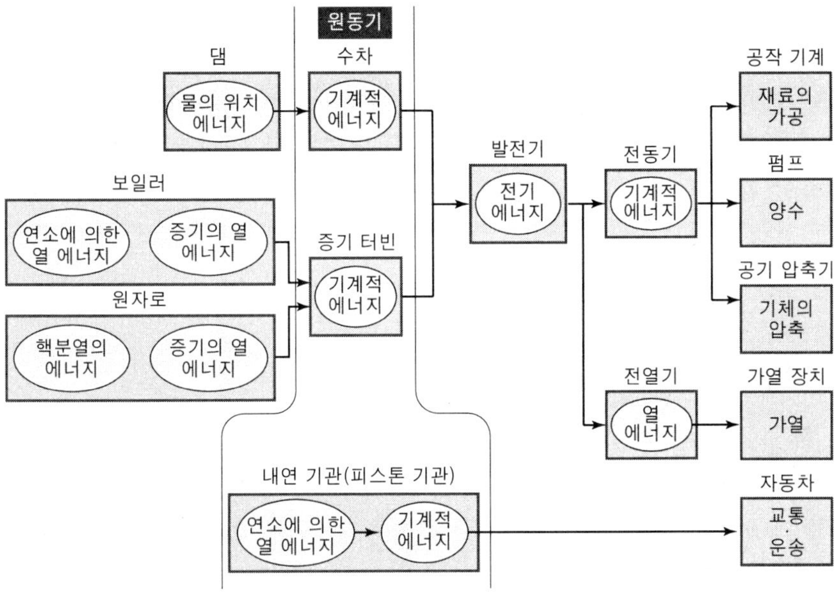

그림 5-1 에너지의 변환과 이용

(1) 에너지의 변환

그림 5-1은 현재 사용되고 있는 주된 원동기를 중심으로, 각종 기계와 장치 간에 이루어지는 에너지 변환의 개요를 나타낸 것이다.

그림에서 알 수 있는 바와 같이, 현재 많이 사용되고 있는 동력은 물이 갖는 위치 에너지와 연료의 연소나 원자핵 반응에 의한 열 에너지의 변환으로 얻어진 것이다.

그림의 원동기에서 수차는 물을, 증기 터빈은 증기를, 내연 기관은 연소 가스를, 각기 동작 물질(動作物質)로 이용하고 있다. 이들의 동작 물질인 유체(流體)를 동작 유체(動作流體, working fluid)라 한다.

원동기에서 수차는 물이 갖는 에너지를, 내연 기관은 연소 가스가 갖는 에너지를, 각기 직접적으로 내부에서 기계적 에너지로 변환하여 동력을 발생시키고 있다. 이에 대해 증기 터빈은 연소 가스나 원자핵 반응(原子核反應)의 열 에너지를 증기를 매개체로 하여 기계적 에너지로 변환하여 동력을 발생시키고 있다.

이에 따라 특별한 경우[2)]를 제외하면 증기 터빈에서는 증기 발생 장치로서 보일러(boiler) 또는 원자로(原子爐)가 필요하다.

2) 지열 발전(地熱發電)과 같이 자연적으로 발생하는 증기를 이용하는 경우

(2) 에너지의 이용도

원동기는 자연의 에너지를 공급 받아, 이것을 기계적 에너지로 변환하게 되는데, 이 에너지 변환 과정에서 기계적 마찰 손실이 일어난다. 이것은 수력을 이용할 때나, 열을 이용할 때에도 각기 손실이 따른다. 따라서 공급 받은 에너지가 모두 유효한 에너지로 변환되지 않고, 몇 %만 유효한 에너지로 사용될 뿐이다. 즉, 원동기에 공급된 에너지가 유효하게 일로서 이용되는 정도를 효율(效率, efficiency)라 하고, η로 나타내면

$$\eta = \frac{L_e}{L_n} \times 100 = \frac{L_n - L_i}{L_n} \times 100[\%] \tag{5-1}$$

여기서 L_n : 공급 에너지 L_e : 유효 에너지

L_i : 손실 에너지

가 된다.

효율은 원동기의 우열을 결정하는 중요한 요소이다. 이 값이 클수록 유효하게 이용되는 에너지의 비율이 커지므로, 경제적으로도 우수하다.

2) 원동기 관련 기계와 장치

원동기 관련 장치(原動機關連裝置)를 동작 유체와 에너지 변환과 관련하여 나타내면 표 5-1과 같다.

표 5-1 원동기 관련 기계와 장치

구분	동작 유체	에너지 변환	기계·장치 간의 관련
펌프	물 (일반적으로 액체)	기계적 에너지 ↓ 물의 위치나 압력 에너지	수차의 에너지 변환과 역의 에너지 변환
송풍기· 압축기	공기 (일반적으로 기체)	기계적 에너지 ↓ 공기의 운동이나 압력의 에너지	동작 유체가 기체가 되었을 뿐 펌프와 관련이 깊다.
유압 장치	유압유	기계적 에너지 ↓ 기름의 압력 에너지 ↓ 기계적 에너지	유압 펌프와 유압을 이용한 원동기로서 유압 모터·유압 실린더 등과의 조합
냉동 장치	프레온· 암모니아 등	증기 터빈이나 내연 기관 등의 열 기관과 열을 다루는 이론상 관련이 깊다.	

2. 열 기관의 기초

열 에너지를 소비하여 기계적인 일을 발생하면서 사이클이 연속적으로 반복되는 기관을 열 기관(熱機關)이라 한다.

열 기관 중에서 가스나 액체 상태의 연료와 공기로 된 혼합기, 즉 동작 유체를 기관의 일정 부피의 연소실 내에서 각 사이클마다 간헐적으로 폭발 연소시켜서 이때 발생하는 열 에너지를 기계적인 일로 전환하는 열 기관을 일반적으로 내연 기관(internal combustion engine)이라 한다. 한편 연료를 일정한 연소실에서 연속적으로 연소시켜서 발생하는 연소 가스를 유동적으로 이용하여 기계적인 일로 변환하는 열 기관을 가스 터빈(gas turbine)이라 한다.

이 밖에 기관 본체의 외부에서 생성된 동작 유체를 이용하여 기계적인 일을 하는 열 기관을 외연식 열 기관(external combustion engine)이라 한다.

1) 열량과 일

(1) 온도와 열량

온도가 서로 다른 2개의 물체를 접촉시켜 놓으면 고온인 물체의 온도는 낮아지고 저온인 물체의 온도는 높아져 마침내 두 물체의 온도는 서로 같아진다.

이것은 고온의 물체로부터 저온의 물체로 열이 이동되었기 때문이다. 이동한 열의 양을 열량(熱量)이라 한다.

이와 같이 열은 온도의 변화와 관계가 있으며, 열량의 단위는 킬로칼로리(kcal)가 쓰이고, 1kcal는 물 1kgf의 온도를 1℃ 상승시키는 데 필요한 열량이다.

(2) 열과 일

열을 일로 변환시키는 기계를 열 기관이라 하는데, 여기에는 증기 기관과 내연 기관이 있다. 일이 열로, 또 열이 일로 바뀔 때 열과 일 사이에는 다음과 같은 양적인 관계가 있다.

$$1\text{kcal} = 427\text{kgf}\cdot\text{m} \tag{5-2}$$

일반적으로 Q[kcal]의 열량에 상당하는 일량을 W[kgf · m]라고 하면 다음과 같은 관계가 성립한다.

$$Q = AW \qquad W = JQ \tag{5-3}$$

이 식에서 비례 정수 A를 일의 열당량, J를 열의 일당량이라 하고, 그 값은 다음과 같다.

$$A = \frac{1}{427} \qquad J = 427\text{kgf}\cdot\text{m/kcal} \tag{5-4}$$

그리고 1시간당의 일량을 PS·h, kW·h로 나타내면,

$$1\text{PS} = 75\text{kgf}\cdot\text{m/s} \qquad 1\text{kW} = 102\text{kgf}\cdot\text{m/s}$$

$$1\text{PS}\cdot\text{h} = 75\times3600\text{kgf}\cdot\text{m} \qquad 1\text{kW} = 102\times3600\text{kgf}\cdot\text{m}$$

이므로, 다음과 같이 환산된다.

$$\left.\begin{aligned} 1\text{PS}\cdot\text{h} &= 75\times3600\times\frac{1}{427} \fallingdotseq 632\text{kcal} \\ 1\text{kW}\cdot\text{h} &= 102\times3600\times\frac{1}{427} \fallingdotseq 860\text{kcal} \end{aligned}\right\} \tag{5-5}$$

2) 연료와 발열량

(1) 연료

연료(燃料)란 공기가 있는 데서 연소(酸化)하여 그때 발생하는 열을 경제적으로 이용할 수 있는 것을 말한다. 이 연료는 핵 연료(核燃料)와 구별하여 화석 연료(化石燃料)라고도 한다.

연료는 표 5-2와 같이 고체 연료, 액체 연료 및 기체 연료의 3종류로 분류하고 있으며, 이를 다시 1차 연료(天然物)와 2차 연료(加工物, 副産物)로 나누고 있다.

(2) 발열량

연료가 충분한 양의 공기(그 중의 산소)와 혼합하여 연소하였을 때 화학 에너지가 모두 열로 변환되는 것이 완전 연소이고, 그때 발생하는 열량(熱量)을 발열량(發熱量)이라 한다. 발열량은 액체 및 고체의 연료인 경우는 단위 중량당 발생 열량[kcal/kgf]으로 나타내고, 기체 연료는 단위 부피당 발생 열량[kcal/Nm^3]으로 나타낸다. 여기서, Nm^3은 압력 1.03kgf/cm^2(수은주 760mm 상당), 온도 0℃의 표준 상태에서의 부피 m^3으로 나타낸 것이다.

표 5-2 연료의 종류 및 성질

구분	1차 연료	2차 연료	
		가공물	부산물
고체연료	목재(木材) 아탄(亞炭) 갈탄(褐炭) 역청탄(瀝靑炭) 무연탄(無煉炭)	목탄 코크스 반성 코크스 연탄	톱밥 침전 미분
액체연료	석유(石油)	경질 나프타(石油蒸溜) 등유(石油蒸溜) 경유(石油蒸溜) 중유(石油蒸溜)	가스 경유(石炭乾溜) 타르 건유(石炭乾溜) 타르 중유(石炭乾溜)
기체연료	천연 가스	오일 가스 액화 석유 가스 발생로 가스(석탄의 가스화) 중열수성 가스(코크스의 가스화) 석탄 가스(石炭高溫乾溜) 아세틸렌	코크스로 가스(코크스 제조) 고로 가스(선철 제조) 석유 정제 가스

3) 에너지의 변환

그림 5-2 (a)와 같이 가솔린을 접시에서 연소시키면 액의 표면으로부터 불꽃이 올라가며 연소된다. 이러한 경우는 모든 가솔린이 일시에 연소하는 것과 같이 격렬하게 연소하는 것이 아니다. 이때 가솔린의 화학 에너지는 열과 빛으로 바꾸어질 뿐, 일로 전환되는 것은 아니다.

가솔린이 증기로 되기 쉽도록 안개 모양으로 만든 다음 그림 5-2 (b)와 같은 통 속에 적당한 양의 공기와 함께 넣고 압축한다. 이때 혼합 기체에 불을 붙이면 폭발적으로 격렬하게 연소하면서, 통 속의 압력이 급격히 상승하며, 이 압력으로 그림 5-2 (c)와 같이 한쪽의 통이 세차게 밀려 올라가면서 열이 일로 바뀐다.

이 경우는 가솔린의 화학 에너지가 연소에 의하여 열 에너지지로 바뀌며, 그 압력이 피스톤에 작용하여 피스톤을 밀어 기계적인 일을 하게 한다.

그림 5-2 (d)는 가솔린 기관의 원리를 나타낸 것이다. 실제로 기관의 경우는 열의 일부가 실린더나 피스톤에 전달되어 온도를 높이거나 배출 가스와 함께 대기 중으로 방출된다. 그러므로 열이 실제 일로 바뀌는 것은 연료의 연소로서 얻어지는 발열량의 30%가량에 불과하다.

일의 일부는 피스톤과 실린더와의 마찰이나 냉각수의 순환, 그 밖에 기관 운전을

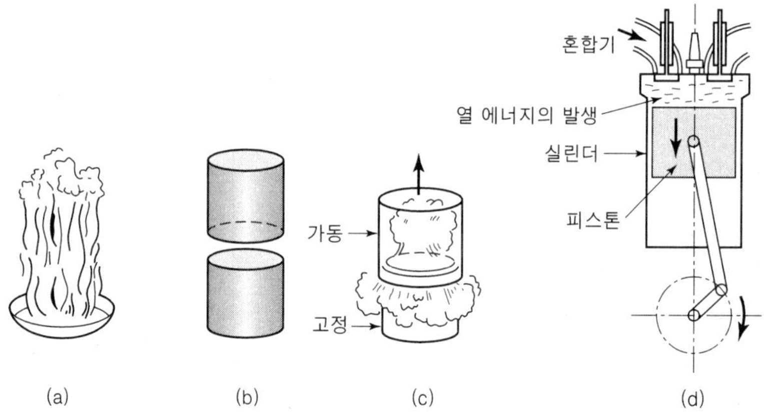

그림 5-2 가솔린의 연소 방식과 에너지 변환

위한 보조 기계의 구동 등으로 소비되므로, 이들을 뺀 나머지 일이 크랭크축을 통하여 유효 일로 전환된다.

5.2 보일러와 증기 원동기

1. 보일러

보일러(boiler)는 연료를 연소시켜, 열을 물에 전달하여, 소요의 온도와 압력의 증기를 발생시키는 장치로, 광범위하게 사용되는 증기 발생 장치(蒸氣發生裝置)이다. 보일러에서 발생한 증기는 화력 발전소, 선박, 공장 등에서 증기 원동기 등 동력 발생용과 가열 · 건조 또는 가습(加濕) 등의 작업용으로, 또는 난방용 등으로 폭넓게 사용된다.

보일러가 발생하는 증기의 온도 · 압력은 용도에 따라 다르며, 일반적으로 동력 발생용은 고온 · 고압이 요구되는데 공작 작업이나 난방용에는 그리 높지 않다.

가스 보일러

1) 보일러의 구성

보일러는 연료를 연소시키는 노와 물과 발생된 포화 증기의 용기인 보일러 본체로 이루어진다. 이 밖에 과열기, 절탄기, 공기 예열기, 통풍 장치, 급수 장치와 그 부속 장치 및 부속품 등이 있다.

(1) 노

노(爐, furnace)는 연소 장치 및 노벽으로 만들어지는 연소실로 구성된다. 연소 장치는 사용되는 연료의 종류에 따라 고체 연료인 경우는 화격자(火格子, fire grate), 미분탄과 액체 및 기체 연료에 대하여는 버너(burner)를 사용한다.

(2) 보일러 몸체

보일러 몸체(boiler proper)는 노에서 발생된 열을 받아, 그 속의 물을 가열, 증발

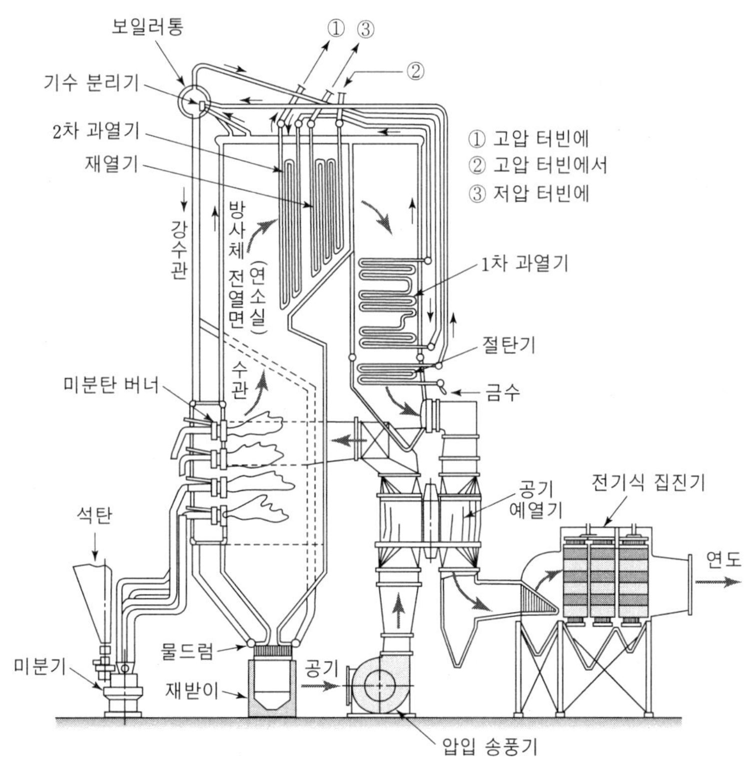

그림 5-3 보일러의 구성(수관 보일러)

시키는 부분이다. 이것은 동체(shell)로 되어 있는 것, 수관과 드럼(drum)으로 되어 있는 것이 있다.

동체나 드럼은 강판으로 만든 원통이며, 물이 있는 곳을 수실(water space), 증기가 있는 곳을 증기실(steam space) 또는 증기부라 한다. 또 외부에서 전해 준 열을 물과 증기에 전하는 부분을 전열면(傳熱面, heating surface)이라 한다.

그림 5-3은 수관 보일러의 구조를 나타낸 것이다.

(3) 과열기

과열기(過熱器, super heater)는 보일러 본체에서 발생한 포화 증기(飽和蒸氣)를 보일러 본체 내에서와 같은 압력하에서 가열하여 고온의 과열 증기로 만드는 장치이다.

증기 원동기의 작업 유체로서 과열 증기를 사용하면, 열 효율이 높아지고, 팽창 과정에서의 열 낙차가 증대되어 증기 소비량이 감소되는 등 큰 이점이 있다. 과열기는 여러 개의 강관 코일로 구성되어 있어 접촉 또는 복사로 열을 받아 증기를 가열한다.

(4) 재열기

재열기(再熱器, reheater)는 원동기 내에서 일정한 팽창으로 포화 상태에 가까운 작업 유체를 추출(bleeding)하고, 다시 가열하여 고온의 과열 증기로 원동기에 보내 다음의 팽창에 유리하도록 하는 장치이다.

(5) 절탄기 및 공기 예열기

보일러 본체나 과열기를 가열한 연소 가스로부터 보일러 본체에 전달되고 난 나머지 열을 회수하여 급수(feed water)를 예열하는 절탄기(節炭器, fuel economizer)와 노로 보내는 연소용 공기를 가열하는 공기 예열기(空氣預熱器, air preheater) 등이 있다.

(6) 부속 장치 및 부속품

보일러의 부속 장치에는 연도(煙道, flue), 통풍 장치(通風裝置), 급수 장치(給水裝置) 등이 있다. 그 밖의 장치로는 기수 분리기, 집진 장치, 재처리 장치 등이 있고, 보일러의 안전 운전을 위한 각종 안전 밸브, 압력계, 온도계, 유량계 등 안전 장치(安

全裝置)가 설치되어 있다. 그리고 보일러에는 여러 가지 제어 장치(制御裝置)가 부착되어 운전이 자동화된다.

2) 보일러의 종류

(1) 원통 보일러

원통 보일러(cylindrical boiler)는 지름이 큰 드럼을 주체로 하여 그 속을 원관이 지나고 관 속을 불꽃이나 연소 가스가 통과하도록 되어 있다. 구조상 취급이 쉬운 이점이 있으며, 관의 종류에 따라 노통(爐筒) 보일러와 연관(煙管) 보일러가 있다.

1 노통 보일러(fuel tube boiler)

보일러 본체 속을 노통이 관통한 것으로, 노통이 2개 있는 것을 랭커셔 보일러(Lancashire boiler), 1개 있는 것을 코니시 보일러(Cornish boiler)라 한다. 이들 노통 보일러는 압력 20kg/cm^2 이하의 비교적 저압의 증기를 만드는 작은 용량의 보일러로 사용되고 있다. 그림 5-4는 노통 보일러의 구조를 나타낸 것이다.

2 연관 보일러(smoke tube boiler)

노통 대신 여러 개의 연관을 사용한 보일러로서 수평식과 수직식이 있다. 전열 면적이 크고 설치 장소를 넓게 차지하지 않는 이점이 있다.

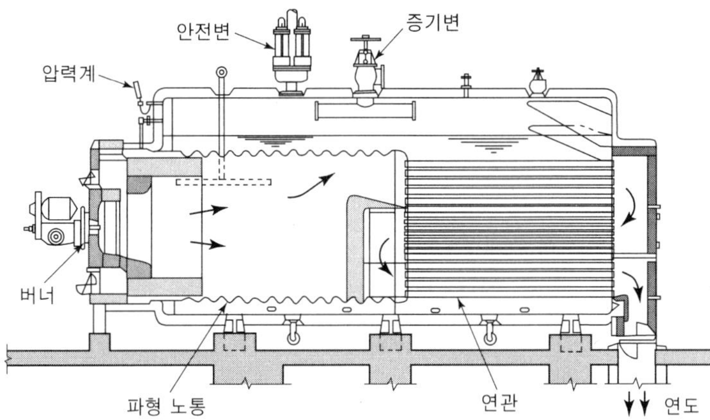

그림 5-4 노통 보일러

(2) 수관 보일러

수관 보일러(water boiler)는 지름이 작은 보일러 드럼과 여러 개의 수관(水菅)을 조합하여 만든 것으로, 전열면이 가는 수관으로 구성되어 있다. 따라서 전열 면적이 넓고, 고온 고압의 증기를 빨리 발생시킬 수 있어 부하 변동에 대처하기가 쉽고, 열효율도 높다.

발전소의 대형 보일러는 대개 수관 보일러가 사용된다. 수관 보일러는 순환 방식에 따라 자연 순환식(自然循環式), 강제 순환식(强制循環式), 관류식(貫流式) 등으로 분류된다.

1 자연 순환식 수관(自然循環式水管) 보일러

보일러 내의 물이 가열에 의해 나타나는 비중량의 차에 따라 자연스럽게 순환되도록 만든 것으로, 그 순환 회로(循環回路)를 설정하여 규칙적인 순환이 되도록 하고 있다. 이 형식의 보일러에는 직관식(直管式)과 곡관식(曲管式)이 있는데 최근에는 곡관식이 많이 사용되고 있다. 그림 5-5는 직관식 보일러를, 그림 5-6은 곡관식 보일러의 보기이다.

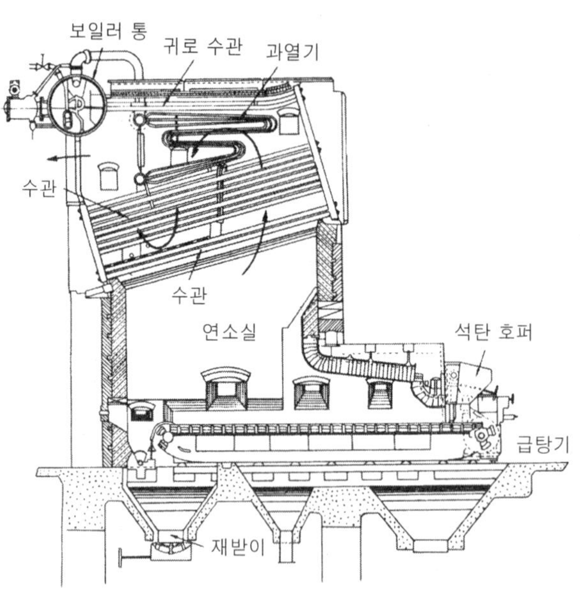

그림 5-5 자연 순환식 수관 보일러(직관식)

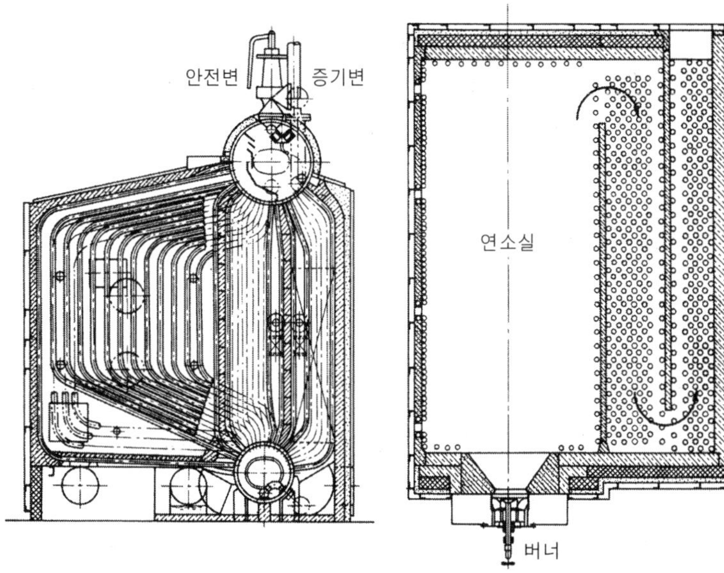

그림 5-6 곡관식 수관 보일러

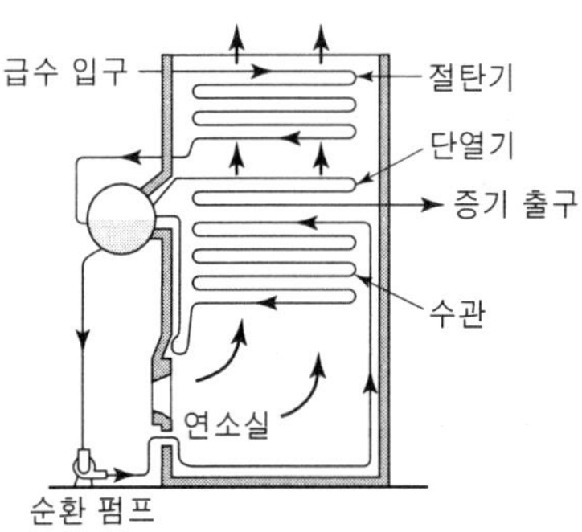

그림 5-7 라몽 보일러의 구성

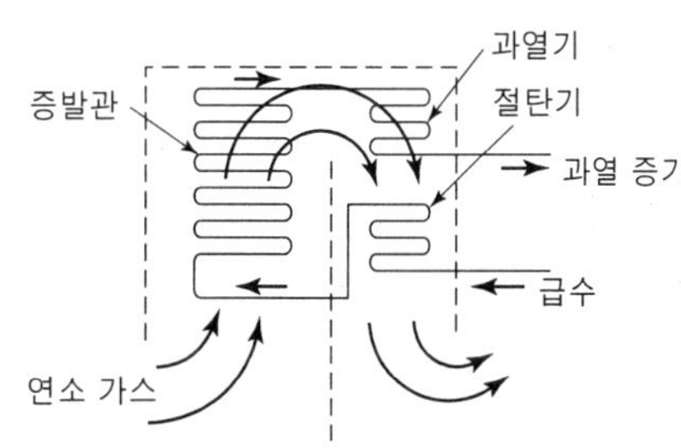

그림 5-8 관류 보일러의 구성

2 강제 순환식 수관 보일러

펌프를 사용하여 보일러의 물을 강제적으로 순환시키는 보일러이다. 대표적인 것으로는 그림 5-7과 같은 라몽 보일러(La Mont boiler)가 있다. 강제 순환식(强制循環式) 보일러는 물이 각 수관 내를 일정하게 흐르도록 하여야 한다. 만일 일부 관에 물의 흐름이 나쁘면, 그 관은 과열되고 파열될 위험이 있다.

3 관류(貫流) 보일러

그림 5-8과 같이 보일러 통이 없고, 긴 수관만으로 구성되어 있다. 따라서 긴 관

의 한쪽에서 펌프로 압송된 물은 절판기에서 데워지고, 수관에서 증기로 된 다음, 과열기에 의해 과열 증기로 되어, 다른 끝으로 배출되는 형식의 보일러이다. 이 보일러는 고온 · 고압의 증기를 필요로 하는 경우에 적합하다.

3) 보일러 부속 장치

(1) 연소 장치

연소 장치(煙燒裝置)는 필요한 양의 연료와 이것을 연소시키는 데 필요한 공기가 공급되어 노 안에서 충분히 혼합 접촉하여 완전히 연소하도록 만들어져 있다.

연소 장치에는 화격자 연소 장치, 버너 연소 장치가 있다. 버너 연소 장치는 미분탄, 액체 및 기체 연료를 연소실 안에 불어 넣어 연소시키는 장치이다.

(2) 연소실

연소실(煙燒室)에서는 화격자 연소의 경우는 연료에서 발생한 가연성 가스, 버너 연소의 경우는 부유 상태(浮遊狀態)의 미분탄이나 중유의 미립자가 연소한다. 따라서 연소실은 이들의 연소가 완전히 이루어져 출구에서는 연소 가스의 온도가 알맞게 내려가는 적절한 구조와 용적이 필요하다.

또 내부에서 발생한 열이 외부로 방출되지 않는 구조라야 한다. 최근의 수관 보일러는 내화물의 보호와 열손실을 줄이기 위해서 수냉 노벽(水冷爐壁)을 채용하여, 보일러 본체와 연소실을 하나의 구조로 한 것이 많다.

(3) 통풍 장치

보일러는 연소에 필요한 공기를 노에 연속하여 보내고, 발생하는 연소 가스를 보일러 본체와 과열기(過熱器) 등의 전열면(傳熱面)에 접촉하면서 배출하여야 한다. 이것을 통풍(通風, draft)이라 하고 그 장치를 통풍 장치(通風裝置)라 한다.

통풍을 정상화하려면, 공기와 연소 가스의 유로(流路)의 여러 가지 저항에 맞서 흐르는 데 필요한 압력차(壓力差), 즉 통풍력(通風力, draft power)을 부여하여야 한다. 통풍은 통풍력을 발생시키는 방법에 따라 자연 통풍(自然通風)과 강제 통풍(强制通風)이 있다.

(4) 집진 장치

연소실에서 배출되는 연소 가스에는 분진(粉塵)이 포함되어 있으므로, 집진 장치(集塵狀置)를 설치하여 이를 제거하여야 한다. 집진 장치에는 여러 가지가 있으나, 일반 소형 보일러에서는 배기 가스량과 분진 농도가 적으므로, 원심력에 의해 더스트(dust)를 분리 포집(分離捕集)하는 사이클론(cyclon) 등이 필요하다.

대형 보일러에서는 배기 가스량이 많아서 미분탄 연소(微粉炭燃燒) 보일러에서는 분진량이 많고, 또 미세한 입자가 많아서 원심력에 의한 집진으로는 불충분하므로 전기 집진 장치(電氣集塵狀置)를 주체로 한 장치가 채용되고 있다.

2. 증기 원동기

증기가 가지고 있는 열 에너지를 기계적 일로 변환시키는 증기 원동기에는 증기 기관과 증기 터빈이 있다. 증기 기관은 최초의 열 기관으로 가장 역사가 오래된 것이지만, 그 후 내연 기관이나 증기 터빈의 발달로 사용이 많이 줄고 있다. 증기 터빈은 보일러에 비해 1세기 이상 늦게 발달되었으나 대출력의 원동기에 적합하고, 성능이 현저하게 향상되어, 발전소나 대형 선박에 이용되고 있다.

1) 증기 기관

증기 기관(steam engine)의 주요 부분은 실린더와 피스톤, 그리고 피스톤의 왕복 운동을 회전 운동으로 전환시키는 크랭크 기구와 증기를 실린더에 공급 배출시키는 밸브 기구 등으로 구성되어 있다. 그리고 속도의 조절이나 역전 등이 쉽고 작동할 때 회전력이 큰 특징을 가지고 있다. 그러나 증기 기관은 열효율이 낮을 뿐만 아니라 출력에 비하여 무게가 커서 증기 터빈이나 내연 기관에 비하여 많은 결점을 가지고 있어 이용이 줄고 있다.

19세기 후반에 증기 터빈과 내연 기관이 발명되면서 대출력에는 증기 터빈이, 중소 출력에는 내연 기관이 사용되었지만, 전동기가 보급되면서 점차 이용이 줄어들게 되었다. 그림 5-9는 증기 기관의 구조와 작동 원리를 나타낸 것이다.

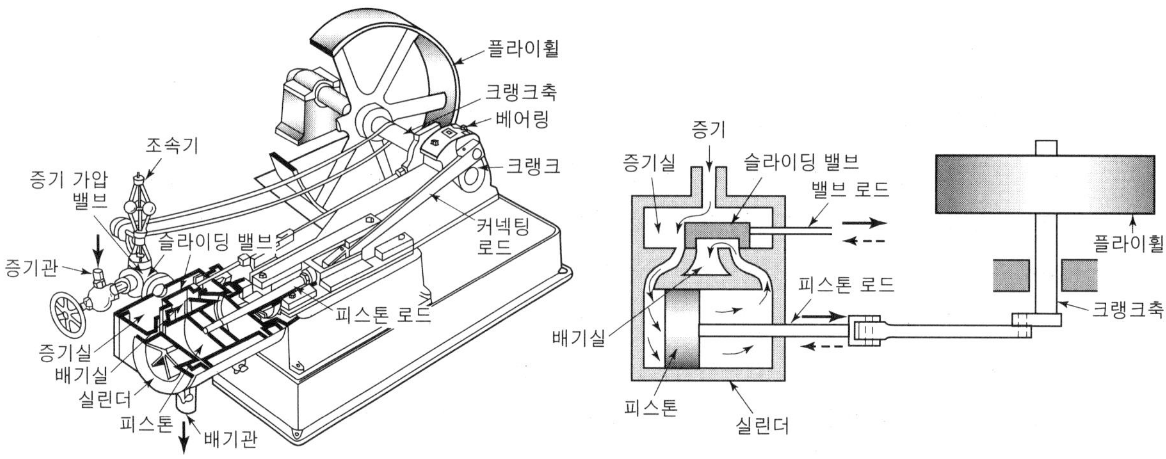

(a) 구조 (b) 작동 원리

그림 5-9 증기 기관의 구조와 작동 원리

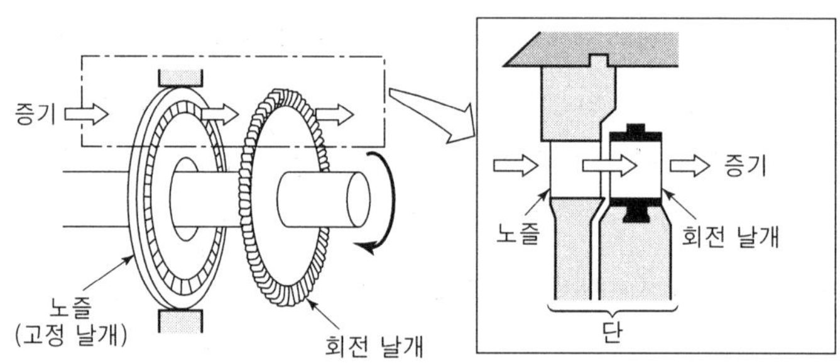

그림 5-10 증기 터빈의 원리

2) 증기 터빈

(1) 증기 터빈의 작동 원리

증기 터빈(steam turbine)은 보일러로부터 공급되는 고압의 증기를 노즐을 통하여 분출시켜 고속 증기를 만들고, 이것을 회전 날개에 충돌시켜 날개차를 회전하게 하여 증기의 운동 에너지를 기계적인 일로 변환시키는 열 원동기로서, 주로 화력 발전소의 원동기로 쓰인다.

증기 터빈은 그림 5-10과 같이 노즐(nozzle)과 회전 날개(blade)가 그 기본 요소이며, 이 한 조를 증기 터빈의 단(stage)이라 한다. 회전 날개는 터빈축에 고정된 날개차(rotor)의 주위에 고정되고, 노즐은 터빈 케이싱(turbine casing) 또는 다이어프램(diaphragm)에 고정된다.

(2) 터빈의 구성

증기 터빈은 몇 개의 단(段)을 나열하여 구성되며, 각 단마다 1회씩 증기의 열 에너지를 기계적 일로 변화하고 있다.

그림 5-11은 증기 터빈의 구성을, 그림 5-12는 증기 터빈의 보기이다.

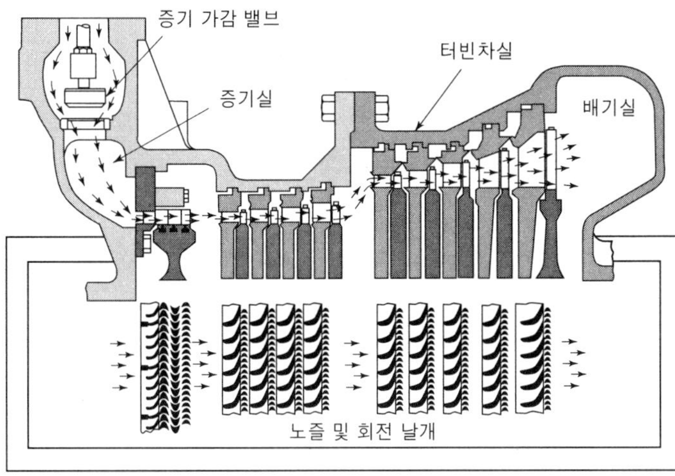

그림 5-11 증기 터빈의 구성

그림 5-12 증기 터빈의 보기

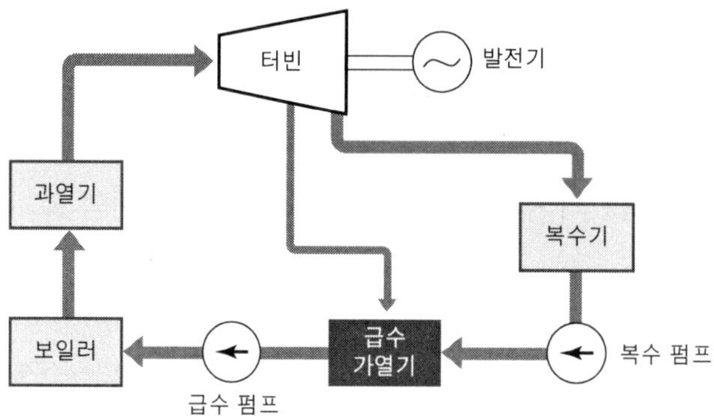

그림 5-13 랭킨 사이클

(3) 증기 동력 플랜트와 기본 사이클

1 랭킨 사이클

화력 발전소와 같이 증기의 열 에너지를 이용하여 동력을 발생하고 있는 곳에는 보일러, 증기 터빈 및 그 밖의 장치가 조합되어 하나의 사이클(cycle)이 이루어지고 있다. 이것을 증기 동력(蒸氣動力) 플랜트(plant)라 한다.

증기에 의한 동력 발생의 기본적인 사이클에는 그림 5-13과 같이 보일러에서 발생한 증기를 터빈에서 팽창하여 일을 한 다음, 배출된 증기를 복수기(復水器, condenser)로 복수시켜, 급수 펌프로 보일러에 되돌려 사이클을 마친다.

이와 같은 사이클은 랭킨 사이클(rankine cycle)이라 한다. 이 사이클에서는 터빈의 배기를 전부 복수(復水)하게 되므로, 여기에 사용되는 터빈을 전팽창 복수(全膨脹復水) 터빈이라 한다.

2 복수기

배기를 밀폐된 용기에 보내 물로 냉각하면 증기는 온도와 압력의 저하로 응결(凝結)하여 물이 된다.

이와 같은 목적에 사용되는 장치를 복수기(復水器, steam condenser)라 한다. 또 복수기에는 표면 복수기와 혼합 복수기가 있으며, 표면 복수기는 그림 5-14와 같이 용기 안에 있는 여러 개의 관 속을 냉각수가 흐르게 하고, 배기는 위쪽으로부터 들어와서 복수된다. 복수는 급수 펌프로 보일러에 보내며, 혼합 복수기는 배기와 냉각수를 혼합하여 복수하는 것이다.

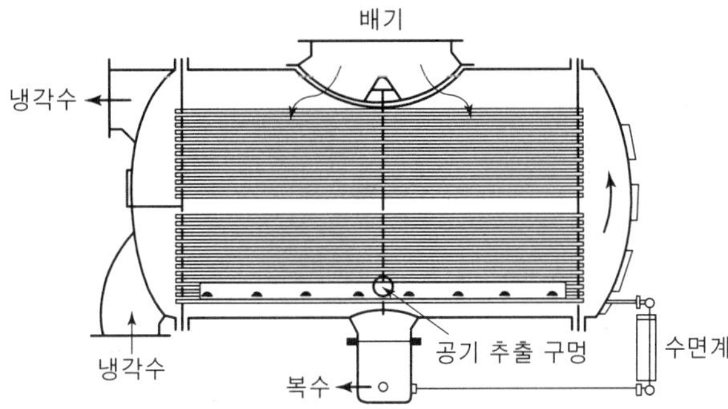

그림 5-14 복수기

3. 원자로

울진 5호기 원자로 본체(한국 표준형)

동력용 원자로(原子爐, nuclear reactor)는 보일러와 같은 증기 발생 장치의 일종으로, 동력로(動力爐)라고도 한다. 원자로는 노 안에 장전된 원자핵이 분열할 때 발생하는 열 에너지를 이용하는 것으로, 주로 발전용으로 사용되고 있다.

1) 원자로의 원리와 구성

(1) 핵분열과 원자로의 원리

원자는 양자와 중성자의 덩어리인 원자핵과 전자로 구성되어 있다. 원자핵(原子核, atomic nuclear)은 외부에서 중성자와 부딪치면 2개 이상으로 쪼개지는 성질이 있다.

우라늄 ^{233}U, ^{235}U나 플루토늄 ^{239}Pu 등의 원자핵에 중성자를 충돌시키면 원자핵은 둘로 분열하여 여러 개의 중성자를 방출하고, 이 핵분열(核分裂)은 다른 핵과 연쇄 반응을 일으켜 방사선과 열 에너지를 발생한다. 그림 5-15는 원자의 구조와 원자력 발전의 원리를 모형으로 나타낸 것이다.

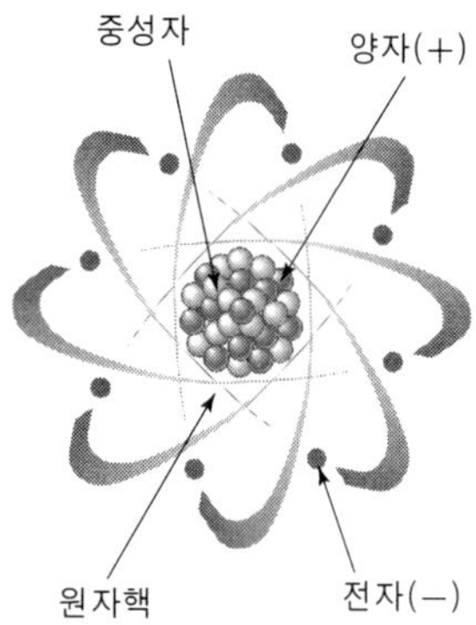

(a) 원자의 구조

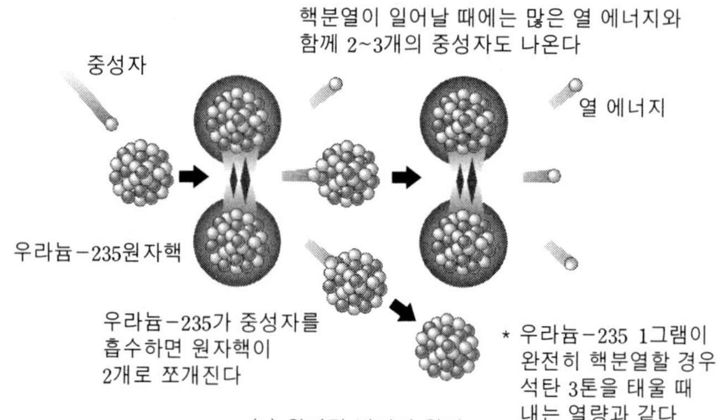

(b) 원자력 발전의 원리

그림 5−15 원자의 구조와 발전 원리

원자력 발전에는 자연에 존재하는 우라늄−235를 핵연료로 사용하고 있는데, 원자로는 장전된 우라늄의 핵분열에 의하여 발생한 열을 이용하여 원자로의 물을 고온, 고압으로 가열시키고, 이 가열된 물로 증기 발생기에서 제 2의 다른 물을 끓여서 증기를 발생시킨다. 따라서 가열 장치와 증기 발생 계통이 각각 완전하게 분리된 폐쇄 회로를 구성하고 있으며, 방사능 물질의 격리를 2중으로 하여 안전성을 확보하고 있다.

(2) 원자로의 구성

원자로를 구성하고 있는 기본적인 요소들은 핵연료, 감속재, 냉각재, 반사체, 제어장치, 차폐재 등이 있고, 이 요소들은 압력 용기(pressure vessel) 속에 들어 있다.

그림 5−16은 원자력 발전소의 구성을 나타낸 것이다.

1 핵연료

약 3% 정도 농축된 핵연료(核燃料, nuclear fuel)로서 물리적, 화학적 특성을 좋게 하기 위하여 이산화우라늄(UO_2)의 펠릿(pellet)으로 가공하여 사용한다. 그림 5−17은 원전 연료의 성형과 다발의 보기이다.

2 감속재

중성자에는 에너지의 크기에 따라 고속 중성자와 열 중성자가 있다. 우라늄 ^{235}U의 핵분열에는 에너지가 적은 열 중성자가 필요하나, 핵분열에 의하여 방출된 것은 고속 중성자이므로 이를 감속시켜 열 중성자로 바꿔야 한다. 이때 필요한 것이 감속재(減

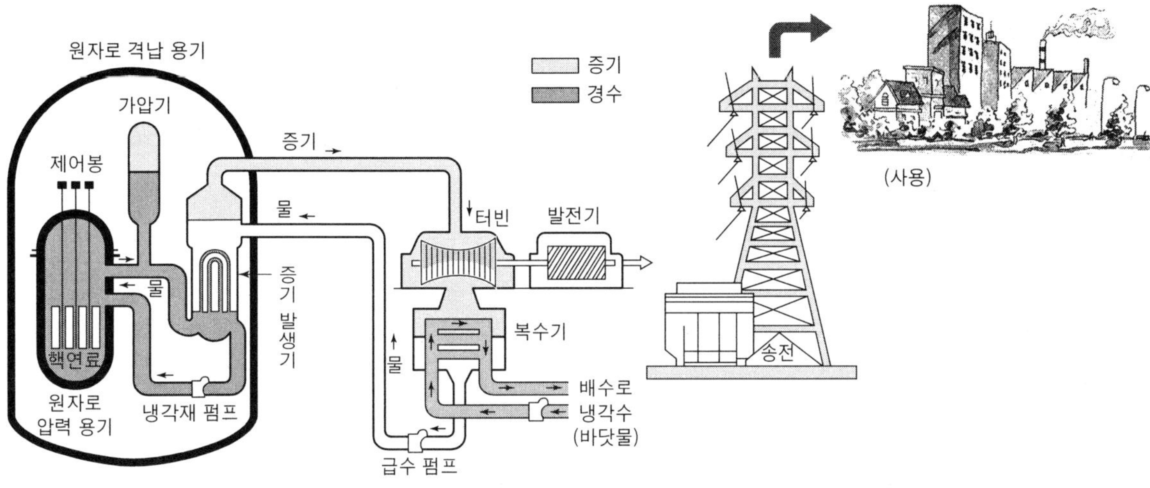

(a) 원자로 (b) 발전 설비 (c) 송전 설비

그림 5-16 가압 경수로형 원자력 발전소의 구성(한국수력원자력(주) 제공)

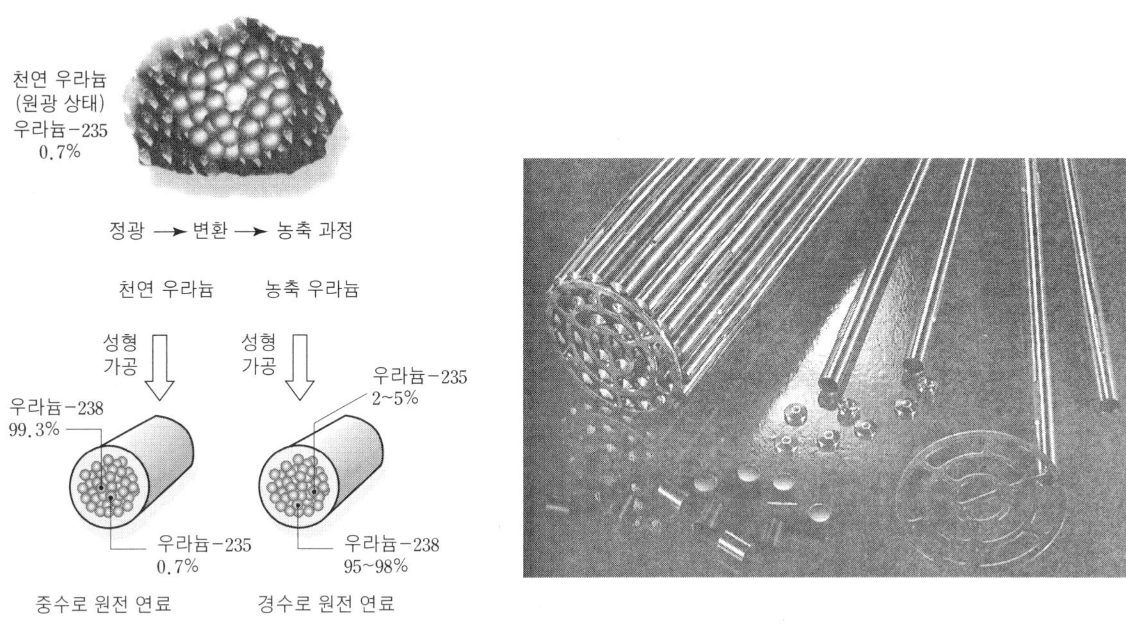

(a) 우라늄의 성형 공정 (b) 중수로용 원전 연료 다발

그림 5-17 원전 연료의 성형과 다발의 보기(한국수력원자력(주) 제공)

速材, moderator)로 경수(輕水, 보통의 물), 흑연(黑鉛), 중수(重水), 베릴륨(Be) 등이 사용된다.

3 냉각재

냉각재(冷却材, coolant)로는 경수, 중수 등의 액체나 이산화탄소의 기체가 사용된다. 냉각재의 기능은 정상 운전 중에는 열의 운반과 원자로의 온도 유지가 주 목적이나 사고 시에는 원자로의 과열을 막아 주는 비상 냉각 기능을 하게 된다.

4 제어 장치

원자로의 출력을 일정하게 유지하거나, 원하는 대로 변동시키려면 원자로 안에서 발생하는 중성자의 수를 조절하는 제어 장치(制御裝置, control device)가 필요하다. 제어 물질로는 카드뮴(Cd), 붕소(B), 하프늄(Hf) 등 중성자를 흡수하기 쉬운 재료가 사용되며, 이것으로 제어봉(control rod)을 만들어서 핵연료가 있는 노 속에 넣어 중성자 수를 조절하여 연쇄 반응을 제어함으로써 출력을 조절한다.

5 그 밖의 장치

노심부를 보호하는 압력 용기, 중성자나 방사선의 외부 유출을 방지하는 차폐재(遮蔽材, shield waterial), 냉각재 등을 순환시키기 위한 펌프 등이 있다. 또 2차 냉각계를 가진 노에서는 열교환기와 이 밖에 기기의 제어 감시 경보 장치와 안전 장치 등이 부가되어 있다.

2) 원자로의 종류

원자로는 기본적으로 우라늄과 같은 핵연료와 원자로에서 열을 흡수 · 전달하는 냉각재 그리고 핵연료를 보다 잘 탈 수 있게 하는 감속재로 구성되어 있다. 대표적인 감속재로는 경수와 중수, 흑연 등이 있으며, 감속재로 경수를 사용한 원자로를 경수로(輕水爐)라 하는데, 현재 세계에서 널리 채택되고 있다. 중수를 사용한 것은 캐나다의 중수로(重水爐), 그리고 흑연을 사용한 것에는 영국의 흑연 감속 가스 냉각로와 소련의 흑연 감속 경수로가 있다. 현재 우리나라에서 운영 · 건설되고 있는 원자로는 월성원자력 1호기만이 중수로이고, 나머지는 모두 경수로가 건설 운영되고 있다.

(1) 가압 경수로형 원자로

핵연료로는 약 3%로 저농축시킨 우라늄-235를 사용하며, 냉각재와 감속재로는

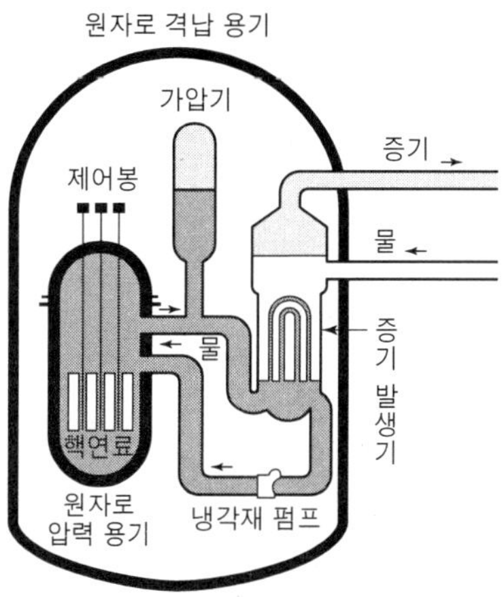

(a) 가압 경수로형

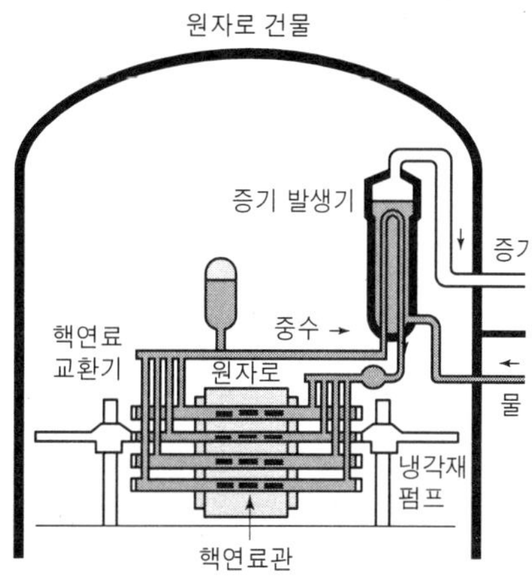

(b) 가압 중수로형

그림 5-18 원자로의 종류

경수를 사용한다. 경수가 높은 온도에서도 끓지 않고 열을 운반할 수 있도록 가압되어 있는 노를 가압 경수로형 원자로(pressurized water reactor : PWR)라 하며 구조는 그림 5-18 (a)와 같다.

원자로 내의 핵연료가 핵분열할 때 방출하는 열에 의하여 고온으로 가열된 냉각재는 증기 발생기로 보내져서 그곳에서 열교환을 통하여 다른 계통의 물을 끓여 증기를 발생시킨다.

(2) 가압 중수로형 원자로

천연 우라늄을 연료로 사용하며, 냉각재와 감속재가 중수이며, 냉각재가 원자로 내의 핵연료관을 통과하면서 핵분열에 의하여 발생되는 열을 증기 발생기로 전달하는 노를 가압 중수로형 원자로(pressurized heavy water reactor : PHWR)라 한다. 그림 5-18 (b)는 가압 중수로형 원자로의 보기다.

(3) 흑연 감속 가스 냉각로

핵연료로 천연 우라늄을, 감속재로는 흑연을, 냉각재로는 이산화탄소(1차 냉각재)와 경수(2차 냉각재)를 사용하는 노를 흑연 감속(黑鉛減速) 가스 냉각로(冷却爐)라 한다.

그림 5-19는 그 구조를 나타낸 것이다.

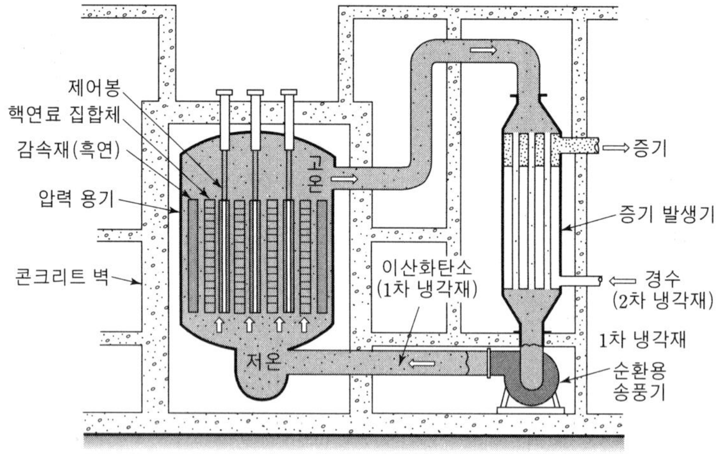

그림 5-19 흑연 감속 가스 냉각로

표 5-3 원전 운영 현황(2010년 12월 말 현재)

<table>
<tr><th>발전소(시설 용량)</th><th>이용률[%]</th><th>발전소(시설 용량)</th><th>이용률[%]</th></tr>
<tr><td>고리1(587MW)</td><td>100.92</td><td>영광1(950MW)</td><td>102.24</td></tr>
<tr><td>고리2(650MW)</td><td>100.86</td><td>영광2(950MW)</td><td>102.17</td></tr>
<tr><td>고리3(950MW)</td><td>100.59</td><td>영광3(1000MW)</td><td>101.50</td></tr>
<tr><td rowspan="3">고리4(950MW)</td><td rowspan="3">96.35</td><td>영광4(1000MW)</td><td>101.29</td></tr>
<tr><td>영광5(1000MW)</td><td>68.06</td></tr>
<tr><td>영광6(1000MW)</td><td>100.35</td></tr>
<tr><td>월성1(679MW)</td><td>0.00</td><td>울진1(950MW)</td><td>100.51</td></tr>
<tr><td>월성2(700MW)</td><td>77.36</td><td>울진2(950MW)</td><td>100.77</td></tr>
<tr><td>월성3(700MW)</td><td>56.50</td><td>울진3(1000MW)</td><td>100.47</td></tr>
<tr><td rowspan="3">월성4(700MW)</td><td rowspan="3">100.86</td><td>울진4(1000MW)</td><td>101.02</td></tr>
<tr><td>울진5(100만kW)</td><td>100.61</td></tr>
<tr><td>울진6(1000MW)</td><td>100.37</td></tr>
<tr><td>합계</td><td colspan="3">20기 17716MW : 이용률 92.75%</td></tr>
</table>

- 월성 1호기 계획예방정비('09. 4. 1.~)
- 월성 3호기 계획예방정비(12. 18.~)
- 영광 5호기 계획예방정비(12. 22.~)

3) 원자로의 이용

우리나라가 이용하고 있는 발전용 원자로는 총 20기에 17716 MW의 발전량과 92.75%의 이용률로 가동하고 있다. 설비 용량으로 세계 6위의 원자력 강국이다. 표 5-3은 우리나라 원자력 발전소의 운영 현황을 나타낸 것이다.

5.3 내연 기관

연료를 실린더 또는 연소기 내에서 연소시켜, 발생한 고온 · 고압의 연소 가스의 열 에너지를 직접 회전력으로 바꾸어 동력을 얻는 열 기관을 내연 기관(內燃機關, internal combustion engine)이라 한다.

내연 기관은 비교적 소형이면서 큰 출력을 얻을 수 있으므로 자동차, 항공기, 선박용 동력 기관으로 많이 사용되고 있다.

1. 가솔린 기관

가솔린 기관(gasoline engine)은 가솔린을 연료로 하는 기관으로서, 자동차, 항공기, 건설 기계, 펌프 등의 원동기로 널리 사용되고 있다. 출력이 작은 것은 2행정 사이클식이 사용되지만, 일반적으로 4행정 사이클식이 많이 사용된다. 또 출력이 작은 것은 실린더가 1개이지만, 출력이 커짐에 따라 실린더의 지름을 크게 하거나 그 수를 늘려 총 배기량을 늘리고 있다.

1) 가솔린 기관의 작동 원리

가솔린 기관은 실린더로 보낸 연료를 연소시켜서 얻은 고온, 고압 가스로 피스톤을 움직여서 동력을 발생시키는 기관이다.

(1) 4 사이클 기관

4 사이클 기관(four cycle engine)의 동작은 흡입, 압축, 팽창, 배기의 4행정으로

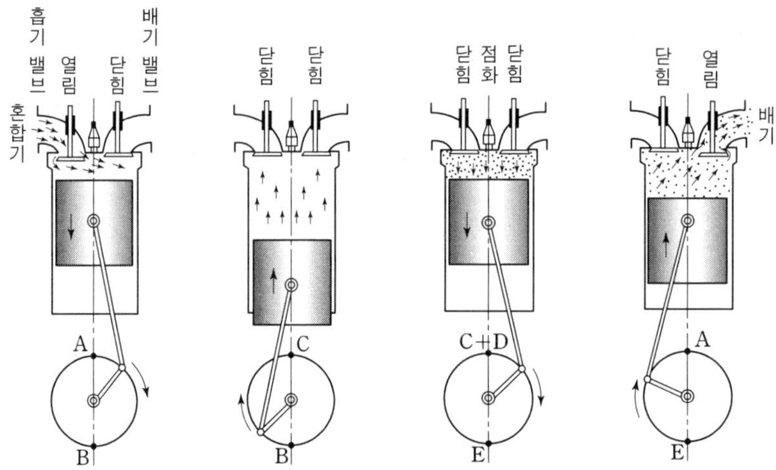

(a) 흡기 행정 (b) 압축 행정 (c) 팽창 행정 (d) 배기 행정

그림 5-20 4 사이클 기관의 작동 순서

이루어진다. 그림 5-20은 4 사이클 기관의 작동 순서로서, 불꽃 점화 기관(spark ignition engine)의 각 행정은 다음과 같다.

1 흡기 행정

흡기 행정(吸氣行程, suction stroke)은 그림 5-20 (a)와 같이 배기 밸브가 닫히고, 흡기 밸브만 열린 상태로 피스톤이 상사점에서 하사점까지 하강하는 행정이다. 이 사이에 가솔린과 공기의 혼합기가 실린더 안에 흡입된다.

2 압축 행정

압축 행정(壓縮行程, compression stroke)은 그림 5-20 (b)와 같이 흡기 밸브, 배기 밸브가 모두 닫혀 있고, 흡입된 혼합기가 피스톤에 의하여 하사점부터 상사점까지 압축되는 행정이다.

3 팽창 행정

압축 행정의 끝에서 점화 플러그(spark plug)에서 전기 불꽃을 튀게 하여 가스에 점화하여 폭발시키면, 가스는 급격히 고온, 고압의 동작 가스가 된다.

팽창 행정(膨張行程, expansion stroke)은 그림 5-20 (c)와 같이 동작 가스는 피스톤을 눌러 내리고 팽창을 하게 되는 행정이다. 이 행정에서는 흡기변(吸氣弁, suction value)과 배기변(排氣弁, exhaust valve)은 다같이 완전 폐쇄되어 있다. 특히 기관의 동력을 생성하는 행정이므로 동력 행정(動力行程)이라고도 한다.

4 배기 행정

배기 행정(排氣行程, exhaust stroke)은 그림 5-20 (d)와 같이 배기 밸브가 열린 상태로 피스톤이 하사점으로부터 상사점으로 상승하는 행정이다. 이때 연소 가스는 대기 중에 배출된다. 4 사이클 기관에서는 크랭크축이 2회전 하는 사이에 1 사이클을 완성한다. 즉, 2회전 하는 사이에 한 번 폭발한다. 폭발 행정 이외의 행정은 크랭크축에 달린 플라이휠의 관성력에 의하여 동작한다.

(2) 2 사이클 기관

피스톤이 1왕복(2행정)하는 사이에 1 사이클을 완료하는 기관, 즉 크랭크축이 1회전할 때마다 1회 폭발하는 구조로 된 기관을 2 사이클 기관(2 cycle engine)이라 한다.

1 하강 행정

하강 행정(下降行程)에서는 그림 5-21 (a)와 같이 피스톤이 상사점에서 압축된 혼합기에 점화하면, 폭발 · 팽창하여 피스톤을 밀어내린다. 피스톤이 하사점에 도달하기 전에 배기구가 열리고 연소 가스가 토출(吐出)하기 시작한다.

다음에 배기구의 열림보다 약간 늦게 배기구가 열리고, 예압(預壓)된 혼합기가 실린더 안으로 압입되면서 연소 가스를 배출시킨다.

이와 같이 압입되는 혼합기에 의해 연소 가스를 배출하여 실린더 내를 새 공기로

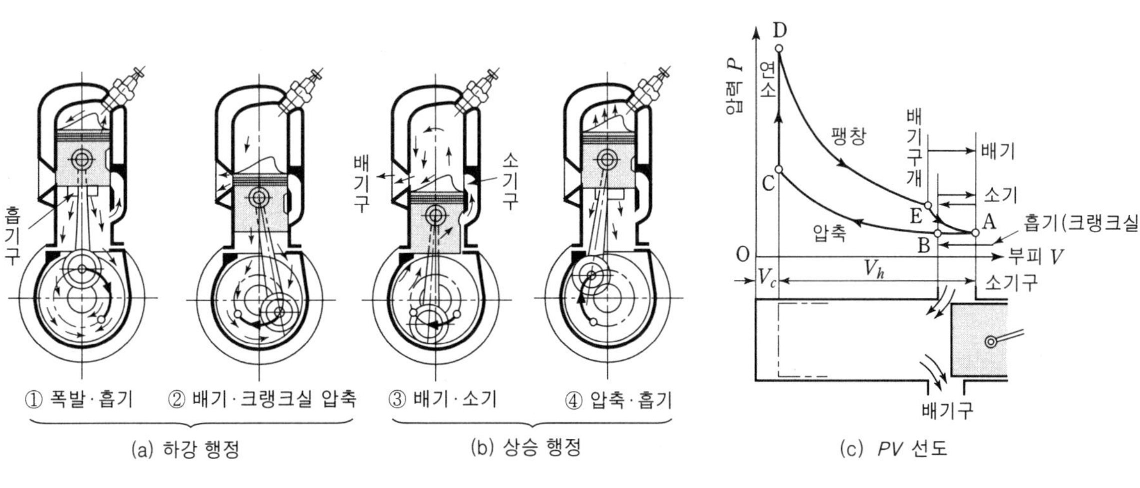

그림 5-21 2 사이클 기관의 작동 원리

채우는 작용을 소기(掃氣, scavenging)라 하며, 이것은 2 사이클 기관의 특수한 작용이다.

2 상승 행정

상승 행정(上昇行程)에서는 피스톤이 하사점에서 다시 상승하기 시작하여, 소기구에 이어 배기구를 닫는다. 그 후 피스톤이 계속 상승함에 따라 실린더 내의 혼합 가스는 압축되고, 피스톤이 상사점에 달하면 사이클이 완료된다. 그림 5-21 (c)는 2 사이클 기관의 *PV* 선도의 보기이다.

2 사이클 기관에서는 흡기구와 배기구가 실린더의 측벽에 있으므로, 피스톤이 밸브의 작용을 겸하게 된다. 배기와 소기가 동시에 이루어지므로, 새로운 가스와 연소가스의 완전 교체(完全交替)가 확실하게 이루어지지 않는다. 그러나 크랭크축의 1회전에 대해, 1회씩의 폭발이 이루어지므로, 4 사이클 기관에 비해 이론상의 출력은 두 배가 된다.

2) 4 사이클 기관의 *PV* 선도와 피스톤의 행정

(1) 4 사이클 기관의 *PV* 선도

4행정 사이클 가솔린 기관이 작동하고 있을 때 실린더 내의 압력(P)과 피스톤의 움직임에 대응하는 실린더 내의 부피(V)의 변화를 나타내는 선도를 *PV* 선도라 하고, 이론적으로는 그림 5-22와 같이 상태 A로부터 흡기가 시작되어 흡기, 압축, 폭발 및 팽창, 배기 등의 상태 변화를 거쳐서 처음의 상태로 되돌아간다. 이와 같은 사이클을 반복함으로써 기관의 작동이 계속된다.

(2) 피스톤의 행정

그림 5-23과 같이 피스톤이 크랭크축으로부터 가장 떨어진 위치(실린더의 최상단)에 있을 때 그 위치를 상사점(上死点, top dead center : TDC)이라 하고, 크랭크축에 가장 가까운 위치(최하단)에 있을 때 그 위치를 하사점(下死点, bottom dead center : BDC)이라 하며, 상사점에서 하사점까지의 거리를 행정(行程, stroke)이라 한다. 또 피스톤이 1행정으로 밀어내는 부피를 행정 부피(行程容積)라 한다.

일반적으로 배기량(排氣量)이라 하면 이 값을 말한다. 피스톤이 상사점에 있을 때,

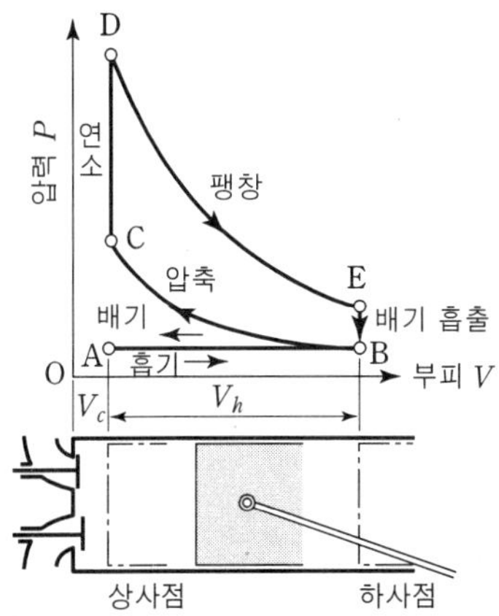

그림 5-22 4행정 사이클 가솔린 기관의 PV 선도

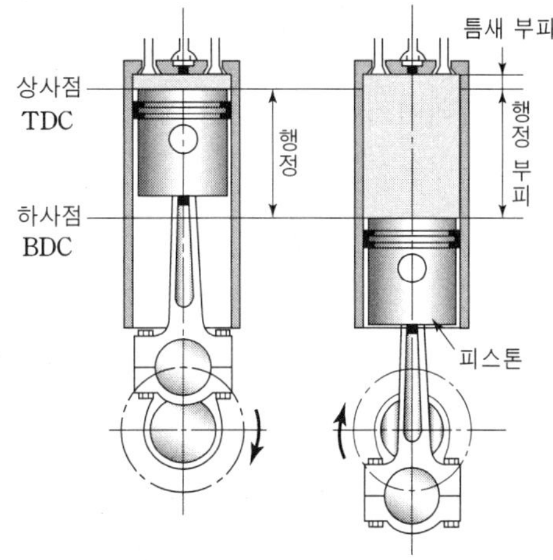

그림 5-23 피스톤의 행정

실린더의 상충부에 생기는 부피를 틈새 부피(연소실 부피)라 하며, 틈새 부피와 행정 부피의 합계를 실린더 전부피(全容積)라 한다.

(3) 피스톤 기관의 출력과 효율

1 인디케이터 선도와 압축비

a) 인디케이터 선도 : 실린더 안에서 피스톤에 작동하고 있는 동작 가스의 압력을 세로축으로 하고, 그 가스가 차지하는 부피를 가로축으로 하여 압력과 부피의 관계를 그래프로 나타낸 것을 인디케이터 선도(indicator diagram)라 한다. 실린더 안의 연소 상태나 동력의 발생은 인디케이터 선도에 의하여 조사할 수 있다.

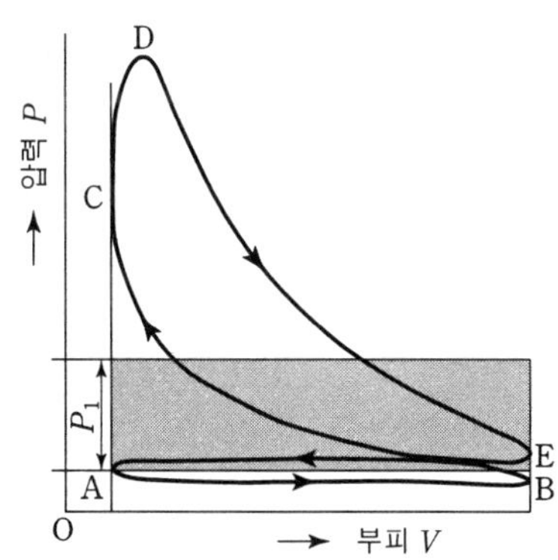

그림 5-24 4행정 사이클 가솔린 기관의 인디케이터 선도

그림 5-24는 4행정 사이클 가솔린 기관의 인디케이터 선도를 나타낸 것이다. 그림에서 BC는 압축 행정, CDE는 팽창 행정, EA는 배기 행정, AB는 흡기 행정을 나타낸다. 인디케이터 선도의 곡선으로 둘러싸인 넓이는 연소 가스가 한 일양을 나타낸다. 따라서 이 넓이와 평균 높이를 구하면 한 사이클 중의 일을 1행정으

로 하기 위하여 피스톤에 작용시켜야 할 압력을 구할 수 있다. 이것을 도시 평균 유효 압력이라 하고 P_i[kg/cm^2]로 나타낸다.

인디케이터 선도에서 일양을 알면 실린더 안에서 발생하는 동력을 구할 수 있는데, 이것을 도시 출력이라 하고 P_i로 나타낸다. 행정을 S[cm], 실린더의 내경을 D[cm], 실린더 수를 N, 회전 속도를 n[rpm]이라 하면, 4행정 사이클 기관에서는

$$P_i = \frac{P_i \frac{\pi}{4} D^2 SNn}{75 \times 60 \times 100 \times 2} \text{[PS]} \qquad (5-6)$$

가 된다. 2행정 사이클 기관에 대해서는 출력 P_i는 식 (5-6)의 2배가 된다. 도시 출력의 일부는 베어링 등에서 마찰로 상실되고, 또 운전에 필요한 냉각 장치, 윤활 장치, 점화 장치 등을 움직이는 데 사용된다. 이것을 마찰 손실이라 한다. 도시 출력에서 마찰 손실을 뺀 것이 유효하게 이용되는 출력이며, 이것을 축마력(제동 마력, 유효 마력, 정미 마력이라고도 한다)이라 하고 P_e로 나타낸다. 기계 효율을 η_m이라 하면,

$$P_e = \eta_m P_i \qquad (5-7)$$

로 나타낼 수 있다.

b) 압축비 : 실린더의 전 부피와 틈새 부피의 비를 압축비(壓縮比, compression ratio)라고 한다. 이론적으로는 압축비가 높을수록 도시 평균 유효 압력이나 열효율이 좋아진다.

2 열효율과 열정산

a) 열효율 : 기관 안에서 연소에 의하여 생긴 열이 얼마나 유효하게 일로 전환되어 축에서 나오는가를 나타내는 정도를 열효율(熱效率, thermal efficiency)이라 한다.

$$\text{열효율} = \frac{\text{축에서 나오는 일로 변환된 열량}}{\text{연소에 의하여 생긴 열량}} \times 100[\%] \qquad (5-8)$$

기관의 축출력 1PS당 1시간에 소비하는 연료의 양[g]을 연료 소비율[g/PSh]이라 하는데, 열효율과 같이 기관의 경제성을 나타내는 척도가 되고 있다.

b) 열정산 : 연소에 의하여 발생한 열은 축에서 나오는 일로 변환하는 이외에 마찰 손실, 기계 손실, 냉각 손실, 배기 손실 등으로도 변한다. 유효하게 일로 변환하

표 5-4 내연 기관의 성능 개요

기관의 종류	압축비	연료소비율 [g/PSh]	열정산[%]			
			축출력	마찰 및 기계 손실	냉각 손실	배기 손실
가솔린 기관	6~10	200~300	24~28	5~6	32~35	32~38
디젤 기관	12~21	160~220	30~38	5~7	30~31	30~33

는 열량과 각 손실 열량을 백분율로 나타낸 것을 열정산(熱精算, heat balance)이라 한다. 표 5-4는 내연 기관의 성능 개요를 나타낸 것이다.

3) 가솔린 기관의 구조

가솔린 기관의 구조는 실린더의 배치 방법이나 냉각 방법 등에 따라 약간 다르지만, 가장 많이 사용하는 자동차용 기관에 대하여 설명하기로 한다.

○ 자동차용 가솔린 기관의 구조

(1) 실린더 블록과 헤드

1 실린더 블록

실린더 블록(cylinder block)은 실린더, 물 재킷, 크랭크실, 크랭크축, 캠축, 베어링 등으로 구성되며, 이것에 각 부속 장치를 결합하는 고정부, 기관 지지부 등이 있다. 실린더 블록은 니켈-크로뮴 주철 또는 알루미늄을 주 성분으로 한 경 합금으로 많이 만들고 있다. 실린더는 피스톤이 고속 왕복 운동을 하므로 내마멸성 및 내열성이 큰 실린더 라이너(cylinder liner)를 끼워야 한다. 피스톤 기관은 실린더의 배열에 따라 그림 5-25와 같이 여러 가지로 나눌 수 있다.

2 실린더 헤드

실린더 헤드(cylinder head)는 실린더 블록의 윗면에 고정되는 덮개 부분으로 흡기 및 배기 밸브 시트와 점화 플러그 구멍 등이 있으며, 실린더와 피스톤의 윗부분에 연

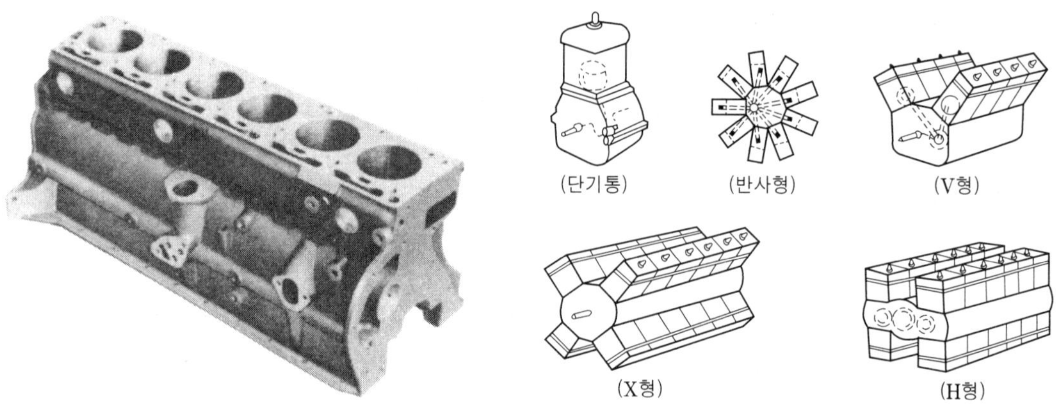

(a) 실린더 (b) 실린더의 배열

그림 5-25 실린더의 종류

소실을 형성한다. 혼합기가 여기서 연소되어 피스톤에 작용한다. 그림 5-26은 자동차용 기관의 실린더 헤드의 보기이다.

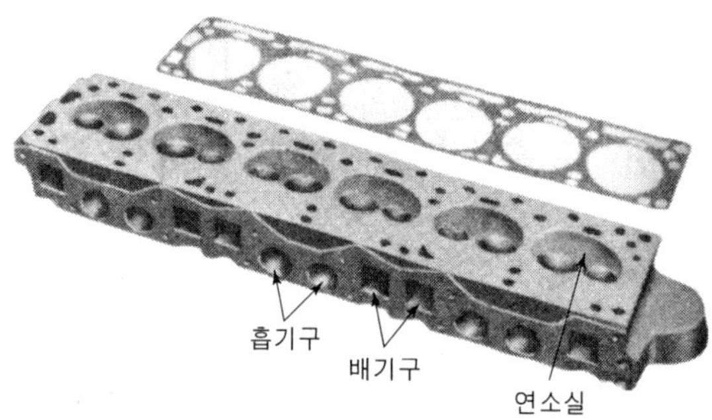

그림 5-26 실린더 헤드

(2) 피스톤과 커넥팅 로드

1 피스톤

피스톤(piston)은 고온 · 고압의 연소 가스에 의해, 실린더 내를 평균 10m/s 정도의 속도로 왕복 운동을 하게 된다. 따라서 피스톤은 열팽창이 적고, 열전도(熱傳導)가 좋으며, 내마멸성이면서 경량인 것이 바람직하다.

2 커넥팅 로드

커넥팅 로드(connecting rod)는 피스톤의 운동을 크랭크축에 전달하기 위하여 피스톤 핀(piston pin)으로 피스톤과 연결되어 있다. 그림 5-27은 피스톤과 커넥팅 로드의 보기이다.

(3) 크랭크축

크랭크축(crank shaft)은 그림 5-28과 같은 구조로, 피스톤의 왕복 운동을 회전 운

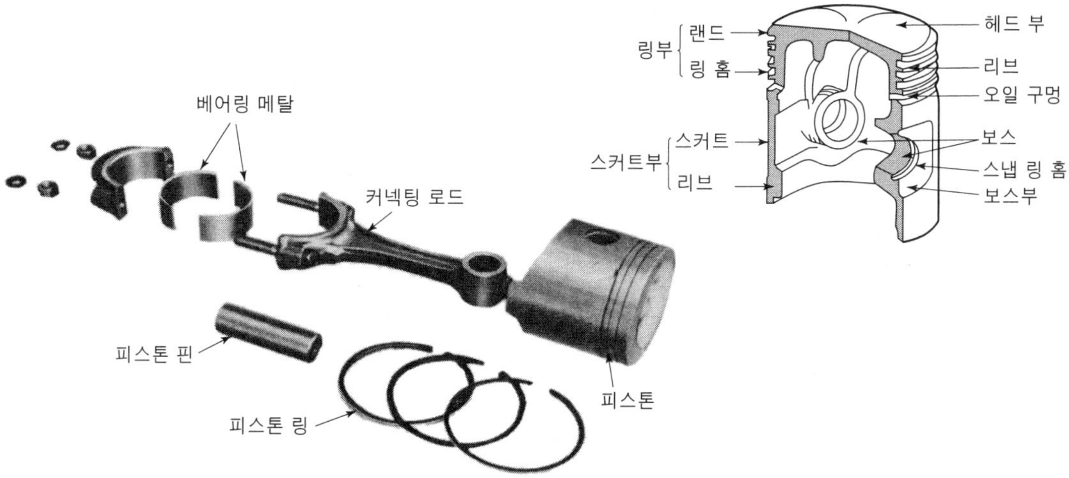

그림 5-27 피스톤과 커넥팅 로드

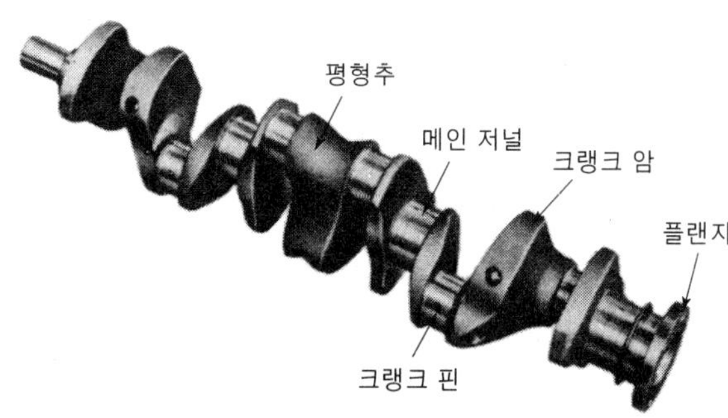

그림 5-28 크랭크축(다기통용)

동으로 바꾸고, 또 역으로 피스톤을 구동시켜 혼합기의 흡입 · 압축 및 연소 가스의 배출을 돕는 기관의 주축이다.

(4) 캠축과 밸브 기구

1 캠축

캠축(camshaft)은 크랭크축으로부터 기어 또는 체인에 의해 구동된다. 캠축에는 흡 · 배기 밸브와 같은 수의 캠이 점화 순서와 개폐 시기에 따라서 알맞은 위치와 각도로 배열되어 있다.

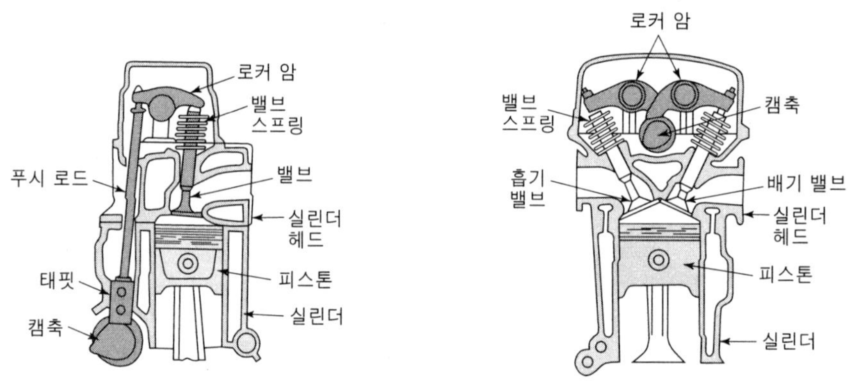

(a) 오버헤드 밸브식 (b) 오버헤드 캠축식

그림 5-29 밸브 개폐 기구

2 밸브 개폐

크랭크축의 회전은 타이밍 기어를 거쳐 캠축에 전해지고, 캠의 작용으로 푸시 로드가 상하 운동을 하여 밸브를 개폐시킨다.

흡 · 배기 밸브용의 캠은 캠축과 일체(一體)로 되어 있으며, 캠축의 회전에 따라 밸브가 개폐되는 기구이다. 밸브 개폐 기구는 밸브의 배치와 캠축이 설치되는 위치에 따라서 그림 5-29와 같이 오버헤드 밸브식(overhead valve type : OHV)과 오버헤드 캠축식(overhead camshaft type : OHC) 등이 있다.

(5) 연소실

연소실(燃燒室, combustion chamber)은 실린더 헤드 내면, 피스톤 헤드와 실린더 상부가 형성하는 공간으로, 그 형상은 밸브와 점화 플러그의 위치, 피스톤 헤드의 형상 등에 따라서 결정된다.

기관 연소실의 형상은 기관의 출력 성능 및 유해 배출물 발생과 열효율, 부피 효율, 가스 유동 등에도 매우 큰 영향을 끼친다.

현재 사용되고 있는 가솔린 기관의 연소실 형상에는 그림 5-30과 같이 반구형(semispherical type), 쐐기형(wedge type), 욕조형(bathtub type), 펜트 루프형(pent roof type) 등이 있다.

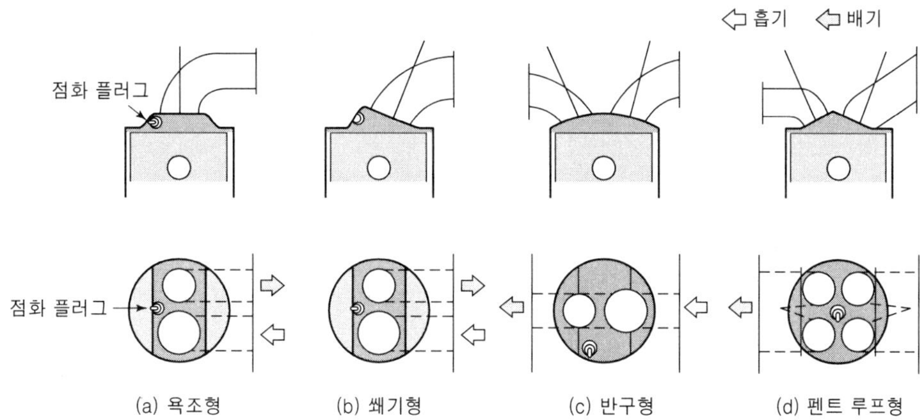

그림 5-30 가솔린 기관의 연소실

그림 5-31 연료 장치의 구성

(6) 연료 장치

실린더에 흡입되는 연료는 대체적으로 연료 탱크에서 그림 5-31과 같은 경로를 따라 공급된다.

1 연료 펌프

연료 펌프(fuel pump)는 연료 탱크의 연료를 기화기에 보내는 역할을 하며, 일반적으로 다이어프램 펌프(diaphragm pump)가 많이 사용된다. 그림 5-32는 다이어프램식 연료 펌프와 그 작용을 나타낸 것이다.

2 기화기

공기는 기화기(氣化器, carburetor)를 통과할 때 연료와 혼합하여 혼합기가 되고, 흡기 매니폴드를 통하여 흡기 밸브로부터 실린더 안으로 흡입된다.

그림 5-33은 기화기의 기본 구조를 나타낸 것이다. 실제의 기화기는 모든 운전 상황에 알맞게 혼합기를 공급하기 위하여 전자 제어 연료 분사 장치, 전자 제어 스로틀 장치 및 직접 분사 방식 등이 사용되고 있다.

벤투리 방식의 기화기는 혼합기를 만드는 기계식 장치로 현재는 거의 사용되고 있

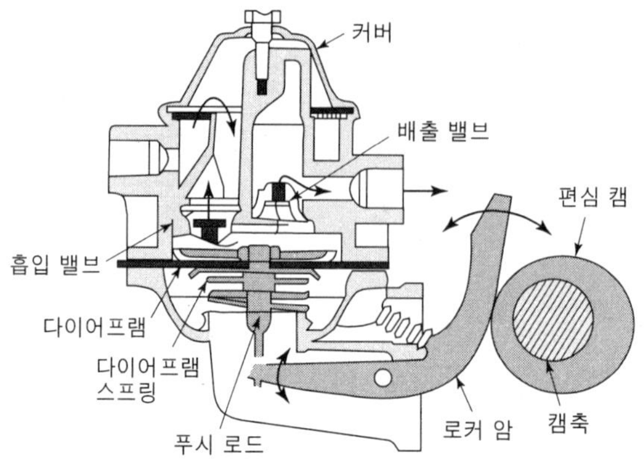

그림 5-32 다이어프램식 연료 펌프

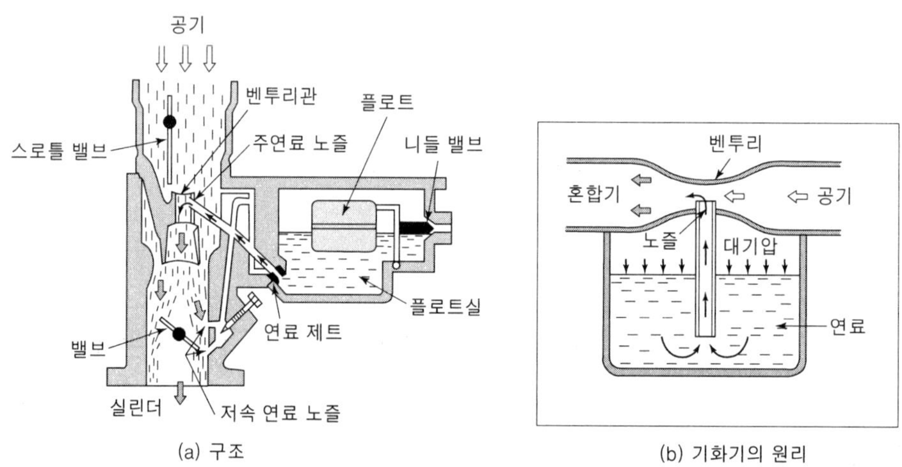

그림 5-33 기화기의 구성과 원리

지 않다.

(7) 점화 장치

점화 장치(粘火裝置, ignition device)는 연료-공기의 혼합기에 전기적인 불꽃을 튀겨서 점화시키는 장치를 말한다. 점화법에는 고압 불꽃 점화법(high tension ignition system)과 저압 불꽃 점화법(low tension ignition system)의 두 가지가 있다. 저압 불꽃 점화법은 전기 회로를 실린더 연소실의 부분에서 급격히 차단하여 그 순간에 발생하는 불꽃에 의해서 가스에 점화하는 방법이다. 저압 불꽃 점화법은 내연기관에서는 거의 쓰이지 않고 항공기용에 많이 쓰인다. 고압 불꽃 점화법은 연소실

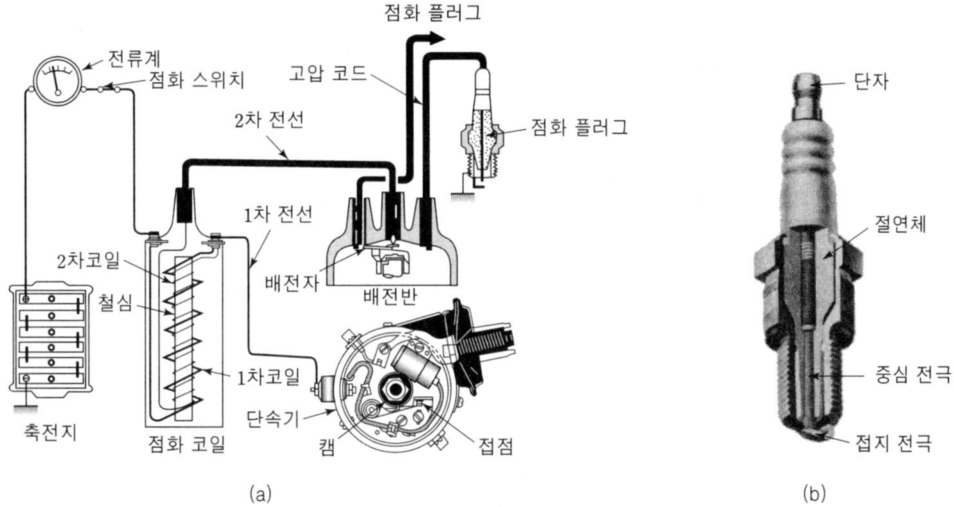

그림 5-34 축전지 점화 장치와 점화 플러그

안의 점화 플러그 간극에 불꽃을 튀겨서 압축된 혼합기에 점화시키는 방법으로 내연 기관에서 사용하고 있다. 고압 불꽃 점화법에서는 자석 발전기 점화법과 축전지 점화법이 많이 쓰인다. 그림 5-34는 축전지식 점화 장치의 구성을 나타낸 것이다.

2. 디젤 기관

자동차용 디젤 엔진

디젤 기관(diesel engine)은 실린더 내에서 공기를 압축하여 고온 상태로 되었을 때, 여기에 연료를 고압의 안개 상태로 분사하여 자연 착화하도록 하여 동력을 발생시키는 기관이다. 따라서 기관의 주요 구조는 가솔린 기관과 같고, 다만 착화 방식(着火方式)과 연료 공급 장치(燃料空給裝置)가 크게 다르다. 디젤 기관에도 4행정 사이클 기관과 2행정 사이클 기관이 있는데, 4행정 기관은 대형 선박을 비롯하여 중, 대형 차량용 기관으로 널리 쓰이고, 최근에는 연료의 경제성 면에서 승용차에도 많이 이용되고 있다.

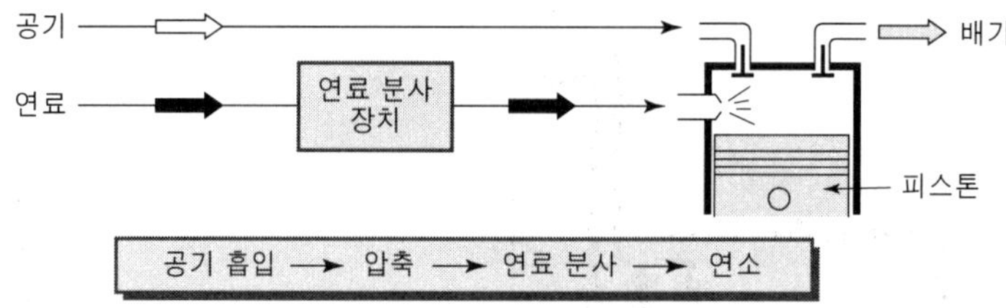

(a) 디젤 기관

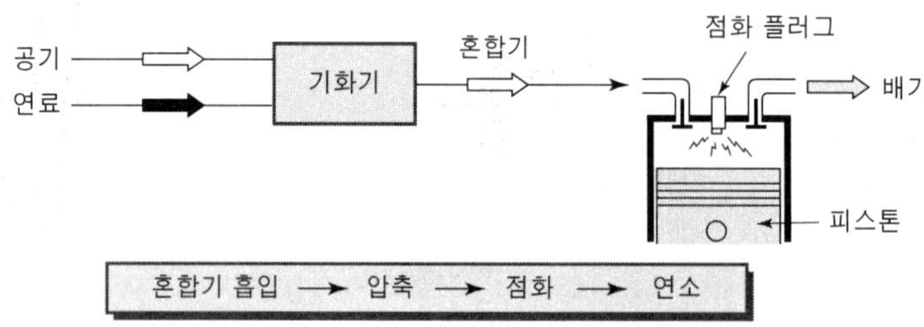

(b) 기솔린 기관

그림 5-35 디젤 기관과 가솔린 기관

1) 디젤 기관의 작동 원리

그림 5-35와 같이 가솔린 기관이 전기 점화 방식(電氣点火方式)인데 비해, 디젤 기관은 실린더 안에 공기만을 흡입한 다음 고압축(압축비 15~22 정도)하여, 압축으로 생기는 고온·고압의 공기 중에 연료를 분사하여 자연 착화(自燃着火)에 의한 연소가 이루어진다.

(1) 4 사이클 디젤 기관

4 사이클 디젤 기관은 그림 5-36과 같이 흡입·압축·팽창(연소)·배기의 4행정 사이클을, 크랭크축의 2회전으로 완료한다.

(2) 2 사이클 디젤 기관

2 사이클 디젤 기관은 2 사이클 가솔린 기관과 같이 하강 행정과 상승 행정의 2행정으로 되어 있으며, 크랭크축이 1회전 하는 사이에 흡입, 압축, 폭발, 배기의 네 가지 작동을 끝마친다.

그림 5-37은 2 사이클 디젤 기관의 작동 원리를 나타낸 것이다.

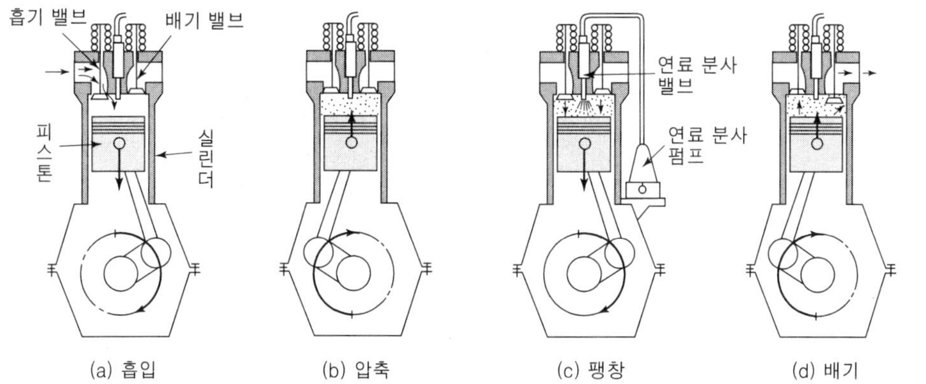

그림 5-36 4 사이클 디젤 기관의 작동

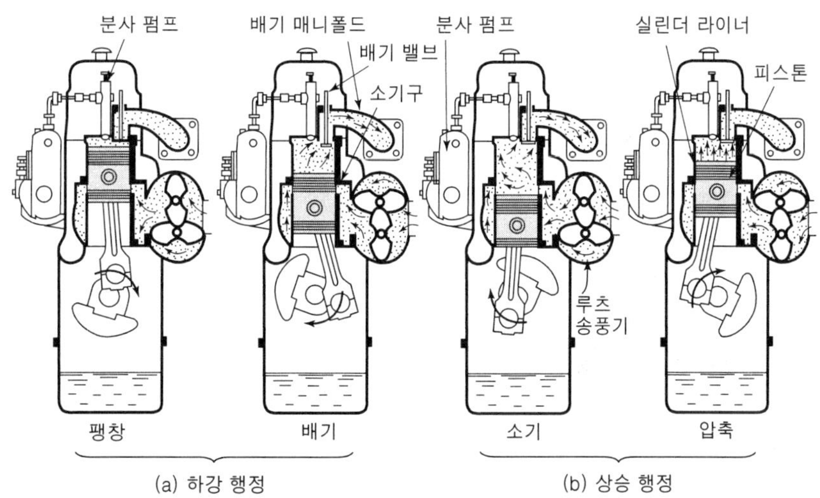

그림 5-37 2 사이클 디젤 기관의 작동

2) 디젤 기관의 구조

가솔린 기관과 다른 주요 장치의 구조에 대하여 알아보기로 한다.

(1) 연료 분사 장치

연료 분사 장치(燃料噴射裝置, fuel injection device)는 그림 5-38과 같이 연료 탱크, 연료 공급 펌프, 연료 여과기, 연료 분사 펌프, 연료 분사 밸브 등으로 구성되어 있다.

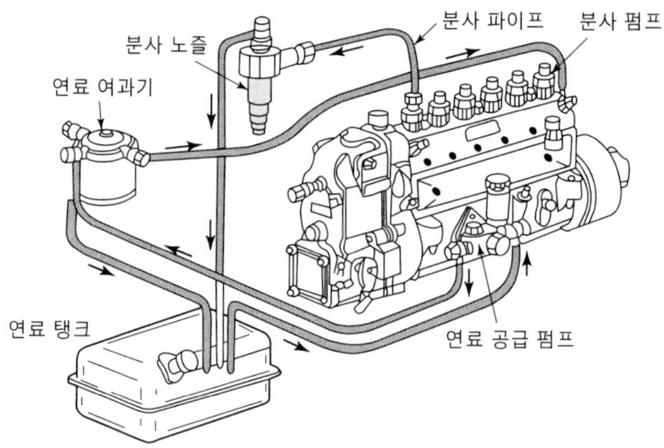

그림 5-38 디젤 기관의 연료 계통

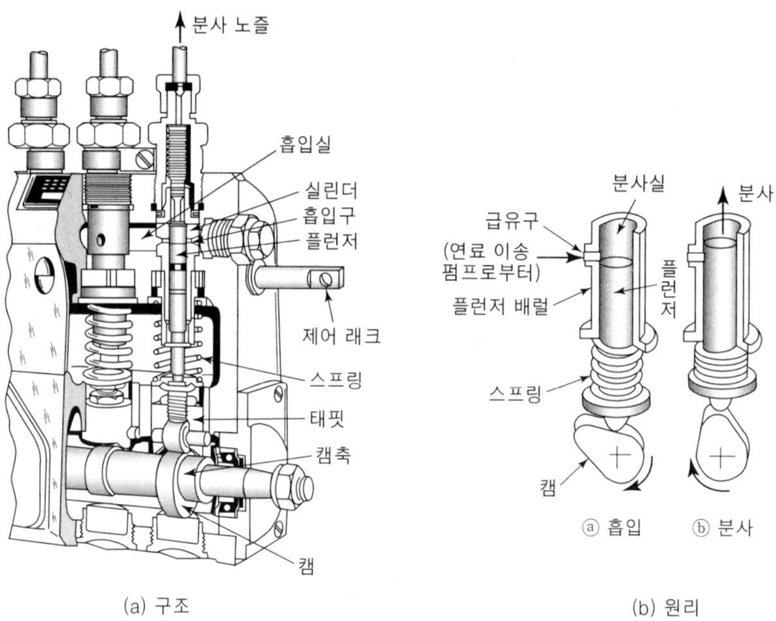

그림 5-39 연료 분사 펌프의 구조와 원리

1 연료 분사 펌프

연료 분사 펌프(fuel injection pump)는 연료를 고압으로 압축하여 기관의 회전 속도나 부하 변동에 상응하여 폭발 순서에 따라 각 실린더의 분사 노즐로 압송하는 펌프이다. 그림 5-39는 연료 분사 펌프의 구조와 원리를 나타낸 것이다.

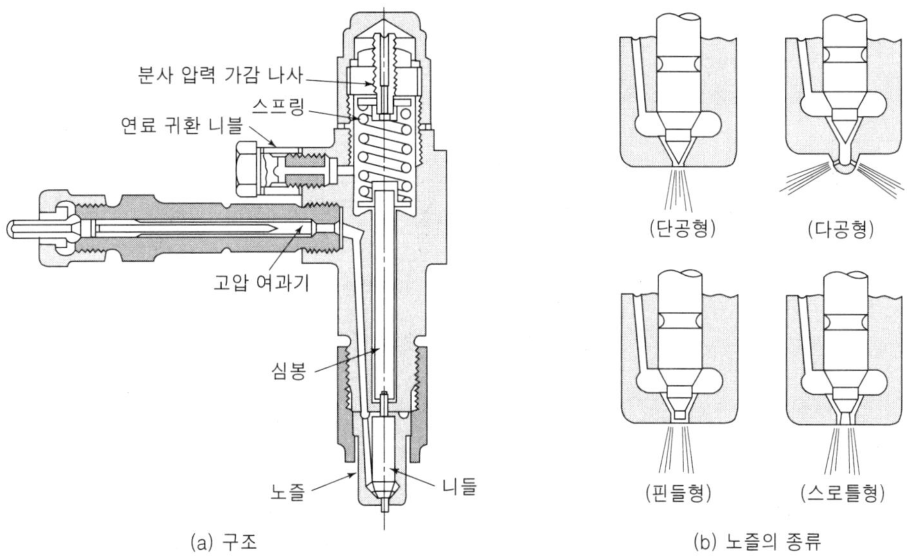

그림 5-40 연료 분사 밸브의 구조

분사 펌프에는 분사량이나 분사 시기를 자동적으로 조정하기 위한 조속기와 분사 시기 조정기가 부착되어 있다.

2 연료 분사 밸브

분사 펌프에서 나온 고압의 연료를 연소실 내에 분사하기 위해서는 연료 분사 밸브가 사용된다. 연료 분사 밸브(fuel injection valve)는 그림 5-40과 같은 구조의 자동 밸브로 연료의 압력이 니들 밸브(needle valve)에 작용하여, 그 힘이 스프링의 힘 이상이면 밸브가 열려 연료를 분사하고, 연료의 압력이 낮아지면 스프링의 힘으로 밸브가 닫히는 구조로 되어 있다.

(2) 연소실

1 직접 분사식

직접 분사식(直接噴射式)은 그림 5-41 (a)와 같이 피스톤의 머리 부분을 오목하게 하고 유입된 공기에 심한 소용돌이나 난류를 일으켜 연료의 미립자를 저어서 혼합시키는 것으로, 대형과 중형의 저속 기관에 사용된다.

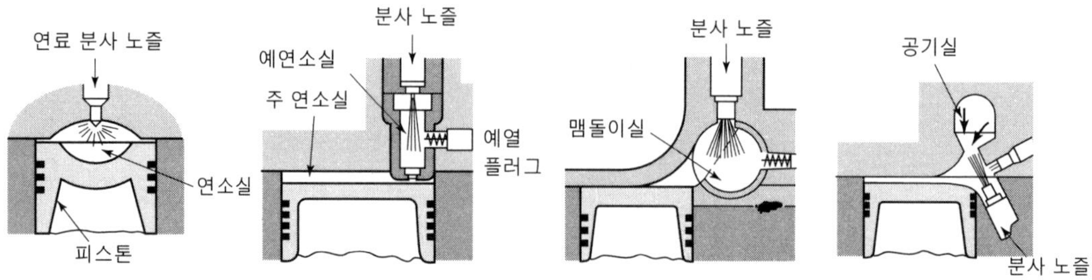

그림 5-41 디젤 기관의 연소실

2 예연소실식

예연소실식(預燃燒室式, precombustion chamber)은 그림 5-41 (b)와 같이 주 연소실(main chamber)에 연결된 예연소실 속에 연료를 분사하면 연료의 일부분만이 연소하여 예연소실 내에 압력을 높이고, 나머지 대부분의 연료는 주 연소실에 분출되어 연소가 잘 되도록 한 것이며, 고속 기관에 사용된다.

3 맴돌이실식

그림 5-41 (c)와 같이 실린더 헤드에는 구상(球狀) 또는 편평 구형(偏平球形)의 맴돌이실식(turbulence chamber type)이 있다. 압축된 공기는 여기서 심한 맴돌이를 일으키며, 이 속에 연료를 분사하면 공기와 연료가 잘 혼합하여 연소가 잘 일어난다. 맴돌이실식은 고속 기관에 사용한다.

4 공기실식

공기실식(空氣室式)은 그림 5-41 (d)와 같이 공기식(空氣室)을 별실(別室)로 갖고 있어, 압축 행정 중에 일부의 공기가 이 속으로 압입된다. 여기에 공기실의 입구를 향해 연료를 분사하면, 피스톤의 하강에 따라 공기실의 압축된 공기가 분출하여 연료와 잘 혼합되면서 연소된다. 공기실식은 연소 최고 압력이 낮고, 작동이 조용하여 고속 기관에 적합하다.

(3) 과급에 의한 출력의 향상

내연 기관에서는 흡입하는 공기량이 많으면 그만큼 연료도 많이 연소시킬 수 있으므로 발생하는 출력도 커진다. 디젤 기관에서는 공기의 압력을 높여서 실린더에 보내어 출력을 증가시키는 방법이 널리 사용되고 있다. 이것을 과급(過給, supercharge)이라 하고 과급에 사용되는 압축기를 과급기(過給機, supercharger)라 한다. 과급을 하지 않을 때에 비하면 20~100%의 출력이 증가한다.

가솔린 기관에서는 연료의 성질상 노크를 일으키기 쉬워 과급을 하지 않으나 디젤 기관에서는 흡기의 압력이 증가하면 연소에 유리하다. 이에 따라 대 · 중형 고성능(高性能) 디젤 기관의 대부분이 과급기를 사용하고 있다. 특히 고공을 나는 항공기용 기관에서는 공기가 희박해져 과급을 하고 있다.

3. 그 밖의 내연 기관

1) 로터리 기관

(1) 로터리 기관의 구조

로터리 기관(rotary engine)은 회전 피스톤 기관, 반켈 기관(vankel engine)이라고도 한다. 로터리 기관은 연소 가스의 압력에 의하여 회전 운동을 직접 얻는 기관이다.

로터리 기관은 그림 5-42와 같이 하우징(housing), 로터(rotor), 고정 소기어, 내접 기어 및 출력축 등으로 구성되어 있다. 하우징 내에서 왕복 기관의 피스톤에 해당하는 삼각형의 로터가 회전하며, 3개의 정점은 회전 중 항상 하우징 둘레의 벽면에 접촉하고 있다. 따라서 로터 하우징과 로터 사이에는 3개의 공간이 생겨, 이것이 독립된 작동실로서 작용한다.

(2) 로터리 기관의 작동

로터리 기관의 작동은 그림 5-43과 같다. 로터리 기관은 가스의 교환 과정이 4 사이클 기관과 같고, 로터가 1회전 하는 사이에 출력축은 3회전을 하고, 3회의 팽창 행정이 있으므로, 출력축 1회전당 1회의 팽창 행정이 있다.

2) 가스 터빈

(1) 가스 터빈의 작동 원리

가스 터빈(gas turbine)은 고온 · 고압의 연소 가스에 의해 터빈을 구동하여 회전력

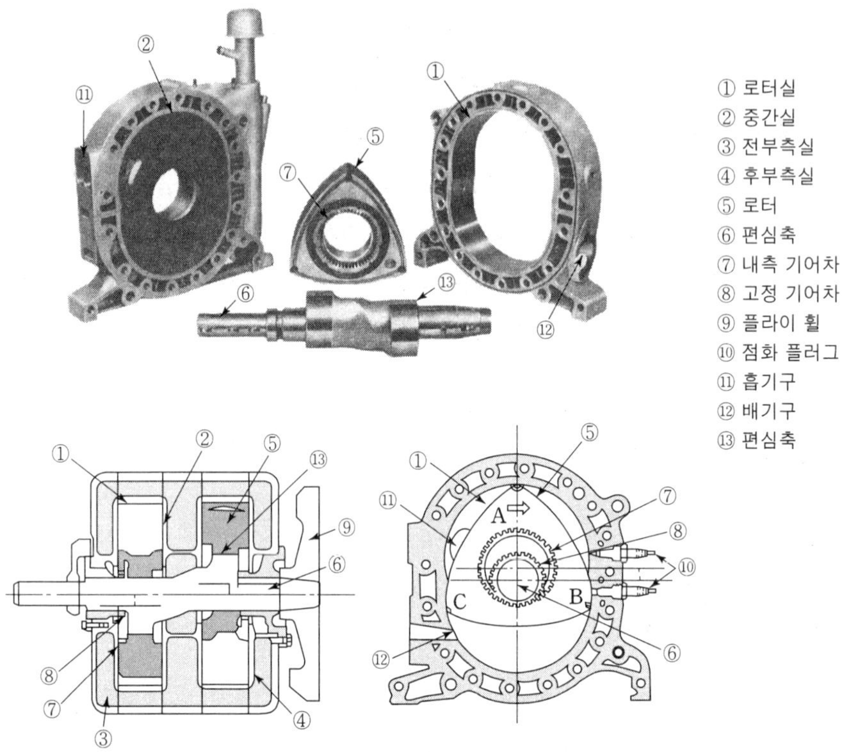

그림 5-42 로터리 기관의 주요 구조

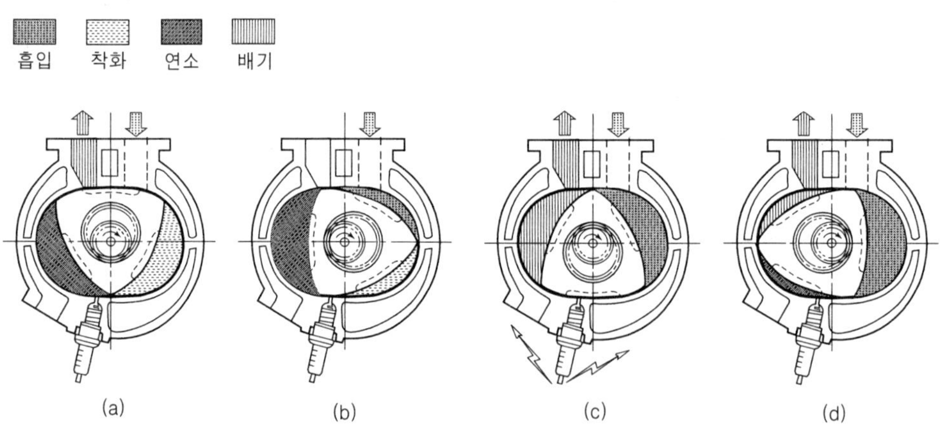

그림 5-43 로터리 기관의 작동 순서

을 얻는 원동기이다. 피스톤 기관에서는 흡입 · 압축 · 팽창 · 배기의 과정이 하나의 실린더 내에서 이루어지는데, 가스 터빈에서는 압축기 · 연소기 등의 기기에 의해 연소 가스를 만들고, 이것으로 터빈을 구동시켜 동력을 발생시킨다.

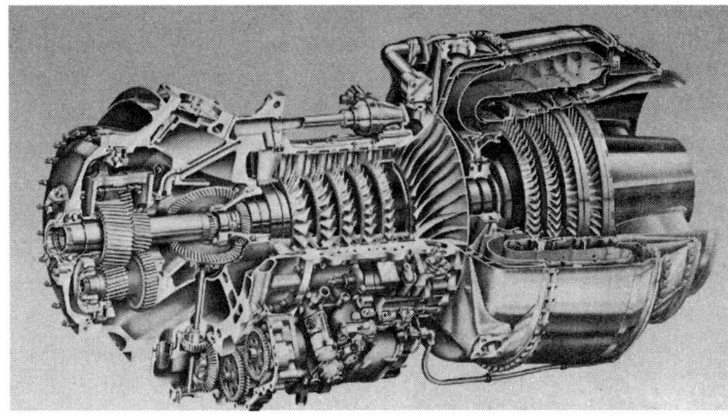

가스 터빈

따라서 가스 터빈은 단위 시간당 동작 유체의 유량이 많고 기관 중량당의 출력이 크다. 또 순수한 회전 기관이고 연속적인 완전 연소를 하여, 유해 성분의 배출이 적다. 그림 5-44는 가스 터빈의 사이클을 나타낸 것이다.

가스 터빈은 피스톤 기관에 비해 구조가 간단하고, 부품의 수도 적다. 또 토크(torque)의 변동이 없으므로, 회전이 일정하고 진동도 적다. 또 윤활유의 소비도 적으며 가솔린보다 저질의 액체 연료와 기체 연료를 사용할 수 있는 장점이 있다.

그러나 터빈에는 고급 내열 재료가 필요하며, 고속 회전이기 때문에 큰 감속 장치

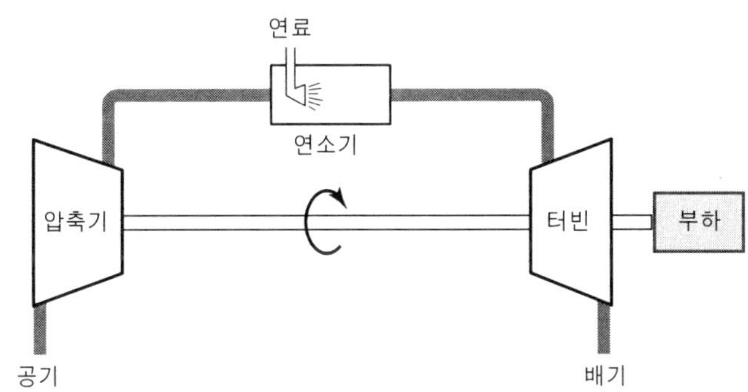

그림 5-44 가스 터빈의 사이클

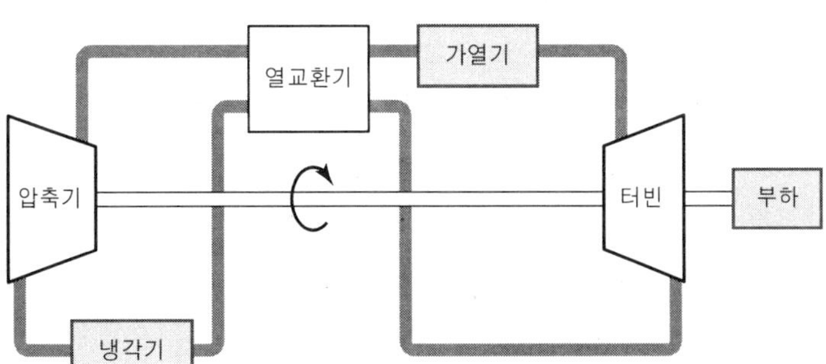

그림 5-45 가스 터빈의 밀폐 사이클

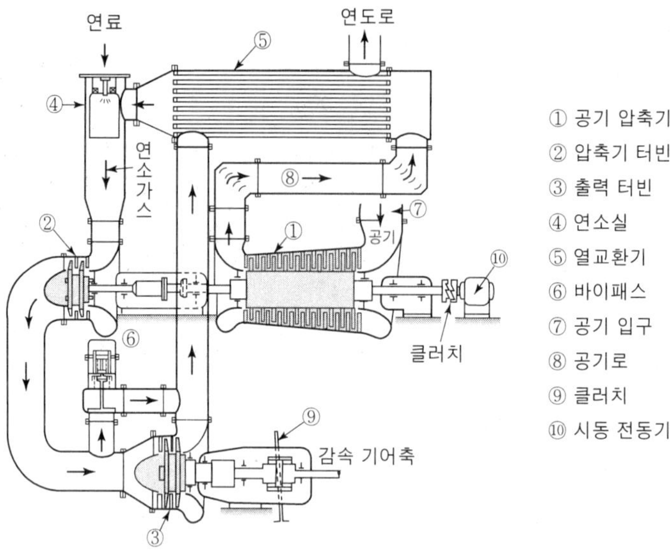

그림 5-46 가스 터빈의 전체 구조

가 있어야 한다.

그림 5-44와 같이 일이 끝난 연소 가스를 외부에 배출하는 형식을 개방(開放) 사이클(open cycle)이라 한다. 이에 비해 그림 5-45와 같이 사용한 동작 유체를 대기 중에 방출하지 않고 냉각하여, 다시 이를 압축기에 공급하여 순환 사용하는 형식을 밀폐(密閉) 사이클(closed cycle)이라 한다.

(2) 가스 터빈의 구조

그림 5-46은 가스 터빈의 전체 구성을 나타낸 것으로 그 중요 장치는 다음과 같다.

1 압축기

가스 터빈에는 원심식(遠心式) 또는 축류식(軸流式) 압축기(壓縮機)가 사용된다. 원심식은 1단(段)으로 큰 압력비를 얻을 수 있으므로, 비교적 소형 기관에 적합하다.

축류식은 구조가 복잡하고 1단의 압력비도 적으므로 많은 단수를 직렬로 사용하여야 한다. 그러나 효율이 양호하므로 대형 기관에 적합하다. 그림 5-47은 터빈 및 축류 압축기용 날개차와 블레이드의 보기이다.

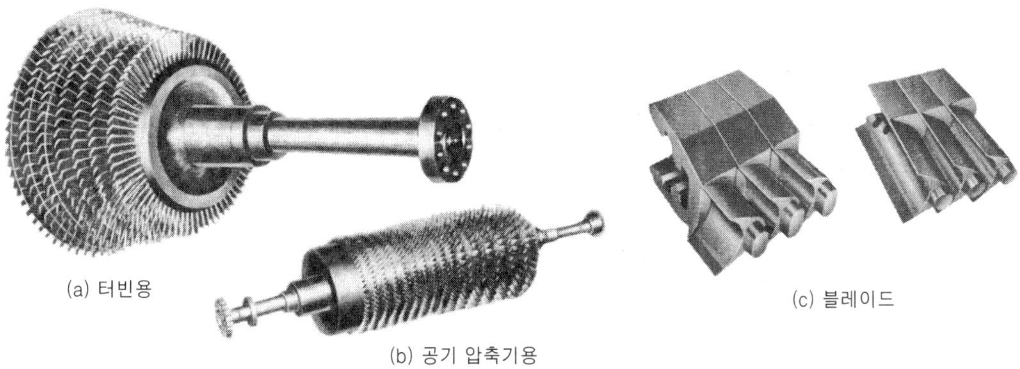

그림 5-47 터빈 및 축류 압축기용 날개차와 블레이드

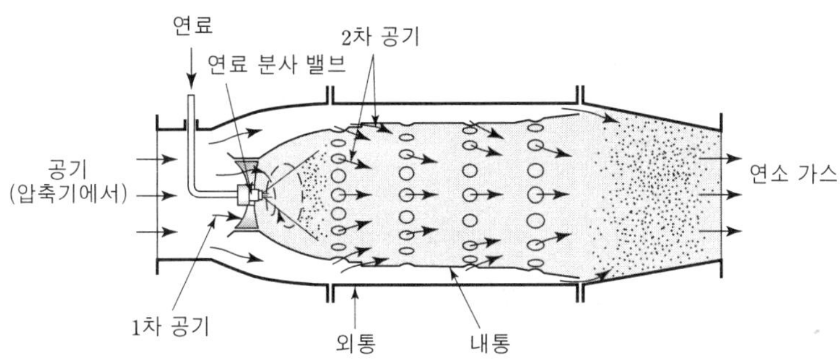

그림 5-48 연소기(통형)

2 연소기

연소기(燃燒器)는 그림 5-48과 같이 압축 공기의 기류중(氣流中)에 연료를 분사하여 연속적으로 연소시키는 장치이다.

일반 동력용 가스 터빈에서는 이와 같은 대형 연소기를 1~10개가 필요하다. 제트 기관에서는 소형의 것을 여러 개 사용하거나 환상(環狀)의 연소기를 사용한다.

연료로는 보통 경유를 사용하는데, 기체 연료를 사용하는 경우도 있다.

3 터빈

가스 터빈은 700~900℃에 달하는 고온의 연소 가스를 날개가 직접 접하게 되므로, 날개의 재료에는 특수 내열 합금(特殊耐熱合金)이 사용된다. 그림 5-49는 반경류(半徑流) 터빈(radial inflow turbine)으로 소형 가스 터빈에 많이 사용된다.

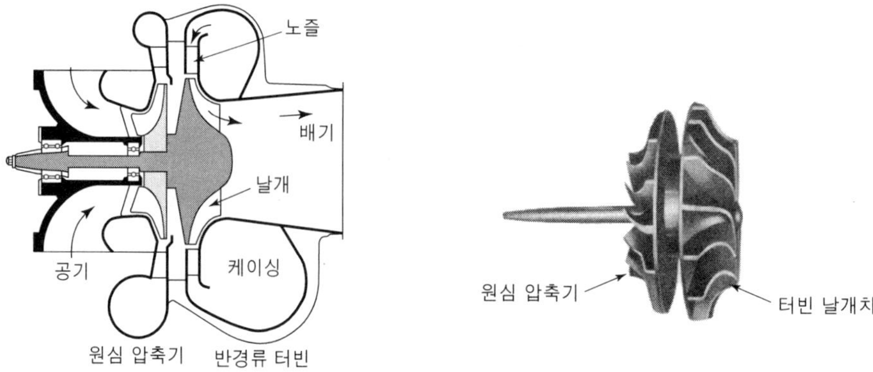

(a) 구조 (b) 날개

그림 5-49 소형의 반경류 터빈과 날개

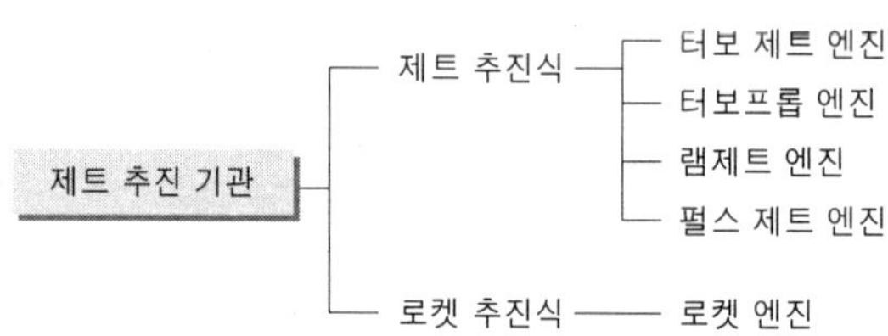

그림 5-50 제트 추진 기관의 분류

3) 제트 추진 기관

연소 가스를 분출시켜 반동력을 이용하여 추력(推力)을 얻는 원동기를 제트 추진 기관(제트推進機關, jet propulsion engine)이라 한다.

제트 추진 기관에는 앞에서 공기를 흡입하고 뒤로 연소 가스를 분출하는 제트 추진식(jet propulsion)과 공기를 흡수하지 않고 추진제(推進劑)에 의해 연소 가스를 분출하는 로켓 추진식(rocket propulsion)이 있다. 일반적으로는 제트 추진식을 제트 기관(jet engine)이라 한다.

제트 추진 기관을 그림 5-50과 같이 분류할 수 있다.

(1) 터보 제트 엔진과 터보프롭 엔진

1 터보 제트 엔진

그림 5-51 (a)와 같이 분출 가스를 만들기 위해 가스 터빈을 이용한 것을 터보 제트 엔진(turbo jet engine)이라 하며, 고속의 항공기에 사용된다. 그림의 5-51 (b)와

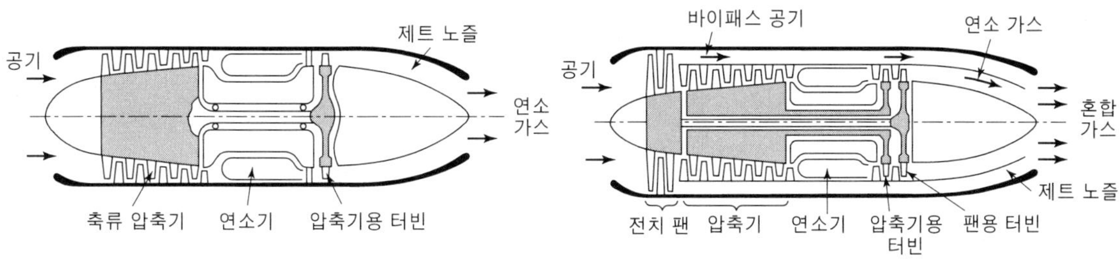

그림 5-51 터보 제트 엔진의 구조

⬤ 터보 제트 엔진의 보기

같이 압축기의 일부 공기를 연소기를 통하지 않고 제트 노즐의 바로 앞에서 혼합하는 형식의 제트 기관을 바이패스 엔진(bypath jet engine)이라 한다. 이 기관은 터보 제트 엔진보다 속도가 비교적 느린 경우에 유효하다.

2 터보프롭 엔진

터보프롭 엔진(turboprop engine)은 터빈의 단수를 많이함으로써 그림 5-52와 같이 연소 가스의 에너지의 대부분을 프로펠러의 회전력으로 하여 프로펠러의 추력과 제트의 추력을 병용한 형식이다. 이것은 비교적 저속의 경우에 효율적이며, 중형 항공기에 알맞다.

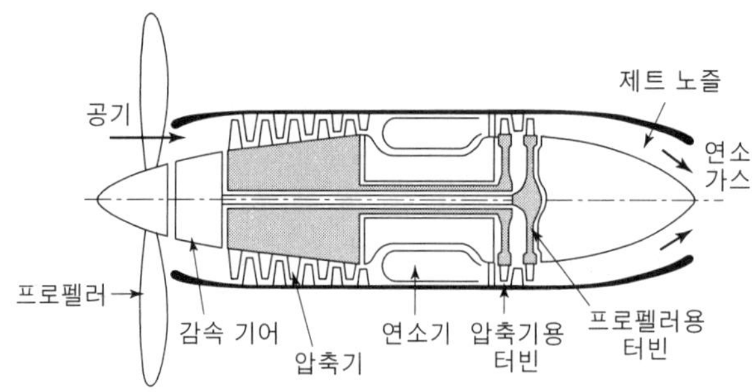

그림 5-52 터보프롭 엔진의 구조

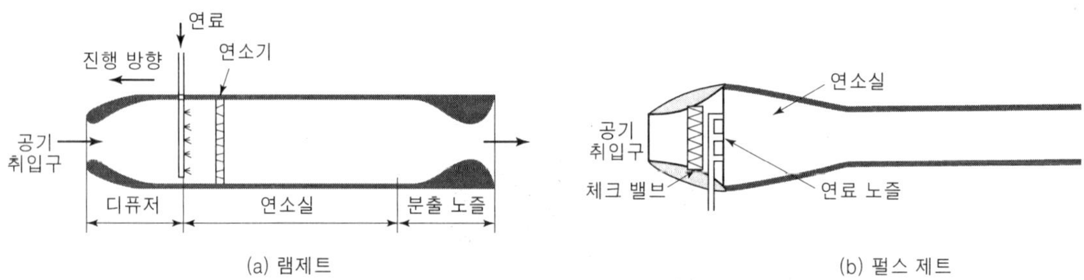

그림 5-53 램제트 엔진과 펄스 제트 엔진의 원리

(2) 램제트 엔진과 펄스 제트 엔진

1 램제트 엔진

비행 속도가 커지면 기관에 유입하는 공기의 동압(動壓)으로 공기가 압축된다. 이것을 램 효과(ram effect)라 하며, 그 압력을 램압(ram pressure)이라 한다.

마하(mach)[3] 2 정도 이상에서는 램압에서 압축된 공기 중에 연료를 분사 연소하여 연소 가스를 직접 분출하는 제트 엔진이 가능해진다. 이와 같은 기관을 램제트 엔진(ramjet engine)이라 한다.

그림 5-53 (a)는 동작 원리를 나타낸 것이다. 실제에는 그림 5-53 (a)와 같이 공기 취입구에 디퓨저(推散室, diffuser)를 설치하고, 여기서 유입 공기의 속도가 떨어져 압력이 상승하므로, 고압의 압축 공기를 얻을 수 있다.

2 펄스 제트 엔진

기관의 공기 취입구에 저항이 적은 체크 밸브(check valve)를 부설하여 간헐적(間

[3] 고도 10000m에서 마하 1은 1078.5km/h의 속도에 해당한다.

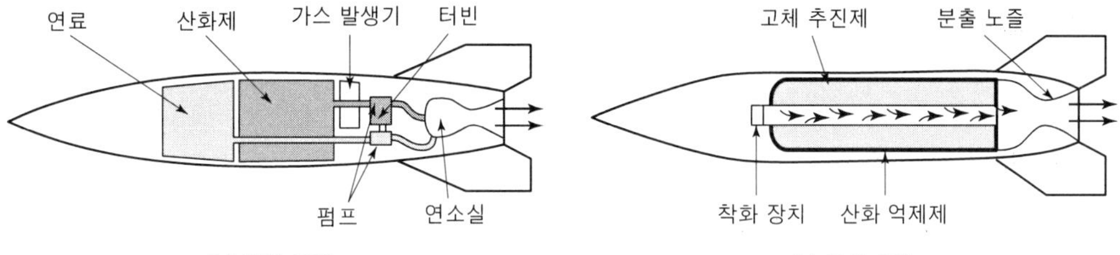

그림 5-54 로켓 엔진

歇的)으로 개폐(開閉)하도록 구안된 제트 엔진을 펄스 제트 엔진(pulse jet engine)이라 한다. 연소는 간헐적으로 이루어지는 것이 특징으로 저속에서의 성능은 좋으나 속도가 마하 1 이하도 진동과 소음이 크다.

(3) 로켓 엔진

로켓 엔진(rocket engine)은 제트 엔진과 같이 연소 가스의 분출에 의해 추력을 얻는 원동기이다.

제트 엔진과 다른점은 제트 엔진은 연료만을 가지고 연소에 필요한 산소를 공기 중에서 얻는데 비해, 로켓 엔진에는 연료와 산화제(酸化劑)를 배합한 추진제(推進劑, propellant)를 사용하므로, 그 추력은 공기 밀도와 무관하다. 따라서 공기 밀도가 적은 고공(高空)이나 대기권 외(大氣圈外)에서의 비행이 가능하다. 특히 우주 비행에서는 전적으로 로켓 엔진이 사용된다.

그림 5-54는 로켓 엔진의 구조를 나타낸 것이다.

연습 문제

5.1 원동기의 기초

1. 다음 용어를 요약 설명하시오.

   ① 위치 에너지 ② 운동 에너지

   ③ 기계적 에너지 ④ 열 에너지

2. 연료의 열량을 정의하시오.
3. 내연 기관과 가스 터빈을 비교 설명하시오.

5.2 보일러와 증기 원동기

4. 원통 보일러와 수관 보일러의 구조를 비교 설명하시오.
5. 원자로의 원리를 설명하시오.
6. 가압 경수로형 원자로와 가압 중수로형 원자로를 비교 설명하시오.

5.3 내연 기관

7. 4 사이클 기관과 2 사이클 기관의 구조와 동작 원리를 설명하시오.
8. 내연 기관의 밸브 개폐 기구를 설명하시오.
9. 가솔린 기관에서 저압 불꽃 점화법과 고압 불꽃 점화법을 비교 설명하시오.
10. 가스 터빈의 사이클을 요약 설명하시오.
11. 터보 제트 엔진과 터보프롭 엔진의 구조와 특징을 비교 설명하시오.

연구 과제

1. 동력으로 이용되는 에너지의 종류와 특징을 알아보고 정리하시오.
2. 보일러의 종류와 특징을 정리하여 표로 체계화하시오.
3. 우리나라에서 개발한 한국 표준형 원자로의 특징과 사용 현황을 조사하시오.
4. 원자력 발전의 장단점과 우리나라가 건설 운영하고 있는 원자로 발전소의 현황을 조사하시오.
5. 가솔린 기관에서 기화기 대신에 사용되고 있는 가솔린 분사 장치의 원리와 구조를 설명하시오.
6. 4 사이클 기관과 2 사이클 기관의 장단점을 비교하시오.
7. 2 사이클 디젤 기관의 작동 원리와 특징을 요약 설명하시오.
8. 디젤 기관의 연소실을 들어 그 특징을 설명하시오.
9. 로터리 기관의 작동 원리와 특징을 설명하시오.
10. 램제트 엔진과 펄스 제트 엔진의 사용 사례를 들어 설명하시오.

6장 유체 기계와 산업용 설비

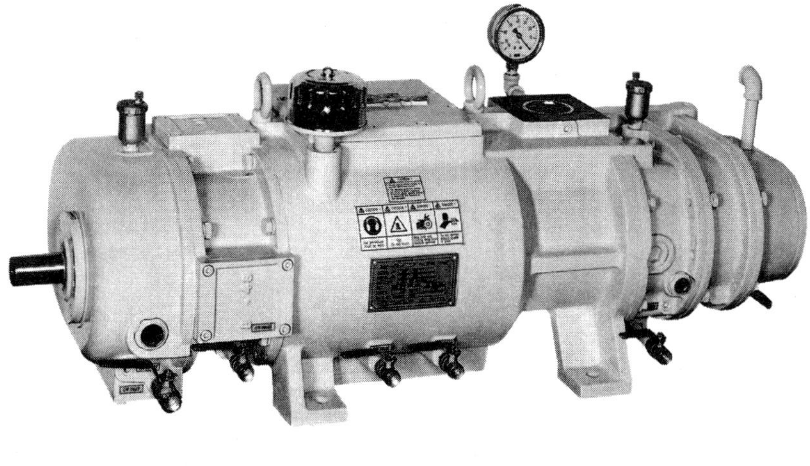

6.1 유체 기계

자연에 존재하는 액체(液體)와 기체(氣體)를 총칭하여 유체(流體, fluid)라 하는데, 유체가 갖고 있는 에너지를 기계적 에너지로 이용하거나, 역으로 유체에 기계적 에너지를 부여하기 위해서 사용되는, 유체에 관한 에너지 변환기를 총칭하여 유체 기계(流體機械)라 한다.

1. 유체 기계의 기초

1) 유체의 성질과 압력

(1) 유체의 성질

유체에 압력을 가하면 기체는 압축이 잘 되나 액체는 거의 압축이 되지 않는다. 이와 같은 유체의 성질에 따라 공기와 같은 기체를 압축성 유체(壓縮性流體)로 취급하고, 물, 기름과 같은 액체를 비압축성 유체(非壓縮性流體)로 취급하고 있다.

유체의 밀도(密度, density) ρ는 단위 부피 내의 유체의 질량으로 나타낸다. 또 비중량(比重量, specific weight) γ는 단위 부피 내의 유체의 무게를 말하며, 단위는 kg/m^3으로 나타낸다. 비중량과 밀도 사이의 중력 가속도를 g[1)]라 하면 다음과 같은 관계가 성립된다.

$$\gamma = \rho \cdot g \tag{6-1}$$

비중량은 압력과 온도에 따라 변하며, 물의 비중량은 보통 $\gamma ≒ 100kg/m^3$이다. 또한 유체 내부에는 유동을 방해하는 저항력인 점성(粘性, viscosity)이 존재하며, 점성이 클수록 유체의 유동성은 떨어진다. 점성에 의한 저항력의 크기는 유체의 종류와 유속의 크기에 따라 변하며, 점성의 크기는 점성 계수(粘性係數, coefficient of viscosity) μ로 나타낸다.

1) g는 중력 가속도로 $9.8m/s^2$이다.

표 6-1 압력 환산표

kg/cm^2	mH_2O 4℃	mmHg 0℃	[bar]	[atm]
1	10.000	0.7356	0.9807	0.9678
0.1000	1	0.07355	0.09806	0.09678
1.3895	13.60	1	1.3332	1.3158
1.0197	10.197	0.7501	1	0.9869
1.0332	10.33	0.760	1.0133	1
0.07031	0.7031	0.05171	0.06895	0.06805

kg/cm^2	0.1	0.2	0.3	0.4	0.5	0.6	0.7	0.8	0.9	1.0	1.1
mmHg (20℃)	73.8	147.6	221.5	295.3	369.1	442.9	516.7	590.6	664.4	738.2	812.0

(2) 압력

압력은 단위 넓이에 작용하는 힘의 크기로 표시한다. 공학에서는 압력의 단위로 kg/m^2, kg/cm^2을 사용하며, $1kg/cm^2$를 1기압(1atm)이라 하는데, 물리학에서는 760mmHg의 높이에 해당하는 표준 기압을 사용한다. 1표준 기압(1atm)은 $1.033kg/cm^2$의 압력에 해당한다.

표 6-1은 압력 환산표이다.

공학에서는 대기압을 기준으로 한다. 대기압(大氣壓)을 0으로 하여 측정한 압력을 게이지압(gauge pressure)이라 한다. 그러나 물리학 등의 이론식에서는 완전한 진공을 0으로 하여 측정한 절대압(絕對壓, absolute pressure)을 기준으로 한다.

절대압과 게이지압과는 다음의 관계가 있다.

절대압 = 대기압 + 게이지압

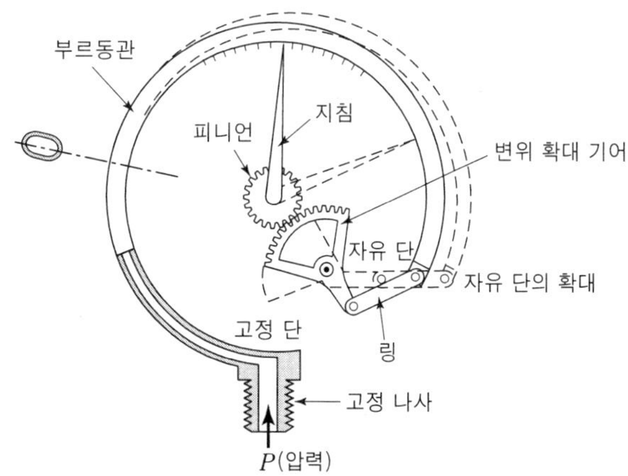

그림 6-1 부르동관 압력계

유체의 압력은 부르동관 압력계(Bourdon pressure gauge)와 액주 압력계(manometer)로 측정한다. 부르동관 압력계는 타원형의

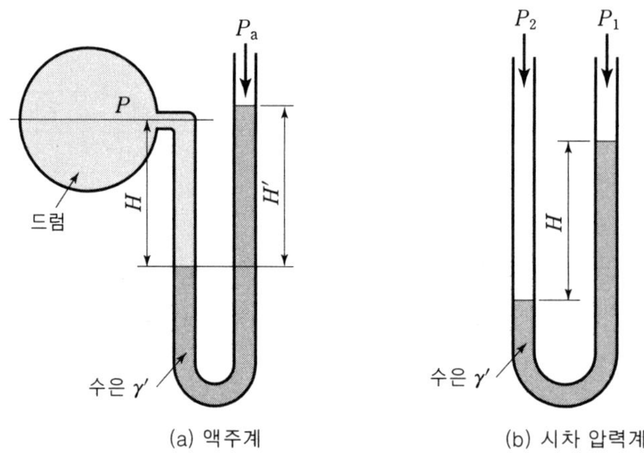

그림 6-2 U자관 압력계

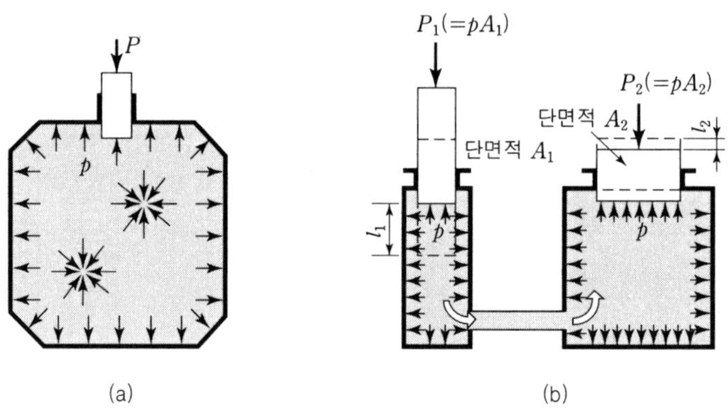

그림 6-3 압력의 전달 방법

황동관으로 되어 있으며 관의 탄성을 이용하여 압력을 측정하는 계기이다.

그림 6-1은 부르동관 압력계를 나타낸 것이다.

액주계는 그림 6-2와 같은 U자관 속에 수은과 같은 액체를 넣어 높이차로 압력을 측정하는 계기이다. 사용하는 액체가 수은의 경우에는 mm(cm, m)Hg, 물의 경우에는 mm(cm, m)Ag 또는 H_2O로 표기하며, 수은주 몇 mm, 수주 몇 mm 등으로 부른다. 액주계는 비교적 작은 압력을 측정하는 데 사용된다.

(3) 파스칼의 원리

파스칼의 원리(Pascal's principle)[2)]란 그림 6-3 (a)와 같이 "밀폐 용기 안에 정지하고 있는 유체에 가해진 압력의 세기는 용기 안의 모든 유체에 똑같이 전달되며, 벽면에 수직으로 작용한다"라는 것으로, 그림 6-3 (b)에서 압력 P[kg/cm²]는 용기 내에서는 모두 같으므로 다음 식으로 나타낼 수 있다.

$$P = \frac{P_1}{A_1} = \frac{P_2}{A_2} \tag{6-2}$$

따라서 피스톤에 작용하는 힘 P_1[kg], P_2[kg] 사이에는 다음 관계가 성립한다.

$$P_2 = PA_2 = P_1 \frac{A_2}{A_1} \tag{6-3}$$

위의 식에서 A_1과 P_1이 각각 일정하더라도 A_2를 크게 하면 보다 큰 힘 P_2를 얻을 수 있다. 이 원리를 응용한 것으로는 수압기가 있다.

액체는 압축되지 않으므로 두 실린더 내의 부피의 합은 언제나 일정하다. 따라서 이동된 액체의 양 Q는 다음과 같다.

$$Q = A_1 l_1 = A_2 l_2 \tag{6-4}$$

2) 유체의 흐름과 에너지

(1) 관 속에서의 유체 흐름

1 유속

유체 흐름은 흐름의 성질(압력, 속도, 밀도)이 시간의 경과에 따라 변하지 않는 흐름인 정상류(steady flow)와 변하는 흐름인 비정상류(unsteady flow)로 구분된다. 유체 입자들이 각 유체층 내에서 진로를 따라 질서 정연하게 움직일 때의 흐름을 층류(層流, laminar flow)라 하고, 그 선을 유선이라 한다. 유체 입자들이 와류를 일으켜 무질서하게 흐르는 흐름을 난류(亂流, turbulent flow)라 한다.

그림 6-4 (a)와 (b)는 층류와 난류를 나타낸 것이다. 흐름을 나타낸 선을 유선(流線, line of flow, stream line, elementary stream)이라 한다. 난류는 유체 미립자(流體微粒子)가 혼합 작용을 하게 되므로, 속도 분포(速度分布)는 그림 6-5와 같이 층류와 비교하면 평균 유속의 차가 생긴다.

---

[2] B. Pascal(1623~1662)이 1648년에 발견한 원리

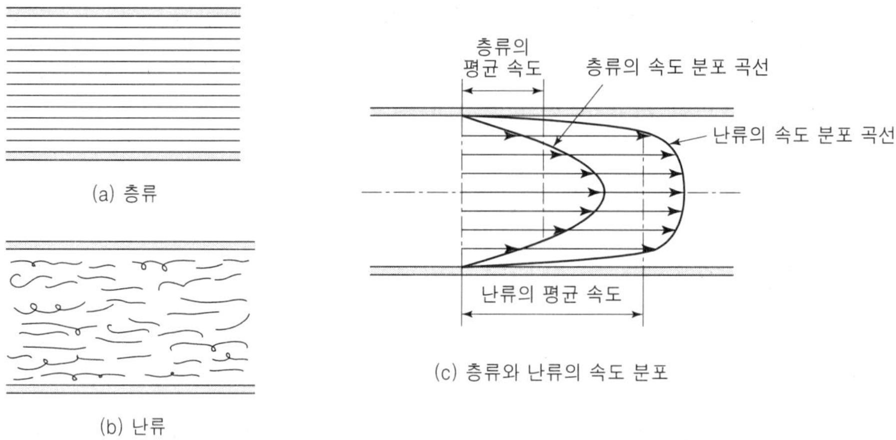

그림 6-4 층류와 난류 및 속도 분포

2 유량

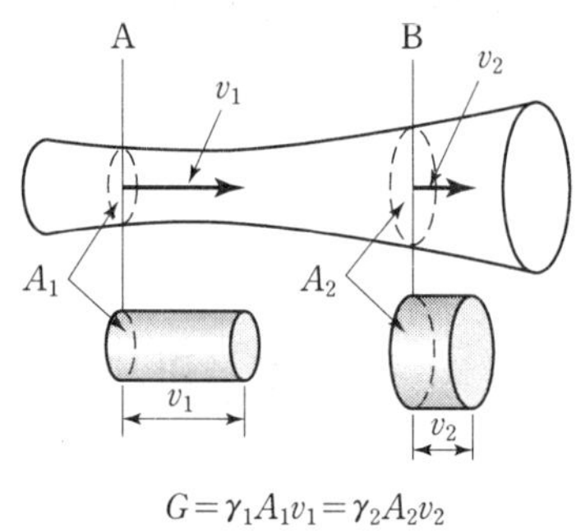

그림 6-5 연속의 법칙

단위 시간에 단면을 통과하는 유체의 양을 유량(流量, discharge)이라 한다. 그림 6-5와 같은 관 속에 유체가 가득 차서 흐를 때 단면 A와 B를 통과하는 유체의 무게는 같다. 이것을 연속의 법칙(連續法則, law of continuity)이라 한다. 따라서 중량 유량(重量流量) G[kgf/s]는 다음 식으로 구할 수 있다.

$$G=\gamma_1 A_1 v_1=\gamma_2 A_2 v_2=\text{일정} \qquad (6-5)$$

여기서 γ_1, γ_2 : 단면 A, B에서 유체의 비중량[kgf/m²]

A_1, A_2 : 단면 A, B의 단면적[m²]

v_1, v_2 : 단면 A, B에서의 유속[m/s]

이다. 위의 식에서 비중량의 변화를 무시할 수 있는 유체의 흐름이거나, 비압축성 유체의 경우는 $\gamma_1=\gamma_2=\gamma$이므로, 이것을 γ라고 하면 다음과 같은 식을 얻을 수 있다.

$$\frac{G}{\gamma}=A_1 v_1=A_2 v_2=Q=\text{일정} \qquad (6-6)$$

여기서 Q는 유체의 유량을 부피로 나타낸 것으로, 일반적으로 부피 유량(體積流量)이라 하며, 단위는 m^3/s, m^3/min, l/s 등을 사용한다.

보기 6-1 지름이 100mm의 관로에, 비중량 1000kgf/m^3인 물이 유속 0.5m/s으로 흐를 때의 중량 유량을 구하시오.

풀이 식 (6-6)에서 $r=1000\text{kgf/m}^2$, $v=0.5\text{m/s}$ 및 $A=\frac{\pi}{4}d^2$으로,

$d=100\text{mm}=0.1\text{m}$이므로

$$G=rAv=r\frac{\pi}{4}d^2v=1000\times\frac{3.14\times0.12}{4}\times0.5=3.925[\text{kgf/s}]$$

답 3.925kgf/s

(2) 유체의 에너지

유체는 위치 에너지, 속도 에너지, 압력 에너지를 가지고 있다. 이들은 유체 흐름의 상태에 따라 달라진다.

1 위치 에너지

W[kgf]인 물이 그림 6-6과 같이 기준면으로부터 z[m] 높이에 있을 때, 이 물이 가지는 위치 에너지(potential energy) E_p는 $E_p=W_z[\text{kgf}\cdot\text{m}]$이다.

이때 유체 1kgf이 가지는 단위 위치 에너지 e_p는 다음과 같다.

$$e_p=\frac{W_z}{W}\left(\frac{\text{kgf}\cdot\text{m}}{\text{kgf}}\right)=z[\text{m}] \tag{6-7}$$

즉, 물 1kgf가 갖는 위치 에너지 e_p는 수주의 높이 z[m]로 나타낼 수 있다. 이것을 위치 수두(位置水頭, potential head)[3]라 한다.

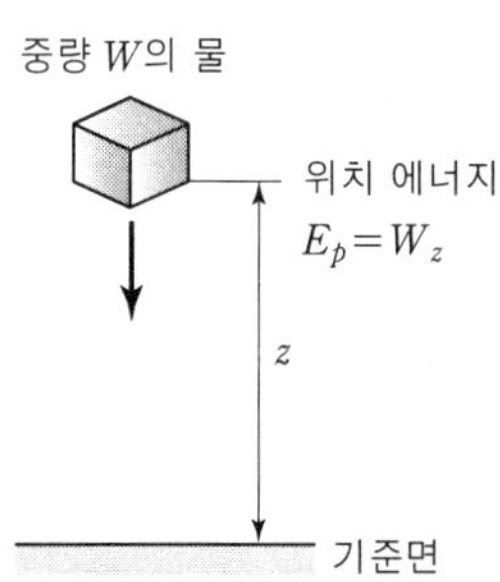

그림 6-6 위치 에너지

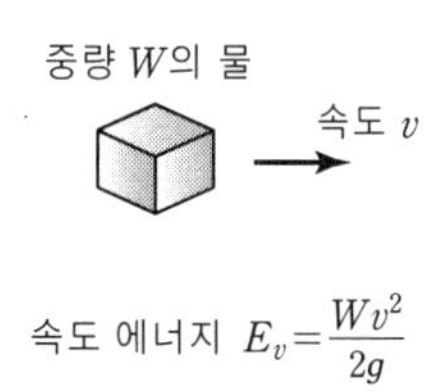

그림 6-7 속도 에너지

[3] 물이 가지는 에너지를 수주(水柱)의 높이로 나타낼 때, 이것을 수두(水頭, head)라 한다.

2 속도 에너지(velocity energy)

W[kgf]의 물이 그림 6−7과 같이 v[m/s]의 속도로 이동하고 있을 때, 이 물이 가지는 운동 에너지를 속도 에너지라 하며, 이를 E_v로 나타내면

$$E_v = \frac{Wv^2}{2g} [\text{kgf} \cdot \text{m}] \qquad (6-8)$$

이 되며, 이때 물 1kgf마다의 속도 에너지를 e_v로 나타내면 다음과 같다.

$$e_v = \frac{Wv^2}{2g} \cdot \frac{1}{W} \left(\frac{\text{kgf} \cdot \text{m}}{\text{kgf}} \right) = \frac{v^2}{2g} [\text{m}] \qquad (6-9)$$

즉, v[m/s]의 속도를 가지는 물 1kgf의 속도 에너지 e_v는 $\frac{v^2}{2g}$의 수두로 나타낼 수 있으며, 이것을 속도 수두(速度水頭, velacity head)라 한다.

3 압력에 의한 에너지

그림 6−8과 같은 탱크의 하부에, 단면적 A[m^2]의 피스톤을 장치하여 탱크에 깊이 h[m]만큼 급수하였을 때, 피스톤이 수압 P[kgf/m^2]에 의해 l[m]만큼 이동하였다면, 이때 수압 P가 피스톤을 이동시킨 일량은 PAl[kgf · m]가 되며, 이 일에 소요된 에너지는 중량 γAl[kgf]의 물이 갖고 있는 압력에 의한 에너지가 된다.

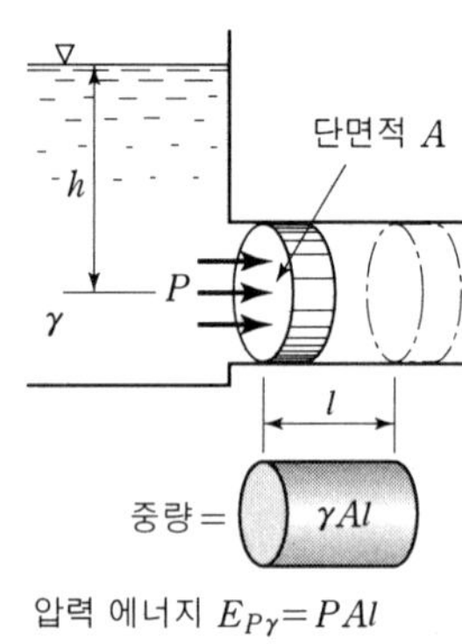

그림 6−8 압력에 의한 에너지

따라서 물 1kgf이 가지는 단위 압력에 의한 에너지를 $E_{P\gamma}$는 다음과 같다.

$$E_{P\gamma} = \frac{PAl}{\gamma Al} \left(\frac{\text{kgf} \cdot \text{m}}{\text{kgf}} \right) = \frac{P}{\gamma} [\text{m}] \qquad (6-10)$$

즉, P[kgf/m^2]의 수압인 물 1kgf의 압력에 의한 에너지 $E_{P\gamma}$는 $\frac{P}{\gamma}$[m]의 수두로 나타내며, 이것을 압력 수두(壓力水頭, pressure head)라 한다.

4 베르누이의 정리

그림 6−9와 같은 관 속을 물이 흐를 때, 점 A와 B에서 물 1kgf가 가지는 에너지는 각각의 위치, 속도 및 압력 수두의 합계로 다음과 같다.

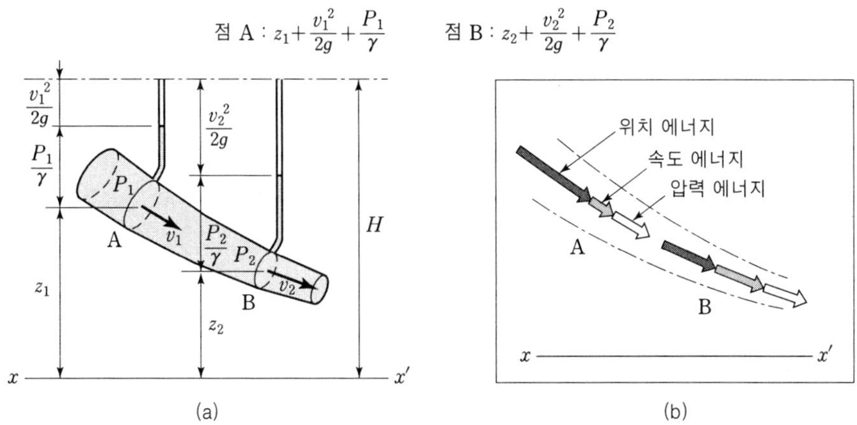

그림 6-9 관로의 흐름과 에너지

$$점\ A : z_1+\frac{v_1^2}{2g}+\frac{P_1}{\gamma} \qquad 점\ B : z_2+\frac{v_2^2}{2g}+\frac{P_2}{\gamma}$$

여기서 관 속에서 에너지 손실이 없다고 가정하면, 에너지 보존의 법칙에 의하여 두 단면에서의 전체 에너지는 같아야 하므로, 다음과 같은 관계가 성립한다.

$$z_1+\frac{v_1^2}{2g}+\frac{P_1}{\gamma}=z_2+\frac{v_2^2}{2g}+\frac{P_2}{\gamma}=H=일정 \tag{6-11}$$

이 식에서 H는 각 수두의 합계를 나타내므로 전 수두(全水頭, total head)라 한다. 이 식은 이상 유체가 에너지의 손실 없이 관 속을 정상 유동할 때에는 임의의 어떤 단면에서도 위치, 속도 및 압력의 각 수두의 합은 항상 일정하다는 것을 나타내고 있다. 이것을 베르누이의 정리(Bernoulli's theorem)라 한다.

이 정리는 유체 흐름에 관한 기초적 정리로, 식 (6-11)을 이용하면 수차에 흐르는 유속, 관 내에 설치한 조림부에 의한 유량 측정 등 매우 넓은 범위의 이론에 적용될 수 있다.

보기 6-2 그림 6-10과 같은 수평 관로에서 점 A의 단면적 $=100\text{cm}^2$, 유속 $=3\text{m/s}$, 수압 $=1\text{kgf/cm}^2$일 때, 점 B에서의 수압을 구하시오. 단, 점 B의 단면적을 200cm^2로 하고, 흐름 손실은 없는 것으로 한다.

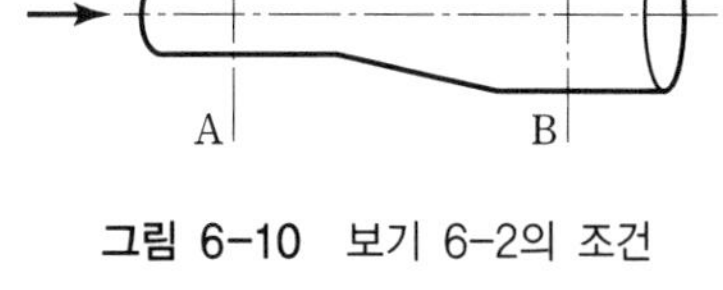

그림 6-10 보기 6-2의 조건

풀이 베르누이의 정리를 이용하기 위하여, 우선 연속의 법칙으로부터 v_2를 구한다.

식 (6−6)에서 $A_1=100cm^2$, $v_1=3m/s=300cm/s$, $A_2=200cm^2$이므로

$$v_2=\frac{A_1v_1}{A_2}=\frac{100}{200}\times 300=150[cm/s]$$

다음에 A에서 B의 흐름에 대해 베르누이의 정리를 적용한다.

식 (6−11)에 있어서, 이 관은 수평이므로 $z_1=z_2$, $P_1=1kgf/cm^2$, $\gamma=0.001kgf/cm^3$, $g=980cm/s^2$라고 하면

$$\frac{v_1^2}{2g}+\frac{P_1}{\gamma}=\frac{v_2^2}{2g}+\frac{P_2}{\gamma}$$

$$\therefore \frac{P_2}{\gamma}=\frac{v_1^2-v_2^2}{2g}+\frac{P_1}{\gamma}$$

$$=\frac{300^2-150^2}{2\times 980}+\frac{1}{0.001}\fallingdotseq 1034$$

$$\therefore P_2=1034\times 0.001\fallingdotseq 1.034[kgf/cm^2]$$

답 $1.034kgf/cm^2$

(3) 유량 측정

관이나 수로에서의 유량은 베르누이의 정리를 응용한 측정기로 측정한다. 관로를 흐르는 유체의 유량은 벤투리미터(venturimeter)와 오리피스(orifice)로 측정하고, 개수로를 흐르는 유체의 유량은 위어(weir)를 사용한다.

1 벤투리미터

벤투리미터는 그림 6−11과 같이 수축 원추(收縮円錐)와 확대 원추(擴大円錐)로 구성된 것으로, 조임 전의 정압(靜壓) P_1과 최소 단면에서의 정압 P_2의 차로 유량을 구한다.

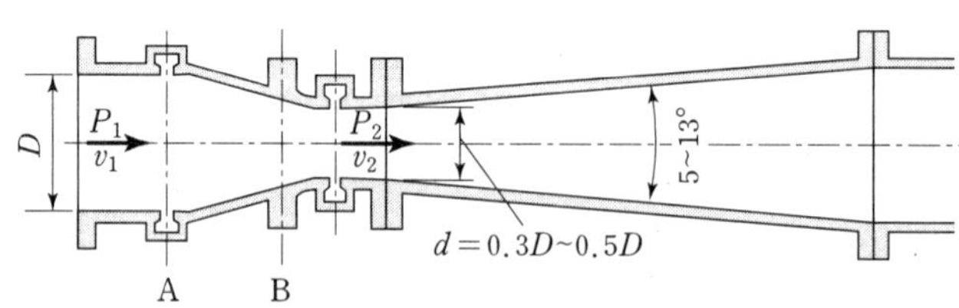

그림 6−11 벤투리미터

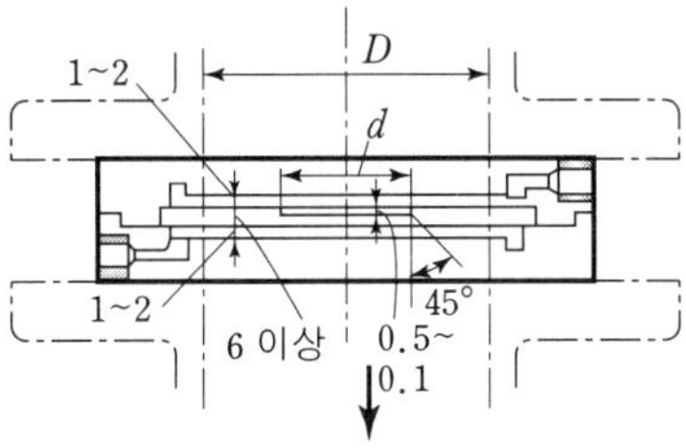

(a)

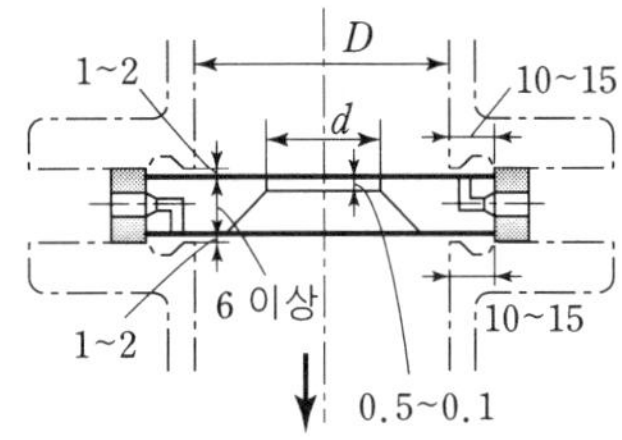

(b)

그림 6-12 표준 오리피스

2 오리피스

오리피스는 조리개 기구로서 그림 6-12와 같이 관의 도중에 관보다 넓이가 작은 원공을 가진 얇은 판을 넣어 전후의 압력차로부터 유량을 구하는 것이다. 구조가 간단하여 많이 쓰이나, 압력 손실이 큰 것이 결점이다.

3 위어

위어는 개수로의 중간 또는 끝에 판으로 물의 흐름을 막아서 넘쳐 흐르는 유체의 높이를 재어서 유량을 측정하도록 만든 장치이다. 그림 6-13은 삼각 위어를 나타낸 것이다.

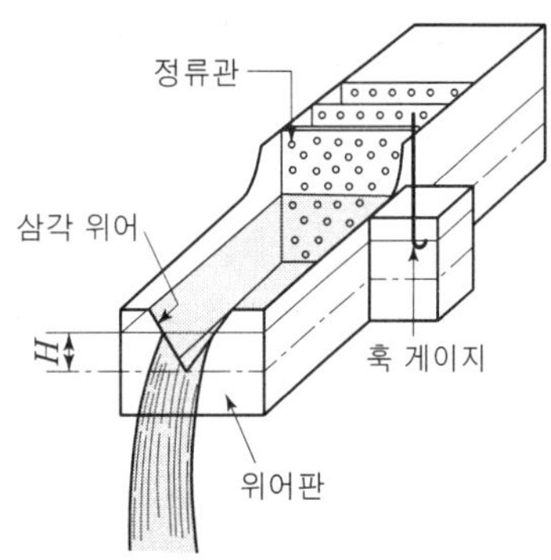

그림 6-13 삼각 위어

2. 수차

수차는 물이 가지고 있는 에너지를 기계적 에너지로 변환시키는 원동기로, 수력 발전용으로 널리 사용되고 있다.

1) 낙차와 수차의 출력

그림 6-14와 같이 낙차(落差)를 형성하고 낙하하는 물의 에너지를 동력으로 변환시키는 원동기를 수차(水車, water wheel)라 하며, 주로 수력 발전에 사용된다.

수차의 출력은 단위 시간에 유출하는 수량(流量)과 낙차에 의하여 결정된다. 수차

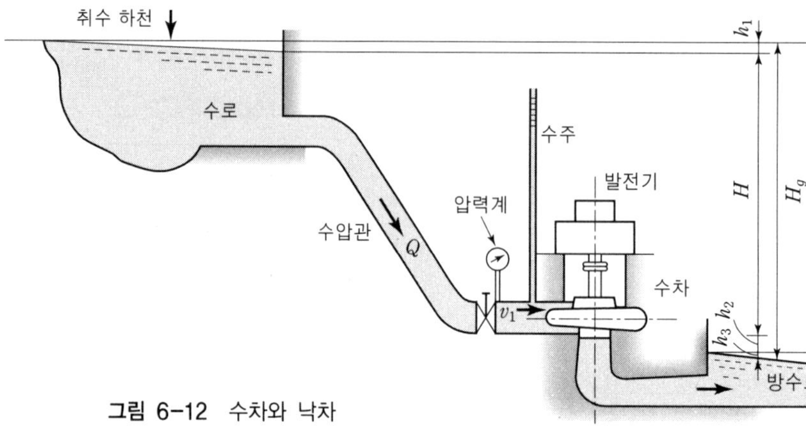

그림 6-12 수차와 낙차

에 유효하게 작용하는 낙차는 그림 6-14에서 총 낙차 H_g에서 수로(水路) 및 방수로(放水路)에 의한 손실 낙차(損失落差) h_1, h_3와 수압관 내(水壓管內)의 저항에 의한 손실 낙차 h_2를 뺀 낙차로서, 이것을 유효 낙차(有效落差)라 한다.

$$H = H_g - (h_1 + h_2 + h_3)[\mathrm{m}] \tag{6-12}$$

유량 $Q[\mathrm{m}^3/\mathrm{s}]$의 물이 유효 낙차 $H[\mathrm{m}]$로 수차에 작용할 수 있는 동력은 식 (6-13)과 같다.

$$\left.\begin{aligned} N_w &= \frac{\gamma QH}{75} = 13.3QH[\mathrm{PS}] \\ &= \frac{\gamma QH}{102} = 9.8QH[\mathrm{kW}] \end{aligned}\right\} \tag{6-13}$$

단, γ는 물의 비중량 1000kg/m^{3}이다.

이 N_w를 수동력(水動力)이라 한다. 실제로는 수차 내에도 수력 손실이나 기계 손실이 있기 때문에 수차의 총 동력 N_e는 수차의 효율을 y_w라 하면 식 (6-14)와 같다.

$$N_e = \eta_w y_w \tag{6-14}$$

η_w는 수차의 종류나 운전 상태에 따라 다르지만, 75~95% 정도이다. 발전기의 효율을 y_g라 하면, 발전소의 효율 η는 $y_w y_g$로 70~85% 정도가 되며, 발전소의 출력 P는 식 (6-15)와 같이 된다.

$$P = \eta N_w \tag{6-15}$$

2) 수차의 종류

(1) 펠턴 수차

펠턴 수차(Pelton wheel)는 70~1000m의 고낙차로 수량이 적을 때 사용되며, 접선 방향으로 흐르는 물의 충동력(衝動力)으로 회전한다. 펠턴 수차는 그림 6-15와 같이 노즐, 버킷(bucket), 날개차(runner) 등으로 구성되어 있다.

펠턴 수차의 날개차

(2) 프랜시스 수차

프랜시스 수차(Francis turbine)는 반동 수차(反動水車, reaction water turbine)의 일종으로 30~400m의 중간 낙차로 수량이 많을 때 사용한다.

즉, 반지름 방향에서 축 방향으로 흐르는 물의 반동력으로 회전한다. 그림 6-16은 프랜시스 수차를, 그림 6-17은 프랜시스 수차의 맴돌이형실(spiral casing)을 나타낸 것이다.

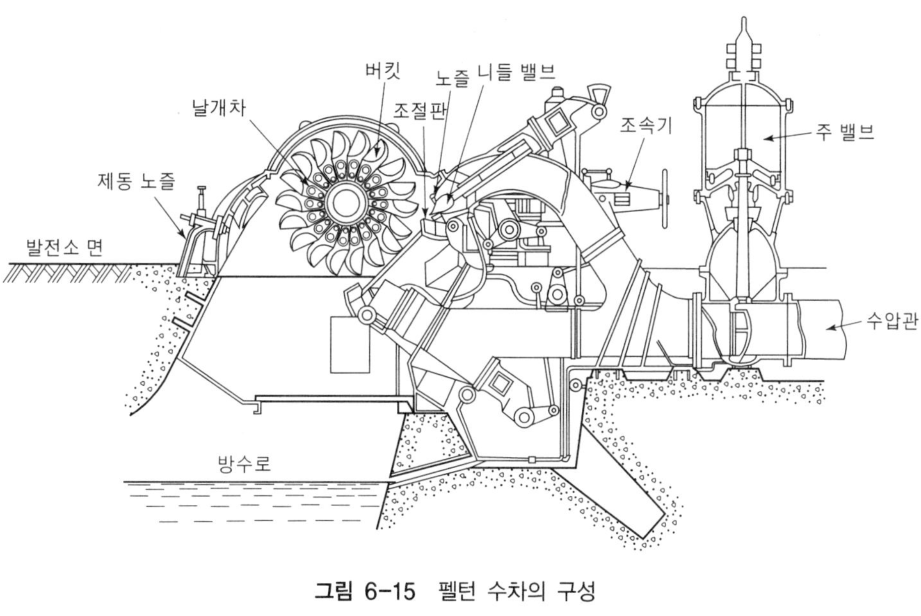

그림 6-15 펠턴 수차의 구성

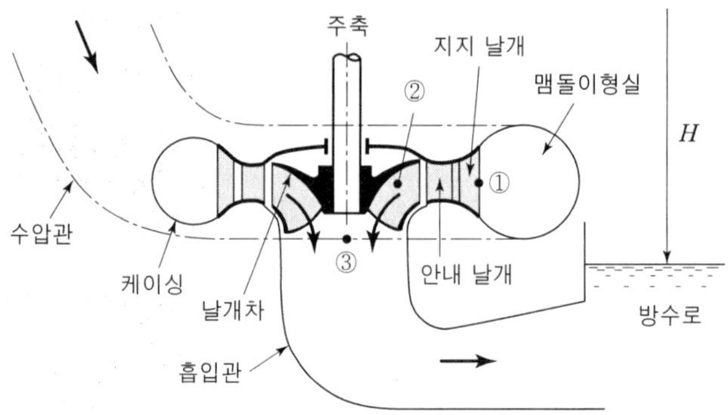

그림 6-16 프랜시스 수차

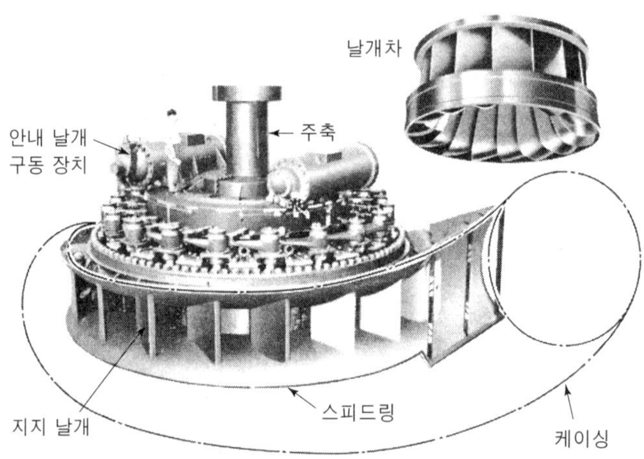

그림 6-17 프랜시스 수차의 맴돌이형실

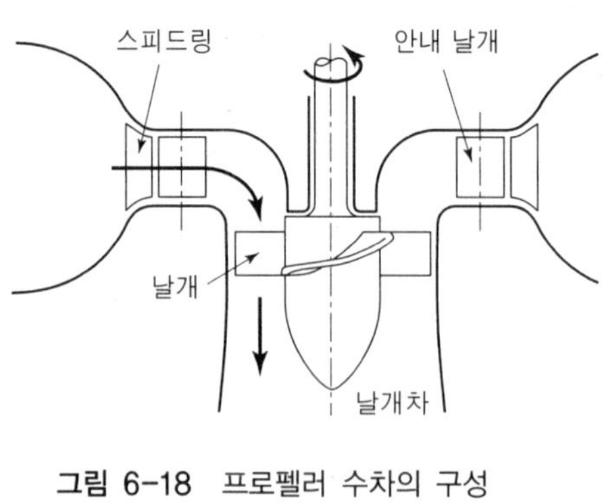

그림 6-18 프로펠러 수차의 구성

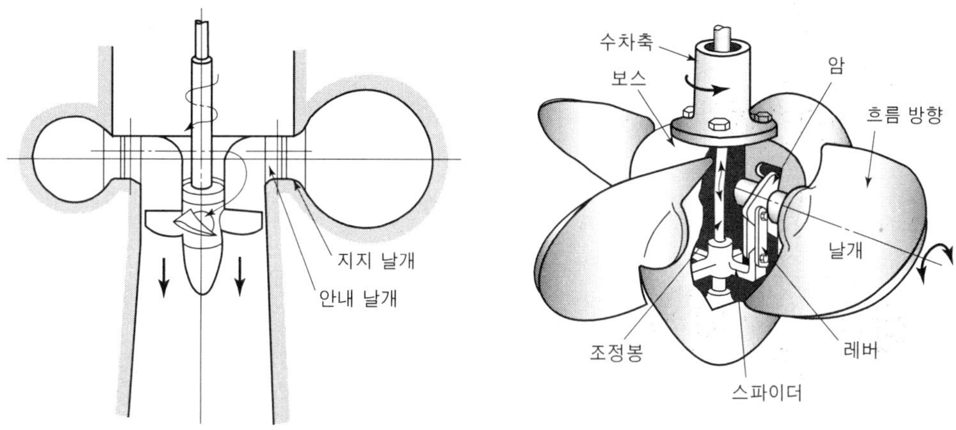

(a) 구조

(b) 가동 날개

그림 6-19 카플란 수차와 가동 날개차

(3) 프로펠러 수차

프로펠러 수차(propeller turbine)의 주요 부분은 프랜시스 수차와 거의 같지만, 날개차의 모양을 바꿔서 저낙차(5~60m)이고 수량이 많을 때 사용한다.

날개차는 배의 프로펠러와 비슷하며, 2~8매의 날개가 붙어 있다. 그림 6-18은 프로펠러 수차의 구성을 나타낸 것이다. 날개에는 고정 날개와 가동 날개가 있으며, 그림 6-19와 같이 가동 날개인 것을 특히 카플란 수차(Kaplan turbine)라 한다.

(4) 펌프 수차

펌프 수차(reversible pump-turbine)는 그림 6-20 (a)와 같이 한 대의 수력 기계에 수차와 펌프의 기능을 조합한 것으로, 그림 6-20 (b)와 같은 양수 발전소(揚水發電所)에 사용된다.

3. 펌프

액체에 외부로부터 기계적 에너지를 가하여 액체를 낮은 곳에서 높은 곳으로 올리거나 멀리 수송하는 유체 기계를 펌프(pump)라 한다. 펌프의 종류와 작동 원리에는 여러 가지가 있으나, 기계의 주요 부분의 운동 형식에 따라 분류하면 회전 운동을 하는 원심 펌프(centrifugal pump)와 왕복 운동을 하는 왕복 펌프(reciprocating

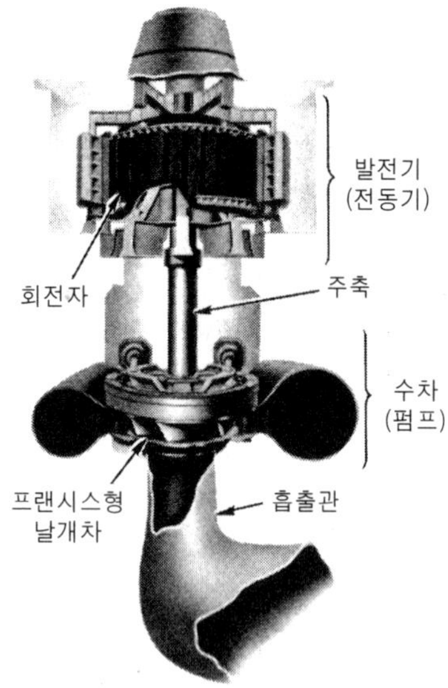

(a) 펌프 수차(프랜시스형)의 구조

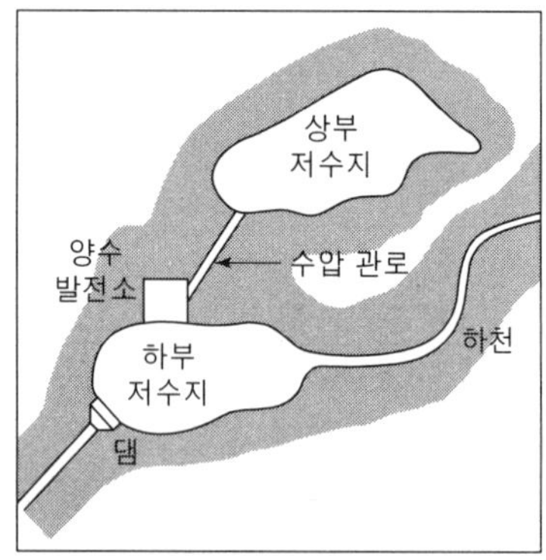

(b) 양수 발전소

그림 6-20 펌프 수차와 양수 발전소

pump)로 나누어진다. 특수한 펌프로는 회전 펌프, 프로펠러 펌프, 제트 펌프 등이 있다.

1) 펌프의 기초

(1) 펌프의 구성

펌프는 액체를 높은 곳에 올리거나 보내는 기계로, 구조는 그림 6-21과 같이 흡입관(吸込管, suction pipe), 펌프(pump), 토출관(吐出管, delivery pipe) 등으로 구성되어 있다. 액체(液體)는 펌프에 의해 흡입관을 통해 흡입되고, 펌프를 통해 압력을 높여 토출관을 통해 상부에 보내진다.

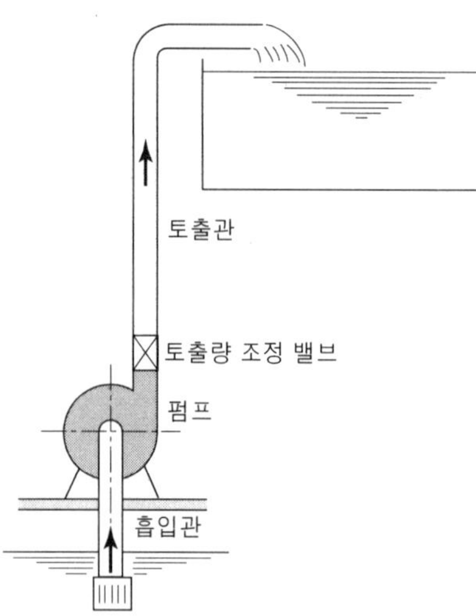

그림 6-21 펌프의 구성

(2) 펌프와 수차의 에너지 변환 기능

그림 6-22는 펌프의 기계적 에너지 변환의

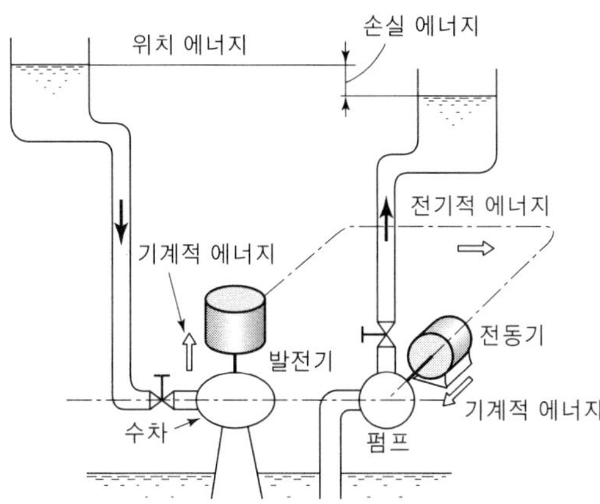

그림 6-22 펌프와 수차의 에너지 변환 기능

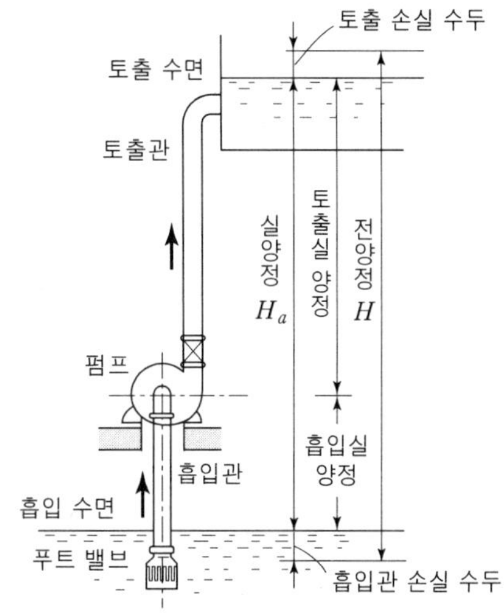

그림 6-23 펌프의 양정

기능을 수차와 비교한 것이다.

(3) 펌프의 양정, 동력 및 효율

그림 6-23과 같이 펌프로 실제 양수(揚水)하는 높이를 실양정(實揚程, actual head)이라 한다. 펌프에서는 관내의 마찰 손실, 그 밖의 손실이 있으므로 이들 손실에 상당한 수두(損失水頭)를 더한 것을 전 양정(全揚程, total head)이라 하며 다음식으로 나타낼 수 있다.

$$\left.\begin{aligned} \text{전 양정} &= \text{실양정} + \text{손실 수두} \\ \text{실양정} &= \text{토출실 양정} + \text{흡입실 양정} \end{aligned}\right\} \tag{6-16}$$

그림 6-23에서 비중량(比重量) γ[kgf/m^3], 토출량 Q[m^3/s]의 물을 전양정 H[m]의 높이로 양수할 경우, 펌프는 γQH[kgf · m/s]의 일을 하여야 하므로, 이에 필요한 동력 N_w는 다음과 같이 된다.

$$N_w = \frac{\gamma QH}{102} \text{[kW]} \tag{6-17}$$

여기서 N_w를 펌프의 수동력(水動力)이라 하며, 펌프가 필요한 이론상의 동력이다. 그러나 실제로는 펌프 내의 유체 마찰과 베어링 등의 마찰 저항에 의한 손실이 있으므로 펌프의 축에 가해야할 동력, 즉 축동력(軸動力) N은 펌프의 수동력 N_w보다 커야 한다. 따라서 펌프의 효율 η는 다음식으로 나타낸다.

$$\eta = \frac{\text{펌프의 수동력}}{\text{펌프의 축동력}} = \frac{N_w}{N} \tag{6-18}$$

여기서 펌프의 효율 η는 펌프의 종류, 형식, 토출량, 전 양정 및 사용 상태에 따라 다르나 일반적으로, 70~95% 정도로 소형일수록 효율이 저하된다.

2) 원심 펌프

원심 펌프(centrifugal pump)는 임펠러(impeller)를 고속으로 회전시켜 양수 또는 송수를 주로 하는 펌프로, 벌류트 펌프(volute pump)와 터빈 펌프(turbine pump)가 있다.

(1) 원심 펌프의 원리와 구조

1 원심 펌프의 양수 원리

그림 6-24와 같이 연통관(連通管)으로 A, B의 물통을 접속하고, 물통 A에 물을 주입하면 감수면은 동일 수면 $x-x'$로 된다. 다음에 물통 B의 속에서 날개차를 회전하면 물이 회전하면서 수면이 곡면이 된다. 그 결과 수압은 날개차의 중심부에서는 낮고, 주변으로 갈수록 점차 높아진다. 따라서 물통 B의 상부에 토출관을 만들면, 물통 A의 물은 수면의 대기압에 의해 물통 B의 날개차 중심부로 보내지고 원심력이 벽면에 가압되면서 토출관을 통해 양수된다.

이 원리는 현재의 원심 펌프와 동일하다. 펌프의 날개차는 그림 6-24 (b)와 같이

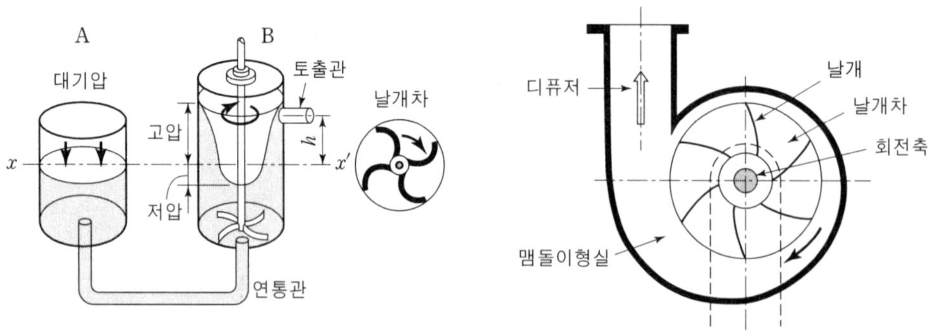

(a) 양수 원리　　(b) 원심 펌프

그림 6-24 원심 펌프의 양수 원리

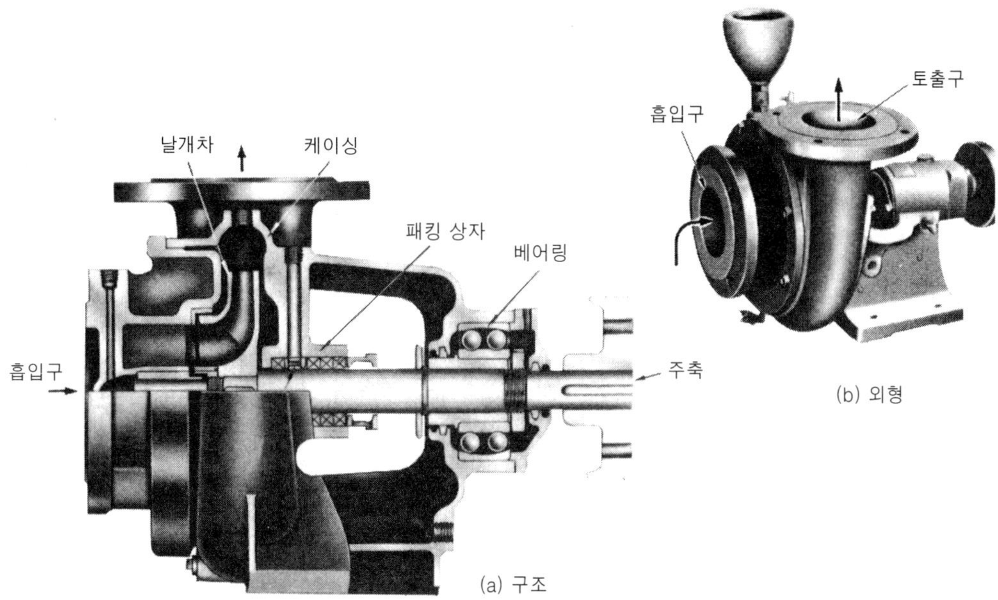

그림 6-25 원심 펌프의 구조

여러 개의 곡면판(曲面板)을 회전축에 고정한 것으로, 날개차가 회전하게 되면, 액체는 날개 사이의 중심에서 외주를 향해 흐른다. 이때 액체는 날개차로부터 운동 에너지를 받고, 새롭게 압력 에너지로 변환하면서 맴돌이형실(spiral casing, volute casing)을 통해 토출관으로 유출된다.

2 원심 펌프의 구조

원심 펌프는 그림 6-25과 같이 날개차, 케이싱, 주축, 패킹 상자, 베어링 등으로 구성되어 있다.

(2) 원심 펌프의 형식과 종류

1 안내 날개에 따른 형식

- **벌류트 펌프**(volute pump)

그림 6-26 (a)와 같이 날개차의 외주에 맴돌이형실(spiral casing, volute casing)이 있는 펌프로 일반적으로 양정이 30m 이하인 저양정의 배수용으로 사용한다.

- **터빈 펌프**(turbine pump)

그림 6-26 (b)와 같이 날개차의 바깥쪽에 안내 날개가 붙어 있는 것으로, 효율이

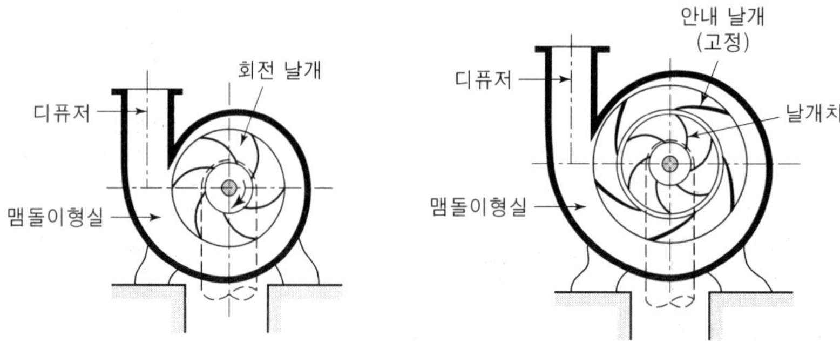

그림 6-26 원심 펌프의 날개 형식

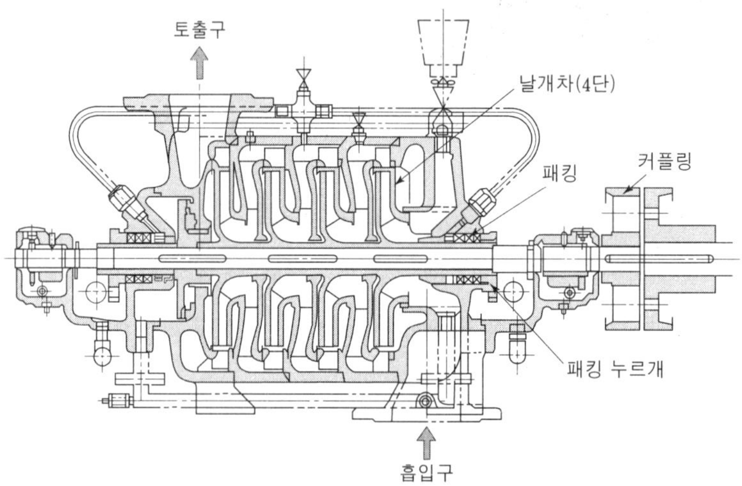

그림 6-27 4단 펌프

높아 30m 이상의 비교적 높은 양정일 때 사용한다.

2 단수(段數)에 의한 형식

원심 펌프에는 하나의 축에 1단(一段, one stage)의 날개차가 있는 단단 원심 펌프(單段遠心펌프, single stage centrifugal pump)와 동일 축에 2단 이상의 날개차를 직렬로 조립하여 순차적으로 물의 토출 압력을 높이는 다단 원심 펌프(多段遠心펌프, multistage pump)가 있다. 그림 6-27은 4단 펌프의 보기이다.

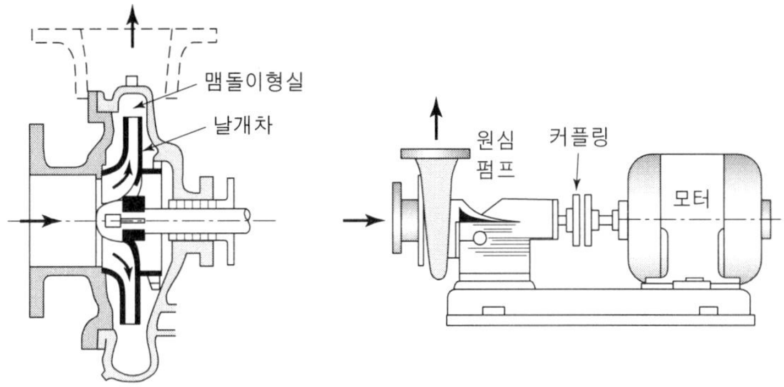

그림 6-28 편흡입 단단 원심 펌프

(a) 외형

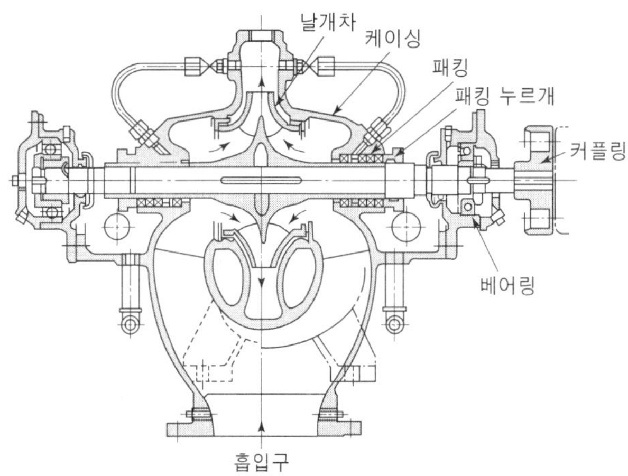

(b) 구조

그림 6-29 양흡입 단단 원심 펌프

3 흡입구에 의한 형식

그림 6-28과 같이 날개차의 편측(片側)에서 액체를 흡입하는 편흡입형(片吸入形, single suction type)과 그림 6-29와 같이 펌프의 양측에서 흡입하는 양흡입형(兩吸入形, double suction type)이 있다. 양흡입형은 토출량이 많을 때 사용한다.

4 축의 배치에 의한 형식

펌프축이 수평이냐, 수직이냐에 따라 횡축(橫軸), 직립축(直立軸) 및 그 중간 형식인 사축(斜軸)으로 분류하며, 이를 축류 펌프(軸流펌프, axial flow pump)라고도 한다. 그림 6-30은 직립축인 수중 모터 펌프의 보기이다.

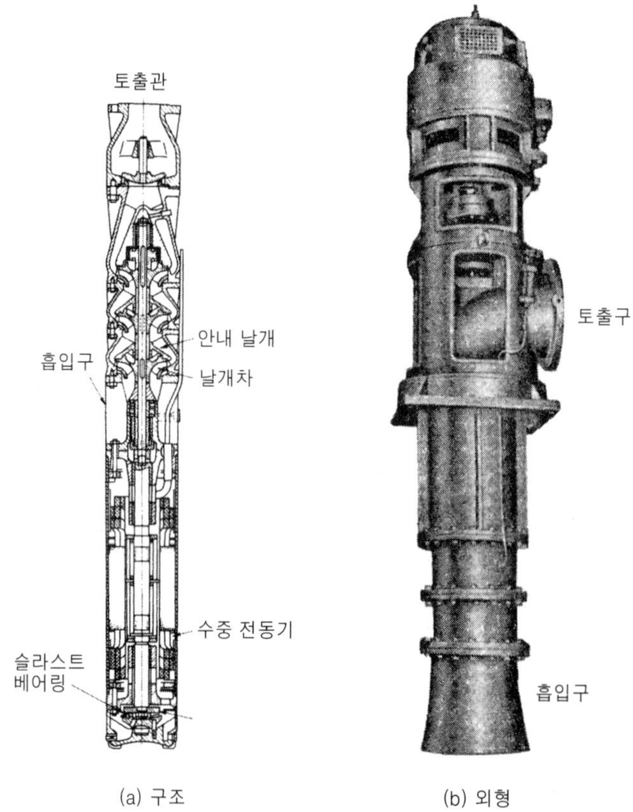

그림 6-30 수중 모터 펌프

3) 왕복 펌프

왕복 펌프(reciprocating pump)는 피스톤의 왕복 운동에 의하여 유량을 목적하는 곳에 운반하는 용적형(容積形) 펌프의 일종이다. 왕복 운동을 하는 피스톤의 모양에 따라 버킷 펌프, 피스톤 펌프, 플런저 펌프의 3종류로 분류할 수 있다.

(1) 버킷 펌프

버킷 펌프(bucket pump)는 그림 6-31과 같은 구조로 오래전부터 가정용 수동 펌프로 널리 사용되었던 형식이며, 피스톤에 배수 밸브를 장치한 것으로 저양정용에 사용한다.

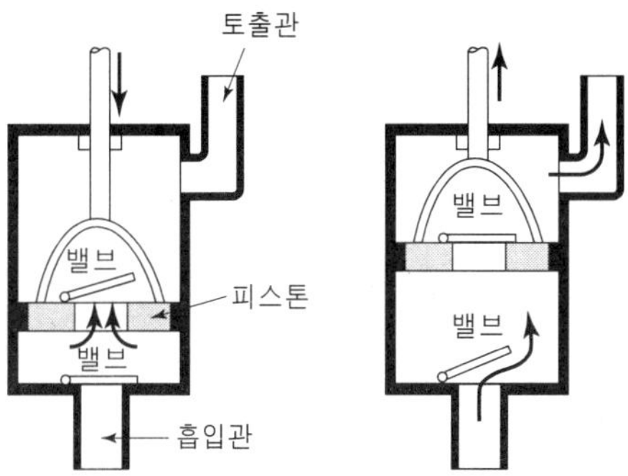

(a) 흡입 행정 (b) 토출 행정

그림 6-31 버킷 펌프(단동식)

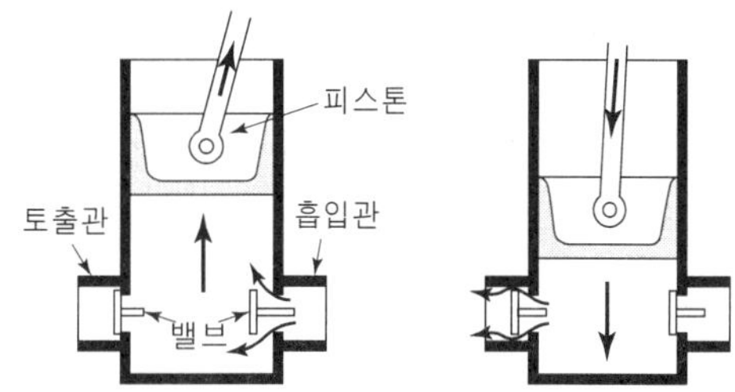

(a) 흡입 (b) 토출

그림 6-32 피스톤 펌프(단동식)

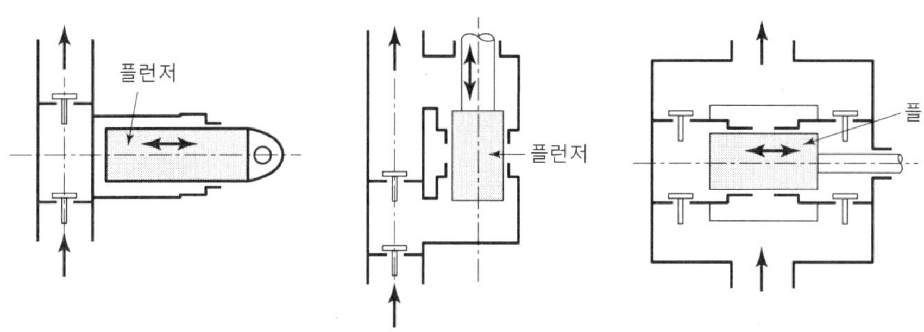

(a) (b) (c)

그림 6-33 플런저 펌프

(2) 피스톤 펌프

피스톤 펌프(piston pump)는 그림 6-32와 같이, 피스톤의 왕복 운동에 의하여 유체를 퍼 올리거나 배출하는 펌프로, 비교적 토출량이 많고, 압력이 낮은 경우에 사용된다. 왕복 운동을 할 때 1왕복으로 한 번 배수하는 형식을 단동식이라 하고, 1왕복에 두 번 배출하는 형식을 복동식이라 한다. 따라서 복동식은 단동식의 2배를 배출할 수 있다.

(3) 플런저 펌프

플런저 펌프(plunger pump)는 그림 6-33과 같이 플런저의 왕복 운동으로 유체를 일정한 곳에 운반하는 펌프로, 토출량이 적고 압력이 높은 경우에 사용된다.

4) 특수 펌프

(1) 축류 펌프

프로펠러형 날개의 회전에 의하여 유체를 축 방향으로 보내는 펌프를 축류 펌프(軸流펌프, axial flow pump)라 하며, 이를 프로펠러 펌프(propeller pump)라고도 한다. 그림 6-34는 축류 펌프의 구조를 나타낸 것이다. 이 펌프는 회전 날개의 각도를 자유로이 바꿀 수 있어 유량 또는 양정을 조절할 수 있으나, 효율은 떨어지지 않는다.

진공 펌프

(2) 회전 펌프

회전 펌프(rotary pump)는 케이싱(casing) 속에서 회전자(rotor)를 회전시켜 유체를 연속적으로 배출하는 펌프이다. 회전자의 모양이나 수에 따라 여러 가지가 있다. 그림 6-35는 회전 펌프의 대표적인 기어 펌프의 구조를 나타낸 것이다.

이 펌프는 서로 물리는 2개의 기어를 회전시켜 화살표 방향으로 액체를 내보낸다. 밸브도 필요없어 구조가 간단하고, 취급이 용이하다. 기름, 도료, 아스팔트, 당밀 등

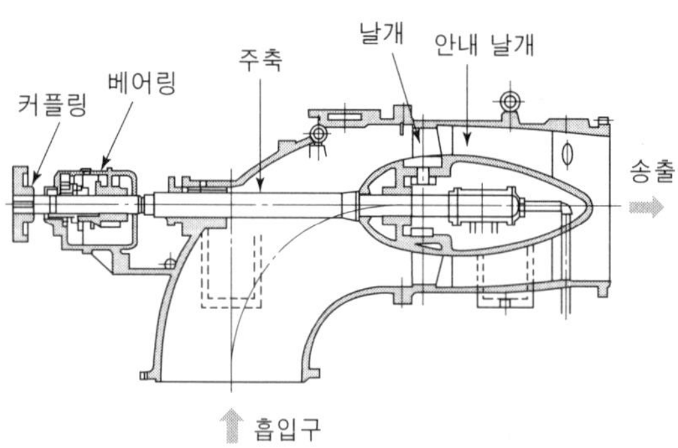

(a) 구조

(b) 프로펠러

그림 6-34 축류 펌프의 구조

과 같은 점성이 높은 액체를 압송시키는 데 적합하다.

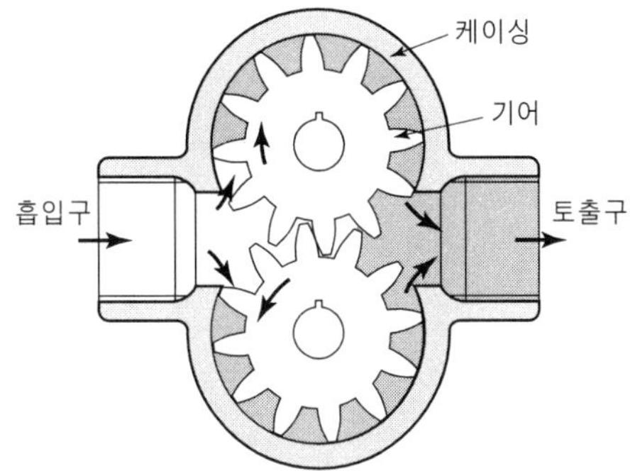

그림 6-35 회전 펌프(기어 펌프)

4. 송풍기와 압축기

송풍기(送風機, blower) 및 압축기(壓縮機, compressor)는 공기와 각종 가스 등의 기체를 옮기거나 압송 또는 압축하는 데 사용되는 기계로, 기구와 기능은 펌프와 유사하다. 압축 공기는 연소로용, 광산의 착암기용, 건설 공사용, 화학 공업용, 제동용, 공기 조화용 등 각종 산업 분야에 널리 이용되고 있다.

송풍기와 압축기의 구별은 명백하지는 않으나 압력이 대략 1.5kg/cm^2 이하의 것을 송풍기, 그 이상의 것을 압축기로 구분하는 것이 일반적이다.

1) 송풍기

(1) 원심 송풍기

원심식 날개는 출구 각도에 따라 그림 6-36과 같이 나눌 수 있다. 즉, 날개의 출구 각도(出口角度) α가 90°보다 큰 전향(前向) 날개, 90°인 경향(徑向) 날개, 90°보다 작은 후량(後向) 날개가 있다. 이들 중에서 전향 날개는 팬(fan)에만 사용되고, 다른 두 형식은 송풍기와 압축기에 사용된다.

1 다익 팬

다익 팬(多翼 팬, multiblade fan)은 그림 6-37과 같이 전향 날개를 많이 사용한

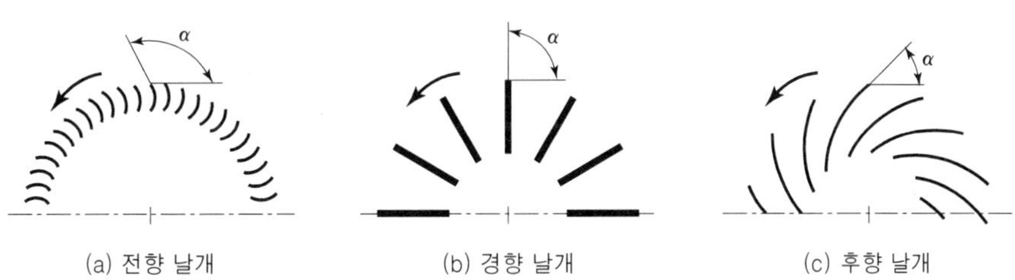

그림 6-36 원심식 날개의 형상

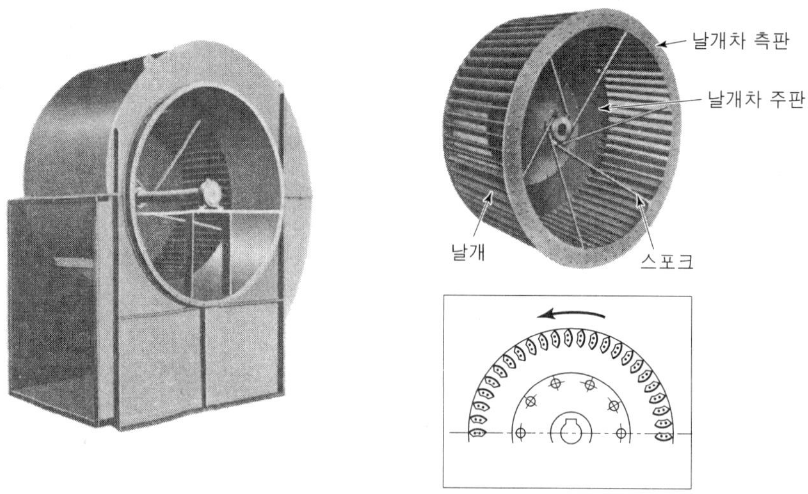

그림 6-37 다익 팬

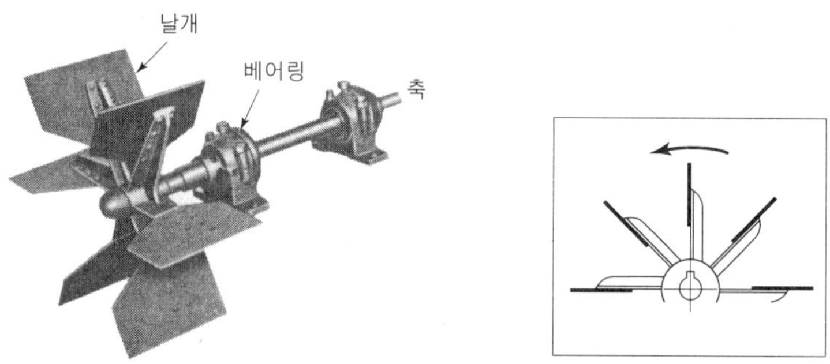

그림 6-38 레이디얼 송풍기의 날개 구조

일반적인 팬으로 시로코팬(sirocco fan)이라고도 한다. 이 팬은 구조상 고속 회전이 불가능하므로, 풍압이 낮고(150mmAg 정도), 효율은 45~60% 정도이다. 그러나 비교적 소형으로 큰 풍량을 얻을 수 있어 건물, 선박의 환기와 소형 보일러에 이용된다.

2 레이디얼 송풍기

레이디얼 송풍기(radial blower)는 그림 6-38과 같이 경향(徑向) 날개를 사용한 것으로 날개차는 6~12개의 판상 날개를 방사상(放射狀)으로 고정하고 있다.

레이디얼 송풍기는 구조상 날개의 강도가 크고, 날개의 교환, 수리도 용이하나 효율은 50~65% 정도로 낮은 편이다. 모래나 분진 등이 많이 함유하고 있는 기체의 수송에 적합하다.

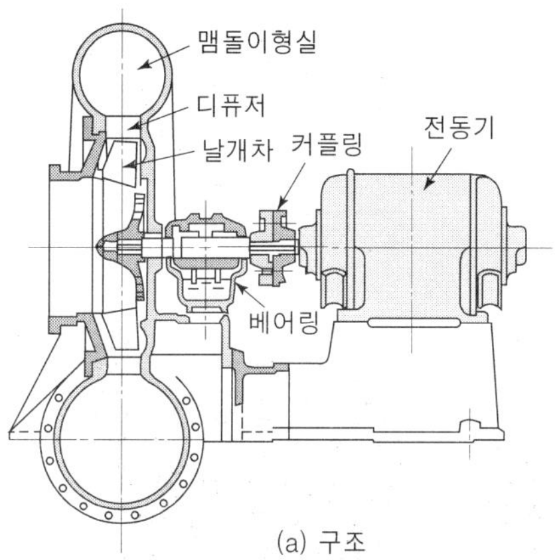

(a) 구조

(b) 외형

그림 6-39 터보 송풍기

3 터보 송풍기

터보 송풍기(turbo blower)는 그림 6-39 (a)와 같이 후향 날개를 사용한 송풍기로, 날개차는 원심 펌프의 날개차와 유사하다. 터보 송풍기는 날개차의 구조가 견고하여 고속 회전이 가능하다. 또 후향 날개는 효율적으로 기체의 운동 에너지가 압력 에너지로 변환되므로, 풍압이 높고, 소음도 적고 효율적이다.

터보 송풍기는 배기와 환기 외에 각종 가스의 압송이나 보일러의 강제 송풍, 큐폴라의 송풍 등에 쓰인다.

4 축류 송풍기

축류 송풍기(軸流送風機, axial blower)의 형식은 여러 가지 있으나 구조나 작동 원리는 기체에 사용된다는 점을 빼고는 축류 펌프와 유사하다.

축류 송풍기는 각종 팬 중에서 효율이 가장 높고, 대풍량에 적합하다. 그림 6-40은 축류 송풍기의 대표적인 형식이다.

(2) 용적형 회전식 송풍기

루츠 송풍기(roots blower)는 용적형 회전식(容積形回轉式) 송풍기 중에 실용화되고 있는 송풍기로, 구조는 그림 6-41과 같으며 회전자(回轉子)의 사이에 윤활유를 사용하지 않으므로 토출 공기는 기름을 함유하지 않는다. 따라서 기름의 혼입을 피해야 하는 식품 화학, 제지 및 금속 정련 등에 사용된다.

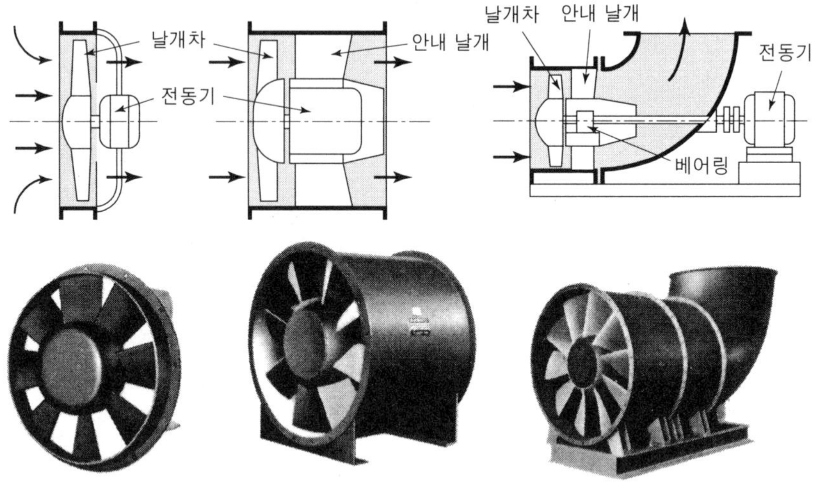

(a) 개방형 (b) 직관형 (c) 곡관형

그림 6-40 축류 송풍기의 형식

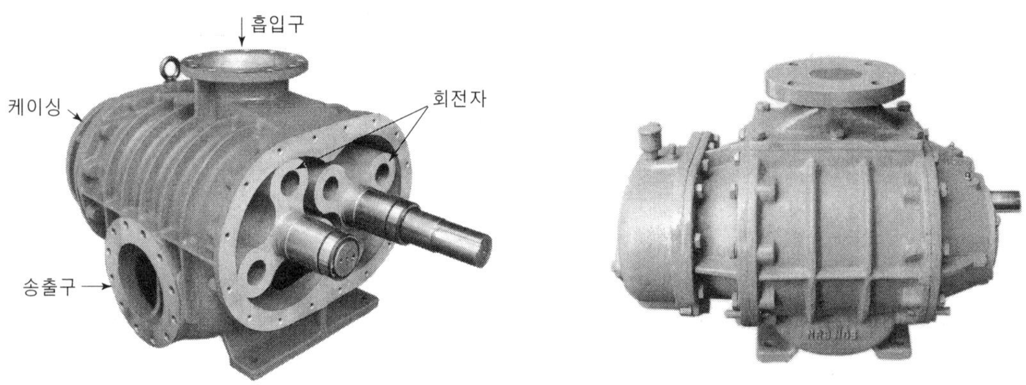

(a) 구조 (b) 외형

그림 6-41 루츠 송풍기

풍압이 변하여도 풍량은 변하지 않으므로 큐폴라와 같은 용해로의 송풍용으로 유효하다.

2) 압축기

(1) 원심 압축기

원심 압축기(遠心壓縮機, centrifugal compressor)에는 경향(徑向) 날개와 후향(後

向) 날개가 있는데, 경향 날개를 사용한 것은 레이디얼 압축기(radial compressor), 후향 날개를 사용한 것을 터보 압축기(turbo compressor)라 한다.

레이디얼 송풍기와 터보 송풍기의 날개차와 원리는 다를바 없으나, 높은 압력비(壓力比)를 얻을 수 있도록 설계된 날개차를 사용하고 있다. 레이디얼 압축기는 소형 가스 터빈의 압축기와 디젤 기관의 과급기(過給機) 등, 1단(段)의 압력비가 높아야 하는 경우에 사용된다.

터보 압축기는 냉동기의 압축기와 그 밖의 산업용으로 사용되고 있다.

(2) 축류식 압축기

제철소에서 사용되는 고로(高爐, 熔鑛爐)는 높은 풍압과 풍량의 변동폭이 넓고, 대량의 공기가 필요하므로 이 경우에 축류 압축기(軸流壓縮機, axial compressor)가 사용된다. 즉, 대풍량, 고풍압에 사용하는 풍량의 단계가 많아도, 축동력의 안전이 요구되는 경우에는 이 형식의 압축기가 유효하다.

그림 6-42는 11단 축류식 압축기(11段軸流式壓縮機)의 내부 구조를 나타낸 것이다.

(3) 나사 압축기

기체를 나사부의 공간에 흡입하고 압축하여 압력을 높인다. 나사부를 비롯한 모든 부분에 윤활유를 사용하지 않으므로, 청정(淸淨)한 압축 공기를 얻을 수 있다. 또 풍압, 풍량을 폭넓게 변화시킬 수 있다.

또한 고속 회전으로, 소형이고 경량(輕量)에 적합하다. 나사 압축기는 화학 공업을

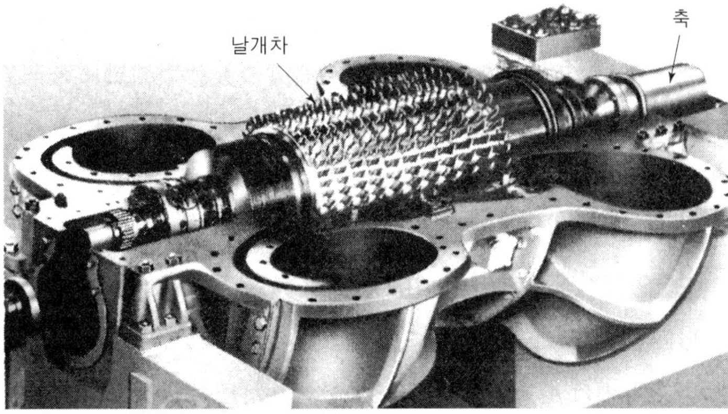

그림 6-42 11단 축류식 압축기의 구조

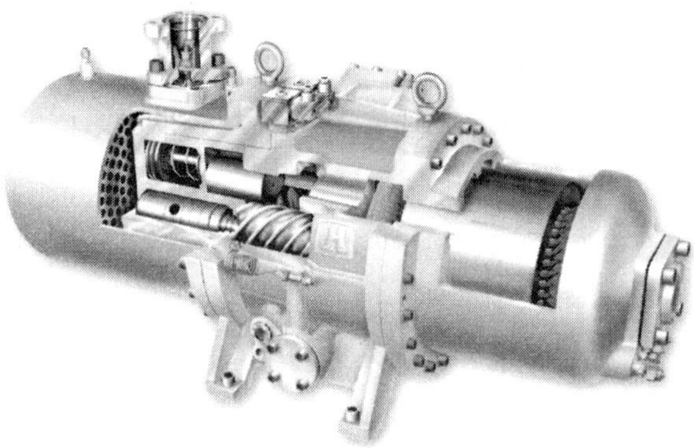

(a) 내부 및 외형

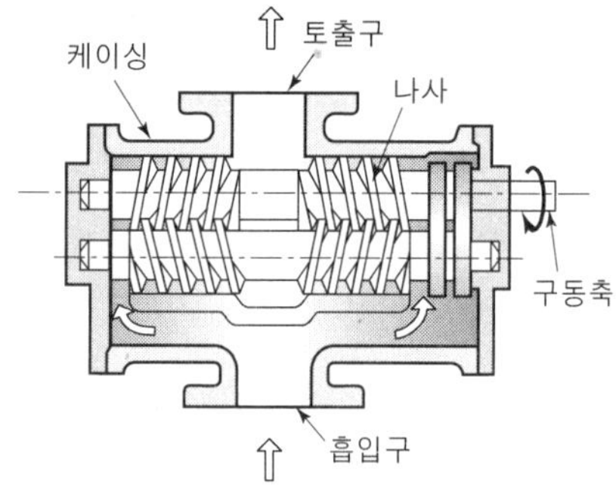

(b) 구조

그림 6-43 나사 압축기

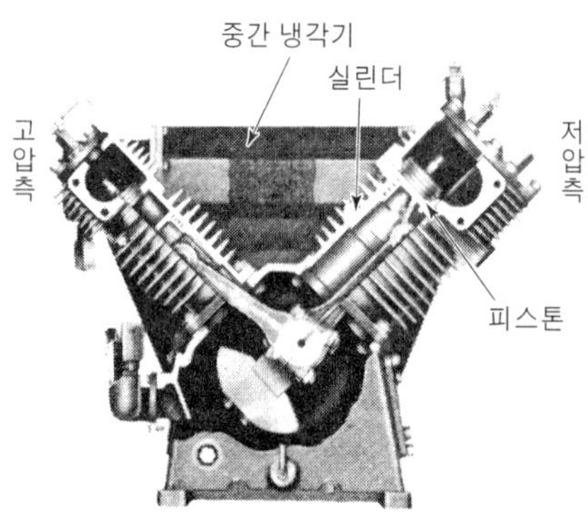

(a) 구조

(b) 외형

그림 6-44 왕복 압축기

비롯하여 도시 가스의 압송과 광산, 토목, 건축 등에서 공기 기계용 동력원으로 사용된다. 그림 6-43은 나사 압축기의 구조이다.

(4) 왕복 압축기

왕복 압축기(往復壓縮機, reciprocating compressor)는 용적형의 압축기로 그림

6-44 (a)와 같이 크랭크 기구에 의해, 실린더 내의 피스톤을 왕복 운동시켜 기체를 압축하여 압력 에너지를 부여하는 압축기이다.

6.2 산업용 설비

1. 유압 장치와 공기압 장치

유압 장치(油壓裝置)와 공기압 장치(空氣壓裝置)는 각각 높은 압력의 기름과 공기를 이용하여 기계를 제어하거나 움직이는 장치로, 각종의 기기류(機器類)를 관로(管路)로 연결한 것이다. 동작 유체(動作流體)로 기름(油) 또는 공기(空氣)를 사용하므로, 장치의 구성 요소는 유사하지만, 각기 갖고 있는 특징을 살려 소성 가공과 절삭 가공용 공작 기계 또는 건설 기계, 하역 기계(荷役機械), 교통 기관 등 산업의 넓은 분야에서 기계적 일을 하는 장치로 이용되고 있다. 이 밖에 기계의 제어 및 자동화 장치 등 이용되는 분야가 넓어지고 있다.

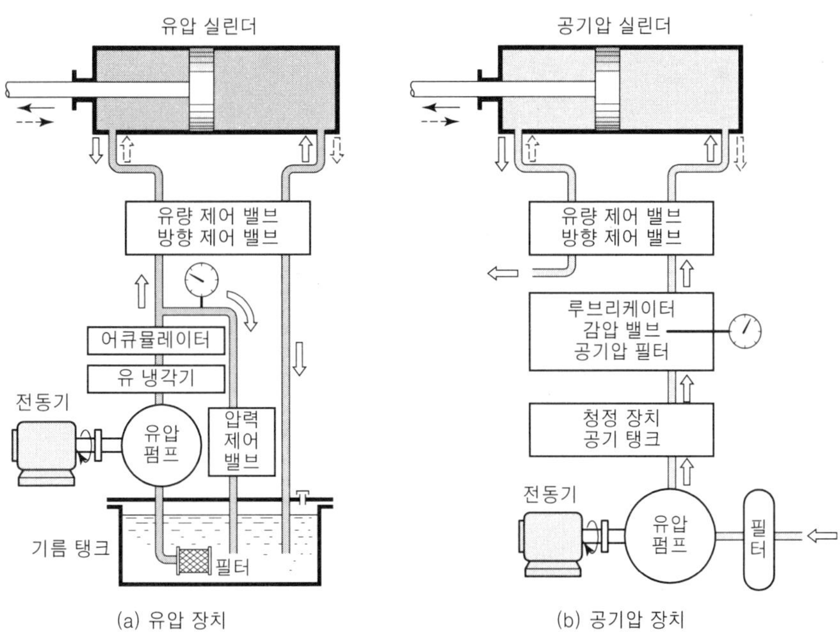

그림 6-45 유압 장치 및 공기압 장치의 주된 구성

표 6-2 유압 장치 및 공기압 장치의 구성 부분

구성 부분	유압 장치	공기압 장치
압력을 발생시켜 비축하는 부분	유압 펌프 어큐뮬레이터[a]	공기 압축기 공기 탱크
기계적 일을 하는 부분	유압 실린더 유압 모터	공기압 실린더 공기압 모터
압력을 전달, 제어 하는 부분	각종 밸브와 배관	
그 밖의 부분	기름 탱크 유 냉각기 여과기 등	공기압 필터 애프터 쿨러[b], 공기 건조기 주유기[c], 소음기 등

㈜ a) accumulator : 기름을 가압 상태에서 비축하는 장치로 축압기(蓄壓器)라고도 함.
b) 공기 압축기에서 토출된 공기를 냉각하는 장치
c) 기름을 분무상으로 하여, 공기의 흐름에 따라 공기압 기기 내에 보내는 장치

1) 유압 장치 및 공기압 장치의 구성과 이용

(1) 유압 장치와 공기압 장치의 구성

유압 장치와 공기압 장치의 주된 구성은 그림 6-45 및 표 6-2와 같다. 유압 실린더, 공기압 실린더 및 유압 모터, 공기압 모터 등과 같이, 유체가 갖고 있는 에너지를 기계적 일로 변환하는 기능을 한다.

(2) 유압 장치와 공기압 장치의 이용

유압 장치와 공기압 장치는 여러 산업 분야에서 폭넓게 이용되고 있다. 우리 주변의 예를 들면 그림 6-46과 같은 자동차용 유압 브레이크 장치가 있다.

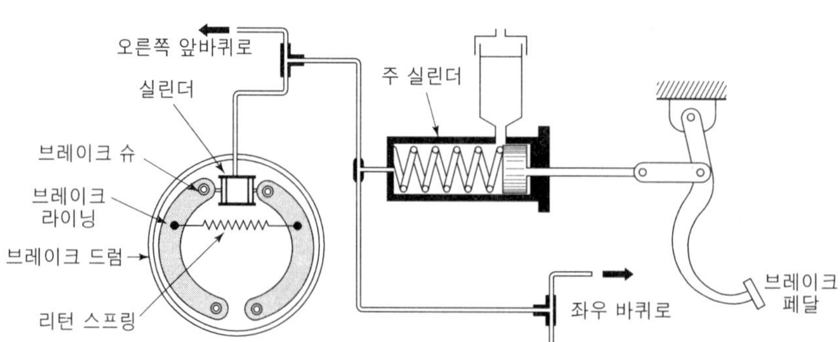

그림 6-46 자동차용 유압 브레이크 장치

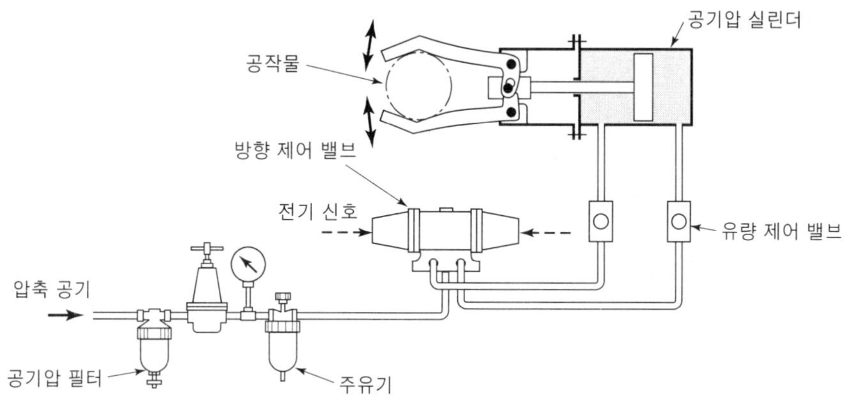

그림 6-47 공기압 실린더를 이용한 보기

그림 6-47은 액추에이터에 공기 실린더를 이용한 공작물을 고정하는 장치의 보기이다.

2) 유압 장치의 주요 기기

유압 장치는 내마멸성 재료와 정밀 가공, 신재료 등의 개발에 따라 급속히 발전하였다. 유압 장치의 주요 기기(主要機器)는 다음과 같다.

(1) 유압 펌프

유압 펌프(oil hydraulic pump)를 기구상(機構上)으로 분류하면, 기어 펌프(gear pump), 베인 펌프(vane pump), 플런저 펌프(plunger pump)[4) 나사 펌프(screw pump) 등이 있으며, 성능상(性能上)으로는 정용량형(定容量形) 펌프와 가변 용량형(可變容量形) 펌프가 있다.

1 기어 펌프

기어가 서로 맞물려 회전할 때, 기어의 틈새 이동을 이용하여 펌프 작용을 하는 것으로 물림 방식에 따라 그림 6-48 (a)와 같은 외접 기어 펌프와 그림 6-48 (b)와 같은 내접 기어 펌프가 있다.

---

4) 피스톤 펌프(piston pump)라고도 한다.

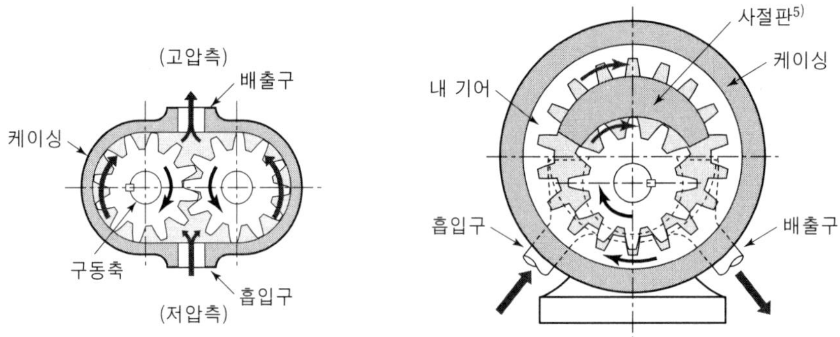

(a) 외접 방식 (b) 내접 방식

그림 6-48 기어 펌프의 방식

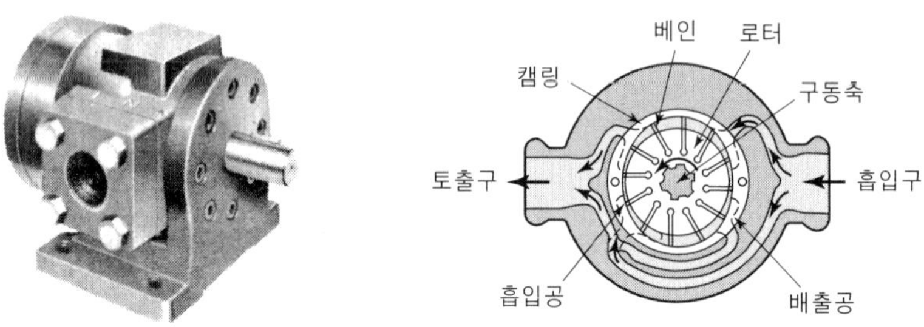

(a) 외형 (b) 구조

그림 6-49 정용량형 베인 펌프

2 베인 펌프

그림 6-49와 같이 로터에 방사상(放射狀)으로 설치된 홈에 끼운 베인(vane)이 캠링에 내접하여 회전함으로써 기름을 흡입측(吸入測)에서 배출측(排出測)으로 보내는 원리로, 정용량형(定容量形)과 가변 용량형(可邊容量形)이 있다.

그림 6-49는 정용량형 베인 펌프의 보기이다.

3 플런저 펌프

유압 플런저 펌프는 실린더 내의 플런저가 왕복 운동을 하여 작동하는 펌프로, 유압용으로 액시얼형(axial flow type)과 레이디얼형(radial flow type)이 있다.

---

[5] 사절판(仕切板) : 초승달 모양을 한 크레센트 스페이서(creacent shaped spacer)라 한다.

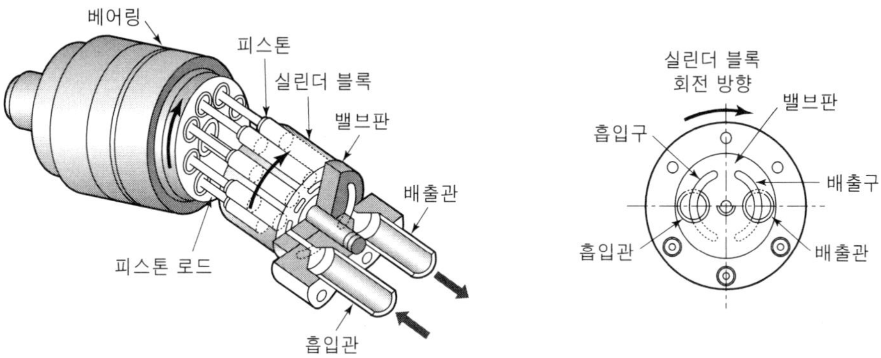

(a) 사축식(정용량형)

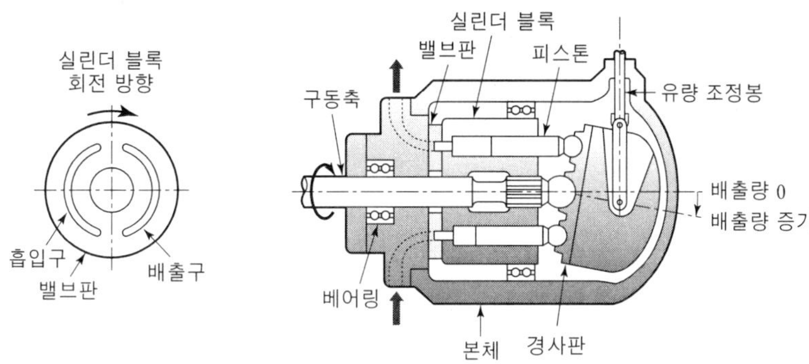

(b) 사판식(가변 용량형)

그림 6-50 액시얼형 플런저 펌프

액시얼형 플런저펌프

그림 6-50과 같이 플런저의 운동 방향이, 실린더 블록의 중심선에 평행한 펌프로, 사축식(斜軸式)과 사판식(斜板式)이 있다. 여기에는 정용량형과 가변 용량형이 있으며, 가변 용량형은 축 또는 사판의 방향을 어느 정도의 각으로 조정함에 따라 유효 행정(有效行程)을 변화시켜, 배출량을 조절할 수 있는 구조이다. 이 형식은 각종 산업 기계, 금속 프레스 가공용 등으로 널리 이용되고 있다.

레이디얼형 플런저 펌프

그림 6-51과 같이 플러저의 운동 방향이, 펌프축의 회전 중심선에 대해 직각 방사선으로 되어 있어, 가변 용량형이 많으며, 회전 실린더형과 고정 실린더형이 있다.

이 형식은 단압 기계, 중하중기계의 구동에 이용된다.

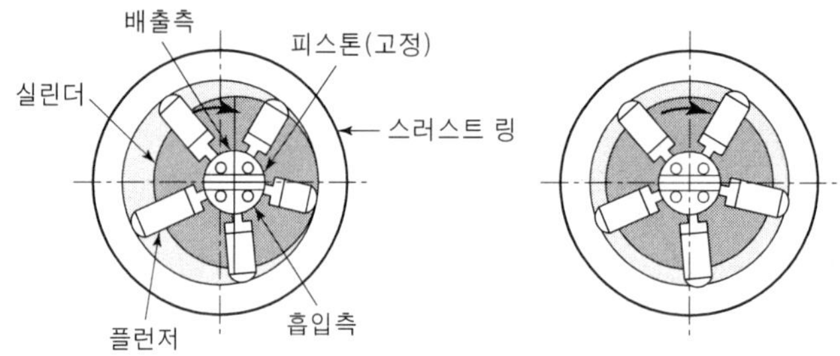

(a) 배출량 최대 (b) 배출량 최소

그림 6-51 레이디얼형 플런저 펌프

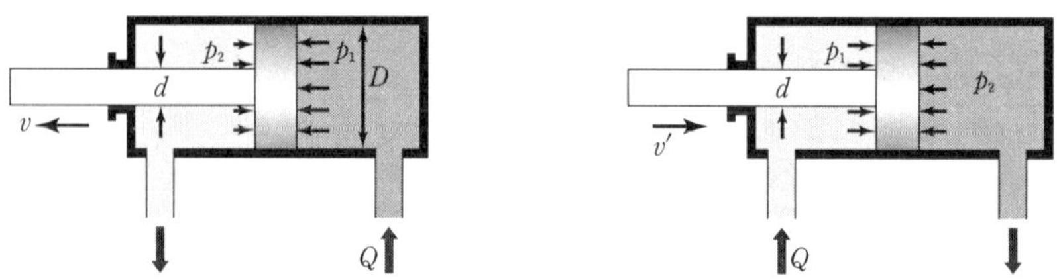

(a) 작동 행정 (b) 되돌림 행정

그림 6-52 복동형 실린더 내의 피스톤의 동작

(2) 유압 장치의 액추에이터

유압 장치의 액추에이터(actuator)는 작동유(作動油)의 압력을 이용하여 기름이 가지는 에너지를 기계적 일로 변환시키는 일을 하는 부분으로, 직선 운동을 하는 유압 실린더(oil hydraulic sylinder)와 회전 운동을 하는 유압 모터(oil hydraulic motor)가 있다.

1 유압 실린더

유압 실린더의 피스톤의 작동은 그림 6-52와 같다.

그림에서 실린더에 유입되는 기름의 압력을 p[kgf/m^2]로 할 때, 유출측에 작용하는 유압 p_2[kgf/m^2]을 배압(背壓)이라 한다. 피스톤이 왕복 행정에 나오는 추력(推力)을 F[kgf], 속도를 v[m/s]라 하면 다음 관계가 성립된다.

$$F=\frac{\pi}{4}D^2p_1-\frac{\pi}{4}(D^2-d^2)p_2 \qquad (6-19)$$

$$v = \frac{Q}{(\pi D^2/4)} \qquad (6-20)$$

여기서 D : 실린더 내경[m] Q : 기름의 유량[m^3/s]

d : 피스톤 로드의 지름[m]

그리고 피스톤이 단위 시간에 행하는 일, 즉 출력 N[kgf · m/s]는 다음식과 같다.

$$N = Fv \qquad (6-21)$$

여기서 F : 피스톤의 출력[kgf]

v : 피스톤의 속도[m/s]

그림 6-53은 기능상으로 유압 실린더를 분류한 것이다. 그림 6-54는 유압 실린더 중에서 가장 많이 사용되고 있는 복동형 유압 실린더의 구조와 종류를 나타낸 것이다. 복동형 유압 실린더는 피스톤의 왕복 행정에서 유압의 작용에 의해 작동시키는

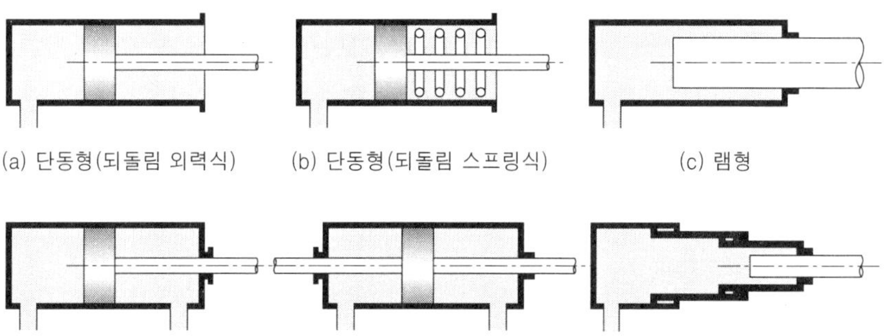

(a) 단동형(되돌림 외력식) (b) 단동형(되돌림 스프링식) (c) 램형

(d) 복동형(편 로드) (e) 복동형(양 로드) (f) 텔레스콥형

그림 6-53 기능상으로 본 유압 실린더의 형식

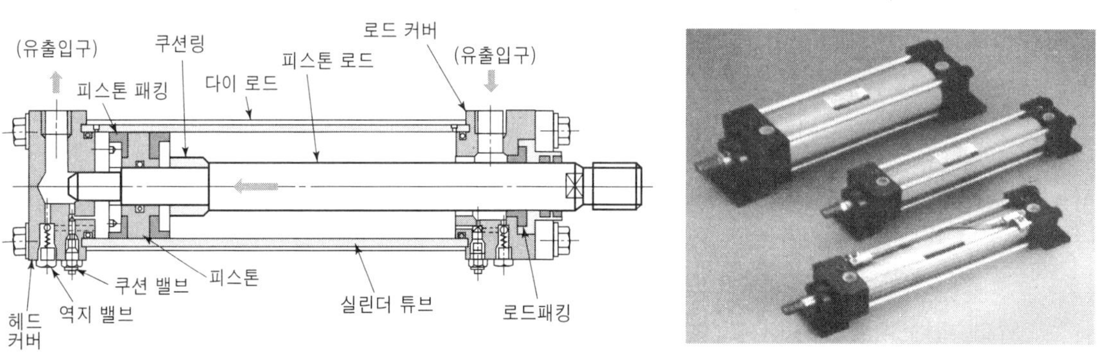

(a) 복동형 유압 실린더의 구조 (b) 종류

그림 6-54 유압 실린더의 구조와 종류

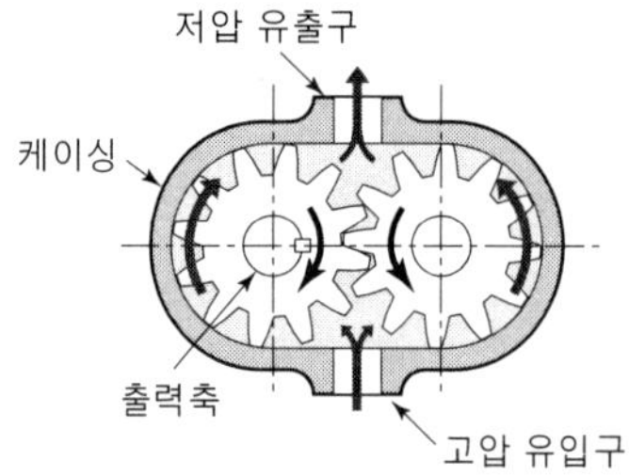

(a) 기어 모터

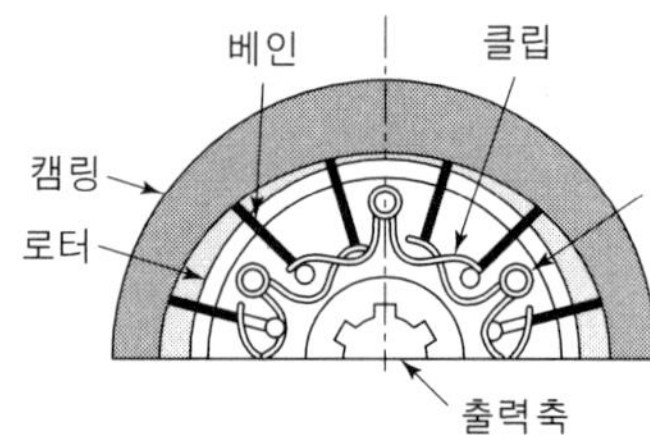

(b) 베인 모터(로터부)

그림 6-55 유압 모터의 보기

방식으로, 그림 6-54와 같이 되돌림 행정 종료 근처에서 쿠션링에 의해 되돌림 유로가 폐쇄되면, 기름과 쿠션 밸브를 통하므로, 피스톤에 브레이크 작용이 나타난다. 피스톤이 전진할 때는 역지 밸브를 통하여 기름이 공급된다.

2 유압 모터

유압 모터에는 기어 모터, 베인 모터, 플런저 모터 등이 있다. 그러나 구조상으로는 동형의 유압 펌프와 유사하나 그 작용이 역으로 된 것이 있다.

그러나 베인 모터는 그림 6-55 (b)와 같이, 핀으로 고정된 클립의 스프링 힘으로 베인을 항상 캠링 내면에 접촉시키고 있다.

(3) 유압 제어 밸브

액추에이터의 소요의 운동을 전달하려면, 회로 내의 적당한 개소(個所)에 기름의 압력이나 유량 또는 흐름 방향을 제어하는 제어 밸브(control valve)를 설치하여야 한다.

제어 밸브는 사용 목적에 따라, 압력 제어 밸브(pressure control valve), 유량 제어 밸브(flow control valve), 방향 제어 밸브(directional control valve) 등이 있다. 또 이들 밸브의 조작 방식에는 인력식(人力式), 유압식(油壓式), 공기압식(空氣壓式), 전자식(電子式) 등이 있다.

1 압력 제어 밸브

압력 제어 밸브(pressure control valve)에는 장치의 압력을 일정하에 유지하기 위한 릴리프 밸브(relief valve), 분기 회로(分岐回路)의 압력을 주회로의 압력보다 낮게

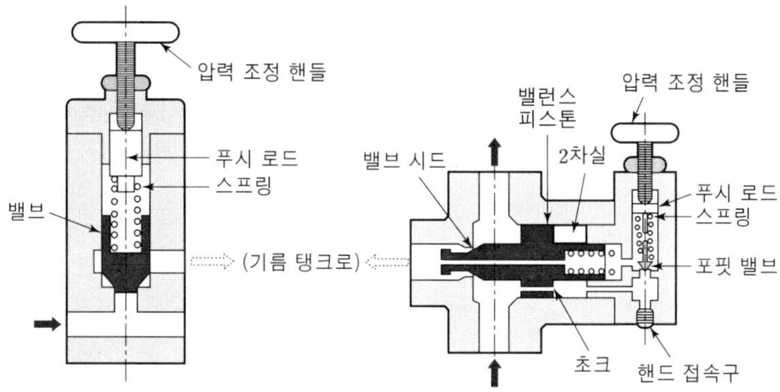

(a) 직접 작동형(저압용) (b) 파일럿 작동형(고압용)

그림 6-56 릴리프 밸브

하기 위하여 사용되는 감압변(憾壓弁, pressure regulator) 등이 있다. 그림 6−56은 릴리프 밸브의 보기이다.

그림 6−56 (b)는 파일럿(pilot) 작동형 릴리프 밸브의 구조로, 어떤 원인에 의해 회로 압력이 설정값 이상이 되면, 2차실의 기름은 포핏 밸브(poppet valve)를 열어, 균형 피스톤(balance piston)의 중심부의 구멍을 통해 기름 탱크 쪽으로 흘러간다. 그러나 초크(choke)를 통해 2차실로 유입되는 기름은 초크 전후의 조리기에 의해 압력차가 생기며, 균형 피스톤을 2차실 쪽으로 움직여, 밸브와 밸브 시트와의 사이에 유로가 열려, 회로 압력이 설정 압력으로 될 때까지 여분의 기름은 기름 탱크로 되돌아간다.

2 유량 제어 밸브

유량 제어 밸브(流量制御形, flow control valve)에는, 압력 보상 기능(壓力補償機能)[6]이 있는 유량 조정 밸브(pressure compensatied flow control valve)나, 압력 보상 기능이 없는 조리개 밸브(throttle valve) 등이 있다. 그림 6−57은 유량 제어 밸브의 보기이다.

그림 6−57 (a)는 유량 조정 밸브의 구조로, 통과하는 유량을 한 번 설정하면 유압류의 압력 변동이 생겨도 곧바로 일정하게 유지되는 기능을 갖고 있다.

그림 6−57 (b)는 조리개에 의해 유량을 제어하게 되는데, 조리개의 열림 정도를

[6] 밸브 전후의 압력에 변동이 생겨도 통과하는 유량은 설정된 값이 보장되는 기능

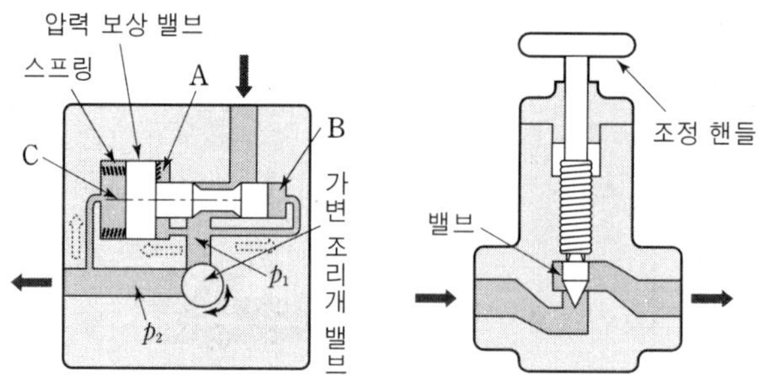

(a) 유량 조정 밸브　　(b) 조리개 밸브

그림 6-57　유량 제어 밸브

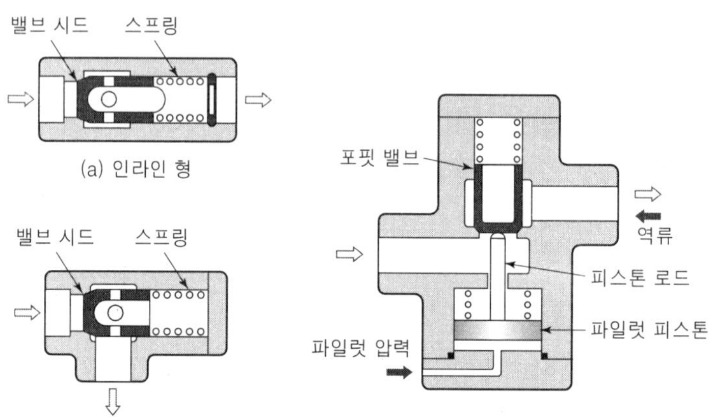

(a) 인라인 형　　(b) 앵글 형　　(c) 파일럿 형

그림 6-58　체크 밸브

일정하게 하여도, 유압류(油壓油)의 압력 변동이 생기면 조리개 전후의 압력차가 변화하여 통과하는 유량도 변한다.

3 방향 제어 밸브

유압의 흐름 방향을 제어하는 방향 제어 밸브(方向制御 밸브, directional control valve)에는 기름의 흐름을 한 방향으로 제한하고, 역방향의 흐름을 막아주는 체크 밸브(逆止形, check valve)[7]와 2개 이상의 유로(流路)를 절환(切換)하는 방향 절환 밸브(selector)가 있다.

그림 6-58은 체크 밸브의 보기이며, 그림 6-58 (c)는 필요에 따라, 외부에서 파

[7] 역지 밸브(逆止形)라고도 하며, 액체의 역류(逆流)를 막고 한 방향으로만 흐르게 하는 밸브

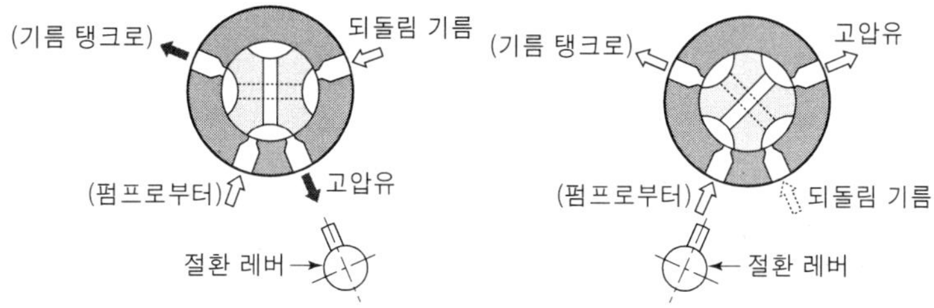

(a) 로터리 스풀 밸브

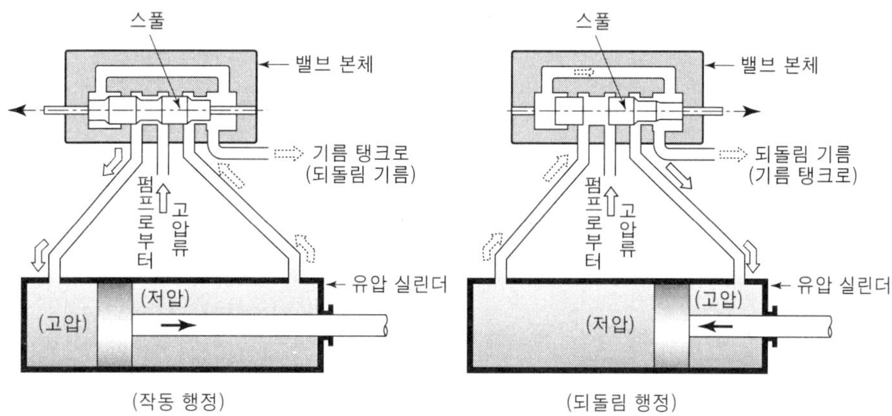

(b) 슬라이드 스풀 밸브

그림 6-59 방향 절환 밸브의 보기

일럿압(pilot pressure)을 작동시켜, 역류를 가능하게 할 수 있다.

방향 절환 밸브에는 그림 6-59 (a)와 같은 로터리 스풀 밸브(rotary spool valve)와 그림 (b)와 같은 슬라이드 스풀 밸브(slide spool valve)가 있다.

로터리 스풀 밸브는 주로 저 · 중압용으로, 슬라이드 스풀 밸브는 고압용으로 사용된다.

3) 공기압 장치의 주요 기기

공기압(空氣壓)은 오래전부터 착암기, 공기 척, 공기 끌(정) 등의 기계 공구에 사용되었으나 현재는 공작물의 고정, 반송 작업 등 자동화, 생력화(省力化)에 넓게 사용되고 있다.

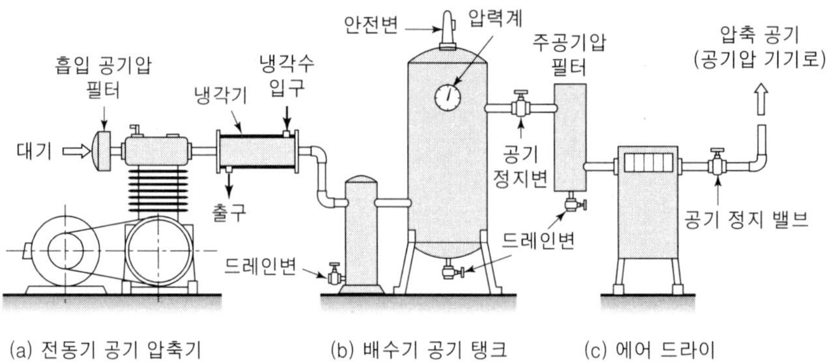

그림 6-60 공기압 발생 장치 및 청정 장치의 보기

(1) 공기압 발생 장치와 청정 장치

공기압 발생 장치(空氣壓發生裝置)에는 높은 압력의 공기를 만드는 공기 압축기(空氣壓縮機)와 일정한 압력의 공기를 언제라도 사용할 수 있도록 저장하는 공기 탱크(air tank)가 필요하다.

여러 가지 공기압 기기를 작동하는 압축 공기는 기기에 고장이 일어나지 않도록, 수분과 먼지가 없는 깨끗한 공기라야 한다. 따라서 공기 압축기에서 압축된 공기는 냉각에 의해 수분을 응축(凝縮)하여 배출하거나 건조하여 수분을 제거하여야 한다. 그림 6-60은 공기압 발생 장치(空氣壓發生裝置) 및 청정 장치(淸淨裝置)의 보기이다.

(2) 공기압 장치의 액투에이터

1 공기압 실린더

공기압 실린더(air cylinder)는 유압 실린더와 거의 동일 구조의 것이 사용된다. 공기 실린더는 유압 실린더에 비해, 피스톤의 속도가 매우 크나, 공기는 압축성 유체(壓縮性流體)이기 때문에, 속도의 미동 조정(微動調整)과 일정 속도를 유지하기는 쉽지 않다.

따라서 공기압을 유압으로 변화하여 작동시키는 에어하이드로 실린더(air hydraulic cylinder)를 사용하기도 한다.

② 공기압 모터

공기압 모터는 공기 압축기와 기능이 반대인 것으로 압축 공기 모터(pneumatic motor)라고도 하며, 유압 모터와 거의 동일한 구조이다. 베인형(vane type)과 피스톤형(piston type)이 많이 사용된다. 베인형은 출력은 작으나 고속 회전에 적합하고, 피스톤형은 저속 회전에서 큰 회전력을 얻을 수 있다.

(3) 공기압 제어 밸브

① 압력 제어 밸브

압력 제어 밸브(壓力制御 밸브, pressure control valve)는 공기 탱크 내의 압력이 설정압(設定壓)보다 높을 경우에, 탱크 내의 공기를 대기 중에 방출하는 안전 밸브, 공기압 기기에 안전한 압력의 공기를 공급하는 감압 밸브(regulator) 등이 있다. 그림 6-61은 릴리프(relief) 기구가 있는 감압 밸브(壓力調整弁라고도 함)의 구조이다.

② 유량 제어 밸브

유량 제어 밸브(流量制御 밸브, flow control valve)에는 조리기 밸브, 속도 제어 밸브(速度制御 밸브, speed control valve) 등이 있다. 그림 6-62는 속도 제어 밸브의 구조이다.

③ 방향 제어 밸브

유압 장치와 같이, 공기의 흐름 방향을 제어하는 밸브를 방향 제어 밸

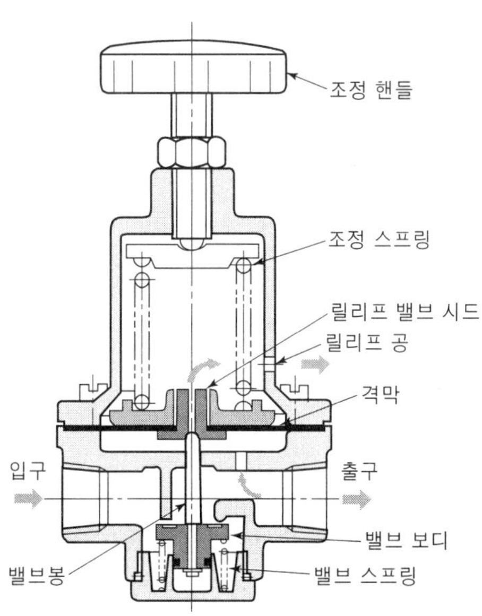

그림 6-61 릴리프 기구식 감압 밸브

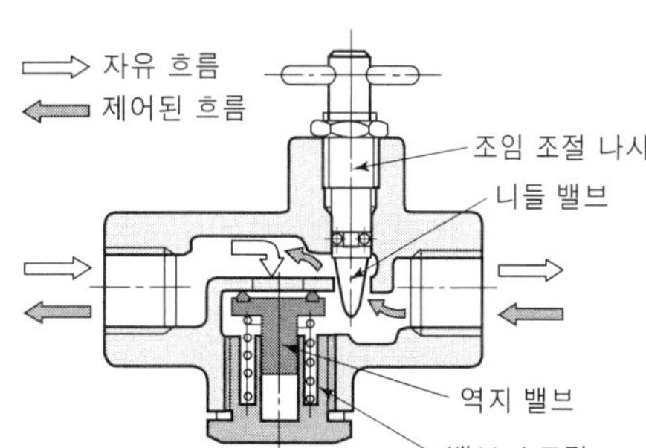

그림 6-62 속도 제어 밸브

브(方向制御 밸브, directional control valve)라 한다. 보통 실린더의 동작을 제어하기 위한 기기이다.

2. 냉동 장치와 공기 조화 설비

1) 냉동 장치

냉동 장치(冷凍裝置)는 물건을 차게 하거나 동결하기 위한 장치로, 압축기와 열·증기의 이론이 응용된다. 냉동 장치는 식료품의 저장에서 청량 음료(淸涼飮料), 약품, 사진 재료 등의 제조, 인쇄, 방적, 제빙 공장 등에 응용 또는 병원, 극장, 사무실 등의 공조 장치(空調裝置) 등 광범위하게 이용된다.

(1) 냉동

물체의 온도를 상온보다 낮게 하거나 또는 소정의 낮은 온도를 유지하는 기술을 냉동(冷凍, refrigeration)이라 한다. 여기서 물체란 냉방의 경우에는 공기, 제빙의 경우에는 물, 식품의 경우에는 생선, 고기 등을 말한다.

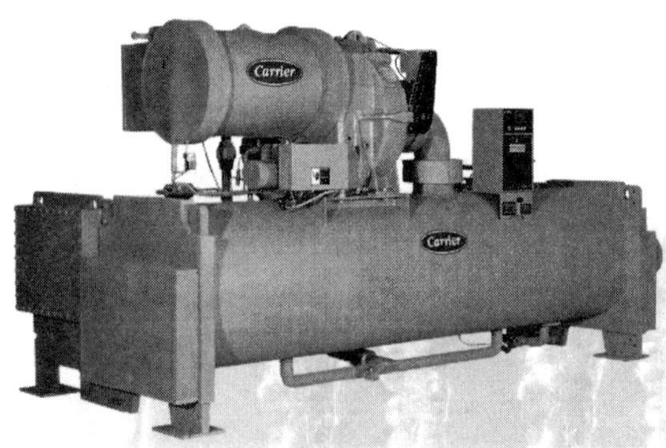

그림 6-63 터보 냉동기

기계를 이용한 냉동은 19세기 초에 발명되었으며, 초기에는 주로 제빙에 이용되었으나, 현재는 냉장 운반선, 밀크 플랜트, 빙과 제조, 어류나 육류의 냉동 보존, 생체 실험 등에 이용되고 있으며, 이 밖에도 각종 산업에 냉동기를 이용하려는 것이 대단히 많다. 그림 6-63은 터보 냉동기이다. 냉장고와 냉방 장치는 생활 수준을 높일 뿐만 아니라 식품 위생 보관에도 이용되고 있다.

1 냉동의 원리

일반적으로, 액체는 가열하거나 감압(減壓)하면 기화(氣化)하며, 기체는 냉각하거나 가압(加壓)하면 액화(液化)된다. 이 형상을 이용하여, 그림 6-64와 같이 동작 유체에 액체 ↔ 기체의 상태 변화를 연속하면 기화할 때 주위에서 열을 빼앗으므로 용

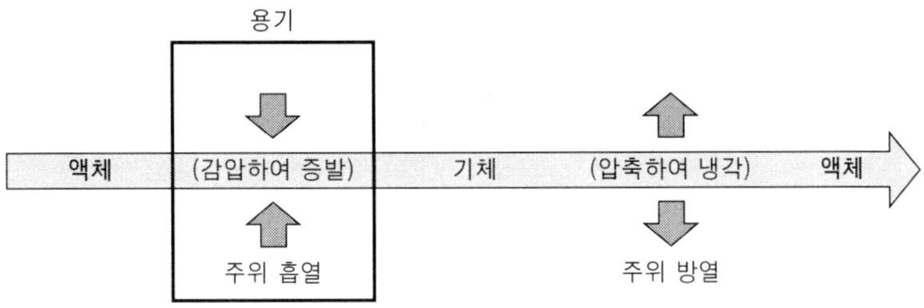

그림 6-64 냉동 작용

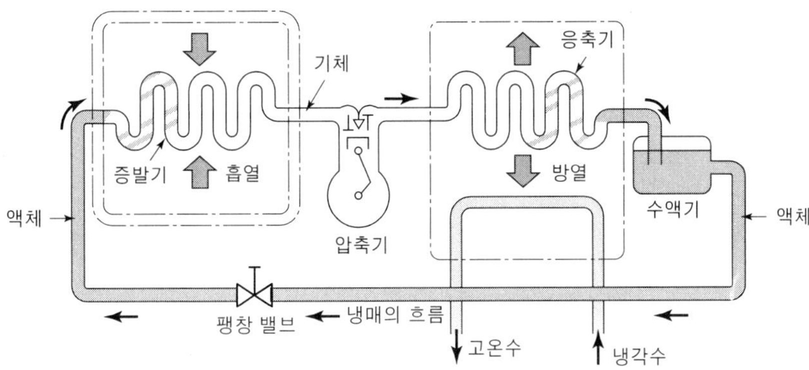

그림 6-65 공기 압축 냉동 장치의 원리

기의 내부는 연속하여 냉각되어 저온도로 유지할 수 있게 된다. 이 연속 변화의 되풀이를 냉동 사이클(refrigerating cycle)이라 하며, 이 사이클을 갖는 기계 장치를 냉동기(冷凍機, refrigerating machine)라 한다. 그림 6-65는 그림 6-64의 냉동 작용과 대응하는 냉동 장치의 보기를 나타낸 것이다.

2 냉매

냉동 장치에서 그림 6-64, 그림 6-65와 같이 상태 변화를 하면서 저온 물체에서 고온 물체로 열을 운반하기 위하여, 증발할 때 주위에서 열을 흡수하는 동작 유체(動作流體)를 냉매(冷媒, refrigerant)라 한다.

냉동기에 사용하는 냉매에는 암모니아(NH_3), 프레온(CF_2C), 메틸클로라이 등 여러 가지가 있으나, 일반적으로 다음과 같은 조건을 구비하고 있어야 한다.

① 저온에서도 대기압 이상에서 증발하며, 상온에서도 비교적 저압에서 액화되어야 한다.

② 증발열(蒸發熱)이 크고, 기체의 비부피가 작아야 한다.

③ 임계 온도(臨界溫度)가 높고, 응고점이 낮아야 한다.

④ 가연성(可然性), 폭발성(爆發性)이 적고, 유독성이 없고 악취가 나지 않아야 한다.

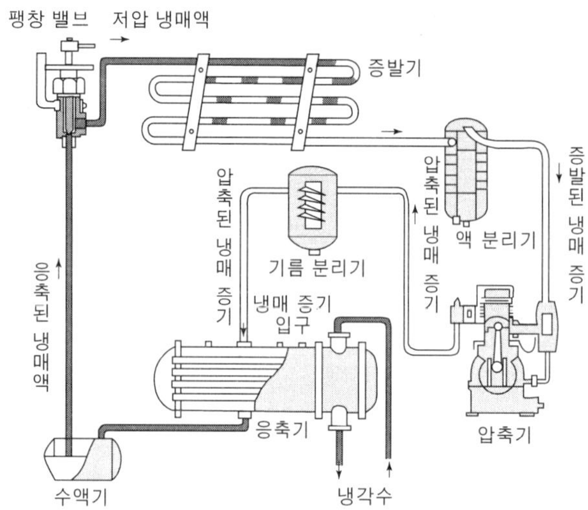

그림 6-66 왕복 압축식 냉동기의 구성

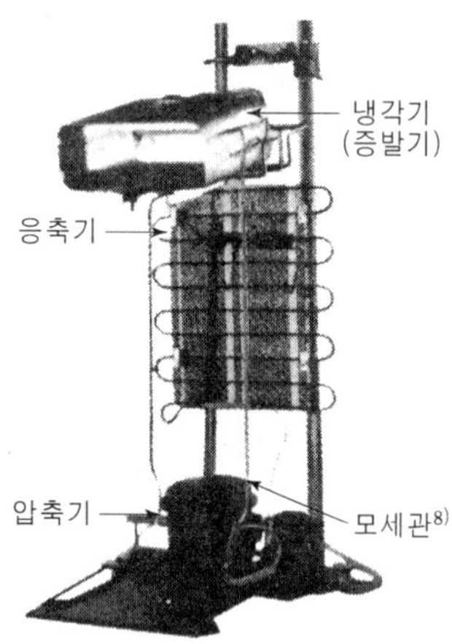

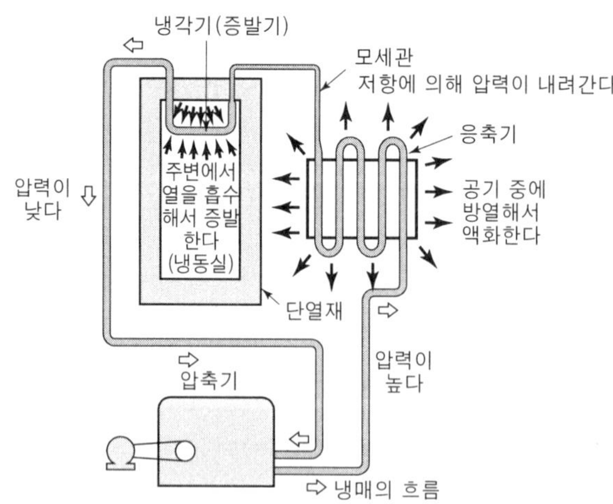

그림 6-67 가정용 전기 냉장고의 구성

8) 가정용 냉장고, 룸에어컨, 쇼케이스 등에 쓰이는 소형 냉동기에서 팽창 밸브 대신 팽창 장치로 쓰이는 모세관(毛細管, capillary tube)으로 내경 1mm 이하의 동관이다.

⑤ 값이 싸고, 냉매 보충을 위한 경비가 적어야 한다.
⑥ 화학 변화를 일으키지 않고, 사용 온도에서 분해하지 않아야 한다.
⑦ 금속을 부식시키지 말아야 한다.
⑧ 윤활유에 대한 영향이 없어야 한다.

(2) 냉동 장치의 종류

냉동 장치는 형식과 용도 등에 따라 여러 가지가 있으며, 압축기가 있는 것이 많이 사용된다. 압축기의 형식에 따라 왕복 압축식(往復壓縮式)과 원심식(遠心式) 등이 있다. 또 압축이 없는 흡수 냉동기(吸收冷凍機)가 있다.

1 왕복 압축식 냉동기

그림 6-66은 왕복 압축기가 있는 냉동기의 사이클을 나타낸 것으로 이 형식의 보기로서 그림 6-67에 가정용 전기 냉장고의 냉동 사이클을 나타낸 것이다.

2 원심식 냉동기

원심식 냉동기(遠心式冷凍機)는 터보 냉동기(turbo refrigerating machine)라고도 하며, 냉매의 압축부에 원심 압축기를 갖고 있다. 그림 6-68은 물냉각용 터보 냉동기와 그 구성을 나타낸 것이다. 원심식 압출기는 왕복식에 비해 진동과 소음이 매우 적다. 따라서 냉방(冷房), 공조(空調)와 제약(製藥), 제지(製紙) 등의 화학 공업의 대용량 냉각 장치에 이용된다.

3 흡수 냉동기

흡수 냉동기(吸收冷凍機, absorption refrigerating machine)에는 압축기가 없으며 재생기(再生器), 응축기(凝縮器), 증발기(蒸發器), 흡수기(吸收器), 열교환기(熱交換器) 및 펌프 등으로 구성되어 있다. 흡수 냉동기는 가정용을 비롯하여 빌딩 등의 공기조화용(空氣調和用)에도 이용된다.

2) 공기 조화 설비

실내 공기의 온·습도, 기류, 먼지, 냄새, 세균 및 유독 가스 등의 조건을 실내에 있는 사람이나 동식물 또는 물품이 바라는 가장 좋은 상태로 만들고, 이런 조건들이

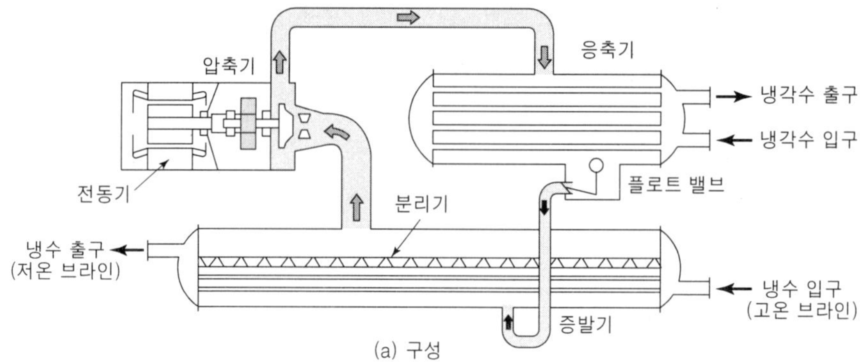

(a) 구성

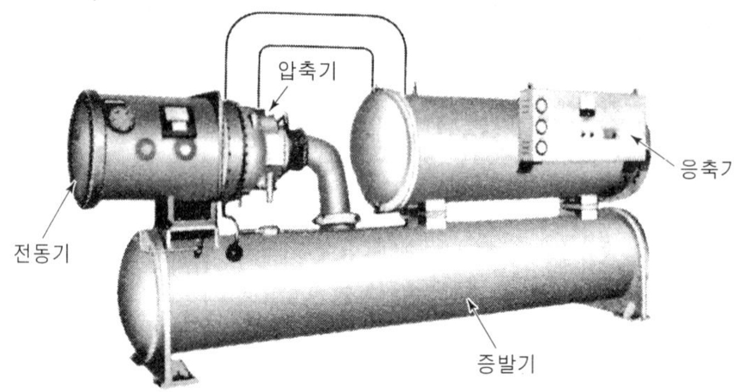

(b) 외형

그림 6-68 원심식 냉동기

요구되는 한정된 범위 내에 있도록 조정, 유지하는 것을 공기 조화(空氣調和, air conditioning)라 하며, 여기에 사용되는 여러 가지 장치를 공기 조화 장치(空氣調和裝置, air conditioner)라 한다.

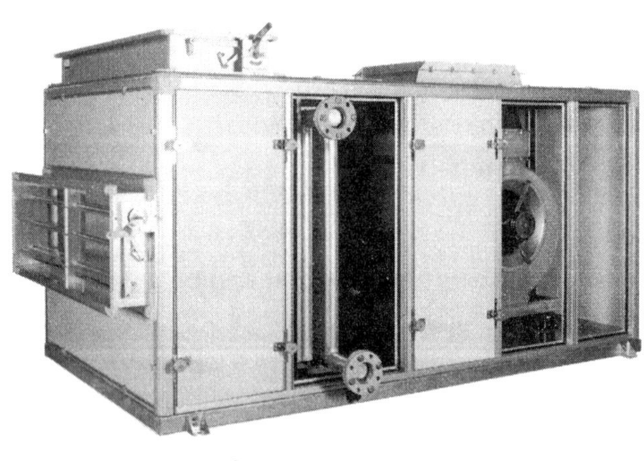

공기 조화기

(1) 공기 조화의 기초

1 공기 조화의 조건

공기 조화의 조건은 적어도 온·습도와 기류의 조건만은 반드시 조정해야 한다. 조건의 수를 온도 하나에서 온도와 습도의 두 가지로, 또 이 두 가지에다 공기의 순도도 포함시킨 세 가지로 늘린다면 설비비와 운전비가 많이 들기 때문에, 공기 조화의 목적과 경제상의 관점에서 조건을 제한하게 된다. 예를 들면, 난방과 냉방에서는 주로 온도의 조건을 조절하고 생산 공장, 저장 창고 등에서는 온도와 습도의 조건을 조절한다.

특히 섬유 공장에서 습도를 맞추지 않으면 실이 잘 끊어져 작업을 할 수 없게 되므로, 비용이 많이 들더라도 온도는 물론 습도까지 조정해야 한다.

2 공기 조화의 대상

공기 조화는 대상에 따라 다음과 같은 두 가지로 나눌 수 있다.

쾌적용 공기 조화

실내의 조건을 바라는 상태로 유지하는 것을 쾌적용 공기 조화(comfort air conditioning) 또는 보건용 공기 조화라 하며, 주택, 사무실, 건물, 백화점, 병원, 학교, 호텔, 극장 등이 이에 속한다. 냉 · 난방의 목적은 실내 공기 온도와 습도를 적합한 쾌적 범위에 들게 하는 데 있다.

a) 난방 : 실내 온도를 외기 온도 이상으로 유지하는 것을 난방(暖房, heating)이라 하며, 가열과 가습을 하고 실내 기류를 소요 조건으로 유지할 때, 이를 겨울 공기 조화(winter air conditioning)라 한다.

b) 냉방 : 실내 온도를 외기 온도 이하로 유지하는 것을 냉방(冷房, summer air conditioning)이라 하며, 냉각과 감습을 하고 실내 기류를 소요 조건으로 유지할 때, 이를 여름 공기 조화(summer air conditioning)라 한다. 일반적으로 공기 조화란 계절에 관계 없이 실내 공기 조건을 조절하는 것이다. 공기 조화에는 겨울에 온도, 습도 및 기류를 소요 조건으로 유지하는 겨울 공기 조화도 포함되지만, 여름 공기 조화만을 말하는 좁은 의미를 가질 때도 있다.

c) 환기 : 실내의 거주자가 만족할 수 있을 정도로 충분한 양의 대기를 공급하고, 실내의 오염된 공기를 밖으로 내보내는 것을 환기(換氣, ventilation)라 한다.

산업용 공기 조화

공장에서 생산되고 있거나 창고 등에 저장하고 있는 물품을 대상으로 한 공기 조화로서 섬유 공장, 제과 공장, 제약 공장, 전자 제품 공장 등의 공기 조화가 산업용 공기 조화(industrial air conditioning)에 속한다. 쾌적용 공기 조화보다 앞서 발달하였고, 인간을 위하여 쾌적한 작업 환경을 만들자는 생각이 산업용 공기 조화로부터 비롯되었다.

3 공기 조화 방법

구역 방식

건물 내를 몇 개의 구역으로 나누어 각 구역에 별개의 덕트(또는 냉 · 온수관)를 설비하여 각기 희망하는 조건이 되도록 공기를 재조정하는 것을 조닝(zoning) 또는 구역 방식이라 하며, 이와 같이 구분된 영역을 구역(zone)이라 한다.

부분적인 공기 조화

일부 사무실만을 위하여 건물 전체를 공기 조화한다면 비경제적이다. 따라서 이런 경우 부분적인 공기 조화 방식을 채용해야 한다. 지금까지의 공기 조화는 구역별 온도 제어를 하여 왔으나 앞으로 특히 고층 건물에서는 경량 구조 때문에 건물의 열용량이 적어 실내 온도의 변동이 종전의 것보다 커지므로 개별적인 제어를 필요로 하게 된다.

(2) 공기 조화 설비

공기 조화 설비에는 일반적인 것으로 다음과 같은 여러 가지 주요 장치가 있다.

1 공기 조화기

공기 조화기에는 공기를 대상으로 하는 여과기(air filter), 건조기(air dryer), 냉각기(air cooler), 가열기(air heater), 가습기(humidifier), 송풍기(blower) 등이 있으며, 실내에 송풍할 공기의 조건을 여기에서 조정한다.

공기 건조기

2 열매 운반 장치

송풍기와 덕트에 의해 조정된 공기를 실내까지 운반하고, 실내에서 되돌아 나오는 공기를 공기 조화까지 운반하는 장치가 필요하다. 펌프와 배관은 증기, 찬물 또는 더운물을 공기 조화기까지 운반하는 열매 운반 장치이다.

3 냉각탑

냉각탑(冷却塔, cooling tower)은 냉동기에서 온도가 상승된 냉각수를 공기를 이용하여 냉각시키는 장치로서, 그림 6-69와 같은 냉각탑이 많이 사용된다.

그림 6-69 냉각탑

4 자동 제어 장치

실내의 온도와 습도 조건을 신속 정확하게 제어하고 여러 장치의 경제적인 운전과 안전을 기하도록 각종 자동 제어 장치(自動制御裝置, control equipment)가 필요하다.

6.3 그 밖의 산업용 기계 설비

1. 잭과 램 및 운반 기계

기계 공업과 기타 공업에서는 무거운 물건이나, 수량이 많은 자재나 제품을 높이를 조정하여 운반하는 경우가 많이 있다. 여기에 사용되는 기계 기구와 장비에는 잭(jack), 블록(block)류, 램(ram), 윈치(winch), 호이스트(hoist), 크레인(crane), 엘리베이터(elevator), 컨베이어(conveyer), 삭도, 트럭(truck) 등이 있다. 이 밖에도 기타 산업용 기계 장치로서 건설 및 광산 기계 그리고 농업 기계가 있다.

1) 잭과 윈치

(1) 잭과 램

금긋기 작업과 조립 작업에서 복잡한 공작물은 수평과 높이 조정을 하기 위하여 그림 6-70 (a)와 같은 스크루잭(screw jack), (b)와 같은 수평 조종 블록(leveling block) 등이 사용된다. 또한 수기 가공과 조립 작업 현장에서는 무거운 공작물을 받

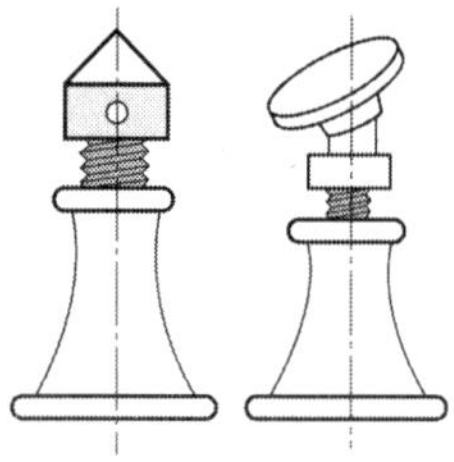

(a) 스크루잭

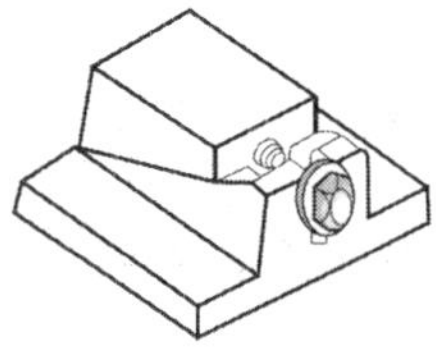

(b) 수평 조정 블록

(c) 높이 조정 램

(d) 유압잭

그림 6-70 각종 잭과 램

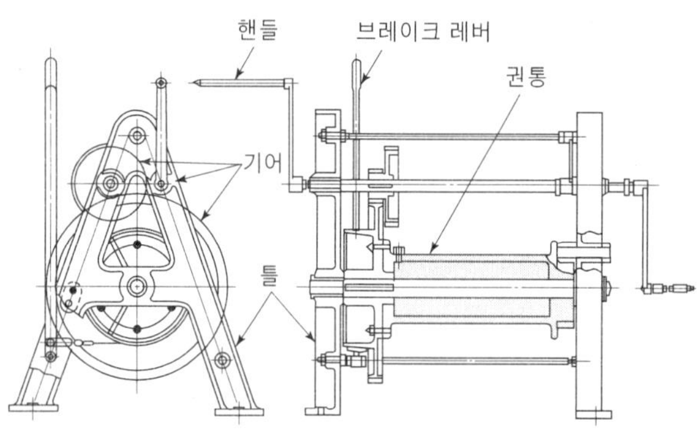

(a) 수동형

(b) 기어 모터형

그림 6-71 윈치

쳐주는데 그림 6-70 (c)와 같은 램(ram) 또는 (d)와 같은 유압잭(hydraulic jacks)이 사용된다.

(2) 윈치

윈치(winch)는 와이어 로프(wire rope)의 한쪽 끝을 윈치의 드럼에 감아 놓고, 다른 쪽은 직접 또는 활차(滑車)를 통해 중량물에 고정하여 윈치의 핸들로 와이어를 감거나 풀어줌으로써 무거운 물건을 상하, 전후로 이동하는 데 사용한다. 윈치에는 전동기 또는 내연 기관으로 구동하는 공사용과 선박용이 있다. 그림 6-71 (a)는 수동 윈치(hand winch)의 구조를, 그림 (b)는 기어 모터형 윈치(gear motor type winch)의 보기이다.

2) 체인 블록과 호이스트

(1) 체인 블록

체인 블록(chain block)은 인력에 의하여 화물을 올리는 것으로, 일시적으로 사용할 때 편리하다. 구조는 그림 6-72와 같이 체인과 체인 휠(chain wheel)을 활차(滑車)의 원리에 따라 배치한 것이다. 체인의 길이를 조절하면 높은 곳에도 올릴 수가 있다. 기계 및 구조물의 조립과 분해 화물의 적재 작업 등에 널리 사용되고 있다.

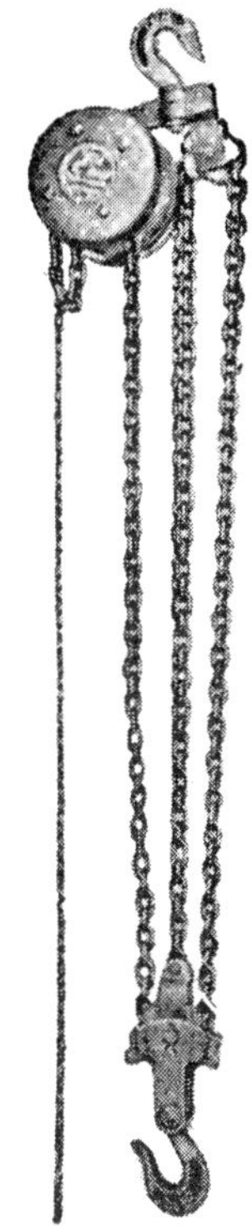

그림 6-72 체인 블록

(2) 호이스트

호이스트(hoist)는 전기 호이스트(electric hoist), 공기 호이스트(pneumatic hoist) 등이 있다. 전기 호이스트는 그림 6-73과 같이 공장의 상부에 I빔을 설치하고, 여기에 늘어뜨리게 부설하여 이동시키거나 상 · 하강의 조작을 밑에서 조작 핸들로 하는 것으로, 무게 0.5~5t 정도의 운반용으로 사용된다. 공기 호이스트는 화기나 전기 기계를 사용하지 않는 탄광의 갱과 같이 좁은 곳에 주로 사용한다.

3) 크레인

크레인(crane)은 중량물을 끌어올리거나 이동시키는 기계 설비로서, 호이스트나 체인 블록에 비하여 한층 무거운 물건을 다루는 데 사용한다. 취급 물품의 종류, 사용 장소에 따라 천장 크레인, 다리형 크레인, 지브 크레인, 탑형 크레인 등이 있다.

(1) 천장 크레인

천장 크레인(overhead travelling crane)은 그림 6-74와 같이 공장이나 기타 건물 내의 천장 공간을 이용하여 양 벽에 설치한 레일(rail) 위를 주행할 수 있도록 한 것

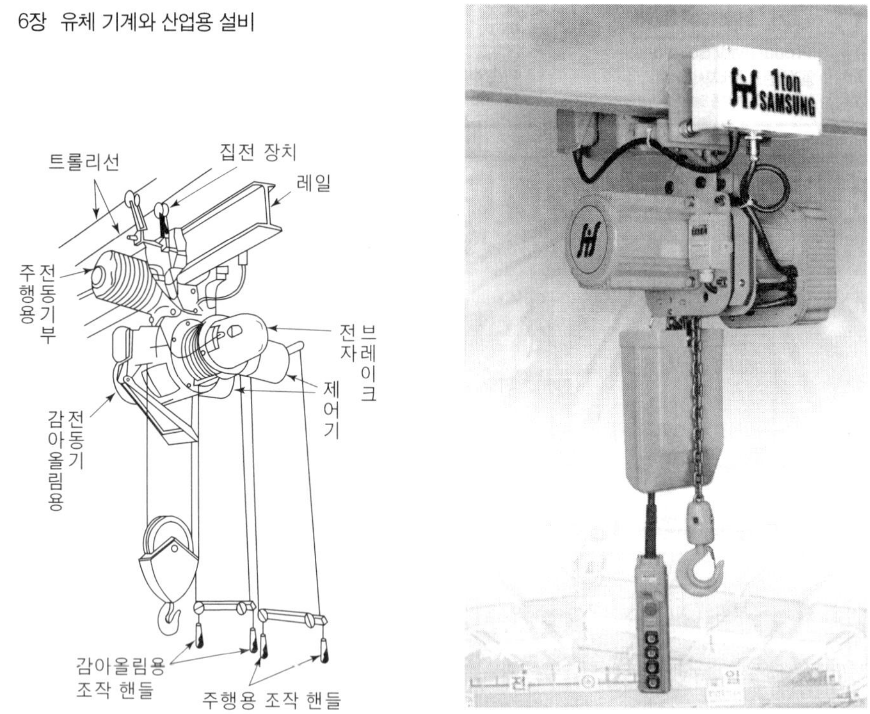

(a) 구형 (b) 신형

그림 6-73 전기 호이스트

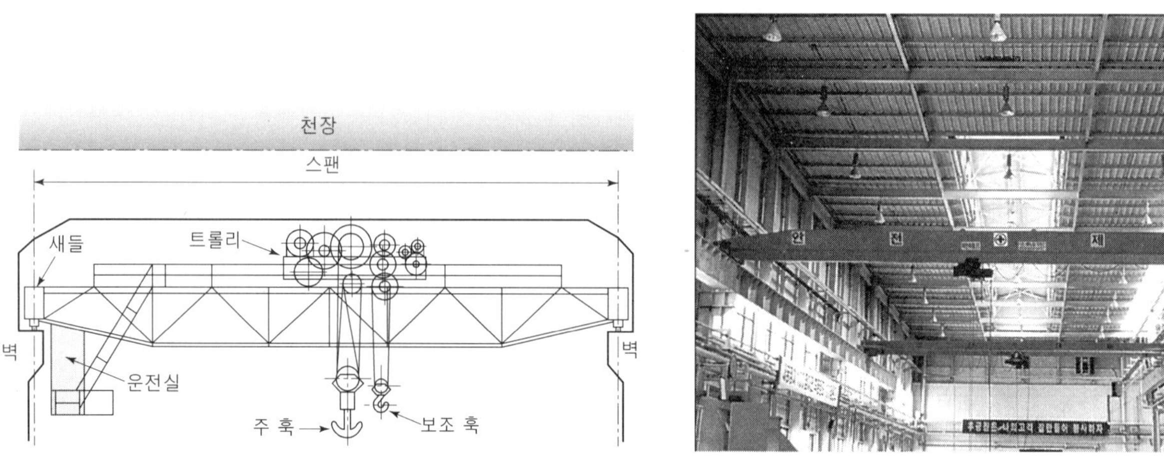

(a) 구조 (b) 설치 사례

그림 6-74 천장 크레인

으로, 감아올림 장치, 횡행 장치, 주행 장치 등이 장착되어 있다.

크레인에는 전동기가 설치되어 조작할 수 있게 되어 있으며, 감아올리는 능력은 5~50t인 것이 많고, 큰 것은 200~500t에 이르는 것도 있다. 이것은 공장 내의 제품

그림 6-75 갠트리 크레인

그림 6-76 지브 크레인

자재의 운반이나 들어올릴 때에, 그리고 중량물의 조립 · 해체 작업에 사용된다. 그림 6-74 (a)는 천장 크레인의 구조를, 그림 6-74 (b)는 천장 크레인에 사용되는 트롤리(trolley) 설치 사례이다.

(2) 갠트리 크레인

옥외에 장치되는 고가 이동 크레인으로서, 구조는 천장 크레인과 같이 양쪽 다리 부위에 트러스(truss)를 조립하고 그 위에서 감아올림 장치가 이동하도록 되어 있다. 트러스의 양쪽 다리부는 모두 지상에 부설된 레일 위를 이동하는 것과 고정된 것이 있다. 그림 6-75는 갠트리 크레인(gantry crane)의 한 보기이다.

(3) 지브 크레인

건축 현장이나 조선소, 중공업 현장, 항만 등에서 흔히 볼 수 있는 것으로, 철골로 된 탑형에 지브라고 하는 팔이 있고, 그 곁을 지나는 와이어 로프(wire rope) 끝에 달려 있는 훅에 물품을 걸어 상하 또는 다른 곳으로 이동시키는 것이 지브 크레인(jib crane)이다. 그림 6-76은 지브 크레인의 보기이다.

(4) 탑형 크레인

탑형 크레인(tower crane)은 그림 6-77과 같이 높은 탑 위에 지브 크레인의 선회

그림 6-77 탑형 크레인

부분을 설치한 것으로, 선회 반지름이 크고 높이 달아 올릴 수 있는 것이 특징이다. 일반적으로 감아올리는 능력은 5~80t, 양정은 지상 15~40m, 선회 반지름은 20~40m이다. 이 크레인은 주로 고층 건축물과 조선소 등에서 골조와 선체를 조립하는 데 사용된다.

4) 컨베이어

이동하는 벨트 위에 석탄, 시멘트, 곡물, 광석 또는 물품, 상자 등을 올려 놓고 연속적으로 일정 장소에 운반하는 형식과 일정한 위치에서 회전 또는 왕복 운동을 하여 재료나 물품에 전진 운동을 주는 형식이 있다.

(1) 벨트 컨베이어

벨트 컨베이어(belt conveyer)는 이동식(移動式)과 정치식(定置式)이 있다. 벨트의 재료로는 고무, 직물, 철망, 강판 등이 있으나, 일반적으로 고무 벨트가 많이 사용되고 있다. 벨트 컨베이어는 그림 6-78 (a)와 같이 2개의 벨트차 사이에 벨트를 걸고, 그 사이에 적당한 수의 중간차(中間車, idler)를 설치하고, 한쪽의 구동차가 되는 벨

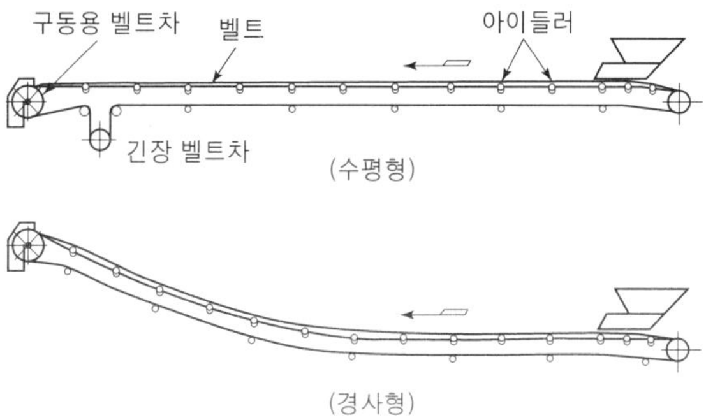

그림 6-78 벨트 컨베이어

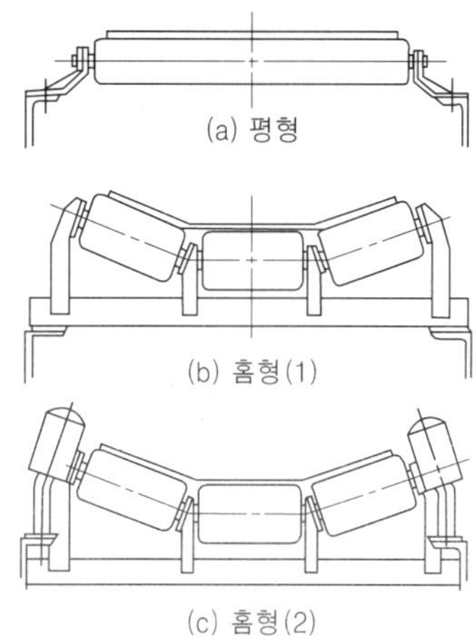

그림 6-79 아이들러의 형식

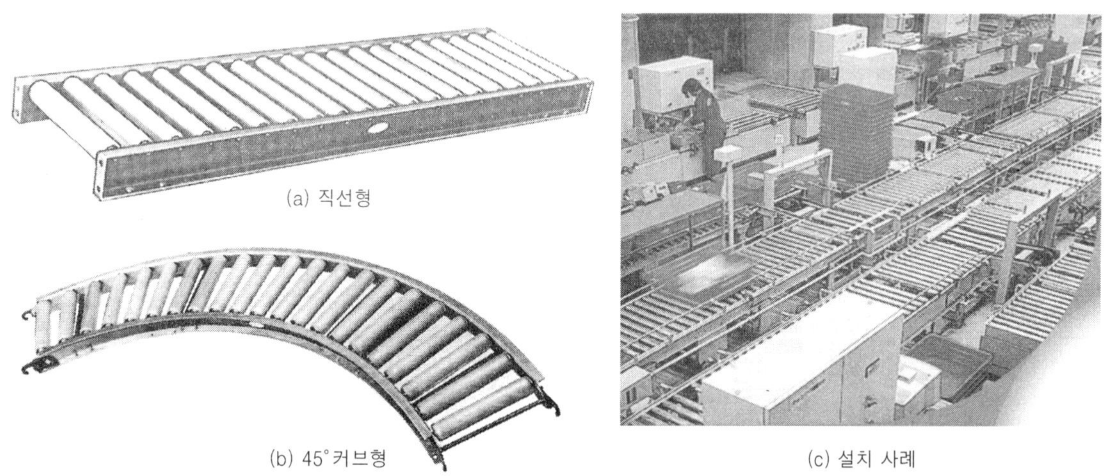

그림 6-80 롤러 컨베이어

트차를 회전시켜 벨트가 구동된다. 이때 벨트는 그림 6-79와 같이 아이들러(idler)에 의하여 지지되어 있다. 그림 6-79 (a)는 평형으로 주로 포장물, 제품 등의 개별 화물용이고, 그림 6-79 (b), (c)는 홈형으로 석탄, 광물, 곡물 등을 운반할 때 사용된다.

(2) 롤러 컨베이어

롤러 컨베이어(roller conveyer)는 사다리와 같은 프레임에 그림 6-80 (a)와 같이 많은 롤러를 나열한 직선형으로, 수평으로 놓았을 때 작은 힘으로도 무거운 짐을 가

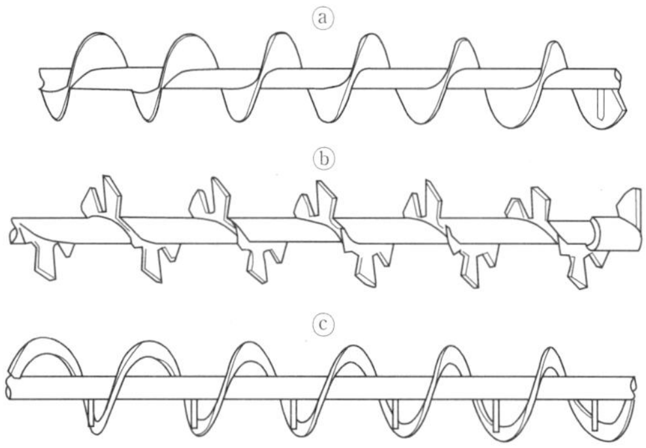

(a) 나사 날개의 종류

(b) 설치 사례

그림 6-81 나사 컨베이어

볍게 움직일 수 있으며, 대량 생산 공장에서의 연속 작업 공정에서 재료 또는 제품의 이송이나 화물의 적재 보조 설비로서 많이 이용되고 있다. 그림 (b)는 45° 커브형의 보기를, 그림 (c)는 설치 사례이다.

(3) 나사 컨베이어

나사 컨베이어(screw conveyer)는 단면의 아랫부분이 반원형인 통 또는 원통 속에서 나사 날개를 회전시켜 나사면을 따라 가루나 알갱이로 된 물품을 운반하는 컨베이어이다. 보통은 수평식이 많지만 30° 정도 경사시켜 설치한 것도 있다.

그림 6-81 (a)는 나사 컨베이어의 나사 날개 모양의 보기로 운반하는 물품에 따라 모양이 달라진다. 그림 6-81 (b)는 나사 컨베이어의 보기이다.

(4) 공기 컨베이어

진공 펌프 또는 공기 압축기에 의해 관 속에 공기가 급속하게 흐르게 하여 곡물, 소금, 모래, 시멘트와 같은 분상 또는 알갱이형의 물질을 공기의 흐름에 따라 운반하는 컨베이어이다. 이것에는 흡입식(眞空式), 압송식(壓縮空氣式), 흡입 압송식(吸込壓送式) 등이 있다. 그림 6-82는 흡입식 공기 컨베이어의 보기이다. 공기 컨베이어(pneumatic conveyer)는 관리 능력은 좋으나 운반량에 대해 큰 동력이 필요하다.

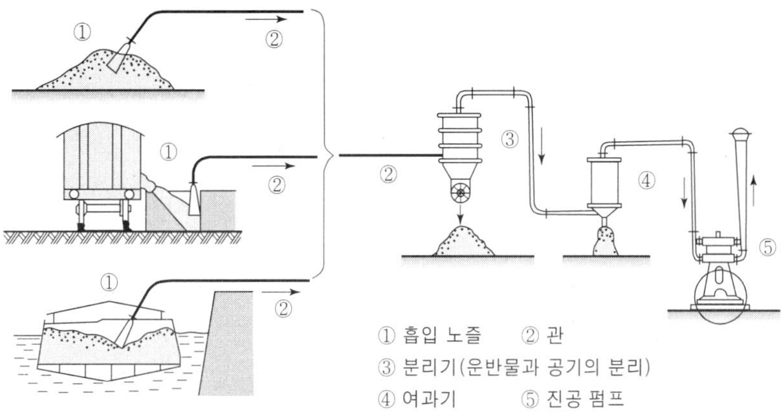

그림 6-82 공기 컨베이어(흡입식)

2. 기타 산업용 기계

1) 건설 및 광산 기계

건설 기계는 도로, 하천, 상 · 하수도, 철도, 항만, 댐, 농지 등의 조성과 보수 공사에 사용되는 기계 장비이다. 보조 기계는 토목 터널 공사에서 굴삭, 시추, 분쇄 작업 등에 사용된다.

(1) 불도저

농업 기계나 건설 기계를 견인하는 데 사용되는 트랙터에 그림 6-83과 같이 배토판을 장치한 건설용 기계를 불도저(bulldozer)라 한다. 불도저는 주행 장치에 따라 무한 궤도식과 타이어식이 있다. 배토판은 유압식 잭으로 상하 운동을 조절할 수 있으며, 흙을 굴삭하고 운반하는 기계로, 토목 건설 작업에는 없어서는 안 될 중요한 장비이다.

그림 6-83 불도저

그림 6-84 휠로더

그림 6-85 굴삭기

(2) 휠로더

휠로더(wheel loader)는 트랙터에 배토판을 장착하여 흙을 굴삭, 싣기, 운반 배토 등을 하는 건설 기계로, 운반 거리는 100~500m 정도의 작업에 사용된다. 그림 6-84는 휠로더의 보기이다.

(3) 굴삭기

굴삭기(grader)는 주로 토암석 등을 굴삭, 적재하는 데 사용되는 건설 장비로서 무한 궤도식 본체 위에 자유로이 선회하는 운전대가 있어, 유압 장치로 굴착용 셔블(shovel)과 붐을 조작하며, 덤프 트럭과 조합하여 사용하는 경우가 많다. 그림 6-85는 굴착기의 보기이다.

(4) 도로용 롤러

도로용 롤러(road roller)는 노상, 노반의 다짐, 아스팔트 포장의 다짐, 흙 댐, 하천 제방, 운동장 등의 다짐 공사에 사용된다. 그림 6-86은 도로용 다짐 롤러의 보기이다.

그림 6-86 도로용 롤러

그림 6-87 포크 리프트

그림 6-88 시추기

(4) 보조 기계

1 포크 리프트

포크 리프트(fork lift)는 그림 6-87과 같이 화물을 싣는 포크를 조작하여 하역 · 운반하는 것으로, 화물을 쌓고 내리기가 쉬워 공장 내외에서 활용도가 크다.

2 시추기

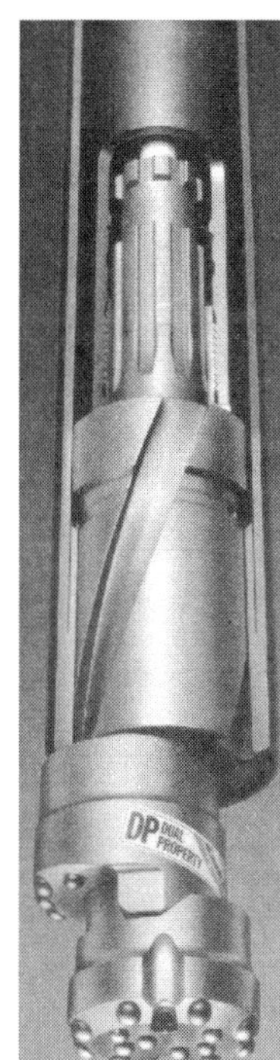

○ 다이아몬드 비트

지각에 깊은 구멍을 뚫는 기계를 시추기(boring machine)라 하며, 천공하는 지층과 목적에 따라 충격식, 회전식, 회전 충격식 등 여러 종류가 있다. 탐광 시추에는 회전식 시추기가 가장 많이 사용되고 있다. 회전식 시추기는 보통 굴착 추진 장치, 감아올림 장치, 변속 전동 장치, 램프 및 원동기 등 5개의 주요 부분으로 구성되어 있다. 굴착 장치 끝에 장착된 시추 로드(rod)는 비트(bit)에 작동을 전달하는 역할을 한다. 파이프가 굴착 장치 끝의 커플링으로 연결되어 회전하며, 하단에는 다이

(a) 구조 (b) 외형

그림 6-89 조 크러셔

아몬드 비트가 부착되어 있다. 그림 6-88은 시추의 보기를 나타낸 것이다.

3 분쇄기

광석이나 화공 재료를 알맞은 크기 또는 분말로 하기 위한 기계로 사용 목적에 따라 적절한 분쇄기를 선택하여야 한다.

분쇄기(crusher)에는 조 크러셔(jaw crusher), 롤 크러셔(roll crusher), 자이러토리 크러셔(gyratory crusher), 콘 크러셔(cone crusher), 해머 밀(hammer mill) 등이 있고, 미분쇄기에는 볼 밀(ball mill), 진동 볼 밀 등이 있다.

조 크러셔는 그림 6-89 (a)와 같이 한 쌍의 조(jaw)가 있으며, 2매의 치판(齒板)이 일정한 각도의 V자형으로 마주보게 장치되어 있다. 판 중 하나는 고정되고, 다른 하나는 주축의 편심 운동에 따라 왕복 운동을 할 수 있도록 가동조(可動조, movable jaw)로 연결되어 있어, 위에서 분쇄할 재료를 장입, 압축 파쇄하게 되어 있다. 비교적 구조가 간단하고, 분쇄율이 크며 거친 파쇄 작업에 적합하다. 주로 광물, 석회석, 암석 등의 거친 분쇄에 쓰인다.

그림 6-90 동력 경운기

그림 6-91 트랙터

1) 농업 기계

농업 산업의 기계화를 위한 영농 작업에는 여러 가지 농업 기계가 사용된다. 농작업 기계에는 용도에 따라 경운 정지용 기계, 파종용 기계, 이식용 기계, 중경 제초용 기계, 방제용 기계, 수확용 기계, 건조용 장치 등이 있다.

(1) 동력원 기계

동력원 기계는 농작업 기계를 견인하거나 구동시켜 동력을 제공하는 기계로서, 동력 경운기와 트랙터가 있다. 동력원 기계에 농작업 기계나 장치를 연결하면 경운, 쇄토, 정지, 파종, 운반, 중경 제초, 예취 및 탈곡 등의 여러 가지 영농 작업을 하게 된다.

1 동력 경운기

동력 경운기(power tiller, cultivator)는 용도에 따라 각종 농작업 기계와 연결하면 여러 가지 영농 작업을 할 수 있어 농업 기계 중 가장 많이 사용된다. 동력 경운기는 3~5마력 정도의 석유 기관을 장착하여 벨트, 축, 클러치, 기어 등의 기계 요소에 의해 동력을 추진 바퀴에 전달하게 되어 있다. 경운기에는 경운 장치와 작업기에 따라 구동형, 견인형, 겸용형 등으로 구분된다. 그림 6-90은 동력 경운기의 보기이다.

2 트랙터

농업용 트랙터(tractor)는 그림 6-91과 같은 구조로, 주로 피견인 농작업 기계를 견인하는 데에 사용되는 기계로서, 작업 기계만 교체하여 연결시키면 영농 작업에 필요한 여러 가지 일을 수행할 수 있다. 트랙터에는 탑승 트랙터와 보행 트랙터가 있다.

(2) 경운 정지용 기계

경운 정지용 기계는 땅을 갈고 흙을 분쇄하여 고르는 작업을 하는 기계로서, 쟁기와 로터리 등이 있다.

1 쟁기

쟁기(spade)는 흙을 갈아 반전시키는 작업 기계로서, 쟁기를 개량하여 동력 경운기가 견인할 수 있게 만든 것도 있다. 그림 6-92는 동력 경운기용 쟁기의 보기이다.

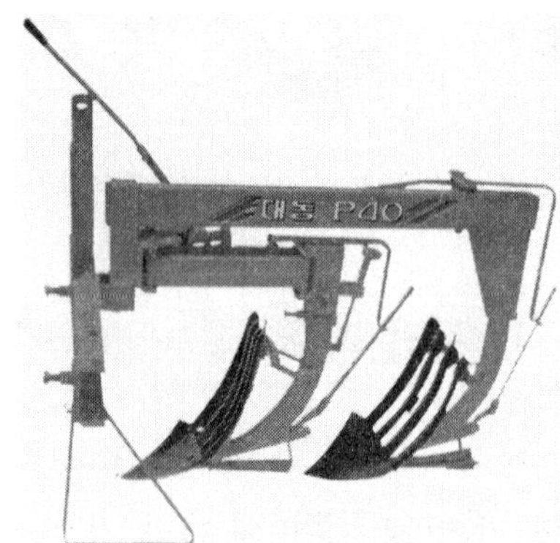

그림 6-92 쟁기

2 로터리 경운기

로터리 경운기(rotary tiller)는 동력 경운기나 트랙터 엔진의 구동력에 의해 회전하는 로터리 축에 그림 6-93과 같은 경운날을 장치한 작업 기계이며, 축의 회전은 150~350rpm 정도이다.

그림 6-93 로터리

(3) 파종용 기계

파종용 기계는 작물의 씨를 뿌리는 작업 기계로서, 파종 방법에 따라 산파기, 조파기, 점파기 등이 있다.

1 산파기

산파기(散播機, broad caster)는 작고, 가벼운 종자를 흩뿌리는 기계로, 기구에 따라 원심식과 낙하식이 있다.

2 조파기

조파기(條播機, drill)는 보리, 밀, 콩 등의 곡물 파종에 널리 사용되는 파종기로서, 시비 장비를 붙이면 파종과 함께 시비도 할 수 있다.

(4) 이식용 기계

작물을 육묘 단계에서 다른 곳으로 옮겨 심는 작업에 사용되는 작업 기계를 이식기라 한다. 벼모의 이식에는 이앙기가 사용되고, 담배나 채소 등에는 이식기가 사용된다.

1 이앙기

벼모를 이식하는 작업기로서, 그림 6-94와 같은 이앙기가 사용된다.

2 이식기

담배나 채소 등의 이식기에는 모의 분리 장치, 식부 장치 등이 있으며, 주로 배추, 상추, 토마토, 가지, 양파, 담배 등의 이식에 사용된다. 대부분이 반자동식으로, 작업 보조자가 기체 위에 앉아서 모의 공급을 도와주어야 한다.

그림 6-94 이앙기

(5) 수확용 기계

곡물의 수확 작업에는 비교적 기계화가 잘 이루어지고 있으며, 바인더, 탈곡기, 콤바인 등이 사용되고 있다.

1 바인더

예취기는 작물을 자르는 기계로, 자른 다음 가지런히 쓰러뜨리는 작업만 하는 예도(刈稻)형 예취기, 자른 다음 작물을 일정한 크기로 모았다가 방출하는 집속형(集束型) 예취기, 자른 작물을 일정한 크기로 모은 다음, 결속하여 방출하는 결속형(結束型) 예취기가 있다. 이 중에서 결속형 예취기를 바인더(binder)라 한다.

바인더는 작물을 베는 동시에 끈으로 묶어서 자동적으로 배출하는 예취기(刈取機,

그림 6-95 바인더

그림 6-96 콤바인

mower)로서, 예취, 집속(集束), 결속(結束)의 세 가지 일이 동시에 이루어진다.

그림 6-95는 바인더의 보기로 기관 및 주행부, 전처리부, 예취부, 결속부 등으로 구성되어 있다.

2 콤바인

콤바인(combine)은 논밭을 이동하면서 벼, 보리, 밀과 같은 곡물의 줄기를 베어 탈곡하는 가장 발전된 농작업 기계이다.

그림 6-96은 콤바인의 보기로서, 주행부, 전처리 및 예취부, 반송부, 탈곡부, 선별부, 정선부 등으로 구성되어 있다.

(6) 기타 농업용 기계 및 보조용 장비

그 밖의 농업용 기계 및 장비로는 방제용 살포기, 탈곡기, 양수기, 건조기 등이 있다.

열풍 건조기

연습 문제

6.1 유체 기계

1. 유체의 압력 측정에 사용되는 압력계의 종류와 용도를 설명하시오.
2. 파스칼의 원리를 설명하시오.
3. 지름이 200mm의 관로를, 비중량 1000kgf/m^{3}인 물이 유속 1.5m/s의 속도로 흐를 때의 중량 유량을 구하시오.
4. 다음 용어를 설명하시오.
   ① 위치 에너지 ② 속도 에너지
   ③ 압력에 의한 에너지 ④ 베르누이의 정리
5. 그림과 같은 수평의 관로에서
   A의 단면적 =75cm^2,
   유속 =3m/s,
   수압 =1.5kgf/cm^{2}일 때,
   B에 있어서의 수압을 구하시오.
   단, B의 단면적 =150cm^{2}로 하고, 흐름의 손실은 없는 것으로 한다.

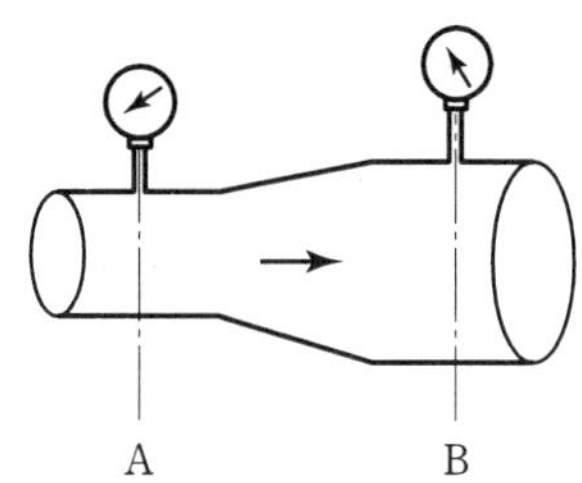

그림 6-97 문제 5의 조건

6. 수차의 종류와 용도를 설명하시오.
7. 원심 펌프의 원리를 설명하시오.
8. 다음 용어를 비교 설명하시오.
   ① 버킷 펌프 ② 피스톤 펌프
   ③ 플런저 펌프 ④ 축류 펌프
9. 송풍기와 압축기의 구조를 비교하고 용도를 설명하시오.

6.2 산업용 설비

10. 유압 장치와 공기압 장치의 주된 구성을 요약 도시 비교하시오.
11. 유압 장치와 공기압의 이용 사례를 정리하시오.
12. 공기 압축 냉동 장치의 원리를 요약 설명하시오.
13. 액추에이터의 역할과 이용 사례를 설명하시오.
14. 냉동기의 원리를 설명하시오.
15. 냉동 장치의 종류와 구조를 설명하시오.
16. 공기 조화 방법을 설명하시오.

6.3 그 밖의 산업용 기계 설비

17. 다음 용어를 요약 설명하시오.
    ① 잭 ② 윈치
    ③ 체인 블록 ④ 호이스트
18. 컨베이어의 종류와 용도를 설명하시오.
19. 다음 설비의 구조와 용도를 설명하시오.
    ① 포크 리프트 ② 불도저
    ③ 휠로더 ④ 굴삭기
20. 조 크러셔의 구조와 용도를 설명하시오.
21. 다음 농업용 기계의 기능과 용도를 설명하시오.
    ① 동력 경운기 ② 이앙기
    ③ 바인더 ④ 콤바인

연구 과제

1. 파스칼의 원리를 이용한 수압기의 구조와 용도를 설명하시오.
2. 유량 측정기의 종류와 구조적 특징 및 용도를 설명하시오.
3. 프로펠러 수차의 구조와 사용 사례를 설명하시오.
4. 원심 펌프의 형식과 특성 및 용도를 설명하시오.
5. 축류 펌프와 회전 펌프를 비교하고 장단점을 설명하시오.
6. 터보 송풍기와 루츠 송풍기의 구조를 비교하여 그 특징과 용도를 설명하시오.
7. 나사 압축기의 구조와 용도를 설명하시오.
8. 유압 장치와 공기압 장치의 사용 사례를 설명하시오.
9. 냉매의 일반적인 조건을 설명하시오.
10. 크레인의 종류와 용도를 설명하시오.
11. 무인 운반차의 형식과 용도를 설명하시오.
12. 영농 작업에 사용되는 농업 기계의 종류와 용도를 설명하시오.

부 록

1. 원소의 물리적 성질

원소명	국어명	원소 기호	원자 번호	원자량	밀도(20°C) [g/cc]	융점 [°C]	비등점 [°C]	비열(20°C) [cal/g/°C]	융해열 [cal/g]	결정구조
Actinium	악티늄	Ac	89	227	–	1050	–	–	–	–
Aluminum	알루미늄	Al	13	26.98	2.699	660	2450	0.215	94.5	fcc
Americium	아메리슘	Am	95	243	11.7	–	–	–	–	–
Antimony	안티모니	Sb	51	121.76	6.62	630.5	1380	0.049	38.3	rhombohedral
Argon	아르곤	Ar	18	39.994	1.784×10^{-3}	−189.4	−185.8	0.125	6.7	fcc
Arsenic	비소	As	33	74.91	5.72	817	613	0.082	88.5	rhombohedral
Astatine	아스타틴	At	85	211	–	302	–	–	–	–
Barium	바륨	Ba	56	137.36	3.5	714	1640	0.063	–	fcc
Berkelium	버클륨	Bk	97	247	–	–	–	–	–	–
Beryllium	베릴륨	Be	4	9.013	1.848	1277	2770	0.45	260	hcp
Bismuth	비스무트	Bi	83	209	9.8	271.3	1560	0.029	12.5	rhombohedral
Boron	보론	B	5	10.82	2.34	2030	–	0.309	–	orthorhombic
Bromine	브로민	Br	35	79.916	3.12	−7.2	58	0.070	16.2	orthorhombic
Cadmium	카드뮴	Cd	48	112.41	8.65	320.9	765	0.055	13.2	hcp
Calcium	칼슘	Ca	20	40.08	1.55	838	1440	0.149	52	fcc
Californium	캘리포늄	Cf	98	251	–	–	–	–	–	–
Carbon	탄소	C	6	12.011	2.25	3727	4830	0.165	–	hexagonal
Cerium	세륨	Ce	58	140.13	6.77*	804	3470	0.045	8.5	fcc
Cesium	세슘	Cs	55	132.91	1.903	28.7	690	0.048	3.8	bcc
Chlorine	염소	Cl	17	35.457	3.214×10^{-3}	−100.99	−34.7	0.116	21.6	tetragonal
Chromium	크로뮴	Cr	24	52.01	7.19	1875	2665	0.11	96	bcc
Cobalt	코발트	Co	27	58.94	8.85	1495	2900	0.099	58.4	hcp
Copper	구리	Cu	29	63.54	8.96	1083	2595	0.092	50.6	fcc
Curium	큐륨	Cm	96	247	–	–	–	–	–	–
Dysprosium	디스프로슘	Dy	66	162.51	8.55	1407	2330	0.041	25.2	hcp
Einsteinium	아인슈타늄	Es	99	254	–	–	–	–	–	–
Erbium	에르븀	Er	68	167.27	9.15	1497	2630	0.043	24.5	hcp
Europium	유로피움	Eu	63	152	5.245	826	1490	0.039	16.5	bcc
Fermium	페르뮴	Fm	100	253	–	–	–	–	–	–
Fluorine	플루오린	F	9	19.00	1.696×10^{-3}	219.6	−188.2	0.18	10.1	–
Francium	프란슘	Fr	87	223	–	27	–	–	–	–
Gadolinium	가돌리늄	Gd	64	157.26	7.86	1312	2730	0.071	23.5	hcp

(* : 0°C에서 측정)

원소명	국어명	원소기호	원자번호	원자량	밀도(20°C) [g/cc]	융점 [°C]	비등점 [°C]	비열(20°C) [cal/g/°C]	융해열 [cal/g]	결정구조
Gallium	갈륨	Ga	31	69.72	5.907	29.8	2237	0.079	19.2	orthorhombic
Germanium	저마늄	Ge	32	72.60	5.323	937.4	2830	0.073	–	diamondcubic
Gold	금	Au	79	197.0	19.32	1063	2970	0.031	16.1	fcc
Hafnium	하프늄	Hf	72	178.58	13.09	2222	5400	0.035	–	hcp
Helium	헬륨	He	2	4.003	0.1785×10^{-3}	−269.7	−268.9	1.25	–	hcp
Holmium	홀뮴	Ho	67	164.94	6.79	1461	2330	0.039	24.9	hcp
Hydrogen	수소	H	1	1.008	0.0899×10^{-3}	−259.19	−252.7	3.45	15.0	hexagonal
Indium	인듐	In	49	114.82	7.31	156.2	2000	0.057	6.8	f.c.tetragonal
Iodine	아이오딘	I	53	126.91	4.94	113.7	183	0.052	14.2	othorhombic
Iridium	이리듐	Ir	77	192.2	22.5	2454	5300	0.031	–	fcc
Iron	철	Fe	26	55.85	7.87	1536.5	3000	0.11	65.5	bcc
Krypton	크립톤	Kr	36	83.8	3.743×10^{-3}	−157.3	−152	–	–	fcc
Lanthannum	란타넘	La	57	138.92	6.19	920	3470	0.048	17.3	hexagonal
Lead	납	Pb	82	207.21	11.36	327.4	1725	0.0309	6.3	fcc
Lithium	리튬	Li	3	6.94	0.534	180.5	1330	0.79	104.2	bcc
Lutetium	루테튬	Lu	71	174.99	9.85	1652	1930	0.037	26.3	hcp
Magnesium	마그네슘	Mg	12	24.32	1.74	650	1107	0.245	88	hcp
Manganese	망가니즈	Mn	25	54.94	7.43	1245	2150	0.115	63.7	cubic
Mendelevium	멘델레븀	Mv	101	256	–	–	–	–	–	–
Mercury	수은	Hg	80	200.61	13.546	−38.36	357	0.033	2.8	rhombohedral
Molybdenum	몰리브데넘	Mo	42	95.95	10.22	2610	5560	0.066	69.8	bcc
Neodymiun	네오디뮴	Nd	60	144.27	7.00	1019	3180	0.045	11.8	hexagonal
Neon	네온	Ne	10	20.18	0.8999×10^{-3}	−248.6	−246	–	–	fcc
Neptunium	넵투늄	Np	93	237	–	637	–	–	–	–
Nickel	니켈	Ni	28	58.71	8.902	1453	2730	0.105	73.8	fcc
Niodium	니오븀	Nb	41	92.91	8.57	2468	4927	0.065*	69	bcc
Nitrogen	질소	N	7	14.01	1.25×10^{-3}	−209.97	−195.8	0.247	6.2	hexagonal
Nobelium	노벨륨	No	102	247	–	–	–	–	–	–
Osmium	오스뮴	Os	76	190.2	22.57	2700	5500	0.031	–	hcp
Oxygen	산소	O	8	16.0	1.429×10^{-3}	−218.83	−183	0.218	3.3	cubic
Palladium	팔라듐	Pd	46	106.7	12.02	1552	3980	0.058*	34.2	fcc
Phosphorus	인	P	15	30.98	1.83	44.3	280	0.177	5.0	cubic
Platinume	백금	Pt	78	195.09	21.45	1769	4530	0.031*	26.9	fcc
Plutonium	플루토늄	Pu	94	242	19.36	640	3235	0.033	–	monoclinic
Polonium	폴로늄	Po	84	210	–	254	–	–	–	monoclinic
Potassium	포타슘(칼륨)	K	19	39.1	0.86	63.7	760	0.177	14.6	bcc
Praseodymium	프라세오디뮴	Pr	59	140.92	6.77	919	3020	0.045	11.7	hexagonal
Promethium	프로메튬	Pm	61	145	–	1027	–	–	–	–
Protactinium	프로탁티늄	Pa	91	231.1	15.4	1230	–	–	–	–
Radium	라듐	Ra	88	226.05	5.0	700	–	–	–	–
Radon	라돈	Rn	86	222	9.96×10^{-3}	−71	−61.8	–	–	–
Rhenium	레늄	Re	75	186.22	21.04	3180	5900	0.033	–	hcp
Rhodium	로듐	Rh	45	102.91	12.44	1966	4500	0.059*	–	fcc
Rubidium	루비듐	Rb	37	85.48	1.53	38.9	688	0.080	6.5	bcc
Ruthenium	루테늄	Ru	44	101.1	12.2	2500	4900	0.057*	–	hcp

원소명	국어명	원소 기호	원자 번호	원자량	밀도(20℃) [g/cc]	융점 [℃]	비등점 [℃]	비열(20℃) [cal/g/℃]	융해열 [cal/g]	결정구조
Samarium	사마륨	Sm	62	150.35	7.49	1072	1630	0.042	17.3	rhombohedral
Scandium	스칸듐	Sc	21	44.96	2.98	1539	2730	0.134	84.5	hcp
Selenium	셀레늄	Se	34	78.96	4.79	217	685	0.084	16.4	hexagonal
Silicon	규소	Si	14	28.09	2.33*	1410	2680	0.162*	432	diamondcubic
Silver	은	Ag	47	107.88	10.49	960.8	2210	0.056*	25	fcc
Sodium	소듐(나트륨)	Na	11	22.99	0.971	97.8	892	0.295	27.5	bcc
Stontium	스트론튬	Sr	38	87.63	2.60	768	1380	0.176	25	fcc
Sulfur	황	S	16	32.07	2.07	119	444.6	0.175	9.3	orthorhombic
Tantalum	탄탈럼	Ta	73	180.95	16.6	2996	5425	0.034	38	bcc
Technetium	테크네튬	Tc	43	98	–	2130	–	–	–	–
Tellurium	텔루륨	Te	52	127.61	6.24	449.5	989.8	0.047	32	hexagonal
Terbium	터븀	Tb	65	158.93	8.25	1356	2530	0.044	24.5	hcp
Thallium	탈륨	Tl	81	204.39	11.85	303	1457	0.031	5.0	hcp
Thorium	토륨	Th	90	232.05	11.66	1750	3850	0.034	19.8	fcc
Thulium	툴륨	Tm	69	168.94	9.31	1545	1720	0.038	26.0	hcp
Tin	주석	Sn	50	118.70	7.30	231.9	2270	0.054	14.5	tetragonal
Titanium	타이타늄	Ti	22	47.90	4.51	1668	3260	0.124	104	hcp
Tungsten	텅스텐	W	74	183.86	19.3	3410	5930	0.033	44	bcc
Uranium	우라늄	U	92	238.07	19.07	1132.3	3818	0.028	–	orthorhombic
Vanadium	바나듐	V	23	50.95	6.1	1900	3400	0.119	–	bcc
Xenon	제논	Xe	54	131.20	5.896×10^{-3}	−11.9	−108	–	–	fcc
Ytterbium	이터븀	Yb	70	173.04	6.96	824	1530	0.035	12.7	fcc
Yttrium	이트륨	Y	39	88.92	4.47	1509	3030	0.71	46	hcp
Zinc	아연	Zn	30	65.38	7.133	419.5	906	0.092	24.1	hcp
Zirconium	지르코늄	Zr	40	91.22	6.489	1852	3580	0.067	60	hcp

주 fcc : face centered cubic lattice,面心立方晶, bcc : body centered cubic lattice,體心立方晶,
hcp : hexaganal close packed, 稠密六方晶
rhombohedral : 三方晶, orthorhombic : 斜方晶, hexagonal : 六方晶, tetragonal : 正方晶
diamondcubic : 다이아몬드 立方, f.c.tetragonal : 面心正方, monoclinic : 單斜晶

2. 단위 환산 계수

1) 힘(力)

단위		N	dyn	kgf
1 N	=	1	1×10^{5}	$1.019\,72 \times 10^{-1}$
1 dyn	=	1×10^{-5}	1	$1.019\,72 \times 10^{-6}$
1 kgf	=	9.806 65	$9.806\,65 \times 10^{5}$	1

2) 응력(應力)

단위	Pa 또는 N/m^2	MPa 또는 N/mm^2	kgf/mm^2	kgf/cm^2
1 Pa 또는 N/m^2 =	1	1×10^{-6}	$1.019\,72 \times 10^{-7}$	$1.019\,72 \times 10^{-5}$
1 MPa 또는 N/mm^2 =	1×10^{6}	1	$1.019\,72 \times 10^{-1}$	$1.019\,72 \times 10$
1 kgf/mm^2 =	$9.806\,65 \times 10^{6}$	9.806 65	1	1×10^{2}
1 kgf/cm^2 =	$9.806\,65 \times 10^{4}$	$9.806\,65 \times 10^{-2}$	1×10^{-2}	1

3) 압력(壓力)

단위	Pa	KPa	MPa	bar	kgf/cm^2	atm	mmH_2O	mmHg 또는 Torr
1 Pa =	1	1×10^{-1}	1×10^{-6}	1×10^{-5}	$1.019\,72\times10^{-5}$	$9.869\,23\times10^{-4}$	$1.019\,72\times10^{-1}$	$7.500\,62\times10^{-3}$
1 KPa =	1×10^{3}	1	1×10^{-3}	1×10^{-2}	$1.019\,72\times10^{-2}$	$9.869\,23\times10^{-3}$	$1.019\,72\times10^{2}$	7.500 62
1 MPa =	1×10^{4}	1×10^{3}	1	1×10	$1.019\,72\times10$	9.869 23	$1.019\,72\times10^{5}$	$7.500\,62\times10^{3}$
1 bar =	1×10^{5}	1×10^{2}	1×10^{-1}	1	1.019 72	$9.869\,23\times10^{-1}$	$1.019\,72\times10^{4}$	$7.500\,62\times10^{2}$
1 kgf/cm^2 =	$9.806\,65\times10^{4}$	$9.806\,65\times10$	$9.806\,65\times10^{-2}$	$9.806\,65\times10^{-1}$	1	$9.678\,41\times10^{-1}$	1×10^{4}	$7.355\,59\times10^{2}$
1 atm =	$1.013\,25\times10^{5}$	$1.013\,25\times10^{2}$	$1.013\,25\times10^{-1}$	1.013 25	1.033 23	1	$1.033\,23\times10^{4}$	$7.600\,00\times10^{2}$
1 mmH_2O =	9.806 65	$9.806\,65\times10^{-3}$	$9.806\,65\times10^{-6}$	$9.806\,65\times10^{-5}$	1×10^{-4}	$9.678\,41\times10^{-5}$	1	$7.355\,59\times10^{-2}$
1 mmHg 또는 Torr =	$1.333\,22\times10^{2}$	$1.333\,22\times10^{-1}$	$1.333\,22\times10^{-4}$	$1.333\,22\times10^{-3}$	$1.359\,51\times10^{-3}$	$1.359\,51\times10^{-3}$	$1.359\,51\times10$	1

주 1 Pa = 1 N/m^2

4) 일 · 에너지 · 열량(熱量)

단위	J	kW · h	kgf · m	kcal
1 J =	1	$2.777\,8 \times 10^{-7}$	$1.019\,72 \times 10^{-1}$	$2.388\,89 \times 10^{-4}$
1 kW · h =	3.600×10^{6}	1	$3.670\,98 \times 10^{6}$	$8.60\,00 \times 10^{2}$
1 kgf · m =	9.806 65	$2.724\,07 \times 10^{-6}$	1	$2.342\,70 \times 10^{-3}$
1 kcal =	$4.186\,05 \times 10^{3}$	$1.162\,79 \times 10^{-3}$	$4.268\,58 \times 10^{2}$	1

주 1 J = 1 W · s, 1 J = 1 N · m
1 cal = 4.186 05 J(계량법에 따름)

5) 공률

단위	W	kgf · m/s	PS	kcal/h
1 W =	1	$1.019\,72 \times 10^{-1}$	$1.359\,62 \times 10^{-3}$	$8.600\,00 \times 10^{-1}$
1 kgf · m/s =	9.806 65	1	$1.333\,33 \times 10^{-2}$	8.433 71
1 PS =	7.355×10^{2}	7.5×10	1	$6.325\,29 \times 10^{2}$
1 kcal/h =	1.162 79	$1.185\,72 \times 10^{-1}$	$1.580\,95 \times 10^{-3}$	1

주 1 W = 1 J/s, PS : 불(佛) 마력　　1 PS = 0.9863 HP
1 PS = 0.735 5 Kw(계량법 시행법에 따름)　　1 HP = 1.013 PS
1 cal = 4.186 05 J(계량법에 따름)

6) 열전도율(熱傳導率)

단위	W/(m · K)	kcal/(h · m · ℃)
1 W(m · K) =	1	8.6000×10^{-1}
1 kcal/(h · m · ℃) =	1.162 79	1

주 1 cal = 4.186 05 J(계량법에 따름)

7) 열전달 계수(熱傳達係數)

단위	W/(m² · K)	kcal/[℃](h · m² · ℃)
1 W(m² · K) =	1	8.6000×10^{-1}
1 kcal/(h · m² · ℃) =	1.162 79	1

주 1 cal = 4.186 05 J(계량법에 따름)

8) 비열(比熱)

단위	J/(kg · K)	kcal/(kg · ℃) cal/(g · ℃)
1 J/(kg · K) =	1	$2.388\,89 \times 10^{-4}$
1 kcal/(kg · ℃) =	$4.186\,05 \times 10^{3}$	1

주 1 cal = 4.186 05 J(계량법에 따름)

9) 점도(粘度)

단위	Pa · s	cP	P
1 Pa · s =	1	1×10^{3}	1×10
1 cP =	1×10^{-3}	1	1×10^{-2}
1 P =	1×10^{-1}	1×10^{2}	1

주 1 P = 1 dyn · s/cm² = 1 g/cm · s
1 Pa · s = 1 N · s/m², 1 cP = 1 mPa · s
P = poise, cP : centipoise

10) 동점도(動粘度)

단위	m²/s	cSt	St
1 m²/s =	1	1×10^{6}	1×10^{4}
1 cSt =	1×10^{-6}	1	1×10^{-2}
1 St =	1×10^{-4}	1×10^{2}	1

주 1 St = 1 cm²/s, 1 cSt = 1 mm²/S

3. 단위의 접두어

접두어	기호	값	내용
tera	T	10^{12}	1 000 000 000 000
giga	C	10^{9}	1 000 000 000
mega	M	10^{6}	1 000 000
kilo	k	10^{3}	1 000
hecto	h	10^{2}	100
deca	da	10	10
deci	d	10^{-1}	0.1
centi	c	10^{-2}	0.01
milli	m	10^{-3}	0.001
micro	μ	10^{-6}	0.000 001
nano	n	10^{-9}	0.000 000 001
pico	p	10^{-12}	0.000 000 000 001

4. SI 단위계

구분	물상 상태의 양	단위명	단위 기호	다른 단위에 의한 표시
기초 단위	길이	meter (미터)	m	
	질량	kilogram (킬로그램)	kg	
	시간	second (초)	s	
	전류	ampere (암페어)	A	
	열역학적 온도	kelvin (켈빈)	K	
	물질량	mole (몰)	mol	
	광도	candela (칸델라)	cd	
추가 단위	평면각	radian (라디안)	rad	
	입체각	steradian (스테라디안)	sr	
유도 단위	주파수	hertz (헤르츠)	Hz	
	힘(역량)	newton (뉴턴)	N	
	압력	pascal (파스칼)	Pa	N/m^2
	에너지, 일, 열량	joule (줄)	J	N · m
	동력	watt (와트)	W	J/s
	전기량	coulomb (쿨롬)	C	A · s
	전압, 기전력	volt (볼트)	V	W/A
	전기 용량	farad (패럿)	F	C/V
	전기 저항	ohm (옴)	Ω	V/A
	전기 컨덕턴스	simens (지멘스)	S	Ω^{-1}, A/V
	자력 선속	weber (웨버)	Wb	V · s
	자력 선속 밀도	tesla (테슬러)	T	Wb/m^2
	인덕턴스	henry (헨리)	H	Wb/A
	광선속	lumen (루멘)	lm	cd · sr
	광조도	lux (럭스)	lx	lm/m^2
	방사능	becquerel (베크렐)	Bq	–
	흡수 조사량	gray (그레이)	Gy	J/kg
	조사 상당량	sievert (시버트)	Sv	J/kg

㈜ 시간의 min, h, d, 평면각의 도(°) 분(′) 초(″), 부피의 l, 질량의 t 등은 일반적으로 병용된다.

5. 단위 기호 및 환산

양의 종류	단위 기호	종래 단위와의 환산
길이	m	1 $\mu = 10^{-6}$ m, 1 mm $= 10^{-3}$ m, 1 cm $= 10^{-2}$ m
넓이	m^2	1 $mm^2 = 10^{-6}$ m^2, 1 $cm^2 = 10^{-4}$ m^2
부피	m^3	1 $mm^3 = 10^{-9}$ m^3, 1 $cm^3 = 10^{-6}$ m^3
질량	kg	1 g = 0.001 kg, 1 t = 10^3 kg
시간	s	1 min = 60 s, 1 h = 3.6 ks, 1 d = 86.4 ks
속도	m/s	1 cm/min = 0.16×10^{-3} m/s, 1 km/h = 0.27 m/s
동 점도	m^2/s	1 cm^2/s = 1 St = 10^{-4} m^2/s
역량(힘)	N(=kg · m/s^2)	1 kgf = 9.806 65 N, 1 dyn = 10^{-5} N = 1 g · cm/s^2
압력(응력)	Pa(=N/m^2)	1 bar = 10^5 Pa, 1 atm = 101.325 kPa
		1 torr = 133.3 Pa, 1 kgf/mm^2 = 9.806 65 MPa
점도	Pa · s	1 poise = 10^{-1} Pa · s
mol 농도	mol/m^3	1 mol/l = 10^3 mol/m^3
일, 에너지	J(=N · m)	1 cal_{th} = 4.184 0 J, 1 cal_{th} = 4.186 8 J
		1 kWh = 3.6 MJ, 1 erg = 10^{-7} J
몰 에너지	J/mol	1 cal/mol = 4.218 4 J/mol
		1 erg/atom = 6.022×10^{16} J/mol
표면 에너지	J/m^2	1 erg/cm^2 = 1×10^{-3} J/m^2
온도	K	K = −273.15 °C
엔트로피	J/K	1 cal/edg = 4.184 J/K
저항률	Ωm	1 Ωcm = 10^{-2} Ωcm
전도율	S/m	1 $\Omega^{-1}cm^{-1} = 10^2$ s/m
평면각	rad	1° = (π/180) rad ≒ 17.45×10^{-3} rad

6. 그리스 문자

대문자	소문자	읽기		대문자	소문자	읽기	
A	α	알파	Alpha	N	ν	뉴	Nu
B	β	베타	Beta	Ξ	ξ	크사이	Xi
Γ	γ	감마	Gamma	O	o	오미크론	Omiron
Δ	δ	델타	Delta	Π	π	파이	Pi
E	ε	엡실론	Epsilon	P	ρ	로	Rho
Z	ζ	지타	Zeta	Σ	σ	시그마	Sigma
H	η	이타	Eta	T	τ	타우	Tau
Θ	θ, ϑ	시타	Theta	γ	υ	입실론	Upsilon
I	ι	요타	Iota	Φ	ϕ, φ	파이	Phi
K	κ	카파	Kappa	X	χ	카이	Chi
Λ	λ	람다	Lambda	Ψ	ψ	프사이	Psi
M	μ	뮤	Mu	Ω	ω	오메가	Omega

참 고 문 헌

1. Kalpakjian-Schmid; "Manufacturing Processes for Engineering Materials"-4th ed., Pearson Education, Inc., 2003
2. Mikell P. Groover; "Fundamentals of Modern Manufacturing- Materials, Processes and Systems"-2nd ed., John Wiley & Sons, Inc., 2002
3. James F. Shackelford; "Materials Science for Engineers"-5th ed., Prentice-Hall, Inc., 2000
4. William F. Simth; "Principels of Materials Science and Engineering"-3rd ed., McGraw-Hill, Inc.,1996
5. 末岡淳男外; "機械工學概論術", 朝倉書店, 2008.
6. 嵯峨常生 外; "機術工作(1)", 實敎出版, 2007.
7. 嵯峨常生 外; "機術工作(2)", 實敎出版, 2007.
8. 竹內芳美의 外; "機術加工ハンドブック", 朝倉書店, 2006.
9. 實踐敎育訓練研究會; "機械工學基礎實驗", 工業調查會, 2006.
10. 佐久間敬三 外; "機械工加工作法", 朝倉書店, 2005
11. 佐藤亞銅 外; "機械工學概論", 共立出版, 2004.
12. 機械製作研究會; "最新 機械製作", 養賢堂, 1998.
13. 葉山房夫 外; "機械工作(1)", コロナ社, 1994.
14. 葉山房夫 外; "機械工作(2)", コロナ社, 1994.
15. 嵯峨常生 外; "機械工作(1)", 實敎出版, 1993.
16. 嵯峨常生 外; "機械工作(2)", 實敎出版, 1993.
17. 日本機械學會; "機械加工計側技術", 朝倉書店, 1991.
18. 太田博夫 外; "機械設計(2)", 實敎出版, 1987.
19. 渡部一郎 外; "原動機", 實敎出版, 1986.
20. 加藤仁; "機械工作法", 森北出版社, 1984.
21. 關西經營システム協會; 産業用ロボット", オーム社, 1983.
22. 野原隆治 外; "機械製作", 實敎出版, 1982.
23. 內田秀雄 外; "原動機", 實敎出版, 1979.
24. 勞動省職業訓練局; "機械工作法", 職業訓鍊敎材研究會, 1976.
25. 東京電機大學; "工業計測", 東京電機大學, 1970.
26. 竹中規雄; "機械製作法", コロナ社, 1967.
27. 강기주; "주조기술", 2011.

28. 강기주; 개정판 "최신 기계공작법", 북스힐, 2010.
29. 강기주; "기계공학개론", 북스힐, 2006.
30. 강기주; "기계재료학", 북스힐, 2006.
31. 기계용어사전편찬회; "기계용어대사전", 성안당, 2000.
32. 김동원; "신편 기계공작법", 청문각, 1997.
33. 강명순 역; "기계제작법", 청문각, 1997.
34. 강명순; "최신공작기계", 청문각, 1995.
35. 강명순; "최신 기계공작법", 문운당, 1995.
36. 문교부; "편수자료", 대한교과서, 1987.

찾 아 보 기

저자약력

■ 학 · 경력 : 한양대학교 공과대학 기계공학과 졸업
홍익대학교 공과대학 대학원 졸업(제조야금 전공)
Australia Sydney 공과대학 주조기술전공
Australia NSW TAFE 주조기술자격 획득
Singapore CPSCTE 기술자 교육과정 설계 및 운영과정
문교부 편수국 교육연구관, 자연과학편수관(장학관)
문교부 중앙교육심의회 과학기술교육분과 위원(장)
국제기능올림픽 전국대회 밀링 직종 심사위원
국제기능올림픽 한국위원회 금속분과장
직업훈련 교재 편찬 · 심의 위원
청운중학교, 용산공업고등학교장
대한 공업교육학회장
국가기술자격제도 전문위원
국가기술 자격검정문제 심사 및 출제위원
금속가공 기술사 심사의원(출제 및 면접)
주조, 제선, 압연 명장 심사위원(서류 및 면접)
England ICME(주조기술학회)회원
한국교육개발원 객원교수
한국직업능력개발원 객원교수

■ 서　　훈 : 제 5회 과학기술우수논문상, 과학전 특상, 우수상
국민훈장 동백장
『최신기계공작법』 – 2003 문화관광부 추천 우수 학술도서 선정

■ 관련저서 : 교육인적 자원부 국정교과서 – 『연삭』 『기계기초실습』 『기계선택실습』
『공업입문』 『금속재료』, 『기계재료』 『주조』
『금속가공실습』 『기계기초』 『소성가공』
『기계일반』 『기계기술』 『금속처리(上)』 집필
검인정 교과서 – 『표준 주조』 실학사, 『기술』 『공업』 『공업기술』 교학사,
『공업입문』 법문사
대학교재 – 『신편 기계재료학』 배명사, 『기계재료학』 포인트,
『최신기계재료학』 진영사,
『최신기계공작법』 『자동차 · 공업재료』
『기계재료학』 『공작기계』 『주조기술』 북스힐 집필

저자와
협의에
의해 인지를
생략함

기계공학개론_개정판

초판 발행 | 2006년 1월 5일
3쇄 발행 | 2010년 3월 1일
개정판 4쇄 발행 | 2019년 2월 1일

지은이 | 강 기 주
펴낸이 | 조 승 식
펴낸곳 | (주)도서출판 북스힐

등 록 | 1998년 7월 28일 제 22-457호
주 소 | 서울시 강북구 한천로 153길 17
전 화 | (02) 994-0071
팩 스 | (02) 994-0073

홈페이지 | www.bookshill.com
이메일 | bookshill@bookshill.com

정가 28,000원

ISBN 978-89-5526-824-9

Published by bookshill, Inc. Printed in Korea.